Thermodynamik

Peter Stephan · Karlheinz Schaber ·
Karl Stephan · Franz Mayinger

Thermodynamik

Grundlagen und technische Anwendungen – Band 2: Mehrstoffsysteme und chemische Reaktionen

16. Auflage

 Springer

Peter Stephan
Technische Universität Darmstadt
Darmstadt, Deutschland

Karl Stephan
Universität Stuttgart
Stuttgart, Deutschland

Karlheinz Schaber
Karlsruher Institut für Technologie
Karlsruhe, Deutschland

Franz Mayinger
Technische Universität München
Garching, Deutschland

ISBN 978-3-662-54438-9
https://doi.org/10.1007/978-3-662-54439-6

ISBN 978-3-662-54439-6 (eBook)

Die Deutsche Nationalbibliothek verzeichnet diese Publikation in der Deutschen Nationalbibliografie; detaillierte bibliografische Daten sind im Internet über http://dnb.d-nb.de abrufbar.

Gedruckt auf säurefreiem und chlorfrei gebleichtem Papier.

Springer Vieweg ist Teil von Springer Nature
Die eingetragene Gesellschaft ist Springer-Verlag GmbH Germany
Die Anschrift der Gesellschaft ist: Heidelberger Platz 3, 14197 Berlin, Germany

Vorwort zur sechzehnten Auflage

Die fünfzehnte Auflage erschien im Jahr 2010 als eine umfassende Neubearbeitung des bekannten Lehrbuchs von Karl Stephan und Franz Mayinger.

Für die jetzt vorliegende 16. Auflage haben wir uns entschlossen, weitere Beispiel- und Übungsaufgaben mit Lösungen zu ergänzen. Darüber hinaus konnten einige noch verbliebene Druckfehler korrigiert werden. Als wesentliche Neuerung haben wir die Beispiel- und Übungsaufgaben aus den einzelnen Kapiteln herausgezogen und in separaten Abschnitten zusammengefasst, die jeweils das Ende eines Kapitels bilden. Dies soll einerseits das Auffinden der Aufgaben erleichtern und andererseits Studierenden einen besseren Überblick darüber ermöglichen, welche Probleme mit den im aktuellen Kapitel erlernten Methoden gelöst werden können. Das Kap. 15 aus der 15. Auflage ist entfallen, da die darin dargestellten allgemeinen Grundlagen der Bilanzen in Band 1 ausführlich behandelt werden. Aus diesem Grund hat sich auch die anschließende Kapitelnummerierung geändert. Das neue Kap. 15, ehemals 16, wurde dahingehend erweitert, dass auch Verbrennungsvorgänge mit feuchter anstatt nur trockener Luft behandelt werden.

Möge unser Buch auch weiterhin Gefallen finden und den Lesern die Grundlagen und technischen Anwendungen der Thermodynamik nahe bringen.

Darmstadt und Karlsruhe, im März 2017

Peter Stephan
Karlheinz Schaber

Vorwort zur fünfzehnten Auflage

Nachdem der neu bearbeitete erste Band des bekannten Lehrbuchs von Karl Stephan und Franz Mayinger bereits 2005 erschienen ist, liegt mit diesem Buch nunmehr auch eine umfassende Neubearbeitung des zuletzt 1999 in der 14. Auflage erschienen zweiten Bandes vor, der Mehrstoffgemischen und chemischen Reaktionen gewidmet ist.

Der Tradition des bekannten Lehrbuches verpflichtet haben wir die bewährten Inhalte weitgehend beibehalten, um neuere Erkenntnisse ergänzt und um einige Kapitel erweitert. Die formale Gliederung des Buches wurde gegenüber der letzten Auflage verändert. Trotz fortlaufender Nummerierung der einzelnen Kapitel werden diese drei größeren Themenfeldern zugeordnet, nämlich den Bereichen „Thermodynamik der Gemische", „Thermodynamik chemischer Reaktionen" und „Prozesse". Gleichungen, Bilder und Tabellen wurden in dieser Ausgabe abweichend von der 14. Auflage kapitelweise nummeriert.

Zunächst erfolgt im ersten Kapitel eine Einführung in die – gegenüber der 14. Auflage modifizierte – Nomenklatur der Mischphasenthermodynamik und eine erweiterte Darstellung der unterschiedlichen Maße zur Kennzeichnung der Zusammensetzung von Mischphasen. In den folgenden Kapiteln 2 und 3 werden Mischungen idealer Gase und Gas-Dampf Gemische behandelt, die mit vergleichsweise einfachen Modellvorstellungen beschrieben werden können. Eine rein phänomenologische Einführung in das komplexe Phasenverhalten realer Mischungen erfolgt in Kapitel 4. Erst danach werden in den folgenden Kapiteln 5 bis 7 die Grundlagen und die allgemein gültigen konstitutiven Gleichungen zur Beschreibung von Mischphasen und des thermodynamischen Gleichgewichtes behandelt. Alle folgenden Kapitel bauen auf diesem allgemeinen thermodynamischen Rahmen auf. Die Kapitel 8 und 9 sind überwiegend Methoden zur Berechnung konkreter Stoffsysteme mittels Zustandsgleichungen bzw. von Phasengleichgewichten gewidmet.

Das Kapitel 10 über grenzflächenbestimmte Systeme und spontane Phasenübergänge ist neu. Es beinhaltet eine kurze Einführung in die thermodynamischen Grundlagen disperser Systeme, in denen die Grenzflächenenergie eine dominierende Rolle spielt. Im Mittelpunkt stehen dabei metastabile, d. h. übersättigte Phasen und ihre Bedeutung zum Verständnis spontaner Phasenübergänge. Diese Thematik hat in den letzten Jahren in vielen Bereichen der Technik, insbesondere in der Nanotechnologie, stark an Bedeutung gewonnen.

Der Abschnitt zur Thermodynamik chemischer Reaktionen wurde vollkommen neu gestaltet und wesentlich erweitert. In den Kapiteln 11 und 12 werden die allgemeinen thermodynamischen Grundlagen chemischer Reaktionen, wie Gleichgewichte, Stoff- und Energieumsatz, unter Einschluss realen Stoffverhaltens dargelegt. Technisch bedeutsamen Gleichgewichtsreaktionen in der Gasphase ist Kapitel 13 gewidmet. Die Thermodynamik von Elektrolytlösungen wird bei der Ausbildung von Bio- und Chemieingenieuren immer wichtiger. Eine Einführung in diese Thematik enthält das neu verfasste Kapitel 14.

Im Bereich „Prozesse" wurde in den neu strukturierten Kapiteln 15 und 16 in Anlehnung an Band 1 die zentrale Bedeutung von Bilanzen stärker hervorgehoben. Das Kapitel 17 über Prozesse zur Stofftrennung wurde um einen Abschnitte über Eindampfen und einen gesonderten Abschnitt über Absorption ergänzt.

Das Lehrbuch behandelt somit die Thermodynamik der Gemische und der chemischen Reaktionen und deren technische Anwendung in einem Umfang, wie er für die Ausbildung und die Tätigkeit von Ingenieurinnen und Ingenieuren des Bio- und Chemieingenieurwesens sowie der Verfahrens- und Energietechnik erforderlich und nützlich erscheint.

Das Buch ist reichlich mit Tabellen zu Stoffdaten ausgestattet. Die Lösung praktischer Aufgaben wird dadurch erleichtert. Zahlreiche Übungsbeispiele dienen der Vertiefung des Stoffes. Sie sind überwiegend der technischen Praxis entnommen. Die Lösungen findet man im Anhang.

Wenn auch der thermodynamische Rahmen der Beschreibung von Mischphasen in sich schlüssig ist und alle konstitutiven Gleichungen letztendlich auf nur wenige Grundprinzipien zurückgeführt werden können, erscheint vielen Lernenden die Thermodynamik der Gemische – weit mehr als die in Band 1 dargestellte „Technische Thermodynamik" – als eine nahezu unüberschaubare Vielfalt von Modellen und Gleichungen. Dies ist einerseits darauf zurückzuführen, dass das Verhalten von Gemischen sehr komplex sein kann. Andererseits aber spiegeln viele heute in der Praxis verwendete Modellvorstellungen und Berechnungsansätze historische Entwicklungen in verschiedenen Fachwelten und Denkschulen wider, die dazu führten, dass für ein- und denselben Tatbestand – aus heutiger Sicht überflüssigerweise – unterschiedliche Definitionen und Beschreibungen verwendet werden. Musterbeispiele hierfür sind unter Anderen die unterschiedlichen Definitionen der ideal verdünnten Lösung und das eng damit zusammenhängende Gesetz von Henry. Es war uns ein besonderes Anliegen, auf diese unterschiedlichen Definitionen und Darstellungsweisen hinzuweisen und somit Studierenden als auch Praktikern den korrekten Gebrauch der entsprechenden Ansätze zu erleichtern.

Den ehemaligen Autoren Karl Stephan und Franz Mayinger möchten wir dafür danken, dass sie die Neugestaltung des Buches unterstützt und uns bezüglich Form und Inhalt freie Hand gelassen haben. Dem Springer Verlag danken wir für die konstruktive Zusammenarbeit und unseren Mitarbeitern Matthias Schenk, Nicole Neubauer und Philipp Hänichen für die sorgfältige Erstellung der druckfähigen Datei.

Karlsruhe und Darmstadt, im November 2009

                                                                                Karlheinz Schaber
                                                                                Peter Stephan

Liste der Formelzeichen[1]

---

1. Lateinische Buchstaben

A	Fläche [m^2]
a_i	Aktivität einer Komponente i in einer Mischung
$\bar{C}_p, \bar{C}_v$	molare Wärmekapazität [J/(kmol K)]
c	molare Konzentration (einer Mischphase) [kmol/m^3]
c_i	molare Konzentration einer Komponente i in einer Mischphase [kmol/m^3]
c	spezifische Wärmekapazität [J/(kg K)]
c_p	– bei konstantem Druck [J/(kg K)]
c_v	– bei konstantem Volumen [J/(kg K)]
D	Dielektrizitätskonstante [C/Nm^2]
E	Energie [J]
e	Elementarladung [C]
F	freie Energie [J]
$\bar{F}$	molare freie Energie (einer Mischphase) [J/kmol]
f	spezifische freie Energie [J/kg]
f_i	Fugazität einer Komponente i in einer Mischphase [N/m^2]
f_{0i}	Fugazität eines reinen Stoffes i [N/m^2]
G	freie Enthalpie [J]
$\bar{G}$	molare freie Enthalpie (einer Mischphase) [J/kmol]
g	spezifische freie Enthalpie [J/kg]
g	Fallbeschleunigung [m/s^2]
H	Enthalpie [J]
$\bar{H}$	molare Enthalpie (einer Mischphase) [J/kmol]
H_i	partielle molare Enthalpie einer Komponente i in einer Mischphase [J/kmol]

---

[1] SI-Einheiten sind in eckigen Klammern hinzugefügt. Größen, bei denen diese Angabe fehlt, sind dimensionslos.

H_{0i}	molare Enthalpie eines reinen Stoffes i [J/kmol]
h	spezifische Enthalpie [J/kg]
I_m	Ionenstärke [kmol/kg]
K	Gleichgewichtskonstante
k	Boltzmannsche Konstante [J/K]
L	Arbeit [J], [Nm]
L_{min}	minimaler Luftbedarf bei der Verbrennung [kmol/kg]
l	spezifische Arbeit [J/kg], [Nm/kg]
l_{min}	minimaler spezifischer Luftbedarf [kmol/kg]
L_t	technische Arbeit [J], [Nm]
l_t	spezifische technische Arbeit [J/kg], [Nm/kg]
m_i	Molalität (Molbeladung) einer Komponente i in einer Mischphase [kmol/kg]
M	Masse [kg]
M_i	Masse einer Komponente i in einer Mischphase [kg]
$\dot{M}$	Massenstrom [kg/s]
$\bar{M}$	Molmasse [kg/kmol]
N_A	Loschmidt-Zahl, Avogadro-Konstante [l/kmol]
N	Stoffmenge, Anzahl der Mole [kmol]
N_i	Stoffmenge einer Komponente i in einer Mischphase [kmol]
O_{min}	minimaler Sauerstoffbedarf bei der Verbrennung [kmol]
o_{min}	minimaler spezifischer Sauerstoffbedarf [kmol/kg]
P	Leistung [W]
p	Druck [N/m^2], [bar]
p_k	kritischer Druck [bar]
p_r	normierter Druck
p_i	Partialdruck einer Komponente i
p_{is}	Partialdruck einer Komponente i im Sättigungszustand
p_s	Sättigungsdampfdruck
$p_{0is}(T)$	Dampfdruck eines reinen Stoffes i
Q	Wärme [J]
$\bar{Q}$	molare Wärme [J/kmol]
$\dot{Q}$	Wärmestrom [W]
q	spezifische Wärme [J/kg]
r	Radius
R_i	Gaskonstante einer Komponente i [J/(kg K)]
$\bar{R}$	universelle Gaskonstante [J/(kmol K)]
S	Entropie [J/K]
$\bar{S}$	molare Entropie (einer Mischphase) [J/(kmol K)]
S_i	partielle molare Entropie einer Komponente i in einer Mischphase [J/(kmol K)]
S_{0i}	molare Entropie eines reinen Stoffes i [J/(kmol K)]

$\dot{S}$	Entropiestrom [kJ/(s K)]
s	spezifische Entropie [J/(kg K)]
S	Sättigungsgrad
S_i	partieller Sättigungsgrad
T	absolute Temperatur [K]
T_k	kritische Temperatur [K]
T_r	normierte Temperatur
T_s	Sättigungstemperatur [K]
t	Temperatur über Eispunkt [°C]
U	innere Energie [J]
$\bar{U}$	molare innere Energie (einer Mischphase) [J/kmol]
u	spezifische innere Energie [J/kg]
V	Volumen [m³]
V_r	reduziertes Volumen [m³]
$\bar{V}$	molares Volumen einer Mischphase [m³/kmol]
V_i	partielles molares Volumen einer Komponente i in einer Mischphase [m³/kmol]
V_{0i}	molares Volumen eines reinen Stoffes i [m³/kmol]
v	spezifisches Volumen [m³/kg]
v_k	kritisches spezifisches Volumen [m³/kg]
v_r	normiertes spezifisches Volumen
w	Geschwindigkeit [m/s]
X_i	Massenbeladung [kg i / kg Trägerkomponente]
$\bar{X}_i$	Mol- bzw. Stoffmengenbeladung [kmol i / kmol Trägerkomponente]
x_i	Stoffmengenanteil, Molanteil (Molenbruch) allgemein bzw. Stoffmengenanteil in kondensierter Phase
y_i	Stoffmengenanteil, Molanteil (Molenbruch) in der Gasphase
Z	Realgasfaktor
Z	extensive Zustandsgröße
Z_i	partielle molare Zustandsgröße
Z_{0i}	molare Zustandsgröße eines reinen Stoffes i
z	Länge, Weg [m]
z_i	phasengemittelter Molanteil einer Komponente i

2. Griechische Buchstaben

γ_i	Aktivitätskoeffizient einer Komponente i
ζ	Reaktionslaufzahl [mol]
η	Wirkungsgrad, Gütegrad
η	dynamische Viskosität [kg /(m s)]
Θ	Debye-Temperatur [K]

χ	Verhältnis der spezifischen Wärmekapazitäten (Isentropenexponent)
λ	Luftverhältnis bei der Verbrennung
ν	kinematische Viskosität [m^2/s]
ρ	Dichte [kg/m^3]
σ	Oberflächenspannung [N/m]
τ	Zeit [s]
Φ	Potential
Φ	Potentialdifferenz [V]
φ	Lennard-Jones-Potential [J], [Nm]
φ	Winkel
φ_i	Fugazitätskoeffizient einer Komponente i in einer Mischphase
φ_{0i}	Fugazitätskoeffizient eines reinen Stoffes i
Ψ	Dissipationsenergie [J]
μ_i	chemisches Potential einer Komponente i in einer Mischphase [J/kmol]
μ_{0i}	chemisches Potential eines reinen Stoffes i [J/kmol]
ξ_i	Massenanteil einer Komponente i in einer Mischphase
Λ	molare Schmelzenthalpie [J/kmol]

3. Hochgestellte Indizes

$'$, $''$	Zustände auf Phasengrenzlinien (Siede- bzw. Taulinie)
$*$	Referenz ideal verdünnte Lösung
I, II, bzw. (1), (2), (n)	Phasen, Untersysteme allgemein
G, L, S	Phasenindizes (G = Gasphase; L = flüssige Phase; S = feste Phase)
E	Exzessgröße

4. Tiefgestellte Indizes

i	Komponente i in einem Gemisch
$0i$	Komponente i als reiner Stoff
k	Summationsindex
s	Sättigungsgröße (Phasengleichgewicht)

Inhaltsverzeichnis

Thermodynamik der Gemische

1 Grundbegriffe 3
   1.1 Anmerkungen zur Nomenklatur von Mischphasen 4
   1.2 Maße für die Zusammensetzung von Mischphasen 5
   1.3 Beziehungen zwischen den verschiedenen Maßen
        für die Zusammensetzung 8
   1.4 Beispiele und Aufgaben 13

2 Gemische idealer Gase 15
   2.1 Das Gesetz von Dalton 15
   2.2 Zustandsgleichungen und Zustandsgrößen
        von Gemischen idealer Gase 17
   2.3 Beispiele und Aufgaben 19

3 Dampf-Gas-Gemische 23
   3.1 Allgemeines 23
   3.2 Das h, X-Diagramm der feuchten Luft nach Mollier 28
        3.2.1 Enthalpieänderung bei gleichbleibender
               Wasserbeladung 33
        3.2.2 Mischung zweier Luftmassen 33
        3.2.3 Zusatz von Wasser 35
        3.2.4 Feuchte Luft streicht über eine Wasser- oder Eisfläche 36
   3.3 Beispiele und Aufgaben 39

4 Phasengleichgewichte: Phänomenologie und Phasendiagramme 45
   4.1 Gleichgewicht flüssiger und dampfförmiger Phasen binärer Gemische . . 46
        4.1.1 T, x- und p, x-Phasendiagramme 46
        4.1.2 Zustandsänderungen im kritischen Gebiet 54
        4.1.3 Zustandsänderungen von Gemischen
               mit azeotropem Punkt 58
   4.2 Gleichgewicht flüssiger Phasen binärer Gemische 60

4.3   Gleichgewicht fester und flüssiger Phasen binärer Gemische   65
4.4 h, ξ-Diagramme binärer Gemische   67
    4.4.1   Mischungsgerade, Hebelgesetz und Isothermen
         von flüssigen Gemischen   70
    4.4.2   Zweiphasige Zustandsbereiche   72
    4.4.3   Schmelzen und Gefrieren   74
    4.4.4   Zustandsänderungen im h, ξ-Diagramm   77
4.5   Phasendiagramme ternärer Systeme   84

5   Konstitutive Größen und Gleichungen zur Beschreibung von Mischphasen   87
5.1   Die Fundamentalgleichung von Gemischen
    und das chemische Potential   87
    5.1.1   Das chemische Potential   88
    5.1.2   Die Gibbssche Fundamentalgleichung   90
    5.1.3   Eigenschaften des chemischen Potentials   93
    5.1.4   Das chemische Potential idealer Gase   96
5.2   Thermodynamische Potentiale   98
5.3   Eulersche Gleichungen und die Gleichung von Gibbs-Duhem   107
    5.3.1   Die Eulerschen Gleichungen   107
    5.3.2   Die Gleichung von Gibbs-Duhem   110
5.4   Partielle molare Zustandsgrößen   113
    5.4.1   Grundlegende Zusammenhänge   113
    5.4.2   Berechnung der partiellen molaren Zustandsgrößen mit Hilfe
         des chemischen Potentials   119
5.5   Mischungs- und Exzessgrößen   121
    5.5.1   Grundlegende Beziehungen   121
    5.5.2   Mischungs-, Lösungs- und Verdünnungsenthalpien   124
    5.5.3   Die molare und die spezifische Wärmekapazität
         von Gemischen   132
5.6   Beispiele und Aufgaben   134

6   Thermodynamisches Gleichgewicht und Stabilität   143
6.1   Das Prinzip vom Minimum der Potentiale   143
6.2   Stabilität thermodynamischer Systeme   149
    6.2.1   Die Bedingung für mechanische Stabilität   151
    6.2.2   Die Bedingung für thermische Stabilität   153
    6.2.3   Bedingung für die Stabilität
         hinsichtlich des Stoffaustausches   155
    6.2.4   Metastabile Phasen am Beispiel von Einstoffsystemen   157
6.3   Das Phasengleichgewicht   158
6.4   Die Gibbssche Phasenregel   160
6.5   Beispiele   164

7 Das chemische Potential realer Fluide 167
  7.1 Das ideale Gas als Referenz:
      Fugazität und Fugazitätskoeffizient 167
  7.2 Die ideale Mischung als Referenz:
      Aktivität und Aktivitätskoeffizient 174
  7.3 Die ideal verdünnte Lösung als Referenz:
      Rationelle Aktivitätskoeffizienten 177
  7.4 Die Gleichung von Gibbs-Duhem für Fugazitäten
      und Aktivitäten 183
  7.5 Exzessgrößen und ihr Zusammenhang mit dem chemischen Potential . . 186
  7.6 Beispiele und Aufgaben 191

8 Empirische Ansätze für Zustandsgrößen von Gemischen 199
  8.1 Thermische Zustandsgleichungen 199
  8.2 G^E-Modelle und Aktivitätskoeffizienten 206
  8.3 Beispiele und Aufgaben 222

9 Phasenzerfall und Phasengleichgewichte 229
  9.1 Phasenzerfall von flüssigen oder festen Gemischen 229
  9.2 Die Gesetze von Raoult und Henry 231
      9.2.1 Die Gleichung von Duhem-Margules 231
      9.2.2 Verdampfungsgleichgewichte, Raoultsches Gesetz 236
      9.2.3 Zustand großer Verdünnung, Henrysches Gesetz 238
  9.3 Die allgemeine Berechnung von Phasengleichgewichten 242
      9.3.1 Dampf-Flüssigkeitsgleichgewichte 244
      9.3.2 Löslichkeit von Feststoffen in Flüssigkeiten 255
      9.3.3 Gleichgewicht zwischen nicht mischbaren
            flüssigen Phasen. 260
      9.3.4 Prüfung von Gleichgewichtsdaten
            auf thermodynamische Konsistenz 262
  9.4 Die Differentialgleichungen der Phasengrenzkurven 265
      9.4.1 Isobare Siedepunktserhöhung
            und isobare Gefrierpunktserniedrigung 268
      9.4.2 Isotherme Dampfdruckerniedrigung 273
      9.4.3 Der osmotische Druck 275
  9.5 Beispiele und Aufgaben 277

10 Grenzflächenbestimmte Systeme und spontane Phasenübergänge 289
  10.1 Thermodynamisches Gleichgewicht in dispersen Systemen 291
      10.1.1 Disperse Flüssigphase im Gleichgewicht mit einer Gasphase . . 291
      10.1.2 Verallgemeinerte Gibbs-Thomson-Gleichungen für Gemische
             am Beispiel einer dispersen Flüssigphase 295

10.1.3 Kelvin-Gleichung für Einstoffsysteme
und Betrachtungen zur Stabilität 298
10.1.4 Gasblasen in einer Flüssigkeit 299
10.2 Spontane Phasenübergänge 301

Thermodynamik chemischer Reaktionen

11   Grundlagen und das chemische Gleichgewicht 307
11.1 Formale Beschreibung chemischer Reaktionen 307
11.2 Das chemische Gleichgewicht 309
11.3 Homogene Reaktionen in Gasen 313
11.4 Homogene Reaktionen in der flüssigen Phase 315
11.5 Heterogene Reaktionen 316
11.6 Chemisches Gleichgewicht und Stoffbilanz 318
11.7 Beispiele und Aufgaben 322

12   Energieumsatz bei chemischen Reaktionen und Standardgrößen 325
12.1 Die Energiebilanz für chemisch reagierende Systeme 325
12.2 Standardgrößen für die Enthalpie, Entropie
und freie Enthalpie 330
12.3 Berechnung von Gleichgewichtskonstanten 335
12.4 Die Gleichgewichtskonstante als Funktion von Temperatur und Druck . . 337
12.5 Triebkraft einer chemischen Reaktion 339
12.6 Entropieerzeugung und maximal gewinnbare Arbeit 341
12.6.1 Entropieerzeugung bei Systemen ohne Nutzarbeit 341
12.6.2 Nutzarbeit bei reversiblen chemischen Reaktionen 342
12.7 Beispiele und Aufgaben 343

13   Gleichgewichtsreaktionen in der Gasphase 351
13.1 Der Gasgenerator zur Kohlenmonoxiderzeugung 351
13.2 Die Dissoziation von Kohlendioxid und Wasserdampf 354
13.3 Das Wassergasgleichgewicht und die Zersetzung
von Wasserdampf durch glühende Kohle 358

14   Gleichgewichtsreaktionen in Elektrolytlösungen 365
14.1 Grundbegriffe und Aktivitätskoeffizienten 365
14.2 Gleichgewichte in schwachen Elektrolytlösungen 372
14.2.1 Die Dissoziation des Wassers und der pH-Wert 372
14.2.2 Dampfdrücke über schwachen Elektrolytlösungen 373
14.3 Beispiele und Aufgaben 378

Prozesse

15   Verbrennungsprozesse 385
15.1 Verbrennungserscheinungen 385
15.2 Grundlegende Reaktionsgleichungen 391
15.3 Brennstoffzusammensetzung, Heiz- und Brennwerte 393
15.3.1 Zusammensetzung fester, flüssiger und gasförmiger Brennstoffe . 393
15.3.2 Heiz- und Brennwerte 394
15.4 Stoff- und Energiebilanzen bei vollständiger Verbrennung 402
15.4.1 Sauerstoff- und Luftbedarf 402
15.4.2 Abgaszusammensetzung 406
15.4.3 Verbrennungstemperatur und Wärmeabgabe 407
15.5 Unvollständige Verbrennung 411
15.6 Beispiele und Aufgaben 411

16   Prozesse zur Stofftrennung 415
16.1 Eindampfen 415
16.2 Destillation 423
16.3 Rektifikation 425
16.4 Extraktion 442
16.5 Kristallisation 448
16.6 Absorption 456
16.7 Partielles Verdampfen und Kondensieren
      von Mehrstoffgemischen 459
16.8 Beispiele und Aufgaben 462

Anhang 471

Lösungen der Aufgaben 473

Namen- und Sachverzeichnis 509

Thermodynamik der Gemische

Grundbegriffe

Im Unterschied zu der bisher behandelten Thermodynamik der reinen Stoffe befasst sich die Thermodynamik der Gemische mit Systemen, die aus mehreren einheitlichen Stoffen bestehen. Jeden der einheitlichen Stoffe bezeichnet man als *Komponente*. Die zu untersuchenden Systeme bestehen also aus mehreren Komponenten.

Ein besonders einfaches Beispiel sind Gasgemische. Gase sind stets völlig und in beliebiger Menge miteinander mischbar, wenn man von Zuständen sehr hoher Dichte absieht, bei denen man sich dem flüssigen Zustand nähert. Flüssigkeiten sind im Gegensatz zu Gasen häufig nur begrenzt ineinander löslich. Gelegentlich trennen sie sich bei größerer Zahl von Komponenten in deutlich voneinander unterscheidbare Schichten verschiedener Zusammensetzung, die nebeneinander im Gleichgewicht bestehen. Ein Beispiel hierfür sind Gemische aus Propan und Ammoniak. Füllt man beide Flüssigkeiten etwa bei 6,5 bar in ein Gefäß ein, so schichten sie sich. Das leichtere Propan (Dichte bei 10 °C: $\varrho = 0{,}515\,\mathrm{kg/dm^3}$) schwimmt auf dem schwereren Ammoniak (Dichte bei 10 °C: $\varrho = 0{,}625\,\mathrm{kg/dm^3}$). In dem Propan ist nur wenig Ammoniak gelöst und umgekehrt in dem Ammoniak nur wenig Propan. Das System Propan-Ammoniak besteht somit im thermodynamischen Gleichgewicht aus zwei homogenen *Phasen*, deren physikalische Eigenschaften wie Dichte, Zusammensetzung, Brechungsindex, Kompressibilität, spezifische Wärmekapazität u. a. deutlich voneinander verschieden sind.

Auch feste Stoffe sind häufig aus mehreren verschiedenen einheitlichen Stoffen zusammengesetzt, die ineinander gelöst sind. Eines der bekanntesten Beispiele sind die homogenen Legierungen. Genau wie Flüssigkeiten können auch Metalle mehr oder weniger große Mengen von Gasen gelöst enthalten.

Phasen sind allerdings nicht zwangsläufigerweise homogen. Ein wesentliches Merkmal der thermischen Trenntechnik, beispielsweise, sind Wärme- und Stoffaustauschvorgänge zwischen zwei Phasen, die nicht im thermodynamischen Gleichgewicht stehen. In den Phasen bilden sich dann ausgeprägte Profile bestimmter intensiver Zustandsgrößen wie z. B. der Temperatur aus.

© Springer-Verlag GmbH Deutschland 2017
P. Stephan et al., *Thermodynamik*, https://doi.org/10.1007/978-3-662-54439-6_1

Allgemein ist daher der Begriff *Phase* als Teilbereich eines Systems zu definieren, an dessen Grenzen sich Dichte, optische Eigenschaften (Brechungsindex) und gegebenenfalls die Struktur (bei Feststoffen) sprungartig ändern (siehe auch Bd. 1, Abschn. 1.4).

In der Thermodynamik der Gemische beschränken wir uns allerdings auf die Betrachtung homogener Phasen im thermodynamischen Gleichgewicht.

Beim Übergang zu thermischen Trennprozessen mit Phasen, die zueinander im thermodynamischen Nichtgleichgewicht stehen, gilt die für Wärme- und Stofftransportvorgänge fundamentale Annahme eines thermodynamischen Gleichgewichts direkt an der Phasengrenze. Somit ist offensichtlich, dass die Thermodynamik der Phasengleichgewichte auch bei Nichtgleichgewichtsprozessen eine tragende Rolle spielt.

1.1 Anmerkungen zur Nomenklatur von Mischphasen

Beim Übergang von Einstoff- zu Mehrstoffsystemen ist es zweckmäßig, eine gegenüber Einstoffsystemen leicht modifizierte Nomenklatur einzuführen, da bei Mehrstoffsystemen strikt zwischen Reinstoff- und Gemischgrößen zu unterscheiden ist.

In allen weiteren Ausführungen stehen deshalb die Indizes $0i$ für Reinstoffgrößen, insbesondere für *molare* Reinstoffgrößen, sowie i für die noch einzuführenden partiellen molaren Gemischgrößen.

Die bisher für spezifische und molare Größen benutzten Symbole werden weiter benutzt. Sie kennzeichnen jetzt die entsprechenden Größen für die gesamte (homogene) Mischphase. Am Beispiel des Volumens soll dies verdeutlicht werden. Es gelten die folgenden Bezeichnungen:

V [m^3]:   gesamtes Volumen einer Mischphase.

$\bar{V}$ [m^3/kmol] $= V/N$: molares Volumen einer Mischphase, wobei N die gesamte Stoffmengenzahl aller Komponenten ist.

V_{0i} [m^3/kmol]:   molares Volumen des reinen Stoffes i.

V_i [m^3/kmol]:   partielles molares Volumen des Stoffes i in einer Mischung. Die Definition dieser Größe erfolgt später.

Ein wesentlicher Gegenstand der Thermodynamik der Gemische ist die Beschreibung von Gleichgewichten zwischen zwei oder mehreren Phasen.

In Bd. 1 wurde strikt zwischen Zustandsgrößen im Phasengleichgewicht, d. h. auf den Phasengrenzlinien (Symbole z. B. v', v'') und Zustandsgrößen im einphasigen Bereich (Symbole z. B. v) unterschieden.

Prinzipiell wäre es richtig, diese Unterscheidung auch bei der Behandlung von Gemischen konsequent fortzuführen. Dies würde allerdings zu einer unnötigen Überfrachtung der verwendeten Symbole führen und wird daher in der einschlägigen Fachliteratur kaum praktiziert.

Daher wird auch in der vorliegenden Darstellung auf eine besondere Kennzeichnung der Zustandsgrößen auf den Phasengrenzlinien weitgehend verzichtet.

In den wenigen Fällen, wo dies aber zwingend erforderlich ist, werden dann die entsprechenden Bezeichnungen verwendet. Dies gilt insbesondere bei der Behandlung von Prozessen in Teil III und bei der Betrachtung von Phasenübergängen in Zustandsdiagrammen wie beispielsweise in Kap. 4.

Die Zustandsgrößen von Phasen werden generell durch die hochgestellten Indizes S (= feste Phase), L (= flüssige Phase) und G (= Gasphase) bezeichnet.

1.2 Maße für die Zusammensetzung von Mischphasen

Zur Beschreibung eines Gemisches müssen die von der Thermodynamik der Einstoffsysteme her bekannten Variablen um weitere Variablen ergänzt werden, die eine Aussage über die stoffliche Zusammensetzung der Mischphase erlauben.

Im Prinzip genügt die Angabe der Teilmassen M_i der einzelnen Komponenten bzw. der entsprechenden Teilstoffmengen N_i.

Die Gesamtmasse einer Mischphase setzt sich additiv aus den einzelnen Massen der K Komponenten zusammen.[1]

$$M = M_1 + M_2 + M_3 + \ldots + M_K = \sum_k M_k \, . \tag{1.1}$$

Gleiches gilt für die Stoffmenge, auch Anzahl der Mole oder Molanzahl genannt.

$$N = N_1 + N_2 + N_3 + \ldots + N_K = \sum_k N_k \, . \tag{1.2}$$

Anstatt die Massen oder Stoffmengen der einzelnen Komponenten anzugeben, ist es in den meisten Fällen zweckmäßig, bezogene Größen zur Charakterisierung von Mischphasen zu verwenden. Diese werden häufig auch als Konzentrationsmaße bezeichnet.

Die gebräuchlichsten Größen zur Kennzeichnung der Zusammensetzung einer Mischphase sind im Folgenden dargestellt.

a) Als *Stoffmengenanteil* auch *Molanteil* oder *Molenbruch*, definiert man die Stoffmenge N_i der Komponente i bezogen auf die Anzahl N aller Mole der betreffenden Phase. Der Stoffmengenanteil ist das gebräuchlichste und wichtigste Konzentrationsmaß in der Thermodynamik der Gemische. Für den Molanteil in einer beliebigen Phase verwenden wir allgemein das Symbol x_i,

$$x_i = \frac{N_i}{N} \, . \tag{1.3}$$

---

[1] Der Buchstabe k unter dem Summenzeichen bedeutet, dass über alle Komponenten $k = 1, 2, \ldots,$ K zu summieren ist.

Bei mehrphasigen Systemen im thermodynamischen Gleichgewicht werden dort, wo es besonders zweckmäßig erscheint (z. B. in Kap. 4), die Molanteile auf den Phasengrenzlinien mit x_i' für die Flüssigphase und x_i'' für die Dampfphase bezeichnet.

Im Sinne einer möglichst übersichtlichen Nomenklatur mit minimal indizierten Symbolen wird aber überwiegend – in Übereinstimmung mit den meisten Werken der einschlägigen internationalen Fachliteratur – für kondensierte Phasen (flüssige Phasen L, feste Phasen S) das Symbol x_i und für Gasphasen (G) das Symbol y_i benutzt werden. Dies ist immer dann gerechtfertigt, wenn in dem entsprechenden Kapitel nur Phasengleichgewichte betrachtet werden und daher jegliche Verwechslung ausgeschlossen ist. Es gilt dann

$$x_i = \frac{N_i^L}{N^L} \quad \text{mit} \quad N^L = \sum_k N_k^L \,, \tag{1.4}$$

$$y_i = \frac{N_i^G}{N^G} \quad \text{mit} \quad N^G = \sum_k N_k^G \,. \tag{1.5}$$

Gemäß Gl. 1.2 ist die Summe aller Molanteile

$$\sum_k x_k = 1 \,, \tag{1.6a}$$

$$\sum_k y_k = 1 \,. \tag{1.6b}$$

Für Zweistoffsysteme gilt also am Beispiel einer flüssigen Phase:

$$x_1 + x_2 = 1 \quad \text{mit} \quad x_1 = \frac{N_1^L}{N} \quad \text{und} \quad x_2 = \frac{N_2^L}{N} \,.$$

b) Als *Massenanteil*, auch *Massenbruch* genannt, definiert man die Masse M_i der Komponente i bezogen auf die gesamte Masse M der Phase. Es ist

$$\xi_i = \frac{M_i}{M} \,. \tag{1.7}$$

Das Symbol ξ_i wird für alle Phasen verwendet. Die Summe aller Massenanteile ist entsprechend Gl. 1.1

$$\sum_k \xi_k = 1 \,. \tag{1.8}$$

Für Zweistoffgemische gilt somit

$$\xi_1 + \xi_2 = 1 \quad \text{mit} \quad \xi_1 = \frac{M_1}{M} \quad \text{und} \quad \xi_2 = \frac{M_2}{M} \,.$$

c) Unter der *Partialdichte* ϱ_i, gelegentlich auch als *Massenkonzentration* bezeichnet, versteht man die Masse M_i der Komponente i in der Raumeinheit

$$\varrho_i = M_i / V \, . \tag{1.9}$$

Ist in dem Volumen V nur eine Komponente vorhanden, so geht die Partialdichte in die Dichte ϱ des betreffenden Stoffes über. Da die Massen aller Komponenten die Gesamtmasse ergeben, ist

$$\sum_k \varrho_k = \frac{1}{V} \sum_k M_k = \frac{M}{V} = \varrho \, ,$$

also

$$\sum_k \varrho_k = \varrho \, . \tag{1.10}$$

d) Die *Partialnormdichte*, auch *Partialmassenkonzentration* genannt, ist ein Konzentrationsmaß, das insbesondere in der Gesetzgebung zur Luftreinhaltung und infolgedessen auch in der Technik der Gasreinigung eine wichtige Rolle spielt[2]. Analog zu Gl. 1.9 definiert man

$$\varrho_{Ni} = \frac{M_i}{V_N} \, . \tag{1.11}$$

mit dem Normvolumen eines Gases $V_N = V$ ($p = 1{,}013$ bar, $T = 273{,}15$ K).
Im Gegensatz zur Partialdichte ist die Partialnormdichte unabhängig von Druck und Temperatur des Gases.

e) Die *molare Dichte*, auch *Molkonzentration* oder *Stoffmengenkonzentration* genannt, ist die Stoffmenge N_i in der Raumeinheit

$$c_i = \frac{N_i}{V} \, . \tag{1.12}$$

Da die Stoffmengen aller Stoffe in einer Phase die gesamte Stoffmenge ergeben, ist

$$\sum_k c_k = \frac{1}{V} \sum_k N_k = \frac{N}{V} = c \, ,$$

also

$$\sum_k c_k = c \, . \tag{1.13}$$

c ist die gesamte Stoffmengenkonzentration in einer Phase.

f) *Beladungsmaße*
Bei vielen Zustandsänderungen bleibt die Stoffmenge oder Masse einer Komponente erhalten, während sich die Menge der übrigen Komponenten ändert. So hat man es in

---

[2] Technische Anleitung zur Reinhaltung der Luft (TA Luft); erlassen aufgrund von § 48 Bundes-Immissionsschutzgesetz (7/2002).

der Klima- und Trocknungstechnik häufig mit Zustandsänderungen von Wasserdampf-
Luft-Gemischen zu tun, beispielsweise dann, wenn Luft über ein feuchtes Gut strömt.
Dabei wird die Luft feuchter, sie nimmt Wasserdampf auf, die Luftmenge in dem
Gemisch bleibt aber unverändert. In solchen Fällen ist es zweckmäßig, als Bezugskomponente 1 diejenige Komponente zu wählen, deren Menge konstant ist, in der Klima-
und Trocknungstechnik also die Menge der trockenen Luft. Man definiert als *Massenbeladung*

$$X_i = M_i / M_1 . \tag{1.14}$$

In der Klima- und Trocknungstechnik bezieht man die Menge M_w des Wasserdampfes
auf die Menge $M_L = M_1$ der trockenen Luft und nennt die Größe auch Wasserbeladung.

In der Thermodynamik der chemischen Reaktionen benutzt man zur Charakterisierung
flüssiger Phasen, insbesondere von wässrigen Lösungen, die *Molbeladung* m_i, auch
Molalität genannt.

$$m_i = N_i / M_1 . \tag{1.15}$$

Die Dimension der Molalität ist mol/kg.

Eine 1-molare Natronlauge ist somit 1 Mol NaOH gelöst in 1 kg Wasser.

1.3 Beziehungen zwischen den verschiedenen Maßen für die Zusammensetzung

Die einzelnen Maße für die Zusammensetzung von Phasen lassen sich beliebig ineinander
umrechnen. Im Folgenden werden die wichtigsten Gleichungen zur Umrechnung abgeleitet. Am Ende des Kapitels sind in Tab 1.1 alle Gleichungen zur Umrechnung vollständig
angegeben.

a) Stoffmengenanteile und Massenanteile

Um einen Zusammenhang zwischen Mol- und Massenanteilen zu finden, geht man
von der Definition für den Molanteil Gl. 1.3 aus und ersetzt in dieser mit Hilfe der
Definitionsgleichung für die Molmasse

$$\bar{M}_i = M_i / N_i$$

die Stoffmenge durch $N_i = M_i / \bar{M}_i$. Man findet

$$x_i \bar{M}_i = M_i / N . \tag{1.16}$$

Summiert man über alle Komponenten, so erhält man

$$\sum_k x_k \bar{M}_k = \left(\sum_k M_k \right) / N = M / N .$$

Auf der rechten Seite steht die Masse M bezogen auf die Stoffmenge N aller Komponenten. Diesen Quotienten bezeichnet man als *mittlere Molmasse* $\bar{M}$. Diese ist somit gegeben durch

$$\bar{M} = M/N = \sum_k x_k \bar{M}_k \, . \tag{1.17}$$

Aus Gl. 1.16 erhält man durch Multiplikation mit M/M

$$x_i = \frac{1}{\bar{M}_i} \frac{M}{N} \frac{M_i}{M} = \frac{1}{\bar{M}_i} \bar{M} \frac{M_i}{M} = \frac{\bar{M}}{\bar{M}_i} \xi_i$$

oder

$$\xi_i = \frac{\bar{M}_i}{\bar{M}} x_i \, . \tag{1.18}$$

Gl. 1.18 stellt den gesuchten Zusammenhang zwischen den Mol- und den Massenanteilen dar. Sind die Molanteile bekannt, so kennt man nach Gl. 1.17 die mittlere Molmasse $\bar{M}$ und kann dann aus Gl. 1.18 die Massenanteile berechnen. Im umgekehrten Fall, wenn die Massenanteile bekannt sind, ergeben sich die Molanteile aus

$$x_i = \frac{\bar{M}}{\bar{M}_i} \xi_i \, , \tag{1.18a}$$

worin man die mittlere Molmasse $\bar{M}$ nun aus den Massenbrüchen und Molmassen berechnen kann, da

$$\frac{1}{\bar{M}} = \frac{N}{M} = \sum_k \frac{N_k}{M} = \sum_k \frac{M_k}{M} \cdot \frac{N_k}{M_k}$$

und somit

$$\frac{1}{\bar{M}} = \sum_k \xi_k \frac{1}{\bar{M}_k} \tag{1.19}$$

ist. Für ein Zweistoffgemisch erhält man aus den Gl. 1.18a und Gl. 1.19 unter Beachtung von $\xi_1 + \xi_2 = 1$

$$x_1 = \frac{\xi_1}{\bar{M}_1 \left(\dfrac{\xi_1}{\bar{M}_1} + \dfrac{\xi_2}{\bar{M}_2} \right)} = \xi_1 \frac{\bar{M}_2/\bar{M}_1}{1 + \xi_1 (\bar{M}_2/\bar{M}_1 - 1)} \tag{1.20}$$

und

$$x_2 = \frac{\xi_2}{\bar{M}_2 \left(\dfrac{\xi_1}{\bar{M}_1} + \dfrac{\xi_2}{\bar{M}_2} \right)} = \xi_2 \frac{\bar{M}_1/\bar{M}_2}{1 + \xi_2 (\bar{M}_1/\bar{M}_2 - 1)} \, . \tag{1.20a}$$

Mol- und Massenanteile stimmen überein, wenn die Molmassen gleich sind und unterscheiden sich um so stärker, je mehr die Molmassen der Komponenten voneinander verschieden sind.

Als Beispiel nehmen wir an, ein Zweistoffgemisch bestünde zu gleichen Massenanteilen $\xi_1 = \xi_2 = 0{,}5$ aus Helium (Molmasse $\bar{M}_1 = 4{,}0026\,\text{kg/kmol}$) und aus Argon (Molmasse $\bar{M}_2 = 39{,}948\,\text{kg/kmol}$). Mit Hilfe von Gl. 1.20 und Gl. 1.20a errechnet man hierfür die Molanteile $x_1 = 0{,}9089$ und $x_2 = 0{,}0911$, also Werte, die von den Massenanteilen völlig verschieden sind. Das Beispiel zeigt deutlich, dass zu jeder Angabe für die Zusammensetzung auch die Angabe des Maßes gehört.

b) Partialdichte und Massenanteile / Stoffmengendichte und Molanteile

Die Partialdichte nach Gl. 1.9 lässt sich leicht in Massenanteile umrechnen. Es ist

$$\varrho_i = \frac{M_i}{M}\frac{M}{V}$$

oder

$$\varrho_i = \xi_i \varrho \; . \tag{1.21}$$

Ähnliches gilt für die Umrechnung von Stoffmengenkonzentrationen in Molanteile und umgekehrt

$$c_i = \frac{N_i}{V} = \frac{N_i}{V}\frac{N}{N} = x_i\frac{N}{V}$$

oder

$$c_i = x_i\, c \; . \tag{1.22}$$

c) Normpartialdichten und Molanteile

Wir betrachten zunächst die Umrechnung von Molanteilen in Partialdichten. Ausgehend von der Definition der Partialdichte ergibt sich durch Erweitern des Bruches folgender Zusammenhang:

$$\varrho_i = \frac{M_i}{V} = \frac{M_i}{V}\frac{N_i}{N_i}\frac{N}{N} = \frac{N_i}{N}\frac{M_i}{N_i}\frac{N}{V} = y_i\bar{M}_i\frac{1}{\bar{V}} \; . \tag{1.23}$$

Für den Molanteil benutzen wir hier das Symbol y_i für die Gasphase, da diese Umrechnung zur Charakterisierung der Gasphasenzusammensetzung häufig benutzt wird. Schreibt man Gl. 1.23 für Normpartialdichten folgt

$$\varrho_{Ni} = y_i\frac{\bar{M}_i}{\bar{V}_N} \; . \tag{1.24}$$

mit dem molaren Normvolumen $\bar{V}_N$, das für alle idealen Gase gleich ist,

$$\bar{V}_N = \bar{V}\,(273{,}15\,\text{K}\,/\,1{,}01325\,\text{bar}) = 22{,}4136\,\frac{\text{m}_N^3}{\text{kmol}} \; .$$

d) Molalitäten und Molanteile

Wie bei den vorausgegangenen Herleitungen gehen wir auch hier von der Definitionsgleichung aus und erweitern diesen Bruch in geeigneter Weise. Komponente 1 ist die
Bezugskomponente, beispielsweise das Lösungsmittel Wasser.

$$m_i = \frac{N_i}{M_1} = \frac{N_i}{M_1} \frac{N}{N} \frac{N_1}{N_1} = x_i \frac{1}{\bar{M}_1} \frac{1}{x_1} . \tag{1.25}$$

Das Produkt $\bar{M}_1 x_1$ lässt sich mit dem Ausdruck für die mittlere Molmasse $\bar{M}$ der
Mischung eliminieren. Gemäß Gl. 1.17 gilt

$$\bar{M} = \sum_k x_k \bar{M}_k = x_1 \bar{M}_1 + \sum_2^K x_k \bar{M}_k .$$

Somit folgt aus Gl. 1.25

$$m_i = \frac{x_i}{\bar{M} - \sum_2^K x_k \bar{M}_k} . \tag{1.26}$$

Bei der Umrechnung von Molalitäten in Molanteile geht man von der Definitionsgleichung für Molanteile aus

$$x_i = \frac{N_i}{N} \frac{M_1}{M_1} = m_i \frac{M_1}{N} . \tag{1.27}$$

Setzt man für N

$$N = \sum_1^K N_k = N_1 + \sum_2^K N_k$$

in Gl. 1.27 folgt mit $M_1/N_1 = \bar{M}_1$ und $m_k = N_k/M_1$

$$x_i = m_i \frac{1}{\dfrac{1}{\bar{M}_1} + \sum_2^K m_k} \quad \text{bzw.}$$

$$x_i = m_i \frac{\bar{M}_1}{1 + \bar{M}_1 \sum_2^K m_k} . \tag{1.28}$$

Ein äquivalenter Zusammenhang ergibt sich, wenn man die Definitionsgleichung von
x_i mit der Gesamtmasse M der Mischung und der Masse des Lösungsmittels M_1 erweitert.

$$x_i = \frac{N_i}{N} \frac{M}{M} \frac{M_1}{M_1} = m_i \bar{M} \frac{M_1}{M} . \tag{1.29}$$

Tab. 1.1 Umrechnungen für Zusammensetzungsmaße

gesucht / gegeben	$x_i =$	$\xi_i =$	$c_i =$	$\varrho_i =$	$p_i =^{a}$	$X_i =$	$m_i =$
Molanteil $x_i = \dfrac{N_i}{N}$	–	$x_i \dfrac{\bar M_i}{\bar M}$	$x_i c$	$x_i \bar M_i c$	$x_i p$	$\dfrac{\bar M_i}{\bar M_1}\dfrac{x_i}{x_1}$	$\dfrac{x_i}{\bar M - \sum_2^K x_j \bar M_j}$
Massenanteil $\xi_i = \dfrac{M_i}{M}$	$\xi_i \dfrac{\bar M}{\bar M_i}$	–	$\xi_i \dfrac{\varrho}{\bar M_i}$	$\xi_i \varrho$	$\xi_i \dfrac{\bar M p}{\bar M_i}$	$\dfrac{\xi_i}{\xi_1}$	$\dfrac{\xi_i/\bar M_i}{1 - \sum_2^K \xi_j}$
Molkonzentration $c_i = \dfrac{N_i}{V}$	$\dfrac{c_i}{c}$	$c_i \dfrac{\bar M_i}{\varrho}$	–	$c_i \bar M_i$	$c_i \bar R T$	$\dfrac{c_i}{c_1}\dfrac{\bar M_i}{\bar M_1}$	$\dfrac{c_i}{c\bar M - \sum_2^K c_j \bar M_j}$
Partialdichte $\varrho_i = \dfrac{M_i}{V}$	$\dfrac{\varrho_i \bar M}{\varrho \bar M_i}$	$\dfrac{\varrho_i}{\varrho}$	$\dfrac{\varrho_i}{\bar M_i}$	–	$\varrho_i \dfrac{\bar R T}{\bar M_i}$	$\dfrac{\varrho_i}{\varrho_1}$	$\dfrac{\varrho_i/\bar M_i}{\varrho - \sum_2^K \varrho_j}$
Partialdruck $p_i^{a} = \dfrac{p_i}{p}$	$\dfrac{p_i}{p}$	$\dfrac{\bar M_i p_i}{\bar M p}$	$\dfrac{p_i}{\bar R T}$	$\dfrac{\bar M_i p_i}{\bar R T}$	–	$\dfrac{p_i \bar M_i}{p_1 \bar M_1}$	–
Massenbeladung $X_i = \dfrac{M_i}{M_1}$	$\dfrac{\bar M}{\bar M_i}\dfrac{X_i}{1+\sum_2^K X_j}$	$\dfrac{X_i}{1+\sum_2^K X_j}$	$\dfrac{\varrho}{\bar M_i}\dfrac{X_i}{1+\sum_2^K X_j}$	$\varrho \dfrac{X_i}{1+\sum_2^K X_j}$	$\dfrac{p\bar M X_i}{\bar M_i\left(1+\sum_2^K X_j\right)}$	–	–
Molalität[b] $m_i = \dfrac{N_i}{M_1}$	$\dfrac{m_i \bar M_1}{1+\sum_2^K m_j \bar M_j}$	$\dfrac{m_i \bar M_i}{1+\sum_2^K m_j \bar M_j}$	$\dfrac{m_i \varrho}{1+\sum_2^K m_j \bar M_j}$	$\dfrac{m_i \bar M_i \varrho}{1+\sum_2^K m_j \bar M_j}$	–	–	–

[a] nur für Gase,

[b] nur für Lösungen mol/kg, Indizes: 1 Bezugskomponente (Trägergas/Lösungsmittel)

$c = N/V$, $c_1 = N_1/V$, ideales Gas: $c = p/\bar R T$, $\bar R = 8{,}314\,\mathrm{kJ}/(\mathrm{kmol\,K}) = 0{,}08314\,\mathrm{bar\,m^3}/(\mathrm{kmol\,K})$

Mit $M = M_1 + \sum_2^K M_k = M_1 + \sum_2^K N_k \bar{M}_k$ folgt aus Gl. 1.29

$$x_i = m_i \; \frac{\bar{M}}{1 + \sum_2^K m_k \bar{M}_k} \; . \tag{1.30}$$

e) Umrechnungstabelle Die Umrechnungen aller anderen Maße zur Kennzeichnung der Zusammensetzung von Mischphasen erfolgen in ähnlicher Weise wie bei den zuvor im Detail hergeleiteten Gleichungen.

Tab. 1.1 enthält Beziehungen zur Umrechnung der gebräuchlichsten Zusammensetzungsmaße.

1.4 Beispiele und Aufgaben

Beispiel 1.1

Im Sumpf einer Trennkolonne befinden sich $0{,}17768\,\mathrm{m}^3$ eines Vierstoffgemisches bei $50\,°\mathrm{C}$, bestehend aus $M_1 = 80\,\mathrm{kg}$ Benzol, $M_2 = 50\,\mathrm{kg}$ Toluol, $M_3 = 10\,\mathrm{kg}$ o-Xylol und $M_4 = 10\,\mathrm{kg}$ p-Xylol. Die Molmassen sind $\bar{M}_1 = 78{,}1\,\mathrm{kg/kmol}$, $\bar{M}_2 = 92{,}2\,\mathrm{kg/kmol}$ und $\bar{M}_3 = \bar{M}_4 = 106{,}2\,\mathrm{kg/kmol}$.

Man berechne Massen- und Molenbrüche, Dichten und Partialdichten.

Die Gesamtmasse $M = M_1 + M_2 + M_3 + M_4$ beträgt $150\,\mathrm{kg}$. Die Massenbrüche folgen aus $\xi_i = M_i/M$ zu $\xi_1 = 80/150 \cong 0{,}5333$, $\xi_2 = 50/150 \cong 0{,}3333$, $\xi_3 = \xi_4 = 10/15 \cong 0{,}06667$. Es ist $\xi_1 + \xi_2 + \xi_3 + \xi_4 = 1$. Die Molmengen folgen aus $N_i = M_i/\bar{M}_i$ zu $N_1 = 80\,\mathrm{kg}/78{,}1\,\mathrm{(kg/kmol)} = 1{,}0243\,\mathrm{kmol}$, $N_2 = 50\,\mathrm{kg}/92{,}2\,\mathrm{(kg/kmol)} = 0{,}5423\,\mathrm{kmol}$, $N_3 = N_4 = 10\,\mathrm{kg}/106{,}2\,\mathrm{(kg/kmol)} = 0{,}09416\,\mathrm{kmol}$.

Die gesamte Molmenge ist $N_1 + N_2 + N_3 + N_4 = 1{,}7550\,\mathrm{kmol}$. Die Molenbrüche sind $x_i = N_i/N$, damit $x_1 = 0{,}5837$, $x_2 = 0{,}309$, $x_3 = x_4 = 0{,}05365$. Es ist $x_1 + x_2 + x_3 + x_4 \cong 1$. Die Dichte ergibt sich aus $\varrho = M/V = 150\,\mathrm{kg}/0{,}17768\,\mathrm{m}^3 = 844{,}2\,\mathrm{kg/m}^3$. Damit folgen die Partialdichten aus $\varrho_1 = 450{,}2\,\mathrm{kg/m}^3$, $\varrho_2 = 281{,}4\,\mathrm{kg/m}^3$, $\varrho_3 = \varrho_4 = 56{,}28\,\mathrm{kg/m}^3$. Es ist $\varrho = \varrho_1 + \varrho_2 + \varrho_3 + \varrho_4 = 844{,}2\,\mathrm{kg/m}^3$.

Beispiel 1.2

Ein Rauchgas enthält $200\,\mathrm{ppm(Mol)}$ SO_2. Die Molmasse von SO_2 beträgt $64\,\mathrm{kg/kmol}$. Wie groß ist die Normmassenkonzentration ($=$ Normpartialdichte) in $\mathrm{mg/m}_N^3$?

Nach Gl. 1.24 gilt

$$\varrho_{Ni} = 200 \cdot 10^{-6} \; \frac{64\,\mathrm{kg\,kmol}}{22{,}4136\,\mathrm{kmol\,m}_N^3} = 200 \cdot 2{,}855\,\mathrm{mg/m}_N^3 = 571\,\mathrm{mg/m}_N^3 \; .$$

Aufgabe 1.1

Entwickeln Sie eine Beziehung zur Umrechnung von Molalitäten m_i in Massenanteile ξ_i.

Aufgabe 1.2

Wie hoch sind der Molanteil x_2 und der Massenanteil ξ_2 von NaCl ($\bar{M}_2 = 58.5\,\mathrm{kg/kmol}$) in einer wässrigen Lösung mit einer Molalität von $m_2 = 1\,\mathrm{mol/kg}$?

Gemische idealer Gase

2

Gemische idealer Gase sind in der Natur und in vielen technischen Anwendungen von großer Bedeutung. Beispielhaft seien Luft, die vereinfachend zu etwa 79 Vol.% aus reinem Stickstoff und zu etwa 21 Vol.% aus reinem Sauerstoff besteht, sowie Erdgas, das je nach Herkunft sehr unterschiedlich zusammengesetzt sein kann, genannt. Ein solches Gemisch idealer Gase verhält sich, sofern die einzelnen Gase nicht chemisch miteinander reagieren, qualitativ wie ein reines ideales Gas. Daher können für die Beschreibung thermodynamischer Zustände und Prozesse die Gleichungen für reine ideale Gase angewandt werden, wobei die Stoffwerte des Gemisches einzusetzen sind.

2.1 Das Gesetz von Dalton

Für ein Gemisch idealer Gase vom Volumen V, der Temperatur T und der Molmenge N gilt aufgrund der obigen Erläuterungen die thermische Zustandsgleichung idealer Gase

$$pV = N\bar{R}T \,, \tag{2.1}$$

wobei $\bar{R}$ die *universelle Gaskonstante* ist. Wir stellen uns nun vor, jede beliebige Komponente i des Gemisches idealer Gase sei bei der Temperatur T allein in dem Volumen V vorhanden. Sie würde dann einen Druck p_i ausüben, den wir als *Partialdruck* bezeichnen. Für die einzelnen Komponenten gilt somit

$$p_1 V = N_1 \bar{R}T$$
$$p_2 V = N_2 \bar{R}T$$
$$\vdots$$
$$p_K V = N_K \bar{R}T \,.$$

© Springer-Verlag GmbH Deutschland 2017
P. Stephan et al., *Thermodynamik*, https://doi.org/10.1007/978-3-662-54439-6_2

Abb. 2.1 Messung von Partialdrücken mit semipermeablen
Membranen

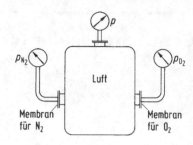

Addiert man alle Gleichungen, so erhält man

$$\sum_k p_k V = \sum_k N_k \bar{R} T = N \bar{R} T \;.$$

Wie der Vergleich mit Gl. 2.1 zeigt, ist der Gesamtdruck p gleich der Summe aller Partialdrücke

$$p = \sum_k p_k \;. \tag{2.2}$$

▶ **Merksatz** Der Gesamtdruck eines Gemisches idealer Gase, das bei der Temperatur T
das Volumen V einnimmt, ist gleich der Summe der Drücke der Einzelgase, die diese bei
unveränderter Temperatur T annähmen, wenn sie das Volumen V allein ausfüllten.

Diese Beziehung ist als Gesetz von Dalton[1] bekannt.

Da zwischen den Molekülen idealer Gase keine Anziehungs- oder Abstoßungskräfte wirken, verhält sich jede Komponente so, als seien die anderen Komponenten nicht
vorhanden. Der Partialdruck idealer Gase ist somit gleich dem Druck, den jede Komponente zum Gesamtdruck beiträgt. Die Partialdrücke eines Gasgemisches, beispielsweise
von Luft, die wir vereinfachend als Gemisch von Stickstoff und Sauerstoff auffassen wollen, könnte man messen, wenn man eine Membran besäße, die nur für Stickstoff und eine
andere, die nur für Sauerstoff durchlässig wäre. Würde man diese an einem luftgefüllten
Gefäß anbringen, so würde, wie in Abb. 2.1 dargestellt, das linke Manometer den Partialdruck des Stickstoffes, das rechte den des Sauerstoffes und das mittlere den Gesamtdruck
anzeigen. Solche semipermeablen Membranen lassen sich jedoch nur in seltenen Fällen
herstellen, so dass die praktische Messung von Partialdrücken meistens nicht möglich ist.
Immerhin zeigt das Experiment, wie man Partialdrücke grundsätzlich messen könnte.

---

[1] John Dalton (1766–1844), englischer Physiker, formulierte 1801 das Gesetz über den Partialdruck.
1803 veröffentlichte er eine Atomtheorie, in der er erstmalig feststellte, dass die Atome eines Elements stets gleiche, von den Atomen anderer Elemente verschiedene Atommassen haben. Er ist
auch der Entdecker der Rot-Grün Farbenblindheit beim Menschen, die nach ihm Daltonismus genannt wird.

Für eine beliebige Komponente i ist

$$p_i V = N_i \bar{R} T \; .$$

Andererseits gilt für das Gemisch idealer Gase nach Gl. 2.1

$$pV = N \bar{R} T \; .$$

Division beider Gleichungen ergibt die wichtige Beziehung

$$p_i / p = N_i / N = y_i$$

oder

$$p_i = y_i \, p \; . \tag{2.3}$$

Der Molenbruch y_i eines idealen Gases in einem Gemisch idealer Gase ist gleich dem Quotienten aus Partialdruck und Gesamtdruck.

2.2 Zustandsgleichungen und Zustandsgrößen von Gemischen idealer Gase

Für ein Gemisch idealer Gase gilt

$$p = N \bar{R} T / V = MRT / V \; ,$$

worin M die Masse und R die *individuelle Gaskonstante* des Gemisches sind. Wie aus dieser Beziehung folgt, ist die individuelle Gaskonstante R mit der universellen verknüpft durch (vgl. Bd. 1, Abschn. 3.3)

$$R = N \bar{R} / M = \bar{R} / \bar{M} \; , \tag{2.4}$$

mit der mittleren Molmasse $\bar{M}$ des Gemisches nach Gl. 1.17.

Die Gaskonstante R des Gemisches, auch mittlere Gaskonstante genannt, kann man mit Hilfe der Massenbrüche berechnen. Um dies zu zeigen, gehen wir von den Zustandsgleichungen der einzelnen Komponente i aus

$$p_i V = M_i R_i T \; ,$$

woraus durch Addition über alle Komponenten $k = 1, 2, \ldots, K$

$$pV = T \sum_k M_k R_k$$

folgt. Andererseits ist die mittlere Gaskonstante R definiert durch

$$pV = MRT .$$

Aus dem Vergleich beider Beziehungen folgt

$$R = \left(\sum_k M_k R_k \right) / M = \sum_k \xi_k R_k . \tag{2.5}$$

Ebenso wie die mittlere Gaskonstante ergeben sich auch innere Energie, Enthalpie und spezifische Wärmekapazität aus den Werten der Komponenten, da jede Komponente eines idealen Gases sich so verhält, als ob sie allein vorhanden wäre. Somit folgt für die kalorischen Größen Wärmekapazität, innere Energie und Enthalpie

$$c_v = \sum_k \xi_k c_{v0k} , \qquad\qquad \bar{C}_v = \sum_k y_k C_{v0k} , \tag{2.6a}$$

$$c_p = \sum_k \xi_k c_{p0k} , \qquad\qquad \bar{C}_p = \sum_k y_k C_{p0k} , \tag{2.6b}$$

$$u = \sum_k \xi_k u_{0k} , \qquad\qquad \bar{U} = \sum_k y_k U_{0k} , \tag{2.6c}$$

$$h = \sum_k \xi_k h_{0k} , \qquad\qquad \bar{H} = \sum_k y_k H_{0k} . \tag{2.6d}$$

Entsprechend der Nomenklatur dieses Buches entfällt hierbei bei den molaren Größen, die sonst mit Großbuchstaben und Querbalken geschrieben werden, der Querbalken sofern sie sich auf die reine Komponente beziehen, was im Falle des Gemisches durch den zusätzlichen Index 0 gekennzeichnet ist. Anders als bei idealen Gasen, können sich bei realen Fluiden die Werte eines Reinstoffes von denen des Reinstoffes im Gemisch unterscheiden. Hierauf wird in Abschn. 5.5.1 näher eingegangen.

Sämtliche Gleichungen gelten wiederum für ideale Gase. Die Entropie eines Gemisches aus zwei idealen Gasen setzt sich aus den Entropien der einzelnen Komponenten vor der Mischung und aus der Zunahme der Entropie durch die Mischung zusammen (vgl. Bd. 1 Abschn. 10.4). Dies gilt ebenso für die Entropie eines Gemisches idealer Gase aus K Komponenten:

$$S = N\bar{S} = N_1 S_{01} + N_2 S_{02} + \ldots N_K S_{0K} +$$
$$+ N_1 \bar{R} \ln \frac{p}{p_1} + N_2 \bar{R} \ln \frac{p}{p_2} + \ldots N_k \bar{R} \ln \frac{p}{p_K} .$$

Mit S_{0i} ist die *molare Entropie* der reinen Komponente i vor der Mischung, also beim Druck p und der Temperatur T, bezeichnet. Hieraus erhält man die molare Entropie eines

Gemisches idealer Gase, wenn man durch die Molmenge dividiert und $N_i/N = p_i/p = y_i$ setzt

$$\bar{S} = \sum_k y_k S_{0k}(p, T) - \bar{R} \sum_k y_k \ln y_k \quad \text{(ideale Gase)} . \tag{2.7}$$

Durch eine entsprechende Rechnung ergibt sich für die spezifische Entropie

$$s = \sum_k \xi_k s_{0k}(p, T) - \sum_k \xi_k R_k \ln(\xi_k \bar{M}/\bar{M}_k) \quad \text{(ideale Gase)} . \tag{2.7a}$$

Mischungen realer Gase weichen besonders bei höheren Drücken von den vorstehenden Beziehungen ab. Die hiermit zusammenhängenden Fragen werden Gegenstand später folgender Betrachtungen sein.

2.3 Beispiele und Aufgaben

Beispiel 2.1

Das Vierstoffgemisch nach Beispiel 1.1 soll im Sumpf der Trennkolonne in 5 Minuten von 50 °C auf 70 °C isobar erwärmt werden.

Welche Heizleistung muss man installieren?

Die spezifischen Wärmekapazitäten der reinen Stoffe sind $c_{p01} = 1{,}729\,\text{kJ}/(\text{kg K})$, $c_{p02} = 1{,}717\,\text{kJ}/(\text{kg K})$, $c_{p03} = 1{,}808\,\text{kJ}/(\text{kg K})$ und $c_{p04} = 1{,}784\,\text{kJ}/(\text{kg K})$.

Die spezifische Wärmekapazität des Gemisches ist unter der Annahme, dass sich die einzelnen Komponenten wie ideale Gase mischen

$$\begin{aligned}
c_p &= \sum c_{p0k} \xi_k \\
&= (1{,}729 \cdot 0{,}5333 + 1{,}717 \cdot 0{,}333 + 1{,}808 \cdot 0{,}06667 \\
&\quad + 1{,}784 \cdot 0{,}06667)\,\text{kJ}/(\text{kg K}) \\
&= 1{,}734\,\text{kJ}/(\text{kg K}) .
\end{aligned}$$

Man muss $Q = M c_p \Delta T = 150\,\text{kg} \cdot 1{,}734\,\text{kJ}/(\text{kg K}) \cdot 20\,\text{K} = 5202\,\text{kJ}$ an Wärme zuführen. Die zu installierende Heizleistung beträgt $\dot{Q} = Q/\Delta\tau = 5202\,\text{kJ}/(5 \cdot 60)\,\text{s} = 17{,}34\,\text{kW}$.

Beispiel 2.2

Ein gekühlter Druckbehälter mit dem Volumen $V = 20\,\text{m}^3$ enthält ein Gemisch aus Stickstoff (N_2), Sauerstoff (O_2) und Methan (CH_4). Die Temperatur des Gemisches beträgt $t_1 = -32\,°\text{C}$, der Druck $p = 3{,}64\,\text{bar}$. Die Volumenanteile von Methan und Sauerstoff sind bekannt, $y_{CH_4} = 0{,}125$ und $y_{O_2} = 0{,}25$. Die Gaskonstanten der reinen Komponenten sind $R_{N_2} = 296{,}8\,\frac{\text{J}}{\text{kg K}}$, $R_{O2} = 259{,}8\,\frac{\text{J}}{\text{kg K}}$ und $R_{CH_4} = 518{,}3\,\frac{\text{J}}{\text{kg K}}$.

Berechnen Sie die Gesamtmasse des Gemischs sowie die Massenanteile der drei Komponenten.

Der Volumenanteil bzw. Molenbruch von Stickstoff ergibt sich aus

$$1 = y_{N_2} + y_{CH_4} + y_{O_2}$$

zu

$$y_{N_2} = 1 - 0,125 - 0,25 = 0,625 \,.$$

Damit lassen sich aus Gl. 2.3 die Partialdrücke der Komponenten berechnen zu

$$p_{CH_4} = 0,125 \cdot 3,64 \,\text{bar} = 0,455 \,\text{bar} \,,$$

$$p_{O_2} = 0,250 \cdot 3,64 \,\text{bar} = 0,91 \,\text{bar} \,,$$

$$p_{N_2} = 0,625 \cdot 3,64 \,\text{bar} = 2,275 \,\text{bar} \,.$$

Die Massen der einzelnen Komponenten ergeben sich aus der thermischen Zustandsgleichung $p_i V = M_i R_i T$ zu

$$M_{CH_4} = \frac{p_{CH_4} V}{R_{CH_4} T} = \frac{0,455 \cdot 10^5 \,\frac{N}{m^2} \cdot 20 \,m^3}{518,3 \,\frac{J}{kg\,K} \cdot 241,15 \,K} = 7,28 \,\text{kg} \,,$$

$$M_{CO_2} = 29,05 \,\text{kg} \,,$$

$$M_{N_2} = 63,57 \,\text{kg} \,.$$

Die Gesamtmasse des Gemisches ist somit $M_{ges} = 99,9 \,\text{kg}$ und die Massenanteile der Komponenten sind $\xi_{CH_4} = 0,073$, $\xi_{O_2} = 0,291$ und $\xi_{N_2} = 0,639$.

Beispiel 2.3

In einer verfahrenstechnischen Anlage werden die Volumenströme $\dot{V}_{CO_2} = 0,2 \,\frac{m^3}{s}$ und $\dot{V}_{Luft} = 1 \,\frac{m^3}{s}$ bei der Temperatur $t = 25\,°C$ und bei dem Druck $p = 1\,\text{bar}$ isotherm und isobar gemischt. Die Molmassen der Gase sind $\bar{M}_{CO_2} = 44 \,\frac{kg}{kmol}$ und $\bar{M}_{Luft} = 29 \,\frac{kg}{kmol}$.

Wie groß ist die Zunahme des Entropiestroms durch den Mischvorgang?

Da der Mischvorgang isotherm ist, errechnet sich die Entropiestromzunahme aus

$$\dot{S} = -\dot{M}_{CO_2} R_{CO_2} \ln\left(\frac{p_{CO_2}}{p}\right) - \dot{M}_{Luft} R_{Luft} \ln\left(\frac{p_{Luft}}{p}\right) \,,$$

wobei p_{CO_2} und p_{Luft} die Partialdrücke der jeweiligen Gase im Mischungsstrom sind. Es gilt ferner

$$R_{CO_2} = \frac{\bar{R}}{\bar{M}_{CO_2}} = \frac{8314 \,\frac{J}{kmol\,K}}{44 \,\frac{kg}{kmol}} = 189 \,\frac{J}{kg\,K} \,,$$

$$R_{Luft} = \frac{\bar{R}}{\bar{M}_{Luft}} = \frac{8314 \,\frac{J}{kmol\,K}}{29 \,\frac{kg}{kmol}} = 287 \,\frac{J}{kg\,K}$$

sowie

$$\dot{M}_{CO_2} = \frac{p\dot{V}_{CO_2}}{R_{CO_2}T} = \frac{10^5 \frac{N}{m^2} \cdot 0{,}2 \frac{m^3}{s}}{189 \frac{J}{kg\,K} \cdot 298{,}15\,K} = 0{,}355 \frac{kg}{s},$$

$$\dot{M}_{Luft} = \frac{p\dot{V}_{Luft}}{R_{Luft}T} = \frac{10^5 \frac{N}{m^2} \cdot 1 \frac{m^3}{s}}{287 \frac{J}{kg\,K} \cdot 298{,}15\,K} = 1{,}167 \frac{kg}{s}.$$

Die Partialdrücke der Komponenten im Mischungsstrom errechnen sich zu

$$p_{CO_2} = \frac{\dot{M}_{CO_2} R_{CO_2} T}{\dot{V}_{ges}} = \frac{0{,}355 \frac{kg}{s} \cdot 189 \frac{J}{kg\,K} \cdot 298{,}15\,K}{(1 + 0{,}2) \frac{m^3}{s}} = 0{,}1667\,bar$$

und

$$p_{Luft} = p_{gesamt} - p_{CO_2} = 1\,bar - 0{,}1667\,bar = 0{,}8333\,bar.$$

Damit ergibt sich die Entropiestromzunahme zu

$$\dot{S} = -0{,}355 \frac{kg}{s} 189 \frac{J}{kg\,K} \ln\left(\frac{0{,}1667}{1}\right) - 1{,}167 \frac{kg}{s} 287 \frac{J}{kg\,K} \ln\left(\frac{0{,}8333}{1}\right) = 181{,}28 \frac{W}{K}.$$

Aufgabe 2.1

Für Leuchtgas ergab die Analyse folgende Zusammensetzung in Raumteilen: 50 % H_2, 30 % CH_4, 15 % CO, 3 % CO_2, 2 % N_2. Wie groß sind die Gaskonstante und die mittlere Molmasse des Leuchtgases? Wie ist die Zusammensetzung in Massenbrüchen und wie groß die Dichte bei 25 °C und einem Druck von 1 bar, wenn sich das Leuchtgas wie ein ideales Gas verhält?

Aufgabe 2.2

1000 l Leuchtgas, dessen Zusammensetzung in Aufgabe 2.1 gegeben ist, befinden sich in einem starren Behälter. Infolge Sonneneinstrahlung steigt die Temperatur des Leuchtgases vo n 20 °C auf 80 °C. Um das Wievielfache nimmt der Druck zu?

Aufgabe 2.3

Durch Verbrennung von Methan mit Luft werden 292 kg Verbrennungsgas erzeugt. Das Verbrennungsgas enthält Stickstoff (N_2), 15,05 Gew.-% Kohlendioxid (CO_2) und 12,32 Gew.-% Wasserdampf (H_2O). Die Molmassen der Komponenten sind:

CO_2: 44 kg/kmol

H_2O: 18 kg/kmol

N_2: 28 kg/kmol

Zu berechnen sind die Molmengen und die Molenbrüche der Komponenten.

Aufgabe 2.4

Man bestimme die mittlere Molmasse der Luft, die Zusammensetzung der Komponenten in Massen-%, die Partialdrücke der Komponenten und die Dichte der Luft bei einer Temperatur von 0 °C und einem Druck von 1 bar. Luft besteht aus:

78,04 Mol-% Stickstoff (Molmasse 28,00 kg/kmol),
21,00 Mol-% Sauerstoff (Molmasse 32,00 kg/kmol),
  0,93 Mol-% Argon (Molmasse 39,90 kg/kmol),
  0,03 Mol-% CO_2 (Molmasse 44,00 kg/kmol).

Dampf-Gas-Gemische

3

3.1 Allgemeines

Mischungen von Gasen mit leicht kondensierenden Dämpfen kommen in der Natur und der Technik häufig vor. Das größte und wichtigste Beispiel ist die Atmosphäre. Die meteorologischen Vorgänge – das Wetter – werden entscheidend bestimmt durch die Aufnahme und das Wiederausscheiden von Wasser aus der Luft. In der Technik sind alle Trocknungsvorgänge und das ganze Gebiet der Klimatisierung Anwendungen der Gesetze der Dampf-Luft-Gemische. Ein anderes Beispiel ist die Bildung des Brennstoffdampf-Luft-Gemisches bei Verbrennungsmotoren. Wir wollen uns hier im Wesentlichen auf den wichtigsten Fall der Wasserdampf-Luft-Gemische beschränken. Die allgemeinen Beziehungen gelten aber auch für Gemische anderer Gase und Dämpfe.

Im Folgenden setzen wir für die Luft die Eigenschaften eines idealen, in den betrachteten Zustandsbereichen nicht kondensierbaren Gases voraus. Die zweite Komponente des Gemisches, das Wasser, soll im betrachteten Zustandsbereich sowohl als Dampf, Flüssigkeit oder Eis vorliegen können. Die dampfförmige Phase soll sich wie ein ideales Gas verhalten und mit der Luft ein Gemisch idealer Gase bilden. Weiter sei angenommen, dass das flüssige Wasser die Luft nicht in wesentlicher Menge löst (also nicht wie etwa bei Ammoniakgas-Wasserdampf-Gemischen). Zum Unterschied vom Verdampfen und Kondensieren reinen Dampfes, wobei der Sättigungsdruck gleich dem Gesamtdruck ist, wollen wir bei Dampf-Gas-Gemischen von *Verdunsten* und *Tauen* sprechen, wenn der Sättigungsdruck nur einen Teil des Gesamtdruckes ausmacht.

Die Gesamtmasse der feuchten Luft M_{fL} setzt sich zusammen aus der Masse der Komponente trockene Luft M_L und der Masse M_W der Komponente Wasser,

$$M_{fL} = M_L + M_W \, . \tag{3.1}$$

© Springer-Verlag GmbH Deutschland 2017
P. Stephan et al., *Thermodynamik*, https://doi.org/10.1007/978-3-662-54439-6_3

Die Wassermasse wiederum besteht aus den Teilmassen des Wassers, die in den verschiedenen Aggregatzuständen (Dampf, Flüssigkeit, Eis) vorliegen,

$$M_W = M_D + M_{Fl} + M_E \,, \qquad\qquad (3.2)$$

wobei dies entsprechend der Nomenklatur (Abschn. 1.1) auch

$$M_W = M_W^G + M_W^L + M_W^S$$

geschrieben werden könnte. Da hierbei der hochgestellte Index L für *liquid* und der tiefgestellte Index L aus Gl. 3.1 für Luft steht, wird in diesem Kapitel abweichend von der Nomenklatur nach Abschn. 1.1 nur mit tiefgestellten Indizes entsprechend Gl. 3.1 und Gl. 3.2 gearbeitet.

Bei vielen Zustandsänderungen von Dampf-Luft-Gemischen bleibt die beteiligte Luftmasse dieselbe, es ändert sich nur die Masse Wasserdampf, flüssiges Wasser oder Eis beispielsweise durch Tauen oder Verdunsten. Deshalb hat es sich als zweckmäßig erwiesen, alle spezifischen Zustandsgrößen auf 1 kg trockene Luft als Masseneinheit zu beziehen und nicht auf 1 kg Gesamtmasse Gemisch.

Dividiert man Gl. 3.2 durch die Masse trockene Luft M_L, so ergibt sich

$$X = X_D + X_{Fl} + X_E \qquad\qquad (3.3)$$

mit der Wasserbeladung

$$X = M_W / M_L \,, \qquad\qquad (3.4)$$

der Dampfbeladung

$$X_D = M_D / M_L \,, \qquad\qquad (3.5)$$

der Flüssigkeitsbeladung

$$X_{Fl} = M_{Fl} / M_L \qquad\qquad (3.6)$$

und der Eisbeladung

$$X_E = M_E / M_L \,. \qquad\qquad (3.7)$$

Gl. 3.1 kann dann geschrieben werden als

$$M_{fL} = (1 + X)M_L \,. \qquad\qquad (3.8)$$

Die Wasserbeladung X kann zwischen 0 und ∞ liegen.

Für das gasförmige Gemisch aus Luft und Wasserdampf gelten die Gesetze für Gemische idealer Gase, insbesondere das Daltonsche Gesetz (vgl. Kap. 2). Der Gesamtdruck in der Gasphase p ist demnach

$$p = p_L + p_D \,, \qquad\qquad (3.9)$$

wobei p_L der Partialdruck der Luft und p_D der Partialdruck des Dampfes sind. Der Partialdruck des Dampfes ist im Allgemeinen durch seinen Sättigungsdruck $p_s(t) \equiv p_{0\mathrm{Ws}}(t)$ bei der betreffenden Temperatur begrenzt. Unter besonderen Umständen, z. B. in der Atmosphäre, kann allerdings der Teildruck des Dampfes den Sättigungsdruck überschreiten (Übersättigung, Unterkühlung des Dampfes), aber ein solcher Zustand ist metastabil und geht in der Regel bald unter Ausscheidung von Flüssigkeit in den stabilen Zustand über. Solche metastabilen Zustände wollen wir jedoch nicht betrachten.

Sofern der Partialdruck des Dampfes kleiner ist als der Sättigungsdruck bei der betreffenden Temperatur, liegt das gesamte Wasser als Dampf vor. Diesen Fall bezeichnet man als ungesättigte feuchte Luft, und es gilt

$$ p_D < p_s(t); \quad X = X_D \quad \text{und} \quad X_{Fl} = X_E = 0 \,. $$

Die maximale Dampfbeladung ist erreicht, wenn der Partialdruck des Dampfes den Sättigungsdruck erreicht. Man spricht dann von gesättigter feuchter Luft, und es gilt

$$ p_D = p_s(t); \quad X = X_D = X_s \quad \text{und} \quad X_{Fl} = X_E = 0 \,. $$

X_s bezeichnet hierbei die Wasserdampfbeladung im Sättigungszustand. Fügt man gesättigter, feuchter Luft eine weitere Masse Wasser zu, so wird diese zusätzliche Masse Wasser je nach Temperatur flüssig, etwa in Form von Nebeltröpfchen oder eisförmig in Form von Schnee oder als flüssiger oder fester Bodenkörper vom System aufgenommen. Man spricht dann von übersättigter feucher Luft, und es gilt

$$ p_D = p_s(t); \quad X_D = X_s $$

in der Gasphase und

$$ X_{Fl} = X - X_D \quad \text{sowie} \quad X_E = 0 \quad \text{für} \quad t > 0\,^\circ\mathrm{C}\,, $$

oder

$$ X_E = X - X_D \quad \text{sowie} \quad X_{Fl} = 0 \quad \text{für} \quad t < 0\,^\circ\mathrm{C}\,. $$

Bei $t = 0\,^\circ\mathrm{C}$ und Übersättigung kann Wasser neben Dampf sowohl als Flüssigkeit ($X_{Fl} > 0$) als auch als Eis ($X_E > 0$) vorkommen.

Als relatives Maß für die Dampfbeladung benutzen wir den

$$ \textit{Feuchtegrad } \psi = X_D / X_s \,. \tag{3.10} $$

In der Meterologie wird dagegen meist mit der

$$ \textit{relativen Feuchte } \varphi = p_D(t)/p_s(t) \tag{3.11} $$

gerechnet.

Zwischen beiden Größen besteht wegen

$$X_D = \frac{M_D}{M_L} = \frac{R_L p_D}{R_D(p - p_D)} = 0{,}622 \frac{p_D}{p - p_D} \tag{3.12}$$

und

$$X_s = \frac{R_L p_s}{R_D(p - p_s)} = 0{,}622 \frac{p_s}{p - p_s} \tag{3.13}$$

die Beziehung

$$\frac{X_D}{X_s} = \frac{p_D}{p_s} \frac{p - p_s}{p - p_D} \quad \text{oder} \quad \frac{\psi}{\varphi} = \frac{p - p_s}{p - p_D} . \tag{3.14}$$

Der Faktor 0,622 in Gl. 3.11 und Gl. 3.12 ergibt sich aus dem Verhältnis der Gaskonstanten mit $R_L = 287{,}2 \, \text{J}/(\text{kg K})$ für Luft und $R_D = 461{,}5 \, \text{J}/(\text{kg K})$ für Wasserdampf.

Da bei atmosphärischen Vorgängen p_D und p_s klein gegen p sind, weichen beide Größen, besonders in der Nähe der Sättigung, nur wenig voneinander ab. Bei Sättigung ist $p_D = p_s$ und $\psi = \varphi = 1$.

Die Enthalpie der feuchten Luft setzt sich zusammen aus den Enthalpien trockener Luft und des Wassers. Es gilt

$$H_{fL} = H_L + H_W . \tag{3.15}$$

Die Enthalpie des Wassers H_W kann unterteilt werden entsprechend der drei verschiedenen Aggregatzustände, in denen das Wasser in einem System feuchter Luft vorliegen kann:

$$H_W = H_{Fl} + H_D + H_E . \tag{3.16}$$

Wählt man als Bezugspunkt für die absolute Größe Enthalpie die Temperatur $t_0 = 0 \, ^\circ\text{C}$ und bezüglich des Wassers den Bezugszustand flüssig so folgen die Enthalpien für die einzelnen Bestandteile der feuchten Luft. Es gelten

$$H_L = M_L c_{pL} t \tag{3.17}$$

für die trockene Luft mit der spezifischen Wärmekapazität $c_{pL} = 1{,}005 \, \text{kJ}/(\text{kg K})$,

$$H_{Fl} = M_{Fl} c_w t \tag{3.18}$$

für das flüssige Wasser mit $c_w = 4{,}19 \, \text{kJ}/(\text{kg K})$,

$$H_D = M_D(c_{pD} t + \Delta h_{v0}) \tag{3.19}$$

für das dampfförmige Wasser mit $c_{pD} = 1{,}852 \, \text{kJ}/(\text{kg K})$ und der Verdampfungsenthalpie bei der Bezugstemperatur $t = 0 \, ^\circ\text{C}$ $\Delta h_{v0} = 2501{,}6 \, \text{kJ}/(\text{kg})$ und

$$H_E = M_E(c_E t - \Delta h_S) \tag{3.20}$$

für das eisförmige Wasser mit $c_E = 2{,}04\,\text{kJ}/(\text{kg\,K})$ und der Schmelzenthalpie $\Delta h_S = 333{,}5\,\text{kJ/kg}$. Hierbei sind die Temperaturabhängigkeiten der spezifischen Wärmekapazitäten vernachlässigbar, da sich die Überlegungen ohnehin nur auf einen begrenzten Temperaturbereich von circa $-60\,°\text{C}$ bis $+100\,°\text{C}$ beziehen.

Die spezifische Enthalpie der feuchten Luft bezieht man zweckmäßigerweise auf die Masse der trockenen Luft, da sich diese bei Zustandsänderungen in der Klima- und Trocknungstechnik meist nicht ändert. Es gilt

$$h_{1+X} = \frac{H_{fL}}{M_L} = \frac{H_L}{M_L} + \frac{H_{Fl}}{M_L} + \frac{H_D}{M_L} + \frac{H_E}{M_L}\,. \tag{3.21}$$

Für die spezifische Enthalpie h_{1+X} des Gemisches aus 1 kg trockener Luft und X kg Dampf gilt,

$$h_{1+X} = c_{pL}t + X_D(c_{pD}t + \Delta h_{v0})\,. \tag{3.22}$$

Bei Sättigung ist wegen $X_D = X_s$ damit

$$h_{1+X_s} = c_{pL}t + X_s(c_{pD}t + \Delta h_{v0})\,. \tag{3.23}$$

Ist ein Gemisch übersättigt, d. h. $X > X_s$ und $p_D = p_s(t)$, so gilt allgemein

$$h_{1+X} = h_{1+X_s} + X_{Fl}c_w t - X_E(\Delta h_S - c_E t)\,. \tag{3.24}$$

Für den Fall $t > 0\,°\text{C}$ gelten ergänzend zu Gl. 3.24 $X_E = 0$ und $X_{Fl} = X - X_s$, da das nicht dampfförmige Wasser flüssig ist, und somit

$$h_{1+X} = h_{1+X_s} + (X - X_s)c_w t\,. \tag{3.25}$$

Für den Fall $t < 0\,°\text{C}$ gelten hingegen $X_{Fl} = 0$ und $X_E = X - X_s$, da das nicht dampfförmige Wasser eisförmig ist, und somit

$$h_{1+X} = h_{1+X_s} - (X - X_s)(\Delta h_S - c_E t)\,. \tag{3.26}$$

Das Volumen von $(1 + X)$ kg feuchter Luft für $X < X_s$ und bei Übersättigung auch für $X > X_s$ ergibt sich durch Addition von

$$p_D v_{1+X} = X\, R_D\, T \quad \text{mit} \quad v_{1+X} = V/M_L \quad \text{und} \quad p_L v_{1+X} = R_L T$$

zu

$$v_{1+X} = R_D \left(X + \frac{\bar{M}_D}{\bar{M}_L} \right) \frac{T}{p}\,, \tag{3.27}$$

also für Wasserdampf

$$v_{1+X} = 0{,}4615\,\text{kJ}/(\text{kg\,K})\,(X + 0{,}622)\,T/p\,. \tag{3.27a}$$

Das spezifische Volumen für 1 kg Gemisch feuchte Luft ist

$$v = \frac{V}{M_L + M_D} = \frac{V/M_L}{1 + M_D/M_L} = \frac{v_{1+X}}{1 + X}.$$ (3.28)

Ist der Sättigungsüberschuss $X - X_s$ in flüssiger oder fester Form im Gemisch enthalten, so bleibt das Volumen praktisch dasselbe wie bei $X = X_s$, da das Volumen der kondensierten Phase gegen das des Dampfluftgemisches vernachlässigt werden kann.

In Tab. 3.1 sind die Teildrücke, Dampfbeladungen und Enthalpien gesättigter feuchter Luft für Temperaturen zwischen $-20\,°C$ und $+100\,°C$ und für einen Gesamtdruck von $p_0 = 1$ bar angegeben. Sie wurden in folgender Weise ermittelt: Aus den Wasserdampftafeln des Anhanges von Bd. 1 erhält man zu einer gegebenen Temperatur t den Sättigungsdruck p_s des Dampfes.

Die Dampfbeladung kann dann nach Gl. 3.13 und die spezifische Enthalpie nach Gl. 3.23 berechnet werden.

3.2 Das h, X-Diagramm der feuchten Luft nach Mollier

Für die graphische Ausführung von Rechnungen mit feuchter Luft hat Mollier[1] ein sehr zweckmäßiges Diagramm angegeben, das in Abb. 3.1 dargestellt ist. Darin ist die Enthalpie von $(1 + X)$ kg feuchter Luft in einem schiefwinkligen Koordinatensystem über der Wasserbeladung X aufgetragen, wobei die Enthalpie von trockener Luft von $0\,°C$ und von flüssigem Wasser von $0\,°C$ gleich null gesetzt ist. Da nach Gl. 3.22 bis Gl. 3.26 die Enthalpie eine lineare Funktion von X und t ist, sind die in das Diagramm eingetragenen Isothermen gerade Linien. Ein schiefwinkliges Achsenkreuz wurde nur gewählt, weil in einem rechtwinkligen das interessierende Gebiet zu einem schmalen, keilförmigen Bereich zusammenschrumpfen würde.

Auf der Ordinatenachse $X = 0$ ist vom Eispunkt beginnend die Enthalpie der trockenen Luft aufgetragen. Die Achse $h = 0$, entsprechend trockener Luft und Wasser von $0\,°C$, ist schräg nach rechts unten gelegt, derart, dass die $0\,°C$ Isotherme der feuchten ungesättigten Luft waagerecht verläuft. In Abb. 3.1 ist sie nur als kurzes Stück zwischen dem Nullpunkt und der Grenzkurve sichtbar. Die Linien $X = $ const sind senkrechte, die Linien $h = $ const zur Achse $h = 0$ parallele Gerade. In das Diagramm ist die Grenzkurve $\psi = 1$, bzw. $\varphi = 1$, für den Gesamtdruck 1000 mbar eingezeichnet; sie verbindet alle Taupunkte und trennt das Gebiet der ungesättigten Gemische (oben) von dem Nebelgebiet (unten), in dem die Feuchtigkeit teils als Dampf, teils in flüssiger (Nebel, Niederschlag) oder fester Form (Eisnebel, Schnee) im Gemisch enthalten ist. Die Isothermen sind nach Gl. 3.22 im ungesättigten Gebiet schwach nach rechts ansteigende Geraden, die an der

---

[1] Mollier, R.: Ein neues Diagramm für Dampfluftgemische. Z. VDI 67 (1923) 869–872;
Mollier, R.: Das i, x-Diagramm für Dampfluftgemische. Z. VDI 73 (1929) 1009–1013.

Tab. 3.1 Teildruck p_s, Dampfbeladung X_s und Enthalpie h_{1+X_s} gesättigter feuchter Luft der Temperatur t, bezogen auf 1 kg trockene Luft bei einem Gesamtdruck von 1000 mbar (unter 0 °C über Eis)

t in °C	p_s in mbar	X_s in g/kg	h_{1+X_s} in kJ/kg
−20	1,029	0,64082	−18,5207
−19	1,133	0,70566	−17,3545
−18	1,247	0,77676	−16,1727
−17	1,369	0,85285	−14,9783
−16	1,504	0,93708	−13,7635
−15	1,651	1,02882	−12,5298
−14	1,809	1,12746	−11,2789
−13	1,981	1,23487	−10,0055
−12	2,169	1,35232	−8,7070
−11	2,373	1,47981	−7,3832
−10	2,594	1,61799	−6,0324
−9	2,833	1,76749	−4,6529
−8	3,094	1,93083	−3,2384
−7	3,376	2,10741	−1,7904
−6	3,681	2,29850	−0,3056
−5	4,010	2,50477	1,2177
−4	4,368	2,72937	2,7875
−3	4,754	2,97171	4,4025
−2	5,172	3,23436	6,0690
−1	5,621	3,51674	7,7859
0	6,108	3,8233	9,5643
1	6,566	4,1118	11,2986
2	7,055	4,4202	13,0839
3	7,575	4,7485	14,9202
4	8,129	5,0987	16,8126
5	8,718	5,4714	18,7629
6	9,345	5,8686	20,7761
7	10,012	6,2917	22,8558
8	10,720	6,7414	25,0041
9	11,472	7,2198	27,2263
10	12,270	7,7283	29,5262
11	13,116	8,2682	31,9071
12	14,014	8,8424	34,3766
13	14,965	9,4515	36,9364
14	15,973	10,0985	39,5942
15	17,039	10,7841	42,3520
16	18,168	11,5119	45,2192
17	19,362	12,2834	48,1998
18	20,62	13,098	51,2925

Tab. 3.1 (Fortsetzung)

t in °C	p_s in mbar	X_s in g/kg	h_{1+Xs} in kJ/kg
19	21,96	13,968	54,5288
20	23,37	14,887	57,8927
21	24,85	15,853	61,3794
22	26,42	16,882	65,0298
23	28,08	17,974	68,8444
24	29,82	19,122	72,8055
25	31,66	20,340	76,9492
26	33,60	21,630	81,2811
27	35,64	22,992	85,8014
28	37,78	24,426	90,5107
29	40,04	25,948	95,4501
30	42,41	27,552	100,6048
31	44,91	29,253	106,0137
32	47,53	31,045	111,6220
33	50,29	32,943	117,5885
34	53,18	34,942	123,7811
35	56,22	37,059	130,2839
36	59,40	39,288	137,0822
37	62,74	41,645	144,2178
38	66,24	44,133	151,6990
39	69,91	46,762	159,552
40	73,75	49,535	167,786
41	77,77	52,462	176,427
42	81,98	55,556	185,510
43	86,39	58,827	195,061
44	91,00	62,281	205,097
45	95,82	65,929	215,647
46	100,86	69,786	226,751
47	106,12	73,857	238,424
48	111,62	78,166	250,728
49	117,36	82,720	263,684
50	123,35	87,537	277,338
51	129,61	92,641	291,755
52	136,13	98,035	306,945
53	142,93	103,749	322,987
54	150,02	109,804	339,936
55	157,41	116,223	357,856
56	165,11	123,033	376,820
57	173,13	130,260	396,894
58	181,47	137,926	418,141
59	190,16	146,082	440,695

Tab. 3.1 (Fortsetzung)

t in °C	p_s in mbar	X_s in g/kg	h_{1+Xs} in kJ/kg
60	199,20	154,754	464,628
61	208,6	163,98	490,042
62	218,4	173,83	517,122
63	228,6	184,36	546,020
64	239,1	195,49	576,528
65	250,1	207,48	609,333
66	261,5	220,29	644,333
67	273,3	233,97	681,666
68	285,6	248,71	721,834
69	298,4	264,59	765,054
70	311,6	281,60	811,307
71	325,3	299,95	861,150
72	339,6	319,91	915,304
73	354,3	341,36	973,461
74	369,6	364,74	1036,790
75	385,5	390,28	1105,909
76	401,9	418,04	1180,988
77	418,9	448,47	1263,231
78	436,5	481,91	1353,550
79	454,7	518,76	1453,023
80	473,6	559,72	1563,523
81	493,1	605,18	1686,107
82	513,3	656,12	1823,400
83	534,2	713,48	1977,929
84	555,7	778,11	2151,988
85	578,0	852,10	2351,175
86	601,1	937,47	2580,917
87	624,9	1036,43	2847,162
88	649,5	1152,84	3160,269
89	674,9	1291,52	3533,190
90	701,1	1459,26	3984,164
91	728,1	1665,94	4539,734
92	756,1	1928,61	5245,675
93	784,9	2270,14	6163,447
94	814,6	2733,46	7408,356
95	845,3	3399,37	9197,424
96	876,9	4431,70	11970,74
97	909,4	6244,61	16840,81
98	943,0	10292,37	27713,90
99	977,6	27151,38	72999,53
100	1013,3	–	–

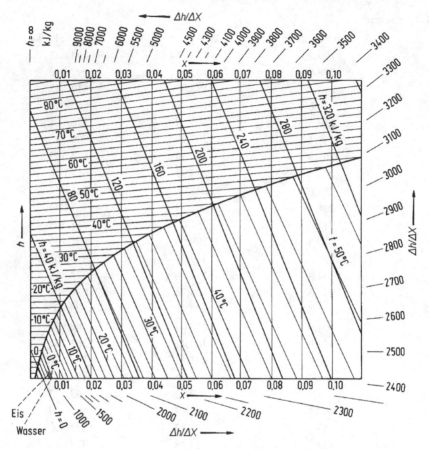

Abb. 3.1 h,X-Diagramm der feuchten Luft nach Mollier für $p = 1000\,\mathrm{mbar}$

Abb. 3.2 Qualitative
Darstellung des Mollier h,X-
Diagrammes (vgl. Abb. 3.1)
um $0\,°\mathrm{C}$

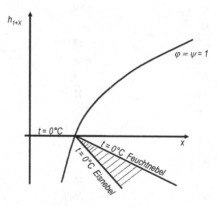

Grenzkurve nach unten abknicken und im Nebelgebiet zu den Geraden konstanter Enthalpie fast parallel verlaufen entsprechend Gl. 3.24.

Für einen Punkt des Nebelgebietes mit der Temperatur t und der Wasserbeladung X findet man den dampfförmigen Anteil, indem man die Isotherme t bis zum Schnitt mit der Grenzkurve verfolgt. Der für den Schnittpunkt abgelesene Anteil X_s ist als Dampf und damit der Teil $X - X_s$ als Flüssigkeit im Gemisch enthalten.

Die schrägen, strahlenartigen Geradenstücke am Rande außerhalb des um das Diagramm gezogenen Rahmens legen zusammen mit dem Nullpunkt Richtungen fest, parallel zu denen man sich, ausgehend von einem beliebigen Diagrammpunkt, bewegt, wenn man dem Gemisch Wasser oder Dampf zusetzt, dessen Enthalpie in kJ/kg gleich den den Randstrahlen beigeschriebenen Zahlen ist.

Im Nebelgebiet ist bei $t = 0\,°C$ und einem festen Wert der Wasserbeladung X die Enthalpie nicht mehr eindeutig festgelegt, da das nicht dampfförmige Wasser sowohl in flüssiger als auch in fester Form (Eis) vorliegen kann. Daher wird aus der $0\,°C$-Isothermen im Nebelgebiet ein Bereich, dessen Grenzen die $0\,°C$-Feuchtnebelisothermen (nur Flüssigkeit, kein Eis) und die $0\,°C$-Eisnebelisotherme (nur Eis, keine Flüssigkeit) bilden. Abb. 3.2 zeigt qualitativ einen Ausschnitt aus dem Mollier h,X-Diagramm um $0\,°C$. Der Bereich zwischen den beiden Grenzlinien ist schraffiert dargestellt. Zustände in diesem Bereich werden als *Gemischter Nebel* bezeichnet.

Um uns mit der Anwendung des h,X-Diagramms vertraut zu machen, betrachten wir einige einfache Zustandsänderungen:

3.2.1 Enthalpieänderung bei gleichbleibender Wasserbeladung

Wird die Enthalpie eines gegebenen Gemisches nur durch Zufuhr oder Entzug von Wärme geändert, so bewegt man sich im Diagramm auf einer Senkrechten ($X = const$) nach oben oder nach unten, wobei die senkrechte Entfernung zweier Zustandspunkte gemessen im Enthalpiemaßstab die ausgetauschte Wärme bezogen auf $(1 + X)\,$kg Gemisch oder auf 1 kg Trockenluft ist. Für eine Trockenluftmasse M_L, entsprechend einer Gemischmasse $M_L(1 + X)$ kann, solange man im ungesättigten Gebiet bleibt, die Wärmezufuhr bei Steigerung der Temperatur von t_1 und t_2 entsprechend $Q = M_L(h_{1+X,2} - h_{1+X,1})$ und Gl. 3.22 nach der Formel

$$Q = M_L(1{,}005 + 1{,}852 X)\frac{\text{kJ}}{\text{kg K}} \cdot (t_2 - t_1) \tag{3.29}$$

berechnet werden.

3.2.2 Mischung zweier Luftmassen

Mischt man zwei Gemischmassen $M_{L1}(1 + X_1)$ von der Temperatur t_1 und $M_{L2}(1 + X_2)$ von der Temperatur t_2, in denen die Trockenluftmassen M_{L1} und M_{L2} enthalten sind, miteinander und sorgt dafür, dass kein Wärmeaustausch mit der Umgebung erfolgt, so liegt im h,X-Diagramm der Zustand nach der Mischung auf der geraden Verbindungslinie der Anfangszustände 1 und 2 im Schwerpunkt der in den Zustandspunkten angebrachten Trockenluftmassen M_{L1} und M_{L2}, was man wie folgt einsieht:

Wir gehen aus von $(1 + X_1)$ kg Gemisch des Zustandes 1 und setzen allmählich immer mehr Gemisch vom Zustand 2 zu. Dabei ist offenbar die Änderung von h stets derjenigen von X proportional, denn in jeder zugesetzten Teilmasse sind X und h in gleichem Verhältnis enthalten. Der Zustand der Luft im h,X-Diagramm ändert sich also längs einer vom Zustandspunkt 1 ausgehenden Geraden, und, da bei Zumischung einer unendlich großen Masse des Zustandes 2 dieser erreicht werden muss, liegen alle Mischungszustände auf der geraden Verbindungslinie der beiden Zustände 1 und 2. Nennen wir X_m den Wassergehalt nach der Mischung, so gilt die Wassermassenbilanz

$$M_{L1}(1 + X_1) + M_{L2}(1 + X_2) = (M_{L1} + M_{L2})(1 + X_m) \qquad (3.30)$$

oder

$$(M_{L1} + M_{L2})X_m = M_{L1}X_1 + M_{L2}X_2 \,. \qquad (3.30a)$$

Danach ist also X_m die Koordinate des Schwerpunktes der beiden in den Zustandspunkten 1 und 2 angebracht gedachten Massen M_{L1} und M_{L2}, was zu beweisen war.

Eine Energiebilanz kann analog aufgestellt werden. Es gilt

$$M_{L1}h_{1+X,1} + M_{L2}h_{1+X,2} = (M_{L1} + M_{L2})h_{1+X,m} \qquad (3.31)$$

Diese einfache, graphische oder rechnerische Ermittlung des Zustandes von Mischungen gilt allgemein, auch wenn die Mischungsgerade die Sättigungsgrenze schneidet. Die Mischungstemperatur kann unmittelbar an der Lage des Mischungspunktes im Feld der Isothermenschar abgelesen werden.

Mischen von gesättigten Luftmassen verschiedener Temperatur liefert stets Nebel unter Ausscheidung der Wassermasse $X_m - X_s$, wobei X_s die Sättigungsbeladung auf der Nebelisotherme durch den Mischungspunkt ist.

Die häufigen Nebel in der Gegend von Neufundland z. B. entstehen durch die Mischung nahezu gesättigter Luft verschiedener Temperatur, die durch Berührung einerseits mit dem Golfstrom, andererseits mit dem aus der Arktis kommenden kälteren Wasser entsteht. Dass gesättigte Luft höherer Temperatur, wie sie sich an einer warmen Wasseroberfläche bildet, mit kalter Luft auch von geringem Sättigungsgrad Nebel bildet, kann man an jeder Tasse heißen Tees beobachten.

Will man den Nebel eines Gemisches von der Trockenluftmasse M_{L1}, der Temperatur t_1 und der Wasserbeladung $X_1 > X_{s1}$ durch den Zusatz eines ungesättigten Gemisches von M_{L2}, t_2 und $X_2 < X_{s2}$ gerade aufzehren, so ergibt sich die notwendige Menge M_{L2}, indem man die gerade Verbindungslinie beider Zustände mit der Grenzkurve schneidet und hier die Wasserbeladung X_m abliest. Dann folgt aus Gl. 3.30

$$M_{L2} = M_{L1}\frac{X_1 - X_m}{X_m - X_2} \,. \qquad (3.32)$$

Wird gleichzeitig zur Erleichterung der Entnebelung eine Wärme Q aus der Umgebung zugeführt, so trägt man im h,X-Mollier-Diagramm im Zustand 1 oder 2 die Enthalpie

$$\frac{Q}{M_{L1}} \quad \text{oder} \quad \frac{Q}{M_{L2}}$$

senkrecht nach oben auf und führt den anderen Mischungspartner dann mit dem so erreichten neuen Zustand zu.

3.2.3 Zusatz von Wasser

Zustandspunkte, die reinem Wasser (in flüssigem, festem oder dampfförmigem Aggregatszustand) entsprechen, liegen im h,X-Diagramm im Unendlichen, denn man müsste einem Kilogramm Trockenluft unendlich viel Wasser zusetzen, um sie zu erreichen. Solche Punkte lassen sich im Diagramm nicht mehr darstellen, aber man kann die Richtung angeben, in der sie liegen, und damit die Mischungsgeraden zeichnen, auf denen man sich von einem beliebigen Zustand feuchter Luft ausgehend bei Zusatz von Wasser bewegt. Diese Richtungen sind gegeben durch

$$\frac{\mathrm{d}h_{1+X}}{\mathrm{d}X} = h_W \,, \tag{3.33}$$

wobei h_W die spezifische Enthalpie des zugesetzten Wassers ist. Die strahlenartig vom Nullpunkt ausgehenden Geradenstücke des Randmaßstabes der Abb. 3.1 bezeichnen mit den angeschriebenen Enthalpiewerten des zugesetzten Wassers diese Richtungen. Parallel zu ihnen hat man durch den gegebenen Anfangszustand der feuchten Luft die Mischungsgeraden für die Zumischung von reinem Wasser zu legen. Bei Zusatz von gesättigtem Dampf von 0 °C, dessen Enthalpie gleich seiner Verdampfungsenthalpie von 2501,6 kJ/kg ist, bewegt man sich also waagerecht von links nach rechts; flüssiges Wasser von 0 °C verschiebt den Zustand nach rechts unten parallel zu den Linien konstanter Enthalpie des Gemisches. Da die Enthalpie gesättigten Dampfes von 1 bar rund 2675 kJ/kg beträgt, zeigt das Diagramm, dass im Bereich der in der Außenluft vorkommenden Zustände durch Mischung von Sattdampf mit Luft stets Nebel entsteht, was die Erfahrung an ausströmendem Dampf bestätigt, denn dabei treten vom unendlich fernen Zustandspunkt des reinen Dampfes ausgehend bei immer stärkerer Vermischung mit Luft alle Zustände der zunächst im Nebelgebiet verlaufenden Mischungsgeraden auf. War die Luft nicht mit Feuchtigkeit gesättigt, so überschreitet die Mischungsgerade die Grenzkurve und der Nebel verschwindet wieder. Der Schnittpunkt der Mischungsgeraden mit der Grenzkurve im Punkt X_s liefert die Dampfmasse $X_s - X_1$, die einem Kilogramm Luft der Anfangswasserbeladung X_1 zugesetzt werden kann, bevor Nebel entsteht. Erwärmt man die Luft vorher, so kann sie mehr Dampf aufnehmen, ohne Nebel zu bilden. Setzt man überhitzten Dampf zu, so tritt kein Nebel auf, wenn die Mischungsgerade das Nebelgebiet nicht trifft, oder anfangs gebildeter

Nebel verschwindet wieder, wenn die Mischungsgerade das Nebelgebiet erst betritt und dann wieder verlässt.

Spritzt man Wasser in ungesättigte Luft ein, so kühlt diese sich ab, solange die Sättigungsgrenze nicht erreicht wird, und zwar auch dann, wenn das Wasser wärmer als die Luft ist. Man erkennt dies leicht an Hand des h,X-Diagramms, indem man von dem gegebenen Anfangszustand der Luft auf einer Parallelen zu dem Strahl des Randmaßstabes, der der Enthalpie des zugesetzten Wassers entspricht, fortschreitet. Für Temperaturen des Wassers, die noch im Nebelgebiet vorkommen, in Abb. 3.1 also bis etwa 50 °C, kann man die Parallele auch zu der entspechenden Isotherme des Nebelgebietes ziehen (vgl. den folgenden Abschn. 3.2.4).

3.2.4 Feuchte Luft streicht über eine Wasser- oder Eisfläche

Mischt man gesättigte Luft mit Wasser von gleicher Temperatur, so ist die Richtung der Mischungsgeraden, wie unter Abschn. 3.2.3 ausgeführt, durch den Strahl des Randmaßstabes gegeben, der der Enthalpie des Wassers entspricht. Da bei dieser Mischung keine Temperaturänderung eintritt, sind die Isothermen des Nebelgebietes zugleich solche Mischungsgeraden und demnach parallel zu den Strahlen des Randmaßstabes entsprechender Enthalpie.

Mischt man nasse gesättigte Luft, die also noch Wasser von gleicher Temperatur in Form von Tröpfchen oder als Bodenkörper enthält und deren Zustand z. B. durch Punkt 1 der Abb. 3.3 gegeben ist, mit ungesättigter Luft vom Zustand 2 der Abbildung, so liegen, wenn Wärmeaustausch mit der Umgebung ausgeschlossen wird, alle Mischungszustände auf der gestrichelten Verbindungsgeraden. In dem betrachteten Fall kühlt sich der nasse Mischungspartner mit Einschluss des in ihm als Tröpfchen oder Bodenkörper enthaltenen Wassers durch Zumischen von ungesättigter Luft ab. Ebenso sinkt, wenn wir das Schicksal der ungesättigten Luft betrachten, deren Temperatur durch Zusatz der nassen Luft.

Liegt dagegen der Zustand des Mischungspartners rechts von der Verlängerung der Nebelisotherme bei Punkt $2'$, so nimmt, wie die gestrichelte Verbindungslinie 1, $2'$ zeigt, die

Abb. 3.3 Mischung von nasser Luft (*Zustand 1*) mit ungesättigter Luft (*Zustand 2, 2' oder 2"*)

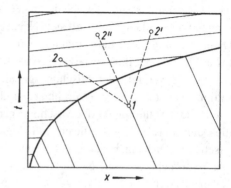

Temperatur des nassen Partners mit dem in ihm enthaltenen Wasser durch Zumischen von ungesättigter Luft zu. Die Temperatur des ungesättigten Partners nimmt auch hier durch Mischen mit dem nassen ab. Nur wenn der Zustand des Mischungspartners auf der ins ungesättigte Gebiet verlängerten Nebelisotherme, etwa bei Punkt $2''$, liegt, fällt auch die Mischungsgerade mit der Nebelisotherme zusammen, und die Temperatur des nassen Partners mit Einschluss des in ihm enthaltenen Wassers bleibt bei der Mischung ungeändert. Die ungesättigte Luft wird auch in diesem Fall durch Verdampfung des aufgenommenen flüssigen Wassers abgekühlt.

Lässt man immer neue Massen ungesättigter Luft über die Oberfläche einer nicht zu großen Wassermasse streichen, so ist die Luft in unmittelbarer Nähe der Oberfläche stets gerade gesättigt und das Wasser wird sich, je nachdem ob der Anfangszustand der Luft links oder rechts von der verlängerten Nebelisotherme liegt, so lange abkühlen oder erwärmen und damit die Nebelisotherme so lange verschieben, bis ihre Verlängerung gerade durch den Anfangszustand der Luft geht. Die so erreichte Flüssigkeitstemperatur nennt man *Kühlgrenztemperatur*, denn durch Anblasen mit Luft kann Wasser nur höchstens bis auf diese Temperatur gekühlt (oder erwärmt) werden. Alle Luftzustände auf derselben verlängerten Nebelisothermen ergeben demnach die gleiche Kühlgrenztemperatur. Hat Wasser gerade die Temperatur der Kühlgrenztemperatur, so bleibt seine Temperatur trotz darüber hinstreichender wärmerer Luft ungeändert, und die sich abkühlende Luft führt der Wasseroberfläche nur gerade so viel Wärme zu wie zur Deckung der Verdampfungsenthalpie nötig ist. Liegt die Temperatur des Wassers oberhalb der Kühlgrenztemperatur, so kühlt es sich ab und bestreitet dabei einen Teil der Verdunstungswärme. Liegt die Wassertemperatur unter der Kühlgrenztemperatur, so gibt die Luft auch noch Wärme an das flüssige Wasser ab.

Die Kühlgrenztemperatur einer ungesättigten feuchten Luft der Temperatur t und der Wasserbeladung X kann man rechnerisch nur iterativ bestimmen. Hierzu stellt man beispielsweise die Energiebilanzgleichung auf, die die Mischung dieser feuchten Luft mit flüssigem Wasser beschreibt. Dabei ist zu berücksichtigen, dass sowohl das Wasser als auch die sich durch die Mischung ergebene Luft die Kühlgrenztemperatur t' aufweisen und diese Luftmasse gesättigt ist. Es folgt

$$M_L \cdot h_{1+X}(t, X) + M_W \cdot h_W(t') = M_L \cdot h_{1+X}(t', X') \tag{3.34}$$

und nach Division durch M_L

$$h_{1+X}(t, X) + (X' - X) \cdot h_W(t') = h_{1+X}(t', X'). \tag{3.35}$$

Setzt man $h_W(t') = c_W \cdot t'$ ein und löst nach der Kühlgrenztemperatur t' auf, so ergibt sich

$$t' = \frac{h_{1+X}(t', X') - h_{1+X}(t, X)}{c_W(X' - X)}. \tag{3.36}$$

Die Iterationsschritte sind nun folgende: Zunächst berechnet man die spezifische Enthalpie $h_{1+X}(t, X)$ der ungesättigten feuchten Luft. Nun nimmt man einen Wert für die

Abb. 3.4 Wechselbeziehungen zwischen einer
Wasseroberfläche und der berührenden Luft

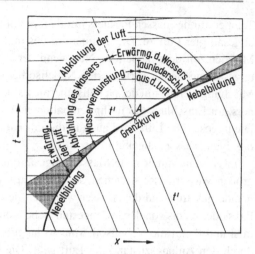

Kühlgrenztemperatur t' an. Daraus ergeben sich die Dampfbeladung X' bei Sättigung und
die spezifische Enthalpie $h_{1+X}(t', X')$ der gesättigten feuchten Luft. Nach Gl. 3.36 wird
die Kühlgrenztemperatur berechnet und mit dem zuvor angenommenen Wert verglichen.
Der zuvor angenommene Wert wird auf Basis des Vergleichs korrigiert und die Rechnung
erneut durchgeführt. Diese Iterationsschleife wird solange durchlaufen bis der errechnete
und der vorherige Wert innerhalb der gewünschten Genauigkeit übereinstimmen.

In Abb. 3.4 sind die Wechselbeziehungen zwischen einer Wasseroberfläche vom Zustand A und der berührenden Luft dargestellt. Je nach der Lage des Anfangszustandes der
Luft kann das Resultat des Austausches recht verschieden sein.

Eine Anwendung des Vorstehenden ist die Messung der Luftfeuchte mit dem Aspirationspsychrometer, bestehend aus zwei durch ein kleines Gebläse gut belüfteten Thermo-
metern, von denen das eine mit einem feucht gehaltenen Überzug versehen ist. Hierbei
zeigt das feuchte Thermometer die Kühlgrenztemperatur t', das trockene die Lufttempe-
ratur t an. Den gesuchten Luftzustand erhält man sehr einfach als Schnitt der Isotherme t
mit der verlängerten Nebelisotherme t' im h, X-Diagramm. Über einer Eisoberfläche gelten dieselben Überlegungen, wenn man die dem Gleichgewicht zwischen Dampf und Eis
entsprechende Grenzkurve benutzt.

Bei der Anwendung des h, X-Diagramms ist vorausgesetzt, dass der verdunstenden
Oberfläche Wärme nur durch die vorbeistreichende Luft und nicht etwa durch Wärme-
strahlung oder durch Wärmeleitung, z. B. im Falle des Psychrometers durch das Glas
des Thermometerrohres zugeführt wird. Um solche Störungen möglichst klein gegen den
Wärmeumsatz an der verdunstenden Oberfläche zu halten, versieht man das Aspirationspsychrometer mit einem Strahlungsschutz und saugt durch ein Gebläse Luft über die
beiden Thermometer.

3.3 Beispiele und Aufgaben

Beispiel 3.1

Feuchte Luft von 30 °C, einem Druck von 1000 mbar und 30 % relativer Feuchte kühlt über Nacht auf −2 °C ab. Welches ist der Feuchtegrad und bei welcher Temperatur (Taupunkttemperatur) fällt die erste Feuchtigkeit aus?

Der Feuchtegrad folgt nach Gl. 3.14 mit $p_s(30\,°C) = 42{,}41$ mbar nach Tab. 3.1 zu

$$\psi = \varphi\frac{p - p_s}{p - \varphi p_s} = 0{,}3 \cdot \frac{(1000 - 42{,}41)\,\text{mbar}}{(1000 - 0{,}3 \cdot 42{,}41)\,\text{mbar}} \cdot$$

Die erste Feuchtigkeit fällt aus, wenn der Partialdruck des Wasserdampfes $p = 0{,}3 \cdot 42{,}41\,\text{mbar} = 12{,}72\,\text{mbar}$ gleich dem Sättigungsdruck p_s wird. Aus Tab. 3.1 findet man durch lineare Interpolation zu $p_s = 12{,}72\,\text{mbar}$ eine Temperatur von 10,5 °C.

Beispiel 3.2

3 m³ feuchte Luft von 10 °C und 50 % relativer Feuchte werden mit 2 m³ feuchter Luft von 30 °C und 20 % relativer Feuchte bei einem Gesamtdruck von 1000 mbar gemischt. Welches sind die Temperatur und die relative Feuchte des Gemisches?

Es ist nach Tab. 3.1 $p_s(10\,°C) = 12{,}270\,\text{mbar}$ und $p_s(30\,°C) = 42{,}41\,\text{mbar}$.

Die Wasserbeladungen folgen aus Gl. 3.4 und Gl. 3.5 zu

$$X_1 = \frac{0{,}622 \cdot 0{,}5 \cdot 12{,}27\,\text{mbar}}{(1000\,\text{mbar} - 0{,}5 \cdot 12{,}27\,\text{mbar})} = 3{,}8415 \cdot 10^{-3}\,\text{kg/kg},$$

und

$$X_2 = \frac{0{,}622 \cdot 0{,}2 \cdot 42{,}41\,\text{mbar}}{(1000\,\text{mbar} - 0{,}2 \cdot 42{,}41\,\text{mbar})} = 5{,}3237 \cdot 10^{-3}\,\text{kg/kg}.$$

Damit erhält man mit Gl. 3.27a für das spezifische Volumen der feuchten Luft

$$v_{1+X} = 0{,}4615\,\text{kJ/(kg K)}\,(X + 0{,}622)T/p \text{ zu}$$

$$v_{1+X,1} = 0{,}4615\,\text{kJ/(kg K)}\,(3{,}8415 \cdot 10^{-3} + 0{,}622)\frac{283{,}15\,\text{K}}{10^5\,\text{N/m}^2} = 0{,}8178\,\text{m}^3/\text{kg},$$

$$v_{1+X,2} = 0{,}4615\,\text{kJ/(kg K)}\,(5{,}3237 \cdot 10^{-3} + 0{,}622)\frac{303{,}15\,\text{K}}{10^5\,\text{N/m}^2} = 0{,}8776\,\text{m}^3/\text{kg}.$$

Die Luftmassen sind

$$M_{L1} = \frac{V}{v_{1+X,1}} = \frac{3\,\text{m}^3}{0{,}8178\,\text{m}^3/\text{kg}} = 3{,}668\,\text{kg und}$$

$$M_{L2} = \frac{V}{v_{1+X,2}} = \frac{2\,\text{m}^3}{0{,}8776\,\text{m}^3/\text{kg}} = 2{,}279\,\text{kg}.$$

Die Wasserbeladung des Gemisches ergibt sich nach Gl. 3.30a zu

$$X_m = \frac{M_{L1}X_1 + M_{L2}X_2}{M_{L1} + M_{L2}} = \frac{3{,}668\,\text{kg} \cdot 3{,}8415\,\text{g/kg} + 2{,}279\,\text{kg} \cdot 5{,}3237\,\text{g/kg}}{3{,}668\,\text{kg} + 2{,}279\,\text{kg}}$$
$$= 4{,}4095 \cdot 10^{-3}\,\text{kg/kg}\,.$$

Die Temperatur des Gemisches erhält man aus der Energiebilanz, Gl. 3.31. Hierin ist nach Gl. 3.22

$$h_{1+X,1} = 1{,}005\,\frac{\text{kJ}}{(\text{kg K})} \cdot 10\,^\circ\text{C}$$
$$+ 3{,}8145 \cdot 10^{-3}\,\frac{\text{kg}}{\text{kg}} \cdot \left(1{,}852\,\frac{\text{kJ}}{(\text{kg K})} \cdot 10\,^\circ\text{C} + 2501{,}6\,\frac{\text{kJ}}{\text{kg}}\right)\,.$$
$$h_{1+X,1} = 19{,}731\,\text{kJ/kg}$$

Entsprechend ist

$$h_{1+X,2} = 1{,}005\,\frac{\text{kJ}}{\text{kg K}} \cdot 30\,^\circ\text{C}$$
$$+ 5{,}3237 \cdot 10^{-3}\,\frac{\text{kg}}{\text{kg}} \cdot \left(1{,}852\,\frac{\text{kJ}}{(\text{kg K})} \cdot 30\,^\circ\text{C} + 2501{,}6\,\frac{\text{kg}}{\text{kg}}\right)\,.$$
$$h_{1+X,2} = 43{,}764\,\text{kJ/kg}\,.$$

Damit gilt

$$h_{1+X,m} = \frac{M_{L,1}h_{1+X,1} + M_{L2}h_{1+X,2}}{M_{L1} + M_{L2}}$$
$$= \frac{3{,}668\,\text{kg} \cdot 19{,}731\,\text{kJ/kg} + 2{,}279\,\text{kg} \cdot 43{,}764\,\text{kJ/kg}}{3{,}668\,\text{kg} + 2{,}279\,\text{kg}}$$
$$h_{1+X,m} = 28{,}941\,\text{kJ/kg}\,.$$

Nun ist nach Gl. 3.22

$$h_{1+X,m} = 28{,}941\,\frac{\text{kJ}}{\text{kg}}$$
$$= 1{,}005\,\frac{\text{kJ}}{\text{kg K}} \cdot t_m + 4{,}4095 \cdot 10^{-3}\,\frac{\text{kg}}{\text{kg}} \cdot \left(1{,}852\,\frac{\text{kJ}}{\text{kg K}} \cdot t_m + 2501{,}6\,\frac{\text{kJ}}{\text{kg}}\right)\,.$$

Daraus folgt die Temperatur des Gemisches zu $t_m = 17{,}68\,^\circ\text{C}$. Die relative Feuchte des Gemisches erhält man aus

$$X_m = \frac{0{,}622 \cdot p_D}{(p - p_D)} = \frac{0{,}622 \cdot \varphi_m p_s}{(p - \varphi_m p_s)}\,.$$

Aufgelöst nach φ_m erhält man

$$\varphi_m = \frac{p/p_s}{\frac{0{,}622}{X_m} + 1} \,.$$

Hierin ist $p_s(t_m = 17{,}68\,°C) = 20{,}217\,\text{mbar}$ nach Tab. 3.1.
Damit findet man die relative Feuchte des Gemisches zu

$$\varphi_m = \frac{1000\,\text{mbar}/20{,}217\,\text{mbar}}{\frac{0{,}622}{4{,}4095\cdot10^{-3}} + 1} = 0{,}348 \,.$$

Beispiel 3.3

In einer Trocknungsanlage wird feuchte Luft erwärmt. Der Volumenstrom beträgt $\dot{V} = 500\,\frac{\text{m}^3}{\text{h}}$, der Gesamtdruck ist konstant $p = 1\,\text{bar}$. Beim Eintritt in die Anlage ist die Temperatur $t_1 = 15\,°C$ und die relative Feuchte $\varphi_1 = 75\,\%$. Die Austrittstemperatur ist $t_2 = 120\,°C$.

Bestimmen Sie den in der Trocknungsanlage zugeführten Wärmestrom.

Der Wärmestrom berechnet sich aus

$$\dot{Q} = \dot{M}_{\text{Luft}} \cdot (h_{1+X,2} - h_{1+X,1}) \,.$$

Der Massenstrom trockener Luft ist hierbei

$$\dot{M}_{\text{Luft}} = \frac{\dot{V}}{v_{1+x}}$$

mit v_{1+x} nach Gl. 3.27a

$$v_{1+x} = 0{,}4615\,\frac{\text{kJ}}{\text{kg K}} \cdot (X + 0{,}622) \cdot \frac{T}{p} \,.$$

Die Dampfbeladung errechnet sich nach Gl. 3.12 zu

$$X = 0{,}622 \cdot \frac{p_D}{p - p_D}$$

mit

$$p_D = \varphi_1 \cdot p_{s1}.$$

Der Sättigungsdampfdruck ist nach Tab. 3.1

$$p_{s1} = p_s\,(15\,°C) = 17{,}04\,\text{mbar}.$$

Somit folgt

$$p_D = 0,75 \cdot 17,04 \, \text{mbar} = 1278 \, \text{mbar}$$

und

$$X = \left(0,622 \cdot \frac{12,78}{1000 - 12,78}\right) \frac{\text{g}}{\text{kg}} = 8,052 \, \frac{\text{g}}{\text{kg}}$$

sowie

$$v_{1+x} = \left(461,5 \cdot (8,052 \cdot 10^{-3} + 0,622) \cdot \frac{288,15}{10^5}\right) \frac{\text{m}^3}{\text{kg}} = 0,837 \, \frac{\text{m}^3}{\text{kg}}$$

und

$$\dot{M}_{\text{Luft}} = \left(\frac{500}{0,837}\right) \frac{\text{kg}}{\text{h}} = 597,4 \, \frac{\text{kg}}{\text{h}} = 0,166 \, \frac{\text{kg}}{\text{s}}.$$

Für die spezifischen Enthalpien gilt

$$h_{1+X,1} = c_{p_L} \cdot t_1 + X \left(c_{p_D} \cdot t_1 + \Delta h_{v_0}\right)$$
$$= \left(1,005 \cdot 15 + 8,052 \cdot 10^{-3} \cdot (1,85 \cdot 15 + 2502)\right) \frac{\text{kJ}}{\text{kg}} = 35,44 \, \frac{\text{kJ}}{\text{kg}}$$

und

$$h_{1+X,2} = \left(1,005 \cdot 120 + 8,052 \cdot 10^{-3} \cdot (1,85 \cdot 120 + 2502)\right) \frac{\text{kJ}}{\text{kg}} = 142,53 \, \frac{\text{kJ}}{\text{kg}}.$$

Der Wärmestrom ist somit

$$\dot{Q} = 0,166 \, \frac{\text{kg}}{\text{s}} \cdot (142,53 - 35,44) \frac{\text{kJ}}{\text{kg}} = 17,77 \, \text{kW}.$$

Aufgabe 3.1

Zur Klimatisierung einer Fabrikhalle im Winter kommt folgender stationärer Umluft-prozess zum Einsatz.

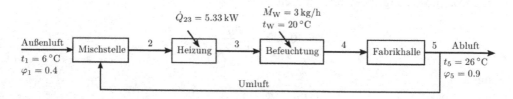

Außenluft von 6 °C und 40 % relativer Luftfeuchte wird mit Umluft von 26 °C und 90 % relativer Luftfeuchte gemischt. Das Verhältnis der trockenen Luftmassen-ströme beträgt $\frac{\dot{M}_{\text{Außenluft}}}{\dot{M}_{\text{Umluft}}} = \frac{0,7}{0,3}$. Der Gesamtmassenstrom nach der Mischung in Höhe von $\dot{M}_{\text{gesamt}} = 1200\,\frac{\text{kg}}{\text{h}}$ wird dann erwärmt durch Zufuhr eines Wärmestroms von $\dot{Q}_{23} = 5{,}33\,\text{kW}$ und befeuchtet durch Zufuhr eines Wassermassenstroms $\dot{M}_W = 3\,\frac{\text{kg}}{\text{h}}$ der Temperatur 20 °C. Dieser Luftstrom vom Zustand 4 durchströmt die Fabrikhalle, wobei er sich durch die dort arbeitenden Personen und Maschinen weiter erwärmt und Feuchtigkeit aufnimmt. Die Abluft vom Zustand 5 wird wie zuvor beschrieben zum Teil als Umluft zurückgeführt. Die feuchte Luft hat in der gesamten Anlage den Druck 1 bar.

a) Skizzieren Sie den Prozess qualitativ in ein h_{1+X}, X-Diagramm nach Mollier.

b) Berechnen Sie die Temperatur und die relative Feuchte im Zustand 4 vor Eintritt in die Fabrikhalle.

c) Bestimmen Sie zudem den Wassermassenstrom, der in der Fabrikhalle vom Luftmassenstrom aufgenommen wird.

Phasengleichgewichte: Phänomenologie und Phasendiagramme

4

Bevor in Kap. 6 die Grundlagen der Berechnung thermodynamischer Gleichgewichte von mehrphasigen Systemen dargestellt werden, ist es sinnvoll, sich die Gleichgewichtszustände und die Phänomene beim Phasenwechsel zu veranschaulichen. Für *binäre* und *ternäre* Gemische eignen sich hierzu Phasendiagramme besonders gut. Solche Diagramme sind wegen ihrer Anschaulichkeit auch von erheblicher praktischer Bedeutung in der Verfahrenstechnik, in der Metallurgie und in der physikalischen Chemie. Zur genauen Berechnung von Phasengleichgewichten bedient man sich allerdings heute immer mehr der elektronischen Rechenanlagen und verzichtet auf die früher übliche Auswertung mit Hilfe von Phasendiagrammen. Trotzdem sind diese nach wie vor gut geeignet für einen Überblick über das Gleichgewicht zwischen verschiedenen Phasen. Allerdings wäre es ein hoffnungslos aufwendiges Unterfangen, wenn man die Eigenschaften der Gemische allein mit Hilfe graphischer Darstellungen studieren wollte. Dazu müsste man wegen der vielen Stoffe und der sehr unterschiedlichen Stoffeigenschaften der am Phasengleichgewicht beteiligten Komponenten eine ungeheuer große Zahl von Phasendiagrammen von System zu System unterschiedlicher Gestalt entwerfen. Man wird daher die Phasendiagramme im wesentlichen als anschauliches Hilfsmittel verwenden, ansonsten aber nach rationellen, analytischen Methoden zur Berechnung von Phasengleichgewichten suchen. Mit diesen werden wir uns daher später beschäftigen, nachdem wir uns in diesem Kapitel an Hand der Phasendiagramme mit den Eigenschaften mehrphasiger Systeme vertraut gemacht haben.

Die Maße für die Zusammensetzung von Mischphasen wurden bereits in Abschn. 1.2 erläutert. Es wurde darauf hingewiesen, dass es zweckmäßiger sein kann, den Molanteil der Flüssigphase einer Komponente i mit x_i' und den der Dampfphase mit x_i'' zu bezeichnen, sofern sich das mehrphasige System im Sättigungszustand befindet.

In Tab. 4.1 ist diese Nomenklatur nochmals zusammenfassend dargestellt. Andere mögliche, in diesem Kapitel jedoch nicht verwendete Nomenklaturen sind für Vergleichszwecke ebenfalls angegeben.

© Springer-Verlag GmbH Deutschland 2017
P. Stephan et al., *Thermodynamik*, https://doi.org/10.1007/978-3-662-54439-6_4

Tab. 4.1 Nomenklatur für Phasendiagramme in diesem Kapitel

Größe	Variable	alternative Variablen
Molanteil der Komponente i in der Flüssigphase allgemein	x_i	x_i
Molanteil der Komponente i in der Flüssigphase im Sättigungszustand	x_i'	x_i
Molanteil der Komponente i in der Dampfphase allgemein	x_i	y_i
Molanteil der Komponente i in der Dampfphase im Sättigungszustand	x_i''	y_i
phasengemittelter Molanteil der Komponente i im Zweiphasengebiet	x_i	z_i

4.1 Gleichgewicht flüssiger und dampfförmiger Phasen binärer Gemische

4.1.1 T, x- und p, x-Phasendiagramme

Zunächst diskutieren wir Phasendiagramme binärer Systeme, d. h. Diagramme zur Beschreibung von Phasengleichgewichten von Fluidgemischen, die aus zwei Stoffen bestehen.

Im Falle eines binären Systems kann beim Molanteil x_i der Komponente i der Index i entfallen, da wir im Folgenden den Molenbruch x stets auf die Komponente mit dem niedrigeren Siedepunkt beziehen wollen, die sogenannte *leichtsiedende Komponente*. Dadurch wird es zudem möglich, einen Index zur Kennzeichnung eines thermodynamischen Zustandes anzugeben, z. B. x_3 für den Molenanteil des Leichtsieders im Zustand 3, wobei dann offen ist, ob dieser Zustand im Bereich der rein flüssigen, der rein dampfförmigen oder der Mischphase liegt.

Bei Einstoffsystemen (vgl. Band 1) war der Zustand einer einzelnen Phase durch die Angabe zweier, von einander unabhängiger thermischer Zustandsgrößen eindeutig festgelegt, beispielsweise durch Angabe des Druckes p und der Temperatur T. Für jede Phase galt der Zusammenhang $f(p, T) = 0$.

Für die Charakterisierung des Zustandes eines binären Systems benötigt man zusätzlich eine Angabe über die Zusammensetzung, z. B. durch Angabe des Molanteils x des Leichtsieders. In binären zweiphasigen Systemen existiert also für jede Phase ein Zusammenhang zwischen den drei intensiven Variablen

$$f(p, T, x) = 0 \, . \tag{4.1}$$

Um den Verlauf dieser Funktion anschaulich verfolgen zu können, wollen wir die isotherme Verdampfung eines Zweistoffgemisches näher betrachten. In einem Zylinder gemäß Abb. 4.1 befinde sich unter dem Kolben ein flüssiges Zweistoffgemisch. Die isotherme

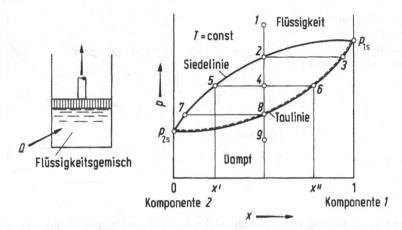

Abb. 4.1 p,x-Diagramm eines binären Gemisches. Zustandsverlauf für isotherme Verdampfung in einem geschlossenen Gefäß

Zustandsänderung lässt sich sehr gut darstellen, indem man die dreidimensionale Zustandsfläche $f(p, T, x) = 0$ in einer Ebene $T =$ const. schneidet. Man erhält somit ein für $T =$ const. gültiges zweidimensionales Zustandsdiagramm $p = f(x)$. Im Folgenden nennen wir es kurz p,x-*Diagramm*. Der anfängliche Zustand reinen Flüssigkeitsgemisches sei durch den Punkt 1 gegeben. Der Druck des Flüssigkeitsgemisches kann nun isotherm verringert werden, bis in einem Zustandspunkt 2 der erste Dampf entsteht. Die ersten Spuren des Dampfes haben eine Zusammensetzung, die durch den Punkt 3 gegeben ist. Verringert man den Druck weiter bis zum Punkt 4, indem man den Kolben nach oben bewegt, so befinden sich in dem Gefäß zwei Phasen, eine flüssige und eine dampfförmige, die miteinander im Gleichgewicht stehen. Das Flüssigkeitsgemisch ist gekennzeichnet durch den Zustandspunkt 5. Die Flüssigkeit befindet sich im Sättigungszustand (Gleichgewicht mit der Dampfphase). Folglich kann der Molanteil $x_5 = x'$ geschrieben werden. Das Dampfgemisch über der Flüssigkeit besitzt die Zusammensetzung $x'' = x_6$. Flüssigkeit der Zusammensetzung x' und Dampf der Zusammensetzung x'' befinden sich bei dem Druck $p_4 = p_5 = p_6$ und der Temperatur T miteinander im Gleichgewicht. Entspannt man weiter, so erreicht man schließlich einen Zustand, bei dem die letzten Flüssigkeitstropfen gerade verschwinden. Diese haben eine Zusammensetzung, welche durch den Punkt 7 gekennzeichnet ist und befinden sich im Gleichgewicht mit einem Dampf, dessen Zusammensetzung durch Punkt 8 gegeben ist. Da die gesamte Stoffmenge im Zylinder eingeschlossen ist, muss die Zusammensetzung des Dampfes dann, wenn alle Flüssigkeit verdampft wurde, gerade so groß wie die Zusammensetzung der anfänglich vorhandenen Flüssigkeit sein. Wiederholt man den Versuch mit verschiedenen Ausgangszusammensetzungen, so erhält man jedesmal andere Punkte für die Gleichgewichtszusammensetzung der Flüssigkeit und des Dampfes. Die Verbindungslinie aller Punkte, bei denen eine Flüssigkeit gerade zu sieden beginnt, nennt man *Siedelinie*. Auf ihr liegen alle Zustände der

Abb. 4.2 p,x-Diagramm eines binären Gemisches. Zustandsverlauf für isotherme Verdampfung in einem offenen Gefäß

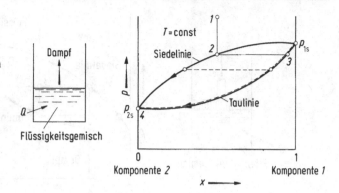

gesättigten flüssigen Phase. Der Molanteil ist durch x' gekennzeichnet. Würde man umgekehrt ein Dampfgemisch vom Zustand 9 ausgehend isotherm verdichten, so würden sich im Punkt 8 die ersten Flüssigkeitstropfen abscheiden, deren Zusammensetzung durch den Punkt 7 gegeben ist. Die Verbindungslinie aller Punkte, bei denen ein Dampf gerade zu kondensieren beginnt, nennt man *Taulinie*. Auf ihr liegen alle Zustände der gesättigten dampfförmigen Phase. Der Molanteil ist durch x'' gekennzeichnet.

Die Taulinie und die Siedelinie treffen sich auf beiden Ordinatenachsen, weil sich bei reinen Stoffen die Zusammensetzung von Flüssigkeit und Dampf nicht voneinander unterscheiden.

Würde man das Flüssigkeitsgemisch nicht in einem geschlossenen, sondern nach Abb. 4.2 in einem offenen Gefäß isotherm unter Wärmezufuhr verdampfen bei gleichzeitiger Absaugung des gebildeten Dampfes (sog. *offene Verdampfung*), so würde nach einer Druckerniedrigung ausgehend vom Zustandspunkt 1 wieder in Punkt 2 das Sieden beginnen. Der zuerst entstehende Dampf hat eine Zusammensetzung, die durch Punkt 3 gekennzeichnet ist. Dieser liegt in Abb. 4.2 weiter rechts als Punkt 2; der Dampf enthält also mehr von der leichter siedenden Komponente 1 als die Flüssigkeit. Die Restlösung wird daher ärmer an der Komponente 1 und reicher an der Komponente 2. Die Zusammensetzung der Flüssigkeit gleitet auf der Siedelinie in Richtung des eingezeichneten Pfeiles. Der anschließend entstehende Dampf enthält nun ebenfalls weniger von der Komponente 1. Die Zusammensetzung des Dampfes ändert sich somit ebenfalls in Richtung des Pfeiles auf der Taulinie. Die letzten verdampfenden Flüssigkeitstropfen und der zuletzt entweichende Dampf enthalten nur noch die Komponente 2 (Zustandspunkt 4).

Verhalten sich die Dampf- und die flüssige Phase ideal, so verläuft die Siedelinie im p,x-Diagramm geradlinig. Würde man allerdings die Zusammensetzung nicht durch Molenbrüche, sondern durch Massenbrüche ξ kennzeichnen, so wäre die Siedelinie im p,ξ-Diagramm auch für ideale Gemische im Allgemeinen gekrümmt. Zur Umrechnung von Molen- in Massenbrüche dienen dann Gl. 1.18 und Gl. 1.18a.

Das p,x-Diagramm gilt jeweils für eine bestimmte Temperatur und ermöglicht daher die Darstellung isothermer Zustandsänderungen. Für die Darstellung isobarer Zustandsänderungen schneidet man die Zustandsfläche $f(p, T, x) = 0$ in einer entsprechenden

Abb. 4.3 T,x-Diagramm
eines binären Gemisches

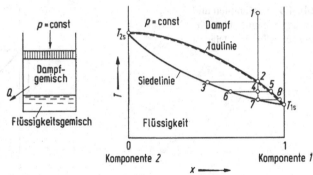

Abb. 4.4 Verdampfen und
Verflüssigen eines binären
Gemisches im p, x-Diagramm

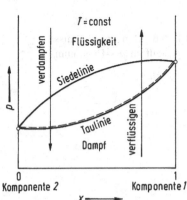

Ebene $p = $ const. Man erhält dann ein für $p = $ const gültiges *T,x-Diagramm*. Um das Diagramm für ein Zweistoffgemisch entwerfen zu können, denken wir uns ein Dampf-gemisch isobar gekühlt, Abb. 4.3. Die anfängliche Zusammensetzung und Temperatur sei durch Punkt 1 in Abb. 4.3 gekennzeichnet. Der Dampf wird isobar gekühlt. Dabei sinkt die Temperatur bis zum Punkt 2, bei dem sich die ersten Flüssigkeitstropfen ausscheiden. Die Zusammensetzung der ersten Flüssigkeitstropfen ist durch Punkt 3 gegeben. Die Flüssig-keit enthält mehr von der Komponente 2, dem Schwersieder, als der Dampf. Bei weiterer Abkühlung verarmt daher der Dampf an der Komponente 2 und wird reicher an der Kom-ponente 1, dem Leichtsieder. Nach einiger Zeit möge der Dampf die Zusammensetzung des Punktes 5, die Flüssigkeit die des Punktes 6 haben. Die Molenbrüche in den Punk-ten 5 und 6 sind die *Gleichgewichtszusammensetzungen* der Flüssigkeit und des Dampfes beim Druck p und der Siedetemperatur $T_4 = T_5 = T_6$. Durch weitere Abkühlung kon-densiert schließlich der letzte Dampf (Punkt 8), und die Flüssigkeit, die man erhält, wenn der Dampf vollständig kondensiert ist, muss wieder dieselbe Zusammensetzung (Punkt 7) wie der ursprüngliche Dampf besitzen.

Abb. 4.4 und Abb. 4.5 zeigen noch einmal den Vorgang der Verdampfung und Verflüs-sigung in einem p, x- und in einem T, x-Diagramm.

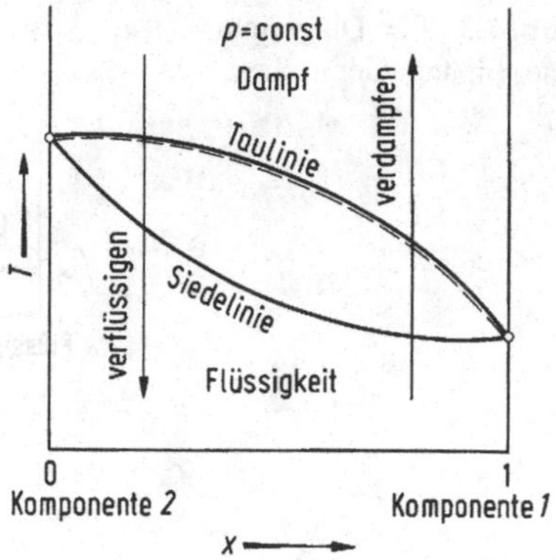

Abb. 4.5 Verdampfen und
Verflüssigen eines binären
Gemisches im T, x-Diagramm

Abb. 4.6 Mengenverhältnisse
dargestellt im p, x-Diagramm

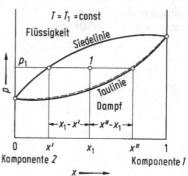

Die Dampf- und Flüssigkeitsanteile bei einem bestimmten Druck p_1 und einer Temperatur T_1, Abb. 4.6, erhält man aus einer Mengenbilanz. Es sei N die Molmenge, die ursprünglich vor Beginn der Verdampfung in der Flüssigkeit vorhanden war

$$N = N_1 + N_2 \tag{4.2}$$

und x_1 der Molenbruch der Komponente 1, insgesamt waren also $N_1 = Nx_1$ Mole der Komponente 1 vorhanden. Beim Druck p_1 und der Temperatur T_1 liegt nun sowohl eine flüssige als auch eine dampfförmige Phase vor. Im Dampf befindet sich die Molmenge N'', in der Flüssigkeit die Molmenge N'. Da die Gesamtmenge N erhalten bleiben muss, gilt

$$N = N' + N''. \tag{4.3}$$

Die Molmenge der Komponente 1 der Flüssigkeit beträgt $x'N'$ und im Dampf $x''N''$. Da die gesamte Molmenge der Komponente 1 konstant bleibt, gilt

$$N''x'' + x'N' = Nx_1, \tag{4.4}$$

Abb. 4.7 T,x-Diagramm eines binären Gemisches mit kritischem Gebiet

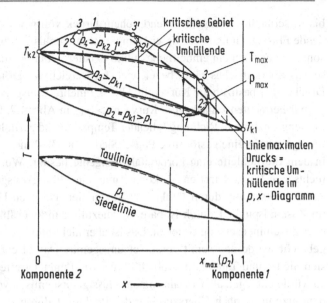

d. h. die ursprünglich vorhandene Molmenge Nx_1 teilt sich nun auf in die Molmenge in der Flüssigkeitsphase $x'N'$ und die in der Dampfphase $N''x''$. Aus den Beziehungen folgt

$$\frac{N'}{N''} = \frac{x'' - x_1}{x_1 - x'}. \tag{4.5}$$

Das Verhältnis von Flüssigkeits- und Dampfmenge kann man also aus dem p,x- oder T,x-Diagramm als Streckenverhältnis abgreifen. In entsprechender Weise findet man aus einer Massenbilanz für das Verhältnis der Masse M' der Flüssigkeit zur Masse M'' des Dampfes

$$\frac{M'}{M''} = \frac{\xi'' - \xi_1}{\xi_1 - \xi'}. \tag{4.6}$$

Zeichnet man in ein T,x-Diagramm Siede- und Taulinien für verschiedene Drücke ein, so erhält man, wie Abb. 4.7 zeigt, Kurven, die bei steigendem Druck in Richtung zunehmender Temperatur verschoben sind.

Wird der Druck größer als der kritische Druck p_{k1} der leichtsiedenden Komponente 1, so hört der reine Stoff 1 auf, als siedende Flüssigkeit zu existieren. Siede- und Taulinie können daher nicht mehr an der Ordinate $x = 1$ für die reine Komponente 1 zusammentreffen. Sie ziehen sich mit zunehmendem Druck immer mehr in die linke Diagrammhälfte zurück. Wird der Druck größer als der kritische Druck p_{k2} der reinen schwersiedenden Komponente 2, so können sich Siede- und Taulinie auch nicht mehr auf der Ordinate $x = 0$ für die reine Komponente 2 treffen, da diese dann nicht mehr als siedende Flüssigkeit existiert. Das von Siede- und Taulinie umschlossene Gebiet schrumpft dann immer mehr zusammen, wie die Kurven für den Druck $p_4 > p_{k2}$ in Abb. 4.7 zeigen,

bis es schließlich bei hinreichend hohem Druck völlig verschwindet, so dass dann siedende Flüssigkeit und gesättigter Dampf nicht mehr als getrennte Phasen vorhanden sind,
sondern nur noch ein einheitliches Fluid existiert. Analog zu Einstoffsystemen wird dieses als überkritisches Fluid bezeichnet. Im Bereich der Drücke oberhalb des kritischen
Druckes p_{k1} besitzen die Kurven in Abb. 4.7 mehrere ausgezeichnete Punkte.

Wir betrachten zunächst die Kurve $p_3 > p_{k1}$ in Abb. 4.7. Überschreitet man die obere
Phasengrenzlinie in Richtung fallender Temperatur, so zerfällt das Dampfgemisch in eine
flüssige und in eine gasförmige Phase. Siede- und Taulinie treffen in Punkt 1 zusammen,
in dem die Schleife eine horizontale Tangente besitzt. Würden sie sich beispielsweise
rechts von Punkt 1 treffen, so könnte man ein Flüssigkeitsgemisch, dessen anfängliche
Zusammensetzung durch Punkt 1 charakterisiert ist, nach Überschreiten der Siedelinie
im Zustandspunkt 1 durch isobare Wärmezufuhr in zwei flüssige Phasen unterschiedlicher Zusammensetzung zerlegen. Das ist aber nicht möglich, da das Gemisch zum Sieden
gebracht wurde und somit voraussetzungsgemäß Dampf entsteht. Ebensowenig können
sich Siede- und Taulinie in Abb. 4.7 links von Punkt 1 treffen. Wäre dies doch der Fall,
so würde entgegen aller Erfahrung ein Flüssigkeitsgemisch der anfänglichen Zusammensetzung x_1 nach Überschreiten des Punktes 1 durch isobare Wärmezufuhr in zwei
gasförmige Phasen unterschiedlicher Zusammensetzung zerfallen. Flüssigkeit und Dampf
haben in Punkt 1 genau wie am kritischen Punkt eines reinen Stoffes die gleiche Zusammensetzung $x_1' = x_1''$, gleichen Druck und gleiche Temperatur und stimmen in ihren
physikalischen Eigenschaften völlig überein. Da die beiden Phasen in Punkt 1 nicht durch
einen deutlich wahrnehmbaren Meniskus voneinander getrennt sind, bezeichnet man den
Punkt 1 auch als *kritischen Punkt*.

Dieser ist jedoch von dem kritischen Punkt eines reinen Stoffes insofern verschieden, als eine kleine Erhöhung der Temperatur bei konstantem Druck bis zum Punkt C,
Abb. 4.8, nicht in das überkritische Gebiet führt, sondern eine erneute Aufspaltung in eine
flüssige Phase F und eine dampfförmige Phase D zur Folge hat.

Die Temperatur im kritischen Punkt 1 ist somit nicht gleich der höchsten Temperatur,
auf die man ein Gemisch von vorgegebener Zusammensetzung isobar erwärmen kann,
ohne dass sich zwei Phasen bilden.

Erhöht man andererseits den Druck, unter dem sich die beiden Phasen D und F befinden, um einen kleinen Wert auf $p^* = p + \Delta p$ und hält dabei die Temperatur konstant, so
gelangt man ebenfalls nicht in das überkritische Gebiet.

Wie Abb. 4.8 zeigt, spaltet sich jetzt das Gemisch in zwei Phasen D^* und F^* auf, die
auf der Isobaren $p + \Delta p$ liegen. Erst nach einer merklichen Erhöhung des Druckes und
der Temperatur gelangt man in das überkritische Gebiet, in dem eine Aufspaltung in zwei
Phasen nicht mehr möglich ist. Im Gegensatz zu reinen Stoffen kann man demnach ein
Gemisch vom kritischen Punkt aus durch Temperatur- und Druckerhöhungen wieder in
zwei Phasen aufspalten. Temperatur und Druck am kritischen Punkt stellen daher nicht
die Höchstwerte dar, bei denen zwei Phasen noch miteinander existieren können.

Das überkritische Gebiet wird durch die in Abb. 4.7 gekennzeichnete *kritische Umhüllende* von dem Zweiphasengebiet getrennt. Diese ist die Hüllkurve aller Schleifen

Abb. 4.8 Zustandsänderungen eines binären Gemisches im kritischen Gebiet

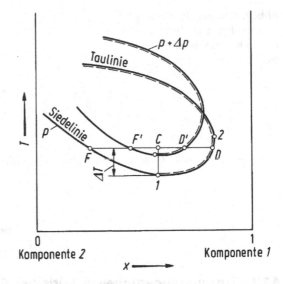

in Abb. 4.7. Sie geht vom kritischen Punkt der Komponente 2 aus und endet am kritischen Punkt der Komponente 1. Für einen vorgegebenen Druck berührt sie die Siede- und Taulinie an bestimmten charakteristischen Punkten; einer davon ist der Punkt 3 der Schleife p_3. Die Temperatur im Punkt 3 ist bei vorgegebenem Wert der Zusammensetzung x_3 die höchste Temperatur T_{max}, bei der noch Phasengleichgewichte existieren. Oberhalb der kritischen Umhüllenden liegt das überkritische Gebiet, unterhalb das Zweiphasengebiet. Das in Abb. 4.7 schraffierte Gebiet, begrenzt durch die kritische Umhüllende und die Verbindungslinie der beiden kritischen Punkte T_{k1} und T_{k2}, bezeichnet man gelegentlich als *kritisches Gebiet*.

Außer den Punkten auf der kritischen Umhüllenden sind im kritischen Gebiet noch die Punkte besonders ausgezeichnet, an denen die Siede- und Taulinie eine senkrechte Tangente besitzen, beispielsweise Punkt 2 auf der Schleife p_3 in Abb. 4.7. Er gibt an, bis zu welcher maximalen Zusammensetzung bei vorgegebenem Druck noch ein Phasengleichgewicht möglich ist. Da rechts von Punkt 2 nur noch Schleifen geringeren Druckes liegen, ist für einen gegebenen Molenbruch $x_2 = x_{max}$ der Druck im Punkt 2 der höchste Druck p_{max}, bei dem noch zwei Phasen existieren. Für gleiche Temperatur und Zusammensetzung, aber höheren Druck als im Punkt 2, existiert kein Zweiphasengebiet mehr, da sonst Punkt 2 gleichzeitig auch auf einer Schleife höheren Druckes liegen müsste, was nach Abb. 4.8 nicht der Fall ist.

Abb. 4.7 zeigt im kritischen Gebiet noch eine Schleife, deren Druck p_4 größer als der kritische Druck p_{k2} der Komponente 2 und außerdem größer als der kritische Druck p_{k1} der Komponente 1 ist. Diese Schleife besitzt obere kritische Punkte 3 und *3** auf der kritischen Umhüllenden, zwei Punkte 2 und *2** mit senkrechter Tangente und zwei kritische Punkte 1 und *1** mit waagerechter Tangente.

Abb. 4.9 Isobare Erwärmung
oder Kühlung eines binären
Gemisches im kritischen Gebiet

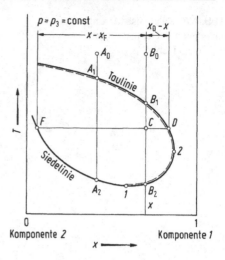

4.1.2   Zustandsänderungen im kritischen Gebiet

Das im Vergleich zu den reinen Stoffen sehr unterschiedliche Verhalten binärer Gemische wird besonders auffällig, wenn Zustandsänderungen im kritischen Gebiet untersucht werden. Wir betrachten hierzu die isobare Zustandsänderung eines Gemisches vom Druck $p_3 > p_{k_1}$, Abb. 4.9.

Geht man von einem Dampf der Zusammensetzung des Punktes A_0 aus und kühlt diesen isobar, so bildet sich nach Überschreiten der Taulinie immer mehr Flüssigkeit, bis schließlich im Punkt A_2 der Dampf vollständig kondensiert ist.

Kühlt man jedoch ausgehend vom Punkt B_0 einen Dampf isobar, dessen ursprüngliche Zusammensetzung x zwischen der des kritischen Punktes 1 und dem Punkt 2 maximalen Druckes lag, so beobachtet man ein gänzlich anderes Verhalten.

Die erste Flüssigkeit entsteht nach Überschreiten der Taulinie im Punkt B_1. Bei weiterer isobarer Kühlung nimmt zunächst der Flüssigkeitsanteil zu. Im Punkt C beispielsweise ergibt sich das Verhältnis aus den Molmengen N' von Flüssigkeit und N'' von Dampf entsprechend Gl. 4.5 als Verhältnis der Strecken $x_D - x$ und $x - x_F$:

$$\frac{N'}{N''} = \frac{x_D - x}{x - x_F} .$$

Erniedrigt man die Temperatur, so nimmt der Anteil der Flüssigkeit zunächst zu. Bei weiterer Kühlung über den Punkt 2 hinaus nimmt die Temperatur zwar weiterhin ab, der Anteil der Flüssigkeit nimmt jedoch auch ab; es setzt also trotz isobarer Kühlung eine Verdampfung ein, bis in Punkt B_2 das Gemisch wieder dampfförmig ist.

Abb. 4.10 Zur Darstellung der
retrograden Kondensation

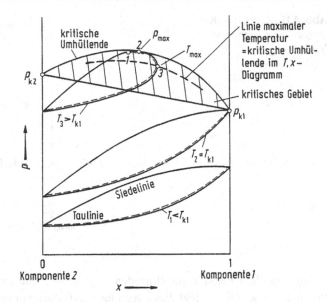

Die anfänglich einsetzende Kondensatbildung ist trotz weiterer Kühlung wieder rückläufig. Diese Erscheinung ist bereits 1892 von J. Kuenen[1] vorausgesagt und später experimentell bestätigt worden. Man nennt sie *retrograde Kondensation*.

Hat man umgekehrt einen Dampf der Zusammensetzung x, der ausgehend von einem Zustand unterhalb des Punktes B_2 isobar erwärmt wird, so bildet sich die erste Flüssigkeit nach Überschreiten des Punktes B_2. Der Anteil des Kondensates nimmt zunächst zu. Bei weiterer isobarer Wärmezufuhr steigt zwar die Temperatur über den Punkt 2 hinaus weiter an, der Kondensatanteil nimmt jedoch wieder ab, bis im Punkt B_1 das Gemisch in seiner ursprünglichen Zusammensetzung wieder als Dampf vorhanden ist.

Wie dieses Beispiel zeigt, kann man aus einem Dampfgemisch durch Wärmezufuhr sogar Kondensat erzeugen. Kuenen nannte diesen Vorgang ebenfalls „retrograde Kondensation".

Während es sich bei dem zuvor geschilderten Vorgang um eine *retrograde Kondensation bei isobarer Kühlung* handelte, liegt jetzt eine *retrograde Kondensation bei isobarer Erwärmung* vor.

Allgemein wollen wir beliebige Zustandsänderung dann als retrograde Kondensation bezeichnen, wenn das anfänglich gebildete Kondensat wieder verschwindet. Nachdem zuvor isobare Zustandsänderungen betrachtet wurden, betrachten wir nun die retrograde Kondensation bei isothermer Zustandsänderung. Diese lässt sich besonders einfach in einem p, x-Diagramm verfolgen, das in Abb. 4.10 dargestellt ist.

---

[1] Kuenen, J.P.: Metingen betreffende het oppervlak van Van der Waals voor mengsels van koolzuur en chloormethyl. Dissertation Leiden 1892; Kuenen, J.P.: Theorie der Verdampfung und Verflüssigung von Gemischen und der fraktionierten Destillation, Leipzig: Barth 1906.

Abb. 4.11 Retrograde Kondensation bei isothermer Verdichtung

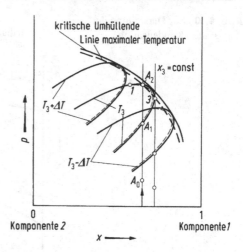

Im kritischen Punkt 1 verschwinden die Unterschiede zwischen dampfförmiger und flüssiger Phase. Dieser liegt daher auch im p,x-Diagramm im Maximum oder Minimum von Siede- und Taulinie. Würde er an einer anderen Stelle liegen, so könnten je nach Lage des Punktes 1 bei der Zusammensetzung x_1 des kritischen Druckes zwei gasförmige oder zwei flüssige Phasen verschiedener Zusammensetzung miteinander im Gleichgewicht sein; das ist aber ausgeschlossen, da wir vollständige Mischbarkeit voraussetzen. Die Punkte des größtmöglichen Druckes in einem Gemisch vorgegebener Zusammensetzung, bei denen eine Phasentrennung noch möglich ist, liegen nun, wie bereits dargelegt, auf der kritischen Umhüllenden; ein Punkt auf ihr ist der Punkt 2.

Bei noch höheren Drücken als in Punkt 2 ist bei gegebener Zusammensetzung x_2 keine Aufspaltung in zwei Phasen mehr möglich.

Die höchsten Temperaturen, bei denen man ein Gemisch noch in Flüssigkeit und Dampf zerlegen kann, liegen auf der Verbindungslinie aller Punkte, in denen Siede- und Taulinie eine senkrechte Tangente besitzen. Wir bezeichnen sie als Linie maximaler Temperatur: überträgt man sie in das T,x-Diagramm, so geht sie dort in die kritische Umhüllende über. Punkt 3 in Abb. 4.10 ist ein Punkt der Linie maximaler Temperatur. Ein Gemisch der Zusammensetzung x_3 erreicht nach Erwärmung auf die Temperatur T_3 die höchste Temperatur, bei der noch zwei Phasen existieren. Oberhalb der Temperatur T_3 wird die Senkrechte $x_3 = $ const, wie Abb. 4.11 zeigt, im Zweiphasengebiet nicht mehr von Isothermen höherer Temperatur geschnitten, so dass für konstantes x_3, aber höhere Temperaturen als T_3, keine Trennung in zwei Phasen stattfinden kann.

Verdichtet man ausgehend vom Zustandspunkt A_0 einen Dampf, dessen Zusammensetzung nach Abb. 4.11 zwischen der des kritischen Punktes 1 und der des Punktes 3 maximaler Temperatur liegt, isotherm, so scheiden sich im Punkt A_1 die ersten Flüssigkeitstropfen aus. Bei weiterer isothermer Verdichtung nimmt der Flüssigkeitsanteil zu bis zum Punkt 3. Anschließend verschwindet aber trotz isothermer Verdichtung die zuvor gebildete Flüssigkeit, bis im Punkt A_2 wieder Dampf der ursprünglichen Zusammensetzung

Abb. 4.12 T,x-Diagramm eines Gemisches mit dem Punkt maximaler Temperatur auf der Taulinie und dem Punkt maximalen Druckes auf der Siedelinie

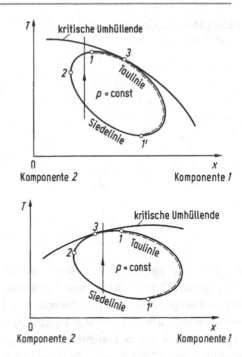

Abb. 4.13 T,x-Diagramm eines Gemisches mit den Punkten maximaler Temperatur und maximalen Druckes auf der Siedelinie

vorhanden ist. Man hat hier eine retrograde Kondensation bei isothermer Verdichtung. Entspannt man umgekehrt einen Dampf entlang der Linie A_2–A_1, so bildet sich nach Überschreiten des Punktes A_2 das erste Kondensat, dessen Menge zunächst bis zum Druck p_3 zu- und anschließend bei weiterer Entspannung wieder abnimmt, bis im Punkt A_1 nur noch Dampf der ursprünglichen Zusammensetzung vorhanden ist. Unter den geschilderten Bedingungen kann man demnach aus einem homogenen binären Gemisch durch Druckerniedrigung Kondensat erzeugen. Man bezeichnet diesen Vorgang als *retrograde Kondensation bei isothermer Druckerniedrigung*, während wir die zuvor geschilderte Erscheinung *retrograde Kondensation bei isothermer Druckerhöhung* nennen.

Je nach Lage des kritischen Punktes im Vergleich zu den beiden anderen ausgezeichneten Punkten, dem Punkt maximalen Drucks (Punkt 2) und dem Punkt maximaler Temperatur (Punkt 3) in Abb. 4.10, sind auch noch andere bemerkenswerte Erscheinungen im kritischen Gebiet eines binären Gemisches denkbar. Während bei den zuvor geschilderten Vorgängen der retrograden Kondensation die Punkte maximaler Temperatur und maximalen Druckes auf der Taulinie lagen, sind bei einigen Gemischen Zustände möglich, bei denen der Punkt maximaler Temperatur auf der Taulinie, der Punkt maximalen Druckes aber auf der Siedelinie liegt. In Abb. 4.12 sind Siede- und Taulinie eines derartigen Gemisches im T,x-Diagramm dargestellt. Schließlich gibt es Gemische, bei denen beide Punkte auf der Siedelinie liegen, Abb. 4.13.

Verfolgt man nun in Abb. 4.12 und in Abb. 4.13 isobare Zustandsänderungen längs der eingezeichneten Linien, so bildet sich der erste Dampf nach Überschreiten der Siedelinie.

Abb. 4.14 Baly-Kurven binärer Gemische

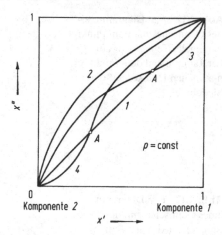

Die Dampfmenge nimmt bei weiterer isobarer Erwärmung zu. Anschließend verschwindet der gebildete Dampf trotz isobarer Erwärmung wieder, bis nach Überschreiten der Siedelinie der Dampf vollständig verschwunden ist. Eine derartige Zustandsänderung bezeichnen wir als *retrograde Verdampfung*. Es handelt sich hier um eine retrograde Verdampfung bei isobarer Wärmezufuhr. Durchläuft man die gleiche Zustandsänderung in der umgekehrten Richtung, so bildet sich nach Überschreiten der Siedelinie zunächst Dampf, dessen Menge erst zu-, dann bei isobarer Kühlung wieder abnimmt. Es ist daher auch möglich, in einem homogenen binären Gemisch durch isobare Kühlung Dampf zu erzeugen. Wir bezeichnen diese Erscheinung als *retrograde Verdampfung bei isobarer Kühlung*.

Auch retrograde Verdampfung bei isothermer Zustandsänderung kann in bestimmten Gemischen vorkommen.

4.1.3   Zustandsänderungen von Gemischen mit azeotropem Punkt

Zur Berechnung von Vorgängen der Destillation und Rektifikation bedient man sich häufig einer Darstellung, in der für konstanten Druck die Zusammensetzung x'' des Dampfes über der Zusammensetzung x' der Flüssigkeit aufgetragen wird. Hätten Flüssigkeit und Dampf stets die gleiche Zusammensetzung, so erhielte man eine gerade Linie unter $45°$ (Linie 1 in Abb. 4.14). Gemische, wie sie bisher besprochen wurden, ergeben Kurven, die durch die Linie 2 in Abb. 4.14 dargestellt sind. Darüber hinaus sind aber auch noch Kurvenverläufe nach den Linien 3 und 4 möglich, die im folgenden noch besprochen werden. Derartige x'',x'-Diagramme hat erstmalig Baly[2] zur Darstellung des Verhaltens

[2] Baly, E.C.C.: On the distillation of liquid air, and the composition of the gaseous and liquid phases. Part I. At constant pressure. Phil. Mag. 49 (1900) 517–529; vgl. auch Linde, C.: Über Vorgänge bei Verbrennung in flüssiger Luft. Sitzungsber. Bayer. Akad. Wiss., math.-phys. Klasse, 29 (1899) 65–69.

Abb. 4.15 T, x- und p, x-Diagramme von binären Gemischen mit azeotropem Punkt

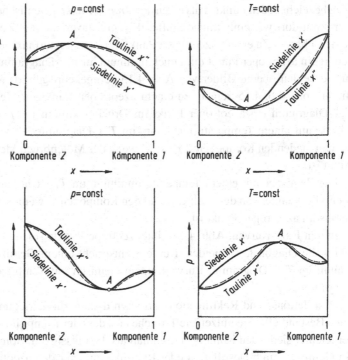

von verdampfendem Stickstoff-Sauerstoff-Gemisch benutzt. Man bezeichnet die Linien in dem Diagramm daher als *Baly-Kurven*.

In der Verfahrenstechnik ist das Diagramm als *McCabe-Thiele-Diagramm* bekannt.

Die bisher betrachteten Gemische hatten die Eigenschaft, dass ihre Siedetemperaturen bei konstantem Druck in einiger Entfernung vom kritischen Gebiet zwischen den Siedetemperaturen der reinen Komponenten lagen und dass der Siededruck bei konstanter Temperatur außerhalb des kritischen Gebietes die Siededrücke der reinen Komponenten weder über- noch unterschritt.

Häufig können aber die Siede- und Taulinie, wie in Abb. 4.15 dargestellt, Extremwerte des Druckes oder der Temperatur aufweisen. Siede- und Taulinie berühren sich in einem gemeinsamen Punkt A und besitzen dort eine horizontale Tangente. Im Punkt A besitzen Flüssigkeit und Dampf dieselbe Zusammensetzung $x' = x''$, und es ist genau wie am kritischen Punkt eines Gemisches

$$\left(\frac{\partial T}{\partial x}\right)_p = 0 \quad \text{und} \quad \left(\frac{\partial p}{\partial x}\right)_T = 0 \,.$$

Dennoch verhalten sich Flüssigkeit und Dampf anders als am kritischen Punkt eines Gemisches. Sie sind durch eine deutlich wahrnehmbare Phasengrenze voneinander getrennt und besitzen mit Ausnahme der Zusammensetzung voneinander verschiedene Eigenschaften.

Man bezeichnet den Punkt A als einen *azeotropen Punkt*[3]. Gemische verdampfen und kondensieren dort wie einheitliche Stoffe, d. h. mit unveränderten Zusammensetzungen der beiden Phasen. Zu einem azeotropen Punkt mit Temperaturmaximum im T,x-Diagramm gehört ein azeotroper Punkt mit Druckminimum im p,x-Diagramm; man vergleiche hierzu die beiden oberen Bilder von Abb. 4.15. Umgekehrt gehört, wie die beiden unteren Bilder von Abb. 4.15 zeigen, zu einem azeotropen Punkt mit Temperaturminimum im T,x-Diagramm ein azeotroper Punkt im Druckmaximum im p,x-Diagramm. Für Gemische mit einem Temperaturmaximum im T,x-Diagramm ist der Dampf ärmer an der leichter siedenden Komponente $x'' < x'$ wenn der Molenbruch kleiner als im azeotropen Punkt ist.

Für Gemische mit einem Temperaturminimum im T, x-Diagramm enthält der Dampf ebenfalls weniger von der leichter siedenden Komponente, wenn nur der Molenbruch größer als im azeotropen Punkt ist.

In den Baly-Kurven, Abb. 4.14, sind azeotrope Punkte solche, in denen die Kurven 3 und 4 die Diagonale schneiden. Kurve 3 entspricht einem Gemisch mit Temperaturminimum im T,x-Diagramm, Kurve 4 einem Gemisch mit Temperaturmaximum im T,x-Diagramm.

Destillations- und Rektifikationsverfahren dienen zur Zerlegung eines Gemisches in seine Bestandteile. Sie nutzen die Tatsache aus, dass der Dampf im Allgemeinen mehr von der leichter siedenden Komponente enthält als die Flüssigkeit. Somit ist es nicht möglich, ein Gemisch durch Destillation oder Rektifikation über den azeotropen Punkt hinaus zu trennen, da dort Dampf und Flüssigkeit dieselbe Zusammensetzung haben. Die Lage des azeotropen Punktes ändert sich jedoch mit der Siedetemperatur und dem Siededruck. Er kann auch gänzlich verschwinden. Als Beispiel sei das Gemisch aus Wasser und Ethylalkohol genannt[4], dessen azeotroper Punkt als Temperaturminimum für Atmosphärendruck von 1,01325 bar bei einem Molenbruch des Alkohols von $x = 0,895$ und einer Temperatur von $t = 78,15\,°C$ liegt. Mit sinkendem Druck verschiebt sich der azeotrope Punkt in Richtung größerer Molenbrüche des Alkohols und erreicht bei einem Druck von 93,3 mbar den Grenzwert $x = 1$ bei der Temperatur von $t = 27,96\,°C$.

4.2 Gleichgewicht flüssiger Phasen binärer Gemische

Während die bisher behandelten Gleichgewichte zwischen flüssiger und dampfförmiger Phase grundlegend für Verdampfungs- und Kondensationsvorgänge sind, wie sie beim Rektifizieren, Destillieren und Absorbieren vorkommen, nutzt man die verschiedene Zu-

---

[3] Eine Tabelle von Gemischen mit azeotropem Punkt gibt Horsley, K.H.: Table of azeotropes and nonazeotropes. Analyt. Chem. 19 (1947) 508–600 und Analyt. Chem. 21 (1949) 831–873.
[4] Kirschbaum, E., Gerstner, F.: Gleichgewichtskurven, Siede- und Taulinien von Äthylalkohol-Wasser-Gemischen bei Unterdrücken. Z. VDI, Beihefte Verfahrenstechnik (1939) 1, 10–15.

Abb. 4.16 Löslichkeitsgren-
ze und Mischungslücke des
Gemisches aus Phenol und
Wasser

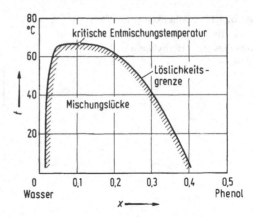

sammensetzung von miteinander im Gleichgewicht befindlichen flüssigen Phasen zur Stofftrennung durch Extraktion.

Als Beispiel für das Gleichgewicht zwischen zwei flüssigen Phasen betrachten wir ein Gemisch aus Öl und Wasser. Die spezifisch leichtere, ölreiche Phase schwimmt über der schwereren, wasserreichen Phase. In der ölreichen Phase ist nur wenig Wasser und in der wasserreichen Phase nur wenig Öl gelöst. Im Gleichgewichtszustand hängt die Zusammensetzung der Phasen nur vom Druck und der Temperatur ab. Bezeichnet man mit x' den Molanteil des Öls, so gilt in den beiden Phasen

$$x' = x'(T, p) \quad \text{und} \quad x'' = x''(T, p) \, .$$

Die Gleichgewichtszusammensetzungen x' und x'', häufig auch Sättigungszusammensetzungen genannt, sind bei Gleichgewichten zwischen flüssigen Phasen fernab vom kritischen Gebiet nur sehr schwach vom Druck abhängig und daher übersichtlich im T,x-Diagrammen darstellbar. Die Grenzkurve, auf denen die Sättigungszustände (T, x') und (T, x'') liegen, heißt *Löslichkeitsgrenze*; sie trennt den Bereich der *Mischungslücke*, in dem sich zwei Phasen unterschiedlicher Zusammensetzung bilden, von dem homogenen Bereich vollständiger Mischbarkeit. Abb. 4.16 zeigt Löslichkeitsgrenze und Mischungslücke von Phenol-Wasser nach Messungen von Campbell[5]: Mischt man Phenol mit Wasser bei Umgebungstemperatur, so bildet sich zunächst ein homogenes Gemisch, bis der Molenbruch des Phenols etwa 2% beträgt, was einem Massenbruch von etwa 7% entspricht. Bei weiterer Zugabe von Phenol bildet sich über der phenolarmen Wasserschicht eine wasserarme Phenolschicht. Erhöht man die Temperatur ein wenig, so verschwindet die Phasengrenze; sie erscheint wieder, sobald man erneut etwas Phenol zugibt. Auf diese Weise kann man durch Erhöhen des Phenolanteils und Messung derjenigen Temperatur, bei der die beiden Phasen verschwinden, die Löslichkeitsgrenze von Phenol im Wasser ermitteln.

---

[5] Campbell, A.N., Campbell, A.J.R.: Concentrations, total and partial vapor pressures, surface tensions, and viscosities in the systems phenol-water and phenol-water-4 % succinic acid. J. Am. Chem. Soc. 59 (1937) 2481–2488.

Abb. 4.17 Löslichkeitsgrenze und Mischungslücke des Gemisches aus Triethylamin und Wasser

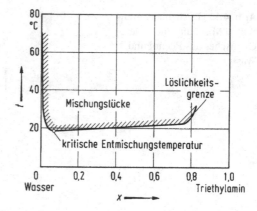

In ähnlicher Weise ergibt sich die Löslichkeitsgrenze von Wasser in flüssigem Phenol. In beiden Fällen nimmt die Löslichkeit mit der Temperatur zu. Die Kurven für die Löslichkeitsgrenze von Phenol in Wasser und von Wasser in Phenol nähern sich daher einander mit zunehmender Temperatur, bis sie bei einer bestimmten Temperatur zusammentreffen. Die beiden Phasen sind dort identisch; sie gehen über in ein homogenes Gemisch und sind nicht mehr durch eine Phasengrenze voneinander getrennt. Die Temperatur, bei der zwei Phasen identisch werden, heißt bekanntlich kritische Temperatur. In Anlehnung an diese Bezeichnung nennt man die Temperatur, bei der die beiden flüssigen Lösungen identisch werden, *kritische Entmischungstemperatur* und die Zusammensetzung bei dieser Temperatur die *kritische Entmischungszusammensetzung*. Die Mengenbilanz für den Stoff 1, in unserem Fall für das Phenol, in der $'$-Phase (linke Löslichkeitskurve) und in der $''$-Phase (rechte Löslichkeitskurve) führt auf die bereits bekannte Gl. 4.5

$$\frac{N'}{N''} = \frac{x'' - x_1}{x_1 - x'} \; .$$

Das Verhältnis der Molmengen der beiden Phasen kann man als Streckenverhältnis aus dem T,x-Diagramm abgreifen.

Obwohl in den meisten Fällen die Löslichkeit einer Flüssigkeit in einer anderen mit der Temperatur zunimmt, zeigen einige Flüssigkeitsgemische das umgekehrte Verhalten. Ein Beispiel hierfür ist das Gemisch aus Triethylamin ($(C_2H_5)_3N$) und Wasser[6]. Unterhalb einer Temperatur von etwa 18 °C sind beide Flüssigkeiten in beliebiger Menge mischbar. Mit zunehmender Temperatur wird die homogene Lösung jedoch trüb und trennt sich in zwei Phasen. In diesem Fall liegt die kritische Entmischungstemperatur im Temperaturminimum, wie Abb. 4.17 zeigt.

---

[6] Rothmund, V.: Die gegenseitige Löslichkeit von Flüssigkeiten und der kritische Lösungspunkt. Z. phys. Chem. 26 (1898) 433–492; Sørensen, J.M., Arlt, W.: Liquid-liquid equilibrium data collection. Binary systems. Dechema Chemistry Data Series, vol. V, part 1, Frankfurt/Main: Dechema 1979, S. 434–437.

Abb. 4.18 Löslichkeitsgrenze und Mischungslücke des Gemisches aus Nikotin und Wasser

Abb. 4.19 T,x-Diagramm eines Gemisches mit einem oberen und einem unteren kritischen Entmischungspunkt

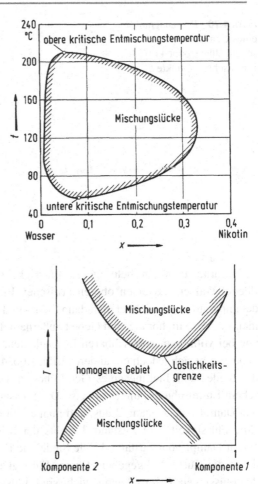

Neben den binären Systemen mit oberem (Abb. 4.16) und unterem kritischen Entmischungspunkt (Abb. 4.17) gibt es noch Systeme mit geschlossener Mischungslücke, die einen oberen und einen unteren kritischen Entmischungspunkt aufweisen, wie Abb. 4.18 zeigt. Es gibt auch Systeme mit zwei Entmischungsgebieten, von denen das eine bei tiefer Temperatur liegt und einen oberen kritischen Entmischungspunkt hat, während das andere bei höherer Temperatur einen unteren kritischen Entmischungspunkt hat, so dass ein T,x-Diagramm entsteht, wie es Abb. 4.19 zeigt. Schließlich treten beispielsweise bei Gemischen aus Ölen mit Kältemitteln[7] T,x-Diagramme vom Typ der Abb. 4.20 auf, die überhaupt keine kritischen Entmischungspunkte aufweisen.

---

[7] Löffler, H.J.: Der Einfluss der physikalischen Eigenschaften von Mineralölen auf deren Mischbarkeit mit dem Kältemittel Frigen 22. Abh. d. Deutsch. Kältetechn. Ver., Nr. 12, Karlsruhe: Müller 1957.

Abb. 4.20 T,x-Diagramm eines Gemisches mit Mischungslücke ohne kritische Entmischungspunkte

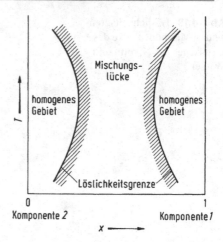

Erwärmt man ein heterogenes Flüssigkeitsgemisch, beispielsweise das Gemisch Phenol-Wasser, das einen oberen kritischen Entmischungspunkt aufweist, bis zur Siedetemperatur, und zeichnet man dann Siede- und Taulinie in das T,x-Diagramm, so findet man für diese im homogenen Gebiet außerhalb der Mischungslücke den gleichen Verlauf wie bei vollkommen mischbaren Flüssigkeiten. Im heterogenen Gebiet der Mischungslücke ergibt sich jedoch ein anderes Bild. Abb. 4.21 zeigt im T,x-Diagramm den Verlauf der Siede- und Taulinie eines Gemisches, das eine Mischungslücke mit oberem kritischem Entmischungspunkt aufweist. Die Flüssigkeit vom Zustand 1 sendet beim Sieden den Dampf vom Zustand 2 aus, und man erhält die Siedelinie AB und die Taulinie AC. Eine Flüssigkeit vom Zustand 3 rechts der Mischungslücke ist im Gleichgewicht mit einem Dampf vom Zustand 4. Die Siedelinie ist hier durch die Kurve DE, die Taulinie durch die Kurve DC gegeben. Da die Flüssigkeit B mit dem Dampf C und dieser mit der Flüssigkeit E im Gleichgewicht sind, müssen auch die Flüssigkeiten B und E im Gleichgewicht sein. Jede der beiden flüssigen Phasen B und E sendet also bei der Ver-

Abb. 4.21 T,x-Diagramm eines binären Gemisches mit Mischungslücke

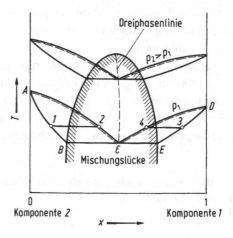

dampfung einen Dampf von der Zusammensetzung C aus. Bei der Temperatur und dem Druck des Punktes C stehen daher drei Phasen miteinander im Gleichgewicht, die beiden nicht mischbaren Flüssigkeiten B und E und der Dampf C. Abb. 4.21 zeigt die Siede- und Taulinien für zwei verschiedene Drücke. Wie man aus ihr erkennt, ist die Siedetemperatur des Gemisches kleiner als die Siedetemperatur jeder Komponente. Will man daher eine Flüssigkeit verdampfen, die sich beim Erhitzen auf ihren Siedepunkt zersetzt, so kann man eine zweite, nicht mischbare Flüssigkeit oder deren Dampf hinzufügen und auf diese Weise den Siedepunkt erniedrigen. Diesen Effekt nutzt man seit langem in der Technik der Dampfdestillation aus.

4.3 Gleichgewicht fester und flüssiger Phasen binärer Gemische

Die Grenzkurven für das Gleichgewicht zwischen den *flüssigen und festen Phasen* binärer Gemische sind in ihrem Verlauf vergleichbar mit der Siede- und Taulinie. An die Stelle die Taulinie tritt jetzt die *Gefrierlinie*; sie trennt die flüssigen Zustände vom Zweiphasengebiet. An die Stelle der Siedelinie tritt die *Schmelzlinie*; sie trennt die festen Zustände vom Zweiphasengebiet. Als Beispiel wollen wir eine wässrige Kochsalzlösung betrachten und deren Zustandsänderungen bei konstantem Druck von 1 bar in einem t,ξ-Diagramm verfolgen, Abb. 4.22.

Kühlt man ausgehend vom Zustandspunkt A_0 die flüssige Lösung der Zusammensetzung ξ, so beginnt diese bei der Temperatur des Punktes A_1 unterhalb von 0 °C zu erstarren. Es bilden sich Kristalle aus Wassereis. Da dieses in festem Zustand anfällt und sich von der flüssigen Lösung trennt, steigt deren Zusammensetzung an Kochsalz und der Gefrierpunkt sinkt weiter ab. Kühlt man das Gemisch weiter ab bis zum Punkt A_2, so steht praktisch salzfreies Wassereis ($\xi = 0$, Punkt C) mit einer Lösung der Zusammensetzung B im Gleichgewicht. Das Massenverhältnis von Flüssigkeit und fester Phase ist genau wie bei Gleichgewichten zwischen flüssigen und dampfförmigen Phasen (Gl. 4.6)

Abb. 4.22 t,ξ-Diagramm des Systems Natriumchlorid und Wasser

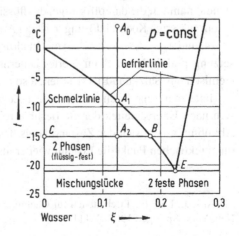

Tab. 4.2 Eutektische Temperaturen und Zusammensetzungen einiger wässriger Lösungen[a]

Stoff	Eutektische Temperatur in °C	Gewichtsprozent des Salzes am eutektischen Punkt
Na_2SO_4	−1,1	3,84
KNO_3	−3,0	11,20
$MgSO_4$	−3,9	16,5
KCl	−10,7	19,7
KBr	−12,6	31,3
NH_2Cl	−15,4	19,7
$(NH_4)_2SO_4$	−18,3	39,8
NaCl	−21,1	22,4
KJ	−23,0	52,3
NaBr	−28,0	40,3
NaJ	−31,5	39,0
$CaCl_2$	−55	29,9

[a] Aus Findlay, A.: The Phase Rule and its Applications, 9. Aufl., New York: Dover Publ. 1951, S. 141.

im t,ξ-Diagramm als Streckenverhältnis abzugreifen,

$$\frac{M^L}{M^S} = \frac{\xi}{\xi_B - \xi_{A_2}} = \frac{\overline{A_2C}}{\overline{BA_2}} \ .$$

Bei weiterer Abkühlung über den Punkt B hinaus gelangt man schließlich zu einem Punkt E, in dem die Lösung vollständig erstarrt. Es bildet sich ein feines Gemenge von Salz und Eiskristallen. Man hat also zwei feste Phasen, die im Punkt E mit der flüssigen Phase im Gleichgewicht stehen. Man bezeichnet Punkt E als *eutektischen* oder, falls eine der Komponenten Wasser ist, auch als *kryohydratischen* Punkt. Ein besonderer eutektischer Punkt ist der *Quadrupelpunkt*, in dem vier Phasen miteinander im Gleichgewicht stehen, nämlich die dampfförmige, die flüssige und die beiden festen Phasen.

Für wässrige Kochsalzlösungen ist bei Atmosphärendruck am eutektischen Punkt $\xi_E = 0{,}224$ und $t_E = -21{,}2\,°C$[8]. Am Quadrupelpunkt haben Temperatur und Zusammensetzung praktisch dieselben Werte. Unterhalb der eutektischen Temperatur besteht das Gemisch aus Salz- und Eiskristallen, also aus zwei festen Phasen.

Hätte man eine Kochsalzlösung der Zusammensetzung $\xi > \xi_E$ abgekühlt, so hätten sich nach Überschreiten der Gefrierlinie reine Salzkristalle ausgeschieden. Bei weiterer Abkühlung hätte sich der Zustand längs des rechten Astes der Gefrierlinie geändert, bis im eutektischen Punkt die Lösung wieder als Ganzes erstarrt wäre.

---

[8] D'Ans, J., Lax, E.: Taschenbuch für Chemiker und Physiker, 3. Aufl., Bd. I, Berlin, Heidelberg, New York: Springer: 1967, S. 1115.

Abb. 4.23 T,x-Diagramm für das Gleichgewicht zwischen festen und flüssigen Phasen in einem binären Gemisch

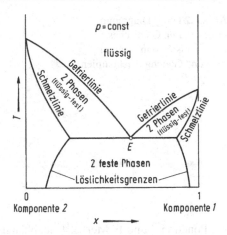

Ein ähnliches Verhalten wie das hier beschriebene zeigen viele wässrige Lösungen. In Tab. 4.2 sind die eutektischen Zusammensetzungen und Temperaturen einiger wässriger Lösungen aufgeführt.

In vielen Fällen besteht die feste Phase nicht aus einer der reinen Komponenten, sondern aus einem Gemisch beider Komponenten. Die Schmelzlinie fällt dann nicht wie in Abb. 4.22 mit der Ordinatenachse zusammen, sondern hat einen gekrümmten Verlauf. Als Beispiel zeigt Abb. 4.23 ein typisches Phasendiagramm. In dieses sind auch die Löslichkeitsgrenzen für das Gleichgewicht zwischen den festen Phasen eingezeichnet.

Auch innerhalb der festen Phase sind noch viele andere Kurvenverläufe möglich, dadurch dass Umwandlungen in der Kristallstruktur auftreten. Eines der bekanntesten und am besten erforschten Phasendiagramme ist das Eisen-Kohlenstoffdiagramm, das zahlreiche Umwandlungen im Bereich der festen Phase aufweist. Auch von vielen anderen Legierungen sind die Phasendiagramme gut bekannt.[9]

4.4 h,ξ-Diagramme binärer Gemische

In der Thermodynamik der reinen Stoffe ist das von Mollier angegebene h,s-Diagramm (s. Bd. 1) ein bequemes Hilfsmittel zur Verfolgung von Zustandsänderungen realer Gase. Es lassen sich dort auch Zustandsgrößen von Flüssigkeits-Dampfgemischen mit für viele technische Zwecke ausreichender Genauigkeit darstellen. Bei Kreisprozessen lässt sich, wie wir in Bd. 1 sahen, der Umsatz an Wärme und Arbeit verfolgen.

Es liegt nahe, auch für reale Gemische die Zustandsgrößen in graphischer Form darzustellen. Sie sind ebenso wie die bisher besprochenen Diagramme ein nützliches Hilfsmittel zur anschaulichen Darstellung der Zustandsänderungen von Prozessen, haben aber ihre Bedeutung für die Berechnung von Prozessen verloren. Für binäre Gemische haben

[9] Brandes, E.A.: Smithells Metals Reference Book, 6. Aufl., London: Butterworth 1983.

Abb. 4.24 h,ξ-Diagramm
eines binären Gemisches
(schematisch, ohne Isothermen und Gleichgewichtslinien)

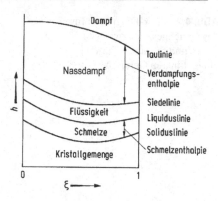

M. Ponchon[10] und F. Merkel[11] unabhängig voneinander vorgeschlagen, die Enthalpie h über der Zusammensetzung ξ für einen gegebenen konstanten Druck aufzutragen. Beim Mollierschen h, s-Diagramm für reine Stoffe hatten wir gesehen, dass für die Enthalpieskala ein willkürlicher Nullpunkt gewählt werden kann, da man stets mit Enthalpieunterschieden rechnet. So ist es z. B. beim h, s-Diagramm für Wasser und Wasserdampf üblich, die Enthalpie des flüssigen Wassers am Tripelpunkt ($T = 273,16\,\mathrm{K}$, $p = 0,006112\,\mathrm{bar}$) null zu setzen. Auch in den Enthalpie-Diagrammen der binären Gemische kann für die Enthalpieskala der reinen Komponenten ein willkürlicher Nullpunkt gewählt werden, der Verlauf der Nullinie über der Gemischzusammensetzung ist jedoch nicht mehr frei wählbar, sondern von Enthalpieänderungen infolge der Mischung oder Entmischung, also der Mischungsenthalpie, abhängig. Es ist häufig üblich, die Enthalpie der reinen Komponenten bei 0 °C und 1 bar zu $h = 0\,\mathrm{kJ/kg}$ zu setzen.

Im h, ξ-Konzentrationsdiagramm, wie in Abb. 4.24 skizziert, kann der gesamte Zustandsbereich vom festen über den flüssigen bis zum gasförmigen Aggregatzustand einschließlich der Zweiphasengebiete dargestellt werden, ohne dass vereinfachende Annahmen gemacht werden müssen. In Abb. 4.24 sind vier Grenzlinien eingezeichnet, bei deren Überschreiten man einen Phasenwechsel beobachtet. Unterhalb der untersten Grenzlinie – Solidus-Linie genannt – befindet sich das Gemisch im festen Zustand und liegt in der Regel als Kristallgemenge vor. Überschreitet man die Solidus-Linie, so fängt das Kristallgemenge an, aufzuschmelzen. Zur vollständigen Verflüssigung des Gemenges ist bei konstanter Zusammensetzung gerade so viel Energie zuzuführen, wie der senkrechte Abstand zwischen Solidus-Linie und der nächst höheren Linie in Abb. 4.24 – der Liquidus-Linie – angibt. Damit kann aus dem Abstand dieser beiden Linien für jede beliebige Zusammensetzung des Gemisches die Schmelzenthalpie abgelesen werden. Die Schmelzenthalpie der beiden reinen Stoffe des Gemisches kann man an der rechten bzw.

[10] Ponchon, M.: Etude graphique de la distillation fractionée industrielle. Technique Moderne 13 (1921) 20 und 55.

[11] Merkel, F.: Zweistoffgemische in der Dampftechnik. Z. VDI 72 (1928) 109 und 1150.

Abb. 4.25 h, ξ-Diagramm
für Ammoniak-Wasser nach
Bošnjaković

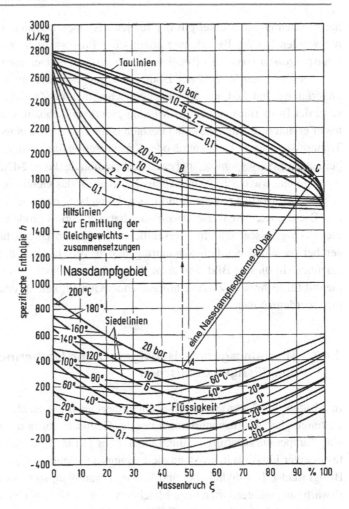

linken Ordinatenachse abgreifen. Oberhalb der Liquidus-Linie ist, wie der Name sagt, das Gemisch flüssig.

Führt man weiter Wärme zu, so beginnt nach entsprechender Temperaturerhöhung schließlich das Gemisch an der Siedelinie zu verdampfen. Nach oben wird das Nassdampfgebiet durch die Taulinie begrenzt, oberhalb der ein Gasgemisch ohne Flüssigkeitsanteil vorliegt. Der senkrechte Abstand zwischen Taulinie und Siedelinie ist diejenige Energie, die man einem Gemisch bei konstant gehaltener Zusammensetzung zuführen muss, um es gerade vollständig zu verdampfen. An der rechten und linken Berandung sind analog zum Schmelzpunkt die Verdampfungsenthalpien der reinen Stoffe aufgetragen.

Im Mollier-h,s-Diagramm der reinen Stoffe sind neben den Linien für die Phasengrenzen – den Sättigungslinien – in den einphasigen Gebieten auch Linien für konstante Werte von Temperatur, Druck und spezifischem Volumen und im Zweiphasengebiet die Linien konstanter Zusammensetzung, z. B. des Dampfgehalts, eingetragen. Das h, ξ-Diagramm

nach Ponchon und Merkel gilt nur für jeweils einen konstanten Druck, und die Isochoren werden bei der Berechnung chemischer Prozesse weit weniger oft benötigt als in
Kreisprozessen von Einstoffsystemen. Von großem Nutzen für technische Berechnungen
ist es jedoch, den Verlauf der Isothermen, insbesondere im flüssigen Gebiet des h, ξ-
Diagramms, und die Lage der Gleichgewichtslinien im Zweiphasengebiet zu kennen. Die
Lage der Isothermen ist von der Mischungsenthalpie abhängig und wird in Abschn. 5.5.2
näher erläutert. In Abb. 4.24 sind deshalb keine Isothermen eingezeichnet. Für technische
Trennprozesse, z. B. Destillation oder Kristallisation, interessiert in der Regel nur eines der
beiden Zweiphasengebiete, und es ist deshalb üblich, das h, ξ-Diagramm ausschnittsweise
darzustellen, wie das in Abb. 4.25 als Beispiel für das Gemisch Ammoniak-Wasser[12] geschehen ist. Dort ist nur die unmittelbare Umgebung des Nassdampfgebietes aufgezeich-
net. Diese ausschnittsweise Darstellung hat den Vorteil größerer Ablesegenauigkeit, und
gleichzeitig lassen sich ohne wesentlichen Verlust an Übersichtlichkeit die Phasengrenzen bei verschiedenen Drücken eintragen, d. h. verschiedene h, ξ-Diagramme ineinander
zeichnen. In diesem Bild sind auch die Isothermen des Flüssigkeitsgebietes angegeben,
die mit für technische Zwecke hinreichender Genauigkeit als druckunabhängig angenommen werden können.

4.4.1 Mischungsgerade, Hebelgesetz und Isothermen von flüssigen Gemischen

In Abschn. 5.5.2 werden wir feststellen, dass auch bei adiabater Mischung reiner Flüssigkeiten gleicher Ausgangstemperatur das Gemisch wegen der Mischungsenthalpie ΔH
eine Temperaturänderung erfahren kann. Dies gilt auch für das Lösen eines festen Stoffes in einer Flüssigkeit, wo dann die Lösungsenthalpie die Gemischtemperatur bestimmt.
Bringt man z. B. Ethylalkohol und Wasser zusammen, so führt dies zu einer merklichen
Erwärmung, während man beim Mischen von Salz und Eis eine Abkühlung feststellt.

Im Abb. 4.26 werden einem Gefäß zwei Massenströme $\dot{M}_1$ und $\dot{M}_2$ aus Flüssigkeiten
verschiedener Zusammensetzung, aber gleicher Temperatur zugeführt. Stellt man die For-
derung, dass die aus dem Gefäß austretende Mischung die gleiche Temperatur aufweist
wie die zulaufenden Mengenströme, so muss beim Auftreten einer Mischungsenthalpie
gleichzeitig ein Wärmestrom $\dot{Q}$ zu- oder abgeführt werden. Die Mischung ist endotherm,
wenn zur Aufrechterhaltung der Temperatur Wärme zugeführt, und exotherm, wenn Wärme abgeführt werden muss.

Mischungsvorgänge lassen sich anschaulich und vorteilhaft im h, ξ-Diagramm darstellen, da man aus dem Verlauf der Isothermen unmittelbar die Mischungsenthalpie ablesen
kann. Mischen wir nun eine Flüssigkeitsmasse M_b der Zusammensetzung ξ_b und der Enthalpie h_b mit einer zweiten Flüssigkeitsmenge, deren Eigenschaften mit dem Index a

---

[12] Bošnjaković, F.: Diagramm-Mappe, 2. Aufl., zu Technische Thermodynamik, II. Teil, 3. Auflage.
Dresden: Th. Steinkopff 1961.

Abb. 4.26 Massen- und Ener-
giebetrachtung beim Mischen

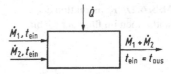

bezeichnet werden, so lässt sich der Zustand des so entstandenen Gemisches (Index g) mit
Hilfe der Erhaltungssätze für die Gesamtmasse

$$M_a + M_b = M_g \,, \tag{4.7}$$

für die Masse der Komponente 1

$$M_a \xi_a + M_b \xi_b = M_g \xi_g \tag{4.8}$$

sowie für die Enthalpie

$$M_a h_a + M_b h_b = M_g h_g \tag{4.9}$$

einfach voraussagen. Dabei ist vorausgesetzt, dass es sich um einen adiabaten Mischvorgang handelt.

Durch Zusammenfassen dieser Gleichungen und einfache mathematische Umformung
ergibt sich die Beziehung

$$\frac{h_g - h_b}{\xi_g - \xi_b} = \frac{h_a - h_g}{\xi_a - \xi_g} \,, \tag{4.10}$$

die nichts anderes aussagt, als dass die Zustandspunkte b, a der Ausgangsstoffe und g
des Gemisches im h, ξ-Diagramm auf einer Geraden, der sogenannten Mischungsgeraden,
liegen. Gl. 4.7 bis Gl. 4.10 kann man auch etwas anders zusammenfassen und kommt dann
zu einer anschaulichen Deutung dieses Mischungsgesetzes, nämlich zu dem sogenannten
Hebelgesetz, das aussagt

$$\text{Teilmasse } M_a \cdot \text{Abstand } \overline{ag} = \text{Teilmasse } M_b \cdot \text{Abstand } \overline{bg} \,.$$

Die Verbindungsgerade zwischen den Zustandspunkten der Ausgangsstoffe, auf der
auch der Mischungszustand liegen muss, nennt man Mischungsgerade, siehe Abb. 4.27.
Wir hatten den Mischvorgang adiabat geführt und wegen der vorhandenen Mischungsenthalpie weist nun das Gemisch im Zustandspunkt g, selbst wenn beide Ausgangsstoffe
gleich warm waren, nicht mehr dieselbe Temperatur auf. Wir müssen deshalb je nach
Vorzeichen der Mischungsenthalpie eine Wärme zu- oder abführen, um auf die Ausgangstemperatur zu gelangen und somit den Mischungsprozess isotherm zu führen. Im
h, ξ-Diagramm ist dies so darzustellen, dass man in dem gewählten Enthalpiemaßstab
die negative Mischungsenthalpie von dem vorher bei adiabater Führung des Prozesses
gefundenen Mischungspunkt g nach unten, bei positiver Mischungsenthalpie nach oben
abträgt. Wir können nun diesen Mischungsprozess für verschiedene Zusammensetzung

Abb. 4.27 Konstruktion der
Isothermen im flüssigen Gebiet

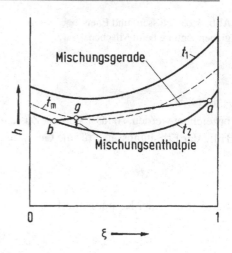

der Ausgangsstoffe, aber bei konstanter Ausgangstemperatur, beliebig oft wiederholen und erhalten so, wie in Abb. 4.27 gezeigt, den Verlauf dieser Isotherme im h, ξ-Diagramm. Andere Isothermen ergeben sich auf entsprechende Art und Weise. In der Praxis geht man bei der Aufstellung des Isothermenfeldes im h, ξ-Diagramm meist so vor, dass man Gemische unterschiedlicher Zusammensetzung aus reinen Komponenten ansetzt, da deren Enthalpie in der Regel bekannt ist.

Im h, ξ-Diagramm ergibt sich damit die Mischungsenthalpie beliebig zusammengesetzter Gemische dadurch, dass man zwischen den Ausgangspunkten, d. h. den Zustandswerten der Teilmengen a und b, eine Gerade – die Mischungsgerade – zieht, und am Mischungspunkt g den senkrechten Abstand zur Isothermen abliest, der die Mischungsenthalpie darstellt. Das h, ξ-Diagramm leistet damit eine wesentliche Hilfe bei Mischungsvorgängen.

4.4.2 Zweiphasige Zustandsbereiche

Mischungs- und Ausgangszustände im Nassdampfgebiet lassen sich ebenfalls einfach mit den Erhaltungssätzen für Masse und Energie beschreiben. Nehmen wir an, dass in Abb. 4.28 die Zusammensetzung ξ' und ξ'' Gleichgewichtszusammensetzungen der flüssigen und dampfförmigen Phase auf der Siede- bzw. Taulinie seien, so kann man den Mischungspunkt g analog wie im einphasigen Gebiet mit den Erhaltungssätzen für Masse und Energie berechnen. Man kommt dann zu dem einfachen Ansatz der Mischungsgeraden

$$\frac{h_g - h'}{\xi_g - \xi'} = \frac{h'' - h_g}{\xi'' - \xi_g} \tag{4.11}$$

bzw. des Hebelgesetzes

$$M'' f = M' d \,, \tag{4.12}$$

Abb. 4.28 Mischung im zweiphasigen Gebiet

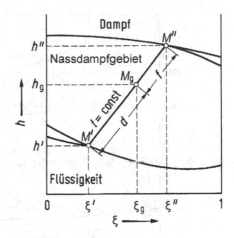

und die Enthalpie des Gemisches ist damit gegeben durch

$$h_{\mathrm{g}} = h'f + h''d \qquad (4.13)$$

oder

$$h_{\mathrm{g}} = h'f + h''(1-f) \qquad (4.14)$$

mit

$$f = \frac{M'}{M' + M''}.$$

Wir hatten vorausgesetzt, dass die beiden auf den Grenzlinien liegenden Zustandspunkte Gleichgewichtspunkte sind, und da sie im thermodynamischen Gleichgewicht auch
gleiche Temperatur aufweisen, ist die Mischungsgerade zwischen diesen beiden Gleich-
gewichtszuständen gleichzeitig Isotherme und Gleichgewichtslinie.

Das Nassdampfgebiet im h, ξ-Diagramm würde sehr unübersichtlich, wenn man viele
Isothermen einzeichnete. Es genügt aber bereits, die Einmündungsstellen der Isothermen
im Flüssigkeitsgebiet und in dem an die Taulinie anschließenden überhitzten Gebiet zu
kennen, um die Isotherme im Nassdampfgebiet zu zeichnen. In der Praxis hat sich für das
Auffinden der Nassdampfisothermen eine Konstruktionshilfe in Form einer „Hilfslinie"
als zweckmäßig erwiesen. Man findet, wie in Abb. 4.29 am Beispiel des h, ξ-Diagramms
für das Gemisch Ethylalkohol-Wasser skizziert, die Gleichgewichtszusammensetzung ξ''
des Dampfes dadurch, dass man für eine gegebene Zusammensetzung ξ' der siedenden
Flüssigkeit, Punkt A, eine senkrechte Linie nach oben bis zum Schnittpunkt mit der Hilfslinie zieht, Punkt B, und von dort waagerecht nach rechts bis zum Schnittpunkt mit der
Taulinie geht, Punkt C, der die gesuchte Gleichgewichtszusammensetzung ξ'' darstellt. In
der Praxis werden h, ξ-Diagramme zur leichteren Handhabung meist mit diesen Hilfslini-
en versehen.

Abb. 4.29 zeigt als Besonderheit im Sättigungsgebiet einen azeotropen Punkt bei einem Alkoholgehalt von rund 96 %, da hier die Isotherme bei 77,65 °C und damit auch die

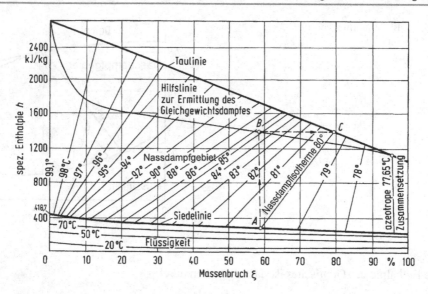

Abb. 4.29 Diagramm des Gemisches Ethylalkohol-Wasser für einen Druck von 980,6 mbar nach Bošnjaković (Quelle: Bošnjaković, F.: Diagramm-Mappe, 2. Aufl., zu Technische Thermodynamik, II. Teil, 3. Auflage. Dresden: Th. Steinkopff 1961)

Gleichgewichtslinie senkrecht verläuft, so dass Flüssigkeit und Dampf gleiche Zusammensetzung haben. Hätten wir für das Gemisch Ethylalkohol-Wasser die Siede- und Taulinie nicht im h, ξ-Diagramm, sondern im t, x- oder p, x-Diagramm aufgetragen, so hätten wir festgestellt, dass dieses Gemisch ein Siedetemperaturminimum bzw. ein Dampfdruckmaximum (Abb. 4.15) aufweist. Im h, ξ-Diagramm laufen die Nassdampfisothermen, wie in Abb. 4.30 dargestellt, bei einem Temperaturminimum am azeotropen Punkt nach oben und bei einem Temperaturmaximum, wie in Abb. 4.30 gezeigt, nach unten zusammen. Die Eigenschaft des Temperaturminimums bzw. -maximums im t, ξ-Diagramm am azeotropen Punkt lässt sich somit auch aus dem h, ξ-Diagramm ableiten. Die Isothermen im Gasgebiet verlaufen wegen der vernachlässigbaren Mischungsenthalpie als Geraden. Dem Enthalpieminimum ist ein Temperaturminimum und dem Enthalpiemaximum ein Temperaturmaximum zugeordnet.

4.4.3 Schmelzen und Gefrieren

Zur Darstellung von Energieumsätzen beim Schmelzen und Gefrieren leistet das h, ξ-Diagramm wieder gute Dienste. Man kann die Solidus- und Liquidus-Linie aus Experimenten bestimmen oder bei bekanntem Verlauf der Isothermen im flüssigen Gebiet des h, ξ-Diagrammes durch Übertragen aus einem t, ξ- bzw. t, x-Diagramm aus deren Endpunkten auch die Gefrierlinie ermitteln. Die Phasengrenzen des Flüssig-Fest-Gebietes

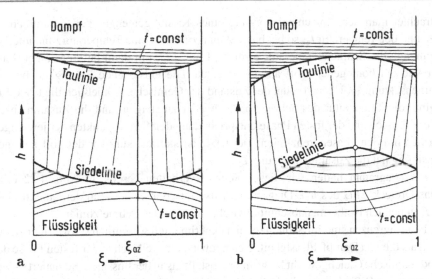

Abb. 4.30 Azeotropes Verhalten mit Minimum (**a**) und Maximum (**b**) der Siedetemperatur

Abb. 4.31 h, ξ-Diagramm im Schmelzgebiet eines Gemisches mit eutektischem Punkt

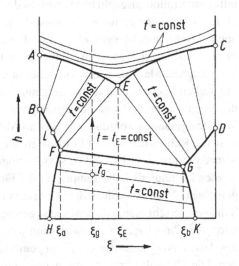

haben jedoch in der Regel einen komplizierteren Verlauf als die des Nassdampfgebietes, wie Abb. 4.31 am Beispiel eines Gemisches mit eutektischem Punkt zeigt. Hier bildet sich im Dreieck unterhalb des eutektischen Punktes E innerhalb des Schmelzgebietes ein Gemisch aus flüssiger Phase und zwei unterschiedlichen Kristallzusammensetzungen aus. Ebenso weist das Gebiet unterhalb der Solidus-Linie drei verschiedene Bereiche auf, wobei in den beiden äußeren Gebieten Mischkristalle und in dem dazwischenliegenden Gebiet $FHKG$ ein Kristallgemenge der Grenzzusammensetzungen ξ_a bzw. ξ_b vorzufinden ist.

Die Temperatur im Dreieck EFG unterhalb des eutektischen Punktes ist gleich der Erstarrungstemperatur der eutektischen Schmelze.

Betrachtet man den Aufschmelzvorgang eines Kristallgemenges der Zusammensetzung ξ_g und der Temperatur t_g, so beobachtet man zunächst eine Temperaturzunahme, bis das Gemenge die Schmelztemperatur erreicht, Linie FG, um dann bei konstanter Temperatur wie ein homogener Stoff aufzuschmelzen. Die entstehende Flüssigkeit hat die Zusammensetzung ξ_E. Überschreitet der Zustand des Gemisches schließlich die Linie FE, so beginnt die Temperatur des Schmelzbades wieder zu steigen, und die Zusammensetzung der flüssigen und der festen Phase entspricht dann den Schnittpunkten der jeweiligen Isothermen mit den Phasengrenzlinien. Der letzte Kristallrest kurz vor der vollständigen Verflüssigung hat die Zusammensetzung ξ_L.

Im t, x-Diagramm hatten wir dieses Schmelzverhalten bereits an Abb. 4.22 erörtert. Das Dreieck EFG des h, ξ-Diagramms entspricht dort dem durch den eutektischen Punkt E gehenden Isothermenabschnitt zwischen den beiden Schmelzlinien.

Die Phasengrenzen sind im Schmelzgebiet experimentell wesentlich schwieriger zu bestimmen als die von Dampf-Flüssigkeitsgleichgewichten, weil sich in der festen Phase das thermodynamische Gleichgewicht langsamer einstellt als in der flüssigen. So dauert es wegen der geringen Diffusionsgeschwindigkeit sehr lange, bis sich Unterschiede in der Kristallkonzentration ausgeglichen haben. In der Regel enthält der Feststoff auch noch Spuren an Flüssigkeit, die entweder die Kristalle als dünne Schicht benetzt, Poren ausfüllt oder auch in Hohlräumen eingeschlossen ist. Der experimentelle Aufwand für die Messung von Phasengleichgewichten ist im Schmelzgebiet allerdings geringer als im Nassdampfgebiet. Eine elegante Methode wurde von Liscom und Mitarbeitern[13] angegeben. Sie geben eine Flüssigkeit bekannter Zusammensetzung in ein Rohr, das von unten so gekühlt wird, dass der ausgefrorene Feststoff sich zunächst am Rohrboden anlagert und dann unter Ausfüllung des gesamten Rohrquerschnittes als Vollzylinder nach oben wächst. Durch kontinuierliches Rühren der über der Feststoffgrenze noch vorhandenen Flüssigkeitssäule wird die Konzentration in der Flüssigkeit stets homogen gehalten. Während des Ausfriervorganges werden kontinuierlich die Temperatur der Flüssigkeit und die Höhe des Feststoffzylinders gemessen. Nach Abschluss des Ausfriervorganges wird der Feststoffzylinder in dünne Scheiben zerschnitten, von denen jede gewogen und auf ihre Zusammensetzung analysiert wird. Aus ihrer Lage im Zylinder kann jede Scheibe sofort einem bestimmten Zeitpunkt des Ausfriervorganges und der dabei gemessenen Flüssigkeitstemperatur zugeordnet werden. Die Flüssigkeitszusammensetzung zum Entstehungszeitpunkt dieser Scheibe ergibt sich über eine einfache Mengenbilanz aus der Menge und Zusammensetzung der Flüssigkeit am Anfang des Versuches sowie der Masse und Zusammensetzung aller Scheiben, die unterhalb der betrachteten Scheibe liegen, also vor ihr ausgefroren sind. Die so gewonnenen Daten können unmittelbar in ein Temperatur-Konzentrationsdiagramm eingetragen werden. Für ein Enthalpie-Konzentrationsdiagramm ist es noch notwendig, den Energieumsatz zu messen.

---

[13] Liscom, P.W., Weinberger, C.B., Powers, J.E.: Repeated normal freezing with reflux. Proc. AIChE Chem. Eng. Joint Meeting London 1 (1965) 90–104.

4.4.4   Zustandsänderungen im h, ξ-Diagramm

Wenn auch das h, ξ-Diagramm für die Berechnung verfahrens- und wärmetechnischer Prozesse von M. Ponchon und F. Merkel zuerst vorgeschlagen wurde, so ist es doch der Verdienst von F. Bošnjaković[14], der eine Reihe solcher Diagramme für technisch wichtige Zweistoffsysteme berechnete, dass diese Methode in die Thermodynamik der Gemische eingeführt wurde und Anwendung fand. Für Computer-Rechnungen benötigt man zwar analytische Darstellungen der Gemischeigenschaften in Form von Zustandsgleichungen und Beziehungen für die Aktivitätskoeffizienten. Enthalpiediagramme haben aber den Vorteil, dass sich ohne großen Rechenaufwand einfache Prozesse anschaulich darstellen und Gleichgewichte sowie Energieumsätze für Abschätzungen unmittelbar ablesen lassen. Eine wertvolle Ergänzung für die Darstellung nichtumkehrbarer Prozesse sind h, ξ-Diagramme, die ebenfalls von F. Bošqnjaković, aber auch von Z. Rant[15] erarbeitet wurden. Das s, ξ-Diagramm hat große Ähnlichkeit mit dem h, ξ-Diagramm und wird häufig, wie in Abb. 4.32 dargestellt, mit diesem zusammengezeichnet.

Es gilt für einen konstanten Druck p und enthält die Phasengrenzlinien für das Nassdampfgebiet. Weiterhin sind wie im h, ξ-Diagramm Linien konstanter Temperatur eingezeichnet, die in den zweiphasigen Gebieten mit den Verbindungsgeraden der Gleichgewichtszustände zusammenfallen. Das s, ξ-Diagramm gestattet vor allem, die Nichtum-

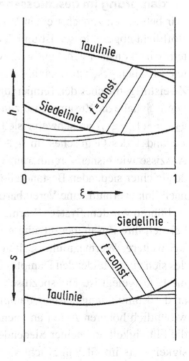

Abb. 4.32 Enthalpie-
und Entropie-
Konzentrationsdiagramm

---

[14] Bošnjaković, F.: Technische Thermodynamik, II. Teil, 5. Aufl., Dresden: Th. Steinkopff 1971.
[15] Rant, Z.: Entropiediagramme für wässrige Salzlösungen. Forsch. Ing.-Wes. 26 (1960) 1–7.

Abb. 4.33 Verdampfung im geschlossenen System bei konstantem Druck

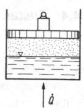

kehrbarkeit einer Zustandsänderung oder eines verfahrenstechnischen Prozesses zu beurteilen. Eine wertvolle Hilfe können hierbei natürlich auch Exergiebetrachtungen sein.

Grundlage für die Berechnung aller Zustandsänderungen sind die Erhaltungssätze für Masse und Energie, wobei wir bei Mehrstoffgemischen die Mengenbilanz auch für die einzelnen Komponenten ansetzen müssen. Bei Zweistoffgemischen kommen wir damit zu drei Bilanzen, nämlich

1. Bilanz der gesamten Menge,
2. Bilanz der Menge der einen Komponente (die Menge der zweiten Komponente ergibt sich von selbst als Ergänzung zur Gesamtmenge) und
3. Energiebilanz.

Verdampfung im geschlossenen System

Wir betrachten zunächst einen Verdampfungsvorgang in einem System, das nach außen stoffdicht abgeschlossen ist und dem nur Wärme zugeführt wird. Der Druck in dem System wird konstant gehalten, was, wie in Abb. 4.33 skizziert, durch einen gewichtsbelasteten Kolben geschehen kann. In dem System befindet sich die Masse M_a eines flüssigen Zweistoffgemisches der Temperatur t_a und der spezifischen Enthalpie h_a. Das Zweistoffgemisch habe die Zusammensetzung ξ_{1a} an leichter siedendem und die Zusammensetzung $\xi_{2a} = (1 - \xi_{1a})$ an schwerer siedendem Bestandteil. Wir finden damit den Ausgangszustand 1 des Gemisches im h, ξ-Diagramm der Abb. 4.34, worin die Auftragung der Abszisse wie bisher vereinbarungsgemäß so gewählt wurde, dass die Zusammensetzung des leichter siedenden Bestandteiles ξ_1 von links nach rechts zunimmt und ξ_2 von rechts nach links verläuft, eine Vereinbarung, die wir auch in Zukunft beibehalten wollen.

Führen wir dem System Wärme zu, so erhöht sich die Temperatur der Flüssigkeit, wobei sich ihre Zusammensetzung nicht ändert, bis die Siedelinie in Punkt 2 erreicht wird. Bei weiterer Wärmezufuhr beginnt das Gemisch zu sieden, wobei die Zusammensetzung des sich zuerst bildenden Dampfes durch die Gleichgewichtslinie bzw. Nassdampfisotherme t_2 festgelegt ist. Die spezifische Enthalpie h_3'' des Sattdampfes finden wir in Punkt 3 an der Einmündung der Nassdampfisothermen in die Taulinie. Der Dampf hat also einen wesentlich höheren Anteil an leichter Siedendem als die Flüssigkeit, was bedeutet, dass die Flüssigkeit an leichter Siedendem verarmt. Da wir annehmen, dass Dampf und Flüssigkeit stets im Gleichgewicht sind, erfolgt ihre Zustandsänderung längs der Siedelinie in Richtung höherer Masse an schwerer Siedendem, d. h. in Abb. 4.34 von Punkt 2 nach

Abb. 4.34 Verlauf der Verdampfung im h, ξ-Diagramm bei geschlossenem System

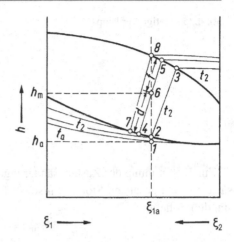

links. Führen wir weiter Wärme zu, so wird die Flüssigkeit schließlich den Zustand 4 und der Dampf entsprechend der Gleichgewichtsisotherme den Zustand 5 erreichen. Da es sich um ein stoffdichtes System handelt, bleibt die Gesamtmenge und damit auch die Zusammensetzung des gesamten Gemisches – Flüssigkeit und Dampf – konstant. Der Zustand des Gesamtgemisches ergibt sich im h, ξ-Diagramm damit als Schnittpunkt 6 der Linie $\xi_{1a} = $ const und der Nassdampfisotherme. Wir können die mittlere Enthalpie des Zweiphasengemisches unmittelbar zu h_m ablesen und die bis dahin zuzuführende Wärme ergibt sich aus der Enthalpieänderung $h_m - h_a$.

Aus dem h, ξ-Diagramm lassen sich aber auch die Massenanteile an Flüssigkeit und Dampf ablesen, wenn wir das Hebelgesetz zu Hilfe nehmen.

$$M'd = M''f .$$

Führen wir schließlich weiter Wärme zu, bis alle Flüssigkeit verdampft ist, so erreicht der Dampf in Punkt 8 die Ausgangszusammensetzung ξ_{1a} der Flüssigkeit.

Verdampfung im offenen System

Im nächsten Schritt wollen wir nun die kontinuierliche offene Verdampfung behandeln, wobei dem System, wie in Abb. 4.35 skizziert, ein flüssiges Zweistoffgemisch der Masse $\dot{M}_{F,ein}$ und der Zusammensetzung an leichter siedendem Bestandteil $\xi_{F,ein}$ mit der Enthalpie $h_{F,ein}$ zuströmt. Ihm wird die Dampfmasse $\dot{M}_D$ der Zusammensetzung ξ_D als Produktstrom entnommen. Will man die Zusammensetzung dieses Produktstromes konstant halten, so darf sich, wie man aus der Gleichgewichtsbedingung sieht, die Zusammensetzung der Flüssigkeit im Verdampfer zeitlich nicht ändern. Da aus konstruktiven Gründen auch die Flüssigkeitsmenge im Verdampfer konstant sein muss, kann dies nur dadurch erzielt werden, dass man stetig einen Flüssigkeitsstrom $\dot{M}_{F,aus}$, angereichert am schwerer siedenden Bestandteil, z. B. der Zusammensetzung $\xi_{F,aus}$, entnimmt.

Abb. 4.35 Stetige Verdampfung

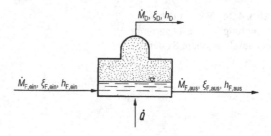

Zur Bestimmung der Zustandsänderungen im Verdampfer ziehen wir die Erhaltungssätze für den gesamten Stoffstrom sowie für den Stoffstrom des leichter siedenden Bestandteiles heran

$$\dot{M}_{F,ein} = \dot{M}_{F,aus} + \dot{M}_D , \tag{4.15}$$

$$\dot{M}_{F,ein}\xi_{F,ein} = \dot{M}_{F,aus}\xi_{F,aus} + \dot{M}_D\xi_D . \tag{4.16}$$

Die Bilanz der Energieströme ergibt

$$\dot{M}_{F,ein}h_{F,ein} + \dot{Q} = \dot{M}_{F,aus}h_{F,aus} + \dot{M}_D h_D . \tag{4.17}$$

Bezeichnet man mit q_D die für die Erzeugung eines kg Dampfes notwendige Wärme

$$q_D = \dot{Q}/\dot{M}_D ,$$

so ergibt sich aus Gl. 4.15 bis Gl. 4.17

$$q_D = (h_D - h_{F,aus}) + \frac{\xi_D - \xi_{F,aus}}{\xi_{F,ein} - \xi_{F,aus}}(h_{F,aus} - h_{F,ein}) . \tag{4.18}$$

Da wir über den Verdampferraum mit für technische Zwecke hinreichender Genauigkeit gleichen Druck annehmen dürfen, können wir den Verdampfungsvorgang als isobar betrachten und damit im h, ξ-Diagramm verfolgen. Im Allgemeinen wird die Flüssigkeit dem Verdampfer unterkühlt zuströmen, z. B. mit dem Zustand 1 in Abb. 4.36. Die Zusammensetzung des sich zuerst bildenden Dampfes ist durch die Nassdampfisotherme t_2 und die Taulinie gegeben. Seine Zusammensetzung lässt sich aus Punkt 3 in Abb. 4.36 ablesen.

Im Laufe der Verdampfung auf dem Weg durch den Apparat verarmt die Flüssigkeit an leichter siedendem Bestandteil und hat eine Strecke stromabwärts vom Siedebeginn die Zusammensetzung ξ'_{2a} unter Erwärmung auf die Temperatur t_{2a} erreicht. Entsprechend liegt die Zusammensetzung des Dampfes bei ξ''_{3a}. Wir wollen annehmen, dass sich bei dem Verdampfungsvorgang die Flüssigkeit an jeder Stelle mit dem aus ihr gebildeten Dampf im Gleichgewicht befindet und kein Stoff- und Wärmeaustausch mit stromauf- oder stromabwärts entstandenem Dampf stattfinden kann. Am Ende der Verdampfungsstrecke ist schließlich das Gemisch auf den Zustand 4 abgereichert, und entsprechend den Gleichgewichtsbedingungen entsteht daraus Dampf der Zusammensetzung 5. Der aus dem

Abb. 4.36 Stetige Verdampfung im h, ξ-Diagramm

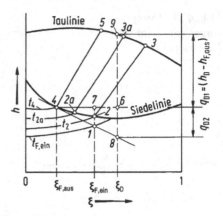

Verdampfer abziehende Dampf stellt ein Gemisch aus dem über die ganze Verdampfungsstrecke erzeugten Dampf dar. Sein Zustand (Punkt 9) liegt zwischen den Punkten 3 und
5.

Durch geeignete Strömungsführung kann man die Zusammensetzung des abziehenden
Dampfs (Punkt 9) beeinflussen. Wird der Dampf vor Verlassen des Verdampfers zuletzt
über die austretende Flüssigkeit (Punkt 4) geleitet, so liegt der Dampfzustand Punkt 9
nahe beim Punkt 5.

Leitet man umgekehrt den Dampf so, dass er zuletzt mit der eintretenden Flüssigkeit in
Kontakt steht, so verschiebt sich der Zustandspunkt 9 näher zum Punkt 3 hin.

Die Wärme $q_D = \dot{Q}/\dot{M}_D$ kann auch im h, ξ-Diagramm dargestellt werden. Gl. 4.18 liefert eine einfache Vorschrift für die geometrische Konstruktion im h, ξ-Diagramm, wenn
wir q_D entsprechend in zwei Anteile q_{D1} und q_{D2} unterteilen. Das erste Glied auf der
rechten Seite der Gleichung ist die Differenz der spezifischen Enthalpien zwischen ab-
ziehendem Dampf und ablaufendem Flüssigkeitsgemisch, in Abb. 4.36 als Strecke $\overline{69}$
abgetragen. Der zweite Summand für die spezifische Verdampfungswärme in Gl. 4.18
ist das Produkt aus Zusammensetzungsverhältnis und Enthalpiedifferenz, das wir

$$\frac{q_{D2}}{h_{F,aus} - h_{F,ein}} = \frac{\xi_D - \xi_{F,aus}}{\xi_{F,aus} - \xi_{F,aus}}$$

schreiben, wobei man q_{D2} aus der Ähnlichkeit des Dreiecks 1 7 4 mit dem Dreieck 8 6 4
erhält.

Man kann Gl. 4.18 statt auf die Zustände am Aus- und Eintritt des Verdampfers auch
auf eine differentielle Änderung innerhalb des Verdampfers, also auf zwei nahe beieinan-
derliegende Querschnitte des Verdampfers beziehen, wobei man im zweiten Glied dieser
Gleichung nur die Massenbruchdifferenz $\xi_{F,ein} - \xi_{F,aus}$ und die Enthalpiedifferenz der zu-
und ablaufenden Flüssigkeit ($h_{F,ein} - h_{F,aus}$) durch den Differentialquotienten $(\partial h'/\partial \xi')$ zu
ersetzen hat, der nichts anderes ist als die Steigung der Siedelinie an dem betrachteten
Zustandspunkt der Flüssigkeit bei dem gegebenen Druck p. An dieser Stelle des Ver-

Abb. 4.37 Absorptionsvorgang mit Kühlung im
h,ξ-Diagramm

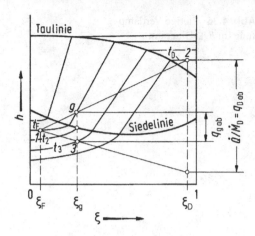

dampfers ist jetzt je kg erzeugten Dampfgemisches die Wärme q_D^* zuzuführen. Gl. 4.18
geht dann über in

$$q_D^* = h'' - h' - (\xi'' - \xi') \left(\frac{\partial h'}{\partial \xi'} \right)_p . \tag{4.19}$$

Kondensation und Absorption von Dämpfen

Umkehrungen des Verdampfungsvorganges sind die Kondensation und die Absorption
eines Dampfes. Steht der Dampf im Gleichgewicht mit der Flüssigkeit, d. h. liegen die
Zustände beider Phasen auf derselben Isotherme, so hat man in Gl. 4.19 nur die Vorzeichen
umzukehren. Man erhält

$$q_K^* = h' - h'' - (\xi' - \xi'') \left(\frac{\partial h''}{\partial \xi''} \right)_p , \tag{4.20}$$

q_K^* ist dann die bei der Absorption je kg Dampf abzuführende Wärme.

In der Technik – z. B. bei Absorptionskältemaschinen – ist es aber häufig von Interes-
se, Dämpfe zu absorbieren, die kälter sind als das Flüssigkeitsgemisch. Wir können einen
solchen Vorgang für die Darstellung im h, ξ-Diagramm in zwei Schritte zerlegen, nämlich
in eine adiabate Mischung und eine anschließende Kühlung. Der zu absorbierende Dampf
habe die Temperatur t_D und sei leicht überhitzt, die aufnehmende Flüssigkeit von der höheren Temperatur t_1 unterkühlt. Bei gegebenen Massenströmen $\dot{M}_D$ und $\dot{M}_F$ für Dampf
und Flüssigkeit mit den Massenbrüchen ξ_D bzw. ξ_F findet man den adiabaten Mischungszustand g im h, ξ-Diagramm Abb. 4.37 unmittelbar über das Hebelgesetz

$$\dot{M}_F(\xi_g - \xi_F) = \dot{M}_D(\xi_D - \xi_g) . \tag{4.21}$$

Soll das Gemisch flüssig sein, d. h. soll der Dampf vollkommen in der Aufnehmerflüssigkeit absorbiert werden, so können, wie man aus Abb. 4.37 sieht, nur sehr geringe Dampfmengen zugesetzt werden, da der Mischungszustand g dann unterhalb – im Grenzfall auf

– der Siedelinie liegen muss. Dies bedeutet, dass große Mengen an Aufnehmerflüssigkeit zur Verfügung stehen müssen. Bei ganz geringen Flüssigkeitsmengen kann es auch vorkommen, dass der Mischungszustand im Gebiet der Gasphase liegt, d. h. die Flüssigkeit verdunstet in das Gas, das sich dabei abkühlt.

Wir wollen nun annehmen, der Mischungszustand liege im Zweiphasengebiet wie in Abb. 4.37 eingetragen. Zur vollständigen Absorption des Gases müssen wir dann Wärme abführen. Die dafür notwendige Temperatur des Kühlmittels können wir unmittelbar aus dem h, ξ-Diagramm als diejenige der Isotherme t_2 ablesen, die senkrecht unter dem Mischungspunkt g in die Siedelinie mündet. Nehmen wir an, dass uns Kühlmittel der etwas tieferen Temperatur t_3 zur Verfügung steht, so ist es möglich, das Gemisch zu unterkühlen. Die je kg Gemisch abzuführende Wärme ergibt sich unmittelbar aus der Enthalpiedifferenz der Punkte g und 3 zu

$$q_{g,ab} = \frac{\dot{Q}}{\dot{M}_D + \dot{M}_F} = (h_g - h_3) \,. \tag{4.22}$$

In vielen Fällen, z. B. bei der Absorptionskältemaschine, interessiert aber nicht die je kg Gemisch, sondern die je kg absorbierten Dampfes abgeführte Wärme. Diese Umrechnung können wir einfach über das Massenverhältnis von Dampf und Aufnehmerflüssigkeit, Gl. 4.21, d. h. wieder über das Hebelgesetz, vornehmen, und mit

$$\frac{\dot{Q}/(\dot{M}_D + \dot{M}_F)}{\dot{Q}/\dot{M}_D} = \frac{\xi_g - \xi_F}{\xi_D - \xi_F}$$

ergibt sich dann die je kg absorbierten Dampfes abzuführende Wärme $q_{D,ab}$

$$q_{D,ab} = \frac{\dot{Q}}{\dot{M}_D} = (h_g - h_3) \frac{\xi_D - \xi_F}{\xi_g - \xi_F} \,. \tag{4.23}$$

Der Mengenstrom der Aufnehmerflüssigkeit kann um so geringer gehalten werden, je tiefer die Temperatur des Kühlmittels ist. Bei gegebener Kühltemperatur t_2 lässt sich das minimale Mischungsverhältnis dadurch feststellen, dass man an der Einmündung der Kühlisotherme in die Siedelinie bis zur Mischungsgerade im Punkt g der Abb. 4.37 senkrecht nach oben geht und dann das Hebelgesetz anwendet. Aus Abb. 4.37 hatten wir auch gesehen, dass die Temperatur der absorbierenden Flüssigkeit höher als die des Dampfes sein kann, eine Eigenschaft, die man in Absorptionskältemaschinen ausnützt, um Dampf ohne Kompression bei höherer Temperatur zu kondensieren als es seinem Gleichgewichtszustand entspricht.

Drosselung

Eine einfach zu berechnende Zustandsänderung ist auch der Drosselvorgang, wie er z. B. bei der Strömung durch Rohrleitungen, Ventile oder Apparate auftritt. Aus der Behandlung der Drosselung von reinen Stoffen wissen wir, dass sich dabei die Enthalpie des

Abb. 4.38 Drosselung im
h, ξ-Diagramm

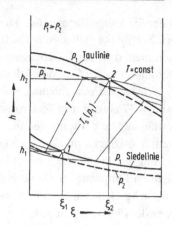

Stoffes nicht ändert, da keine Energie nach außen abgegeben oder von außen zugeführt wird. Dies gilt selbstverständlich auch für Mehrstoffgemische. Als zweite Bedingung kommt hinzu, dass sich während des Drosselvorganges die Zusammensetzung des Gemisches nicht ändern kann, es ist lediglich der Druck von p_1 auf p_2 abgesunken. Zur Behandlung des Drosselvorganges müssen wir daher verschiedene Druckebenen des h, ξ-Diagrammes betrachten. Da im Allgemeinen nur der Zustand vor und nach Drosselung interessiert, ist es am einfachsten, zwei h, ξ-Diagramme so ineinander zu zeichnen, dass, wie in Abb. 4.38, die Siede- und Taulinien für jeden Druck eingetragen werden. Die Isothermen im Flüssigkeitsgebiet sind im Allgemeinen wenig druckabhängig, so dass sie für verschiedene Drücke gelten.

Der Zustand vor und nach der Drosselung ist dann im h, ξ-Diagramm ein und derselbe Punkt, der nur verschiedenen Phasengrenzlinien zugeordnet ist. Drosselt man z. B. ein Flüssigkeitsgemisch des Zustandes p_1, t_1, ξ_1, h_1 auf den Druck p_2, so ergibt sich ein Zweiphasengemisch, bei dem der Zustand jeder der beiden Phasen längs der durch die Zustandspunkte 1 und 2 laufenden Nassdampfisothermen auf der dem Druck p_2 zugeordneten Siede- bzw. Taulinie liegt. Man sieht aus Abb. 4.38, dass sich bei der Drosselung sowohl die Flüssigkeit als auch der Dampf abgekühlt haben. Das Mengenverhältnis von Flüssigkeit und Dampf kann in bekannter Weise mit dem Hebelgesetz berechnet werden.

4.5 Phasendiagramme ternärer Systeme

Nach dem Vorschlag von Gibbs[16] lässt sich die Zusammensetzung der Mischphase eines ternären Systems in einem gleichseitigen Dreieck darstellen, in dem jede Ecke einer seiner Komponenten entspricht, deren Molenbruch entlang einer Dreiecksseite bis zur nächsten Ecke hin bis auf null abnimmt. Die Dreiecksseiten repräsentieren die Zusammen-

---

[16] Josiah Willard Gibbs (1839–1903), Professor für mathematische Physik an der Yale-University in New Haven, Connecticut USA.

Abb. 4.39 Dreiecks-
Diagramm zur Darstellung
des Phasengleichgewichtes
ternärer Systeme

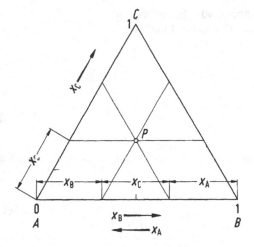

setzung der binären Systeme. Die Molenbrüche erhält man nach Abb. 4.39 in folgender Weise: Man zieht durch den Punkt P eine Parallele zu der Dreiecksseite $\overline{AC}$. Diese schneidet auf der Seite $\overline{AB}$ die Zusammensetzung x_B ab. Zieht man eine Parallele zu der Dreiecksseite $\overline{BC}$, so schneidet diese auf der Seite $\overline{AB}$ die Zusammensetzung x_A aus. Schließlich schneidet die Parallele zu der Seite $\overline{AB}$ durch den Punkt P auf der Seite $\overline{AC}$ die Zusammensetzung x_C aus. Man prüft leicht nach, dass die Bedingung

$$x_A + x_B + x_C = 1$$

für jeden Punkt des Dreiecks erfüllt ist, da die in Abb. 4.39 mit einem kleinen Strich versehenen Seiten gleich x_C sind.

Auf jeder Parallele zu einer der Dreiecksseiten ist der Molenbruch einer der Komponenten konstant. Eine Gerade von einer Ecke des Dreiecks bis zur gegenüberliegenden Seite stellt eine Zustandsänderung dar, längs der das Verhältnis der Molenbrüche von zwei Komponenten konstant bleibt. Diese beiden Ergebnisse folgen unmittelbar aus der Ähnlichkeit der Dreiecke, die man von einem Punkt P zu den gegenüberliegenden Seiten und Ecken konstruieren kann. Als Beispiel zeigt Abb. 4.40 das Phasendiagramm des Gemisches Toluol ($C_6H_5CH_3$), Wasser (H_2O) und Essigsäure (CH_3COOH). Die binären Gemische aus Toluol und Essigsäure und aus Wasser und Essigsäure sind unbegrenzt mischbar, während Toluol und Wasser nur teilweise ineinander löslich sind. Mischt man Wasser mit Toluol, so bilden sich zwei Phasen, von denen die untere aus Wasser mit wenig Toluol, die obere aus Toluol mit wenig Wasser besteht. Die Zusammensetzung dieser beiden Phasen möge bei einer bestimmten Temperatur und gegebenem Druck durch die Punkte A und B gegeben sein. Gibt man zu diesem Gemisch Essigsäure zu, so verteilt sich diese auf die beiden Phasen, und es entstehen zwei ternäre Phasen, von denen jede aus Toluol, Wasser und Essigsäure in unterschiedlicher Zusammensetzung besteht.

Abb. 4.40 Phasen-Diagramm
des Gemisches Toluol, Wasser
und Essigsäure

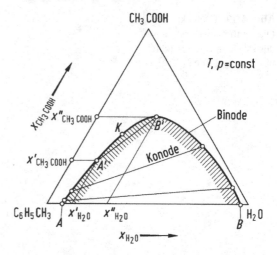

Fügt man mehr Essigsäure hinzu, so nehmen auch der Anteil an Toluol in der unteren und der Anteil an Wasser in der oberen Phase zu, bis schließlich beide Phasen identisch werden und die Phasengrenze verschwindet. Bei weiterer Zugabe von Essigsäure bleibt das Gemisch homogen. In Abb. 4.40 stellen die Punkte auf dem Kurvenstück AK die Zusammensetzung der oberen, an Toluol reicheren Schicht (Phase $'$) dar, während die Kurve BK die Zusammensetzung der unteren, wasserreichen Schicht (Phase $''$) wiedergibt. Beide Kurven treffen sich im kritischen Punkt K, in dem die Unterschiede zwischen den Phasen verschwinden. Die Linie AKB, welche das homogene Gebiet von dem Zweiphasengebiet trennt, nennt man nach einem Vorschlag von Kuenen[17] *Binode*. Sie unterscheidet sich von einer gewöhnlichen Kurve für die Löslichkeit dadurch, dass auf ihr die beiden zueinander gehörigen Werte für die Löslichkeit in zwei Phasen liegen. Diese sind in Abb. 4.40 durch je eine Gerade verbunden, die man *Konode* nennt. Da die Essigsäure sich nicht gleichmäßig auf beide Schichten verteilt, verlaufen die Konoden nicht parallel zur Abszisse. Sie werden immer kürzer und schrumpfen schließlich auf einen Punkt K zusammen, je weniger sich die Lösungen voneinander unterscheiden.

---

[17] Kuenen, J.P.: Metingen betreffende het oppervlak van Van der Waals voor mengsels van koolzuur en chloormethyl. Dissertation Leiden 1892.

Konstitutive Größen und Gleichungen zur Beschreibung von Mischphasen

5.1 Die Fundamentalgleichung von Gemischen und das chemische Potential

Für Einstoffsysteme, die mit Hilfe des Volumens V als einziger Arbeitskoordinate beschrieben werden können, hatte sich die Funktion $U(S, V)$ als eine thermodynamische Potentialfunktion erwiesen. Sie enthält alle Informationen über den Gleichgewichtszustand von Einstoffsystemen, da man durch Differentiation aus der Fundamentalgleichung alle anderen thermodynamischen Variablen berechnen kann.

Auch bei Mehrstoffsystemen wollen wir der Einfachheit halber, falls nicht ausdrücklich etwas anderes vereinbart wird, voraussetzen, dass nur das Volumen V die einzige Arbeitskoordinate ist. Genau wie bei Einstoffsystemen fließt dann Volumenänderungsarbeit wiederum über die Koordinate V und Wärme über die Koordinate S in das System. Mehrstoffsysteme sind jedoch im Unterschied zu den bisher behandelten Einstoffsystemen ein Gemisch von Teilchen, nämlich Molekülen, Atomen oder Ionen von verschiedener Identität.

Die Anzahl dieser Teilchen, die wir durch das Mol als die Einheit der Stoffmenge kennzeichnen, kann sich nun durch Austauschprozesse mit der Umgebung ändern, nämlich dann, wenn dem System aus der Umgebung Teilchen einer oder mehrerer Komponenten zu- oder entzogen werden. Derartige Vorgänge nennt man *Stoffaustausch*.

Die Teilchenzahl kann sich aber auch dadurch ändern, dass im Inneren des Systems chemische Reaktionen ablaufen. So entstehen beispielsweise bei der Knallgasreaktion

$$2\,H_2 + O_2 = 2\,H_2O$$

aus zwei Molen Wasserstoff und einem Mol Sauerstoff insgesamt zwei Mole Wasser.

Das Endergebnis dieser chemischen Reaktion hätte man natürlich auch durch Stoffaustausch mit der Umgebung erreichen können, wenn man dem System zwei Mole Wasserstoff und ein Mol Sauerstoff entzogen und ihm anschließend zwei Mole Wasser bei dem

© Springer-Verlag GmbH Deutschland 2017
P. Stephan et al., *Thermodynamik*, https://doi.org/10.1007/978-3-662-54439-6_5

Druck und der Temperatur, die sich nach der Reaktion einstellen, wieder zugeführt hätte. Chemische Reaktionen lassen sich somit stets durch Vorgänge des Stoffaustausches nachbilden. Austauschvariable ist hierbei die Stoffmenge (Molmenge).

Wie diese Betrachtungen zeigen, müssen wir in der Thermodynamik der Mehrstoffsysteme, gleichgültig ob chemische Reaktionen ablaufen oder nicht, die Molmengen N_1, $N_2, \ldots, N_K$ der Teilchen als neue Austauschgrößen einführen. Für Mehrstoffsysteme, welche nur Volumenarbeit leisten können, lautet somit die *thermodynamische Potentialfunktion*

$$U = U(S, V, N_1, N_2, \ldots, N_K) \,. \tag{5.1}$$

Sie besagt anschaulich, dass Wärme über die Koordinate Entropie S, Arbeit über die Koordinate Volumen V und Materie über die Koordinaten der Molmengen N_k ($k = 1, 2, \ldots, K$) in das System hinein- oder aus ihm herausfließen können. Gl. 5.1 ist als Fundamentalgleichung von universeller Bedeutung für das thermodynamische Gleichgewicht von Mehrstoffsystemen. Man kann aus ihr durch einfache Rechnung alle anderen thermodynamischen Größen des Gemisches, wie Temperatur, Druck, Enthalpie, Entropie, Zusammensetzung und andere ermitteln.

5.1.1 Das chemische Potential

Wie die vorigen Betrachtungen zeigten, können sich die Molmengen eines Systems durch Materieaustausch mit der Umgebung ändern. Es interessiert nun, wie sich bei diesem Vorgang die innere Energie ändert. Dazu betrachten wir ein Gemisch aus den Stoffen α_1, α_2, $\alpha_3, \ldots, \alpha_i, \ldots, \alpha_K$, die sich in einem Behälter befinden, Abb. 5.1. Dem Gemisch im Behälter soll von außen Materie zugeführt werden, und wir wollen der Einfachheit halber zunächst annehmen, dass nur von einem einzigen Stoff α_i eine bestimmte Molmenge in den Behälter strömt. Um zu verhindern, dass gleichzeitig noch andere Stoffe ein- oder ausströmen, soll sich in der Zulauföffnung eine semipermeable Membran befinden, die nur den Stoff α_i durchlässt. Da Materie über die in Abb. 5.1 eingezeichnete Systemgrenze fließt, haben wir es mit einem offenen System zu tun. Diesem kann außerdem Energie in Form von Wärme und Arbeit zugeführt werden, wobei vereinbarungsgemäß nur eine Volumenänderungsarbeit verrichtet werden soll. Ein Mehrstoffsystem, wie es in Abb. 5.1 dargestellt ist, tauscht also mit seiner Umgebung auf folgende Weise Energie aus:

Abb. 5.1 Energieaustausch zwischen einem Mehrstoffsystem und seiner Umgebung

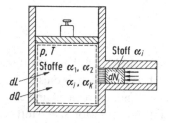

Über die Koordinate Entropie fließt Wärme in das System, über die Koordinate Volumen wird eine Volumenänderungsarbeit verrichtet und über die Koordinate Molmenge fließt ebenfalls Energie in das System. Jeder dieser Vorgänge ruft eine Änderung der inneren Energie $U(S, V, N_1, N_2, \ldots, N_K)$ hervor.

Um zu klären, welche Energie mit dem Stoff α_i in das System fließt, ist es zweckmäßig, den Kontakt zwischen System und Umgebung über alle Koordinaten außer der Koordinate N_i zu unterbinden. Es sollen also die Entropie S, das Volumen V und sämtliche Teilchenzahlen außer der Molmenge N_i konstant bleiben. Die Änderung der inneren Energie des Systems ist dann gerade gleich der Energie, welche mit dem Stoff α_i zugeführt wird.

Die Molmenge dN_i des Stoffes α_i denken wir uns dem in einem Gefäß befindlichen Mehrstoffgemisch von außen zugeführt. Sie sei klein im Vergleich zu der in dem Gefäß vorhandenen Molmenge der Stoffe α_1, α_2, ..., α_K, sodass sich Temperatur T und Druck p im Gefäß während der Materiezufuhr nicht ändern. Nachdem die Molmenge zugeführt ist, hat die innere Energie zugenommen um

$$\left(\frac{\partial U}{\partial N_i}\right)_{T,p,N_{j\neq i}} dN_i = U_i \, dN_i \, .$$

Die Größe U_i bezeichnet man als *partielle molare innere Energie*.

Durch Zufügen der Molmenge dN_i hat sich nunmehr gleichzeitig auch das Volumen geändert, zum Beispiel vergrößert (auch eine Verkleinerung ist möglich) um

$$\left(\frac{\partial V}{\partial N_i}\right)_{T,p,N_{j\neq i}} dN_i = V_i \, dN_i \, .$$

Die Größe V_i ist hierbei das *partielle molare Volumen*. Da voraussetzungsgemäß eine Änderung der inneren Energie des Systems durch Volumenänderung unterbunden werden soll, muss man die Volumenänderung wieder rückgängig machen. Zu diesem Zweck denken wir uns den in Abb. 5.1 gezeichneten Kolben verschoben. Dabei wird dem System eine Arbeit

$$dL = pV_i \, dN_i$$

zugeführt.

Außerdem ist mit dem Materiestrom gleichzeitig auch die Entropie

$$\left(\frac{\partial S}{\partial N_i}\right)_{T,p,N_{j\neq i}} dN_i = S_i \, dN_i$$

in das System geflossen. Dabei ist S_i die *partielle molare Entropie*. Um die ursprüngliche Vereinbarung zu erfüllen, wonach sich die Entropie während des Materietransportes nicht ändern soll, muss man dafür sorgen, dass die Entropie um den gleichen Betrag erniedrigt wird. Zu diesem Zweck denken wir den zuvor genannten Anteil der Entropie als Wärme

$$dQ = TS_i \, dN_i$$

an die Umgebung abgeführt. Die innere Energie des Systems hat sich somit allein auf Grund des Materietransportes geändert um

$$dU = U_i\, dN_i + pV_i\, dN_i - TS_i\, dN_i \quad (S, V = \text{const}).$$

Abkürzend schreibt man

$$H_i = U_i + pV_i$$

und nennt H_i die *partielle molare Enthalpie*.

Für die Änderung der inneren Energie gilt damit

$$dU = (H_i - TS_i)\, dN_i \quad (S, V = \text{const}).$$

Dafür schreibt man auch

$$dU = \mu_i\, dN_i \quad (S, V = \text{const}) \tag{5.2}$$

und definiert die Größe

$$\mu_i = H_i - TS_i \tag{5.3}$$

als das *chemische Potential* der Komponente i. Das chemische Potential μ_i eines Stoffes α_i ist, wie hieraus folgt, eine intensive Größe und gibt an, um wieviel sich bei einer quasistatischen Zustandsänderung die innere Energie eines Systems *allein* auf Grund des Materietransports erhöht, wenn man dem System ein Mol des Stoffes α_i zuführt.

Werden dem geschilderten System mehrere Stoffe $\alpha_1, \alpha_2, \ldots, \alpha_K$ zugeführt, so ändert sich die innere Energie auf Grund der Änderung der Molmengen um

$$dU = \sum_k \mu_k\, dN_k \quad (S, V = \text{const}). \tag{5.4}$$

5.1.2 Die Gibbssche Fundamentalgleichung

Die innere Energie von Mehrstoffsystemen lässt sich durch die Potentialfunktion $U(S, V, N_1, N_2, \ldots, N_K)$ darstellen. Durch sie ist der Gleichgewichtszustand eines Mehrstoffsystems eindeutig charakterisiert, wenn vereinbarungsgemäß das Volumen die einzige Arbeitskoordinate ist. Die obige Funktion ist jedoch auch zur Beschreibung von Vorgängen des Nichtgleichgewichts geeignet (vgl. Bd. 1, Abschn. 8.5), wenn sich nur in jedem differentiell kleinen Bereich noch hinreichend viele Moleküle befinden und wenn die Vorgänge innerhalb des Systems nicht sehr heftig ablaufen. Extrem verdünnte Gase oder sehr rasche Vorgänge, wie das Ausströmen eines hochverdichteten Gases in das Vakuum, sind damit von der Betrachtung ausgeschlossen. Unter den genannten Voraussetzungen ist die Maxwellsche Geschwindigkeitsverteilung nicht merklich gestört, und man kann den Zustand eines jeden differentiell kleinen Bereiches des Systems durch statistische Mittelwerte der thermodynamischen Koordinaten beschreiben. Es existiert also unter den genannten Voraussetzungen auch für Nichtgleichgewichte in jedem differentiell kleinen Bereich eine Funktion $U(S, V, N_1, N_2, \ldots, N_K)$. Differentiation ergibt

$$dU = \left(\frac{\partial U}{\partial S}\right)_{V,N_j} dS + \left(\frac{\partial U}{\partial V}\right)_{S,N_j} dV + \sum_k \left(\frac{\partial U}{\partial N_k}\right)_{S,V,N_{j \neq k}} dN_k. \qquad (5.5)$$

Der Index N_j bedeutet hierin, dass bei der Differentiation alle Molmengen $N_j(j = 1, 2, \ldots, K)$ konstant gehalten werden, während der Index $N_{j \neq k}$ bedeutet, dass bei der Differentiation alle Molmengen N_j außer der Molmenge N_k konstant gehalten werden. Um Schreibarbeit zu sparen, soll diese Vereinbarung auch künftig beibehalten werden. Gl. 5.5 besagt, dass sich die innere Energie eines Systems auf Grund eines Austauschprozesses ändert, bei dem Energie über die Koordinaten S, V und N_j in das System fließt. Sie gilt für reversible und unter den zuvor besprochenen Annahmen auch für irreversible Prozesse.

Unterbindet man nun jede Änderung der inneren Energie des Systems über die Koordinaten S und $V(dS = dV = 0)$, lässt man also nur eine Änderung der inneren Energie durch Änderung der Molmengen zu, so geht Gl. 5.5 über in

$$dU = \sum_k \left(\frac{\partial U}{\partial N_k}\right)_{S,V,N_{j \neq k}} dN_k \quad (S, V = \text{const}). \qquad (5.5a)$$

Wie der Vergleich mit Gl. 5.4 zeigt, ist für eine bestimmte Komponente i:

$$\mu_i = \left(\frac{\partial U}{\partial N_i}\right)_{S,V,N_{j \neq i}}. \qquad (5.6)$$

Andererseits gilt für Systeme konstanter Teilchenmenge (vgl. Bd. 1, Abschn. 8.5)

$$\left(\frac{\partial U}{\partial S}\right)_{V,N_j} = T \qquad (5.7)$$

und

$$\left(\frac{\partial U}{\partial V}\right)_{S,N_j} = -p, \qquad (5.8)$$

sodass man Gl. 5.5 auch schreiben kann

$$dU = T \, dS - p \, dV + \sum_k \mu_k \, dN_k. \qquad (5.9)$$

Diese für die Thermodynamik der Gemische und chemischen Reaktionen grundlegende Beziehung ist die *Gibbssche Fundamentalgleichung* eines Gemisches[1]. Sie gilt für jede reversible und irreversible infinitesimale Zustandsänderung eines Systems, dessen Zustand vollständig durch die Variablen U, V, N_j oder S, V, N_j ($j = 1, 2, \ldots, K$) gekennzeichnet ist. Die Ausdrücke auf der rechten Seite der Gibbsschen Fundamentalgleichung kennzeichnen die Änderung der inneren Energie durch Energieaustausch mit der Umgebung. Der erste Term stellt die Änderung der inneren Energie dar, die durch Änderung der Koordinate S hervorgerufen wird; der zweite Term ist der Energieanteil, der über die Koordinate V in das System fließt, und der dritte Term ist derjenige, der über die Koordinate N_k ausgetauscht wird.

Ist das System hinsichtlich des Stoffaustausches von seiner Umgebung isoliert (geschlossenes System) oder ändern sich die Molmengen der einzelnen Komponenten nicht, weil die dem System zugeführte Materie gleich der abgeführten ist (stationärer Fließprozess), so sind die Molmengen $dN_k = 0$ und Gl. 5.9 geht in die bereits bekannte Form der Gibbsschen Fundamentalgleichung einfacher Systeme

$$dU = T\,dS - p\,dV \tag{5.9a}$$

über.

Mit Hilfe der Gibbsschen Fundmentalgleichung kann man nun leicht nachweisen, dass die Gleichung $U(S, V, N_1, N_2, \ldots, N_K)$ ein thermodynamisches Potential ist und den Namen Fundamentalgleichung zu Recht verdient, da sich durch einfache Rechenoperationen aus ihr alle anderen thermodynamischen Größen des betrachteten Systems ableiten lassen. So erhält man die Enthalpie aus

$$H = U + pV = U - \left(\frac{\partial U}{\partial V}\right)_{S, N_j} \cdot V \; . \tag{5.10}$$

Die spezifische Wärmekapazität bei konstantem Druck ergibt sich, indem man zunächst die Enthalpie als Funktion von Temperatur, Druck und den Molmengen darstellt $H = H(T, p, N_1, N_2, \ldots, N_K)$ und aus diesem Ausdruck durch Differentiation die spezifische Wärmekapazität

$$c_p = \frac{1}{M}\left(\frac{\partial H}{\partial T}\right)_{p, N_j} \tag{5.11}$$

berechnet, wobei M die Masse des Systems ist.

Entsprechend erhält man die spezifische Wärmekapazität bei konstantem Volumen zu

$$c_v = \frac{1}{M}\left(\frac{\partial U}{\partial T}\right)_{V, N_j} \tag{5.12}$$

---

[1] Josiah Willard Gibbs (1839–1903), Professor für mathematische Physik an der Yale-Universität in New Haven, Connecticut, USA. Seine umfassende Abhandlung „On the Equilibrium of Heterogeneous Substances" blieb zunächst unbeachtet und wurde erst durch W. Ostwald bekannt gemacht. In ihr hat er die Theorie der Gleichgewichte mehrphasiger Mehrkomponenten-Systeme formuliert.

Um sie zu berechnen, muss man zuvor die innere Energie $U(S, V, N_1, N_2, \ldots, N_K)$ durch Elimination der Entropie auf die Form $U(T, V, N_1, N_2, \ldots, N_K)$ bringen.

Wie in Abschn. 8.1 gezeigt wird, sind auch die Zustandsgleichungen von Gemischen in der Fundamentalgleichung enthalten.

5.1.3 Eigenschaften des chemischen Potentials

Um einige Eigenschaften des chemischen Potentials kennen zu lernen, betrachten wir zwei Teilsysteme (1) und (2), die ein abgeschlossenes Gesamtsystem bilden, Abb. 5.2, und über einen starren Kolben miteinander verbunden sind. In jedem Teilsystem mögen sich die Stoffe

$$\alpha_1, \alpha_2, \ldots, \alpha_K$$

in verschiedener Zusammensetzung und bei unterschiedlichen Drücken und Temperaturen befinden[2]. Solange die beiden Teilsysteme durch einen stoffundurchlässigen adiabaten Kolben voneinander getrennt sind, kann weder Energie noch Materie zwischen ihnen ausgetauscht werden. Entfernt man jedoch die adiabate Hülle von dem Kolben, arretiert diesen aber weiterhin, damit er sich nicht bewegen kann, so fließt Energie als Wärme von dem Teilsystem höherer in das Teilsystem niederer Temperatur. Der Austauschvorgang ist dann beendet, wenn die Temperaturen beider Teilsysteme gleich groß geworden sind, sodass *thermisches Gleichgewicht* zwischen beiden Teilsystemen herrscht.

Entfernt man nur die Arretierung, ohne die adiabate Hülle von dem Kolben wegzunehmen, so bewegt sich die Wand bekanntlich von dem Teilsystem höheren zu dem niederen Druckes, bis schließlich die Drücke der Teilsysteme übereinstimmen und sich *mechanisches Gleichgewicht* einstellt. Würde man die adiabate Hülle und die Arretierung gleichzeitig oder nacheinander entfernen, so würde Wärme zwischen den Teilsystemen ausgetauscht und außerdem der Kolben verschoben werden, bis thermisches *und* mechanisches Gleichgewicht erreicht sind.

Schließlich kann man noch den Kolben mit Poren versehen, sodass eine Umverteilung der Materie zwischen beiden Systemen stattfindet. Der Einfachheit halber denken wir uns den Kolben durch eine semipermeable feste Wand ersetzt, die nur für einen Stoff α_i durchlässig ist. Einige Zeit nach Beginn des Materieaustausches stellt sich, wie man aus Erfahrung weiß, wiederum ein Gleichgewichtszustand ein, und es interessiert nun, wie

Abb. 5.2 Stoffaustausch zwischen zwei Teilsystemen

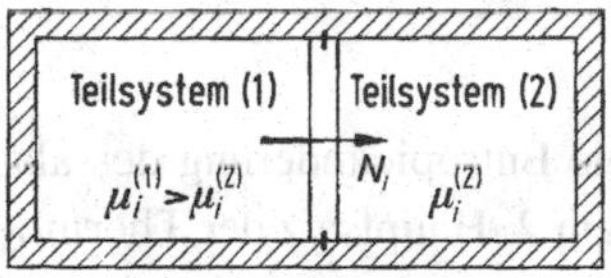

---

[2] Dieses sehr anschauliche Gedankenmodell geht auf H.B. Callen, Thermodynamics, New York, London: Wiley 1960, zurück.

dann der Stoff α_i auf die beiden Teilsysteme aufgeteilt ist. Da das aus den Teilsystemen (1) und (2) bestehende Gesamtsystem abgeschlossen sein soll, werden während des Stoffaustausches dem Gesamtsystem weder Wärme noch Materie aus der Umgebung zugeführt. Während des gesamten Vorgangs bleibt daher die innere Energie

$$U = U^{(1)} + U^{(2)}$$

des gesamten Systems konstant. Es ist somit die Änderung der inneren Energie

$$dU = dU^{(1)} + dU^{(2)} = 0 \, . \tag{5.13}$$

Da die Wand sich während des Materieaustausches nicht bewegen soll, ist

$$dV^{(1)} = dV^{(2)} = 0 \, .$$

Weiter nehmen wir der Einfachheit halber an, die Wand zwischen den beiden Systemen sei gut wärmeleitend, und es herrsche thermisches Gleichgewicht $T^{(1)} = T^{(2)} = T$. Dann kann man für jedes Teilsystem die Gibbssche Fundamentalgleichung in folgender Form anschreiben

$$dU^{(1)} = T \, dS^{(1)} + \mu_i^{(1)} \, dN_i^{(1)} \, ,$$
$$dU^{(2)} = T \, dS^{(2)} + \mu_i^{(2)} \, dN_i^{(2)} \, ,$$

Addition beider Gleichungen ergibt unter Beachtung von Gl. 5.13

$$0 = T \, d(S^{(1)} + S^{(2)}) + \mu_i^{(1)} \, dN_i^{(1)} + \mu_i^{(2)} \, dN_i^{(2)} \, . \tag{5.14}$$

Da sich die Entropie S des Systems additiv aus den Entropien der Teilsysteme zusammensetzt

$$S = S^{(1)} + S^{(2)} \, , \quad \text{gilt } dS = d(S^{(1)} + S^{(2)}) \, ,$$

ferner ist die Molmenge $N_i = N_i^{(1)} + N_i^{(2)}$ konstant und daher $dN_i^{(1)} = -dN_i^{(2)}$. Gl. 5.14 kann man daher auch schreiben als

$$0 = T \, dS + \left(\mu_i^{(1)} - \mu_i^{(2)} \right) \, dN_i^{(1)}$$

oder

$$T \, dS = \left(\mu_i^{(2)} - \mu_i^{(1)} \right) \, dN_i^{(1)} \, . \tag{5.15}$$

Die Entropieänderung des als abgeschlossen vorausgesetzten Gesamtsystems kann nach dem 2. Hauptsatz der Thermodynamik nie negativ sein, sodass

$$\left(\mu_i^{(2)} - \mu_i^{(1)} \right) \, dN_i^{(1)} \geq 0$$

sein muss. Ist demnach das chemische Potential $\mu_i^{(2)} \geq \mu^{(1)}$, so ist $dN_i^{(1)} \geq 0$, und ist $\mu_i^{(2)} \leq \mu_i^{(1)}$, so ist $dN_i^{(1)} \leq 0$ oder $dN_i^{(2)} \geq 0$. Man erkennt: Die Teilchenzahl des Stoffes α_i nimmt in dem Teilsystem mit dem geringeren chemischen Potential zu und in dem Teilsystem mit dem höheren chemischen Potential ab. Die Materie fließt daher von dem höheren zum niedrigeren chemischen Potential.

Während ein Temperaturunterschied zwischen zwei miteinander in Kontakt stehenden Systemen die „treibende Kraft" für einen Wärmeaustausch und ein Druckunterschied die treibende Kraft für Volumenänderung ist, erweist sich ein Unterschied in den chemischen Potentialen als *treibende Kraft für den Stoffaustausch*. So wie Wärme von einem System höherer zu einem System tieferer Temperatur übertragen wird, ist der Materiestrom vom höheren zum niedrigeren chemischen Potential gerichtet. Da jede chemische Reaktion durch einen Vorgang des Stoffaustausches dargestellt werden kann, erweist sich somit der Name chemisches Potential für die treibende Kraft als sinnvoll.

Gleichgewicht hinsichtlich des Stoffaustausches ist dann erreicht, wenn die Zustandsänderungen, die zum Stoffaustausch führen, umkehrbar sind. Es muss somit jede infinitesimale Änderung dN_i der Molmengen umkehrbar sein. Da es sich hierbei nicht um wirkliche, sondern nur um gedachte Zustandsänderungen handeln kann, spricht man in Übereinstimmung mit der Mechanik von „virtuellen Verrückungen". Sie müssen natürlich unter den gleichen Bedingungen wie die wirklichen Zustandsänderungen ausgeführt werden; für den in Abb. 5.2 skizzierten Vorgang muss man somit die virtuellen Verrückungen an einem abgeschlossenen Gesamtsystem ausführen, in dem sich eine semipermeable Wand befindet. Da für jede virtuelle Änderung der Molmenge dN_i im Gleichgewicht die Entropie S in Gl. 5.15 ein Maximum hat ($dS = 0$), muss im Gleichgewicht

$$\mu_i^{(1)} = \mu_i^{(2)} \qquad (5.16)$$

sein. Damit haben wir ein wichtiges Ergebnis erhalten, das besagt:

▶ **Merksatz** Zwei Phasen befinden sich hinsichtlich des Stoffaustausches dann im Gleichgewicht, wenn die chemischen Potentiale der Komponenten, die imstande sind, von der einen Phase in die andere überzugehen, in beiden Phasen gleich groß sind.

Zusammen mit den Forderungen, dass im Gleichgewicht außerdem Temperaturen und Druck beider Phasen übereinstimmen, lauten also die *Bedingungen für das Gleichgewicht zwischen zwei Phasen*

$$T^{(1)} = T^{(2)} \qquad \text{(thermisches Gleichgewicht),} \qquad (5.17)$$

$$p^{(1)} = p^{(2)} \qquad \text{(mechanisches Gleichgewicht),} \qquad (5.18)$$

$$\mu_i^{(1)} = \mu_i^{(2)}, \quad i = 1, 2, \ldots, K \qquad \text{(stoffliches Gleichgewicht).} \qquad (5.19)$$

5.1.4 Das chemische Potential idealer Gase

Um das chemische Potential eines idealen Gases zu berechnen, geht man aus von der Definitionsgleichung Gl. 5.3

$$\mu_i = H_i - T S_i \ .$$

Für reine Stoffe benutzen wir gemäß Abschn. Gl. 1.1 den Index $0i$ und schreiben

$$\mu_{0i} = H_{0i} - T S_{0i} \tag{5.20}$$

mit der molaren Enthalpie H_{0i} und der molaren Entropie S_{0i} des reinen Stoffes. Wir berechnen zuerst die molare Entropie S_{0i}. Zu diesem Zweck verwenden wir die Gibbssche Fundamentalgleichung für Einstoffsysteme (Bd. 1, Gl. 8.27), die wir für molare Größen anschreiben

$$T \, dS_{0i} = dH_{0i} - V_{0i} \, dp \ .$$

Da die Enthalpie idealer Gase nur von der Temperatur abhängt, ist das Differential der molaren Enthalpie

$$dH_{0i} = C_{p0i} \, dT$$

mit der molaren Wärmekapazität C_{p0i} des reinen Stoffes. Für das Molvolumen gilt

$$V_{0i} = \frac{\bar{R} T}{p} \ .$$

Damit erhält man für das Differential der molaren Entropie

$$dS_{0i} = C_{p0i} \frac{dT}{T} - \bar{R} \frac{dp}{p} \ .$$

Integration zwischen einem festen Anfangsdruck p^+ und einem beliebigen Enddruck p bei konstanter Temperatur T ergibt

$$S_{0i}(p, T) - S_{0i}(p^+, T) = -\bar{R} \, \ln \frac{p}{p^+} \ .$$

Damit kann man Gl. 5.20 für ein ideales Gas auch schreiben

$$\mu_{0i}(p, T) = H_{0i}(T) - T S_{0i}(p^+, T) + \bar{R} T \, \ln \frac{p}{p^+} \ .$$

Abkürzend setzen wir noch

$$\mu_{0i}(p^+, T) = H_{0i}(T) - T S_{0i}(p^+, T) \tag{5.21}$$

und erhalten dann für das *chemische Potential des reinen idealen Gases*

$$\mu_{0i}(p, T) = \mu_{0i}(p^+, T) + \bar{R}T \ln \frac{p}{p^+} \, . \tag{5.22}$$

Der Bezugsdruck p^+ kann willkürlich gewählt werden. Das chemische Potential $\mu_{0i}(p^+, T)$ bei diesem Druck bezeichnet man als *Bezugspotential*. Es kann im Prinzip mit Hilfe seiner Definitionsgleichung (Gl. 5.21) aus Tafelwerten der Enthalpie und der Entropie berechnet werden. $S_{0i}(p^+, T)$ ist die Entropie an einem willkürlich vereinbarten Bezugspunkt p^+, T.

Wir werden allerdings in den folgenden Kapiteln des Teils I (Thermodynamik der Gemische) sehen, dass zur Berechnung von Phasengleichgewichten nichtreagierender Systeme keine Bezugspotentiale bekannt sein müssen, da diese Terme in allen Gleichungen herausfallen.

Erst bei der Behandlung chemischer Reaktionen in Teil II ergibt sich die Notwendigkeit, Bezugswerte für die Enthalpie und die Entropie reiner Stoffe festzulegen.

Befindet sich ein ideales Gas in einem Gemisch, so verhält es sich bekanntlich so, als seien die anderen Komponenten nicht vorhanden. Als Druck der Komponente i im Gemisch hat man dann in Gl. 5.22 den Partialdruck $p_i = y_i p$ einzusetzen. Das Bezugspotential ist für die reine Komponente i zu bilden. Wir schreiben wie oben $\mu_{0i}(p^+, T)$, denn nach unserer Vereinbarung besagt eine 0 als erster Index, dass die betreffende Größe für den reinen Stoff zu bilden ist, während der Index i angibt, dass es sich um die Komponenten i handelt.

Das chemische Potential der Komponente i in einem Gemisch idealer Gase ist somit

$$\mu_i = \mu_{0i}(p^+, T) + \bar{R}T \ln \frac{p_i}{p^+} \, . \tag{5.23}$$

Gl. 5.23 kann man mit Hilfe des Gesamtdruckes des Gemisches formal erweitern

$$\mu_i = \mu_{0i}(p^+, T) + \bar{R}T \ln \frac{p}{p^+} + \bar{R}T \ln \frac{p_i}{p} \, ,$$

oder wie der Vergleich mit Gl. 5.22 zeigt,

$$\mu_i = \mu_i(p_i, T) = \mu_{0i}(p, T) + \bar{R}T \ln y_i \tag{5.24}$$

mit dem Molenbruch $y_i = p_i/p$. Das chemische Potential $\mu_i(p_i, T)$ eines idealen Gases in einem Gemisch idealer Gase unterscheidet sich vom chemischen Potential $\mu_{0i}(p, T)$ der reinen Komponente i um den Ausdruck $\bar{R}T \ln y_i$. Dieser Ausdruck verschwindet, wenn die Komponente i allein vorhanden ist ($y_i = 1$), und Gl. 5.24 geht dann wieder in Gl. 5.22 für das chemische Potential des reinen Gases über.

5.2   Thermodynamische Potentiale

Die Fundamentalgleichung in der Form $U(S, V, N_1, N_2, \ldots, N_K)$ ist ein thermodynamisches Potential, da man aus ihr durch Differentiation andere thermodynamische Größen berechnen kann. So erhält man insbesondere durch Differentiation die intensiven Größen T, p, μ_i als Funktion der extensiven S, V, N_1, N_2, $\ldots$, N_K. Um intensive Größen aus der Fundamentalgleichung zu erhalten, müsste man demnach zunächst die Fundamentalgleichung durch Messen der inneren Energie für verschiedene Werte der Entropie, des Volumens und der Molmenge aufstellen und anschließend durch Differentiation die intensiven Größen berechnen. Dieses Vorgehen stößt aber häufig auf große Schwierigkeiten, da die extensiven Größen, die in der Fundamentalgleichung auftreten, oft nur schwierig oder gar nicht direkt messbar sind. Es gibt beispielsweise kein Messinstrument, mit dem man Entropien direkt messen kann, ebensowenig existiert eine Vorrichtung, um sie konstant zu halten.

In kondensierten Phasen ist es kaum möglich, das Volumen konstant zu halten; auch die Messung der Molmengen ist besonders in festen Phasen schwierig. Umgekehrt kann man die intensiven Größen leicht und genau messen. Dies beruht letztlich darauf, dass sie treibende Kräfte von Austauschprozessen sind. Das ursprüngliche Vorhaben, die Fundamentalgleichung $U(S, V, N_1, N_2, \ldots, N_K)$ durch Messung der extensiven Größen zu ermitteln und daraus dann durch Differentiation die intensiven Parameter zu berechnen, steht somit in direktem Gegensatz zu den experimentellen Möglichkeiten. Es ist daher sinnvoll, nach Fundamentalgleichungen zu suchen, in denen an Stelle der schwer messbaren extensiven Größen die leichter messbaren intensiven als Variablen auftreten. Das Aufsuchen derartiger Fundamentalgleichungen geschieht nur aus Gründen der Zweckmäßigkeit und Bequemlichkeit, hat aber nichts mit der logischen Struktur der Thermodynamik zu tun. Wir haben also folgende Aufgabe zu lösen:

Gegeben ist eine Funktion

$$U(S, V, N_1, N_2, \ldots, N_K) \,,$$

in der die extensiven Variablen S, V, N_1, $\ldots$, N_K (oder einige von ihnen) durch intensive T, p, μ_1, $\ldots$, μ_K, also durch die Ableitungen $(\partial U / \partial S)_{V,N_j}$ usw. zu ersetzen sind. Die neue Funktion soll aber nach wie vor ein thermodynamisches Potential sein und infolgedessen genau wie die ursprüngliche alle Informationen über den Gleichgewichtszustand enthalten.

Die mathematische Methode, deren man sich zur Lösung der gestellten Aufgabe bedient, ist die *Legendre-Transformation*[3]. Um sie zu verstehen, betrachten wir der Einfachheit halber eine Funktion

$$y = f(x) \tag{5.25}$$

---

[3] Benannt nach dem französischen Mathematiker A.M. Legendre, 1752–1833.

und stellen uns die Aufgabe, hieraus eine neue Funktion zu bilden, in der die Variable x durch die Ableitung

$$y' = P = P(x) \tag{5.25a}$$

ersetzt wird. Die neue Funktion

$$y = f(P)$$

soll den gleichen Aussagewert wie die ursprüngliche besitzen; durch sie soll also die ursprüngliche Funktion eindeutig festgelegt sein.

Die Gleichung $y = f(x)$ stellt in der x, y-Ebene eine Kurve dar, deren Steigung für jeden Wert x durch $P = y'(x)$ gegeben ist.

Um die Aufgabe zu lösen, könnte man daran denken, in

$$y = f(x)$$

die Variable x mit Hilfe von

$$P = P(x)$$

zu eliminieren und so eine Funktion

$$y = f(P) = f(y') \tag{5.26}$$

zu bilden.

Gl. 5.26 ist eine Differentialgleichung erster Ordnung, aus der man durch Integration die Ausgangsfunktion jedoch nicht eindeutig zurückgewinnen kann, da das Integral noch eine unbestimmte Konstante enthält. Als Ergebnis der Integration erhält man eine Kurvenschar in der x, y-Ebene, aber nicht in eindeutiger Weise die ursprüngliche Kurve $y(x)$. Wenn man in Gl. 5.25 die Variable einfach durch die Ableitung ersetzt, erhält man somit zwar eine Gleichung $y = f(P)$; diese besitzt aber nicht die gewünschte Eigenschaft, dass die ursprüngliche Funktion eindeutig festgelegt ist, stellt also keine Lösung des Problems dar.

Die Kurve $y = f(x)$ ist jedoch nach Abb. 5.3 eindeutig festgelegt durch die Schar ihrer Tangenten. Sie ist ihrerseits die *Enveloppe* oder *Einhüllende* der Tangentenschar. Durch

Abb. 5.3 Zur Darstellung der Kurve $y(x)$ durch ihre Tangentenschar

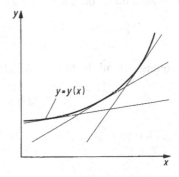

$y = y(x)$

Abb. 5.4 Zur Ableitung der
Gleichung für die Tangentenschar

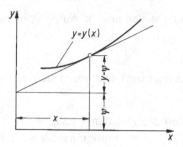

eine Gleichung der Tangentenschar ist daher auch die Kurve $y = f(x)$ als Enveloppe eindeutig bestimmt. Da die Gleichung der Tangentenschar durch die Steigungen und einen
weiteren Punkt der Tangenten, beispielsweise den in Abb. 5.4 angegebenen Ordinatenabschnitt festlegt, ist durch die Gleichung der Tangentenschar

$$\psi = \psi(P) \tag{5.27}$$

auch die Kurve $y = f(x)$ eindeutig bestimmt. Gl. 5.27 erfüllt daher die geforderten
Bedingungen: Sie enthält die Steigung P als unabhängige Variable und legt die ursprüng-
liche Funktion $y = f(x)$ in eindeutiger Weise fest. Wie man aus Abb. 5.4 abliest, ist die
Gleichung der an die Kurve $y = f(x)$ gezeichneten Tangente gegeben durch

$$y'(x) = P = \frac{y - \psi}{x}$$

oder

$$\psi = y - Px \,. \tag{5.28}$$

Eliminiert man hieraus die Größen y und x mit Hilfe von $y = f(x)$ und $x = x(P)$, so
erhält man die gesuchte Beziehung zwischen ψ und P

$$\psi = \psi(P) \,.$$

Hieraus kann man durch Differentiation wieder leicht die ursprüngliche Gleichung erhalten. Man bildet dazu aus Gl. 5.28

$$d\psi = dy - x \, dP - P \, dx \,,$$

woraus sich mit Hilfe von Gl. 5.25a

$$d\psi = dy - x \, dP - dy = -x \, dP$$

ergibt, oder

$$-x = \frac{d\psi}{dP} \,.$$

Tab. 5.1 Schema der Legendre-Transformation für Funktionen mit einer unabhängigen Variablen

Ausgangsfunktion	$y = y(x)$	$\psi = \psi(P)$
Ableitung	$P = \dfrac{dy}{dx}$	$-x = \dfrac{d\psi}{dP}$
Transformierte Funktion	$\psi = -Px + y$	$y = xP + \psi$
	Elimination von x und y ergibt	Elimination von P und ψ ergibt
	$\psi = \psi(P)$	$y = y(x)$

Wie hieraus folgt, ist x eine Funktion von P und unter der in den Anwendungen meistens erfüllten Voraussetzung

$$\frac{dP}{dx} \neq 0$$

ist auch P eine eindeutige Funktion von x. Gl. 5.27 ist daher überführbar in

$$\psi = \psi(x) \,,$$

woraus mit Hilfe von Gl. 5.28 umgekehrt die Existenz von

$$y = f(x)$$

folgt.

Es sind somit folgende Transformationen möglich, die wir zur besseren Übersichtlichkeit in Tab. 5.1 zusammenstellen.

Die Transformation $y(x) \rightleftharpoons \psi(P)$ heißt *Legendre-Transformation*. Die Funktion $\psi(P)$ ist die Legendre-Transformierte von $y(x)$, und $y(x)$ ist die Legendre-Transformierte von $\psi(P)$. Durch sie wird jedem Punkt der Kurve $y(x)$ ein Punkt der Kurve $\psi(P)$ eindeutig umkehrbar zugeordnet.

Die vorstehenden Überlegungen lassen sich leicht auf Funktionen von K unabhängigen Variablen übertragen. Man hat dazu nach dem gleichen Schema vorzugehen. Es erübrigt sich daher, die Herleitung noch einmal nachzuvollziehen; in Tab. 5.2 sind die Formeln für die Transformation mitgeteilt.

Selbstverständlich ist es auch möglich, nur einige der Variablen $(x_1, x_2, \ldots, x_n)$ des vollständigen Variablensatzes $(x_1, x_2, \ldots, x_K)$ zu transformieren.

Wir wollen diese Ergebnisse nun anwenden, um ausgehend von der Fundamentalgleichung $U = U(S, V, N_1, N_2, \ldots, N_K)$ mit Hilfe der Legendre-Transformation neue thermodynamische Potentiale zu schaffen. Zu diesem Zweck werden die extensiven Variablen $S, V, N_1, N_2, \ldots, N_K$ oder einige davon durch die partiellen Ableitungen

$$\left(\frac{\partial U}{\partial S}\right)_{V,N_j} = T \,, \quad \left(\frac{\partial U}{\partial V}\right)_{S,N_j} = -p \,, \quad \left(\frac{\partial U}{\partial N_i}\right)_{S,V,N_{j\neq i}} = \mu_i$$

ersetzt. Man erhält folgende Potentiale:

Tab. 5.2 Schema der Legendre-Transformation für Funktionen mit mehreren unabhängigen Variablen

Ausgangsfunktion	$y = y(x_1, x_2, \ldots, x_K)$	$\psi = \psi(P_1, P_2, \ldots, P_K)$
Ableitungen	$P_i = \dfrac{\partial y}{\partial x_i}$	$-x_i = \dfrac{\partial \psi}{\partial P_i}$
	$dy = \sum\limits_k P_k\, dx_k$	$d\psi = \sum\limits_k -x_k\, dP_k$
Transformierte Funktion	$\psi = y - \sum\limits_k P_k x_k$	$y = \psi + \sum\limits_k P_k x_k$
	Elimination von x_k und y ergibt	Elimination von P_k und ψ ergibt
	$\psi = \psi(P_1, P_2, \ldots, P_K)$	$y = y(x_1, x_2, \ldots, x_K)$

a) Das Helmholtz-Potential oder die freie Energie

Sie ist jene Legendre-Transformierte der Funktion $U(S, V, N_1, N_2, \ldots, N_K)$, bei der die Entropie S durch die Temperatur ersetzt wird. Wir gehen hierzu nach dem Schema in der linken Spalte von Tab. 5.2 vor:

Gegeben ist die Ausgangsfunktion $U(S, V, N_1, N_2, \ldots, N_K)$. Die partielle Ableitung nach der extensiven Größe S, die wir ersetzen sollen, ist

$$T = \left(\frac{\partial U}{\partial S}\right)_{V, N_j}$$

Die transformierte Funktion lautet somit

$$\psi = F = U - TS \,. \tag{5.29}$$

Wir haben hier für ψ das Zeichen F eingeführt, das man zur Kennzeichnung der freien Energie oder des Helmholtz-Potentials[4] verwendet. Elimination von S und U ergibt entsprechend der letzten Zeile von Tab. 5.2:

$$F = F(T, V, N_1, N_2, \ldots, N_K) \,. \tag{5.30}$$

Die freie Energie ist ihrerseits ein thermodynamisches Potential, sie ist daher selbst eine Fundamentalgleichung und äquivalent der ursprünglichen Fundamentalgleichung $U(S, V, N_1, N_2, \ldots, N_K)$.

---

[4] Hermann von Helmholtz (1821–1894), Physiker und Physiologe, war bis 1871 Professor für Physiologie in Königsberg, dann Bonn und Heidelberg, ab 1871 Professor für Physik in Berlin und übernahm 1888 die Leitung der neu gegründeten Physikalisch-Technischen Reichsanstalt, der heutigen Physikalisch-Technischen Bundesanstalt. Von ihm stammt die Begründung des von R. Mayer und J.P. Joule entdeckten Energiesatzes. Er maß die Fortpflanzungsgeschwindigkeit der Nervenleitung, erfand den Augenspiegel, berechnete Flüssigkeitswirbel und publizierte viele Arbeiten, in denen er sich mit Fragen der Elektrodynamik, Thermodynamik und der Meteorologie grundlegend befasste. Bedeutsam sind auch seine erkenntnistheoretischen Schriften zu den Konsequenzen naturwissenschaftlicher Forschung.

Geht man umgekehrt von der Funktion

$$F = F(T, V, N_1, N_2, \ldots, N_K)$$

aus und sucht deren Legendre-Transformierte, so hat man nach dem Schema der rechten Spalte von Tab. 5.2 vorzugehen. Es ist danach

$$-S = \left(\frac{\partial F}{\partial T}\right)_{V,N_j}$$

und

$$U = F + TS = U(S, V, N_1, N_2, \ldots, N_K) \, .$$

Das vollständige Differential der freien Energie erhält man durch Differentiation von Gl. 5.29

$$dF = dU - T\,dS - S\,dT \, .$$

Wir setzen hierin die Gibbssche Fundamentalgleichung, Gl. 5.9,

$$dU = T\,dS - p\,dV + \sum_k \mu_k\,dN_k$$

ein und erhalten die *Gibbssche Fundamentalgleichung für die freie Energie*

$$dF = -S\,dT - p\,dV + \sum_k \mu_k\,dN_k \, . \tag{5.31}$$

Andererseits ist

$$F = F(T, V, N_1, N_2, \ldots, N_K)$$

und somit

$$dF = \left(\frac{\partial F}{\partial T}\right)_{V,N_j} dT + \left(\frac{\partial F}{\partial V}\right)_{T,N_j} dV + \sum_k \left(\frac{\partial F}{\partial N_k}\right)_{T,V,N_{j\neq k}} dN_k \, .$$

Wie durch Vergleich mit Gl. 5.31 folgt, gelten daher folgende Beziehungen

$$\left(\frac{\partial F}{\partial T}\right)_{V,N_j} = -S \, , \tag{5.32}$$

$$\left(\frac{\partial F}{\partial V}\right)_{T,N_j} = -p \, , \tag{5.33}$$

$$\left(\frac{\partial F}{\partial N_i}\right)_{T,V,N_{j\neq i}} = \mu_i \, . \tag{5.34}$$

b) Die Enthalpie als thermodynamisches Potential

Wir ersetzen jetzt in der Fundamentalgleichung $U(S, V, N_1, N_2, \ldots, N_K)$ das Volumen V durch den Druck

$$p = -\left(\frac{\partial U}{\partial V}\right)_{S,N_j}$$

und behalten alle übrigen extensiven Größen bei. Für die Legendre-Transformierte ψ setzen wir das Zeichen H und erhalten die bekannte Definition der Enthalpie

$$H = U + pV . \tag{5.35}$$

Elimination von V und U gemäß der letzten Zeile von Tab. 5.2 ergibt

$$H = H(S, p, N_1, N_2, \ldots, N_K) . \tag{5.36}$$

Die Enthalpie als Funktion der Entropie, des Druckes und der Molmengen ist ein thermodynamisches Potential. Für Einstoffsysteme konstanter Molmenge ist

$$H = H(S, p)$$

ein thermodynamisches Potential. Diese Funktion ist bekanntlich in den Mollierschen H,S-Diagrammen graphisch dargestellt. Der Erfolg dieser Diagramme beruht somit darauf, dass sie ein thermodynamisches Potential wiedergeben und daher alle Informationen über den Gleichgewichtszustand des Systems enthalten.

Durch Differentiation erhält man das Differential der Enthalpie

$$dH = dU + p\,dV + V\,dp ,$$

woraus sich mit Hilfe der Gibbsschen Fundamentalgleichung, Gl. 5.9, die *Gibbssche Fundamentalgleichung für die Enthalpie*

$$dH = T\,dS + V\,dp + \sum_k \mu_k\,dN_k \tag{5.37}$$

ergibt.

Durch Differentiation von Gl. 5.36 erhält man andererseits für das Differential der Enthalpie

$$dH = \left(\frac{\partial H}{\partial S}\right)_{p,N_j} dS + \left(\frac{\partial H}{\partial p}\right)_{S,N_j} dp + \sum_k \left(\frac{\partial H}{\partial N_k}\right)_{S,p,N_{j\neq k}} dN_k .$$

Durch Vergleich mit der vorigen Gleichung findet man somit die Beziehungen

$$\left(\frac{\partial H}{\partial S}\right)_{p,N_j} = T \ , \tag{5.38}$$

$$\left(\frac{\partial H}{\partial p}\right)_{S,N_j} = V \ , \tag{5.39}$$

$$\left(\frac{\partial H}{\partial N_i}\right)_{S,p,N_{j \neq i}} = \mu_i \ . \tag{5.40}$$

Wie man leicht nachweist, ist die kalorische Zustandsgleichung der Enthalpie $H = H(T, p, N_1, N_2, \ldots, N_K)$ kein thermodynamisches Potential:

Ausgehend von dem Potential $H(S, p, N_1, N_2, \ldots, N_K)$ kann man zwar mit Hilfe von Gl. 5.38, wonach $T = T(S, p, N_1, N_2, \ldots, N_K)$ ist, die Entropie eliminieren und auf diese Weise die Enthalpie durch eine Gleichung

$$H = H(T, p, N_1, N_2, \ldots, N_K) = H\left(\left(\frac{\partial H}{\partial S}\right)_{p,N_j}, p, N_1, N_2, \ldots, N_K\right)$$

darstellen. Diese ist aber eine Differentialgleichung, aus der man durch Integration die ursprüngliche Funktion $H(S, p, N_1, N_2, \ldots, N_K)$ nur bis auf eine unbestimmte Funktion erhält. Der Informationsgehalt von $H(T, p, N_1, N_2, \ldots, N_K)$ ist daher geringer als derjenige der Potentialfunktion $H(S, p, N_1, N_2, \ldots, N_K)$.

c) Das Gibbssche Potential oder die freie Enthalpie

Als *Gibbs-Potential* oder *freie Enthalpie* bezeichnet man diejenige Legendre-Transformation der Fundamentalgleichung $U(S, V, N_1, N_2, \ldots, N_K)$, in der die Entropie durch die Temperatur

$$T = \left(\frac{\partial U}{\partial S}\right)_{V,N_j}$$

und das Volumen durch den Druck

$$p = -\left(\frac{\partial U}{\partial V}\right)_{S,N_j}$$

ersetzt werden. Für die Legendre-Transformierte ψ setzt man abkürzend das Zeichen G. Man erhält die Definitionsgleichung für die freie Enthalpie

$$G = U - TS + pV = H - TS \ . \tag{5.41}$$

Durch Elimination von U, S, V entsprechend der letzten Zeile in Tab. 5.2 findet man, dass

$$G = G(T, p, N_1, N_2, \ldots, N_K) \tag{5.42}$$

ist.

Differenziert man Gl. 5.41, so erhält man das Differential der freien Enthalpie

$$dG = dU - T\,dS - S\,dT + p\,dV + V\,dp\,.$$

Hierin setzt man wie zuvor die Gibbssche Fundamentalgleichung Gl. 5.9 ein und erhält dann die *Gibbssche Fundamentalgleichung für die freie Enthalpie*

$$dG = -S\,dT + V\,dp + \sum_k \mu_k\,dN_k\,. \tag{5.43}$$

Andererseits ergibt die Differentiation von Gl. 5.42:

$$dG = \left(\frac{\partial G}{\partial T}\right)_{p,N_j} dT + \left(\frac{\partial G}{\partial p}\right)_{T,N_j} dp + \sum_k \left(\frac{\partial G}{\partial N_k}\right)_{T,p,N_{j\neq k}} dN_k\,.$$

Vergleicht man diesen Ausdruck mit Gl. 5.43, so findet man die Beziehungen

$$\left(\frac{\partial G}{\partial T}\right)_{p,N_j} = -S\,, \tag{5.44}$$

$$\left(\frac{\partial G}{\partial p}\right)_{T,N_j} = V\,, \tag{5.45}$$

$$\left(\frac{\partial G}{\partial N_i}\right)_{T,p,N_{j\neq i}} = \mu_i\,. \tag{5.46}$$

Die freie Enthalpie ist eng verwandt mit dem chemischen Potential. Um dies zu zeigen, betrachten wir ein System, das nur aus einer Komponente besteht. In diesem Fall gilt

$$G = N\,G_{0i}\,.$$

G_{0i} ist die molare freie Enthalpie eines reinen Stoffes i. Die Differentation gemäß Gl. 5.46 ergibt dann

$$\mu_{0i} = G_{0i}\,. \tag{5.47}$$

Die molare freie Enthalpie G_{0i} eines Einstoffsystems ist identisch mit dem chemischen Potential.

Neben den hier bereitgestellten thermodynamischen Potentialen kann man noch weitere konstruieren, beispielsweise die sogenannten Massieu-Funktionen[5], die man erhält, wenn man von der Entropieform $S(U, V, N_1, N_2, \ldots, N_K)$ der Fundamentalgleichung ausgeht und dort die extensiven Variablen mittels der Legendre-Transformation durch intensive ersetzt. Da diese Potentiale jedoch nur von untergeordneter Bedeutung sind und da man sie außerdem auf die bereits bekannten zurückführen kann, sollen sie hier nicht aufgeführt werden.

---

[5] Massieu, F.: Sur les fonctions caractéristiques des divers fluides. C.R. Acad. Sci. Paris 69 (1869) 858–862 und 1057–1061; Massieu, F.: Mémoire sur les fonctions caractéristiques – des divers fluides, et sur la théorie des vapeures. J. de Phys. 6 (1877) 216–222.

5.3 Eulersche Gleichungen und die Gleichung von Gibbs-Duhem

5.3.1 Die Eulerschen Gleichungen

Wir wollen nun die Eigenschaften einer bestimmten Klasse von thermodynamischen Funktionen näher untersuchen. Diese Funktionen, wie beispielsweise die Potential-funktion $U(S, V, N_1, \ldots N_K)$, sind dadurch gekennzeichnet, dass extensive (bzw. auch intensive) Zustandsgrößen als Funktionen von extensiven Zustandsgrößen dargestellt werden. Den Betrachtungen stellen wir einen Satz aus der Mathematik voran, nämlich das *Eulersche Theorem über homogene Funktionen* [6]. Es lautet:

Eine Funktion

$$f(x_1, x_2, \ldots, x_n) = y \tag{5.48}$$

von n unabhängigen Variablen x_i heißt homogen vom Grade m, wenn sie die Eigenschaft besitzt, dass y um einen Faktor λ^m wächst, wenn man jede der Variablen x_i mit einem willkürlichen Faktor λ multipliziert. Eine homogene Funktion vom Grade m in den n Variablen x_i gehorcht also der Identität

$$f(\lambda x_1, \lambda x_2, \ldots, \lambda x_n) = \lambda^m y \tag{5.49}$$

für jeden beliebigen Wert des Faktors λ. Differenziert man beide Seiten von Gl. 5.49 nach dem Faktor λ, so erhält man eine weitere Identität

$$\frac{\partial f}{\partial(\lambda x_1)} x_1 + \frac{\partial f}{\partial(\lambda x_2)} x_2 + \ldots \frac{\partial f}{\partial(\lambda x_n)} x_n = m\lambda^{m-1} y \, .$$

Da diese Identität für beliebige Werte von λ gilt, muss sie insbesondere auch für $\lambda = 1$ gelten. Damit erhält man

$$\frac{\partial f}{\partial x_1} x_1 + \frac{\partial f}{\partial x_2} x_2 + \ldots \frac{\partial f}{\partial x_n} x_n = my$$

oder

$$\sum_k \frac{\partial f}{\partial x_k} x_k = my \, . \tag{5.50}$$

Diese Beziehung ist in der Mathematik als *Eulerscher Satz über homogene Funktionen* bekannt. Wie in der Theorie der partiellen Differentialgleichungen gezeigt wird, gilt auch umgekehrt, dass jede Funktion $f(x_1, x_2, \ldots, x_n)$, die der Gl. 5.50 genügt, homogen vom

---

[6] Leonhard Euler (1707–1783). Er begründete die Hydromechanik, formulierte als erster das Prinzip der kleinsten Wirkung, schuf die Variationsrechnung und lieferte grundlegende Beiträge zur Zahlentheorie sowie zur Geometrie, zur Reihenlehre und zur Theorie der Differentialgleichung. Er hinterließ fast 900 wissenschaftliche Publikationen.

Grade m ist. Eine Funktion von verschiedenen Variablen x_i kann auch hinsichtlich einer begrenzten Anzahl der Variablen homogen sein.

In der Thermodynamik interessieren nur zwei besonders einfache Fälle, nämlich homogene Funktionen vom ersten Grade, $m = 1$, und homogene Funktionen vom Grade null, $m = 0$. Als Beispiel für eine homogene Funktion ersten Grades betrachten wir das Volumen eines Systems von konstanter Temperatur und konstantem Druck. Es kann dargestellt werden durch

$$V = V(N_1, N_2, \ldots, N_K) \quad \text{bei} \quad T, p = \text{const.}$$

Erhöht man alle Molmengen bei konstantem Druck und konstanter Temperatur um einen gemeinsamen Faktor λ, so erhöht sich auch das gesamte Volumen um den gleichen Faktor λ

$$V(\lambda N_1, \lambda N_2, \ldots, \lambda N_K) = \lambda V \quad \text{bei} \quad T, p = \text{const.}$$

Entsprechendes gilt für alle anderen extensiven Größen. Es gilt somit ganz allgemein:

▶ **Merksatz** Funktionen zwischen extensiven Größen sind homogen vom ersten Grade.

Für sie nimmt Gl. 5.50 mit $m = 1$ die Form

$$\sum_k \frac{\partial f}{\partial x_k} x_k = y \tag{5.51}$$

an. Ein Beispiel für eine homogene Funktion nullten Grades ist das Molvolumen eines Systems

$$\bar{V} = \bar{V}(T, p, N_1, N_2, \ldots, N_K) \,.$$

Vergrößert man das Volumen des Systems bei konstantem Druck und konstanter Temperatur auf das λ-fache, indem man zu dem gegebenen System $\lambda - 1$ andere Systeme gleicher Temperatur, gleichen Druckes und gleicher Zusammensetzung hinzunimmt, so entsteht ein neues System, dessen Molvolumen unverändert bleibt, bei dem aber die Molmenge um den Faktor λ anwächst

$$\begin{aligned} \bar{V} &= \bar{V}(T, p, N_1, N_2, \ldots, N_K) \\ &= \bar{V}(T, p, \lambda N_1, \lambda N_2, \ldots, \lambda N_K) \quad \text{bei} \quad T, p = \text{const.} \end{aligned}$$

Der Vergleich mit Gl. 5.48 für $m = 0$ zeigt, dass das Molvolumen eine homogene Funktion nullten Grades der Molmengen ist. Diese Überlegungen gelten für alle anderen intensiven Größen als Funktion von extensiven Größen: Vergrößert man ein System um den Faktor λ, so bleiben die intensiven Größen unverändert, obwohl die extensiven gleichzeitig um den Faktor λ zunehmen.

Allgemein gilt somit:

▶ **Merksatz** Intensive Größen als Funktion von extensiven sind homogene Funktionen nullten Grades.

Für sie geht Gl. 5.50 mit $m = 0$ über in

$$\sum_k \frac{\partial f}{\partial x_k} x_k = 0 \, . \tag{5.52}$$

Die Identitäten Gl. 5.51 und Gl. 5.52 über homogene Funktionen sind der Ausgangspunkt zahlreicher thermodynamischer Beziehungen. So folgt aus ihnen für die Fundamentalgleichung $U(S, V, N)$ von Einstoffsystemen

$$\lambda U = U(\lambda S, \lambda V, \lambda N) \, ,$$

woraus man mit $\lambda = 1/N$ die Beziehung

$$\frac{U}{N} = \bar{U} = \bar{U}(\bar{S}, \bar{V})$$

erhält, die auch für Systeme veränderlicher Molmenge gilt. Eine entsprechende Ableitung ergibt für Einstoffsysteme

$$\frac{U}{M} = u = u(s, v) \, .$$

Sie gilt auch für Einstoffsysteme veränderlicher Masse.

Damit bleibt auch die Gibbssche Fundamentalgleichung $du = T \, ds - p \, dv$ für Einstoffsysteme veränderlicher Masse gültig. Wendet man Gl. 5.51 auf die Fundamentalgleichung für Mehrstoffsysteme $U(S, V, N_1, N_2, \ldots, N_K)$ an, die als Funktion von extensiven Größen homogen vom ersten Grade ist, so folgt mit $y = U$, $x_1 = S$, $x_2 = V$, $x_3 = N_1$, $\ldots$, $x_{K+2} = N_K$ die Beziehung

$$\left(\frac{\partial U}{\partial S} \right)_{V, N_j} S + \left(\frac{\partial U}{\partial V} \right)_{S, N_j} V + \sum_k \left(\frac{\partial U}{\partial N_k} \right)_{S, V, N_{j \neq k}} N_k = U \, .$$

Die partiellen Ableitungen sind hierin schon bekannt. Es ist (s. Gl. 5.6 bis Gl. 5.8)

$$\left(\frac{\partial U}{\partial S} \right)_{V, N_j} = T \, ,$$

$$\left(\frac{\partial U}{\partial V} \right)_{S, N_j} = -p \, ,$$

$$\left(\frac{\partial U}{\partial N_i} \right)_{S, V, N_{j \neq i}} = \mu_i \, .$$

Man kann daher für die obige Beziehung auch

$$U = TS - pV + \sum_k \mu_k N_k \tag{5.53}$$

schreiben. Gl. 5.53 ist die *Eulersche Gleichung* für die innere Energie U. Sie ist der Fundamentalgleichung äquivalent und gibt uns die Möglichkeit, bei Kenntnis der Zustandsgleichungen $T(S, V, N_1, N_2, \ldots, N_K)$, $p(S, V, N_1, N_2, \ldots, N_K)$ und $\mu_k(S, V, N_1, N_2, \ldots, N_K)$ die Fundamentalgleichung zu bilden. Man hat dazu nur die Zustandsgleichungen in die Eulersche Gleichung einzusetzen. Insgesamt benötigt man dafür die $K + 2$ Zustandsgleichungen $T(S, V, N_1, N_2, \ldots, N_K)$, $p(S, V, N_1, N_2, \ldots, N_K)$ und $\mu_i(S, V, N_1, N_2, \ldots, N_K)$ mit $i = 1, 2, \ldots, K$. Es gilt daher:

▶ **Merksatz** Zur Aufstellung der Fundamentalgleichung U $(S, V, N_1, N_2, \ldots, N_K)$ und damit zur vollständigen Beschreibung eines Systems aus K Komponenten benötigt man K + 2 voneinander unabhängige Zustandsgleichungen.

Die Potentialfunktion $F(T, V, N_1, \ldots, N_K)$ ist homogen 1. Grades in den Variablen V, N_1, $\ldots N_K$. Aus Gl. 5.51 folgt somit die Eulersche Gleichung für die Freie Energie F.

$$F = \left(\frac{\partial F}{\partial V}\right)_{T,N_j} V + \sum_k \left(\frac{\partial F}{\partial N_k}\right)_{T,N_{j \neq k}} N_k.$$

mit den partiellen Ableitungen Gl. 5.32 und Gl. 5.34 ergibt sich schließlich

$$F = -pV + \sum_k \mu_k N_k. \tag{5.54}$$

Das Gibbssche Potential oder freie Enthalpie $G(T, p, N_1, \ldots, N_K)$ ist eine homogene Funktion 1. Grades in den Variablen $N_1, \ldots, N_K$. Aus Gleichung Gl. 5.51 folgt in diesem Fall die Eulersche Gleichung für die freie Enthalpie G.

$$G = \sum_k \left(\frac{\partial G}{\partial N_k}\right)_{T,p,N_{j \neq k}} N_k.$$

Mit Gl. 5.46 für das chemische Potential einer Komponente i folgt schließlich

$$G = \sum_k \mu_k N_k. \tag{5.55}$$

5.3.2 Die Gleichung von Gibbs-Duhem

Aus den Eulerschen Gleichungen und den Gibbsschen Fundamentalgleichungen für die verschiedenen Potentialfunktionen *(U, H, F, G)* lässt sich ein einfacher, für die Thermodynamik sehr wichtiger Zusammenhang zwischen den intensiven Parametern T, p, μ_1, μ_2,

..., μ_K eines Systems konstruieren. Hierzu differenzieren wir beispielsweise die Eulersche Gleichung (Gl. 5.53)

$$dU = T\,dS + S\,dT - p\,dV - V\,dp + \sum_k \mu_k\,dN_k + \sum_k N_k\,d\mu_k$$

und subtrahieren die Gibbssche Fundamentalgleichung (Gl. 5.9)

$$dU = T\,dS - p\,dV + \sum_k \mu_k\,dN_k \,.$$

Man erhält die *Gleichung von Gibbs[7]-Duhem[8]*

$$S\,dT - V\,dp + \sum_k N_k\,d\mu_k = 0 \qquad (5.56)$$

oder nach Division durch die gesamte Molmenge N

$$\bar{S}\,dT - \bar{V}\,dp + \sum_k x_k\,d\mu_k = 0 \,. \qquad (5.56a)$$

Für ein Einstoffsystem (Stoff i) erhält man aus Gl. 5.56

$$S\,dT - V\,dp + N\,d\mu_{0i} = 0$$

oder

$$d\mu_{0i} = -S_{0i}\,dT + V_{0i}\,dp \,. \qquad (5.56b)$$

Zum gleichen Ergebnis würde man gelangen, wenn man die Eulerschen Gleichungen für die freie Energie (Gl. 5.54) bzw. für die freie Enthalpie (Gl. 5.55) mit den entsprechenden Gibbsschen Fundamentalgleichungen (Gl. 5.31 bzw. Gl. 5.43) analog der zuvor beschriebenen Vorgehensweise miteinander kombiniert.

Wie man aus der Gleichung von Gibbs-Duhem erkennt, sind die Änderungen der intensiven Größen nicht unabhängig voneinander. Von den $K + 2$ intensiven Größen T, p, μ_1, μ_2, ..., μ_K kann man nur $K + 1$ unabhängig voneinander ändern. Im Fall des Einstoffsystems ist die Änderung des chemischen Potentials nicht unabhängig von den Änderungen des Druckes und der Temperatur. Die Änderung von zwei der Größen kann abhängig von den Änderungen der beiden anderen ausgedrückt werden. Setzt man die Zustandsgleichungen in der Form $S_{0i}(T, p)$ und $V_{0i}(T, p)$ des Einstoffsystems in Gl. 5.56b ein, so erhält man durch Integration das chemische Potential $\mu_{0i}(T, p)$ als Funktion der

---

[7] Siehe Fußnote 1.
[8] Pierre Duhem (1861–1916), Professor für Physik in Bordeaux. Aus seiner Feder stammen zahlreiche Arbeiten zur Thermodynamik, zur Elektro- und Hydromechanik, ebenso philosophische Schriften zur Wissenschaftstheorie.

intensiven Variablen. Dieses enthält allerdings noch eine Integrationskonstante und ist daher nicht vollständig bestimmt. In Übereinstimmung mit unseren früheren Feststellungen reichen demnach zwei Zustandsgleichungen nicht aus, um ein Einstoffsystem vollständig zu beschreiben.

Die intensiven Parameter, die man unabhängig voneinander ändern kann, nennt man *Freiheitsgrade*.

Wie aus der Gleichung von Gibbs-Duhem folgt, hat ein System aus K Komponenten, dessen Fundamentalgleichung $U(S, V, N_1, N_2, \ldots, N_K)$ lautet, gerade $K + 1$ Freiheitsgrade.

Da die Beziehung von Gibbs-Duhem neben den Änderungen der Temperatur und des Druckes noch die Änderungen chemischer Potentiale enthält, kann man mit ihrer Hilfe für vorgegebene Werte des Druckes und der Temperatur die Änderung eines chemischen Potentials durch die Änderungen aller übrigen chemischen Potentiale ausdrücken. Für T, $p = \mathrm{const}$ erhält man eine von Gibbs bereits 1875 mitgeteilte Beziehung

$$\sum_k x_k (d\mu_k)_{T,p} = 0 \,. \tag{5.57}$$

Diese geht für ein Zweistoffsystem über in

$$x_1 (d\mu_1)_{T,p} + x_2 (d\mu_2)_{T,p} = 0 \,. \tag{5.58}$$

Nun kann man die chemischen Potentiale eines Zweistoffsystems ausdrücken durch

$$\mu_1(T, p, x_1) \quad \text{und} \quad \mu_2(T, p, x_1) \,.$$

Somit ist

$$(d\mu_1)_{T,p} = \left(\frac{\partial \mu_1}{\partial x_1}\right)_{T,p} dx_1 \quad \text{und} \quad (d\mu_2)_{T,p} = \left(\frac{\partial \mu_2}{\partial x_1}\right)_{T,p} dx_1 \,.$$

Setzt man diese Ausdrücke in Gl. 5.58 ein, so folgt

$$x_1 \left(\frac{\partial \mu_1}{\partial x_1}\right)_{T,p} + x_2 \left(\frac{\partial \mu_2}{\partial x_1}\right)_{T,p} = 0 \,. \tag{5.58a}$$

Diese Beziehung gestattet es zwar nicht, die Abhängigkeit der chemischen Potentiale von den Molenbrüchen zu berechnen, man kann mit ihrer Hilfe jedoch über das chemische Potential einer Komponente weitgehende Aussagen machen, wenn man das chemische Potential der anderen Komponente kennt. Angenommen das chemische Potential μ_1 der Komponente *1* sei bekannt, so erhält man durch Integration von Gl. 5.58a zwischen einem vorgegebenen festen Molenbruch $(x_1)_\alpha$ und dem variablen Molenbruch x_1 für das chemische Potential μ_2 der Komponente 2 den Ausdruck

$$\mu_2(T, p, x_1) - \mu_2(T, p, (x_1)_\alpha) = - \int\limits_{(x_1)_\alpha}^{x_1} \frac{x_1}{x_2} \left(\frac{\partial \mu_1}{\partial x_1} \right)_{T,p} dx_1 \, . \tag{5.58b}$$

Kennt man demnach das chemische Potential einer Komponente und einen einzigen Wert des chemischen Potentials der anderen Komponente, so kann man für ein Zweistoffsystem den vollständigen Verlauf des chemischen Potentials der anderen Komponente berechnen.

5.4 Partielle molare Zustandsgrößen

5.4.1 Grundlegende Zusammenhänge

Zur Beschreibung der Eigenschaften von Gemischen haben sich die 1921 von Lewis und Randall[9] eingeführten partiellen molaren Zustandsgrößen als sehr nützlich erwiesen. Um sie zu definieren, betrachten wir eine einzelne homogene Phase. In ihr sei Z eine beliebige extensive Zustandsgröße. Als unabhängige Variablen wählen wir die Temperatur, den Druck und die Molmengen. Dann ist

$$Z = Z(T, p, N_1, N_2, \ldots, N_K) \, . \tag{5.59}$$

Mit der so getroffenen Wahl der unabhängigen Variablen ist die freie Enthalpie

$$G = G(T, p, N_1, N_2, \ldots, N_K)$$

unter den Zustandsfunktionen Z besonders ausgezeichnet, da sie im Gegensatz zu allen übrigen durch Gl. 5.59 gegebenen Zustandsfunktionen ein thermodynamisches Potential ist. Nach den früheren Darlegungen (Abschn. 5.3) ist die Größe Z wie jede andere extensive Größe eine homogene Funktion ersten Grades in den Molmengen; dies bedeutet, dass sich nach Multiplikation der Molmengen mit einem Faktor λ auch die Zustandsfunktion um diesen Faktor vervielfacht

$$\lambda Z = Z(T, p, \lambda N_1, \lambda N_2, \ldots, \lambda N_K) \, .$$

Wählt man den Faktor $\lambda = 1/N$, wo N die Menge aller Mole der betrachteten Phase ist, so ergibt sich

$$\frac{Z}{N} = \bar{Z} = \bar{Z}(T, p, x_1, x_2, \ldots, x_K) \, .$$

---

[9] Lewis, G.N., Randall, M.: The activity coefficient of strong electrolytes. J. Am. Chem. Soc. 43 (1921) 1112–1154. Gilbert Newton Lewis (1875–1949), Professor für physikalische Chemie an der Universität von Kalifornien in Berkely, USA, erarbeitete die theoretische Grundlagen zur Beschreibung chemischer Bindungen. Er isolierte 1933 als erster schweres Wasser.

Wegen

$$x_K = 1 - \sum_{k=1}^{K-1} x_k$$

ist jede der genannten Zustandsfunktionen auch darstellbar durch die molare Zustandsfunktion

$$\bar{Z} = \bar{Z}(T, p, x_1, x_2, \ldots, x_{K-1}) \,. \tag{5.60}$$

Für jede in den Koordinaten X_j homogene Funktion ersten Grades

$$Y = f(X_1, X_2, \ldots, X_n)$$

galt andererseits der Eulersche Satz, Gl. 5.51, wonach

$$Y = \sum_k \frac{\partial f}{\partial X_k} X_k$$

ist. Wendet man diese Beziehungen auf Gl. 5.59 an, so erhält man

$$Z = \sum_k \left(\frac{\partial Z}{\partial N_k} \right)_{T,p,N_{j \neq k}} N_k \,. \tag{5.61}$$

Abkürzend schreibt man

$$Z_i = \left(\frac{\partial Z}{\partial N_i} \right)_{T,p,N_{j \neq i}} \tag{5.62}$$

und bezeichnet die intensive Größe Z_i als *partielle molare Zustandsgröße*. Sie gibt an, wie sich die Zustandsgröße Z durch isotherm-isobare Zugabe von dN_i Molen der Komponente i ändert und ist, wie aus der Definition Gl. 5.62 hervorgeht, von der Temperatur, dem Druck und den Molmengen sämtlicher Komponenten der betreffenden Phase abhängig.

$$Z_i = Z_i(T, p, N_1, N_2, \ldots, N_K) \,. \tag{5.62a}$$

Multiplikation der Molmengen mit einem Faktor λ ändert die partielle molare Zustandsgröße nicht, weil diese eine intensive Zustandsgröße ist. Infolgedessen ist, wenn wir wie zuvor $\lambda = 1/N$ setzen, und $x_K = 1 - \sum_{k=1}^{K-1} x_k$ beachten,

$$Z_i = Z_i(T, p, x_1, x_2, \ldots, x_{K-1}) \,. \tag{5.63}$$

Mit Hilfe der partiellen molaren Zustandsgröße geht Gl. 5.61 über in

$$Z = \sum_k Z_k N_k \tag{5.64}$$

oder nach Division durch die Molmengen

$$\bar{Z} = \sum_k Z_k x_k \ . \tag{5.65}$$

Setzt man nun für die Zustandsfunktion Z eine der eingangs genannten extensiven Zustandsgrößen, so erhält man die folgenden, in der Thermodynamik der Gemische häufig benutzten Zusammenhänge zwischen den partiellen molaren Zustandsgrößen und den Zustandsgrößen des Gemisches. Es ist

$$V = \sum_k V_k N_k, \qquad \bar{V} = \sum_k V_k x_k \ , \tag{5.66}$$

$$U = \sum_k U_k N_k, \qquad \bar{U} = \sum_k U_k x_k \ , \tag{5.67}$$

$$H = \sum_k H_k N_k, \qquad \bar{H} = \sum_k H_k x_k \ , \tag{5.68}$$

$$S = \sum_k S_k N_k, \qquad \bar{S} = \sum_k S_k x_k \ , \tag{5.69}$$

$$F = \sum_k F_k N_k, \qquad \bar{F} = \sum_k F_k x_k \ , \tag{5.70}$$

$$G = \sum_k G_k N_k, \qquad \bar{G} = \sum_k G_k x_k \ . \tag{5.71}$$

Da die partielle molare freie Enthalpie gleich dem chemischen Potential ist

$$G_i = \left(\frac{\partial G}{\partial N_i} \right)_{T,p,N_{j \neq i}} = \mu_i \ ,$$

kann man die letzte Beziehung auch schreiben (vgl. hierzu auch Gl. 5.55):

$$G = \sum_k \mu_k N_k, \quad \bar{G} = \sum_k \mu_k x_k \ . \tag{5.72}$$

Mit Hilfe der partiellen molaren Größen kann man auf Grund der obigen Gleichungen die Zustandsgrößen eines Gemisches berechnen. Leider sind jedoch in den wenigsten Fällen die partiellen molaren Größen bekannt. Sie sind außerdem als Zustandsgrößen einer Komponente in einem Gemisch nicht direkt messbar; sie können jedoch nachträglich aus den Zustandsgrößen des Gemisches berechnet werden und lassen sich auf das chemische Potential zurückführen, für das Zustandsgleichungen existieren (siehe Kap. 7). Um zu zeigen, wie man partielle molare Zustandsgrößen aus den Zustandsgrößen eines Gemisches oder aus den chemischen Potentialen ermittelt, müssen wir im folgenden noch einige Zusammenhänge zwischen diesen Größen bereitstellen. Wir gehen aus von der Zustandsfunktion

$$Z = Z(T, p, N_1, N_2, \ldots, N_K)$$

und erhalten durch Differentiation

$$dZ = \left(\frac{\partial Z}{\partial T}\right)_{p,N_j} dT + \left(\frac{\partial Z}{\partial p}\right)_{T,N_j} dp + \sum_k Z_k \, dN_k \; . \qquad (5.73)$$

Andererseits findet man durch Differentiation von Gl. 5.64 das totale Differential

$$dZ = \sum_k Z_k \, dN_k + \sum_k N_k \, dZ_k \; . \qquad (5.74)$$

Subtrahiert man beide Gleichungen voneinander, so erhält man

$$\left(\frac{\partial Z}{\partial T}\right)_{p,N_j} dT + \left(\frac{\partial Z}{\partial p}\right)_{T,N_j} dp - \sum_k N_k \, dZ_k = 0 \; . \qquad (5.75)$$

Diese für alle extensiven Zustandsgrößen gültige Gleichung wird als *verallgemeinerte Gibbs-Duhem-Gleichung* bezeichnet. Setzen wir für Z die freie Enthalpie, so ergibt sich

$$\left(\frac{\partial G}{\partial T}\right)_{p,N_j} dT + \left(\frac{\partial G}{\partial p}\right)_{T,N_j} dp - \sum_k N_k \, d\mu_k = 0$$

oder mit Gl. 5.44 und Gl. 5.45

$$S \, dT - V \, dp + \sum_k N_k \, d\mu_k = 0$$

die schon bekannte Form (Gl. 5.56) der Gleichung von Gibbs-Duhem.

Dividiert man Gl. 5.75 noch durch die Molmengen, so findet man die verallgemeinerte Gibbs-Duhem-Gleichung in der Form

$$\left(\frac{\partial \bar{Z}}{\partial T}\right)_{p,N_j} dT + \left(\frac{\partial \bar{Z}}{\partial p}\right)_{T,N_j} dp - \sum_k x_k \, dZ_k = 0 \; . \qquad (5.75a)$$

Für eine Phase bei konstanter Temperatur und konstantem Druck ($dT = 0$, $dp = 0$) folgt

$$\sum_k x_k \, dZ_k = 0 \quad (T, p = \text{const}) \; . \qquad (5.76)$$

Außerdem erhält man durch Differentiation von Gl. 5.65

$$d\bar{Z} = \sum_k x_k \, dZ_k + \sum_k Z_k \, dx_k \; .$$

Für isotherm-isobare Zustandsänderungen ist daher wegen Gl. 5.76

$$d\bar{Z} = \sum_{k=1}^{K} Z_k \, dx_k \quad (T, p = \text{const}) . \tag{5.77}$$

Hierfür kann man auch schreiben

$$d\bar{Z} = \sum_{k=1}^{K-1} Z_k \, dx_k + Z_K \, dx_K \quad (T, p = \text{const}) . \tag{5.78}$$

Nun ist aber gemäß der Schließbedingung für Molanteile

$$dx_K = -\sum_{k=1}^{K-1} dx_k .$$

Hiermit lautet Gl. 5.78

$$d\bar{Z} = \sum_{k=1}^{K-1} (Z_k - Z_K) \, dx_k \quad (T, p = \text{const}) . \tag{5.79}$$

Hält man nun in einem Gemisch alle Molenbrüche konstant, ausgenommen den Molenbruch x_i einer beliebigen Komponente i und den Molenbruch x_K einer anderen Komponente K, indem man beispielsweise die Zahl der Mole N_i um ΔN_i vermehrt und gleichzeitig die Zahl der Mole N_K um den gleichen Anteil $\Delta N_K = \Delta N_i$ vermindert, so ändert sich die molare Zustandsgröße $\bar{Z}$ in Gl. 5.79 um

$$d\bar{Z} = (Z_i - Z_K) \, dx_i \quad (T, p, x_{j \neq i,K} = \text{const}) . \tag{5.79a}$$

Es besteht somit zwischen den molaren und den partiellen molaren Zustandsgrößen der Zusammenhang

$$\left(\frac{\partial \bar{Z}}{\partial x_i} \right)_{T, p, x_{j \neq i}} = Z_i - Z_K , \tag{5.80}$$

wobei $\bar{Z} = \bar{Z}(T, p, x_1, x_2, \ldots, x_{K-1})$ ist. Nach Gl. 5.65 ist

$$\bar{Z} = \sum_{k=1}^{K} Z_k x_k = \sum_{k=1}^{K-1} Z_k x_k + Z_K x_K ,$$

wofür man wegen der Schließbedingung für Molenbrüche

$$x_K = 1 - \sum_{k=1}^{K-1} x_k$$

auch

$$\bar{Z} = \sum_{k=1}^{K-1} Z_k x_k + Z_K - \sum_{k=1}^{K-1} Z_K x_k$$

oder

$$\bar{Z} = Z_K + \sum_{k=1}^{K-1} (Z_k - Z_K) x_k$$

schreiben kann. Zusammen mit Gl. 5.80 erhält man

$$Z_K = \bar{Z} - \sum_{k=1}^{K-1} x_k \left(\frac{\partial \bar{Z}}{\partial x_k} \right)_{T,p,x_{j \neq k}} . \tag{5.81}$$

Damit hat man eine Beziehung gefunden, die es ermöglicht, aus Messwerten der molaren Zustandsgrößen $\bar{Z}(T, p, x_1 \ldots x_{K-1})$ die partiellen molaren Zustandsgrößen zu berechnen. Dabei gilt es zu beachten, dass man die partiellen molaren Zustandsgrößen aller Komponenten 1 bis K durch zyklisches Vertauschen der Indizes berechnen kann. Beispielsweise berechnet man bei einem Gemisch aus drei Komponenten A, B und C zunächst Z_c, indem man $A = 1$, $B = 2$ und $C = 3$ setzt. Danach setzt man $A = 1$, $B = 3$ und $C = 2$ und berechnet daraus Z_B, usw..

Setzt man beispielsweise für $\bar{Z}$ das Molvolumen $\bar{V}$, so erhält man die partiellen molaren Volumina

$$V_K = \bar{V} - \sum_{k=1}^{K-1} x_k \left(\frac{\partial \bar{V}}{\partial x_k} \right)_{T,p,x_{j \neq k}} . \tag{5.82}$$

Für binäre Gemische ($K = 2$) erhält man aus Gl. 5.80

$$\left(\frac{\partial \bar{Z}}{\partial x_1} \right)_{T,p} = Z_1 - Z_2 \tag{5.83}$$

und aus Gl. 5.81:

$$Z_2 = \bar{Z} - x_1 \left(\frac{\partial \bar{Z}}{\partial x_1} \right)_{T,p} , \tag{5.84}$$

$$Z_1 = \bar{Z} - x_2 \left(\frac{\partial \bar{Z}}{\partial x_2} \right)_{T,p} = \bar{Z} + (1 - x_1) \left(\frac{\partial \bar{Z}}{\partial x_1} \right)_{T,p} . \tag{5.84a}$$

Zur Ermittlung der partiellen molaren Zustandsgrößen aus Messwerten der molaren Zustandsgrößen $\bar{Z}(T, p, x_1)$ eines binären Gemisches kann man sich auch einer einfachen graphischen Methode bedienen. Man trägt dazu die molare Zustandsgröße $\bar{Z}$ für konstante Werte des Druckes und der Temperatur über dem Molanteil $x_1 = x$ auf, Abb. 5.5. Zeichnet man in einem Punkt A der Kurve die Tangente, so schneidet diese die Ordinaten $x = 0$ und $x = 1$ in den Punkten B und C.

Abb. 5.5 Ermittlung der partiellen molaren Zustandsgrößen aus den molaren Zustandsgrößen

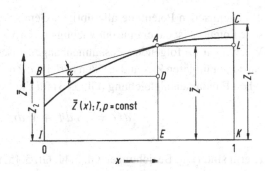

Es ist

$$\frac{\overline{CL}}{\overline{AL}} = \frac{\overline{AD}}{\overline{BD}} = \tan \alpha = \left(\frac{\partial \bar{Z}}{\partial x}\right)_{T,p}$$

mit

$$\overline{BD} = x , \quad \overline{AL} = 1 - x .$$

Daraus folgt

$$\overline{CL} = (1 - x)\left(\frac{\partial \bar{Z}}{\partial x}\right)_{T,p} , \quad \overline{AD} = x\left(\frac{\partial \bar{Z}}{\partial x}\right)_{T,p} .$$

Weiter ist

$$\overline{AE} = \overline{LK} = \bar{Z}$$

und

$$\overline{BI} = \overline{AE} - \overline{AD} = \bar{Z} - x\left(\frac{\partial \bar{Z}}{\partial x}\right)_{T,p} = Z_2 ,$$

$$\overline{CK} = \overline{AE} + \overline{CL} = \bar{Z} + (1 - x)\left(\frac{\partial \bar{Z}}{\partial x}\right)_{T,p} = Z_1 .$$

Der Ordinatenabschnitt $\overline{BI}$ ist gleich der partiellen molaren Zustandsgröße Z_2 und der Ordinatenabschnitt $\overline{CK}$ gleich der partiellen molaren Zustandsgröße Z_1.

5.4.2 Berechnung der partiellen molaren Zustandsgrößen mit Hilfe des chemischen Potentials

Sind die chemischen Potentiale der Komponenten eines Gemisches gegebener Zusammensetzung bekannt, so kennt man auch die freie Enthalpie (Gl. 5.71). Da diese als Funktion von Temperatur, Druck und Molmengen ein thermodynamisches Potential ist, kann man aus ihr alle anderen thermodynamischen Größen, insbesondere also auch die partiellen molaren Zustandsgrößen, berechnen. Damit hat man die Möglichkeit, mit Hilfe der chemischen Potentiale alle übrigen Gemischeigenschaften zu ermitteln. Das chemische Potential ist daher eine der wichtigsten Größen in der Thermodynamik der Gemische. Wir wollen im folgenden Zusammenhänge zwischen dem chemischen Potential und den partiellen molaren Zustandsgrößen herleiten. Zu diesem Zweck gehen wir von der Gibbsschen Fundamentalgleichung (Gl. 5.43) für die freie Enthalpie aus

$$dG = -S\,dT + V\,dp + \sum_k \mu_k\,dN_k\ .$$

Hierin sind (vgl. Beziehungen Gl. 5.44, Gl. 5.45, Gl. 5.46)

$$\left(\frac{\partial G}{\partial T}\right)_{p,N_j} = -S\ ,\quad \left(\frac{\partial G}{\partial p}\right)_{T,N_j} = V\ ,\quad \left(\frac{\partial G}{\partial N_i}\right)_{T,p,N_{j\neq i}} = \mu_i\ .$$

Da die freie Enthalpie eine Zustandsgröße ist, sind die gemischten partiellen Ableitungen einander gleich. Es gelten daher die folgenden *Maxwell-Relationen*[10]:

$$\left(\frac{\partial \mu_i}{\partial T}\right)_{p,N_j} = -\left(\frac{\partial S}{\partial N_i}\right)_{T,p,N_{j\neq i}} = -S_i \tag{5.85}$$

und

$$\left(\frac{\partial \mu_i}{\partial p}\right)_{T,N_j} = \left(\frac{\partial V}{\partial N_i}\right)_{T,p,N_{j\neq i}} = V_i\ . \tag{5.86}$$

Ausgehend von diesen Relationen kann man nun alle anderen partiellen molaren Zustandsgrößen in Abhängigkeit vom chemischen Potential darstellen. Die freie Enthalpie ist definitionsgemäß (Gl. 5.41)

$$G = H - TS\ .$$

Durch Differentiation nach der Molmenge bei konstantem Druck und konstanter Temperatur erhält man hieraus

$$\left(\frac{\partial G}{\partial N_i}\right)_{T,p,N_{j\neq i}} = \left(\frac{\partial H}{\partial N_i}\right)_{T,p,N_{j\neq i}} - T\left(\frac{\partial S}{\partial N_i}\right)_{T,p,N_{j\neq i}} \tag{5.87}$$

oder die schon bekannte Definition des chemischen Potentials (Gl. 5.3)

$$\mu_i = H_i - TS_i\ . \tag{5.88}$$

Auflösen nach der partiellen molaren Enthalpie ergibt unter Beachtung von Gl. 5.85

$$H_i = \mu_i - T\left(\frac{\partial \mu_i}{\partial T}\right)_{p,N_j}\ . \tag{5.89}$$

---

[10] James Clerk Maxwell (1831–1879), Professor für Physik in Aberdeen, London und Cambridge gilt als der Begründer der Elektrodynamik und der elektromagnetischen Theorie des Lichtes. Er hatte maßgeblichen Einfluss auf die Entwicklung der kinetischen Gastheorie.

Die innere Energie hängt mit der Enthalpie zusammen durch

$$U = H - pV ,$$

woraus man durch Differentiation nach der Molmenge bei konstantem Druck und konstanter Temperatur

$$\left(\frac{\partial U}{\partial N_i} \right)_{T,p,N_{j \neq i}} = \left(\frac{\partial H}{\partial N_i} \right)_{T,p,N_{j \neq i}} - p \left(\frac{\partial V}{\partial N_i} \right)_{T,p,N_{j \neq i}}$$

oder

$$U_i = H_i - pV_i \tag{5.90}$$

erhält. Einsetzen der Ausdrücke für die partielle molare Enthalpie (Gl. 5.89) und für das partielle Molvolumen Gl. 5.86 ergibt

$$U_i = \mu_i - T \left(\frac{\partial \mu_i}{\partial T} \right)_{p,N_j} - p \left(\frac{\partial \mu_i}{\partial p} \right)_{T,N_j} . \tag{5.91}$$

Für die freie Energie gilt

$$F = G - pV .$$

Durch Differentiation nach der Molmenge bei konstantem Druck und konstanter Temperatur findet man hieraus

$$\left(\frac{\partial F}{\partial N_i} \right)_{T,p,N_{j \neq i}} = \left(\frac{\partial G}{\partial N_i} \right)_{T,p,N_{j \neq i}} - p \left(\frac{\partial V}{\partial N_i} \right)_{T,p,N_{j \neq i}}$$

oder

$$F_i = \mu_i - pV_i . \tag{5.92}$$

Mit Gl. 5.86 folgt daraus die Beziehung

$$F_i = \mu_i - p \left(\frac{\partial \mu_i}{\partial p} \right)_{T,N_j} . \tag{5.93}$$

Damit sind die partiellen molaren Zustandsgrößen auf das chemische Potential zurückgeführt.

5.5 Mischungs- und Exzessgrößen

5.5.1 Grundlegende Beziehungen

Die Berechnung der molaren aus den partiellen molaren Zustandsgrößen mit Hilfe der Beziehung (Gl. 5.65)

$$\bar{Z} = \sum_k Z_k x_k$$

stößt in vielen Fällen auf Schwierigkeiten, weil man die partiellen molaren Zustandsgrö-
ßen nicht kennt. Man versucht daher, die Zustandsgrößen eines Gemisches auf die molaren
Größen Z_{0i} der reinen Stoffe zurückzuführen, indem man die obige Gleichung durch den
Ansatz

$$\bar{Z} = \sum_k Z_{0k} x_k + \Delta \bar{Z} \qquad (5.94)$$

ersetzt. Die hierdurch definierte Größe $\Delta \bar{Z}$ ist der Überschuß der molaren Zustandsgröße $\bar{Z}$ der Mischphase gegenüber der Summe der Zustandsgrößen entsprechend den
Molanteilen der reinen Komponenten bei *isobar-isothermer Mischung*. Diese Größe ist
im allgemeinen genau wie $\bar{Z}$ von der Temperatur, dem Druck und den Molenbrüchen
$x_1, x_2, \ldots, x_{K-1}$ abhängig und wird als *molare Mischungsgröße* bezeichnet. Sie kann auf
die partiellen molaren Zustandsgrößen zurückgeführt werden mit Hilfe der Beziehung

$$\Delta \bar{Z} = \bar{Z} - \sum_k Z_{0k} x_k = \sum_k (Z_k - Z_{0k}) x_k \qquad (5.95)$$

oder

$$\Delta \bar{Z} = \sum_k \Delta Z_k x_k \quad \text{mit} \quad \Delta Z_k = Z_k - Z_{0k} . \qquad (5.96)$$

Kennt man die Abhängigkeit der molaren Mischungsgröße $\Delta \bar{Z}$ von der Temperatur, dem
Druck und der Zusammensetzung, so kann man aus diesen die partiellen molaren Zustandsgrößen berechnen. Man geht hierzu aus von Gl. 5.81

$$Z_K = \bar{Z} - \sum_{k=1}^{K-1} x_k \left(\frac{\partial \bar{Z}}{\partial x_k} \right)_{T,p,x_{j \neq k}}$$

und setzt dort Gl. 5.94 ein. Man erhält dann den Ausdruck

$$\begin{aligned} Z_K = &\left(\sum_{k=1}^{K} Z_{0k} x_k + \Delta \bar{Z} \right) \\ &- \sum_{k=1}^{K-1} x_k \frac{\partial}{\partial x_k} \left(\sum_{k=1}^{K} Z_{0k} x_k + \Delta \bar{Z} \right)_{T,p,x_{j \neq k}} \end{aligned} \qquad (5.97)$$

aus dem man die partiellen molaren Zustandsgrößen mit Hilfe der molaren Zustandsgrößen der reinen Komponenten und der molaren Mischungsgrößen ermitteln kann.

Wendet man Gl. 5.94 auf das Molvolumen an, so erhält man

$$\bar{V} = \sum_k V_{0k} x_k + \Delta \bar{V} \qquad (5.98)$$

mit dem *molaren Mischungsvolumen* $\Delta \bar{V}$.

Für die molare Entropie erhält man

$$\bar{S} = \sum_k S_{0k} x_k + \Delta \bar{S} \qquad (5.99)$$

mit der *molaren Mischungsentropie* $\Delta \bar{S}$. Diese kann man in zwei Anteile aufspalten, die Mischungsentropie bei idealer Vermischung (idealer Gase) (s. Kap. 2) und eine Zusatzentropie $\bar{S}^E$, die zusätzlich bei realen Gemischen auftritt, und die man auch *Realanteil* der Entropie nennt

$$\Delta \bar{S} = -\bar{R} \sum_k x_k \ln x_k + S^E \,. \qquad (5.100)$$

Der hochgestellte Index E soll hier die Zusatzgröße (= Exzessgröße) kennzeichnen.

Für die molare Enthalpie ergibt sich

$$\bar{H} = \sum_k H_{0k} x_k + \Delta \bar{H} \qquad (5.101)$$

mit der *molaren Mischungsenthalpie* oder „*molaren Mischungswärme*" $\Delta \bar{H}$.

Da bei der Vermischung idealer Gase keine Mischungsenthalpie auftritt, beschreibt die Größe $\Delta \bar{H}$ nur den Realanteil der Mischung. Somit ist die Mischungsenthalpie gleich der Exzessenthalpie,

$$\Delta \bar{H} = \bar{H}^E \,. \qquad (5.102)$$

Ähnliches gilt für das Volumen. Das Mischungsvolumen ist gleich dem Exzessvolumen,

$$\Delta \bar{V} = \bar{V}^E \,. \qquad (5.103)$$

Die molare freie Enthalpie ist

$$\bar{G} = \sum_k \mu_{0k} x_k + \Delta \bar{G} \qquad (5.104)$$

mit der *molaren freien Mischungsenthalpie* $\Delta \bar{G}$. Diese kann man ebenso wie die Entropie in zwei Anteile zerlegen, von denen der eine bei idealen Gemischen infolge der Nichtumkehrbarkeit des Mischungsvorganges und der andere $\bar{G}^E$ die Abweichung des realen vom idealen Gemisch darstellt. Wir nennen ihn den *Realanteil der freien Enthalpie*. Mit Hilfe von Gl. 5.100 findet man diese beiden Terme zu

$$\Delta \bar{G} = \Delta \bar{H} - T \Delta \bar{S} = \Delta \bar{H} + \bar{R} T \sum_k x_k \ln x_k - T \bar{S}^E$$

oder

$$\Delta \bar{G} = \bar{R} T \sum_k x_k \ln x_k + \bar{G}^E \qquad (5.105)$$

mit

$$\bar{G}^{\mathrm{E}} = \bar{H}^{E} - T \bar{S}^{\mathrm{E}} . \tag{5.106}$$

Für die molare freie Energie ergibt sich

$$\bar{F} = \sum_{k} F_{0k} x_{k} + \Delta \bar{F} \tag{5.107}$$

mit der *molaren freien Mischungsenergie* $\Delta \bar{F}$, die wiederum aus dem „Ideal"- und dem „Realanteil $\bar{F}^{E}$" besteht

$$\Delta \bar{F} = \bar{R} T \sum_{k} x_{k} \ln x_{k} + \bar{F}^{\mathrm{E}} . \tag{5.108}$$

Schließlich erhält man für die molare innere Energie

$$\bar{U} = \sum_{k} U_{0k} x_{k} + \Delta \bar{U} \tag{5.109}$$

mit der *molaren Mischungsenergie* $\Delta \bar{U}$, die gleich der entsprechenden Exzessgröße $\bar{U}^{E}$ ist.

Für ideale Gase und ideale Gemische sind $\Delta \bar{V}$, $\Delta \bar{U}$ und $\Delta \bar{H}$ null, während $\Delta \bar{G}$, $\Delta \bar{S}$, $\Delta \bar{F}$ sich in diesem Fall auf den Anteil für ideale Gemische reduzieren. Einfacher ausgedrückt: Für ideale Mischungen sind alle Exzessgrößen Null,

$$\bar{Z}^{E} = 0 \quad \text{für ideale Mischungen.} \tag{5.110}$$

Das molare Mischungsvolumen $\Delta \bar{V}$ ergibt sich aus Dichtemessungen, die molare Mischungsenthalpie $\Delta \bar{H}$ aus kalorischen Messungen, die im folgenden Abschnitt beschrieben sind.

5.5.2 Mischungs-, Lösungs- und Verdünnungsenthalpien

Die molare Mischungsenthalpie $\Delta \bar{H}$ bzw. die molare Exzessenthalpie $\bar{H}^{E}$

$$\bar{H}^{E} = \Delta \bar{H} = \bar{H} - \sum_{k} H_{0k} x_{k} \tag{5.111}$$

ist der Unterschied zwischen der gesamten molaren Enthalpie vor und nach einer isobar-isothermen Mischung. Man misst sie für ein binäres Gemisch, indem man gemäß Abb. 5.6 x_1 Mole der Komponente *1* und $x_2 = 1 - x_1$ Mole der Komponente *2* einem Mischgefäß bei gleicher Temperatur T und gleichem Druck p zuführt.

Abb. 5.6 Isobar-isotherme
Mischung zur Messung der
molaren Mischungsenthalpie

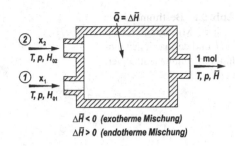

$\Delta \bar{H} < 0$ *(exotherme Mischung)*
$\Delta \bar{H} > 0$ *(endotherme Mischung)*

Damit der Mischvorgang isotherm abläuft, muss man bei realen Gemischen eine bestimmte Wärme pro Mol Mischung $\bar{Q} = \Delta \bar{H}$ zu- oder abführen. Diese ist gerade so groß wie die molare Mischungsenthalpie, weswegen man auch die Bezeichnung molare Mischungswärme verwendet. Da die molare Mischungsenthalpie eine Zustandsgröße, eine Wärme aber eine Prozessgröße ist, wollen wir jedoch den Namen molare Mischungsenthalpie vorziehen.

Die molaren Mischungs- bzw. Exzessenthalpien sind für eine große Anzahl binärer Gemische vertafelt[11]. Als Beispiel zeigt Abb. 5.7 die spezifische Mischungsenthalpie von Gemischen aus Ethylalkohol und Wasser, die aus Messungen von Bošnjaković und Grumbt[12] berechnet wurden, aufgetragen über dem Molanteil x des Ethylalkohols.

Ist $\Delta \bar{H} < 0$, so muss Wärme entzogen werden, damit die Temperatur während der Mischung konstant bleibt. Bei adiabater Mischung würde daher die Temperatur ansteigen. Mischungsvorgänge oder auch chemische Reaktionen mit $\Delta \bar{H} < 0$, bei denen Wärme abzuführen ist, damit die Temperatur konstant bleibt, heißen *exotherm*. Entsprechend nennt

Abb. 5.7 Spezifische
Mischungsenthal-
pie Δh ($= h^E$) von
flüssigen Ethylalkohol-
Wassergemischen

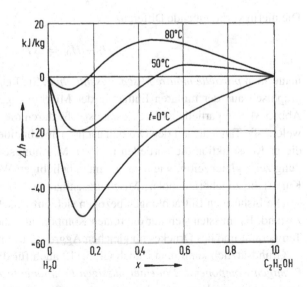

---

[11] DECHEMA Chemistry Data Series, Vol. III, Heats of Mixing Data collection, DECHEMA, 1984
[12] Bošnjaković, F., Grumbt, J.A.: Wärmeinhalt flüssiger Äthylalkohol-Wasser-Gemische. Forsch. Ing.-Wes. 2A (1931) 421–428.

Abb. 5.8 Bestimmung der
molaren Mischungsenthalpie
$\Delta \bar{H}$ und der partiellen molaren Mischungsenthalpien
ΔH_1, ΔH_2

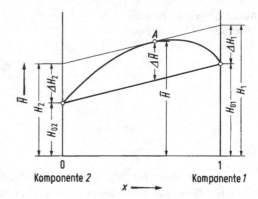

man Vorgänge mit $\Delta \bar{H} > 0$, bei denen man Wärme zuführen muss, um die Temperatur
konstant zu halten, *endotherm*. Bei ihnen ist die Enthalpie nach einer isotherm-isobaren
Mischung oder chemischen Reaktionen größer als vorher, da man Wärme zuführen muss,
damit die Temperatur konstant bleibt. Läuft der Vorgang adiabat ab, so ist die Temperatur
des Gemisches geringer als die der Komponenten vor der Mischung. Diese Erscheinung
nutzt man aus, um mit Hilfe von „Kältemischungen" tiefe Temperaturen zu erzeugen.

Gl. 5.111 kann man mit

$$\bar{H} = \sum_k H_k x_k$$

auch umformen in

$$\Delta \bar{H} = \sum_k (H_k - H_{0k}) x_k \ . \tag{5.112}$$

Die hierin vorkommende Differenz

$$H_i - H_{0i} = \Delta H_i \tag{5.112a}$$

nennt man *partielle molare Mischungsenthalpie*. Sie kann für ein binäres Gemisch leicht
graphisch aus der molaren Enthalpie der Mischung gewonnen werden, da man (nach
Abb. 5.8) eine partielle molare Zustandsgröße durch diejenigen Strecken darstellen kann,
welche die Tangente auf den Ordinatenachsen abschneiden. In Abb. 5.8 sind entsprechend
dieser Konstruktion die partiellen molaren Mischungsenthalpien dargestellt. Die Abbildung zeigt gleichzeitig, wie man zu einem beliebigen Wert von $x = x_1$ (Punkt A auf der
Kurve) die zugehörige molare Mischungsenthalpie $\Delta \bar{H}$ findet.

Die bisherigen Betrachtungen bezogen sich auf Mischungen in beliebigem Aggregatzustand. Es mussten sich nur die reinen Komponenten bei den vorgegebenen Werten der
Temperatur und des Druckes im gleichen Aggregatzustand wie die Mischung befinden.

Grundsätzlich kann man jedoch Gl. 5.112 auch für die *Lösung einer festen oder gasförmigen Komponente 2 in einer flüssigen Komponente 1* anschreiben. Die gelöste Komponente *2* bezeichnet man als „gelösten Stoff" und die flüssige Komponente *1* als „Lösungsmittel".

Hierfür lautet Gl. 5.112 ausgeschrieben für ein binäres Gemisch

$$\Delta \bar{H} = x_1 H_1 + x_2 H_2 - x_1 H_{01} - x_2 H_{02} \, . \tag{5.112b}$$

Nun ist aber die reine Komponente 2 bei der Temperatur T und dem Druck p in fester oder gasförmiger Form vorhanden. Die Enthalpie der reinen Komponente vor der Mischung ist daher für diesen Aggregatzustand zu bilden. Um Verwechslungen mit der Enthalpie H_{02} der reinen flüssigen Komponente 2 zu vermeiden, kennzeichnen wir die Enthalpie der reinen gasförmigen oder festen Komponente 2 durch einen hochgestellten Strich. Die molare Mischungsenthalpie versehen wir im Unterschied zur bisherigen Mischungsenthalpie, die Änderungen des Aggregatzustands ausschloss, ebenfalls mit einem hochgestellten Strich und erhalten

$$\Delta \bar{H}' = x_1 (H_1 - H_{01}) + x_2 (H_2 - H_{02}') \, . \tag{5.113}$$

Hierfür kann man auch schreiben

$$\Delta \bar{H}' = x_1 (H_1 - H_{01}) + x_2 (H_2 - H_{02}) + x_2 (H_{02} - H_{02}') \, . \tag{5.113a}$$

H_{02}' ist hierin die molare Enthalpie des festen oder gasförmigen Stoffes 2, H_{02} die des Stoffes 2 im real nicht existenten Zustand einer Flüssigkeit bei gleicher Temperatur T und gleichem Druck p. Man nennt die Größe

$$\Lambda_2 = H_{02} - H_{02}' \tag{5.114}$$

die *molare Schmelzenthalpie*, falls eine feste, oder die *molare Kondensationsenthalpie*, falls eine gasförmige Komponente des Stoffes 2 gelöst wurde. Beide Größen sind bei der Temperatur T und dem Druck p des Gemisches, die mit der Temperatur und dem Druck des Ausgangszustandes der reinen Komponenten übereinstimmen, zu bilden. Im Ausgangszustand wird die flüssige Komponente 2 im Allgemeinen unterkühlt sein, sodass die Größe Λ_2 für den unterkühlten Zustand zu bilden ist.

Mit Hilfe der Definition Gl. 5.114 erhält man aus Gl. 5.113a

$$\Delta \bar{H}' = x_1 (H_1 - H_{01}) + x_2 (H_2 - H_{02}) + x_2 \Lambda_2 \tag{5.115}$$

oder

$$\Delta \bar{H}' = \Delta \bar{H} + x_2 \Lambda_2 \, . \tag{5.115a}$$

Wird eine feste oder eine gasförmige Komponente in einer Flüssigkeit gelöst, so enthält die molare Mischungsenthalpie $\Delta \bar{H}'$ noch einen Anteil $x_2 \Lambda_2$ für den Übergang der Komponente 2 von dem festen oder gasförmigen in den flüssigen Zustand. Die Größe $\Delta \bar{H}'$ bezeichnet man als *integrale Mischungsenthalpie* oder integrale Mischungswärme. Die partielle molare Mischungsenthalpie

$$H_1 - H_{01} = \Delta H_1 \tag{5.116}$$

in Gl. 5.115 nennt man auch *differentielle Verdünnungsenthalpie* oder differentielle Verdünnungswärme. Sie gibt an, um wieviel sich die partielle molare Enthalpie des Lösungsmittels im Gemisch von der molaren Enthalpie des reinen Lösungsmittels bei gleicher Temperatur und gleichem Druck unterscheidet. Den Anteil

$$(H_2 - H_{02}) + \Lambda_2 = (H_2 - H'_{02}) = \Delta H'_2 \tag{5.117}$$

in Gl. 5.115, der den Unterschied zwischen der partiellen molaren Enthalpie der Komponente 2 in der Lösung und der molaren Enthalpie der festen oder gasförmigen reinen Komponente 2 darstellt, nennt man *differentielle Lösungsenthalpie* oder differentielle Lösungswärme. Man kann damit Gl. 5.113 auch schreiben

$$\Delta \bar{H}' = x_1 \Delta H_1 + x_2 \Delta H'_2 . \tag{5.118}$$

Als Beispiel zeigt Abb. 5.9 die integralen (ausgezogene Kurven) und die differentiellen (gestrichelte Kurven) Lösungs- und Verdünnungsenthalpien einiger Alkalisalze in Wasser bei einer Temperatur von 25 °C.

Nun ist die integrale Mischungsenthalpie eine molare Zustandsfunktion, und es gelten daher für sie die früher bereits aufgestellten Rechenregeln für molare Zustandsfunktionen $\bar{Z}$, insbesondere Gl. 5.65

$$\bar{Z} = \sum_k x_k Z_k = x_1 Z_1 + x_2 Z_2 \tag{5.65}$$

$$= x_1 \left(\frac{\partial Z}{\partial N_1} \right)_{T,p,N_2} + x_2 \left(\frac{\partial Z}{\partial N_2} \right)_{T,p,N_1}$$

und Gl. 5.84 und Gl. 5.84a

$$Z_2 = \bar{Z} - x_1 \left(\frac{\partial \bar{Z}}{\partial x_1} \right)_{T,p} , \tag{5.84}$$

$$Z_1 = \bar{Z} - x_2 \left(\frac{\partial \bar{Z}}{\partial x_2} \right)_{T,p} . \tag{5.84a}$$

Vergleicht man die erste Beziehung (Gl. 5.65) mit Gl. 5.118, so erkennt man, dass man die differentielle Verdünnungsenthalpie

$$\Delta H_1 = \left(\frac{\partial \Delta H'}{\partial N_1} \right)_{T,p,N_2}$$

schreiben und als Änderung der Mischungsenthalpie bei Zufuhr einer kleinen Molmenge dN_1 des Lösungsmittels 1 deuten kann. Die differentielle Lösungsenthalpie ist entsprechend

$$\Delta H'_2 = \left(\frac{\partial \Delta H'}{\partial N_2} \right)_{T,p,N_1}$$

Abb. 5.9 Integrale (*ausgezogene Kurven*) und differentielle (*gestrichelte Kurven*) Lösungsenthalpien einiger Alkalisalze in Wasser bei 25 °C nach Kortüm und Lachmann (Kortüm, G., Lachmann, H.: Einführung in die chemische Thermodynamik, 7. Aufl., Göttingen: Vandenhoek & Ruprecht und Weinheim/Bergstraße: Verlag Chemie 1981, S. 122). Differentielle Verdünnungsenthalpien (*gestrichelte Kurven*) sind an der rechten Ordinate, die zugehörigen Beladungen an der oberen Abszisse abzulesen (von rechts nach links aufgetragen).

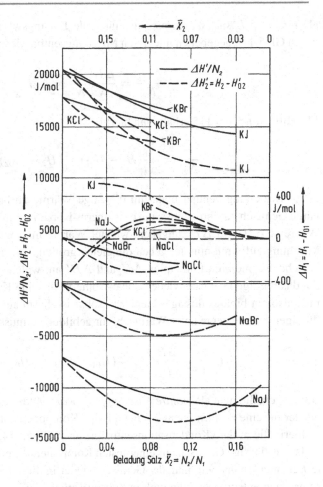

als Änderung der Mischungsenthalpie bei Zugabe einer kleinen Molmenge dN_2 des gelösten Stoffes 2 aufzufassen.

Durch die allgemeinen Beziehungen Gl. 5.84 und Gl. 5.84a werden die differentielle Verdünnungs- und die differentielle Lösungsenthalpie mit der integralen Mischungsenthalpie $\Delta\bar{H}'$ verknüpft durch die Beziehungen

$$\Delta H_2' = \Delta\bar{H}' - x_1\left(\frac{\partial\Delta\bar{H}'}{\partial x_1}\right)_{T,p} \tag{5.119}$$

und

$$\Delta H_1 = \Delta\bar{H}' - x_2\left(\frac{\partial\Delta\bar{H}'}{\partial x_2}\right)_{T,p}. \tag{5.119a}$$

Häufig bezieht man die Mischungsenthalpie $\Delta H'$ nicht auf die Molmenge der Mischung sondern auf die des gelösten Stoffes. Man bildet also $\Delta H'/N_2$ und bezeichnet diese Größe als *integrale Lösungsenthalpie* oder integrale Lösungswärme. Sie hängt mit der zuvor durch Gl. 5.118 gegebenen integralen Mischungsenthalpie zusammen über die Beziehung

$$\frac{\Delta H'}{N_2} = \frac{\Delta H'}{N}\frac{N}{N_2} = \Delta \bar{H}'\frac{1}{x_2} \ . \tag{5.120}$$

Mit Hilfe von Gl. 5.115 erhält man hierfür

$$\frac{\Delta H'}{N_2} = \frac{x_1}{x_2}(H_1 - H_{01}) + (H_2 - H_{02}) + \Lambda_2 \ . \tag{5.121}$$

Diese Beziehung benutzt man, um diejenige Wärme zu berechnen, die man einem binären Gemisch zuführen muss, um es isotherm-isobar in seine Ausgangsstoffe zu zerlegen. Während $\Delta \bar{H}$ und $\Delta \bar{H}'$ angaben, wieviel Wärme man während der isobar-isothermen Mischung zuführen musste, geben die gleich großen, aber mit umgekehrtem Vorzeichen versehenen, molaren Enthalpien $\Delta \bar{H}$ und $\Delta \bar{H}'$ an, welche Wärme man abführen muss, um das flüssige Gemisch wieder isobar-isotherm in seine Komponenten zu zerlegen. Hat man also ein binäres flüssiges Gemisch isobar-isotherm aus einer gasförmigen und einer flüssigen Komponente unter Wärmeabfuhr gebildet, so muss man eine molare Wärme

$$\bar{Q}_a = -\frac{\Delta H'}{N_2} = \frac{x_1}{x_2}(H_{01} - H_1) + (H_{02} - H_2) - \Lambda_2 \tag{5.122}$$

aufbringen, die man als *molare Ausdampfungswärme* bezeichnet, wenn man das Gemisch wieder in seine gasförmige und seine flüssige Komponente aufspalten will. Die Größe Λ_2 ist hierin die molare Kondensationsenthalpie nach Gl. 5.114.

Ist das flüssige Gemisch aus einer festen Komponente *2* und einer flüssigen Komponente *1* entstanden und will man das Gemisch wieder in diese beiden Komponenten zerlegen, so hat man entsprechend die *molare Kristallisationswärme*

$$\bar{Q}_K = -\frac{\Delta H'}{N_2} \tag{5.123}$$

aufzubringen, die formal mit Gl. 5.122 übereinstimmt. Die Größe Λ_2 ist jetzt jedoch die molare Schmelzenthalpie.

Um nach diesen Beziehungen Ausdampfungs- und Kristallisationswärmen berechnen zu können, benötigt man die partiellen molaren Mischungsenthalpien $H_{01} - H_1$ und $H_{02} - H_2$ und die molare Schmelz- oder Kondensationsenthalpie Λ_2 der Komponente *2*. Während man die partiellen molaren Mischungsenthalpien in vielen Fällen aus Tafelwerken[13] der molaren Mischungsenthalpie für die flüssige Phase berechnen kann, sind über die molaren Schmelz- und Kondensationsenthalpien nur vergleichsweise wenige Messwerte bekannt. Man kann sie jedoch näherungsweise auf Grund des folgenden, von

---

[13] Siehe Fußnote 11

Abb. 5.10 Berechnung der molaren Kondensationsenthalpie nach H. Mollier

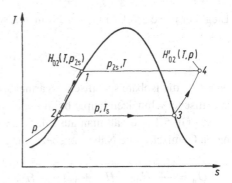

H. Mollier[14] vorgeschlagenen Prozesses berechnen, Abb. 5.10, der am Beispiel der Lösung von Ammoniak in Wasser angegeben wurde. Vorausgesetzt wird dabei, dass der Lösung ein reiner Stoff zugeführt oder aus ihr abgetrennt wird. Die Lösungsmenge soll so groß sein, dass sich bei diesem Vorgang ihre Zusammensetzung nicht merklich ändert.

Die reine flüssige Komponente *2* vom Zustand *1* besitze bei der Temperatur T einen Dampfdruck p_{2s}. Dieser ist bei gleicher Temperatur T für hinreichend kleine Anteile der Komponente *1* in der Dampfphase größer als der Druck p über der Lösung[15], $p_{2s} > p$. Die reine Flüssigkeit, in dem genannten Beispiel das Ammoniak, mit der Enthalpie $H_{02}(T, p_{2s})$ denkt man sich nun durch Wärmeabfuhr (Zustandsänderung 1–2) isobar auf die zum Druck p gehörende Siedetemperatur T_s längs der praktisch mit der linken Grenzkurve zusammenfallenden Isobaren p_{2s} gekühlt, auf p gedrosselt und anschließend unter Wärmezufuhr verdampft (Zustandsänderung 2–3). Der Dampf wird isobar auf die Temperatur T erwärmt (Zustandsänderung 3–4) und besitzt dort die Enthalpie $H'_{02}(T, p)$. Punkt 4 kennzeichnet den Zustand des als rein vorausgesetzten Dampfes über der Lösung. Bezeichnet man mit $\bar{M}_2$ die Molmasse der Komponente 2, mit Δh_{V2} ihre Verdampfungsenthalpie beim Druck p, mit c^L die isobare spezifische Wärmekapazität der Flüssigkeit und mit c_p^G die des Dampfes vom Druck p, so erhält man nach dem geschilderten Prozess für die molare Enthalpie des Dampfes, Zustand 4, unter Beachtung von $H_{02}(T, p_{2s}) \approx H_{02}(T, p)$

$$H'_{02}(T, p) = H_{02}(T, p) - c^L(T - T_s)\bar{M}_2 + \Delta h_{V2}\bar{M}_2 + c_p^G(T - T_s)\bar{M}_2 \, .$$

Hieraus folgt

$$\Lambda_2 = H_{02} - H'_{02} = -[\Delta h_{V2} - (c^L - c_p^G)(T - T_s)]\bar{M}_2 \, . \tag{5.124}$$

---

[14] Mollier, H.: Lösungswärme von Ammoniak in Wasser. Mitt. Forsch.arb. Ing.-Wes. 63/64 (1909) 107–113.
[15] Dieses Ergebnis wird in Abschn. 9.4.2 bewiesen werden. Man bezeichnet den Effekt als isotherme Dampfdruckerniedrigung.

Liegt der reine Stoff 2 in fester Form vor, so ergeben entsprechende Überlegungen

$$\Lambda_2 = [\Delta h_{S2} - (c^S - c^L)(T - T_s)]\bar{M}_2 \,, \tag{5.124a}$$

worin c^S die isobare spezifische Wärmekapazität der festen Komponente 2 und Δh_{S2} ihre spezifische Schmelzenthalpie beim Druck p sind.

Mit Gl. 5.124 erhält man aus Gl. 5.123 für die *molare Ausdampfungswärme* eines binären Gemisches die Näherungsbeziehung

$$\bar{Q}_a = \frac{x_1}{x_2}(H_{01} - H_1) + (H_{02} - H_2) + [\Delta h_{V2} - (c^L - c_p^G)(T - T_s)]\bar{M}_2 \,. \tag{5.125}$$

Die ersten beiden Ausdrücke auf der rechten Seite sind gleich der Mischungsenthalpie ΔH, bezogen auf die Molmenge N_2 des ausgedampften Stoffes, $\Delta H/N_2$. Anschaulich besagt die Gleichung, dass man zur Ausdampfung einer Komponente aus einer Lösung eine Wärme zuführen muss, die hauptsächlich aus der Mischungsenthalpie und der Verdampfungsenthalpie Δh_{V2} des reinen Stoffes beim Druck p besteht. Hinzu kommen noch zwei kleinere Anteile an Wärme, da der erzeugte Dampf gegenüber der zum Druck p gehörenden Siedetemperatur T_s überhitzt ist und das Flüssigkeitsgemisch die Temperatur T besitzt, wodurch man eine etwas geringere Verdampfungsenthalpie als $\Delta h_{V2}(T_s)$ aufzubringen hat.

Für die *molare Kristallisationswärme* ergibt sich durch Einsetzen von Gl. 5.124a in Gl. 5.123 der Näherungsausdruck

$$\bar{Q}_K = \frac{x_1}{x_2}(H_{01} - H_1) + (H_{02} - H_2) - [\Delta h_{S2} - (c^S - c^L)(T - T_s)]\bar{M}_2 \,. \tag{5.126}$$

Für diese Gleichung gilt eine der vorigen Beziehungen, Gl. 5.125, entsprechende Deutung.

5.5.3 Die molare und die spezifische Wärmekapazität von Gemischen

Differenziert man die molare Enthalpie eines Gemisches

$$\bar{H} = \sum_k H_k x_k = \sum_k H_{0k} x_k + \Delta \bar{H}$$

nach der Temperatur T, so erhält man

$$\left(\frac{\partial \bar{H}}{\partial T}\right)_{p,x_j} = \sum_k \left(\frac{\partial H_k}{\partial T}\right)_{p,x_j} x_k \tag{5.127}$$

$$= \sum_k \left(\frac{\partial H_{0k}}{\partial T}\right)_{p,x_j} x_k + \left(\frac{\partial \Delta \bar{H}}{\partial T}\right)_{p,x_j} \,.$$

Von den hierin vorkommenden partiellen Ableitungen ist

$$\left(\frac{\partial \bar{H}}{\partial T}\right)_{p,x_j} = \bar{C}_p \qquad (5.128)$$

die *molare Wärmekapazität* des Gemisches. Die Ableitung

$$\left(\frac{\partial H_i}{\partial T}\right)_{p,x_j} = C_{p_i} \qquad (5.129)$$

bezeichnet man als partielle molare Wärmekapazität bei konstantem Druck. Die Größe

$$\left(\frac{\partial H_{0i}}{\partial T}\right)_p = C_{p_{0i}} \qquad (5.130)$$

ist die molare Wärmekapazität der reinen Komponenten bei konstantem Druck. Den Ausdruck

$$\left(\frac{\partial \Delta \bar{H}}{\partial T}\right)_{p,x_j} = \Delta \bar{C}_p = \bar{C}_p - \bar{C}_{p_0} \qquad (5.131)$$

nennt man *Mischungsanteil der molaren Wärmekapazität*. Entsprechend sind

$$\Delta C_{p_i} = C_{p_i} - C_{p_{0i}} \qquad (5.131a)$$

die *Mischungsanteile der partiellen molaren Wärmekapazitäten*.

Mit diesen Beziehungen kann man Gl. 5.127 auch schreiben

$$\bar{C}_p = \sum_k C_{p_k} x_k = \sum_k C_{p_{0k}} x_k + \Delta \bar{C}_p \qquad (5.132)$$

mit

$$\Delta \bar{C}_p = \sum_k \Delta C_{p_k} x_k . \qquad (5.132a)$$

Ist die Mischungsenthalpie $\Delta \bar{H}$ unabhängig von der Temperatur, so verschwindet nach Gl. 5.131 die zusätzliche molare Wärmekapazität $\Delta \bar{C}_p$, während man umgekehrt aus dem Verschwinden von $\Delta \bar{C}_p$ nicht auf $\Delta \bar{H} = 0$ schließen darf. Für *ideale* Gemische ist $\Delta \bar{H} = 0$ und infolgedessen auch $\Delta \bar{C}_p = 0$. Ihre molare Wärmekapazität kann somit nach Gl. 5.132 aus den molaren Wärmekapazitäten der reinen Komponenten berechnet werden. Da $\Delta \bar{C}_p$ die Abweichung vom idealen Gemisch angibt, bezeichnet man $\Delta \bar{C}_p$ auch als *Realanteil der molaren Wärmekapazität*.

5.6   Beispiele und Aufgaben

Beispiel 5.1

Wie lautet die Fundamentalgleichung $u(s, v)$ eines idealen Gases konstanter spez. Wärmekapazität?

Für ideale Gase ist $du = c_v dT$ oder $u - u_0 = c_v T_0 \left(\dfrac{T}{T_0} - 1 \right)$.

Hierin ist $T(s, v)$ noch gesucht. Wir erhalten dies aus $s - s_0 = c_v \ln \dfrac{T}{T_0} + R \ln \dfrac{v}{v_0}$ (s. Band 1, Gl. 8.29a). Daraus folgt

$$\frac{s - s_0}{c_v} = \ln \left[\frac{T}{T_0} \left(\frac{v}{v_0} \right)^{R/c_v} \right] \quad \text{und} \quad \frac{T}{T_0} = e^{\frac{s - s_0}{c_v}} \left(\frac{v_0}{v} \right)^{R/c_v} ,$$

worin $R/c_v = \kappa - 1$ ist.

Mithin lautet die Fundamentalgleichung $u = u_0 + c_v \cdot T_0 \left[e^{\frac{s - s_0}{c_v}} \left(\dfrac{v_0}{v} \right)^{\kappa - 1} - 1 \right]$.

Beispiel 5.2

Wie lautet die Massieu-Funktion, die man erhält, wenn man in $S = S(U, V, N_1, N_2, \ldots, N_K)$ das Volumen V durch die intensive Variable p/T ersetzt und wie lautet die zugehörige Fundamentalgleichung eines reinen idealen Gases?

In der neuen Gleichung ist $\left(\dfrac{\partial S}{\partial V} \right)_{U, N_i} = \dfrac{p}{T}$. Die Massieu-Funktion ist daher

$$\psi = S - \frac{p}{T} V = \psi \left(U, \frac{p}{T}, N_1, N_2, \ldots N_K \right) .$$

Differentiation ergibt

$$d\psi = dS - \frac{p}{T} dV - V d \left(\frac{p}{T} \right) .$$

Setzt man darin aus der Gibbsschen Fundamentalgleichung, Gl. 5.9

$$dS = \frac{dU}{T} - \frac{p}{T} dV + \sum_k \frac{\mu_k}{T} dN_k$$

ein, so erhält man

$$d\psi = \frac{dU}{T} - V d \left(\frac{p}{T} \right) + \sum_k \frac{\mu_k}{T} dN_k .$$

Andererseits ist

$$d\psi = \left(\frac{\partial \psi}{\partial U} \right)_{\frac{p}{T}, N_j} dU + \left(\frac{\partial \psi}{\partial (p/T)} \right)_{U, N_j} d \left(\frac{p}{T} \right) + \sum_k \left(\frac{\partial \psi}{\partial N_k} \right)_{U, \frac{p}{T}, N_{j \neq k}} dN_k .$$

Damit gilt

$$\left(\frac{\partial \psi}{\partial U}\right)_{\frac{p}{T},N_j} = \frac{1}{T} \; ; \quad \left(\frac{\partial \psi}{\partial (p/T)}\right)_{U,N_j} = -V \; ; \quad \left(\frac{\partial \psi}{\partial N_i}\right)_{U,\frac{p}{T},N_{j\neq i}} = \frac{\mu_i}{T} \; .$$

Wendet man die Fundamentalgleichung auf ein reines ideales Gas an, so kann man $\psi = \psi\left(U, \frac{p}{T}, N\right)$ mit $N = 1$ auch in der Form $\bar{\psi} = \bar{\psi}\left(\bar{U}, \frac{p}{T}\right)$ schreiben. Daraus folgt $d\bar{\psi} = \frac{1}{T} d\bar{U} - \bar{V} d\left(\frac{p}{T}\right)$. Für ideale Gase ist $dU = \bar{C}_v \, dT$ und $\bar{V} = \frac{\bar{R}}{p/T}$.

Einsetzen in die vorige Gleichung und Integration ergibt

$$\bar{\psi} - \bar{\psi}_0 = \bar{C}_v \ln \frac{T}{T_0} - \bar{R} \ln \frac{p/T}{p_0/T_0} \; .$$

Es ist $\bar{U} - \bar{U}_0 = \bar{C}_v(T - T_0)$ und daher $\frac{T}{T_0} = \frac{\bar{U}-\bar{U}_0}{\bar{C}_v T_0} + 1$.

Die Fundamentalgleichung lautet daher $\bar{\psi} - \bar{\psi}_0 = \bar{C}_v \ln\left(\frac{\bar{U}-\bar{U}_0}{\bar{C}_v T_0} + 1\right) - \bar{R} \ln \frac{p/T}{p_0/T_0}$.

Beispiel 5.3

Man prüfe, ob die folgenden Gleichungen Fundamentalgleichungen thermodynamischer Systeme sind. Die Größen A, B und C sind Konstanten.

a) $S = A\left(\dfrac{NU}{V}\right)^{2/3}$,

b) $S = BV^3/NU$,

c) $U = A\dfrac{S^2}{V} \exp(S/NC)$.

1. Eine Fundamentalgleichung ist eine homogene Funktion ersten Grades.
   a) $A(\lambda N \lambda U/(\lambda V)) \neq \lambda S$, also ist a) keine Fundamentalgleichung.
   b) $B(\lambda V)^3/(\lambda N \lambda U) = \lambda B V^3/(NU) = \lambda S$, Bedingung erfüllt.
   c) $A(\lambda S)^2/\lambda V \exp[\lambda S/(\lambda NC)] = \lambda A\frac{S^2}{V} \exp[S/(NC)] = \lambda S$, Bedingung erfüllt.
2. Für die Fundamentalgleichung muss gelten (absolute Temperatur positiv):

$$\left(\frac{\partial S}{\partial U}\right)_{V,N_j} > 0 \; .$$

Nachprüfen für b) und c) ergibt

b) $\left(\dfrac{\partial S}{\partial U}\right)_{V,N_j} = -\dfrac{BV^3}{N}U^{-2} < 0$, daher ist b) keine Fundamentalgleichung

c) $\left(\dfrac{\partial S}{\partial U}\right)_{V,N_j} = \dfrac{1}{(\partial U/\partial S)_{V,N_j}} = \dfrac{V}{AS[2 + S/(NC)]} \exp\left(\dfrac{-S}{NC}\right) > 0$.

3. Darüber hinaus muss nach dem 3. Hauptsatz $\lim_{T \to 0} S = 0$ sein, d. h. für

$$T = \left(\frac{\partial U}{\partial S} \right)_{V,N_j} \to 0 \text{ muss } S = 0 \text{ werden. Nachprüfen für c) ergibt}$$

$$\left(\frac{\partial U}{\partial S} \right)_{V,N_j} = \frac{AS}{V} \left(2 + \frac{S}{NC} \right) \exp \left(\frac{S}{NC} \right) = 0 \text{ für } S = 0$$

Ergebnis: Nur $U = A \frac{S^2}{V} \exp[S/(NC)]$ ist eine Fundamentalgleichung.

Beispiel 5.4

In einer Absorptionsanlage wird Ammoniakdampf in einem Gemisch aus Wasser (Komponente *1*) und Ammoniak (Komponente *2*) vom Massenbruch $\xi_2 = 0,5$ isobar-isotherm bei 10 bar und 60 °C gelöst. Man berechne die dabei abzuführende Wärme je kg zugeführtem Ammoniak. Die partiellen spezifischen Mischungsenthalpien des Flüssigkeitsgemisches können aus der Tab. 5.3 entnommen werden. Reines Ammoniak siedet beim Druck von 10 bar und 24,89 °C. Die zugehörige spezifische Verdampfungs-enthalpie beträgt 1166,2 kJ/kg, die spezifische Wärmekapazität des reinen Dampfes 3,13 kJ/(kg K) und die der reinen Flüssigkeit 4,78 kJ/(kg K).

Die abzuführende Wärme ist gleich der integralen Lösungswärme nach Gl. 5.121. Setzt man für $\Lambda_2 / \bar{M}_2$ den Ausdruck nach Gl. 5.124 ein, so ergibt sich für die spezifische Lösungswärme

$$\frac{\Delta H'}{m_2} = q \approx \frac{\xi_1}{\xi_2} (h_1 - h_{01}) + (h_2 - h_{02}) - \Delta h_{V2} + (c^L - c_p^G)(T - T_s) \, .$$

Aus Tab. 5.3 entnimmt man für $\xi_2 = 0,5$ und $t = 60 °C$ die Werte $h_1 - h_{01} = -267,25 \, \text{kJ/kgH}_2\text{O}$ und $h_2 - h_{02} = -225,23 \, \text{kJ/kgNH}_3$. Damit wird

$$q \approx 1 \cdot (-267,25) + (-225,23) - 1166,2 + (4,78 - 3,3)(60 - 24,89) \, \text{kJ/kgNH}_3$$
$$= -1606,7 \, \text{kJ/kgNH}_3 .$$

Aufgabe 5.1

Gegeben sei die Fundamentalgleichung eines Gases. Sie habe die Form

$$U = \frac{V_0 T_0}{\bar{R} N} \frac{S^2}{V} e^{S/\bar{R} N}$$

Wie ändert sich die Temperatur mit dem Volumen bei der reversiblen adiabaten Expansion des Gases?

Aufgabe 5.2

Man berechne die spezifische Wärmekapazität c_v eines Stoffes, dessen Fundamental-gleichung gegeben ist durch

$$S = A(NVU)^{1/3} \quad \text{mit} \quad A = \text{const}.$$

Aufgabe 5.3

Max Planck benutzte für Einstoffsysteme das thermodynamische Potential

$$\Psi(p, T) = S - \frac{H}{T}.$$

Man berechne V, U und S als Funktion von Ψ, p und T.

Aufgabe 5.4

In einem binären Gasgemisch verhält sich eine Komponente wie ein ideales Gas. Man zeige, dass die andere Komponente sich dann ebenfalls wie ein ideales Gas verhält.

Aufgabe 5.5

Man leite mit Hilfe der Gleichung von Gibbs-Duhem für Einstoffsysteme die Gleichung von Clausius-Clapeyron für das Verdampfungsgleichgewicht her.

Aufgabe 5.6

Die thermische Zustandsgleichung eines schwach realen binären Gasgemisches lautet

$$\bar{V} = \frac{\bar{R}T}{p} + B$$

mit

$$B = B_{11}x_1^2 + 2B_{12}x_1x_2 + B_{22}x_2^2.$$

Man berechne die partiellen molaren Volumina der beiden Komponenten.

Aufgabe 5.7

Die thermische Zustandsgleichung eines realen gasförmigen Gemisches aus Stickstoff (Komponente *1*), Wasserstoff (Komponente *2*) und Ammoniak (Komponente *3*) lautet bei einer Temperatur von 400 °C und Drücken $p \leq 600$ bar in guter Näherung

$$\bar{V} = \frac{\bar{R}T}{p} + B_1x_1 + B_2x_2 + B_3x_3,$$

mit den konstanten Virialkoeffizienten B_1, B_2, B_3. Man berechne die partiellen Molvolumina.

Aufgabe 5.8

Man berechne die partiellen molaren Entropien eines binären Gemisches idealer Gase.

Aufgabe 5.9

Mit Hilfe der folgenden Tabelle ermittle man die partiellen Molvolumina eines Ethanol-Wasser-Gemisches mit 71 Gew.-% Ethanol bei 20 °C und Atmosphärendruck von 1 bar. Die Molmasse von Wasser (Komponente 1) beträgt $\bar{M}_1 = 18\,\mathrm{kg/kmol}$, die von Ethanol (Komponente 2) $\bar{M}_2 = 46{,}1\,\mathrm{kg/kmol}$.

Gewichtsanteil Ethanol in %	Spez. Volumen in $\mathrm{m^3/kg}$ der Mischung bei 20 °C
0	1,00177
70	1,15235
71	1,15571
72	1,15892
100	1,26688

Aufgabe 5.10

Man berechne das molare thermodynamische Potential $\bar{G}$ eines Gemisches idealer Gase.

Aufgabe 5.11

Mit Hilfe des chemischen Potentials idealer Gase berechne man folgende partielle molare Zustandsgrößen: S_i, V_i, H_i, U_i, F_i .

Aufgabe 5.12

Eine Lösung aus Natriumhydroxid (NaOH, $\bar{M}_1 = 40\,\mathrm{kg/kmol}$) und Wasser ($H_2O$, $M_2 = 18\,\mathrm{kg/kmol}$), die anfänglich aus 1 kmol NaOH und 3 kmol H_2O besteht ($x_1 = 1/4$), wird durch Zugabe von Wasser isotherm-isobar verdünnt. Beim Verdünnen auf die in der Tabelle angegebenen Endkonzentrationen sind folgende Wärmen abzuführen:

x_1	$\dfrac{1}{6}$	$\dfrac{1}{8}$	$\dfrac{1}{10}$	$\dfrac{1}{21}$	$\dfrac{1}{51}$	$\dfrac{1}{101}$	$\dfrac{1}{201}$
$|Q|$ in kJ	9684	12 096	12 950	13 745	13 034	12 516	12 309

Man stelle die molare Mischungsenthalpie über dem Molenbruch x_1 zeichnerisch dar und ermittle den Kurvenverlauf für die partiellen molaren Mischungsenthalpien. Die Mischungsenthalpie des Ausgangsgemisches sei vernachlässigbar.

Aufgabe 5.13

Mit Hilfe der Zahlenangaben von Aufgabe 5.12 berechne man, welche Wärme zu- oder abzuführen ist, wenn man eine Lösung von 1 kmol Natriumhydroxid und 7 kmol Wasser auf 9 kmol Wasser isobar-isotherm verdünnt.

Aufgabe 5.14

Man berechne mit Hilfe der Ergebnisse von Aufgabe 5.12 die Mischungsenthalpie, wenn 1 kmol Wasser zu einer so großen Menge einer wässrigen Lösung von Natriumhydroxid vom Molenbruch $x_1 = 1/6$ zugemischt wird, dass sich die Zusammensetzung praktisch nicht ändert.

Aufgabe 5.15

Man berechne für eine Temperatur von 60 °C die Mischungsanteile der partiellen molaren Wärmekapazitäten auf Grund der Zahlenangaben von Tab. 5.3.

Tab. 5.3 Negative partielle spezifische Mischungsenthalpien des Gemisches Ammoniak-Wasser. Obere Hälfte: $h_{01} - h_1$ in kJ/kg H_2O, untere Hälfte: $h_{02} - h_2$ in kJ/kg NH_3, ξ_2 = Massenbruch des Ammoniaks

$t =$	0 °C	10 °C	20 °C	30 °C	40 °C	50 °C	60 °C	70 °C	80 °C	90 °C	100 °C
$\xi_2 = 0{,}00$	0,00	0,00	0,00	0,00	0,00	0,00	0,00	0,00	0,00	0,00	0,00
0,05	5,80	5,31	4,86	4,49	4,18	3,92	3,72	3,55	3,41	3,29	3,18
0,10	16,71	15,01	13,67	12,63	11,84	11,22	10,75	10,37	10,07	9,81	9,59
0,15	28,31	26,01	24,33	23,12	22,24	21,61	21,15	20,80	20,52	20,28	20,06
0,20	40,18	38,45	37,34	36,66	36,27	36,05	35,93	35,87	35,81	35,74	35,65
0,25	54,55	54,43	54,66	55,06	55,54	56,02	56,45	56,80	57,06	57,22	57,28
0,30	74,65	76,69	78,59	80,27	81,72	82,92	83,87	84,61	85,13	85,47	85,65
0,35	103,54	107,68	111,07	113,81	115,98	117,66	118,93	119,85	120,47	120,85	121,04
0,40	143,34	148,88	153,12	156,33	158,73	160,47	161,69	162,50	162,98	163,22	163,30
0,45	194,66	200,42	204,55	207,46	209,46	210,76	211,54	211,93	212,05	211,99	211,87
0,50	256,21	260,90	263,93	265,78	266,80	267,23	267,25	266,99	266,59	266,17	265,86
0,55	325,04	327,61	328,80	329,08	328,76	328,05	327,14	326,14	325,19	324,44	324,05
0,60	397,18	397,15	396,21	394,74	392,99	391,12	389,27	387,57	386,17	385,22	–
0,65	468,63	466,14	463,25	460,20	457,16	454,26	451,60	449,32	447,59	446,64	–
0,70	536,23	531,87	527,47	523,18	519,11	515,35	512,01	509,25	507,31	–	–
0,75	598,06	592,52	587,09	581,86	576,93	572,40	568,43	565,24	–	–	–
0,80	653,43	647,19	641,00	634,99	629,26	624,02	619,50	616,13	–	–	–
0,85	702,69	695,91	689,06	682,34	676,00	670,38	665,98	663,58	–	–	–
0,90	746,91	739,64	732,31	725,28	719,01	714,15	711,64	712,96	–	–	–
0,95	787,42	779,94	772,70	766,31	761,59	759,67	762,28	–	–	–	–
1,00	824,82	817,80	811,74	807,64	806,85	811,36	824,48	–	–	–	–
$\xi_2 = 0{,}00$	1197,87	1174,73	1152,62	1133,21	1116,77	1103,15	1092,16	1083,85	–	–	–
0,05	894,93	887,38	882,00	878,00	874,96	872,71	871,32	871,18	–	–	–
0,10	756,32	764,38	770,62	775,25	778,62	781,15	783,37	786,01	–	–	–

Tab. 5.3 (Fortsetzung)

$t =$	0 °C	10 °C	20 °C	30 °C	40 °C	50 °C	60 °C	70 °C	80 °C	90 °C	100 °C
$\xi_2 = 0{,}25$	568,11	572,66	574,39	574,29	573,14	571,61	570,34	570,11	–	–	–
0,15	673,84	686,43	695,31	701,38	705,45	708,22	710,44	712,97	–	–	–
0,20	617,55	627,61	633,90	637,52	639,38	640,24	640,85	642,06	–	–	–
0,30	515,33	514,17	511,47	508,00	504,29	500,85	498,17	496,92	–	–	–
0,35	455,56	450,02	444,19	438,49	433,26	428,79	425,46	423,81	–	–	–
0,40	389,40	381,50	374,23	367,72	362,09	357,51	354,24	352,78	–	–	–
0,45	320,09	311,85	304,71	298,59	293,49	289,50	286,82	285,91	–	–	–
0,50	252,11	245,03	239,09	234,13	230,10	227,07	225,23	225,03	–	–	–
0,55	189,82	184,65	180,37	176,83	174,01	172,00	171,01	171,48	–	–	–
0,60	136,44	133,19	130,48	128,24	126,48	125,33	125,03	126,02	–	–	–
0,65	93,48	91,71	90,18	88,89	87,91	87,39	87,57	88,91	–	–	–
0,70	50,84	59,98	59,18	58,49	58,01	57,90	58,42	59,99	–	–	–
0,75	37,30	36,90	36,49	36,16	36,01	36,19	36,95	38,69	–	–	–
0,80	21,16	20,96	20,77	20,67	20,75	21,14	22,06	23,85	–	–	–
0,85	10,65	10,57	10,53	10,58	10,79	11,26	12,16	13,76	–	–	–
0,90	4,30	4,29	4,32	4,41	4,62	4,99	5,63	6,72	–	–	–
0,95	0,99	1,00	1,02	1,07	1,16	1,31	1,55	1,96	–	–	–
1,00	0,00	0,00	0,00	0,00	0,00	0,00	0,00	0,00	–	–	–

Die Tabelle verdanken wir Herrn Dr.-Ing. Tillner-Roth. Berechnet nach Tillner-Roth, R.; Fried, D.G.: A Helmholtz, Free Energy Formulation of Thermodynamic Properties of the Mixture (Water + Ammonia), J. Phys. Chem. Ref. Data, vol. 27, no. 1, 1998. Werte berechnet bei 30 bar.

Die Druckabhängigkeit der Werte ist gering und kann für praktische Anwendungen meist vernachlässigt werden.

Durch Striche ist in der Tabelle das Zweiphasengebiet gekennzeichnet. Die Molmasse von Wasser beträgt $\bar{M}_1 = 18{,}01534\,\mathrm{kg/kmol}$, die von Ammoniak $\bar{M}_2 = 17{,}03026\,\mathrm{kg/kmol}$.

Thermodynamisches Gleichgewicht und Stabilität 6

6.1 Das Prinzip vom Minimum der Potentiale

Da durch die Legendre-Transformation neue Fundamentalgleichungen von gleichem Informationsgehalt wie die ursprüngliche Fundamentalgleichung entstanden, muss es auch möglich sein, den Übergang eines Systems von einem Gleichgewichtszustand in einen anderen mit Hilfe der Legendre-Transformation zu beschreiben, vorausgesetzt, dass eine Beschreibung durch die ursprüngliche Fundamentalgleichung möglich ist. Zur Veranschaulichung geben wir ein zylindrisches System vor, das aus zwei Teilsystemen besteht, die wir als System I und System II bezeichnen. Beide Teilsysteme seien gemäß Abb. 6.1 durch einen Kolben voneinander getrennt. Der Kolben und die Zylinderwände seien starr, stoffundurchlässig, adiabat, und der Kolben sei in seiner Lage festgehalten. Unter diesen Bedingungen sind Austauschprozesse zwischen den beiden Systemen und mit der Umgebung ausgeschlossen.

Entfernt man jedoch eine oder mehrere Hemmungen, beispielsweise die Arretierung des Kolbens, die adiabate oder die stoffundurchlässige Hülle, mit der wir uns den Kolben überzogen denken, so laufen bekanntlich Austauschprozesse zwischen den Teilsystemen ab, bis sich schließlich als Endzustand des Austauschprozesses ein neues Gleichgewicht einstellt. Der Ablauf des Prozesses und das neue Gleichgewicht hängen natürlich davon ab, welche Hemmung man entfernt. Würde man nur die adiabate Hülle wegnehmen, so würde, wie wir wissen, Wärme über die Koordinate Entropie von dem Teilsystem höherer Temperatur in das Teilsystem tieferer Temperatur fließen, bis schließlich in beiden glei-

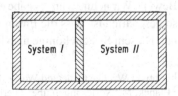

Abb. 6.1 Zum Ablauf von Austauschprozessen in einem System mit vorgegebenen Werten der inneren Energie und des Volumens

System I   System II

che Temperaturen herrschen. Ein völlig anderer Austauschprozess liefe hingegen ab, wenn
wir nur die Arretierung des Kolbens entfernten. Dann würde sich der Kolben vom System höheren zum System niederen Druckes bewegen, bis die Drücke in beiden Systemen
gleich sind. Im ersten Beispiel haben wir einen Austauschprozess über die Koordinate S
zugelassen und alle übrigen Variablen konstant gehalten, im zweiten Beispiel lief der Prozess über die Koordinate V ab, während alle übrigen Variablen konstant blieben. Obwohl
beide Prozesse in verschiedener Weise ablaufen und obwohl der Gleichgewichtszustand
jedes Mal ein anderer sein wird, ist beiden Prozessen gemeinsam, dass das Gesamtsystem
von seiner Umgebung abgeriegelt ist. Die Prozesse laufen unter der Nebenbedingung ab,
dass innere Energie, Molmengen und Volumen des Gesamtsystems konstant bleiben. Wir
haben es mit einem geschlossenen System von vorgegebenen Werten der inneren Energie
und des Volumens zu tun; in ihm kann sich die Entropie nur auf Grund der Austauschprozesse zwischen den beiden Teilsystemen ändern. Nach dem zweiten Hauptsatz laufen
die Austauschprozesse so ab, dass die Entropie des abgeschlossenen Systems zunimmt
und im Gleichgewicht ein Maximum erreicht. Wir können somit das folgende allgemeine
Gleichgewichtskriterium[1,2] aussprechen:

1. Die Entropie S eines geschlossenen Systems hat für gegebene Werte der inneren Energie U und des Volumens V im Gleichgewicht ein Maximum.

Die Bezeichnung „allgemeines Gleichgewichtskriterium" ist insofern gerechtfertigt, als
das Kriterium, wie wir sahen, unabhängig von der Art des Austauschprozesses gilt, vorausgesetzt, dass dieser unter den erwähnten Nebenbedingungen abläuft.

   Völlig äquivalent mit obigem Satz ist folgende Formulierung:

2. Die innere Energie U eines geschlossenen Systems hat für gegebene Werte der Entropie S und des Volumens V im Gleichgewicht ein Minimum.

Nach dieser Formulierung laufen die Austauschprozesse unter der Nebenbedingung konstanter Entropie, konstanten Volumens und konstanter Molmenge ab. Man denke sich zu
diesem Zweck die adiabate Hülle von dem Gesamtsystem in Abb. 6.1 entfernt und führe
während eines Austauschprozesses soviel Wärme an die Umgebung ab, dass hierdurch die
Entropiezunahme durch Nichtumkehrbarkeiten ausgeglichen wird und die Gesamtentro-
pie konstant bleibt. Das Gesamtsystem ist weiterhin geschlossen, also undurchlässig für
Materie, außerdem soll das Volumen konstant sein.

   Um die Gleichwertigkeit beider Kriterien nachzuweisen, führen wir einen indirekten
Beweis. Wir nehmen an, es gäbe ein geschlossenes System, dessen Gleichgewichtszustand
so beschaffen ist, dass die Entropie ein Maximum, die innere Energie aber kein Minimum
hat. Diesem System könnte man bei konstanter Entropie einen gewissen Betrag an innerer

---

[1] Gibbs, J.W.: The Collected Works, Vol. 1, New Haven 1948, S. 56.
[2] Planck, M.: Vorlesungen über Thermodynamik, 4. Aufl., Leipzig 1913, S. 118.

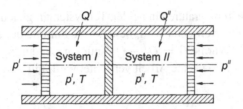

Abb. 6.2 Zum Ablauf von Austauschprozessen in einem System mit vorgegebenen Werten der Temperatur, des Volumens und der Stoffmenge oder der Temperatur, der Drücke und der Stoffmenge oder der Entropie, der Drücke und der Stoffmenge

Energie entziehen, beispielsweise durch eine reversible adiabate Entspannung. Die entzogene innere Energie könnte man dann als Wärme von außen wieder zuführen. Dabei würde das System wieder seine ursprüngliche innere Energie erreichen, die Entropie hätte aber zugenommen, was im Widerspruch zu der Annahme steht, dass die Entropie des Systems bereits ihren Maximalwert erreicht hatte. Wir müssen daher unsere eingangs getroffene Annahme, dass es geschlossene Systeme gäbe, deren Entropie im Gleichgewicht ein Maximum erreicht, ohne dass die innere Energie ein Minimum hat, fallen lassen.

Nimmt man umgekehrt an, es gäbe ein geschlossenes System, dessen Gleichgewichtszustand so beschaffen ist, dass die innere Energie ein Minimum, die Entropie aber kein Maximum hat, so kommt man ebenfalls zu einem Widerspruch. In einem solchen System könnte man beispielsweise einen adiabaten Mischvorgang ausführen. Dabei würde die innere Energie unverändert bleiben, die Entropie aber zunehmen. Durch einen anschließenden Wärmeentzug könnte man dem System einen gewissen Betrag an innerer Energie entziehen, bis die Entropie wieder ihren ursprünglichen Wert erreicht hat. Ausgehend von der Annahme, die innere Energie des geschlossenen Systems habe im Gleichgewicht ein Minimum, die Entropie aber kein Maximum, ließe sich demnach ein Prozess konstruieren, bei dem letztlich die Entropie unverändert geblieben ist, die innere Energie aber abnehmen würde, was im Widerspruch zu der Annahme steht, dass die innere Energie ein Minimum haben sollte.

Wir kommen durch diese Beweisführung zu dem Schluss, dass beide Gleichgewichtskriterien einander äquivalent sind; denn wäre eines von ihnen verletzt, so wäre es auch das andere.

Wir wollen jetzt das Gleichgewichtskriterium thermodynamischer Potentiale mit Hilfe des Begriffs der freien Energie formulieren. Zu diesem Zweck betrachten wir einen Austauschprozess zwischen den beiden Teilsystemen in Abb. 6.2, bei dem die Temperaturen der Teilsysteme gleich groß sind und konstant bleiben, $T^I = T^{II} = T$, und bei dem sich das Gesamtvolumen $V = V^I + V^{II}$ und die Molmenge irgendeiner Komponente $N_i = N_i^I + N_i^{II}$ nicht ändern. Einen solchen Prozess kann man verwirklichen, indem man zwischen beiden Systemen einen für Materie durchlässigen, beweglichen Kolben anbringt. Während des Austauschprozesses verschiebt sich der Kolben, und es wird Materie zwischen den Teilsystemen umverteilt. Durch Wärmezu- oder -abfuhr aus der Umgebung sorgt man dafür, dass die Temperaturen in beiden Teilsystemen gleich bleiben. Da an dem Gesamtsystem keine Arbeit verrichtet wird, bewirkt die Summe der an beiden Teilsystemen zu- oder abgeführten Wärme $Q = Q^I + Q^{II}$ nur eine Änderung der inneren Energie des geschlossenen Systems. Da keine Arbeit verrichtet wird, gilt

$$\Delta U = Q = Q^I + Q^{II} \, . \tag{6.1}$$

Die Entropie des geschlossenen Gesamtsystems ändert sich auf Grund des Wärmeaustausches mit der Umgebung und auf Grund der Nichtumkehrbarkeiten im Innern des Systems. Nach dem zweiten Hauptsatz der Thermodynamik gilt für den als isotherm vorausgesetzten Austauschprozess

$$Q \leq T\Delta S \, , \tag{6.2}$$

wobei das Kleiner-Zeichen für den wirklichen Prozessablauf und das Gleichheitszeichen für den reversiblen Prozess gilt. Zusammen mit Gl. 6.1 folgt daher

$$\Delta U \leq T \, \Delta S \tag{6.2a}$$

oder

$$\Delta U - T \, \Delta S \leq 0 \, .$$

Nun ist aber definitionsgemäß (Gl. 5.29) die freie Energie $F = U - TS$ und daher für isotherme Zustandsänderungen die Änderung der freien Energie $\Delta F = \Delta U - T\Delta S$. Damit können wir Gl. 6.2a auch schreiben

$$\Delta F \leq 0 \quad (T, V, N_i = \text{const}) \, . \tag{6.3}$$

Der von uns betrachtete Austauschprozess läuft in Richtung fallender freier Energie ab. Diese erreicht im Gleichgewicht ihren kleinsten Wert. Wir können daher folgendes Gleichgewichtskriterium formulieren:

3. Die freie Energie F eines geschlossenen Systems hat für gegebene Werte der Temperatur T und des Volumens V im Gleichgewicht ein Minimum.

Wir betrachten als nächstes einen Austauschprozess, der zwischen den beiden Teilsystemen in Abb. 6.2 abläuft, und so beschaffen ist, dass die Temperaturen der beiden Teilsysteme gleich groß und konstant sind, $T^I = T^{II} = T$, und die Drücke p^I und p^{II} entweder voneinander verschieden oder gleich groß, aber während des Prozesses konstant bleiben.

Um diese Nebenbedingungen während des Austauschprozesses zu verwirklichen, denken wir uns die adiabate Hülle von dem Gesamtsystem entfernt und jedem Teilsystem während des Prozessablaufs von außen soviel Wärme zu- oder abgeführt, daß die Temperatur konstant bleibt. Gleichzeitig denken wir uns die Zylinderdeckel durch Kolben ersetzt,

Abb. 6.2, auf denen der äußere Druck p^I oder p^{II} der einzelnen Teilsysteme lastet. Statt ein System aus zwei Teilsystemen zu betrachten, kann man auch ein System aus α verschiedenen Teilsystemen untersuchen. Da der Gegendruck stets gleich dem jeweiligen Druck des Teilsystems gewählt wird, besteht die am Gesamtsystem verrichtete Arbeit L nur aus reversibler Volumenänderungsarbeit

$$dL = -p^I \, dV^I - p^{II} \, dV^{II} - \ldots = -\sum_\alpha p^\alpha \, dV^\alpha \, ,$$

und man erhält, da voraussetzungsgemäß die Drücke der einzelnen Teilsysteme konstant sind,

$$L = -\sum_\alpha p^\alpha \, \Delta V^\alpha \, ,$$

wenn ΔV^α die Volumenänderung des Teilsystems α ist. Nach dem ersten Hauptsatz gilt für das geschlossene Gesamtsystem

$$Q + L = \Delta U$$

oder mit Hilfe der vorigen Beziehung für die verrichtete Arbeit

$$Q - \sum_\alpha p^\alpha \Delta V^\alpha = \Delta U \, . \tag{6.4}$$

Definitionsgemäß ist die Enthalpie eines beliebigen Teilsystems α

$$H^\alpha = U^\alpha + p^\alpha V^\alpha$$

und somit die Enthalpie des Gesamtsystems

$$H = \sum_\alpha H^\alpha = \sum_\alpha U^\alpha + \sum_\alpha p^\alpha V^\alpha = U + \sum_\alpha p^\alpha V^\alpha \, .$$

Für Zustandsänderungen, bei denen die Drücke p^α konstant bleiben, ergibt sich daher die Enthalpieänderung

$$\Delta H = \Delta U + \sum_\alpha p^\alpha \Delta V^\alpha \, .$$

Hiermit können wir Gl. 6.4 auch schreiben

$$Q = \Delta H \, . \tag{6.4a}$$

Nun ist andererseits nach dem zweiten Hauptsatz der Thermodynamik die dem geschlossenen Gesamtsystem bei konstanter Temperatur zugeführte Wärme

$$Q \leq T \, \Delta S \, .$$

Damit ist auch

$$\Delta H \le T \, \Delta S$$

oder

$$\Delta H - T \, \Delta S \le 0 \quad (T, p^\alpha, N_i = \text{const}) . \tag{6.5}$$

Definitionsgemäß, Gl. 5.41, ist die freie Enthalpie gegeben durch $G = H - TS$. Für isotherme Zustandsänderungen kann man daher die Änderung der freien Enthalpie $\Delta G = \Delta H - T \, \Delta S$ schreiben. Damit geht Gl. 6.5 über in

$$\Delta G \le 0 \quad (T, p^\alpha, N_i = \text{const}) . \tag{6.6}$$

Der untersuchte Austauschprozess läuft in Richtung fallender freier Enthalpie. Diese erreicht ihren kleinsten Wert, wenn sich das System im Gleichgewicht befindet, und wir können daher auch folgendes Gleichgewichtskriterium aufstellen:

4. Die freie Enthalpie G eines geschlossenen Systems hat für gegebene Werte der Temperatur T und des Druckes p oder der Drücke p^α der einzelnen Phasen (Teilsysteme) im Gleichgewicht ein Minimum.

Einen entsprechenden Satz kann man auch für die Enthalpie als Potential aufstellen. Man geht dazu wieder von einem Austauschprozess mit Hilfe der Anordnung nach Abb. 6.2 aus, hält nun aber nicht die Temperatur, sondern die Entropie des Gesamtsystems konstant. Außerdem sollen die Drücke p^α der einzelnen Teilsysteme nicht verändert werden. Es gilt dann wieder der erste Hauptsatz gemäß Gl. 6.4, woraus sich die Beziehung Gl. 6.4a $Q = \Delta H$ ergab. Damit der Prozess bei konstanter Entropie abläuft, muss man gerade soviel Wärme abführen, dass die Entropievermehrung infolge von Nichtumkehrbarkeiten in jedem Augenblick abgebaut wird. Es ist daher für das gesamte System

$$Q \le 0$$

und infolgedessen auch

$$\Delta H \le 0 \quad (S, p^\alpha, N_i = \text{const}) . \tag{6.7}$$

Der betrachtete Austauschprozess läuft in Richtung fallender Enthalpie. Diese erreicht ihren kleinsten Wert, wenn sich das System im Gleichgewicht befindet. Als Gleichgewichtskriterium kann man folgenden Satz formulieren:

5. Die Enthalpie H eines geschlossenen Systems hat für gegebene Werte der Entropie S, des Druckes p oder der Drücke p^α der einzelnen Phasen (Teilsysteme) im Gleichgewicht ein Minimum.

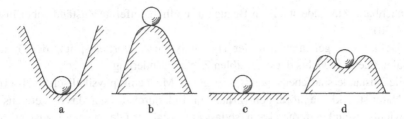

Abb. 6.3 Stabiles, instabiles, neutrales und metastabiles Gleichgewicht, Stabiles Gleichgewicht (**a**); instabiles Gleichgewicht (**b**); neutrales Gleichgewicht (**c**); metastabiles Gleichgewicht (**d**)

Neben den hier aufgeführten Gleichgewichtskriterien kann man noch zahlreiche andere ebenfalls in der Form von Extremalprinzipien aufstellen, indem man mit Hilfe der Legendre-Transformation weitere Potentiale bildet und das Gleichgewicht dieser Austauschprozesse untersucht. Die praktische Bedeutung der hier nicht aufgeführten Kriterien ist jedoch gering, so dass wir auf ihre Herleitung verzichten können. Obwohl die besprochenen Gleichgewichtskriterien in ihren Formulierungen einander entsprechen, ist ihre physikalische Bedeutung doch sehr verschieden. Die beiden ersten einander äquivalenten Kriterien sind sehr allgemein gültig und unabhängig davon, welche Austauschprozesse im Innern des Systems ablaufen. Die übrigen Gleichgewichtskriterien setzen hingegen voraus, dass während des Austauschprozesses eine oder zwei intensive Variable (T, p bzw. p^α) konstant bleiben. Man kann also aus ihnen im Gegensatz zu den ersten beiden Kriterien nicht die Bedingungen für das mechanische Gleichgewicht eines geschlossenen Systems ableiten, da man durch Voraussetzungen wie T, $p = $ const bereits thermisches oder mechanisches Gleichgewicht als gegeben annimmt.

6.2 Stabilität thermodynamischer Systeme

Wie aus der Mechanik bekannt ist, kann ein Gleichgewichtzustand stabil, instabil, neutral oder metastabil sein. Die Bedeutung dieser Begriffe geht aus Abb. 6.3 hervor.

Man bezeichnet einen Gleichgewichtzustand dann als *stabil*, wenn in seiner Nachbarschaft nur solche Zustände existieren, dass das System nach allen vorübergehenden erzwungenen Verschiebungen wieder von selbst in den Ausgangszustand zurückkehrt (Abb. 6.3a).

Instabil nennt man einen Gleichgewichtzustand, wenn in seiner Umgebung nur solche Zustände existieren, dass sich das System nach einer vorübergehenden erzwungenen Verschiebung immer mehr vom Ausgangszustand entfernt und nicht wieder von selbst dorthin zurückkehrt (Abb. 6.3b).

Als *neutral* bezeichnet man einen Gleichgewichtzustand, wenn das System nach einer vorübergehenden erzwungenen Verschiebung in seiner neuen Lage verharrt (Abb. 6.3c), und von *metastabilem Gleichgewicht* spricht man, wenn das System in Bezug auf unmittelbar benachbarte Zustände stabil, in Bezug auf endlich entfernte Zustände aber instabil ist (Abb. 6.3d).

Diese Definitionen gelten auch in der Thermodynamik. Dort entspricht der Grenzfall des neutralen Gleichgewichts der reversiblen Zustandsänderung.

Instabile Zustände sind ebensowenig wie in der Mechanik physikalisch realisierbar[3], da in der Natur stets kleine Störungen vorhanden sind, durch die sich das System aus dem Gleichgewichtszustand entfernen kann, sodass ein instabiler Gleichgewichtzustand selbst dann, wenn er einmal entstünde, sofort wieder verschwinden müsste. Dieser Sachverhalt ist gleichbedeutend damit, dass die wirklichen Prozesse stets in Richtung Gleichgewichtszustand ablaufen und nicht von diesem weggerichtet sind. Da der wirkliche Prozessablauf durch die Gleichgewichtskriterien des vorigen Kapitels charakterisiert wird, herrscht demnach stabiles Gleichgewicht, wenn die Entropie im Gleichgewicht ein Maximum und die übrigen Potentiale unter den jeweiligen Nebenbedingungen ein Minimum erreicht haben. Für alle Verrückungen aus dem Gleichgewicht gelten somit die folgenden *Stabilitätsbedingungen*

$$\Delta S < 0 \qquad \text{für} \qquad U, V, N_i = \text{const} , \qquad (6.8a)$$

$$\Delta U > 0 \qquad \text{für} \qquad S, V, N_i = \text{const} , \qquad (6.8b)$$

$$\Delta F > 0 \qquad \text{für} \qquad T, V, N_i = \text{const} , \qquad (6.8c)$$

$$\Delta G > 0 \qquad \text{für} \qquad p^\alpha, T, N_i = \text{const} , \qquad (6.8d)$$

$$\Delta H > 0 \qquad \text{für} \qquad S, p^\alpha, N_i = \text{const} . \qquad (6.8e)$$

Aus diesen Stabilitätsbedingungen ergeben sich einige Schlußfolgerungen hinsichtlich der Stabilität in Bezug auf mechanisches, thermisches und stoffliches Gleichgewicht, die wir im folgenden kurz skizzieren wollen. Wir betrachten dabei jeweils ein aus zwei Teilsystemen (I und II) zusammengesetztes Gesamtsystem, das hinsichtlich nur einer Koordinate aus seiner Gleichgewichtslage ausgelenkt wird, wobei alle anderen unabhängigen Systemkoordinaten konstant bleiben. In allgemeineren Herleitungen der Stabilitätsbedingungen wird meist basierend auf der Entropiefunktion $S(U, V, N_i)$ ein Variationsproblem mit den Nebenbedingungen ($U = U^I + U^{II} = \text{const.}$; $V = V^I + V^{II} = \text{const.}$; $N_i^I + N_i^{II} = N_i = \text{const.}$) formuliert und mit den Methoden der linearen Algebra gelöst[4]. Beide Betrachtungsweisen führen zu den gleichen Ergebnissen.

---

[3] Münster, A.: Statistical Thermodynamics, Vol. I, Berlin, Heidelberg, New York: Springer 1969, S. 261.
[4] Eine ausführliche Diskussion der Stabilitätsbedingungen findet man u. a. bei Haase, R.: Thermodynamik der Mischphasen, Berlin, Göttingen, Heidelberg: Springer 1956, S. 134–183, bzw. Münster, A.: Chemische Thermodynamik, Verlag Chemie, 1969.

6.2.1 Die Bedingung für mechanische Stabilität

Wir betrachten ein Fluid, das wir uns gemäß Abb. 6.4 in zwei Teilsysteme mit den Volumina V^I und V^{II} zerlegt denken, die im Volumenaustausch miteinander stehen. Mechanisches Gleichgewicht herrscht, wenn $p^I = p^{II} = p$ ist. Man sieht jedoch leicht ein, dass diese Bedingung zwar notwendig, aber nicht hinreichend für die Stabilität des Gleichgewichts ist. Besäße nämlich jedes der Teilsysteme die Eigenschaft

$$\frac{\partial p}{\partial V} > 0 \, ,$$

wonach eine Vergrößerung des Volumens eine Zunahme des Druckes zur Folge hätte und umgekehrt bei einer Verkleinerung des Volumens der Druck abnähme, so würde auf Grund einer kleinen zufälligen Volumenänderung, wie sie in Abb. 6.4 skizziert ist, der Druck in dem einen Teilsystem I ansteigen, in dem anderen Teilsystem II abfallen. Auf der linken Seite des Kolbens würde ein größerer Druck lasten als auf der rechten, sodass sich der Kolben weiter nach rechts bewegen und damit weiter aus seiner Gleichgewichtslage entfernen würde. Nach einer kleinen Verschiebung des Kolbens aus der Gleichgewichtslage könnte das System somit beispielsweise über eine Kolbenstange Energie nach außen abgeben. Die Energie des Gesamtsystems besäße also im Gleichgewicht ein Maximum; ein derartiges Gleichgewicht wäre instabil.

Damit der Gleichgewichtszustand stabil ist, muss offenbar für jedes Teilsystem gelten

$$\left(\frac{\partial p}{\partial V}\right) < 0 \, .$$

Diese sogenannte *mechanische Stabilitätsbedingung* folgt unmittelbar aus der Tatsache, dass im stabilen Gleichgewicht die vorigen Bedingungen 6.8 erfüllt sein müssen. Um dies zu zeigen, entwickeln wir die freie Energie eines jeden Teilsystems in eine Taylor-Reihe in der Nachbarschaft des Gleichgewichts. Den Gleichgewichtszustand kennzeichnen wir hierbei durch den Index 0. Es gelten unter den Nebenbedingungen

$$V^I + V^{II} = V = \text{const} \, ,$$
$$T^I = T^{II} = T = \text{const} \, ,$$
$$N_j^I, N_j^{II} = \text{const}$$

Abb. 6.4 Beispiel für ein mechanisch instabiles System

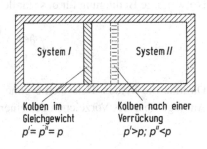

Kolben im
Gleichgewicht
$p' = p'' = p$

Kolben nach einer
Verrückung
$p' > p; \; p'' < p$

folgende Taylorentwicklungen

$$F^I = F_0^I + \left(\frac{\partial F}{\partial V}\right)_0^I dV^I + \frac{1}{2}\left(\frac{\partial^2 F}{\partial V^2}\right)_0^I dV^{I2} + \dots, \qquad (6.9)$$

$$F^{II} = F_0^{II} + \left(\frac{\partial F}{\partial V}\right)_0^{II} dV^{II} + \frac{1}{2}\left(\frac{\partial^2 F}{\partial V^2}\right)_0^{II} dV^{II2} + \dots. \qquad (6.9a)$$

Nun ist aber die freie Energie eine extensive Größe und daher die freie Energie des Gesamtsystems

$$F = F^I + F^{II} \quad \text{und} \quad F_0 = F_0^I + F_0^{II} .$$

Außerdem ist nach Gl. 5.33

$$\left(\frac{\partial F}{\partial V}\right)_{T,n_j}^I = -p^I \quad \text{und} \quad \left(\frac{\partial F}{\partial V}\right)_{T,n_j}^{II} = -p^{II} .$$

Schließlich ist noch

$$dV^I = -dV^{II} .$$

Addiert man Gl. 6.9 und Gl. 6.9a, so erhält man daher unter Beachtung der eben genannten Beziehungen

$$F = F_0 + (p^{II} - p^I)dV^I + \frac{1}{2}\left[\left(\frac{\partial^2 F}{\partial V^2}\right)_0^I + \left(\frac{\partial^2 F}{\partial V^2}\right)_0^{II}\right] dV^{I2} + \dots. \qquad (6.10)$$

Hierin sind p^I und p^{II} die Drücke im Gleichgewicht: $p^I = p^{II}$, sodass das zweite Glied auf der rechten Seite entfällt. Damit die freie Enthalpie im Gleichgewicht ein Minimum hat, muss

$$F - F_0 > 0$$

sein. Das ist nur möglich, wenn der Rest der Taylorreihe *stets* positiv ist, unabhängig davon, wie groß dV^I gewählt wird. Wählt man dieses nicht allzu groß, beschränkt man sich also auf Zustände in der Nachbarschaft des Gleichgewichts, so wird das Vorzeichen von $F - F_0$ allein durch den Ausdruck in der eckigen Klammer von Gl. 6.10 bestimmt. Notwendige Bedingung für das stabile Gleichgewicht ist daher

$$\left(\frac{\partial^2 F}{\partial V^2}\right)_0^I + \left(\frac{\partial^2 F}{\partial V^2}\right)_0^{II} > 0 .$$

Da man die beiden Teilsysteme ohne weiteres miteinander vertauschen darf, muss jede Aussage über das Vorzeichen des einen Teilsystems auch für das Vorzeichen des anderen gelten; beide Summanden in der vorigen Beziehung müssen daher dasselbe Vorzeichen haben. Dies bedeutet, dass stabiles Gleichgewicht nur dann vorhanden ist, wenn

$$\left(\frac{\partial^2 F}{\partial V^2}\right)_0 > 0 \quad (T, N_j = \text{const}) \, . \tag{6.11}$$

Hieraus folgt mit

$$\left(\frac{\partial F}{\partial V}\right)_{T,N_j} = -p$$

die bereits diskutierte Bedingung für mechanische Stabilität

$$\left(\frac{\partial p}{\partial V}\right)_{T,N_j} < 0 \, . \tag{6.12}$$

6.2.2   Die Bedingung für thermische Stabilität

Das in Abb. 6.1 gezeigte System befinde sich im Gleichgewicht, es soll jetzt jedoch vorübergehend ein Wärmefluss zwischen beiden Teilsystemen stattfinden. Von diesem müssen wir voraussetzen, dass er reversibel ist, da wir nachprüfen wollen, unter welchen Bedingungen das System wieder von selbst in seinen Ausgangszustand zurückfindet. Wäre der Wärmefluss irreversibel, so könnte das System, wie wir wissen, nicht wieder von selbst in seine Ausgangslage zurückkehren. Voraussetzungsgemäß bleibt daher die Entropie des Gesamtsystems während des Prozesses konstant. Da die Wärme über die Koordinate S ausgetauscht wird, verschieben wir also das System aus dem Gleichgewicht, indem wir einen Prozess zulassen, bei dem sich die Koordinate S eines jeden Teilsystems ändert. Alle übrigen Koordinaten sollen unverändert bleiben. Als Nebenbedingungen haben wir somit

$$V^I, V^{II} = \text{const} \, ,$$
$$N_j^I, N_j^{II} = \text{const} \, ,$$
$$S^I + S^{II} = S = \text{const} \, .$$

Wir entwickeln nun die innere Energie eines jeden Teilsystems in eine Taylorreihe um den Gleichgewichtszustand

$$U^I = U_0^I + \left(\frac{\partial U}{\partial S}\right)_0^I dS^I + \frac{1}{2}\left(\frac{\partial^2 U}{\partial S^2}\right)_0^I dS^{I2} + \dots \, , \tag{6.13}$$

$$U^{II} = U_0^{II} + \left(\frac{\partial U}{\partial S}\right)_0^{II} dS^{II} + \frac{1}{2}\left(\frac{\partial^2 U}{\partial S^2}\right)_0^{II} dS^{II2} + \dots \, . \tag{6.13a}$$

Da die innere Energie des Gesamtsystems sich aus den inneren Energien der Teilsysteme zusammensetzt, $U = U^I + U^{II}$, $U_0 = U_0^I + U_0^{II}$, und weiter Gl. 5.7 gilt

$$\left(\frac{\partial U}{\partial S}\right)_0^I = T^I \quad \text{und} \quad \left(\frac{\partial U}{\partial S}\right)_0^{II} = T^{II} \, ,$$

sowie $dS^I = -dS^{II}$ ist, folgt nach Addition der Gl. 6.13 und Gl. 6.13a

$$U = U_0 + (T^I - T^{II})\, dS^I + \frac{1}{2}\left[\left(\frac{\partial^2 U}{\partial S^2}\right)_0^I + \left(\frac{\partial^2 U}{\partial S^2}\right)_0^{II}\right] dS^{I2} + \dots \, . \qquad (6.14)$$

Hierin sind T^I und T^{II} die Temperaturen im Gleichgewicht: $T^I = T^{II}$, sodass das zweite Glied auf der rechten Seite von Gl. 6.14 entfällt. Damit die innere Energie im Gleichgewicht ein Minimum hat, muss andererseits

$$U - U_0 > 0$$

sein. Das ist nur möglich, wenn die eckige Klammer auf der rechten Seite von Gl. 6.14 positiv ist, vorausgesetzt, wir betrachten nur hinreichend kleine Abweichungen vom Gleichgewicht, sodass man Glieder von dritter und höherer Ordnung in der Entropieänderung dS^I vernachlässigen kann. Notwendige Bedingung für stabiles Gleichgewicht ist somit

$$\left(\frac{\partial^2 U}{\partial S^2}\right)_0^I + \left(\frac{\partial^2 U}{\partial S^2}\right)_0^{II} > 0 \, .$$

Hier gilt wiederum wie zuvor bei der Betrachtung über das mechanische Gleichgewicht, dass beide Summanden auf der linken Seite das gleiche Vorzeichen haben müssen. Damit ihre Summe positiv ist, muss jeder einzelne von ihnen positiv sein. Wir erhalten also

$$\left(\frac{\partial^2 U}{\partial S^2}\right)_0 > 0 \quad (V, N_j = \text{const}) \, , \qquad (6.15)$$

woraus wegen

$$\left(\frac{\partial U}{\partial S}\right)_{V, N_j} = T$$

die Beziehung

$$\left(\frac{\partial T}{\partial S}\right)_{V, N_j} > 0 \qquad (6.16)$$

folgt. Man bezeichnet Gl. 6.15 oder Gl. 6.16 als Bedingung für die *thermische Stabilität* eines Systems. Sie besagt, dass sich ein geschlossenes System nur dann in stabilem thermischen Gleichgewicht befindet, wenn bei einer isochoren Zufuhr von Wärme, die bekanntlich eine Entropiezunahme bewirkt, die Temperatur ansteigt. Würde die Bedingung Gl. 6.16 nicht gelten, so könnte bei einer Wärmezufuhr trotz der Entropiezunahme die Temperatur des Systems sinken; man könnte dann aus der Umgebung immer mehr Wärme zuführen und würde sich immer weiter vom Gleichgewichtszustand entfernen.

Nach der Gibbsschen Fundamentalgleichung (Gl. 5.9) ist $(dU)_{V,N_j} = TdS$ bzw.

$$\left(\frac{\partial U}{\partial T}\right)_{V,N_j} = T\left(\frac{\partial S}{\partial T}\right)_{V,N_j}. \tag{6.17}$$

Division durch die konstant gehaltenen Molmengen ergibt

$$\left(\frac{\partial \bar{U}}{\partial T}\right)_{V,N_j} = T\left(\frac{\partial \bar{S}}{\partial T}\right)_{V,N_j}.$$

Nun ist aber definitionsgemäß die Ableitung

$$\left(\frac{\partial \bar{U}}{\partial T}\right)_{V,N_j} = \bar{C}_V$$

gleich der molaren Wärmekapazität bei konstantem Volumen; somit gilt auch

$$\bar{C}_V = T\left(\frac{\partial \bar{S}}{\partial T}\right)_{V,N_j}. \tag{6.18}$$

Wie aus Gl. 6.16 folgt, ist

$$\left(\frac{\partial S}{\partial T}\right)_{V,N_j} > 0,$$

woraus sich

$$\left(\frac{\partial \bar{S}}{\partial T}\right)_{V,N_j} > 0 \quad \text{und} \quad T\left(\frac{\partial \bar{S}}{\partial T}\right)_{V,N_j} > 0$$

ergibt. Wie der Vergleich mit Gl. 6.18 zeigt, ist die Bedingung für die thermische Stabilität gleichbedeutend damit, dass die molare Wärmekapazität bei konstantem Volumen positiv ist

$$\bar{C}_V > 0. \tag{6.19}$$

6.2.3 Bedingung für die Stabilität hinsichtlich des Stoffaustausches

In dem System nach Abb. 6.1 herrsche Gleichgewicht. Wir halten nun die einander gleichen Temperaturen T und den Druck p der beiden Teilsysteme fest und variieren nur die Molmenge einer beliebigen Komponente i so, dass $N_i = N_i^I + N_i^{II} = \text{const}$, also $dN_i^I = -dN_i^{II}$ ist. Alle anderen Molmengen sollen unverändert bleiben. Wir entwickeln dann die freie Enthalpie eines jeden Teilsystems in eine Taylorreihe in der Nachbarschaft des Gleichgewichts und erhalten

$$G^I = G_0^I + \left(\frac{\partial G}{\partial N_i}\right)_0^I dN_i^I + \frac{1}{2}\left(\frac{\partial^2 G}{\partial N_i^2}\right)_0^I dN_i^{I2} + \dots , \tag{6.20}$$

$$G^{II} = G_0^{II} + \left(\frac{\partial G}{\partial N_i}\right)_0^{II} dN_i^{II} + \frac{1}{2}\left(\frac{\partial^2 G}{\partial N_i^2}\right)_0^{II} dN_i^{II2} + \dots . \tag{6.20a}$$

Da die freie Enthalpie eine extensive Größe ist, setzt sie sich aus den Werten der Teilsysteme zusammen, $G = G^I + G^{II}$ und $G_0 = G_0^I + G_0^{II}$. Weiter ist (Gl. 5.46)

$$\left(\frac{\partial G}{\partial N_i}\right)_0^I = \mu_i^I \quad \text{und} \quad \left(\frac{\partial G}{\partial N_i}\right)_0^{II} = \mu_i^{II} .$$

Durch Addition von Gl. 6.20 und Gl. 6.20a findet man unter Beachtung von $dN_i^I = -dN_i^{II}$ die Beziehung

$$G = G_0 + (\mu_i^I - \mu_i^{II})\, dN_i^I + \frac{1}{2}\left[\left(\frac{\partial^2 G}{\partial N_i^2}\right)_0^I + \left(\frac{\partial^2 G}{\partial N_i^2}\right)_0^{II}\right] dN_i^{I2} + \dots . \tag{6.21}$$

Da die chemischen Potentiale μ_i^I und μ_i^{II} im Gleichgewicht übereinstimmen, verschwindet das zweite Glied in Gl. 6.21. Damit die freie Enthalpie ein Minimum hat, muss

$$G - G_0 > 0$$

sein, was nur möglich ist, wenn die eckige Klammer auf der rechten Seite von Gl. 6.21 positiv ist, kleine Abweichungen vom Gleichgewicht vorausgesetzt. Damit stabiles Gleichgewicht herrscht, muss also notwendigerweise

$$\left(\frac{\partial^2 G}{\partial N_i^2}\right)_0^I + \left(\frac{\partial^2 G}{\partial N_i^2}\right)_0^{II} > 0 \tag{6.22}$$

sein. Da, wie zuvor schon im Zusammenhang mit der Herleitung der Formel für mechanische Stabilität dargelegt, beide Summanden auf der linken Seite das gleiche Vorzeichen haben, muss jeder von ihnen positiv sein. Es ist also

$$\left(\frac{\partial^2 G}{\partial N_i^2}\right)_0 > 0 , \tag{6.23}$$

woraus wegen Gl. 5.46

$$\left(\frac{\partial G}{\partial N_i}\right)_{T,p,N_{j\neq i}} = \mu_i$$

die Beziehung

$$\left(\frac{\partial \mu_i}{\partial N_i}\right)_{T,p,N_{j\neq i}} > 0 \qquad\qquad (6.24)$$

folgt. Man bezeichnet die Gl. 6.23 bzw. Gl. 6.24 als Bedingung für die *Stabilität hinsichtlich des Stoffaustausches*. Sie besagt, dass sich ein geschlossenes System nur dann hinsichtlich des Stoffaustausches in stabilem Gleichgewicht befindet, wenn eine Materiezufuhr ($dN_i > 0$) bei konstanter Temperatur und konstantem Druck mit einem Anstieg des chemischen Potentials verbunden ist ($d\mu_i > 0$). Würde umgekehrt eine Materiezufuhr eine Abnahme des chemischen Potentials bewirken, so müsste, wenn man Materie aus einem Nachbarsystem mit höherem chemischen Potential zuführte, das chemische Potential des Systems sinken. Die Unterschiede der chemischen Potentiale würden also anwachsen. Man könnte dem System immer mehr Materie zuführen und würde sich immer weiter vom Gleichgewicht entfernen. Das Gleichgewicht wäre nicht stabil.

6.2.4 Metastabile Phasen am Beispiel von Einstoffsystemen

In Abschn. 13.5 von Band 1 werden u. a. kubische Zustandsgleichungen behandelt, die alle auf der thermischen Zustandsgleichung nach van der Waals fußen. Diese haben den Vorteil, dass sie den gesamten Dichtebereich von der Flüssigkeitsdichte bis hin zur Dichte eines idealen Gases zumindest qualitativ richtig beschreiben. In Abb. 6.5 sind eine typische, mit einer kubischen Zustandsgleichung berechnete, Isotherme im p, v-Diagramm sowie zusätzlich die Phasengrenzlinien des Nassdampfgebiets schematisch skizziert. Die Punkte A und B entsprechen dem Dampf-Flüssigkeits-Gleichgewicht beim Dampfdruck $p_s(T)$. Die Isotherme T = const. besitzt zwischen den Punkten C und D eine positive Steigung, d. h. dort gilt

$$\left(\frac{\partial p}{\partial V}\right)_T > 0 .$$

Entsprechend der Bedingung für mechanische Stabilität (Gl. 6.12) sind somit die Zustände zwischen C und D thermodynamisch instabil und folglich nicht existent.

Verbindet man die Minima und Maxima aller Isothermen, so erhält man eine Kurve, die instabile von stabilen Zuständen abgrenzt. Man nennt diese Kurve *Spinodale*.

Zwischen der Spinodalen und den Phasengrenzkurven (Siede- und Taulinie) liegt das sog. metastabile Gebiet. Metastabile Zustände sind im Sinne der thermodynamischen Stabilitätstheorie stabil. Es bedarf einer endlichen Störung, um diese in ein stabiles Gleichgewicht zu überführen, s. Abb. 6.3.

Metastabile Phasen können sich in technischen oder natürlichen Prozessen deshalb bilden, weil bei Phasenübergängen eine bestimmte „Potentialschwelle" bzw. „Aktivie-

Abb. 6.5 Dampf-Flüssigkeits-Gleichgewicht eines Einstoffsystems im p-v-Diagramm. Die Kurve T = const. repräsentiert eine, mit einer kubischen Zustandsgleichung berechnete, Isotherme

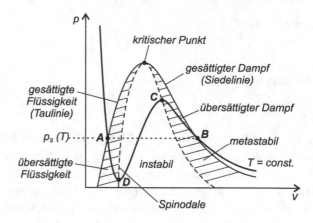

rungsenergie" überschritten werden muss. Dies ist ein kinetischer Vorgang, der sich mit den Mitteln der Gleichgewichtsthermodynamik nicht vollständig beschreiben lässt. Diese „Potentialschwelle" ist aber dann beliebig klein, wenn im System sog. Keimstellen vorhanden sind, an denen Kondensations- bzw. Verdampfungsvorgänge initiiert werden.

Solche Keimstellen sind z. B. Staubpartikel in Gasen, Mikrorauhigkeiten an Wänden oder Siedesteine. Sind keine Keimstellen vorhanden, können sich hohe Übersättigungen herausbilden. Je näher allerdings der Zustand an die Spinodale heranreicht, desto geringer ist die erforderliche Störung bzw. „Potentialschwelle " um das System von einem metastabilen Zustand in ein stabiles Gleichgewicht zu überführen.

Im Zusammenhang mit grenzflächenbasierten Systemen und spontanen Phasenübergängen wird diese Thematik in Kap. 10 weiter vertieft. Weiterhin sei auf ausführliche Abhandlungen zu metastabilen Systemen in der Literatur verwiesen[5].

6.3   Das Phasengleichgewicht

Bereits in Abschn. 5.1.3 wurden die Bedingungen für das Gleichgewicht zwischen zwei Phasen abgeleitet. Ausgehend vom Minimalprinzip der thermodynamischen Potentialfunktionen gemäß Abschn. 6.1 soll im Folgenden eine verallgemeinerte Methode zur Ableitung von Gleichgewichtsbedingungen entwickelt werden, die sich auch auf chemische Gleichgewichte übertragen lässt. Wie benutzen hierzu die freie Enthalpie G als Potentialfunktion. Diese hat im Gleichgewicht bei konstanten Werten des Druckes und der Temperatur sowie bei konstanter Stoffmenge im betrachteten Gesamtsystem einen Extremwert. Im stabilen thermodynamischen Gleichgewicht ist dieser Extremwert ein Minimum. Es gilt somit allgemein

$$(\delta G)_{p,T,N_i} = 0 \, . \tag{6.25}$$

---

[5] z.B. Debenedetti, P.G.: Metastable Liquids, Concepts and Principles. Princeton University Press, 1996.

Abb. 6.6 Phasengleichgewicht

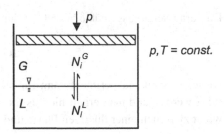

Bei einer differentiell kleinen, aber mit den Bedingungen des Systems verträglichen Auslenkung δ aus dem Gleichgewicht bleibt die freie Enthalpie konstant. In Abb. 6.6 ist ein zweiphasiges System dargestellt, das sich bei konstanten Werten von Druck p und Temperatur T im thermodynamischen Gleichgewicht befindet.

Wir stören nun das Gleichgewicht in Form eines Gedankenexperiments, indem wir einen differentiell kleinen Betrag δN_i der Komponente i aus der flüssigen Phase entnehmen und diesen der Gasphase zufügen. Dabei bleiben aber p, T und die Gesamtstoffmenge N_i konstant. Somit gilt

$$N_i^G + N_i^L = N_i = \text{const.}$$

und

$$\delta N_i = \delta N_i^G = -\delta N_i^L \; . \tag{6.26}$$

Die freie Enthalpie ist eine extensive Zustandsgröße. Die freie Enthalpie des Gesamtsystems setzt sich somit additiv aus den Beiträgen beider Phasen zusammen.

$$G = G^L + G^G$$

bzw. es gilt für eine kleine Auslenkung aus dem Gleichgewicht.

$$(\delta G)_{p,T,N_i} = \left(\delta G^L + \delta G^G\right)_{p,T,N_i} = 0 \; . \tag{6.27}$$

Das totale Differential der freien Enthalpie (Gl. 5.43) lautet für eine homogene Phase bei $dp = dT = 0$:

$$dG = \sum_k \mu_k \, dN_k \; . \tag{6.28}$$

Im vorliegenden Gedankenexperiment stören wir das Gleichgewicht ausschließlich bezüglich einer ausgewählten Komponente i. Die Stoffmengen aller anderen Komponenten bleiben vollkommen unverändert. Somit reduziert sich die Summe in Gl. 6.28 auf den Term, der die ausgewählte Komponente i beinhaltet, nämlich $\mu_i \, dN_i$

$$\delta G = \mu_i \, dN_i \; . \tag{6.28a}$$

Eingesetzt in Gl. 6.27 unter Berücksichtigung von Gl. 6.26 ergibt

$$(\delta G)_{p,T,N_i} = \left(\mu_i^G - \mu_i^L\right) \delta N_i = 0 \; . \tag{6.29}$$

Da voraussetzungsgemäß $\delta N_i \neq 0$ ist, kann Gl. 6.29 nur erfüllt werden, wenn gilt

$$\mu_i^L = \mu_i^G .$$

Dieses Gedankenexperiment kann für alle Komponenten K in gleicher Weise durchgeführt werden und man erhält hieraus die allgemeine Bedingung für ein Phasengleichgewicht zwischen einer flüssigen Phase und einer Gasphase

$$\mu_i^L = \mu_i^G \qquad i = 1, 2, \ldots, K . \tag{6.30}$$

Was zuvor am Beispiel eines Dampf-Flüssigkeitgleichgewichts ausgeführt wurde, kann selbstverständlich auf alle Phasengleichgewichte, auch solche mit mehreren Phasen übertragen werden. Es gilt dann allgemein für Phasengleichgewichte mit P Phasen und K Komponenten:

$$\mu_i^{(1)} = \mu_i^{(2)} = \ldots = \mu_i^{(P)} \qquad i = 1, 2, \ldots, K . \tag{6.31}$$

Kennt man für die einzelnen Komponenten geeignete Zustandsgleichungen $\mu_i(T, p, x_1, \ldots, x_{K-1})$ der chemischen Potentiale, kann man hieraus Berechnungsgleichungen für Phasengleichgewichte ableiten.

6.4 Die Gibbssche Phasenregel

Ein System, das aus mehreren Phasen besteht, beispielsweise aus einem Flüssigkeitsgemisch und dem darüber befindlichen Dampfgemisch, ist eindeutig gekennzeichnet, wenn in jeder Phase der Druck, die Temperatur und die Zusammensetzung der einzelnen Teilchenarten und damit die intensiven Zustandsfunktionen bekannt sind. Jede der Phasen kann dann durch eine Fundamentalgleichung $U(S, V, N_1, N_2, \ldots, N_K)$ eindeutig charakterisiert werden. Die Gleichgewichtsbedingungen besagen, dass Temperatur, Druck und die chemischen Potentiale jeder Teilchenart in allen Phasen gleich sind.

Die Gleichgewichtsbedingungen haben zur Folge, dass man nicht alle intensiven Größen T, p und die Molenbrüche in allen Phasen frei wählen kann. Diesen Sachverhalt kann man sich leicht am Beispiel des flüssigen Wassers klar machen, das sich mit seinem Dampf im Gleichgewicht befindet. Die Gleichgewichtsbedingungen für die beiden Phasen lauten:

$$T^L = T^G ,$$
$$p^L = p^G ,$$
$$\mu^L(p^L, T^L) = \mu^G(p^G, T^G) .$$

Wir setzen $T^L = T^G = T$ und $p^L = p^G = p$ und erhalten somit die den drei Bedingungen gleichwertige Beziehung

$$\mu^L(p, T) = \mu^G(p, T) .$$

Sie besagt, dass man von den beiden Variablen T, p nur eine frei wählen kann. Die andere ist dann durch die letzte Gleichung festgelegt. Zu jedem Wert der Temperatur gehört demnach ein ganz bestimmter Druck

$$p = p(T) \, ,$$

der uns als Dampfdruck bekannt ist.

Wir stellen uns nun ganz allgemein die Frage, wieviele intensive Parameter in einem im Gleichgewicht befindlichen System frei wählbar sind, wenn das System aus P Phasen und K Komponenten besteht. Die frei wählbaren oder voneinander unabhängigen Variablen bezeichnet man bekanntlich als Freiheitsgrade. Es sind somit die Anzahl der Freiheitsgrade eines Systems aus P Phasen und K Komponenten zu ermitteln.

Bei K Komponenten hat man in jeder Phase die Temperatur, den Druck und $K - 1$ unabhängige Molenbrüche x_1, x_2, ..., x_{K-1} als intensive Variable. Dies ergibt in einer Phase

$$K - 1 + 2$$

intensive Variable. Geht man zur nächsten Phase über, so bleiben Temperatur und Druck unverändert, indessen haben die Molenbrüche andere Werte. Es kommen also weitere $K - 1$ Variable hinzu, sodass man in zwei Phasen

$$2(K - 1) + 2$$

intensive Variable hat und allgemein in P Phasen

$$P(K - 1) + 2 \, .$$

Nun sind aber weiterhin die chemischen Potentiale jeder Komponente in allen Phasen gleich. Dies ergibt bei zwei Phasen (Phase (1) und Phase (2)) die insgesamt K Bedingungen

$$\mu_i^{(1)} = \mu_i^{(2)} \quad (i = 1, 2, \ldots, K) \, .$$

Bei drei Phasen hat man $2K$ derartige Bedingungen und bei P Phasen

$$(P - 1)K$$

Gleichgewichtsbeziehungen.

Die Zahl der Freiheitsgrade Z_f ist aber die Gesamtzahl der Variablen vermindert um die Zahl der Gleichgewichtsbeziehungen

$$Z_f = P(K - 1) + 2 - (P - 1)K \, .$$

Hieraus folgt:

$$Z_f = K + 2 - P \, . \tag{6.32}$$

Gl. 6.32 ist die *Gibbssche Phasenregel*. Sie gilt in dieser Form für Systeme, deren Gleichgewichtszustand durch die Variablen S, V, N_1, N_2, . . ., N_K charakterisiert ist. Diese 1876 durch Gibbs[6] gefundene Phasenregel fand wenig später ihre experimentelle Bestätigung durch Bakhuis Roozeboom[7,8]. Wir wollen die Phasenregel auf einige Beispiele anwenden: Ein System möge aus nur einer Komponente bestehen; dann ist $K = 1$ und $Z_f = 3 - P$. Ist nur eine Phase vorhanden ($P = 1$), beispielsweise eine Flüssigkeit oder ein Dampf, so kann man noch zwei Variable, beispielsweise Druck und Temperatur, frei wählen. Aus der thermischen Zustandsgleichung kann man dann das spezifische Volumen, aus der kalorischen die innere Energie oder die Enthalpie berechnen. Befinden sich hingegen zwei Phasen miteinander im Gleichgewicht ($P = 2$), beispielsweise Flüssigkeit und Dampf, Flüssigkeit und Feststoff oder Dampf und Feststoff, so kann man nur noch eine Variable, nämlich Druck oder Temperatur frei wählen. Die andere Variable ist dann durch die Gleichung der Dampfdruck-, Schmelzdruck- oder Sublimationsdruckkurve $p = p(T)$ gegeben. Befinden sich drei Phasen im Gleichgewicht ($P = 3$), so erreicht die Zahl der Freiheitsgrade mit $Z_f = 0$ ihren kleinsten Wert. Es kann keine Variable mehr frei gewählt werden. Druck und Temperatur liegen eindeutig fest; der thermodynamische Zustand ist durch den Tripelpunkt gekennzeichnet.

In Zweistoffgemischen ($K = 2$) ist die Zahl der Freiheitsgrade durch $Z_f = 4 - P$ gegeben. Bestehen sie aus einer Phase, so kann man drei Variable frei wählen, beispielsweise den Druck, die Temperatur und die Zusammensetzung. Ein Beispiel für ein einphasiges Zweistoffgemisch ist die feuchte Luft, die ein Gemisch aus trockener Luft und Wasserdampf ist. Druck, Temperatur und die Zusammensetzung können sich in weiten Grenzen ändern, ohne dass eine neue Phase entsteht. Ein anderes Beispiel ist die Lösung eines Salzes in Wasser. Solange nur die flüssige Phase vorhanden ist, kann man Druck, Temperatur und Salzkonzentration frei wählen. Befindet sich hingegen Dampf über der flüssigen Phase, so hat man zwei Phasen und die Zahl der Freiheitsgrade vermindert sich auf $Z_f = 2$: Bei gegebener Temperatur und Zusammensetzung liegt der Dampfdruck fest. Er ist durch die *Gleichung für den Dampfdruck eines Zweistoffgemisches*

$$p = p(T, x)$$

---

[6] Gibbs, J.W.: On the equilibrium of heterogeneous substances. Trans. Connecticut Acad. 3 (1876) 108–248, speziell ab S. 152; ins Deutsche übersetzt von W. Ostwald in: Gibbs, J.W.: Thermodynamische Studien. Leipzig: W. Engelmann 1892, ab S. 115.

[7] Bakhuis Roozeboom, H.W.: Sur les conditions d'équilibre de deux corps dans les trois états, solide, liquide et gazeux, d'apres M. van der Waals. Rec. Trav. Chim. Pays Bas 6 (1886) 335–350; Bakhuis Roozeboom, H.W.: Sur les différentes formes de l'équilibre chimique hétérogene. Rec. Trav. Chim. Pays Bas 6 (1887) 262–303; Bakhuis Roozeboom, H.W.: Die heterogenen Gleichgewichte vom Standpunkte der Phasenlehre. Braunschweig: Vieweg 1904.

[8] Eine ausführliche Darstellung zur Phasenregel und der sich daraus ergebenden Schlußfolgerungen findet man bei Findlay, A.: The Phase Rule and its Applications, 9. Aufl., New York: Dover Publ. 1951; die deutsche Übersetzung lautet: Findlay, A.: Die Phasenregel und ihre Anwendungen, 9. Aufl., Weinheim: Verlag Chemie 1958.

gegeben. Erhöht man den Anteil des Salzes in der Flüssigkeit immer mehr, so scheidet sich schließlich Salz als fester Bestandteil aus. Man hat dann drei Phasen, nämlich festes Salz, eine flüssige Salzlösung und darüber Dampf. Es kann nur noch eine Variable frei gewählt werden. Wie die Experimente zeigen, scheiden sich schließlich bei einer ganz bestimmten Zusammensetzung und Temperatur gleichzeitig Eis- und Salzkristalle als zwei feste Phasen in Form eines feinkörnigen Gemenges aus, sodass man nunmehr vier Phasen hat, nämlich die beiden festen Phasen, die Salzlösung und den Dampf. In diesem Fall kann keine Variable mehr frei gewählt werden. Druck, Temperatur und Zusammensetzung besitzen ganz bestimmte eindeutige Werte, der thermodynamische Zustand ist durch einen *Quadrupelpunkt* charakterisiert.

Häufig interessiert man sich für die größtmögliche Zahl der Phasen, die ein System aus K Komponenten besitzen kann. Diese größtmögliche Zahl P_{max} der Phasen ist dann erreicht, wenn keine Freiheitsgrade mehr vorhanden sind. Mit $Z_f = 0$ erhält man aus Gl. 6.32 für die größtmögliche Zahl der Phasen:

$$P_{max} = K + 2 \,. \tag{6.33}$$

Ein System aus einer Komponente kann demnach, wie schon dargelegt wurde, höchstens aus drei Phasen bestehen, nämlich der festen, der flüssigen und der gasförmigen, die am Tripelpunkt gleichzeitig existieren können. In einem System aus zwei Komponenten können höchstens vier Phasen gleichzeitig existieren, beispielsweise, wie in dem vorigen Beispiel gezeigt wurde, zwei feste, eine flüssige und eine gasförmige Phase.

Die Gibbssche Phasenregel Gl. 6.32 und die daraus abgeleitete Gl. 6.33 gelten nicht mehr, wenn benachbarte Phasen am kritischen Punkt identisch werden. Nach Gl. 6.32 würde man unmittelbar vor Erreichen des kritischen Punktes eines reinen Stoffes einen Freiheitsgrad ($K = 1$, $P = 2$) und unmittelbar nach dem Überschreiten des kritischen Punktes zwei Freiheitsgrade ($K = 1$, $P = 1$) ermitteln. Tatsächlich hat der reine Stoff am kritischen Punkt keinen Freiheitsgrad. Druck, Temperatur und spez. Volumen haben feste Werte. In unseren Überlegungen haben wir nicht beachtet, dass am kritischen Punkt fluider Phasen außer den Gleichgewichtsbedingungen, die zu Gl. 6.32 führten, noch zwei weitere Bedingungen gelten: $(\partial p/\partial v)_T = 0$ und $(\partial^2 p/\partial v^2)_T = 0$, Band 1, Abschn. 13.1.

Mithin kann man über zwei Variablen weniger verfügen. Das System verliert zwei Freiheitsgrade. Gleichzeitig verschwindet aber auch eine Phase. Wie ein Blick auf Gl. 6.32 lehrt, gewinnt man dadurch wieder einen Freiheitsgrad. Insgesamt verringert sich somit die Zahl der Freiheitsgrade um eins, sobald die Phasengrenze zwischen zwei benachbarten Phasen an einem kritischen Punkt verschwindet. Hat man ein System aus mehr als zwei Phasen, und würden mehrere benachbarte Phasen kritisch, so würde man so viele Freiheitsgrade verlieren, wie Phasengrenzen verschwinden. Man müsste somit die Zahl der Freiheitsgrade, die man aus Gl. 6.32 vor Verschwinden der Phasengrenzen ermittelt, noch um die Zahl der verschwindenden Phasengrenzen vermindern.[9]

Fluide Mehrphasenzerfälle mit bis zu vier Gleichgewichtsphasen sind bisher an mehreren Drei- und Vierstoffgemischen von Wendland et al.[10] und Winkler[9] im Experiment nachgewiesen worden.

6.5   Beispiele

Beispiel 6.1

Bei Temperaturen zwischen $25\,°C$ und $30\,°C$ und Drücken zwischen $60\,bar$ bis $74\,bar$ zerfällt das Zweistoffgemisch aus Kohlendioxid und Wasser in drei fluide Phasen.

a) Wie groß ist die Zahl der Freiheitsgrade?

Wieviele Freiheitsgrade hat das Gemisch, wenn

b) eine und
c) zwei Phasen identisch ineinander übergehen?

a) Es ist $K = 2$, $P = 3$ und daher die Zahl der Freiheitsgrade nach Gl. 6.32 $Z_f = 1$. Der Druck ist daher genau wie der Dampfdruck eines reinen Stoffes nur eine Funktion der Temperatur, $p = p(T)$.
b) Verschwindet eine der Phasengrenzen, weil zwei benachbarte Phasen kritisch werden, so vermindert sich die Zahl der Freiheitsgrade gegenüber a) um eins. Das Gemisch hat keinen Freiheitsgrad mehr. Sein Zustand ist wie am kritischen Punkt eines reinen Stoffs durch feste Werte von Druck und Temperatur gekennzeichnet.
c) Eine weitere Phasengrenze kann nicht mehr verschwinden, sonst würde die Zahl der Freiheitsgrade negativ werden. Es muss aber stets $Z_f \geq 0$ sein.

Beispiel 6.2

In einem Gefäß befindet sich eine wässrige Lösung und als Bodensatz Salzkristalle.

a) Durch welche Größen lässt sich die Zusammensetzung der Lösung beschreiben?
b) Über der Lösung befinden sich Luft und Wasserdampf. Wie lässt sich nun die Zusammensetzung beschreiben?

---

[9] Einen allgemein gültigen Beweis hierfür findet man bei Winkler, S.: Zum Phasenverhalten fluider Mischungen, dargestellt am Beispiel von Gemischen aus Kohlendioxid, Wasser, n-Butanol und Alkohol. Fortschritt-Berichte VDI Nr. 443, Düsseldorf: VDI-Verlag, 1996.
[10] Wendland, M., Hasse, H., Maurer, G.: High-Pressure Equilibria of Carbondioxide-Water-Isopropanol. Journal of Supercritical Fluids, Vol. VI (1993). 211–222.

a) Das System hat $Z_f = 2$ Freiheitsgrade, denn es besteht aus $K = 2$ Komponenten (Wasser und Salz) und $P = 2$ Phasen (fest und flüssig). Damit ist nach Gl. 6.32 $Z_f = 2 + 2 - 2 = 2$. Die Zusammensetzung ist durch zwei intensive Variable festgelegt: $x(p, T)$.

b) Das System besteht jetzt aus 3 Komponenten (Wasser, Salz und Luft) und $P = 3$ Phasen (fest, flüssig und gasförmig). Daher bleibt die Zahl der Freiheitsgrade unverändert und die Zusammensetzung lässt sich wieder als Funktion zweier Variablen darstellen, $x(p, T)$. Sie weicht streng genommen von der Beziehung a) ab. Der Unterschied ist jedoch vernachlässigbar.

Anmerkung: Fernab vom kritischen Gebiet ist die Druckabhängigkeit in beiden Fällen a) und b) so gering, dass die Darstellung $x(T)$ ausreichend genau ist.

Das chemische Potential realer Fluide

7

7.1 Das ideale Gas als Referenz: Fugazität und Fugazitätskoeffizient

Wie unsere vorigen Betrachtungen zeigten, ist das chemische Potential eine der wichtigsten Größen in der Thermodynamik der Gemische, da man mit ihm alle übrigen thermodynamischen Eigenschaften des Gemisches berechnen kann. In Abschn. 5.1.1 hatten wir bereits das chemische Potential idealer Gase abgeleitet. Es lautete für das reine ideale Gas[1] (Gl. 5.22)

$$\mu_{0i}^{\text{id}}(p, T) = \mu_{0i}(p^{+}, T) + \bar{R}T \ln \frac{p}{p^{+}} \tag{7.1}$$

mit dem Standardpotential $\mu_{0i}(p^{+}, T)$ bei einem Bezugsdruck p^{+}. Befand sich die Komponente i in einem Gemisch idealer Gase, so war ihr chemisches Potential gegeben durch (Gl. 5.23)

$$\mu_{i}^{\text{id}}(p_i, T) = \mu_{0i}(p^{+}, T) + \bar{R}T \ln \frac{p_i}{p^{+}} \, , \tag{7.2}$$

$$\mu_{i}^{\text{id}}(p_i, T) = \mu_{0i}^{\text{id}}(p, T) + \bar{R}T \ln y_i \, . \tag{7.3}$$

Da diese Gleichungen besonders einfach in ihrem Aufbau sind, behält man sie auch für reale Fluide bei, ersetzt in Gl. 7.1 jedoch den tatsächlichen Druck p des reinen Gases durch einen fiktiven Druck f_{0i} des reinen Stoffes, der so groß sein muss, dass man aus Gl. 7.1 das chemische Potential des reinen realen Fluids erhält

$$\mu_{0i}(p, T) = \mu_{0i}(p^{+}, T) + \bar{R}T \ln \frac{f_{0i}}{p^{+}} \, . \tag{7.4}$$

Diese Beziehung ist eine Definitionsgleichung für den fiktiven Druck f_{0i}.

---

[1] Um das chemische Potential des idealen Gases künftig von dem des realen unterscheiden zu können, setzen wir von nun an das hochgestellte Zeichen id für ideale Gase.

© Springer-Verlag GmbH Deutschland 2017
P. Stephan et al., *Thermodynamik*, https://doi.org/10.1007/978-3-662-54439-6_7

Entsprechend ersetzt man in Gl. 7.2 den Partialdruck p_i durch einen fiktiven Partial-druck f_i, so dass

$$\mu_i = \mu_{0i}(p^+, T) + \bar{R}T \ln \frac{f_i}{p^+} \, . \tag{7.5}$$

Hierin sind die Standardpotentiale unverändert wie beim idealen reinen Gas zu bilden. Den fiktiven Druck f_{0i} bezeichnet man als *Fugazität* des realen reinen Gases, den fiktiven Partialdruck f_i als Fugazität der Komponente i in einem Gemisch aus realen Fluiden. Gl. 7.4 kann man auch schreiben

$$\mu_{0i}(p, T) = \mu_{0i}(p^+, T) + \bar{R}T \ln \frac{p}{p^+} + \bar{R}T \ln \frac{f_{0i}}{p} \tag{7.4a}$$

oder

$$\mu_{0i}(p, T) = \mu_{0i}^{id}(p, T) + \bar{R}T \ln \frac{f_{0i}}{p} \, , \tag{7.6}$$

während man Gl. 7.5 umformen kann in

$$\mu_i = \mu_{0i}(p^+, T) + \bar{R}T \ln \frac{p_i}{p^+} + \bar{R}T \ln \frac{f_i}{p_i} \tag{7.5a}$$

oder mit Gl. 7.2

$$\mu_i = \mu_i^{id}(p_i, T) + \bar{R}T \ln \frac{f_i}{p_i} \, . \tag{7.7}$$

Der letzte Summand in Gl. 7.6 und in Gl. 7.7 gibt an, um wieviel das chemische Potential des realen Fluids von dem des idealen Gases abweicht.

Man bezeichnet

$$\varphi_{0i} = f_{0i}/p \tag{7.8}$$

als *Fugazitätskoeffizienten* des realen reinen Fluids und

$$\varphi_i = f_i/p_i \tag{7.9}$$

entsprechend als Fugazitätskoeffizienten der Komponente i im Gemisch realer Fluide. Der Fugazitätskoeffizient ist, wie aus der Definition folgt, ein Maß für die Abweichung eines realen Fluids vom idealen Gas. Für ideale Gase verschwindet der letzte Ausdruck auf der rechten Seite der Gl. 7.6 und Gl. 7.7; für sie ist daher der Fugazitätskoeffizient gleich eins.

Die hier gegebenen, von Lewis[2] stammenden Definitionen der Fugazität und des Fu-gazitätskoeffizienten haben sich als zweckmäßig erwiesen, da man reale Fluide und deren Gemische weiterhin auf die einfachen Formeln für das chemische Potential idealer Gase zurückführt. Natürlich sind die Definitionen nur dann sinnvoll, wenn man die Fugazitäten oder die Fugazitätskoeffizienten leicht berechnen kann oder sie schon vertafelt vorfindet.

---

[2] Lewis, G.N.: The law of physico-chemical change. Proc. Am. Acad. Arts Sci. 37 (1901) 49–69; Lewis, G.N.: Das Gesetz physiko-chemischer Vorgänge. Z. phys. Chem. 38 (1901) 205–226.

Wir wollen uns daher nun mit der Frage befassen, wie man diese Größen ermittelt. Dazu differenzieren wir das chemische Potential $\mu_i(T, p, x_1, x_2, \ldots, x_{K-1})$ einer Komponente i in einem Gemisch

$$d\mu_i = \left(\frac{\partial \mu_i}{\partial T}\right)_{p,x_j} dT + \left(\frac{\partial \mu_i}{\partial p}\right)_{T,x_j} dp \qquad (7.10)$$

$$+ \sum_{k=1}^{K-1} \left(\frac{\partial \mu_i}{\partial x_k}\right)_{T,p,x_{j\neq k}} dx_k \; .$$

Hierfür kann man unter Beachtung der Gl. 5.85 und Gl. 5.86 auch schreiben

$$d\mu_i = -S_i \, dT + V_i \, dp + \sum_{k=1}^{K-1} \left(\frac{\partial \mu_i}{\partial x_k}\right)_{T,p,x_{j\neq k}} dx_k \; . \qquad (7.11)$$

Um diese Gleichung in eine übersichtlichere Form zu bringen, schreiben wir die auf der rechten Seite auftretende Summe abkürzend

$$D(\mu_i) = \sum_{k=1}^{K-1} \left(\frac{\partial \mu_i}{\partial x_k}\right)_{T,p,x_{j\neq k}} dx_k = f(T, p, x_1, x_2, \ldots, x_{K-1}) \; . \qquad (7.12)$$

Da das chemische Potential reiner Stoffe nur eine Funktion der Temperatur und des Druckes, nicht aber der Stoffmenge ist, gilt für reine Stoffe $D(\mu_i) = 0$.

Die häufig unbekannte partielle molare Entropie S_i eliminieren wir mit Hilfe der Beziehung (Gl. 5.88) $\mu_i = H_i - TS_i$, woraus

$$S_i = (H_i - \mu_i)\frac{1}{T} \qquad (7.13)$$

folgt. Mit Gl. 7.12 und Gl. 7.13 erhält man aus Gl. 7.11

$$d\mu_i = -\frac{H_i}{T} dT + \frac{\mu_i}{T} dT + V_i \, dp + D(\mu_i) \; .$$

Nach Division der linken und rechten Seite durch die absolute Temperatur T, fasst man die Ausdrücke

$$\frac{1}{T} d\mu_i - \frac{\mu_i}{T^2} dT = d\left(\frac{\mu_i}{T}\right)$$

zusammen und erhält dann für das totale Differential des chemischen Potentials einer Komponente i in einem Gemisch

$$d\left(\frac{\mu_i}{T}\right) = \frac{V_i}{T} dp - \frac{H_i}{T^2} dT + \frac{1}{T} D(\mu_i) \; . \qquad (7.14)$$

Diese Gleichung vereinfacht sich erheblich für Gemische idealer Gase, da dort das chemische Potential der Komponente i nach Gl. 7.3 bei konstanter Temperatur und konstantem

Druck nur vom Molenbruch x_i abhängt, sodass in der Summe (Gl. 7.12) für $D(\mu_i)$ alle Glieder $(\partial \mu_i / \partial x_k)$ mit $k \neq i$ verschwinden und nur der Ausdruck mit $k = i$ übrig bleibt, wodurch

$$D(\mu_i) = \left(\frac{\partial \mu_i}{\partial x_i} \right)_{T,p,x_{j\neq i}} dx_i = \bar{R}T\frac{1}{x_i}dx_i$$

wird. Außerdem ist für ideale Gase $V_i = \bar{R}T/p$.

Damit geht Gl. 7.14 für ideale Gase über in

$$d\left(\frac{\mu_i}{T} \right)^{\mathrm{id}} = \bar{R}\frac{dp}{p} - \frac{H_i^{\mathrm{id}}}{T^2}\,dT + \bar{R}\frac{1}{x_i}\,dx_i \ . \tag{7.14a}$$

Subtraktion der Gl. 7.14a von Gl. 7.14 liefert einen Ausdruck, aus dem man den Unterschied zwischen dem chemischen Potential der Komponente i in einem Gemisch realer Fluide und in einem Gemisch idealer Gase berechnen kann

$$d\left(\frac{\mu_i}{T} \right) - d\left(\frac{\mu_i}{T} \right)^{\mathrm{id}} \tag{7.15}$$

$$= \bar{R}\left[\left(\frac{V_i}{\bar{R}T} - \frac{1}{p} \right) dp - \frac{H_i - H_i^{\mathrm{id}}}{\bar{R}T^2}dT + \frac{1}{\bar{R}T}D(\mu_i) - \frac{dx_i}{x_i} \right] \ .$$

Andererseits erhält man aus Gl. 7.7 nach Division durch die absolute Temperatur

$$\left(\frac{\mu_i}{T} \right) - \left(\frac{\mu_i}{T} \right)^{\mathrm{id}} = \bar{R}\ln\frac{f_i}{p_i} = \bar{R}\ln\varphi_i$$

oder

$$d\left(\frac{\mu_i}{T} \right) - d\left(\frac{\mu_i}{T} \right)^{\mathrm{id}} = \bar{R}d(\ln\varphi_i) \ . \tag{7.16}$$

Durch Vergleich mit Gl. 7.15 ergibt sich somit eine Beziehung zur Berechnung des Fugazitätskoeffizienten für Gemische realer Fluide

$$d(\ln\varphi_i) = \left(\frac{V_i}{\bar{R}T} - \frac{1}{p} \right) dp - \frac{H_i - H_i^{\mathrm{id}}}{\bar{R}T^2}\,dT + \frac{1}{\bar{R}T}D(\mu_i) - d(\ln x_i) \ . \tag{7.17}$$

Da der Fugazitätskoeffizient eine Zustandsgröße ist, bleibt sein Wert in einem Zustandspunkt $p, T, x_1, x_2, \ldots, x_{K-1} = p, T, x_j$ unabhängig von dem gewählten Integrationsweg. Zweckmäßig ist es, zunächst bei festgehaltenem Druck $p = 0$ von einem beliebigen Zustandspunkt $p = 0, T_0, x_j$ im idealen Gasbereich auszugehen und über den Weg 1, Abb. 7.1, zu integrieren bis zum Zustandspunkt $p = 0, T, x_j$. Anschließend integriert man bei festen Werten T, x_j über den Integrationsweg 2 in Abb. 7.1 vom Druck $p = 0$ bis zum Druck p.

Da der Integrationsweg 1 im Bereich des idealen Gases liegt, liefert der erste Summand keinen Beitrag, denn es ist $V_i/\bar{R}T = 1/p$. Der zweite Summand verschwindet ebenfalls wegen $H_i = H_i^{\mathrm{id}}$ und der dritte und vierte Summand heben sich gegeneinander auf.

Abb. 7.1 Integrationsweg zur Bestimmung des Fugazitätskoeffizienten

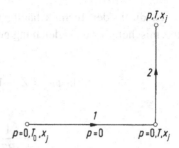

Auf dem Integrationsweg 2 bleiben $T, x_j = $ const, sodass hier der zweite, dritte und vierte Summand in Gl. 7.17 ebenfalls verschwinden. Wählt man daher den Integrationsweg wie in Abb. 7.1 dargestellt, so liefert nur der erste Summand einen Beitrag zum Fugazitätskoeffizienten. Man erhält

$$\ln \varphi_i = \int\limits_0^p \left(\frac{V_i}{\bar{R}T} - \frac{1}{p} \right) dp \; . \tag{7.18}$$

Kennt man die thermische Zustandsgleichung $\bar{V}(T, p, x_1, x_2, \ldots, x_{K-1})$, so sind, wie zuvor gezeigt wurde, auch die partiellen Molvolumina

$$V_i(T, p, x_1, x_2, \ldots, x_{K-1})$$

bekannt. Damit kann man also mit Hilfe der thermischen Zustandsgleichung des Gemisches die Fugazitätskoeffizienten berechnen; aus diesen erhält man unter der Voraussetzung, dass die Standardpotentiale bekannt sind, die chemischen Potentiale und damit alle anderen thermodynamischen Größen.

Ist die thermische Zustandsgleichung durch

$$p = p(T, V, N_1, N_2, \ldots, N_K)$$

gegeben, so erhält man die der Gl. 7.18 äquivalente Beziehung

$$\ln \varphi_i = \frac{1}{\bar{R}T} \int\limits_V^\infty \left[\left(\frac{\partial p}{\partial N_i} \right)_{T,V,N_{j \neq i}} - \frac{\bar{R}T}{V} \right] dV - \ln Z \tag{7.19}$$

mit $Z = pV/(N\bar{R}T)$.

Ist die in der Technik häufig verwendete Form $p = p(T, \bar{V}, x_1, x_2, \ldots, x_{K-1})$ der thermischen Zustandsgleichung gegeben, so geht diese Beziehung über in

$$\ln \varphi_K = Z - 1 - \ln Z + \frac{1}{\bar{R}T} \int\limits_{\bar{V}}^{\infty} \left(p - \frac{\bar{R}T}{\bar{V}} \right) d\bar{V}$$

$$- \frac{1}{\bar{R}T} \int\limits_{\bar{V}}^{\infty} \sum_{k=1}^{K-1} \left(\frac{\partial p}{\partial x_k} \right)_{T, \bar{V}, x_{j \neq k}} x_k \, d\bar{V} \, , \tag{7.20}$$

die ebenfalls der Gl. 7.18 äquivalent ist. Wegen der Herleitung der Gl. 7.19 und Gl. 7.20 sei auf den Anhang verwiesen.

Für den Fugazitätskoeffizienten reiner Fluide geht Gl. 7.18 über in

$$\ln \varphi_{0i} = \int\limits_{0}^{p} \left(\frac{V_{0i}}{\bar{R}T} - \frac{1}{p} \right) dp \, . \tag{7.21}$$

Wie man aus dieser Gleichung erkennt, ist der Fugazitätskoeffizient aus der Zustandsgleichung $V_{0i}(T, p)$ des realen Fluids zu berechnen. Damit kann dann das chemische Potential ermittelt werden, sofern das Standardpotential bekannt ist, und man kann anschließend alle weiteren thermodynamischen Größen bestimmen. Die Zustandsgrößen realer Fluide kann man somit nach dem Schema der Tab. 7.1 berechnen.

In vielen Tabellen ist das Standardpotential $\mu_{0i}(p^+, T)$ nicht bei dem gesuchten Bezugsdruck p^+ vertafelt, sondern man hat für einen willkürlich vereinbarten Bezugsstand, beispielsweise $p^+ = 1\,\mathrm{atm} = 1{,}01325\,\mathrm{bar}$ und $t = 0\,°\mathrm{C}$ das chemische Potential null gesetzt und dann nur die auf diesen Zustand bezogenen chemischen Potentiale vertafelt. Als Beispiel gibt Tab. 7.2 die chemischen Potentiale von Kohlendioxid (CO_2) im gasförmigen Zustand wieder. Der Nullpunkt des chemischen Potentials ist willkürlich bei $p = 1{,}01325\,\mathrm{bar}$ und $t = 0\,°\mathrm{C}$ angenommen.

Für einige reine Gase sind Fugazitäten vertafelt[3,4,5,6] und brauchen daher nicht mehr aus der Zustandsgleichung berechnet zu werden. Als Beispiel zeigt Abb. 7.2 den Fugazitätskoeffizienten von Schwefeldioxid (SO_2) in Abhängigkeit von Druck und Temperatur[4].

---

[3] Landolt-Börnstein: Zahlenwerte und Funktionen aus Physik, Chemie, Astronomie, Geophysik und Technik, 6. Aufl., Bd. II, 1. Teil, Berlin, Heidelberg, New York: Springer 1971, S. 310–327 (dort weitere Literaturhinweise).

[4] Canjar, L.N., Manning, F.S.: Thermodynamic Properties and Reduced Correlations for Gases. Houston: Gulf Publ. Comp. 1967.

[5] Maxwell, J.B.: Data Book on Hydrocarbons. Application to Process Engineering. Princeton, Toronto, Melbourne, London: Van Nostrand 1968.

[6] Kang, T.L., Hirth, L.J., Kobe, K.A., McKetta, J.J.: Pressure-volume-temperature properties of sulfur dioxide. J. Chem. Eng. Data 6 (1961) 220–226.

Tab. 7.1 Schema zur Berechnung thermodynamischer Zustandsgrößen mit Hilfe des chemischen Potentials

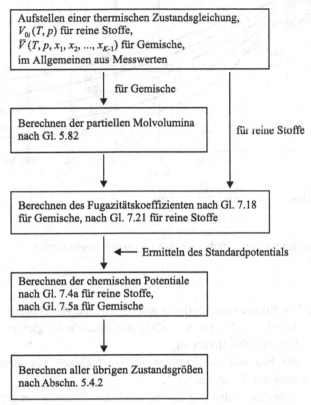

Aufstellen einer thermischen Zustandsgleichung,
$V_{0i}(T, p)$ für reine Stoffe,
$\bar{V}(T, p, x_1, x_2, ..., x_{K-1})$ für Gemische,
im Allgemeinen aus Messwerten

für Gemische

Berechnen der partiellen Molvolumina nach Gl. 5.82

für reine Stoffe

Berechnen des Fugazitätskoeffizienten nach Gl. 7.18 für Gemische, nach Gl. 7.21 für reine Stoffe

Ermitteln des Standardpotentials

Berechnen der chemischen Potentiale
nach Gl. 7.4a für reine Stoffe,
nach Gl. 7.5a für Gemische

Berechnen aller übrigen Zustandsgrößen nach Abschn. 5.4.2

Tab. 7.2 Chemische Potentiale von CO_2 in J/mol (Nullpunkt bei 0 °C und 1,01325 bar)

Druck in bar	25 °C	31,04 °C	40 °C
1,01325	−39,34	−62,78	−103
50,663	8953,6	9175,5	9494,0
101,325	9529,1	9860,6	10 049

Für Stoffe, die das Theorem der übereinstimmenden Zustände in seiner einfachsten Form befolgen, wonach die thermische Zustandsgleichung darstellbar ist durch

$$V_r = f(p_r, T_r),$$

$$V_r = \frac{\bar{V}}{\bar{V}_k}, \quad p_r = \frac{p}{p_k}, \quad T_r = \frac{T}{T_k},$$

kann man Fugazitätskoeffizienten durch Integration von Gl. 7.21 berechnen.

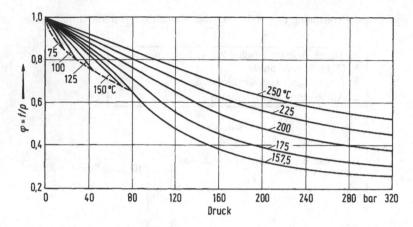

Abb. 7.2 Fugazitätskoeffizienten von Schwefeldioxid

Als Ergebnis der Integration erhält man den Fugazitätskoeffizienten

$$\varphi = \varphi(p_r, T_r)$$

für alle Stoffe, die dem Korrespondenzprinzip gehorchen. Hierzu gehören in guter Näherung die Gase Ne, Ar, Kr, Xe, N_2, O_2, CO, CH_4. Sie besitzen für gleiche Werte p_r, T_r denselben Wert des Fugazitätskoeffizienten.

Abb. 7.3 zeigt die Fugazitätskoeffizienten in Abhängigkeit von dem normierten Druck p_r und der normierten Temperatur T_r[7].

Mit Hilfe dieser Abbildung kann man die Fugazitätskoeffizienten der genannten Gase abschätzen. Man braucht dazu nur die kritische Temperatur und den kritischen Druck zu kennen[8].

7.2   Die ideale Mischung als Referenz: Aktivität und Aktivitätskoeffizient

Neben dem Fugazitätskoeffizienten definiert man in der Thermodynamik einen Aktivitätskoeffizienten, der ebenfalls die Abweichung eines realen Gemisches von einem Modellgemisch wiedergeben soll. Während man zur Definition des Fugazitätskoeffizienten nach Gl. 7.7 ein Modellgemisch betrachtet, dessen einzelne Komponenten sich wie ideale Gase verhalten, bezieht man sich beim Aktivitätskoeffizienten auf ein Gemisch, dessen einzelne Komponenten sich real verhalten. Diese sollen sich jedoch wie ideale Gase mischen,

---

[7] Newton, R.H.: Activity coefficients of gases. Ind. Eng. Chem. 27 (1935) 302–306, dort auch Kurven für andere Bereiche von p_r und T_r.

[8] Für Stoffe, die einem erweiterten Korrespondenzprinzip genügen, finden sich entsprechende Diagramme und Tabellen im VDI Wärmeatlas, Abschnitt Dfa, 10. Auflage 2006.

Abb. 7.3 Fugazitätskoeffizienten in Abhängigkeit von
normiertem Druck p_r und nor-
mierter Temperatur T_r von
Gasen, die dem Korrespon-
denzprinzip gehorchen (Ne,
Ar, Kr, Xe, N_2, O_2, CO, CH_4)

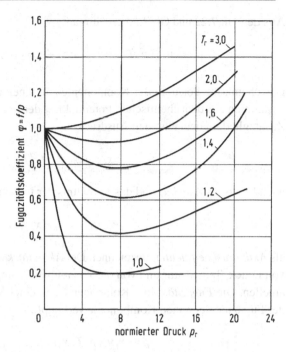

d. h. man berechnet das chemische Potential der Komponente i eines Gemisches aus dem chemischen Potential der reinen realen Komponente und einem Zusatzglied, das formal genau so aufgebaut ist wie bei idealen Gasen in einem Gemisch.

Das chemische Potential einer Komponente i in einem realen Gemisch kann man nach Gl. 7.5a auch schreiben

$$\mu_i = \mu_{0i}(p^+, T) + \bar{R}T \ln \frac{p}{p^+} + \bar{R}T \ln \frac{p_i}{p} + \bar{R}T \ln \frac{f_i}{p_i} .$$

Da das Verhältnis aus dem Partialdruck p_i der Komponente i in einem Gemisch idealer Gase zum Gesamtdruck gleich dem Molenbruch ist, $y_i = p_i/p$, erhält man hieraus unter Beachtung der Definitionsgleichung (Gl. 7.9) für den Fugazitätskoeffizienten

$$\mu_i = \mu_{0i}(p^+, T) + \bar{R}T \ln \frac{p}{p^+} + \bar{R}T \ln(y_i \, \varphi_i) . \tag{7.22}$$

Für die reale reine Komponente i ergibt sich das chemische Potential beim Druck p und der Temperatur T nach Gl. 7.4a zu

$$\mu_{0i}(p, T) = \mu_{0i}(p^+, T) + \bar{R}T \ln \frac{p}{p^+} + \bar{R}T \ln \varphi_{0i} . \tag{7.23}$$

Die Größe φ_{0i} ist der Fugazitätskoeffizient der realen reinen Komponente i, gemäß Gl. 7.8

$$\varphi_{0i} = f_{0i}/p . \tag{7.24}$$

Aus den Gl. 7.22 und Gl. 7.23 erhält man

$$\mu_i = \mu_{0i}(p, T) + \bar{R}T \ln x_i \frac{\varphi_i}{\varphi_{0i}} = \mu_{0i}(p, T) + \bar{R}T \ln a_i \ . \tag{7.25}$$

Das chemische Potential der Komponente i in einen realem Gemisch setzt sich hiernach zusammen aus dem chemischen Potential μ_{0i} der realen reinen Komponente i und einem Zusatzglied, in dem man den Ausdruck

$$x_i \varphi_i / \varphi_{0i} = f_i / f_{0i} = a_i \tag{7.26}$$

nach Lewis als *Aktivität* und das Verhältnis der Fugazitätskoeffizienten

$$\varphi_i / \varphi_{0i} = f_i / (x_i f_{0i}) = \gamma_i \tag{7.27}$$

als *Aktivitätskoeffizienten* bezeichnet. Der *Aktivitätskoeffizient* ist allgemein eine Funktion von Druck, Temperatur und von der Zusammensetzung der Mischung, also von K-1 Mol-anteilen. Die *Fugazität* einer Komponente i in einer Mischung ist demnach wie folgt mit der Fugazität der reinen Komponente verknüpft:

$$f_i = x_i \gamma_i (p, T, x_1, \ldots, x_{K-1}) \ f_{0i}(p, T) \tag{7.27a}$$

Die Aktivität kann man, wie aus Gl. 7.25 hervorgeht, als einen fiktiven Molenbruch deuten. Mit ihr kann man das chemische Potential für ein ideales Gemisch (Gl. 7.3)

$$\mu_i = \mu_{0i}(p, T) + \bar{R}T \ln x_i$$

formal auf reale Gemische übertragen. Man hat nur den Molenbruch x_i durch die Aktivität a_i zu ersetzen.

Die Einführung der Begriffe Aktivität und Aktivitätskoeffizient ermöglicht es daher, die Eigenschaften eines gegebenen realen Gemisches mit denen des idealen Gemisches zu vergleichen. Im Grenzfall des idealen Gemisches geht die Aktivität a_i über in den Molenbruch x_i.

Die Fugazität einer Komponente i in einer idealen Mischung ($\gamma_i = 1$) realer Stoffe lässt sich dann in einfacher Weise berechnen.

$$f_i = x_i \ f_{0i}(p, T) \tag{7.27b}$$

Für $x_i = 1$ wird $\varphi_i = \varphi_{0i}$ und damit der Aktivitätskoeffizient

$$\lim_{x_i \to 1} \gamma_i = \lim_{x_i \to 1} \frac{\varphi_i}{\varphi_{0i}} = 1 \tag{7.28}$$

und die Aktivität

$$\lim_{x_i \to 1} x_i \frac{\varphi_i}{\varphi_{0i}} = \lim_{x_i \to 1} a_i = 1 \ . \tag{7.28a}$$

Aktivitäten und Aktivitätskoeffizienten kann man in gleicher Weise wie die Fugazitäten und Fugazitätskoeffizienten berechnen. Mit Hilfe von Gl. 7.18 für den Fugazitätskoeffizienten der Komponente i in einem Gemisch und von Gl. 7.21 für den Fugazitätskoeffizienten reiner Fluide erhält man für den Aktivitätskoeffizienten γ_i die Beziehung

$$\ln \gamma_i = \ln \frac{\varphi_i}{\varphi_{0i}} = \int\limits_{p=0}^{p} \frac{V_i - V_{0i}}{\bar{R}T}\, dp \ . \tag{7.29}$$

Der Aktivitätskoeffizient ist somit aus dem partiellen Molvolumen V_i und dem Molvolumen V_{0i} der reinen Komponente zu berechnen.

7.3 Die ideal verdünnte Lösung als Referenz: Rationelle Aktivitätskoeffizienten

Der durch Gl. 7.25 mit Gl. 7.27 eingeführte Aktivitätskoeffizient ist auf den Zustand der reinen Komponente bei Systemdruck p und Systemtemperatur T bezogen. In vielen Fällen ist jedoch das chemische Potential der Komponente i in einem Gemisch bei einem Druck p und einer Temperatur T zu berechnen, bei dem die reine Komponente nicht im gleichen Aggregatzustand existiert, sondern beispielsweise schon verdampft ist, während das Gemisch noch in flüssiger Form vorhanden ist. Dann ist es nicht mehr sinnvoll, das chemische Potential auf einen nicht existierenden Zustand zu beziehen. Auch dann, wenn eine Komponente dissoziiert, wie bei Elektrolyten oder bei Molekülverbindungen, ist es nicht zweckmäßig, als Bezugszustand den der reinen Komponente zu vereinbaren, da Ionen abgesehen von extrem tiefen Temperaturen nicht als reine Flüssigkeiten existieren können.

Um auch in den genannten Fällen zu einer zweckmäßigen Vereinbarung zu kommen, führt man den Bezugszustand der unendlich verdünnten (bzw. ideal verdünnten) Lösung ein. Vom Standpunkt der molekularen Thermodynamik liegt eine unendlich verdünnte Lösung dann vor, wenn der mittlere Abstand zwischen den Molekülen des gelösten Stoffes so groß ist, dass die Wechselwirkungen zwischen diesen vernachlässigt werden können. Es treten somit nur Wechselwirkungen zwischen dem gelösten Stoff und den Lösungsmittelmolekülen auf.

Im Falle polynärer Gemische sind in der Literatur zwei Definitionen dieses Bezugszustandes gebräuchlich:

I. Der Molanteil des betrachteten gelösten Stoffes i geht gegen Null ($x_i \rightarrow 0$) und das Lösungsmittel (1) ist frei von weiteren gelösten Stoffen ($x_1 \rightarrow 1$).

II. Der Molanteil des betrachteten gelösten Stoffes i geht gegen Null ($x_i \rightarrow 0$), das Lösungsmittel (1) enthält aber weitere gelöste Stoffe, deren Stoffmenge $N_{j \neq i}$ beim Grenzübergang $x_i \rightarrow 0$ unverändert bleiben, sodass $x_1 \neq 1$ ist.

Im Falle binärer Gemische ist nur der Bezugszustand I sinnvoll. Dieser Referenzzu-stand wird auch in der Fachliteratur am häufigsten benutzt.

Die folgende Herleitung einer Zustandsgleichung für das chemische Potential auf der Basis des Referenzzustandes einer unendlich verdünnten Lösung gilt zunächst allgemein für beide Varianten I und II. Man geht aus von der Definitionsgleichung des Aktivitätsko-effizienten

$$\mu_i = \mu_{0i} + \bar{R}T \ln x_i \gamma_i \; . \tag{7.30}$$

Aus Gl. 7.30 ist unschwer zu erkennen, dass bei $x_i \to 0$ das chemische Potential μ_i gegen den Wert $\mu_i = -\infty$ strebt. Um ein Bezugspotential mit endlicher Größe zu definieren, muss Gl. 7.30 umgeformt werden in

$$\mu_i - \bar{R}T \ln x_i = \mu_{0i} + \bar{R}T \ln \gamma_i \; . \tag{7.31}$$

Bildet man beiderseits den Grenzübergang $x_i \to 0$, so erhält man

$$\lim_{x_i \to 0} (\mu_i - \bar{R}T \; ln \; x_i) = \mu_{0i} + \bar{R}T \lim_{x_i \to 0} ln \; \gamma_i = \mu_i^* \; . \tag{7.32}$$

Das durch diese Beziehung definierte Potential μ_i^*, kann man als neue Bezugsgröße für das chemische Potential auffassen. Es ist endlich und hängt nicht vom Molenbruch x_i ab, was durch den hochgestellten Index * angezeigt werden soll. Für ein Einstoffsystem als Lösungsmittel (Defintion Variante I) ist dieses Bezugspotential demnach konzentrations-unabhängig, während es für ein Mehrstoffsystem als Lösungsmittel (Defintion Variante II) von den Molanteilen aller anderen gelösten Stoffe bei $x_i \to 0$ abhängt. Das Bezugspoten-tial μ_i^* hat trotz seiner Unanschaulichkeit den Vorteil, dass es wegen

$$\mu_i^* = \lim_{x_i \to 0} (\mu_i - \bar{R}T \ln x_i)$$

aus dem chemischen Potential stark verdünnter Lösungen berechnet werden kann.

Mit Hilfe von Gl. 7.32 eliminieren wir nun das chemische Potential μ_{0i} der reinen Komponente in Gl. 7.30. Hierdurch erhält man

$$\mu_i = \mu_i^* + \bar{R}T \ln x_i + \bar{R}T \ln \gamma_i - \bar{R}T \lim_{x_i \to 0} \ln \gamma_i \; . \tag{7.33}$$

Abkürzend schreibt man

$$\ln \gamma_i - \lim_{x_i \to 0} \ln \gamma_i = \ln \gamma_i^* \tag{7.34}$$

und nennt γ_i^* den *rationellen Aktivitätskoeffizienten*. Es ist

$$\lim_{x_i \to 0} \gamma_i^* = 1 \; , \tag{7.35}$$

und man nennt

$$\lim_{x_i \to 0} \gamma_i = \gamma_i^\infty \tag{7.36}$$

den Grenzaktivitätskoeffizienten. Das hochgestellte Zeichen ∞ bei γ_i bedeutet, dass das Gemisch bezüglich der Komponente i unendlich (ideal) verdünnt ist, $x_i \to 0$. Wie aus Gl. 7.34 folgt, ist der rationelle Aktivitätskoeffizient

$$\gamma_i^* = \gamma_i / \gamma_i^\infty . \tag{7.37}$$

Mit dem so definierten rationellen Aktivitätskoeffizienten kann man Gl. 7.33 auch schreiben

$$\mu_i = \mu_i^* + \bar{R}T \ln x_i \gamma_i^* . \tag{7.38}$$

Streng genommen müsste man entsprechend den unterschiedlichen Definitionen I und II des Referenzzustandes der ideal verdünnten Lösung für die Referenzpotentiale nach Gl. 7.32 die Grenzaktivitätskoeffizienten nach Gl. 7.36 und die rationellen Aktivitätskoeffizienten nach Gl. 7.37 unterschiedliche Bezeichnungen einführen[9].

Gl. 7.32 wäre dann beispielsweise für die beiden Definitionen I und II wie folgt zu formulieren:

$$\text{I}: \lim_{\substack{x_i \to 0 \\ x_1 \to 1}} (\mu_i - \bar{R}T \ln x_i) = (\mu_i^*)_I . \tag{7.32a}$$

$$\text{II}: \lim_{\substack{x_i \to 0 \\ x_1 \neq 1}} (\mu_i - \bar{R}T \ln x_i) = (\mu_i^*)_{II} . \tag{7.32b}$$

Entsprechendes gilt für die rationellen Aktivitätskoeffizienten. Wir wollen aber auf diese Unterscheidung in den weiteren Ausführungen verzichten, da in den folgenden Kapiteln nur die Definition I Verwendung findet.

Der rationelle Aktivitätskoeffizient lässt sich leicht aus dem gewöhnlichen berechnen. Nach Gl. 7.29 ist der Aktivitätskoeffizient bei vorgegebenen Werten des Druckes und der Temperatur gegeben durch

$$\ln \gamma_i = \int_0^p \frac{V_i - V_{0i}}{\bar{R}T} \, dp .$$

Hieraus erhält man den Grenzwert

$$\ln \gamma_i^\infty = \lim_{x_i \to 0} \ln \gamma_i = \int_0^p \frac{V_i^\infty - V_{0i}}{\bar{R}T} \, dp \tag{7.39}$$

mit

$$V_i^\infty := \lim_{x_i \to 0} V_i(T, p, x_1, x_2, \ldots, x_i, \ldots, x_{K-1}) .$$

---

[9] Es existieren nur wenige Lehrbücher, in denen diesem Tatbestand definitiv Rechnung getragen wird, z. B. J.P. O'Connell, J.M. Haile: Thermodynamics, Cambridge University Press, 2005.

Zieht man beide Ausdrücke voneinander ab, so erhält man wegen Gl. 7.34

$$\ln \gamma_i^* = \int\limits_0^p \frac{V_i - V_i^\infty}{\bar{R}T}\, dp \,. \tag{7.40}$$

Der rationelle Aktivitätskoeffizient kann auch aus dem partiellen Molvolumen V_i und dessen Grenzwert für $x_i \to 0$ berechnet werden. Er ist somit auch aus der Zustandsgleichung des Gemisches zu ermitteln.

In den bisher erfolgten Betrachtungen zum chemischen Potential basierend auf dem Referenzzustand der unendlich verdünnten Lösung haben wir ausschließlich Stoffmengenanteile x_i als Maß für die Zusammensetzung einer Mischphase benutzt. Im Falle von Lösungen, insbesondere von solchen Systemen, die Ionen enthalten, ist es aber oft zweckmäßiger, als Konzentrationsmaße die Molkonzentration c_i oder die Molalität m_i zu verwenden.

Zunächst formulieren wir Gl. 7.30 auf die Stoffmengenkonzentration c_i wie folgt um, indem wir gleichzeitig eine Bezugskonzentration c_i° einführen:

$$\mu_i = \mu_{0i}(p, T) + \bar{R}T \ln \left(\gamma_i \frac{c_i}{c} \frac{c_i^\circ}{c_i^\circ} \right). \tag{7.41}$$

Umstellen von Gl. 7.41 ergibt

$$\mu_i - \bar{R}T \ln \frac{c_i}{c_i^\circ} = \mu_{0i}(p, T) + \bar{R}T \ln \left(\gamma_i \frac{c_i^\circ}{c} \right). \tag{7.42}$$

Bildet man beiderseits den Grenzübergang $c_i \to 0$, so erhält man

$$\lim_{c_i \to 0} \left(\mu_i - \bar{R}T \ln \frac{c_i}{c_i^\circ} \right) = \mu_{0i}(p, T) + \bar{R}T \ln \left(\gamma_i^{\infty} \frac{c_i^\circ}{c^{\infty}} \right) = \mu_{ci}^* \,. \tag{7.43}$$

μ_{ci}^* ist das Bezugspotential basierend auf der Stoffmengenkonzentration c_i, c^{∞} ist die gesamte Stoffmengenkonzentration im Zustand der, bezogen auf die Komponente i, ideal verdünnten Lösung.

Einsetzen von Gl. 7.43 in Gl. 7.41 ergibt nach Eliminieren von μ_{0i}

$$\mu_i = \mu_{ci}^* + \bar{R}T \ln \left(\gamma_i^* \frac{c^{\infty}}{c} \frac{c_i}{c_i^\circ} \right). \tag{7.44}$$

Mit der Definition des rationellen Aktivitätskoeffizienten basierend auf der Stoffmengenkonzentration

$$\gamma_{ci}^* = \gamma_i^* \frac{c^{\infty}}{c} \tag{7.45}$$

erhält man eine Gleichung mit ähnlich einfacher Struktur wie Gl. 7.38

$$\mu_i = \mu_{ci}^*(p, T, c_i^\circ) + \bar{R}T \ln\left(\gamma_{ci}^* \frac{c_i}{c_i^\circ}\right) \tag{7.46}$$

bzw.

$$\mu_i = \mu_{ci}^*(p, T, c_i^\circ) + \bar{R}T \ln a_{ci}^* \tag{7.46a}$$

mit der Aktivität $a_{ci}^* = \gamma_{ci}^* \frac{c_i}{c_i^\circ}$.

Die Bezugskonzentration c_i° wurde eingeführt, um ein dimensionsloses Argument des Logarithmus zu erhalten. Sie wird üblicherweise mit $c_i^\circ = 1\,\text{mol}/\text{l}$ angenommen. Natürlich ist damit auch das Bezugspotential μ_{ci}^* von der Wahl dieser Bezugskonzentration abhängig.

Gl. 7.46 gilt allgemein für beide Varianten (I und II) des Referenzzustandes ideal verdünnter Lösungen.

Im Falle der Variante I ist $c^{\circ\circ} = c_1$, also gleich der Stoffmengenkonzentration des reinen Lösungsmittels.

In ähnlicher Weise kann man Gl. 7.30 auch auf die Molalität $m_i = N_i/M_1$ als Zusammensetzungsmaß umformen, indem man den Molanteil x_i durch die Molalität m_i gemäß Tabelle (1.1) ersetzt und gleichzeitig die Bezugsmolalität m_i° einführt

$$\mu_i = \mu_{0i} + \bar{R}T \ln\left(\gamma_i \, m_i \frac{\bar{M}}{1 + \sum_2^K m_k \bar{M}_k} \frac{m_i^\circ}{m_i^\circ}\right). \tag{7.47}$$

Umstellen von Gl. 7.47 ergibt

$$\mu_i - \bar{R}T \ln \frac{m_i}{m_i^\circ} = \mu_{0i}(p, T) + \bar{R}T \ln\left(\gamma_i \frac{\bar{M}\, m_i^\circ}{1 + \sum_2^K m_k \bar{M}_k}\right). \tag{7.48}$$

Bildet man wieder beiderseits den Grenzübergang $m_i \to 0$, so erhält man

$$\lim\left(\mu_i - \bar{R}T \ln \frac{m_i}{m_i^\circ}\right) = \mu_{0i}(p, T) + \bar{R}T \ln \gamma_i^{\circ\circ} \tag{7.49}$$

$$+ \lim_{m_i \to 0} \ln \frac{\bar{M}\, m_i^\circ}{1 + \sum_2^K m_k \bar{M}_k} = \mu_{mi}^* \, .$$

μ_{mi}^* ist das Bezugspotential basierend auf der Molalität m_i. Einsetzen von Gl. 7.49 in Gl. 7.47 ergibt nach Eliminieren von μ_{0i}

$$\mu_i = \mu_{mi}^* + \bar{R}T \ln \frac{m_i}{m_i^\circ} + \bar{R}T \ln \left(\gamma_i^* \frac{\bar{M}\, m_i^\circ}{1 + \sum\limits_2^K m_k\, \bar{M}_k} \right)$$

$$- \bar{R}T \lim_{m_i \to 0} \ln \left(\frac{\bar{M}\, m_i^\circ}{1 + \sum\limits_2^K m_k\, \bar{M}_k} \right). \tag{7.50}$$

Definiert man einen rationellen Aktivitätskoeffizienten basierend auf der Molalität wie folgt

$$\ln \gamma_{mi}^* = \ln \left(\gamma_i^* \frac{\bar{M}\, m_i^\circ}{1 + \sum\limits_2^K m_k\, \bar{M}_k} \right) - \lim_{m_i \to 0} \ln \left(\frac{\bar{M}\, m_i^\circ}{1 + \sum\limits_2^K m_k\, \bar{M}_k} \right), \tag{7.51}$$

so geht Gl. 7.50 über in die bekannte Form

$$\mu_i = \mu_{mi}^*(T, p, m_i^\circ) + \bar{R}T \ln \left(\gamma_{mi}^* \frac{m_i}{m_i^\circ} \right) \tag{7.52}$$

bzw.

$$\mu_i = \mu_{mi}^*(T, p, m_i^\circ) + \bar{R}T \ln a_{mi}^* \tag{7.52a}$$

mit der rationellen Aktivität $a_{mi}^* = \gamma_{mi}^* \frac{m_i}{m_i^\circ}$.

Wie zuvor wurde die Bezugsmolalität m_i° eingeführt, um ein dimensionsloses Argument des Logarithmus zu erhalten. Sie wird üblicherweise mit $m_i^\circ = 1\,\text{mol/kg}$ angenommen. Das Referenzpotential ist natürlich auch hier von der Wahl dieser Bezugsmolalität abhängig.

Wählt man Variante I als Bezugszustand der unendlich verdünnten Lösung, d. h. gilt nicht nur $m_i \to 0$, sondern gilt für alle Komponenten $j \neq 1$ $m_j \to 0$, geht $\bar{M} \to \bar{M}_1$, und Gl. 7.51 geht über in

$$\ln \gamma_{mi}^* = \ln \left(\gamma^* \frac{\bar{M}\, m_i^\circ}{1 + \sum\limits_2^K m_k\, \bar{M}_k} \right) - \ln \left(\bar{M}_1 m_i^\circ \right) \tag{7.51a}$$

bzw. es gilt

$$\gamma_{mi}^* = \gamma_i^* \frac{\bar{M}}{\bar{M}_1 \left(1 + \sum_2^K m_k \bar{M}_k\right)} \ . \tag{7.53}$$

Mit $\bar{M} = M/N$, $\bar{M}_1 = M_1/N_1$ folgt

$$\frac{\bar{M}}{\bar{M}_1} = x_1 \frac{M}{M_1} \ .$$

Substituiert man weiterhin im Nenner von Gl. 7.53 $m_k = N_k/M_1$ und $\bar{M}_k = M_k/N_k$, folgt der einfache Zusammenhang für Variante I als Referenzzustand der unendlich verdünnten Lösung

$$\gamma_{mi}^* = \gamma_i^* x_1 \ . \tag{7.54}$$

Dieser einfache Zusammenhang verdeutlicht u. a. die Zweckmäßigkeit der Festlegung des Zustandes der unendlich (ideal) verdünnten Lösung nach Variante I.

Den Aktivitätskoeffizienten γ_{mi}^* bezeichnet man oft auch als praktischen Aktivitätskoeffizienten. Die Wahl der Bezugsmolalität $m_i^\circ = 1\,\mathrm{mol/kg}$ ist willkürlich. Bei Verwendung von Gl. 7.52 ist daher zu beachten, dass dann, wenn $m_i = m_i^\circ$ ist, der Aktivitätskoeffizient γ_{mi}^* im Allgemeinen ungleich 1 ist. Erst wenn $m_i \to 0$ geht, wird $\gamma_{mi}^* = 1$. Gleiches gilt auch analog für Gl. 7.46.

Die beiden Referenzpotentiale μ_{mi}^* und μ_{ci}^* beschreiben somit einen hypothetischen Zustand, nämlich den der ideal verdünnten Lösung bezogen auf $m_i^\circ = 1\,\mathrm{mol/kg}$ bzw. $c_i^\circ = 1\,\mathrm{mol/l}$.

7.4 Die Gleichung von Gibbs-Duhem für Fugazitäten, Aktivitäten, Fugazitäts- und Aktivitätskoeffizienten

Eine Beziehung zwischen den Fugazitäts- oder den Aktivitätskoeffizienten der Komponenten einer Mischung ergibt sich aus Gl. 5.57

$$\sum_k x_k (d\mu_k)_{T,p} = 0 \ .$$

Wie aus Gl. 7.5 folgt, ist

$$(d\mu_i)_{T,p} = \bar{R}T \, d\ln f_i$$

und daher

$$\sum_k x_k \, d\ln f_k = 0 \quad (T, p = \mathrm{const}) \ . \tag{7.55}$$

Nach dieser Beziehung sind in einem Gemisch aus K Komponenten nur $K-1$ Fugazitäten unabhängig voneinander. Ein entsprechendes Ergebnis findet man für die Fugazitätskoeffizienten. Nach Gl. 7.22 ist

$$(d\mu_i)_{T,p} = \bar{R}T\, d\ln(x_i\varphi_i)$$

und somit

$$\sum_k x_k\, d\ln(x_k\varphi_k) = 0 \quad (T, p = \text{const})\,.$$

Andererseits ist $\sum_k x_k\, d\ln x_k = \sum_k dx_k = 0$ und daher

$$\sum_k x_k\, d\ln \varphi_k = 0 \quad (T, p = \text{const})\,. \tag{7.56}$$

Für ein binäres Gemisch kann man aus diesen Beziehungen die Fugazität und den Fugazitätskoeffizienten *einer* Komponente berechnen, wenn diejenigen der anderen bekannt sind.

Gl. 7.56 lässt sich leicht so umformen, dass sie statt des Fugazitätskoeffizienten den Aktivitätskoeffizienten enthält. Da der Fugazitätskoeffizient φ_{0i} eines reinen Stoffes nur von Temperatur T und Druck p abhängt, ist für konstante Werte T und p

$$d\ln \varphi_{0i} = 0\,.$$

Man kann Gl. 7.56 daher auch schreiben

$$\sum_k x_k\, d(\ln x_k\varphi_k - \ln \varphi_{0k}) = 0 \quad (T, p = \text{const})\,,$$

woraus man für die Aktivität

$$a_i = x_i\varphi_i/\varphi_{0i}$$

folgenden Ausdruck erhält

$$\sum_k x_k\, d\ln a_k = 0 \quad (T, p = \text{const})\,. \tag{7.57}$$

Für den Aktivitätskoeffizienten $\gamma_i = \varphi_i/\varphi_{0i}$ erhält man unter Beachtung von $\sum x_k\, d\ln x_k = 0$ die Beziehung

$$\sum_k x_k\, d\ln \gamma_k = 0 \quad (T, p = \text{const})\,. \tag{7.58}$$

In einem System aus K Komponenten sind demnach nur $K-1$ Aktivitäten und Aktivitätskoeffizienten voneinander unabhängig. Für binäre Gemische kann man wiederum die

Abb. 7.4 Aktivitätskoeffizienten von Methylethylketon und Toluol

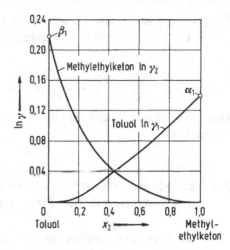

Aktivität und den Aktivitätskoeffizienten *einer* Komponente berechnen, wenn diejenigen der anderen bekannt sind.

In Abb. 7.4 ist als Beispiel der aus Messungen an dem Gemisch aus Methylethylketon ($CH_3COC_2H_5$) und Toluol ($C_6H_5CH_3$) berechnete Aktivitätskoeffizient γ_2 des Methylethylketons über dem Molenbruch x_2 aufgetragen. Durch Integration ist hieraus mit Hilfe von Gl. 7.58 der Aktivitätskoeffizient γ_1 des Toluols berechnet. Die Kurven, die man erhält, wenn man den Aktivitätskoeffizienten über dem Molenbruch aufträgt, haben meistens eine ziemlich einfache Gestalt und können für binäre Gemische durch Reihen der Form

$$\ln \gamma_1 = \sum_j \alpha_j x_2^{n_j} \quad (T, p = \text{const}) , \tag{7.59}$$

$$\ln \gamma_2 = \sum_j \beta_j x_1^{m_j} \quad (T, p = \text{const}) \tag{7.59a}$$

dargestellt werden, wobei die Exponenten n_j und m_j positive ganze oder gebrochene Zahlen sind und die Größen α_j und β_j von der Temperatur und dem Druck abhängen. Sie sind durch die Gleichung von Gibbs-Duhem miteinander verknüpft. Hat man hinreichend *verdünnte Lösungen* ($x_2 \to 0$), so kann man sich in Gl. 7.59 und Gl. 7.59a auf das erste Reihenglied beschränken

$$\ln \gamma_1 = \alpha_1 x_2^{n_1} , \tag{7.60}$$

$$\ln \gamma_2 = \beta_1 x_1^{m_1} = \beta_1 (1 - x_2)^{m_1} . \tag{7.60a}$$

Es ergeben sich, wie man auch aus Abb. 7.4 erkennt, folgende *Grenzfälle*:

Im Zustand der *unendlichen Verdünnung* $x_2 \to 0$ oder $x_1 \to 1$ ist $\ln \gamma_1 = 0$ und für $n_1, m_1 \geq 1$

$$\lim_{x_2 \to 0} \frac{\partial \ln \gamma_1}{\partial x_2} = 0 , \quad \lim_{x_2 \to 0} \frac{\partial \ln \gamma_2}{\partial x_2} = -\beta_1 m_1 . \tag{7.61}$$

Entsprechend ist für eine Lösung, die nur wenig von der anderen Komponente enthält $(x_2 \to 1$ oder $x_1 \to 0)$, $\ln\gamma_2 = 0$ und außerdem

$$\lim_{x_2 \to 1} \frac{\partial \ln\gamma_2}{\partial x_2} = 0 \,, \quad \lim_{x_2 \to 1} \frac{\partial \ln\gamma_1}{\partial x_2} = \alpha_1 n_1 \,. \tag{7.62}$$

Diese Ergebnisse genügen der Gl. 7.58 von Gibbs-Duhem, wovon man sich leicht überzeugen kann.

7.5   Exzessgrößen und ihr Zusammenhang mit dem chemischen Potential

Unter den thermodynamischen Funktionen, die von den unabhängigen Variablen Temperatur T, Druck p und den Molenbrüchen $x_1, x_2, \ldots, x_{K-1}$ abhängen, kommt der freien Enthalpie eine besondere Bedeutung zu, weil sie in Abhängigkeit von den erwähnten unabhängigen Variablen eine Fundamentalgleichung ist. Es ist daher naheliegend, dass man die freie Enthalpie von Gemischen durch Gleichungen darzustellen versucht. Zu diesem Zweck gehen wir von Gl. 5.104 und Gl. 5.105 aus, wonach die molare freie Enthalpie gegeben ist durch

$$\bar{G} = \sum_k \mu_{0k} x_k + \bar{R}T \sum_k x_k \ln x_k + \bar{G}^{\mathrm{E}} \,. \tag{7.63}$$

Andererseits erhält man die molare freie Enthalpie auch dadurch, dass man in

$$\bar{G} = \sum_k \mu_k x_k$$

das chemische Potential einer beliebigen Komponente i eines realen Gemisches einsetzt, das nach Gl. 7.25 und Gl. 7.27 gegeben ist durch

$$\mu_i = \mu_{0i}(p, T) + \bar{R}T \ln x_i + \bar{R}T \ln\gamma_i \,.$$

Damit erhält man

$$\bar{G} = \sum_k \mu_{0k} x_k + \bar{R}T \sum_k x_k \ln x_k + \bar{R}T \sum_k x_k \ln\gamma_k \,. \tag{7.64}$$

Wie der Vergleich zwischen Gl. 7.63 und Gl. 7.64 zeigt, hängt der Realanteil $\bar{G}^{\mathrm{E}}$ der freien Enthalpie mit den Aktivitätskoeffizienten zusammen durch den Ausdruck

$$\bar{G}^{\mathrm{E}} = \bar{R}T \sum_k x_k \ln\gamma_k \,. \tag{7.65}$$

Man bezeichnet nun nach Lewis[10], Brönsted[11] und Washburn[12] ein Gemisch dann als ideal, wenn die Aktivitätskoeffizienten gegeben sind durch

$$\gamma_i = 1 \; (i = 1, 2, \ldots, K) \quad \text{(Definition des idealen Gemisches).} \tag{7.66}$$

Daher verschwindet für ideale Gemische die molare freie Zusatzenthalpie $\bar{G}^E$. Sie ist hingegen für reale Gemische von null verschieden und wird daher zu Recht auch als Realanteil der freien Enthalpie bezeichnet. Für ideale Gemische ist somit

$$\bar{G} = \sum_k \mu_{0k} x_k + \bar{R} T \sum_k x_k \ln x_k \quad \text{(ideale Gemische)} , \tag{7.67}$$

wobei μ_{0k} das chemische Potential der realen oder der idealen reinen Komponenten sein kann: Ideale Gemische können im Sinne der obigen Definition entweder aus idealen oder aber auch aus realen reinen Komponenten bestehen, die sich im Gemisch ideal verhalten. Aus Gl. 7.67 liest man ab, dass das chemische Potential jeder einzelnen Komponente i in einem idealen Gemisch der Beziehung

$$\mu_i^{id} = \mu_{0i} + \bar{R} T \ln x_i \quad \text{(Komponente i in idealem Gemisch)} \tag{7.68}$$

gehorcht.

Wie die molekulare Theorie lehrt, verhalten sich nur solche Gemische ideal, deren einzelne Teilchenarten sowohl hinsichtlich ihrer Größe als auch hinsichtlich ihrer Gestalt einander sehr ähnlich sind und bei denen die Wechselwirkungsenergie zwischen den verschiedenartigen Teilchen gerade so groß wie das arithmetische Mittel der Wechselwirkungsenergien von Teilchen derselben Art ist. Diese Voraussetzungen sind gut erfüllt für die kondensierten Mischphasen folgender Typen von Gemischen[13]: Gemische von Isotopen (z. B. $H_2O + D_2O$), optischen Antipoden (z. B. d-Campher + 1-Campher), Stereoisomeren (z. B. Furnarsäuren + Maleinsäuren), Strukturisomeren (z. B. o-Xylol + p-Xylol), benachbarten höheren Gliedern einer homologen Reihe (z. B. Hexadekan + Heptadekan) und von Komponenten, die sich in einem Substituenten unterscheiden (z. B. Chlorbenzol + Brombenzol, und $KNO_3 + AgNO_3$ als Beispiel für eine ideale Elektrolytlösung). Mit Hilfe des chemischen Potentials lassen sich in einfacher Weise die Mischungsgrößen idealer Mischungen berechnen. Aus Gl. 5.86 folgt für ideale Gemische durch Differentiation von Gl. 7.68 nach dem Druck

$$V_i = V_{0i} \quad \text{oder} \quad \Delta V_i = V_i - V_{0i} = 0 . \tag{7.69}$$

[10] Lewis, G.N.: The osmotic pressure of concentrated solutions, and the laws of the perfect solution. J. Am. Chem. Soc. 30 (1908) 668–683.

[11] Brönsted, J.N.: Studien zur chemischen Affinität. III. Mischungsaffinität binärer Systeme. Z. phys. Chem. 64 (1908) 641–656.

[12] Washburn, E.W.: Das Fundamentalgesetz für eine allgemeine Theorie der Lösungen. Z. phys. Chem. 74 (1910) 537–561.

[13] Haase, R.: Thermodynamik der Mischphasen. Berlin, Göttingen, Heidelberg: Springer 1956, S. 339.

Weiter erhält man durch Einsetzen des chemischen Potentials nach Gl. 7.68 in Gl. 5.89

$$H_i = H_{0i} \quad \text{oder} \quad \Delta H_i = H_i - H_{0i} = 0 \tag{7.70}$$

und aus Gl. 5.85

$$S_i = S_{0i} - \bar{R} T \ln x_i \; . \tag{7.71}$$

Hiermit erhält man für die *molaren Mischungsgrößen idealer Gemische*:

$$\Delta \bar{V} = \sum_k (V_k - V_{0k}) x_k = 0 \; , \tag{7.72a}$$

$$\Delta \bar{U} = \sum_k (U_k - U_{0k}) x_k = 0 \; , \tag{7.72b}$$

$$\Delta \bar{H} = \sum_k (H_k - H_{0k}) x_k = 0 \; , \tag{7.72c}$$

$$\Delta \bar{S} = \sum_k (S_k - S_{0k}) x_k = -\bar{R} \sum_k x_k \ln x_k \; , \tag{7.72d}$$

$$\Delta \bar{G} = \Delta \bar{H} - T \Delta \bar{S} = \bar{R} T \sum_k x_k \ln x_k \; , \tag{7.72e}$$

$$\Delta \bar{F} = \Delta \bar{U} - T \Delta \bar{S} = \bar{R} T \sum_k x_k \ln x_k \; , \tag{7.72f}$$

$$\Delta \bar{C}_p = \left(\frac{\partial \bar{H}}{\partial T} \right)_{p,x_j} = 0 \; . \tag{7.72g}$$

Das molare Mischungsvolumen $\Delta \bar{V}$, die molare Mischungsenergie $\Delta \bar{U}$, die molare Mischungsenthalpie $\Delta \bar{H}$ und der Realanteil $\Delta \bar{C}_p$ der molaren Wärmekapazität idealer Gemische verschwinden.

Wie bereits in Abschn. 5.5.1 dargelegt wird bei Mischungen das Abweichen vom idealen Mischungsverhalten mit sog. Zusatz- oder Exzessgrößen Z^E beschrieben. Die Einführung dieser Größen geht auf Scatchard und Raymond zurück[14]. Für ideale Mischungen sind alle Exzessgrößen gleich null.

Man bezeichnet den Unterschied zwischen irgendeiner partiellen molaren Zustandsfunktion Z_i in einer realen Mischung und derselben Zustandsfunktion Z_i^{id} in einer idealen Mischung von gleicher Zusammensetzung, gleicher Temperatur und gleichem Druck als partielle molare *Zusatz-* oder *Exzessgröße* Z_i^E. Sie ist also definiert durch

$$Z_i^E = Z_i - Z_i^{\text{id}} \; . \tag{7.73}$$

---

[14] Scatchard, G., Raymond, C.L.: Vapor-liquid equilibrium. II. Chloroform-ethanol mixtures at 35, 45 and 55 °C. J. Am. Chem. Soc. 60 (1938) 1278–1287.

Der hochgestellte Index E steht hier für „Exzess-Funktion". Nach Multiplikation mit dem Molenbruch x_i und Addition über alle Komponenten erhält man

$$\bar{Z}^{\mathrm{E}} = \sum_k x_k Z_k^{\mathrm{E}} = \sum_k x_k Z_k - \sum_k x_k Z_k^{\mathrm{id}} = \bar{Z} - \bar{Z}^{\mathrm{id}}$$

oder

$$\bar{Z} = \bar{Z}^{\mathrm{id}} + \bar{Z}^{\mathrm{E}} , \tag{7.74}$$

worin $\bar{Z}^{\mathrm{E}}$ die molare Zusatzfunktion oder Zusatzgröße ist. Man nennt sie auch den *Realanteil einer Zustandsgröße*.

Um sie berechnen zu können, gehen wir von dem chemischen Potential aus. Es ist in einem idealen Gemisch durch Gl. 7.68

$$\mu_i^{\mathrm{id}} = \mu_{0i} + \bar{R}T \ln x_i$$

gegeben, während im realen Gemisch nach Gl. 7.25 noch der Anteil $\bar{R}T \ln \gamma_i$ zu addieren ist. Der Unterschied zwischen dem chemischen Potential im realen Gemisch und dem eines idealen Gemisches, das *chemische Zusatzpotential*, ist somit

$$\mu_i^{\mathrm{E}} = \mu_i - \mu_i^{\mathrm{id}} = \bar{R}T \ln \gamma_i . \tag{7.75}$$

Die molare freie Enthalpie ist

$$\bar{G} = \sum_k \mu_k x_k = \sum_k \mu_k^{\mathrm{id}} x_k + \sum_k \mu_k^{\mathrm{E}} x_k . \tag{7.76}$$

Nach Einsetzen des chemischen Zusatzpotentials und Vergleich mit Gl. 7.74 findet man den Realanteil der molaren freien Enthalpie zu

$$\bar{G}^{\mathrm{E}} = \sum_k \mu_k^{\mathrm{E}} x_k = \bar{R}T \sum_k x_k \ln \gamma_k . \tag{7.77}$$

Da die freie Enthalpie ein Potential ist, erhält man hieraus durch Differentiation (vgl. hierzu u. a. Gl. 5.44 und Gl. 5.45), die Realanteile anderer extensiver thermodynamischer

Funktionen, insbesondere ist

$$\bar{S}^{E} = -\left(\frac{\partial \bar{G}^{E}}{\partial T}\right)_{p,x_j} = -\bar{R}\sum_{k} x_k \ln \gamma_k \tag{7.78}$$

$$-\bar{R}T \sum_{k} x_k \left(\frac{\partial \ln \gamma_k}{\partial T}\right)_{p,x_j} ,$$

$$\bar{V}^{E} = \left(\frac{\partial \bar{G}^{E}}{\partial p}\right)_{T,x_j} = \bar{R}T \sum_{k} x_k \left(\frac{\partial \ln \gamma_k}{\partial p}\right)_{T,x_j} , \tag{7.79}$$

$$\bar{H}^{E} = \bar{G}^{E} + T\bar{S}^{E} = \bar{G}^{E} - T\left(\frac{\partial \bar{G}^{E}}{\partial T}\right)_{p,x_j} \tag{7.80}$$

$$= -\bar{R}T^2 \sum_{k} x_k \left(\frac{\partial \ln \gamma_k}{\partial T}\right)_{p,x_j} ,$$

$$\bar{U}^{E} = \bar{H}^{E} - p\bar{V}^{E} = \bar{G}^{E} + T\bar{S}^{E} - p\bar{V}^{E} \tag{7.81}$$

$$= -\bar{R}T^2 \sum_{k} x_k \left(\frac{\partial \ln \gamma_k}{\partial T}\right)_{p,x_j} - p\bar{R}T \sum_{k} x_k \left(\frac{\partial \ln \gamma_k}{\partial p}\right)_{T,x_j} ,$$

$$\bar{F}^{E} = \bar{G}^{E} - p\bar{V}^{E} \tag{7.82}$$

$$= \bar{R}T \sum_{k} x_k \ln \gamma_k - p\bar{R}T \sum_{k} x_k \left(\frac{\partial \ln \gamma_k}{\partial p}\right)_{T,x_j} .$$

Aus den molaren Zustandsgrößen ergeben sich bekanntlich die partiellen molaren Zustandsgrößen, vgl. Gl. 5.81. Insbesondere findet man durch Differentiation des Realanteils der freien Enthalpie nach den Molenbrüchen

$$\mu_K^{E} = \bar{G}^{E} - \sum_{k=1}^{K-1} x_k \left(\frac{\partial \bar{G}^{E}}{\partial x_k}\right)_{T,p,x_j \neq k} = \bar{R}T \ln \gamma_K , \tag{7.83}$$

also im Fall des binären Gemisches

$$\mu_1^{E} = \bar{G}^{E} - x_2 \left(\frac{\partial \bar{G}^{E}}{\partial x_2}\right)_{T,p} \quad \text{und} \quad \mu_2^{E} = \bar{G}^{E} - x_1 \left(\frac{\partial \bar{G}^{E}}{\partial x_1}\right)_{T,p} . \tag{7.84}$$

Mit Hilfe dieser Beziehung kann man dann, wenn der Realanteil $\bar{G}^{E}$ bekannt ist, den Realanteil μ_i^{E} des chemischen Potentials einer Komponente i berechnen und aus diesem wiederum mit Hilfe von Gl. 7.75 den Aktivitätskoeffizienten der Komponente i ermitteln.

Für ideale Gemische ist definitionsgemäß $\bar{G}^{E} = 0$ oder $\gamma_i = 1$, sodass hierfür *sämtliche* Realanteile verschwinden; wie wir sahen, verschwinden von den Mischungsanteilen idealer Gemische nur die Größen $\Delta\bar{V}$, $\Delta\bar{U}$, $\Delta\bar{H}$, $\Delta\bar{C}_p$, während die Mischungsanteile $\Delta\bar{S}$, $\Delta\bar{G}$ und $\Delta\bar{F}$ von null verschieden waren.

Durch die obigen Beziehungen sind die Realanteile der extensiven Größen auf die Aktivitätskoeffizienten zurückgeführt, die man wiederum nach Gl. 7.75 durch das chemische Zusatzpotential ausdrücken kann. Alle Realanteile der extensiven Funktionen lassen sich somit berechnen, wenn entweder die Aktivitätskoeffizienten γ_i oder die chemischen Zusatzpotentiale μ_i^E bekannt sind. Die Aktivitätskoeffizienten konnten, wie in Abschn. 7.2 gezeigt worden war, mit Hilfe der thermischen Zustandsgleichung berechnet werden, sodass die Realanteile letztlich auch auf die thermische Zustandsgleichung zurückführbar sind.

Hat man die Realanteile $\bar{Z}^E$ auf Grund der Gln. 7.78 bis 7.82 ermittelt, so ergibt sich die betreffende Zustandsfunktion nach Gl. 7.74.

7.6 Beispiele und Aufgaben

Beispiel 7.1

Ethan von $100\,^\circ$C gehorcht bei Drücken bis 30 bar der Virialgleichung

$$Z = \frac{p\bar{V}}{\bar{R}T} = 1 + \frac{B}{\bar{R}T}\,p$$

mit einem zweiten Virialkoeffizienten $B = -0{,}11365\,\mathrm{m^3/kmol}$.

Man berechne den Fugazitätskoeffizienten als Funktion des Druckes und vergleiche den Fugazitätskoeffizienten für den Druck $p = 30$ bar mit dem Wert, den man mittels der Zustandsgleichung von Redlich-Kwong erhält.

Aus Gl. 7.21 folgt mit der vereinfachten Bezeichnungsweise $\varphi_{0i} \equiv \varphi$ und $V_{0i} = \bar{V}$

$$\ln \varphi = \int\limits_0^p \frac{1}{p}\left(\frac{p\bar{V}}{\bar{R}T} - 1\right) dp = \int\limits_0^p \frac{B}{\bar{R}T}\,dp = \frac{B}{\bar{R}T}\,p\,.$$

Es ist $\varphi = \exp\left(\dfrac{B}{\bar{R}T}\,p\right) = \exp\left(\dfrac{-0{,}11365\,\mathrm{m^3/kmol}}{8{,}314 \cdot 10^3\,\mathrm{J/(kmol\,K)} \cdot 373{,}15\,\mathrm{K}}\,p\right),$

$$\varphi = \exp\left(-3{,}6633 \cdot 10^{-8}\,\frac{p}{\mathrm{N/m^2}}\right). \text{ Es ist } \varphi(30\,\text{bar}) = 0{,}8959\,.$$

Für reine Stoffe geht die Gl. 7.20 über in

$$\ln \varphi = Z - 1 - \ln Z + \frac{1}{\bar{R}T}\int\limits_{\bar{V}}^{\infty}\left(p - \frac{\bar{R}T}{\bar{V}}\right) d\bar{V}\,.$$

Einsetzen der Zustandsgleichung von Redlich-Kwong (Bd. 1, Gl. 13.35) ergibt

$$\ln \varphi = Z - 1 - \ln Z + \frac{1}{\bar{R}T} \int\limits_{\bar{V}}^{\infty} \left(\frac{\bar{R}T}{\bar{V} - b} - \frac{a}{\sqrt{T}\bar{V}(\bar{V} + b)} - \frac{\bar{R}T}{\bar{V}} \right) d\bar{V} \ .$$

Nach Ausführung der Integration erhält man

$$\ln \varphi = Z - 1 - \ln \left[Z \left(1 - \frac{b}{\bar{V}} \right) \right] - \frac{a}{\bar{R}T\sqrt{T}b} \ln \left(1 + \frac{b}{\bar{V}} \right) \ .$$

Es ist $a = 0,42747 \dfrac{\bar{R}^2 T_k^{2,5}}{p_k}$ und $b = 0,08664 \dfrac{\bar{R}T_k}{p_k}$.

Für Ethan ist $p_k = 48,8\,\text{bar}$, $T_k = 305,4\,\text{K}$. Damit erhält man $a = 9,87033 \cdot 10^6$ $\text{Nm}^4\text{K}^{0,5}/\text{kmol}^2$ und $b = 4,5082 \cdot 10^{-2}\,\text{m}^3/\text{kmol}$.

Die Zustandsgleichung von Redlich-Kwong liefert $\bar{V}$, denn es ist:

$$30 \cdot 10^5 \frac{\text{N}}{\text{m}^2} = \frac{8,3145 \cdot 10^3\,\text{J}/(\text{kmol K}) \cdot 373,15\,\text{K}}{\bar{V} - 4,5082 \cdot 10^{-2}\,\text{m}^3/\text{kmol}}$$

$$- \frac{9,87033 \cdot 10^6\,\text{Nm}^4\text{K}^{0,5}/\text{kmol}^2}{\sqrt{373,15\,\text{K}}\,\bar{V}(\bar{V} + 4,5082 \cdot 10^{-2}\,\text{m}^3/\text{kmol})} \ .$$

Die Gleichung ist erfüllt für $\bar{V} = 1,2189\,\text{m}^3/\text{kmol}$. Setzt man die Zahlenwerte für $Z = p\bar{V}/\bar{R}T = 1,1787$, $a = 9,87033 \cdot 10^6\,\text{Nm}^4/\text{kmol}^2$, $b = 4,5082 \cdot 10^{-2}\,\text{m}^3/\text{kmol}$ und $T = 373,15\,\text{K}$ in die obige Gleichung für den Fugazitätskoeffizienten ein, so erhält man $\ln \varphi = -0,11798$ und somit $\varphi(30\,\text{bar}) = 0,8871$. Der Wert unterscheidet sich um weniger als 1% vom Wert $\varphi(30\,\text{bar}) = 0,8959$ nach der Virialgleichung.

Beispiel 7.2

Aus Messungen ermittelte Aktivitätskoeffizienten des Gemisches Hexan (Komponente 1) und Ethanol (Komponente 2) lassen sich in guter Näherung durch die Gleichung von Wilson (siehe Abschn. 8.2d) darstellen. Danach ist

$$\ln \gamma_1 = -\ln(x_1 + \Lambda_{12}x_2) + x_2 \left(\frac{\Lambda_{12}}{x_1 + \Lambda_{12}x_2} - \frac{\Lambda_{21}}{x_2 + \Lambda_{21}x_1} \right) \quad \text{und}$$

$$\ln \gamma_2 = -\ln(x_2 + \Lambda_{21}x_1) - x_1 \left(\frac{\Lambda_{12}}{x_1 + \Lambda_{12}x_2} - \frac{\Lambda_{21}}{x_2 + \Lambda_{21}x_1} \right) \ .$$

Für Hexan/Ethanol von 60 °C haben die Koeffizienten Λ_{12} und Λ_{21} folgende Werte: $\Lambda_{12} = 0,2993$, $\Lambda_{21} = 0,0451$.

Man berechne die Aktivitätskoeffizienten und die rationellen Aktivitätskoeffizienten beider Komponenten bei einem Molenbruch $x_1 = 0,4$.

Es ist

$$\ln \gamma_1 = -\ln(0{,}4 + 0{,}2993 \cdot 0{,}6)$$

$$+ 0{,}6 \left(\frac{0{,}2993}{0{,}4 + 0{,}2993 \cdot 0{,}6} - \frac{0{,}0451}{0{,}6 + 0{,}0451 \cdot 0{,}4} \right)$$

$$= 0{,}8115 \,,$$

$$\gamma_1 = 2{,}251 \,.$$

Weiter ist

$$\ln \gamma_2 = -\ln(0{,}6 + 0{,}0451 \cdot 0{,}4)$$

$$- 0{,}4 \left(\frac{0{,}2993}{0{,}4 + 0{,}2993 \cdot 0{,}6} - \frac{0{,}0451}{0{,}6 + 0{,}0451 \cdot 0{,}4} \right)$$

$$= 0{,}3038 \,,$$

$$\gamma_2 = 1{,}355 \,.$$

Zur Ermittlung der rationellen Aktivitätskoeffizienten, Gl. 7.37, benötigen wir die Grenzaktivitätskoeffizienten

$$\lim_{x_1 \to 0} \ln \gamma_1 = \ln \gamma_1^\infty = -\ln \Lambda_{12} + 1 - \Lambda_{21} \,,$$

$\ln \gamma_1^\infty = -\ln 0{,}2993 + 1 - 0{,}0451 = 2{,}161$, $\gamma_1^\infty = 8{,}68$. Es ist $\gamma_1^* = \gamma_1/\gamma_1^\infty = 0{,}259$.
    Weiter gilt

$$\lim_{x_2 \to 0} \ln \gamma_2 = \ln \gamma_2^\infty = -\ln \Lambda_{21} + 1 - \Lambda_{12} \,,$$

$\ln \gamma_2^\infty = -\ln 0{,}0451 + 1 - 0{,}2993 = 3{,}7996$, $\gamma_2^\infty = 44{,}68$. Es ist $\gamma_2^* = \gamma_2/\gamma_2^\infty = 0{,}0303$.

Anmerkung: Wie man erkennt, lassen sich die beiden Koeffizienten Λ_{12} und Λ_{21} auch durch die Grenzaktivitätskoeffizienten ausdrücken. Es genügt daher, diese allein zu bestimmen, um Aktivitätskoeffizienten mit der Gleichung von Wilson darzustellen.

Beispiel 7.3

Man zeige, dass das molare Mischungsvolumen $\Delta \bar{V}$, die molare Mischungsenergie $\Delta \bar{U}$ und die molare Mischungsenthalpie $\Delta \bar{H}$ identisch sind mit den Realanteilen $\bar{V}^E, \bar{U}^E$ und $\bar{H}^E$ dieser Zustandsgrößen.
    Das molare Mischungsvolumen $\Delta \bar{V}$ nach Gl. 5.98 wird definiert durch

$$\bar{V} = \sum_k V_{0k} x_k + \Delta \bar{V} \,.$$

Für ideale Gemische ist nach Gl. 7.61 $V_i = V_{0i}$, sodass

$$\bar{V}^{id} = \sum_k V_{0k} x_k$$

ist. Gl. 5.98 geht also über in

$$\bar{V} = \bar{V}^{id} + \Delta \bar{V}.$$

Andererseits folgt aus Gl. 7.74 für das Molvolumen $\bar{V} = \bar{V}^{id} + \bar{V}^{E}$. Durch Vergleich erhält man $\Delta \bar{V} = \bar{V}^{E}$. Entsprechend findet man $\Delta \bar{H} = \bar{H}^{E}$, $\Delta \bar{U} = \bar{U}^{E}$.

Beispiel 7.4

Wie unterscheidet sich die molare Mischungsenthalpie $\Delta \bar{G}$ vom Realteil $\bar{G}^{E}$ der molaren freien Enthalpie und wie unterscheiden sich die Größen $\Delta \bar{S}$ von $\bar{S}^{E}$ und $\Delta \bar{F}$ von $\bar{F}^{E}$?

Nach Gl. 5.105 ist

$$\Delta \bar{G} = \bar{R} T \sum_k x_k \ln x_k + \bar{G}^{E} ,$$

also

$$\Delta \bar{G} - \bar{G}^{E} = \bar{R} T \sum_k x_k \ln x_k .$$

Desgleichen ist nach Gl. 5.100

$$\Delta \bar{S} = -\bar{R} \sum_k x_k \ln x_k + \bar{S}^{E},$$

also

$$\Delta \bar{S} - \bar{S}^{E} = -\bar{R} \sum_k x_k \ln x_k ,$$

mit $\bar{S}^{E} = 0$ für ideale Gemische. Aus

$$\Delta \bar{G} = \bar{R} T \sum_k x_k \ln x_k + \bar{G}^{E}$$

folgt nach Subtraktion von $p \Delta \bar{V} = p \bar{V}^{E}$:

$$\Delta \bar{F} = \bar{R} T \sum_k x_k \ln x_k + \bar{F}^{E} ,$$

also

$$\Delta \bar{F} - \bar{F}^{E} = \bar{R} T \sum_k x_k \ln x_k$$

mit $\bar{F}^{E} = 0$ für ideale Gemische.

Aufgabe 7.1

Schwefeldioxid von $150\,^{\circ}$C und $60{,}8$ bar wird in der Hochdruckstufe eines Kompressors reversibel adiabat auf einen Druck von $101{,}33$ bar verdichtet.

Welches ist die Endtemperatur? Die Fugazitätskoeffizienten berechne man mit Hilfe der Realgasfaktoren nach Landolt-Börnstein, 6. Aufl., Bd. II, 1. Teil, S. 125, Springer-Verlag 1971, die in der nachfolgenden Tabelle wiedergegeben sind.

p in bar	T in K	Z	p in bar	T in K	Z
60,8	423,15	0,6002	101,33	430,65	0,2310
60,8	448,15	0,7133	101,33	448,15	0,2922
60,8	473,15	0,7795	101,33	473,15	0,5339
60,8	498,15	0,8273	101,33	498,15	0,6607
60,8	523,15	0,8597	101,33	523,15	0,7365

Aufgabe 7.2

Man berechne die Temperatur- und Druckabhängigkeiten

$$\left(\frac{\partial \ln \varphi_i}{\partial T}\right)_{p,x_j}, \quad \left(\frac{\partial \ln \varphi_i}{\partial p}\right)_{T,x_j}, \quad \left(\frac{\partial \ln \varphi}{\partial T}\right)_{p}, \quad \left(\frac{\partial \ln \varphi}{\partial p}\right)_{T}$$

der Fugazitätkoeffizienten.

Aufgabe 7.3

Die Dichte des flüssigen Gemisches aus Ethylalkohol (C_2H_5OH) und Wasser (H_2O) wurde bei $10\,^{\circ}$C gemessen zu

$\xi_{C_2H_5OH}$ [%]	0	10	20	40	60	80	100
ϱ [g/cm^3]	0,9997	0,9839	0,9726	0,9424	0,8993	0,8521	0,7977

Man berechne die partiellen Molvolumina von Wasser und Ethylalkohol und trage sie in Abhängigkeit vom Molenbruch des Ethylalkohols auf.

Aufgabe 7.4

Für Flüssigkeiten und feste Körper (= kondensierte Phasen), mit Ausnahme von Flüssigkeiten in der Nähe des kritischen Punktes, ist die Kompressibilität

$$\kappa = -\frac{1}{\bar{V}}\left(\frac{\partial \bar{V}}{\partial p}\right)_{T}$$

nahezu unabhängig vom Druck. Für konstante Temperatur T folgt daher aus der Zustandsgleichung $\bar{V}(T, p)$:

$$d\bar{V} = \left(\frac{\partial \bar{V}}{\partial p}\right)_{T} dp = -\bar{V}\kappa\, dp.$$

Durch Integration zwischen dem Bezugsdruck p^+ und einem Druck p erhält man hieraus die Zustandsgleichung für Flüssigkeiten und feste Körper

$$\bar{V} = \bar{V}^+ \exp[-\kappa(p - p^+)] \quad (T = \text{const}) .$$

Bei den gewöhnlich interessierenden Drücken ist $\kappa = 10^{-4}$ bis $10^{-6}\,\text{bar}^{-1}$. Falls $\kappa(p - p^+) \ll 1$ ist, folgt

$$\bar{V} = \bar{V}^+[1 - \kappa(p - p^+)]$$

als *vereinfachte Zustandsgleichung von kondensierten Phasen*.

Man berechne chemisches Potential und Fugazitätkoeffizienten von kondensierten Phasen.

Aufgabe 7.5

Das Molvolumen eines binären Flüssigkeitsgemisches sei gegeben durch

$$\bar{V} = V_{01}x_1 + V_{02}x_2 .$$

Man berechne die Aktivitätskoeffizienten der beiden Komponenten.

Aufgabe 7.6

Man berechne die rationellen Aktivitätskoeffizienten für ein schwach reales binäres Gemisch, das der Zustandsgleichung

$$\bar{V} = \frac{\bar{R}T}{p} + B \quad \text{mit} \quad B = B_{11}x_1^2 + 2B_{12}x_1x_2 + B_{22}x_2^2$$

gehorcht.

Aufgabe 7.7

Nach einem Ansatz von Porter[15] folgt der Aktivitätskoeffizient von Aceton in einem flüssigen Gemisch aus Aceton (Komponente 1) und Ether (Komponente 2) bei 30 °C der einfachen Gleichung

$$\bar{R}T \ln \gamma_1 = \alpha_1 x_2^2 \quad \text{bzw.} \quad \bar{R}T \ln \gamma_2 = \alpha_1 x_1^2 ; \quad \alpha_1 = \text{const} .$$

Man berechne die rationellen Aktivitätskoeffizienten beider Komponenten bei 30 °C in Abhängigkeit vom Molenbruch.

Aufgabe 7.8

Gegeben sei der Aktivitätskoeffizient $\gamma_1(T_1)$ eines Zweistoffgemisches bei einer Temperatur T_1. Außerdem sei die Mischungsenthalpie $\Delta \bar{H}(x_1, T, p)$ vermessen. Man zeige

---

[15] Porter, A.W.: On the vapour-pressures of mixtures. Trans. Faraday Soc. 16 (1920) 336–345.

anhand Gl. 7.80 und Gl. 7.72c, wie man den Aktivitätskoeffizienten $\gamma_1(T_2)$ berechnen kann, wenn T_2 im vermessenen Temperaturintervall liegt.

Aufgabe 7.9

Messungen von Mundo[16] über die spezifische Mischungsenthalpie Δh von flüssigen Methylamin (CH_3NH_2)-Wasser (H_2O)-Gemischen bei einem Druck von 80 bar kann man in guter Näherung durch

$$\Delta h = -716\frac{kJ}{kg}\xi_1(1 - \xi_1)$$

wiedergeben, wenn ξ_1 der Massenanteil des Methylamin ist. Bei den Messungen erwies sich Δh zwischen 60 °C und 80 °C als temperaturunabhängig.

a) Wie groß ist der Realanteil c_p^E der spezifischen Wärmekapazität zwischen 60 °C und 80 °C?

b) Wie groß ist die Enthalpie des flüssigen Gemisches bei $\xi_1 = 0{,}5$ und $t = 70$ °C verglichen mit der Enthalpie eines idealen Gemisches von 0 °C? Gegeben seien die Enthalpie des reinen flüssigen Methylamin bei 70 °C zu 244 kJ/kg und die von Wasser bei 70 °C zu 293 kJ/kg. Beide Enthalpien beziehen sich auf die willkürlich festgesetzte „Nullpunktenthalpie" der reinen Stoffe bei 0 °C.

Aufgabe 7.10

100 g Aceton (Komponente 1) und 100 g Ether (Komponente 2) werden bei 30 °C in flüssigem Zustand isotherm miteinander gemischt. Wie groß ist der Realanteil der Mischungsenergie, wenn der Aktivitätskoeffizient durch den Porterschen Ansatz

$$\bar{R}T \ln \gamma_1 = \alpha_1 x_2^2 \quad \text{mit} \quad \alpha_1 = 1850\,J/mol$$

gegeben ist?

$$\text{Molmasse des Acetons} \quad \bar{M}_1 \approx 58\,kg/kmol\,,$$
$$\text{Molmasse des Ethers} \quad \bar{M}_2 \approx 74\,kg/kmol\,.$$

Wie groß ist die zu- oder abzuführende Wärme?

---

[16] Mundo, K.-J.: Mischungswärmen bei hohen Drucken und Temperaturen, insbesondere bei Methylamin-Wasser-Gemischen. Diss. TH Braunschweig 1958.

Empirische Ansätze für Zustandsgrößen von Gemischen

8

In den vorangegangenen Kapiteln hatten wir allgemein gültige, stoffunabhängige Beziehungen für das Verhalten von Stoffgemischen bereit gestellt. In Kap. 7 wurde gezeigt, dass sich die Schlüsselgröße der Mischphasenthermodynamik, das chemische Potential μ_i, auf Fugazitäten oder Fugazitätskoeffizienten bzw. Aktivitäten oder Aktivitätskoeffizienten zurückführen lässt. Um diese letztgenannten Größen in Abhängigkeit von Druck, Temperatur und Zusammensetzung für konkrete Mischungen berechnen zu können, werden stoff- bzw. stoffgruppenspezifische thermische Zustandsgleichungen bzw. Ansätze für die freie molare Exzessenthalpie $\bar{G}^E$ verwendet. Diesen Zustandsgleichungen bzw. $\bar{G}^E$-Ansätzen liegen meist stark vereinfachte Modellvorstellungen zum molekularen Verhalten von Gemischen zugrunde. Die aus diesen Modellen resultierenden Gleichungen enthalten stoffspezifische Parameter, die an Messwerte anzupassen sind. In den folgenden Kapiteln werden die wichtigsten Ansätze in ihren Grundzügen erläutert. Für detailliertere Darstellungen sei auf die Spezialliteratur verwiesen[1].

8.1 Thermische Zustandsgleichungen

Unter der *thermischen Zustandsgleichung* eines Gemisches soll ein Zusammenhang zwischen Druck, Temperatur und Volumen bei vorgegebener Zusammensetzung verstanden werden.

$$p = p(T, V, N_1, N_2, \ldots, N_K) = p(T, \bar{V}N, x_1 N, x_2 N, \ldots, x_K N)$$

---

[1] Poling, B.E.; Prausnitz, J.M.; O'Connel, J.P.: The properties of gases and liquids, 5th edition, Marcel Dekker Inc., New York, 2001.
Sandler, S.I. (Editor): Models for thermodynamic and phase equilibria calculations, Marcel Dekker Inc., New York, 1994.
Dohrn, R.: Berechnungen von Phasengleichgewichten. Grundlagen und Fortschritte der Ingenieurwissenschaften, Vieweg Verlag, Braunschweig, 1994.

© Springer-Verlag GmbH Deutschland 2017
P. Stephan et al., *Thermodynamik*, https://doi.org/10.1007/978-3-662-54439-6_8

Daraus ergibt sich für $N = 1\,\text{kmol}$

$$p = p(T, \bar{V}, x_1, x_2, \ldots, x_K) \,.$$

Hierin sind wegen der Identität

$$\sum_k x_k = 1$$

nur $K - 1$ Molenbrüche unabhängig voneinander. Wählt man als unabhängige Variablen zur Beschreibung der Zusammensetzung der Molenbrüche $x_1, x_2, \ldots, x_{K-1}$ und betrachtet somit den Molenbruch x_K als von diesen Variablen abhängig, so lautet die thermische Zustandsgleichung des Gemisches

$$p = p(T, \bar{V}, x_1, x_2, \ldots, x_{K-1}) \,. \tag{8.1}$$

Die thermische Zustandsgleichung eines Zweistoffgemisches ($K = 2$) hat somit die Form

$$p = p(T, \bar{V}, x_1) \,. \tag{8.1a}$$

In der thermischen Zustandsgleichung für ideale Gasgemische $p\bar{V} = \bar{R}T$ mit $p = \sum_k p_k$ ist das Molvolumen $\bar{V}$ unabhängig von den einzelnen Molenbrüchen, weil zwischen den Molekülen eines idealen Gases keinerlei Wechselwirkungen bestehen und das Eigenvolumen der Moleküle zu null angenommen wird. Im Fall des idealen Gases hat man sich also die Moleküle als Punktmassen ohne Individualität zu denken. Das Volumen idealer Gase und das eines Gemisches idealer Gase ist somit, wie Avogadro zuerst feststellte, nur vom Druck, der Temperatur und der gesamten Stoffmenge abhängig. Daher ist das Molvolumen als auf die Stoffmenge bezogenes Volumen nur vom Druck und der Temperatur abhängig. Im Gegensatz dazu herrschen zwischen den Molekülen eines realen Gasgemisches Anziehungs- und Abstoßungskräfte, die in komplizierter Weise von der Art der Gase und der Zusammensetzung des Gemisches abhängen. Die Moleküle besitzen außerdem ein Eigenvolumen.

Eine Zustandsgleichung für Gemische erhält man entsprechend dem Vorschlag von Kamerlingh Onnes[2] durch eine Reihenentwicklung der thermischen Zustandsgleichung. Man entwickelt die aus Gl. 8.1 folgende thermische Zustandsgleichung

$$p = p(\bar{\varrho}, T, x_1, x_2, \ldots, x_{K-1})$$

als Potenzreihe der molaren Dichte $\bar{\varrho} = 1/\bar{V}$ für festgehaltene Werte der Temperatur und der Molenbrüche. Entwicklungszentrum ist die molare Dichte $\bar{\varrho} = 0$ des idealen Gases. Man erhält dann die bekannte (vgl. Bd. I, Abschn.. 13.5) Virialentwicklung der thermischen Zustandsgleichung

$$p = \bar{R}\,T\,\bar{\varrho}\,(1 + B\bar{\varrho} + C\bar{\varrho}^2 + \ldots) \,, \tag{8.2}$$

---

[2] Kamerlingh Onnes, H.: Expression of the Equation of State of Gases and Liquids by Means of Series. Comm. Leiden Nr. 71, 1901.

worin die Koeffizienten $B, C, \ldots$ von der Temperatur und den Molenbrüchen abhängen. Der Koeffizient B ist der zweite, der Koeffizient C der dritte Virialkoeffizient, usw.

Für schwach reale Gase genügt es, in der thermischen Zustandsgleichung die Terme bis zum zweiten Virialkoeffizienten zu berücksichtigen,

$$Z = \frac{p\bar{V}}{\bar{R}T} = 1 + \frac{B}{\bar{V}} = 1 + \frac{B p}{\bar{R}T} \frac{\bar{R}T}{p\bar{V}} \quad \text{oder} \quad Z = \frac{p\bar{V}}{\bar{R}T} = 1 + \frac{B p}{\bar{R}T} \frac{1}{Z} \;.$$

Auflösen dieser in Z quadratischen Gleichung ergibt

$$Z = \frac{1}{2}\left(1 + \sqrt{1 + \frac{4B p}{\bar{R}T}}\right) \;.$$

Das negative Vorzeichen vor der Wurzel kommt nicht in Frage, denn sonst könnte Z negativ werden. Da die Drücke voraussetzungsgemäß niedrig und die Temperatur hinreichend hoch sind, ist $\frac{4B p}{\bar{R}T} \ll 1$. Wir können daher vereinfachen $Z \simeq \frac{1}{2}\left(1 + 1 + \frac{2B p}{\bar{R}T}\right)$.

Somit ist für schwach reale Gase die Gleichung

$$Z = \frac{p\bar{V}}{\bar{R}T} = 1 + \frac{B}{\bar{V}} \tag{8.3}$$

äquivalent der Gleichung

$$Z = \frac{p\bar{V}}{\bar{R}T} = 1 + \frac{B}{\bar{R}T} p \;. \tag{8.4}$$

Wie in der statistischen Thermodynamik nachgewiesen wird[3], gibt der zweite Virialkoeffizient den Einfluss von Wechselwirkungen an, die zwei Moleküle aufeinander ausüben. Man bezeichnet solche Wechselwirkungen auch als Zweierstöße. Die Wahrscheinlichkeit dafür, dass ein Molekül i mit einem Molekül j eine Zweiergruppe bildet, wächst nach den Gesetzen der Wahrscheinlichkeitsrechnung mit dem Produkt der vorhandenen Moleküle i und j und ist daher proportional dem Produkt der Molenbrüche $x_i x_j$. Bezeichnet man den Proportionalitätsfaktor für Zweierstöße zwischen den Molekülen i und j mit B_{ij}, so ist die Chance für ihr Auftreten

$$B_{ij}\, x_i\, x_j \;.$$

Kommen in dem Gemisch viele verschiedene Molekülsorten $i = 1, 2, \ldots, K$ und $j = 1, 2, \ldots, K$ vor, so ergibt sich die Gesamtwahrscheinlichkeit für das Auftreten von Zweierstößen als Summe der Einzelwahrscheinlichkeiten. Es ist somit plausibel, dass der zweite Virialkoeffizient eines Gemisches gegeben ist durch

$$B = \sum_i \sum_j B_{ij}\, x_i\, x_j \;. \tag{8.5}$$

---

[3] Vgl. hierzu u. a. Münster, A.: Statistische Thermodynamik. Berlin, Göttingen, Heidelberg: Springer 1956.

Ähnliche Überlegungen hinsichtlich der Wechselwirkungen zwischen drei Molekülen führen auf eine Beziehung für den dritten Virialkoeffizienten von Gemischen

$$C = \sum_i \sum_j \sum_k C_{ijk}\, x_i\, x_j\, x_k \tag{8.6}$$

usw.

Die Überlegungen, die zu den vorstehenden Gl. 8.5 und Gl. 8.6 führten, sind nur als anschauliche Erklärung aufzufassen. Einen strengen Beweis findet man in Lehrbüchern der statistischen Thermodynamik.

Über die temperaturabhängigen Koeffizienten, insbesondere über die C_{ijk} im dritten und die entsprechenden Koeffizienten in den höheren Virialkoeffizienten gibt es kaum verlässliche Angaben. Wir wenden uns daher zunächst dem *schwach realen* Gasgemisch zu, bei dem der Druck klein genug ist, so dass man die Glieder mit dem dritten und höheren Virialkoeffizienten vernachlässigen kann.

Für den zweiten Virialkoeffizienten eines binären Gemisches (i, $j = 1, 2$) erhält man aus Gl. 8.5

$$B = B_{11}x_1^2 + 2B_{12}x_1x_2 + B_{22}x_2^2 \; . \tag{8.7}$$

Die Koeffizienten B_{11} und B_{22} sind die zweiten Virialkoeffizienten der reinen Gase 1 und 2, der Koeffizient B_{12} beschreibt den Einfluss der Wechselwirkungen zwischen den Molekülen 1 und 2. Während man die Koeffizienten B_{11} und B_{22} der reinen Gase in vielen Fällen mit Hilfe der statistischen Thermodynamik berechnen kann, bereitet die Ermittlung der Koeffizienten B_{12} meistens erhebliche Schwierigkeiten. Wie die Erfahrung lehrt, bewähren sich für bestimmte Gemische empirische Regeln, wonach man den Koeffizienten B_{12} aus den Koeffizienten B_{11} und B_{22} ermitteln kann. Beispiele hierfür sind

$$B_{12} = \frac{1}{2}(B_{11} + B_{22}) \qquad \text{(arithmetisches Mittel)}, \tag{8.8}$$

$$B_{12} = \sqrt{B_{11}B_{22}} \qquad \text{(geometrisches Mittel)}, \tag{8.8a}$$

$$B_{12} = \left(\frac{1}{2}\sqrt[3]{B_{11}} + \frac{1}{2}\sqrt[3]{B_{22}} \right)^3 \quad \text{(sog. Lorentz-Kombination)}. \tag{8.8b}$$

Die Brauchbarkeit solcher Regeln kann im allgemeinen nur überprüft werden, indem man feststellt, ob die aufgestellte Zustandsgleichung Messwerte hinreichend genau wiedergibt. Andere Kombinationsregeln findet man bei R. Haase[4] und E. Bender[5].

---

[4] Haase, R.: Thermodynamik der Mischphasen, Berlin, Göttingen, Heidelberg: Springer 1956.
[5] Bender, E.: Die Berechnung von Phasengleichgewichten mit der thermischen Zustandsgleichung – dargestellt an den reinen Fluiden Argon, Stickstoff, Sauerstoff und an ihren Gemischen. Habilitationsschrift an der Ruhr-Universität Bochum 1971.

Für Rechnungen im Bereich höherer Drücke kommt man mit der Zustandsgleichung für schwach reale Gase nicht aus. Man benutzt Zustandsgleichungen mit mehr als zwei Virialkoeffizienten und fügt häufig noch ein Korrekturglied hinzu. Eine verhältnismäßig einfache Form der Zustandsgleichung, die sich für viele Gemische bewährt hat und nach dem vierten Glied der Virialentwicklung abgebrochen wird, haben Beattie und Bridgeman[6] vorgeschlagen. Sie lautet

$$P = \frac{\bar{R}\,T}{\bar{V}}\left(1 + \frac{B}{\bar{V}} + \frac{C}{\bar{V}^2} + \frac{D}{\bar{V}^3}\right) \tag{8.9}$$

mit

$$B = a - \frac{b}{\bar{R}\,T} - \frac{c}{T^3}\,, \tag{8.9a}$$

$$C = -d + \frac{e}{\bar{R}\,T} - \frac{ac}{T^3}\,, \tag{8.9b}$$

$$D = \frac{dc}{T^3}\,. \tag{8.9c}$$

Sie enthält die fünf Konstanten a, b, c, d, e, die man Messwerten anpassen muss.

Für schwach reale binäre Gasgemische ist der zweite Virialkoeffizient gemäß Gl. 8.7 aus den Virialkoeffizienten B_{11} und B_{22} der reinen Stoffe und dem Koeffizienten B_{12} zu bilden. Diese Koeffizienten ermittelt man nach Beattie-Bridgeman mit Hilfe von Gl. 8.9a zu

$$B_{11} = a_1 - \frac{b_1}{\bar{R}\,T} - \frac{c_1}{T^3}\,,$$

$$B_{22} = a_2 - \frac{b_2}{\bar{R}\,T} - \frac{c_2}{T^3}\,,$$

$$B_{12} = a_{12} - \frac{b_{12}}{\bar{R}\,T} - \frac{c_{12}}{T^3}\,,$$

wobei die Konstanten a_1, b_1, c_1 bzw. a_2, b_2, c_2 aus Messungen an den reinen Stoffen zu bestimmen sind, während man die Konstanten a_{12}, b_{12}, c_{12} in dem Koeffizienten B_{12} nach folgenden empirischen Regeln bilden soll

$$a_{12} = \sqrt{a_1 a_2}\,,$$

$$b_{12} = \frac{1}{8}(\sqrt[3]{a_1} + \sqrt[3]{a_2})^3\,,$$

$$c_{12} = \sqrt{c_1 c_2}\,.$$

Zur Darstellung des thermischen Verhaltens von Gasgemischen in einem weiten Bereich der Zustandsfläche, der über den des schwach realen Gemisches hinausgeht, benutzt man

---

[6] Beattie, J.A., Bridgeman, O.C.: A new equation of state for fluids. J. Am. Chem. Soc. 49 (1927) 1665–1667; Proc. Am. Acad. Arts Sci. 63 (1928) 229–308; Z. Physik 62 (1930) 95–101.

für technische Rechnungen beispielsweise die Zustandsgleichungen von Benedict, Webb und Rubin[7], die sogenannte *BWR-Gleichung*, vgl. auch Bd. I, Abschn. 13.5. Sie wurde zuerst für leichte Kohlenwasserstoffe und deren Gemische erprobt, inzwischen aber auf zahlreiche andere Stoffe angewandt. Sie lautet

$$p = \bar{R}\, T \bar{\varrho}(1 + B\bar{\varrho} + C\bar{\varrho}^2 + D\bar{\varrho}^5) + (\alpha\bar{\varrho}^3 + \beta\bar{\varrho}^5)\, \exp(-\gamma\bar{\varrho}^2)\,. \qquad (8.10)$$

Die Koeffizienten B, C, D, α, β, γ hängen ihrerseits von der Temperatur und bei Gemischen darüber hinaus noch von der Zusammensetzung ab. Es ist

$$B = B_0 - \frac{A_0}{\bar{R}\, T} - \frac{C_0}{\bar{R}\, T^3}\,, \quad C = b - \frac{a}{\bar{R}\, T}\,,$$

$$D = \frac{a\delta}{\bar{R}\, T}\,, \quad \alpha = \frac{c}{T^2}\,, \quad \beta = \frac{c\gamma}{T^2}\,.$$

Wie man aus den vorstehenden Beziehungen erkennt, enthält die BWR-Gleichung insgesamt acht Konstanten, nämlich A_0, B_0, C_0, a, b, c, δ, γ, die man auf Grund von Messdaten für jede Substanz bestimmen muss. Für Kohlenwasserstoffe und andere Substanzen findet man Zahlenwerte in der Literatur[8].

Kennt man die Konstanten der reinen Stoffe, so ergeben sich die Konstanten des Gemisches aus den folgenden empirischen Kombinationsregeln

$$2A_0 = \left(\sum_k \sqrt{A_{0k}}\, x_k\right)^2\,, \qquad b = \left(\sum_k \sqrt[3]{b_k}\, x_k\right)^3\,,$$

$$B_0 = \sum_k B_{0k} x_k\,, \qquad c = \sum_k \left(\sqrt[3]{c_k}\, x_k\right)^3\,,$$

$$C_0 = \left(\sum_k \sqrt{C_{0k}}\, x_k\right)^2\,, \qquad \delta = \left(\sum_k \sqrt[3]{\delta_k}\, x_k\right)^3\,,$$

$$a = \left(\sum_k \sqrt[3]{a_k}\, x_k\right)^3\,, \qquad \gamma = \left(\sum_k \sqrt[3]{\gamma_k}\, x_k\right)^2\,.$$

In diesen Gleichungen sind abgesehen von den Molenbrüchen alle übrigen Größen mit dem Index k Konstanten für die reine Komponente k, deren Werte man in dem erwähnten Schrifttum findet. Mit Hilfe der BWR-Gleichung kann man somit die thermischen Zustandsgrößen eines Gemisches aus Eigenschaften der reinen Stoffe berechnen. Benedict,

---

[7] Benedict, M., Webb, G.B., Rubin, L.C.: An Empirical Equation for Thermodynamic Properties of Light Hydrocarbons and their Mixtures. J. Chem. Phys. 8 (1940) 334–345; 10 (1942) 747–758; Chem. Eng. Progr. 47 (1951) 419–422; 47 (1951) 449–454; 47 (1951) 571–578; 47 (1951) 609–620.
[8] Siehe Fußnote 7, des weiteren zahlreiche Konstanten von 50 Stoffen in Yorizane, M., Masuoka, H.: Equations of State at High Pressure from the Standpoint of Gas-Liquid Equilibria. Int. Chem. Eng. 9 (1969) 532–540.

Webb und Rubin haben jedoch in ihren ersten Arbeiten schon darauf hingewiesen, dass man dann, wenn mehr sorgfältige Messdaten über Gemische vorliegen, vermutlich auch zu anderen Kombinationsregeln kommen kann.

Eine andere Gruppe von Zustandsgleichungen sind solche vom van-der-Waals-Typ, die sogeannten kubischen Zustandsgleichungen, vgl. Bd. I, Abschn. 13.5. Zu ihnen gehören die Gleichung von Redlich-Kwong,

$$ p = \frac{\bar{R}\,T}{\bar{V} - b} - \frac{a}{\sqrt{T}\,\bar{V}\,(\bar{V} + b)} \qquad (8.11) $$

und deren Modifikationen, die sich ebenfalls zur Berechnung der Zustandsgleichungen von Gemischen eignen, wenn man die Koeffizienten als Funktionen der Zusammensetzung darstellt. Es gelten folgende Mischungsregeln

$$ a = \sum_{k=1}^{K} \sum_{l=1}^{K} x_k x_l a_{kl} \qquad (8.11a) $$

und

$$ b = \sum_{k=1}^{K} x_k b_k \qquad (8.11b) $$

mit

$$ a_{ij} = \sqrt{a_i a_j}, $$

worin a_i, a_j die Koeffizienten der reinen Stoffe i und j sind. Für einen reinen Stoff sind diese Koeffizienten gegeben durch (Indizes sind weggelassen):

$$ a = 0{,}42747 \frac{\bar{R}^2 T_k^{2,5}}{p_k} \quad \text{und} \quad b = 0{,}086664 \frac{\bar{R}\,T_k}{p_k}\,. $$

Als Nachteil der Redlich-Kwong-Gleichung erwies es sich, dass man mit ihr Zustandsgrößen längs der Siedelinie nicht sehr genau wiedergeben kann. Aus diesem Grund hat Soave[9] in der Zustandsgleichung von Redlich-Kwong die Konstante a durch eine Temperaturfunktion ersetzt

$$ a = \sqrt{T}\,\frac{\bar{R}^2 T_k^2}{p_k} \cdot 0{,}42747 \cdot \left[1 + \left(0{,}480 + 1{,}57\omega - 0{,}176\omega^2\right)\left(1 - \sqrt{T_r}\right)\right]^2. \qquad (8.12) $$

Die damit gebildete Zustandsgleichung bezeichnet man als Redlich-Kwong-Soave-Gleichung, *RKS-Gleichung*. Hierin tritt als neuer Parameter der Acentric-Faktor ω von

---

[9] Soave, G.: Equilibrium constants from a modified Redlich-Kwong equation of state. Chem. Eng. Sci. 27 (1972) 1197–1203.

Pitzer[10] auf, der gleich einer bei $T_r = 0{,}7$ normierten Steigung der Dampfdruckkurve ist und durch

$$\omega_i = -\log\left(\frac{p_{is}}{p}\right)_{T_r=0{,}7} - 1 \tag{8.13}$$

definiert ist. Mit log ist der dekadische Logarithmus bezeichnet. Kugelförmige Moleküle wie die Edelgase besitzen einen Acentric-Faktor nahe bei null. Die Werte a und b von Gemischen nichtpolarer Stoffe berechnet man nach den Mischungsregeln in gleicher Art wie für die ursprüngliche Redlich-Kwong-Gleichung. Zur besseren Wiedergabe von Messwerten hat es sich als günstig erwiesen, den Wert a_{ij} mit Hilfe eines Wechselwirkungsparameters k_{ij} aus

$$a_{ij} = \sqrt{a_i a_j}(1 - k_{ij}) \tag{8.14}$$

zu berechnen. Wechselwirkungsparameter k_{ij} vieler binärer Gemische sind durch Anpassung an Messwerte berechnet und vertafelt worden.

Weiterentwicklungen der RKS-Gleichung sind neben anderen die Zustandsgleichung von Peng-Robinson[11]. Der Vorteil derartiger Gleichungen besteht vor allem darin, dass man die thermischen Zustandsgrößen von Zwei- und Mehrstoffgemischen mit Hilfe von Koeffizienten der reinen Stoffe und der Wechselwirkungsparameter der binären Gemische berechnen kann.

8.2 G^E-Modelle und Aktivitätskoeffzienten

Die Realanteile der extensiven Größen lassen sich nach Abschn. 7.5 durch die Aktivitätskoeffizienten oder durch den Realanteil der freien Enthalpie ausdrücken. Die thermodynamischen Größen eines Gemisches kann man daher nicht nur, wie in Abschn. 5.4 dargelegt, aus den partiellen molaren Zustandsgrößen, sondern ebenso gut mit Hilfe der Aktivitätskoeffizienten oder dem Realanteil der freien Enthalpie berechnen.

a) Der Ansatz von Redlich und Kister
Für binäre Flüssigkeitsgemische hat sich ein Polynomansatz bewährt, der von Redlich und Kister[12] vorgeschlagen wurde. Er lautet

$$\bar{G}^E = \bar{R}\,T x_1 x_2 [A_0 + A_1(x_1 - x_2) + A_2(x_1 - x_2)^2 + \ldots]\,. \tag{8.15}$$

---

[10] Pitzer, K.S., Lippmann, D.Z., Curl jr., R.F., Huggins, C.M., Petersen, D.E.: The volumetric and thermodynamic properties of fluids. II. Compressibility factor, vapor pressure and entropy of vaporization. J. Am. Chem. Soc. 77 (1955) 3433–3440.

[11] Peng, D.-Y., Robinson, D.B.: A new two-constant equation of state. Ind. Eng. Chem. Fundam. 15 (1976) 59–64.

[12] Redlich, O., Kister, A.T.: Algebraic representation of thermodynamic properties and the classification of solutions. Ind. Eng. Chem. 40 (1948) 345–348.

Die Größen $A_0, A_1, A_2, \ldots$ sind unabhängig vom Molenbruch, hängen jedoch vom Druck und von der Temperatur ab. Für die reinen Komponenten $x_1 = 1$, $x_2 = 0$ und für $x_1 = 0$, $x_2 = 1$ muss der Realanteil $\bar{G}^E$ verschwinden.

Der Ansatz von Redlich und Kister ermöglicht eine einfache und übersichtliche Einteilung der binären Gemische.

Als *symmetrisch* bezeichnet man Gemische, die hinsichtlich der Molenbrüche x_1 und x_2 symmetrisch sind. Dies bedeutet, dass man die Molenbrüche x_1 und x_2 vertauschen darf, ohne dass sich der Wert der Zusatzgröße $\bar{G}^E$ ändert. Es ist daher $A_1 = A_3 = A_5 = \ldots = 0$ und Gl. 8.15 vereinfacht sich zu

$$\bar{G}^E = \bar{R}\,T x_1 x_2 [A_0 + A_2(x_1 - x_2)^2 + A_4(x_1 - x_2)^4 + \ldots] \,. \tag{8.15a}$$

Bricht man die Potenzreihe nach dem Glied mit A_2 ab, so erhält man auf Grund der Gln. 7.78 bis 7.80 und Gl. 7.84 für die übrigen Realanteile

$$\bar{S}^E = -\frac{\bar{G}^E}{T} - \bar{R}\,T x_1 x_2 \left[\frac{\partial A_0}{\partial T} + \frac{\partial A_2}{\partial T}(1 - 2x_2)^2\right] \,, \tag{8.16a}$$

$$\bar{V}^E = \bar{R}\,T x_1 x_2 \left[\frac{\partial A_0}{\partial p} + \frac{\partial A_2}{\partial p}(1 - 2x_2)^2\right] \,, \tag{8.16b}$$

$$\bar{H}^E = -\bar{R}\,T^2 x_1 x_2 \left[\frac{\partial A_0}{\partial T} + \frac{\partial A_2}{\partial T}(1 - 2x_2)^2\right] \,, \tag{8.16c}$$

$$\frac{\mu_1^E}{\bar{R}\,T} = \ln \gamma_1 = x_2^2 [A_0 + A_2(x_2 - x_1)(x_2 - 5x_1)] \,, \tag{8.16d}$$

$$\frac{\mu_2^E}{\bar{R}\,T} = \ln \gamma_2 = x_1^2 [A_0 + A_2(x_1 - x_2)(x_1 - 5x_2)] \,. \tag{8.16e}$$

Solche Gemische treten auf, wenn die Moleküle beider Komponenten annähernd gleiche Größe und Gestalt besitzen. Beispiele sind Gemische aus Benzol mit Schwefelkohlenstoff, Benzol mit Tetrachlorkohlenstoff, Tetrachlorkohlenstoff mit Chloroform, Methanol mit Tetrachlorkohlenstoff, Wasser mit Wasserstoffperoxid und Ethylalkohol mit Wasser.

Ein besonders einfaches symmetrisches Gemisch erhält man, wenn $A_2 = A_4 = \ldots = 0$ wird. Dann ist

$$\frac{\bar{G}^E}{\bar{R}\,T} = A_0 x_1 x_2 \tag{8.17}$$

mit $A_0(T, p)$. Gemische, die dieser Beziehung gehorchen, nennt man *einfache Gemische*. Gl. 8.17 wurde zuerst von Porter[13] verwendet, um Messungen über den Partialdruck von Gemischen aus Ethylether und Aceton bei 30 °C und 20 °C zu beschreiben. Man nennt Gl. 8.17 daher auch den *Porterschen Ansatz*. Er gilt, wie spätere Arbeiten zeigten, erfahrungsgemäß recht gut für flüssige Gemische aus niedermolekularen, nicht dissoziierten oder assoziierten Komponenten. Als Beispiel zeigt Abb. 8.1 den von Scatchard und Mit-

---

[13] Siehe Fußnote 15, Kap. 7.

Abb. 8.1 Realanteil der freien Enthalpie des Gemisches Tetrachlorkohlenstoff-Cyclohexan, nach Guggenheim, E.A.: Thermodynamics, 6th ed., Amsterdam, New York, Oxford: North Holland 1977, S. 199

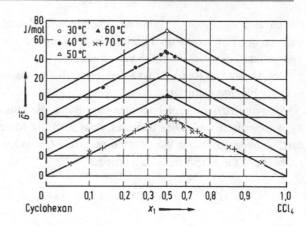

arbeitern[14] aus Messungen bei Atmosphärendruck und bei Temperaturen von 30 °C bis 70 °C ermittelten, hinsichtlich des Molenbruchs symmetrischen Verlaufs des Realanteils der freien Enthalpie des Gemisches aus Tetrachlorkohlenstoff und Cyclohexan.

Im Allgemeinen ändert sich der Realanteil der freien Enthalpie bei Vertauschen der Molenbrüche x_1 und x_2. In solchen sogenannten *unsymmetrischen* Gemischen sind die $A_1, A_3, A_5, \ldots$ in Gl. 8.15 oder einige davon von null verschieden. Als einfaches Beispiel wählen wir ein Gemisch, für das $A_1 = -A_0$ und $A_2 = A_3 = A_4 = \ldots = 0$ ist, so dass Gl. 8.15 übergeht in

$$\frac{\bar{G}^{\mathrm{E}}}{\bar{R}\,T} = 2A_0 x_1 x_2^2 = 2A_0 x_1 (1 - x_1)^2 \; . \tag{8.18}$$

Hieraus ergeben sich nach Gl. 7.75 die Aktivitätskoeffizienten und nach Gl. 7.84 die chemischen Zusatzpotentiale

$$\frac{\mu_1^{\mathrm{E}}}{\bar{R}\,T} = \ln \gamma_1 = 2A_0 x_2^2 (2x_2 - 1) \; , \tag{8.18a}$$

$$\frac{\mu_2^{\mathrm{E}}}{\bar{R}\,T} = \ln \gamma_2 = 4A_0 x_2 (1 - x_2)^2 \; . \tag{8.18b}$$

Den unsymmetrischen Verlauf des Realanteils der freien Enthalpie erkennt man aus Abb. 8.2.

Eine andere Beziehung für unsymmetrische Gemische aus nicht assoziierten oder dissoziierten Komponenten, deren Molmassen von gleicher Größenordnung sind, ist der *Ansatz von Margules*[15]. Man erhält ihn aus Gl. 8.15, wenn man $A_2 = A_3 = \ldots = 0$

---

[14] Scatchard, G., Wood, S.E., Mochel, J.M.: Vapor-liquid equilibrium. IV. Carbon tetrachloride-cyclobenzene mixtures. J. Am. Chem. Soc. 61 (1939) 3206–3210.
[15] Margules, M.: Über die Zusammensetzung der gesättigten Dämpfe von Mischungen. Sitzungsber. Akad. Wiss. Wien, math.-naturwiss. Klasse, 104 Abt. IIa (1895) 1243-1278.

Abb. 8.2 Beispiel für ein
unsymmetrisches Gemisch

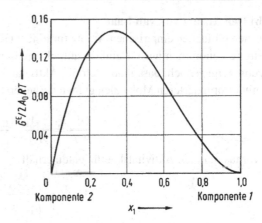

setzt, zu

$$\frac{\bar{G}^E}{\bar{R}\,T} = x_1 x_2 [A_0 + A_1(x_1 - x_2)] \,. \qquad (8.19)$$

Dieser führt nach Gl. 7.75 und Gl. 7.84 auf die Aktivitätskoeffizienten und die chemischen Zusatzpotentiale

$$\frac{\mu_1^E}{\bar{R}\,T} = \ln\gamma_1 = x_2^2 (A_0 + A_1(4x_1 - 1)) \,, \qquad (8.19a)$$

$$\frac{\mu_2^E}{\bar{R}\,T} = \ln\gamma_2 = x_1^2 (A_0 + A_1(4x_1 - 3)) \,. \qquad (8.19b)$$

Der Ansatz von Margules wird vielfach auch wie folgt geschrieben:

$$\ln\gamma_1 = x_2^2 \left(A_{12} + 2\,(A_{21} - A_{12})\,x_1\right), \qquad (8.19c)$$

$$\ln\gamma_2 = x_1^2 \left(A_{21} + 2\,(A_{12} - A_{21})\,x_2\right). \qquad (8.19d)$$

Die Koeffizienten kann man leicht in einander umrechnen. Es gelten

$$A_{12} = A_0 - A_1 \quad \text{und}$$

$$A_{21} = A_0 + A_1 \,.$$

Beim Grenzübergang zur unendlich verdünnten Lösung erhält man folgende Zusammenhänge:

$$\lim_{x_1 \to 0} \ln\gamma_1 = \ln\gamma_1^\infty = A_{12} \,, \qquad (8.19e)$$

$$\lim_{x_2 \to 0} \ln\gamma_2 = \ln\gamma_2^\infty = A_{21} \,. \qquad (8.19f)$$

b) Der Ansatz von van Laar

Einen einfachen empirischen Ansatz für binäre Gemische hat van Laar[16] mitgeteilt. Er gilt streng genommen nur für einfach aufgebaute unpolare Flüssigkeitsgemische. Die Erfahrung zeigt jedoch, dass man auch die Aktivitätskoeffizienten von Flüssigkeitsgemischen mit komplizierteren Molekülen gut wiedergeben kann. Es ist mit den Größen A_{12} und A_{21}

$$\frac{\bar{G}^E}{\bar{R}\,T} = \frac{A_{12}A_{21}x_1x_2}{A_{12}x_1 + A_{21}x_2} \,, \tag{8.20}$$

woraus man die Aktivitätskoeffizienten erhält zu

$$\ln\gamma_1 = \frac{A_{12}}{\left(1 + \frac{A_{12}x_1}{A_{21}x_2}\right)^2} \,, \tag{8.20a}$$

$$\ln\gamma_2 = \frac{A_{21}}{\left(1 + \frac{A_{21}x_2}{A_{12}x_1}\right)^2} \,. \tag{8.20b}$$

Die Koeffizienten A_{12} und A_{21} ergeben sich aus den *Grenzaktivitätskoeffizienten* γ_i^∞. Es ist

$$A_{12} = \lim_{x_1 \to 0} \ln\gamma_1 = \ln\gamma_1^\infty \,, \tag{8.20c}$$

$$A_{21} = \lim_{x_2 \to 0} \ln\gamma_2 = \ln\gamma_2^\infty \,. \tag{8.20d}$$

c) Der Ansatz von Flory und Huggins

In vielen Flüssigkeitsgemischen ist die Mischungsenthalpie $\Delta\bar{H} = \bar{H}^E$ verschwindend klein, während der Realanteil $\bar{S}^E$ der Entropie und auch das Mischungsvolumen $\Delta\bar{V} = \bar{V}^E$ endliche Werte haben. Für solche sogenannte *athermische Gemische* ist also

$$\Delta\bar{H} = \bar{H}^E = 0 \,, \quad \bar{V}^E \neq 0 \,, \quad \bar{G}^E = -T\bar{S}^E \neq 0 \,.$$

Im Unterschied zu den athermischen sind die *regulären Gemische* dadurch charakterisiert, dass der Realanteil der Entropie $\bar{S}^E$ verschwindet, während die Mischungsenthalpie $\Delta\bar{H} = \bar{H}^E$ endlich ist. Für sie ist

$$\bar{G}^E = \bar{H}^E \neq 0 \,.$$

Reguläre Gemische hat man jedoch bisher noch nicht gefunden.

    Zu den athermischen Flüssigkeitsgemischen zählen solche aus Komponenten sehr unterschiedlicher Molmasse, beispielsweise Lösungen von Polystyrol in Benzol oder Toluol als Lösungsmittel. Die Theorie von Flory[17] und Huggins suchte die Entropie solcher

---

[16] van Laar, J.J.: Die Thermodynamik einheitlicher Stoffe und binärer Gemische. Groningen: Verlag von P. Noordhoff N.V. 1935.
[17] Flory, P.J.: Statistical mechanics of chain molecules. New York: Interscience Publishers 1968.

Flüssigkeitsgemische aus der Lage und Anordnung der Polymermoleküle in ihrem Lösungsmittel vorherzusagen, indem die Kettenmoleküle in einzelne Segmente bestimmter Länge unterteilt wurden. Aus der Zahl der möglichen Konfigurationen und deren Wahrscheinlichkeit ergab sich dann mit Hilfe der statistischen Thermodynamik die Entropie des Flüssigkeitsgemisches. Da die Mischungsenthalpie $\bar{H}^E$ verschwindend klein ist, lag damit auch die freie Enthalpie $\bar{G}^E = -T\,\bar{S}^E$ fest. Man erhält

$$\frac{\bar{G}^E}{\bar{R}\,T} = \sum_{k=1}^{K-1} x_k \ln(\phi_k/x_k) \qquad (8.21)$$

mit dem scheinbaren Volumenanteil

$$\phi_i = \frac{x_i V_i^+}{\sum_{k=1}^{K} x_k V_k^+} = \frac{x_i V_i^+}{\bar{V}^+}, \qquad (8.22)$$

worin V_i^+ ein Molvolumen ist, das man den Molekülen im Gemisch zuordnet. Zu diesem Zweck denkt man sich das Makromolekül in Segmente zerlegt, von denen jedes das gleiche Volumen einnimmt wie die Moleküle des Lösungsmittels. Mit Hilfe der Gl. 7.83 und unter Beachtung von

$$\mu_i^E = \bar{R}\,T \ln \gamma_i$$

erhält man den Aktivitätskoeffizienten zu

$$\ln \gamma_i = \ln(\phi_i/x_i) + 1 - \phi_i/x_i \qquad (8.23)$$

mit $\phi_i/x_i = V_i^+/\bar{V}^+$.

d) Das Prinzip der lokalen Zusammensetzung. Die Gleichung von Wilson und die NRTL-Gleichung

Gemische aus assoziierten polaren Molekülen wie Alkoholen, Phenolen, fluorierten Kohlenwasserstoffen, Aminen und Stickstoffverbindungen mit Molekülen von Kohlenwasserstoffen können stark nichtideal sein und besitzen große Aktivitätskoeffizienten $\gamma_i > 1$. Solche Gemische können gut durch den Ansatz von Wilson[18] wiedergegeben werden. Er geht von der Vorstellung aus, dass Gemische mit polaren Molekülen nicht völlig regellos angeordnet sind, sondern dass jedes einzelne Molekül je nach Größe des Dipolmoments und Art des Moleküls von mehr oder weniger vielen Nachbarmolekülen in regelmäßiger Anordnung umgeben ist. Diese Einzelgebilde bestehend aus einem Molekül und seinen nächsten Nachbarn sind so ineinander geschoben, dass sich eine bestimmte mittlere Zusammensetzung ergibt, die beispielsweise durch den Molenbruch des Gemisches gekennzeichnet wird. Die lokale Zusammensetzung kann davon stark abweichen.

---

[18] Wilson, G.M.: Vapor-liqud equilibrium. XI. A new expression for the excess free energy of mixing. J. Am. Chem. Soc. 86 (1964) 127–130.

Abb. 8.3 Zum Prinzip der
lokalen Zusammensetzung

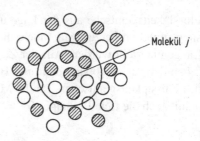

Molekül j

Als Beispiel zeigt Abb. 8.3 ein äquimolares Gemisch aus 16 Molekülen der Komponente 1 (schwarze Kreise) und 16 Molekülen der Komponente 2 (weiße Kreise). Um die lokale Zusammensetzung zu ermitteln, betrachtet man nur die einem Molekül unmittelbar benachbarten Moleküle, die in Abb. 8.3 innerhalb des eingezeichneten Kreises liegen. Zwei weiße Moleküle 2 und vier schwarze Moleküle 1 sind dem Molekül j unmittelbar benachbart. Definiert man den lokalen Molenbruch durch

$$x_{ij} = \frac{\text{Anzahl Moleküle } i \text{ um ein Molekül } j}{\text{Anzahl sämtlicher Moleküle um ein Molekül } j} \, ,$$

so ist in unserem Beispiel $x_{11} = 4/6$, $x_{21} = 2/6$ und es ist $x_{11} + x_{21} = 1$. Zudem ist $x_{22} + x_{12} = 1$. Es wird nun weiter die Gl. 8.21 von Flory-Huggins verwendet, in ihr aber der scheinbare Volumenanteil ϕ_i durch einen lokalen Volumenanteil ϕ_i^* ersetzt, der die Anziehungs- und Abstoßungskräfte zwischen dem Molekül j und seinen Nachbarn i berücksichtigt. Nach dem Boltzmannschen Energieverteilungssatz angewandt auf ein Gemisch aus den Komponenten 1 und 2 ist

$$\frac{n_1}{n_2} = \exp[-(E_1 - E_2)/\bar{R}\,T]$$

mit der Zahl n_i der Moleküle in einem Zustand der Energie E_i. Entsprechend ist

$$\frac{n_{21}/n_2}{n_{11}/n_1} = \frac{\exp(-\lambda_{21}/\bar{R}\,T)}{\exp(-\lambda_{11}/\bar{R}\,T)} \, .$$

Es ist n_{21} die Zahl der Moleküle 2 um ein Molekül 1, n_2 die Gesamtzahl der Moleküle 2 und λ_{21} die Energie der Moleküle n_{21} gerechnet von der Energie der Moleküle n_2 an. Entsprechendes gilt für n_{11}, n_1 und λ_{11}. Demnach gilt unter der Annahme, dass die Moleküle dem Boltzmannschen Energieverteilungssatz gehorchen, für die lokale Zusammensetzung

$$\frac{x_{21}}{x_{11}} = \frac{x_2 \exp(-\lambda_{21}/\bar{R}\,T)}{x_1 \exp(-\lambda_{11}/\bar{R}\,T)}$$

oder allgemein

$$\frac{x_{ji}}{x_{ii}} = \frac{x_j \exp(-\lambda_{ji}/\bar{R}\,T)}{x_i \exp(-\lambda_{ii}/\bar{R}\,T)} \, . \tag{8.24}$$

Man führt nun den lokalen Volumenanteil

$$\phi_1^* = \frac{V_1^+ x_{11}}{V_1^+ x_{11} + V_2^+ x_{21}}$$

ein mit den molaren Flüssigkeitsvolumina V_1^+ und V_2^+, die man den beiden Komponenten im Gemisch zuordnet und für praktische Rechnungen durch die Molvolumina der reinen Komponenten ersetzt. Mit der Boltzmannverteilung kann man die lokale Zusammensetzung eliminieren, und es ergibt sich

$$\phi_1^* = \frac{V_1^+ x_1 \exp(-\lambda_{11}/\bar{R}\,T)}{V_1^+ x_1 \exp(-\lambda_{11}/\bar{R}\,T) + V_2^+ x_2 \exp(-\lambda_{21}/\bar{R}\,T)} . \tag{8.25a}$$

Entsprechend ist

$$\phi_2^* = \frac{V_2^+ x_2 \exp(-\lambda_{22}/\bar{R}\,T)}{V_2^+ x_2 \exp(-\lambda_{22}/\bar{R}\,T) + V_1^+ x_1 \exp(-\lambda_{12}/\bar{R}\,T)} . \tag{8.25b}$$

Die Gleichung von Wilson Setzt man die vorigen Ausdrücke an Stelle von ϕ_1 und ϕ_2 in die Gl. 8.21 von Flory-Huggins für ein Zweistoffgemisch ein, so erhält man die Gleichung von Wilson

$$G^E = -\bar{R}\,T [x_1 \ln(x_1 + \Lambda_{12} x_2) - x_2 \ln(x_2 + \Lambda_{21} x_1)] \tag{8.26}$$

mit den Abkürzungen

$$\Lambda_{12} = \frac{V_2^+}{V_1^+} \exp[-(\lambda_{12} - \lambda_{11})/\bar{R}\,T] \tag{8.26a}$$

und

$$\Lambda_{21} = \frac{V_1^+}{V_2^+} \exp[-(\lambda_{21} - \lambda_{22})/\bar{R}\,T] . \tag{8.26b}$$

Die Aktivitätskoeffizienten ergeben sich nach Gl. 7.83 und mit $\mu_i^E = \bar{R}\,T \ln \gamma_i$ zu

$$\ln \gamma_1 = -\ln(x_1 + \Lambda_{12} x_2) + x_2 \left(\frac{\Lambda_{12}}{x_1 + \Lambda_{12} x_2} - \frac{\Lambda_{21}}{x_2 + \Lambda_{21} x_1} \right) \tag{8.27a}$$

und

$$\ln \gamma_2 = -\ln(x_2 + \Lambda_{21} x_1) - x_1 \left(\frac{\Lambda_{12}}{x_1 + \Lambda_{12} x_2} - \frac{\Lambda_{21}}{x_2 + \Lambda_{21} x_1} \right) . \tag{8.27b}$$

Für ein Zweistoffgemisch von vorgegebener Temperatur benötigt man nur zwei Parameter

$$\lambda_{12} - \lambda_{11} \quad \text{und} \quad \lambda_{21} - \lambda_{22} ,$$

die man Messwerten anzupassen hat. Für Gemische aus K Komponenten ist der lokale Volumenanteil gegeben durch

$$\phi_i^* = \frac{V_i^+ x_i \exp(-\lambda_{ii}/\bar{R}\,T)}{\sum_{k=1}^{K} V_k^+ x_k \exp(-\lambda_{ki}/\bar{R}\,T)}$$

mit $\lambda_{ij} = \lambda_{ji}$, aber $\lambda_{ii} \neq \lambda_{jj}$. Setzt man diesen Ausdruck anstelle des scheinbaren Volumenanteils ϕ_i in die Gl. 8.21 von Flory-Huggins ein, so erhält man

$$\bar{G}^{\mathrm{E}} = -\bar{R}\,T \sum_{k=1}^{K} x_k \ln \left(\sum_{l=1}^{k} \Lambda_{kl} x_l \right) \tag{8.28}$$

mit

$$\Lambda_{ij} = \frac{V_j^+}{V_i^+} \exp[-(\lambda_{ij} - \lambda_{ii})/\bar{R}\,T] . \tag{8.29}$$

Den Aktivitätskoeffizienten berechnet man daraus zu

$$\ln \gamma_i = 1 - \ln \left(\sum_{k=1}^{K} \Lambda_{ik} x_k \right) - \sum_{k=1}^{K} \frac{\Lambda_{ki} x_k}{\sum_{l=1}^{K} \Lambda_{kl} x_l} . \tag{8.30}$$

Die Gleichung von Wilson ist besonders nützlich für „asymmetrische" Flüssigkeitsgemische, die polare oder assoziierende Komponenten enthalten. Für diese versagen die Gleichungen von Margules und van Laar häufig. Orye und Prausnitz[19] haben an etwa 100 mischbaren binären Lösungen nachgewiesen, dass sich deren Aktivitätskoeffizienten gut durch die Gleichung von Wilson und vielfach besser als durch die Ansätze von Margules und van Laar wiedergeben ließen. Parameter der Wilson-Gleichung sind außerdem in Arbeiten von Holmes und van Winkle[20] und Hudson und van Winkle[21] vertafelt. Auch azeotrope Gemische können durch die Wilson-Gleichung gut wiedergegeben werden[22]. Die Wilson-Gleichung ist allerdings nur für vollständig mischbare Flüssigkeiten, nicht aber für Gemische mit begrenzter Mischbarkeit geeignet. Sie kann auch nicht die Aktivitätskoeffizienten von solchen Stoffen wiedergeben, bei denen $\ln \gamma_i$ in Abhängigkeit vom Molenbruch relative Maxima oder Minima durchläuft. Sie ist aber abgesehen von dieser Einschränkung gut geeignet für alle Flüssigkeitsgemische, bei denen die Mischungsenthalpie klein ist im Vergleich zum Produkt aus Temperatur und Realanteil der Entropie.

---

[19] Orye, R.V., Prausnitz, J.M.: Multicomponent equilibria with the Wilson equation. Ind. Eng. Chem. 57 (1965) 5, 18–26.
[20] Holmes, M.J., van Winkle, M.: Prediction of ternary vapor-liquid equilibria from binary data. Ind. Eng. Chem. 62 (1970) 1, 21–31.
[21] Hudson, J.W., van Winkle, M.: Multicomponent vapor-liquid equilibria in miscible systems from binary parameters. Ind. Eng. Chem. Process Des. Dev. 9 (1970) 466–472.
[22] Stephan, K., Wagner, W.: Application of the Wilson equation to azeotropic mixtures. Fluid Phase Equilibria 19 (1985) 201–219.

Die NRTL-Gleichung Der Name dieser von Renon[23] entwickelten Gleichung (*Non-Random Two Liquids*) leitet sich aus der ihr zugrunde liegenden Modellvorstellung ab. Wie bei dem Konzept der lokalen Zusammensetzung setzt man voraus, dass jedes Molekül mit seinen nächsten Nachbarn in Wechselwirkung tritt. Im Unterschied zu dem Ansatz der Wilson-Gleichung nimmt man jedoch nicht an, dass die Moleküle den Gesetzen der Boltzmannverteilung gehorchen, was letztlich voneinander völlig unabhängige Moleküle voraussetzt. Statt dessen ordnet man jedem Molekül nächste Nachbarn zu, die wegen der Wechselwirkungen zwischen den Molekülen nicht willkürlich verteilt sind. Man denkt sich also die Flüssigkeit aus zwei Flüssigkeiten bestehend, den jeweils betrachteten Molekülen und ihren nächsten Nachbarn, die nicht mehr willkürlich angeordnet sind. Der Ansatz für die lokale Zusammensetzung, Gl. 8.24, wird dazu um einen Parameter α_{ji} erweitert zu

$$\frac{x_{ji}}{x_{ii}} = \frac{x_j}{x_i} \frac{\exp(-\alpha_{ji} g_{ji}/\bar{R} T)}{\exp(-\alpha_{ji} g_{ii}/\bar{R} T)} , \qquad (8.31)$$

worin die freien Enthalpien g_{ji} und g_{ii} die Wechselwirkungsenergien zwischen den Molekülen $j - i$ und $i - i$ charakterisieren und α_{ji} die nicht willkürliche Verteilung der Moleküle j um das Molekül i beschreiben soll. Im Unterschied zu dem zweiparametrigen Wilson-Ansatz nach Gl. 8.24 führt man nun einen dritten Parameter α_{ji} ein. Es ist $g_{ji} = g_{ij}$, und man nimmt weiter an $\alpha_{ij} = \alpha_{ji}$. Die Gl. 8.31 kann man auch schreiben

$$\frac{x_{ji}}{x_{ii}} = \frac{x_j}{x_i} \exp[-\alpha_{ji}(g_{ji} - g_{ii})/\bar{R} T] . \qquad (8.31a)$$

Unter Beachtung von $\sum_{k=1}^{K} x_{ki} = 1$ folgt die lokale Zusammensetzung zu

$$x_{ji} = \frac{x_j \exp[-\alpha_{ji}(g_{ji} - g_{ii})/\bar{R} T]}{\sum_{l=1}^{K} x_l \exp[-\alpha_{li}(g_{li} - g_{ii})/\bar{R} T]} . \qquad (8.32)$$

Der Realanteil der freien Enthalpie einer Zelle i, die aus dem Zentralmolekül und seinen nächsten Nachbarn besteht, ist gegeben durch

$$\mu_i^E = \sum_{j=1}^{K} x_{ji}(g_{ji} - g_{ii}) .$$

Daraus erhält man den Realanteil der freien Enthalpie

$$\bar{G}^E = \sum_{k=1}^{K} x_k \mu_k^E = \sum_{k=1}^{K} x_k \sum_{j=1}^{K} x_{jk}(g_{jk} - g_{kk}) .$$

---

[23] Renon, H., Prausnitz, J.M.: Local compositions in thermodynamic excess functions for liquid mixtures. AIChEJ. 14 (1968) 135–144.

Setzt man hierin die Zusammensetzung x_{jk} aufgrund der Gl. 8.32 ein, so folgt der Realanteil der freien Enthalpie zu

$$\frac{\bar{G}^{\mathrm{E}}}{\bar{R}\,T} = \sum_{k=1}^{K} x_k \sum_{j=1}^{K} \frac{x_j \exp[-\alpha_{jk}(g_{jk}-g_{kk})/\bar{R}\,T]}{\sum_{l=1}^{K} x_l \exp[-\alpha_{lk}(g_{lk}-g_{kk})/\bar{R}\,T]} \cdot \frac{g_{ik}-g_{kk}}{\bar{R}T}\;.$$

Man schreibt abkürzend

$$C_{ji} = g_{ji} - g_{ii}\,,\;\; \tau_{ji} = C_{ji}/\bar{R}\,T$$

und

$$G_{ji} = \exp(-\alpha_{ji}\tau_{ji})$$

und erhält damit den Realanteil der freien Enthalpie

$$\bar{G}^{\mathrm{E}} = \bar{R}\,T \sum_{k=1}^{K} x_k \frac{\sum_{j=1}^{K} x_j G_{jk}\tau_{jk}}{\sum_{l=1}^{K} x_l G_{lk}}\;. \tag{8.33}$$

Durch Differentiation ergibt sich hieraus entsprechend Gl. 7.83 mit $\mu_i^{\mathrm{E}} = \bar{R}\,T \ln\gamma_i$ der Aktivitätskoeffizient

$$\ln\gamma_i = \frac{\sum_{j=1}^{K} x_j G_{ji}\tau_{ji}}{\sum_{k=1}^{K} x_k G_{ki}} + \sum_{j=1}^{K} \frac{x_j G_{ij}}{\sum_{k=1}^{K} x_k G_{kj}}\left(\tau_{ij} - \frac{\sum_{l=1}^{K} x_l G_{lj}\tau_{lj}}{\sum_{k=1}^{K} x_k G_{kj}}\right)\;. \tag{8.34}$$

Für ein Zweistoffgemisch findet man

$$\bar{G}^{\mathrm{E}} = \bar{R}\,T x_1 x_2 \left[\frac{\tau_{21}\exp(-\alpha_{12}\tau_{21})}{x_1 + x_2\exp(-\alpha_{12}\tau_{21})} + \frac{\tau_{12}\exp(-\alpha_{12}\tau_{12})}{x_2 + x_1\exp(-\alpha_{12}\tau_{12})}\right] \tag{8.35}$$

und

$$\ln\gamma_1 = x_2^2\left\{\tau_{21}\frac{\exp(-2\alpha_{12}\tau_{21})}{[x_1+x_2\exp(-\alpha_{12}\tau_{21})]^2} + \tau_{12}\frac{\exp(-\alpha_{12}\tau_{12})}{[x_2+x_1\exp(-\alpha_{12}\tau_{12})]^2}\right\}\,, \tag{8.36a}$$

$$\ln\gamma_2 = x_1^2\left\{\tau_{12}\frac{\exp(-2\alpha_{12}\tau_{12})}{[x_2+x_1\exp(-\alpha_{12}\tau_{12})]^2} + \tau_{21}\frac{\exp(-\alpha_{12}\tau_{21})}{[x_1+x_2\exp(-\alpha_{12}\tau_{21})]^2}\right\}\;. \tag{8.36b}$$

Die NRTL-Gleichung enthält für eine vorgegebene Temperatur drei Parameter α_{ij}, g_{ji} und g_{ii} bzw. α_{ij}, C_{ij} und C_{ji}. Die Werte α_{ij} liegen meistens zwischen 0,2 und 0,47, und es zeigte sich, dass Flüssigkeitsgemische unmischbar sind, wenn $\alpha_{ij} < 0{,}426$ ist. Häufig kann man α_{ij} innerhalb bestimmter Klassen von Gemischen, beispielsweise Gemischen aus Kohlenwasserstoffen und polaren nicht assoziierenden Molekülen (n-Heptan-Aceton), konstant setzen, so dass nur zwei Parameter für eine vorgegebene Temperatur anzupassen sind. Parameter für 102 binäre Gemische findet man in einer Arbeit von Mertl[24],

---

[24] Mertl, I.: Liquid-vapor equilibrium. Prediction of multi-component vapor-liquid equilibria from the binary parameters in systems with limited miscibility. Collect. Czech. Chem. Commun. 37 (1972) 2, 375–411.

Abb. 8.4 Zellenmodell für n-Pentan

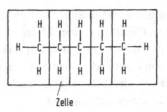

die von weiteren Gemischen insbesondere in Veröffentlichungen von Gmehling und Onken[25]. Mit der NRTL-Gleichung lassen sich für Dampf-Flüssigkeitsglcichgewichte und Gleichgewichte zwischen unmischbaren Flüssigkeiten Grenzaktivitätskoeffizienten und auch Mischungsenthalpien berechnen, wozu die Temperaturabhängigkeit der Parameter bekannt sein muss. Man benötigt lediglich die Parameter der binären Gemische, um die Aktivitätskoeffizienten von Gemischen mit mehr als zwei Komponenten berechnen zu können.

e) Die UNIQUAC-Gleichung

Da nicht immer genügend viele und ausreichend genaue Messungen zur Verfügung stehen, um die drei Parameter der NRTL-Gleichung eindeutig zu bestimmen, haben Abrams und Prausnitz[26] versucht, eine Methode zu entwickeln, mit der man Aktivitätskoeffizienten einfacher, aber theoretisch besser begründet als mit der dreiparametrigen NRTL-Gleichung berechnen kann. Die von ihnen entwickelte UNIQUAC(*UNI*versal *QUA*si-*C*hemical)-Gleichung verwendet anstelle der lokalen Volumenanteile einen lokalen Oberflächen- und einen lokalen Segmentalanteil. Sie kommen dadurch zustande, dass man sich jedes Molekül aus einzelnen Segmenten oder Zellen zusammengesetzt denkt. Als Beispiel zeigt Abb. 8.4 ein n-Pentan-Molekül, in dessen inneren Zellen sich CH_2-Gruppen befinden, während an den Enden CH_3-Gruppen sitzen.

Das Pentan-Molekül besteht aus fünf Segmenten. Allgemein ist r_i die Zahl der Segmente je Molekül i. Man führt nun einen Segmentanteil

$$\psi_i = \frac{x_i r_i}{\sum_{k=1}^{K} x_k r_k}$$

ein. Für den Kontakt eines Moleküls mit seinen Nachbarn ist die Moleküloberfläche entscheidend. Sie wird durch einen Oberflächenparameter berücksichtigt

$$\vartheta_i = \frac{x_i q_i}{\sum_{k=1}^{K} x_k q_k} \, ,$$

[25] Gmehling, J., Onken, U.: Vapor-Liquid Equilibrium Data Collection. Dechema Chemistry Data Series, vol. I, parts 1–8. Frankfurt/Main: Dechema 1977–1984.
[26] Abrams, D.S., Prausnitz, J.M.: Statistical thermodynamics of liquid mixtures: A new expression for the excess Gibbs energy of partly or completely miscible systems. AIChE J. 21 (1975) 116–128.

worin q_i die relative Oberfläche des Moleküls i ist. Darunter versteht man das Verhältnis aus Oberfläche eines Moleküls i zur Oberfläche eines Bezugsmoleküls, des Lösungsmittelmoleküls. Aus Molekülgröße und Molekülaufbau berechnete Werte für r_i und q_i findet man unter anderem in dem bereits erwähnten Werk[27] von Gmehling und Onken. Mit Hilfe der beiden Parameter ψ_i und ϑ_i ergibt sich die UNIQUAC-Gleichung für den Realanteil der freien Enthalpie zu

$$\frac{\bar{G}^{\mathrm{E}}}{\bar{R}\,T} = \sum_{k=1}^{K} x_k \ln \frac{\psi_k}{x_k} + \frac{z}{2} \sum_{k=1}^{K} x_k q_k \ln \frac{\vartheta_k}{\psi_k} - \sum_{k=1}^{K} x_k q_k \ln \left(\sum_{j=1}^{K} \vartheta_j \tau_{jk} \right) \qquad (8.37)$$

mit

$$\tau_{ji} = \exp[-(u_{ji} - u_{ii})/\bar{R}\,T]$$

und $u_{ji} = u_{ij}$, aber $u_{ii} \neq u_{jj}$, und der Gitterkoordinationszahl z, die $z = 10$ gesetzt wird. Wegen Einzelheiten der Ableitung sei auf die Literatur verwiesen[28]. Da die Größen r_i und q_i berechnet werden können[29], enthält diese Gleichung nur die beiden Parameter $u_{ij} - u_{ii}$ und $u_{ij} - u_{jj}$, die man für jedes binäre Paar $i - j$ durch Messung anpassen muss. Werte hierfür findet man ebenfalls im Schrifttum[29]. Die ersten beiden Summen auf der rechten Seite von Gl. 8.37 werden durch die Größe und den Aufbau der Moleküle bestimmt und enthalten nur Daten der reinen Stoffe. Man bezeichnet sie als kombinatorischen Anteil $(\bar{G}^{\mathrm{E}})^{\mathrm{C}}$. Die letzte Summe, Restanteil $(\bar{G}^{\mathrm{E}})^{\mathrm{R}}$ genannt, berücksichtigt die Wechselwirkungen zwischen den Molekülen. Es ist also

$$\bar{G}^{\mathrm{E}} = (\bar{G}^{\mathrm{E}})^{\mathrm{C}} + (\bar{G}^{\mathrm{E}})^{\mathrm{R}} . \qquad (8.38)$$

Entsprechend kann man auch den Aktivitätskoeffizienten in einen kombinatorischen und einen Restanteil aufspalten

$$\ln \gamma_i = \ln \gamma_i^{\mathrm{C}} + \ln \gamma_i^{\mathrm{R}} .$$

Durch Differentiation von Gl. 8.37 erhält man mit $\mu_i^{\mathrm{E}} = \bar{R}\,T \ln \gamma_i$ die beiden Anteile des Aktivitätskoeffizienten zu

$$\ln \gamma_i^{\mathrm{C}} = \ln \frac{\psi_i}{x_i} + \frac{z}{2} q_i \ln \frac{\vartheta_i}{\psi_i} + l_i - \frac{\psi_i}{x_i} \sum_{k=1}^{K} x_k l_k \qquad (8.39a)$$

und

$$\ln \gamma_i^{\mathrm{R}} = q_i \left[1 - \ln \left(\sum_{k=1}^{K} \vartheta_k \tau_{ki} \right) - \sum_{k=1}^{K} \frac{\vartheta_k \tau_{ki}}{\sum_{j=1}^{K} \vartheta_j \tau_{jk}} \right] \qquad (8.39b)$$

---

[27] Siehe Fußnote 25.
[28] Maurer, G., Prausnitz, J.M.: On the derivation and extension of the UNIQUAC equation. Fluid Phase Equilibria 2 (1978) 91–99.
[29] Siehe Fußnote 26.

mit $l_i = \frac{z}{2}(r_i - q_i) - (r_i - 1)$ und $z = 10$. Für ein Zweistoffgemisch vereinfachen sich Gl. 8.39a und Gl. 8.39b zu

$$\ln \gamma_1^C = \ln \frac{\psi_1}{x_1} + \frac{z}{2}q_1 \ln \frac{\vartheta_1}{\psi_1} + \psi_2 \left(l_1 - \frac{r_1}{r_2} l_2 \right) , \qquad (8.40a)$$

$$\ln \gamma_2^C = \ln \frac{\psi_2}{x_2} + \frac{z}{2}q_2 \ln \frac{\vartheta_2}{\psi_2} + \psi_1 \left(l_2 - \frac{r_2}{r_1} l_1 \right) , \qquad (8.40b)$$

$$\ln \gamma_1^R = -q_1 \ln(\vartheta_1 + \vartheta_2 \tau_{21}) + \vartheta_2 q_1 \left(\frac{\tau_{21}}{\vartheta_1 + \vartheta_2 \tau_{21}} - \frac{\tau_{12}}{\vartheta_2 + \vartheta_1 \tau_{12}} \right) \qquad (8.40c)$$

und

$$\ln \gamma_2^R = -q_2 \ln(\vartheta_2 + \vartheta_1 \tau_{12}) + \vartheta_1 q_2 \left(\frac{\tau_{12}}{\vartheta_2 + \vartheta_1 \tau_{12}} - \frac{\tau_{21}}{\vartheta_1 + \vartheta_2 \tau_{21}} \right) . \qquad (8.40d)$$

Die zur Berechnung von Aktivitätskoeffizienten erforderlichen Reinstoffwerte r_i, q_i und die Anpassparameter $u_{12} - u_{22} = A_{12}$ und $u_{21} - u_{11} = A_{21}$ findet man für zahlreiche Gemische in dem erwähnten Schrifttum[30] vertafelt. Als Sonderfall geht die UNIQUAC-Gleichung in die Gleichung von Wilson über, wenn $r_i = q_i = 1$ wird, was gleichbedeutend damit ist, dass das Molekül nur aus einem Segment besteht. Für die Komponente 1 eines Zweistoffgemisches geht dann Gl. 8.40a über in $\ln \gamma_1^C = 0$, da $\psi_1 = \vartheta_1 = x_1$ und $l = 0$ werden. Es ist somit $\ln \gamma_1 = \ln \gamma_1^R$, (Gl. 8.40c), was mit der Wilson-Gleichung, Gl. 8.27a, formal übereinstimmt, wenn man $\Lambda_{12} = \tau_{12}$ und $\Lambda_{21} = \tau_{21}$ setzt.

Die UNIQUAC-Gleichung ist ungefähr von gleicher Genauigkeit wie die Wilson-Gleichung, wenn man Dampf-Flüssigkeitsgleichgewichte berechnet. Sie eignet sich im Gegensatz zu dieser gut für die Bestimmung von Gleichgewichten zwischen flüssigen Phasen, und man kann auch Mischungsenthalpien berechnen, sofern bekannt ist, wie die Koeffizienten $u_{ji} - u_{ii} = A_{ji}$ und $u_{ij} - u_{jj} = A_{ij}$ von der Temperatur abhängen.

f) Die Methode der Gruppenbeiträge und die UNIFAC-Gleichung

Häufig benötigt man zur Berechnung von Phasengleichgewichten die Aktivitätskoeffizienten der Komponenten eines Vielstoffgemisches, von dem keine verlässlichen Messwerte bekannt sind. Da die zahlreichen organischen Verbindungen aus einer viel kleineren Zahl von Strukturgruppen bestehen, ist es nach einem Vorschlag von Langmuir[31] zweckmäßig, statt der großen Zahl chemischer Verbindungen nur die viel geringere Anzahl von Strukturgruppen zu untersuchen und die ungeheuer große Zahl von Gemischen aus Molekülen auf die sehr viel kleinere Zahl von Gemischen aus Strukturgruppen zurückzuführen. Wie Abb. 8.5 zeigt, kann man das Gemisch aus Benzol und Toluol in die Strukturgruppen CH und CCH_3 zerlegen. Wechselwirkungen zwischen den Molekülen werden ersetzt durch in geeigneter Weise gewichtete Wechselwirkungen zwischen den Strukturgruppen. Die von

---

[30] Siehe Fußnote 26.
[31] Langmuir, I.: The distribution and orientation of molecules. Third Colloid Symp. Monograph. New York: The Chemical Catalog Co. 1925.

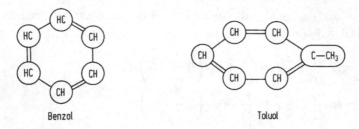

Benzol   Toluol

Abb. 8.5 Zur Zerlegung von Molekülen in Strukturgruppen

Fredenslund und Mitarbeitern[32−34] entwickelte UNIFAC (*Uni*versal *F*unctional-*G*roup
*A*ctivity *C*oefficient)-Methode der Gruppenbeiträge ersetzt in der UNIQUAC-Gleichung
den Parameter r_i für die Zahl der Segmente durch

$$r_i = \sum_{k=1}^{N} v_k^{(i)} R_k \,, \tag{8.41}$$

worin $v_k^{(i)}$ die Zahl der Strukturgruppen k im Molekül i und R_k ein Volumenparameter
für die Strukturgruppe k ist, der durch Anpassung an Messwerte bestimmt wird und in
verschiedenen Arbeiten[33,34,35] vertafelt ist. Es ist über alle N Strukturgruppen in dem
Molekül i zu summieren. Die relative Oberfläche q_i des Moleküls wird ersetzt durch

$$q_i = \sum_{k=1}^{N} v_k^{(i)} Q_k \tag{8.42}$$

mit dem Oberflächenparameter Q_k der Strukturgruppe k, der ebenfalls durch Anpassung
an Messungen ermittelt wird und in den erwähnten Arbeiten[33−35] vertafelt ist. N ist wieder
die Zahl der Strukturgruppen in einem Molekül i. Der Restanteil des Aktivitätskoeffizienten γ_i^R nach Gl. 8.38 berücksichtigt nun nicht die Wechselwirkungen zwischen Molekülen,
sondern die zwischen den Gruppen, und lautet

$$\ln \gamma_i^R = \sum_{k=1}^{M} v_k^{(i)} \ln \frac{\Gamma_k}{\Gamma_k^{(i)}} \,, \tag{8.43}$$

[32] Fredenslund, A., Jones, R.L., Prausnitz, J.M.: Group-contributions estimation of activity coefficients in nonideal liquid mixtures. AIChE J. 21 (1975) 1086–1099.
[33] Fredenslund, A., Gmehling, J., Michelsen, M.L., Rasmussen, P., Prausnitz, J.M.: Computerized
design of multicomponent distillation columns using the UNIFAC group contribution method for
calculation of activity coefficients. Ind. Eng. Chem. Process Des. Dev. 16 (1977) 450–462.
[34] Fredenslund, A., Gmehling, J., Rasmussen, P.: Vapor-liquid equilibria using UNIFAC, a group
contribution method. Amsterdam: Elsevier 1977.
[35] VDI Wärmeatlas, Kap. Dfa, 10. Auflage, Springer Verlag, 2006.

worin Γ_k der Bestandteil des Aktivitätskoeffizienten der Strukturgruppe k und $\Gamma_k^{(i)}$ dieselbe Größe in einem Bezugsgemisch ist, das nur Moleküle i enthält; die Summe ist über alle Strukturgruppen M im Gemisch zu bilden. Durch Einführen des Bezugsgemisches wird sichergestellt, dass $\gamma_i^R = 1$ wird, wenn nur Moleküle i vorhanden sind, also $x_i = 1$ ist. Die Restanteile des Aktivitätskoeffizienten Γ_k und $\Gamma_k^{(i)}$ haben dieselbe Gestalt wie der Restanteil des Aktivitätskoeffizienten nach Gl. 8.39b:

$$\ln \Gamma_k = Q_k \left[1 - \ln \left(\sum_{m=1}^{M} \vartheta_m \psi_{mk} \right) - \sum_{m=1}^{M} \frac{\vartheta_m \psi_{km}}{\sum_{n=1}^{N} \vartheta_n \psi_{nm}} \right]. \tag{8.44}$$

Die Summen sind über alle Strukturgruppen M, N im Gemisch zu bilden. Hierin ist ϑ_m der Oberflächenanteil der Strukturgruppe m

$$\vartheta_m = \frac{X_m Q_m}{\sum_{n=1}^{M} X_n Q_n}. \tag{8.45}$$

X_m ist der Molenbruch der Strukturgruppe m im Gemisch

$$X_m = \frac{\sum_{j=1}^{K} v_m^{(j)} x_j}{\sum_{j=1}^{K} \sum_{n=1}^{N} v_n^{(j)} x_j}. \tag{8.46}$$

K ist die Zahl der Komponenten im Gemisch, N die Zahl der Gruppen des Moleküls j. Weiter ist

$$\psi_{nm} = \exp\left(-\frac{a_{nm}}{T} \right) \tag{8.47}$$

mit den temperaturunabhängigen Gruppenwechselwirkungsparametern $a_{nm} \neq a_{mn}$ zwischen den beiden Gruppen n und m. Zur Berechnung der Aktivitätskoeffizienten γ_i^R benötigt man die Werte R_k, Q_k, a_{nm} und a_{mn}, die für viele Strukturgruppen vertafelt sind[36].

Die UNIFAC-Methode kann für Nichtelektrolytgemische aus zwei und mehr Komponenten ähnlich wie die UNIQUAC-Methode bei mäßigem Drücken, also in einigem Abstand vom kritischen Gebiet, angewandt werden. Der Temperaturbereich liegt zwischen 30 °C und 125 °C. Alle Komponenten müssen kondensierbar sein. Wegen Gl. 7.80

$$\Delta \bar{H} = \bar{H}^E = -\bar{R} \, T^2 \sum_{k=1}^{K} x_k \left(\frac{\partial \ln \gamma_k}{\partial T} \right)_{p, x_j}$$

kann man mit dieser Methode auch Mischungsenthalpien berechnen. Man erhält durch Einsetzen des Aktivitätskoeffizienten

$$\Delta \bar{H} = -\bar{R} \, T^2 \sum_{k=1}^{K} \frac{x_k q_k \sum_{n=1}^{M} \vartheta_n a_{nk} \ln a_{nk}}{\sum_{n=1}^{M} \vartheta_n a_{nk}}. \tag{8.48}$$

---

[36] Siehe Fußnoten 33 und 34.

In neueren Arbeiten wurde das Konzept der Gruppenbeiträge nach UNIFAC auch auf Zustandsgleichungen angewendet, indem man dort die Gemischparameter nach UNIFAC berechnet. Eine solche Zustandsgleichung ist die PSRK-Gleichung (Predictive Soave-Redlich-Kwong-Gleichung, bei der die Gemischparameter einer modifizierten Redlich-Kwong-Gleichung nach der Methode der Gruppenbeiträge bestimmt werden[37,38]. Diese Methode eignet sich auch zur Berechnung von Dampf-Flüssigkeits-Phasengleichgewichten bei hohen Drücken, wie sie vorkommen, wenn einzelne Gemischkomponenten überkritisch sind.

8.3 Beispiele und Aufgaben

Beispiel 8.1

Man berechne mit Hilfe der Zustandsgleichung von Redlich-Kwong die Dichte eines Propan-Benzol-Dampfes von $\xi_1 = 0{,}25$ Massenanteil Propan, einer Temperatur von 200 °C und einem Druck von 20 bar.

Gegeben seien für Propan $T_{k_1} = 369{,}8$ K, $p_{k_1} = 42{,}4$ bar, $\bar{M}_1 = 44{,}1$ kg/kmol, für Benzol $T_{k_2} = 562{,}1$ K, $p_{k_2} = 48{,}9$ bar, $\bar{M}_2 = 78{,}11$ kg/kmol.

Die Molenbrüche sind nach Gl. 1.20

$$x_1 = 0{,}25 \cdot \frac{78{,}11/44{,}1}{1 + 0{,}25 \cdot (78{,}11/(44{,}1 - 1))} = 0{,}371 , \quad x_2 = 0{,}629 .$$

Weiter erhält man aus $a = 0{,}42747 \dfrac{\bar{R}^2 T_k^{2,5}}{p_k}$:

$$a_1 = 0{,}42747 \frac{(8{,}314 \cdot 10^3 \, \mathrm{J/(kmol\,K)})^2 \cdot (369{,}8 \, \mathrm{K})^{2,5}}{42{,}4 \cdot 10^5 \, \mathrm{N/m^2}}$$

$$= 1{,}833 \cdot 10^7 \, \mathrm{Nm^4 \, K^{0,5}/kmol^2} ,$$

$$a_2 = 0{,}42747 \frac{(8{,}314 \cdot 10^3 \, \mathrm{J/(kmol\,K)})^2 \cdot (562{,}1 \, \mathrm{K})^{2,5}}{48{,}9 \cdot 10^5 \, \mathrm{N/m^2}}$$

$$= 4{,}529 \cdot 10^7 \, \mathrm{Nm^4 \, K^{0,5}/kmol^2} .$$

Mit

$$b = 0{,}08664 \frac{\bar{R} \, T_k}{p_k}$$

[37] Holderbaum, T., Gmehling, J.: PSRK: A Group Contribution Equation of State Based on UNIFAC. Fluid Phase Equilibria 70 (1991) 251–265.
[38] Dahle, S., Michelsen, M.L.: High Pressure Vapor-Liquid Equilibrium with UNIFAC-Based Equation of State, Amer. Inst. Chem. Eng: 36 (1990) 1829–1936.

ergibt sich

$$b_1 = 0{,}08664 \cdot \frac{8{,}314 \cdot 10^3 \, \text{J}/(\text{kmol K}) \cdot 369{,}8 \, \text{K}}{42{,}4 \cdot 10^5 \, \text{N/m}^2} = 6{,}283 \cdot 10^{-2} \, \text{m}^3/\text{kmol} \,,$$

$$b_2 = 0{,}08664 \cdot \frac{8{,}314 \cdot 10^3 \, \text{J}/(\text{kmol K}) \cdot 562{,}1 \, \text{K}}{48{,}9 \cdot 10^5 \, \text{N/m}^2} = 8{,}280 \cdot 10^{-2} \, \text{m}^3/\text{kmol} \,.$$

Aus Gl. 8.11a folgt für das Zweistoffgemisch

$$a = x_1^2 a_1 + 2x_1 x_2 a_{12} + x_2^2 a_2.$$

Mit

$$a_{12} = \sqrt{a_1 a_2} = \sqrt{1{,}833 \cdot 10^7 \cdot 4{,}526 \cdot 10^7} \, \text{Nm}^4 \, \text{K}^{0{,}5}/\text{kmol}^2$$

und

$$a_{12} = 2{,}881 \cdot 10^7 \, \text{Nm}^4 \, \text{K}^{0{,}5}/\text{kmol}^2$$

wird

$$a = 0{,}371^2 \cdot 1{,}833 \cdot 10^7 + 2 \cdot 0{,}371 \cdot 0{,}629 \cdot 2{,}881 \cdot 10^7$$
$$+ \, 0{,}629^2 \cdot 4{,}526 \cdot 10^7 \, \text{Nm}^4 \, \text{K}^{0{,}5}/\text{kmol}^2,$$
$$a = 3{,}377 \cdot 10^7 \, \text{Nm}^4 \, \text{K}^{0{,}5}/\text{kmol}^2.$$

Wegen Gl. 8.11b ist $b = x_1 b_1 + x_2 b_2$,

$$b = 0{,}371 \cdot 6{,}283 \cdot 10^{-2} + 0{,}629 \cdot 8{,}280 \cdot 10^{-2} \, \text{m}^3/\text{kmol} = 7{,}539 \cdot 10^{-2} \, \text{m}^3/\text{kmol}.$$

Setzt man diese Ergebnisse in die Gleichung von Redlich-Kwong, Gl. 8.11 ein, so erhält man eine transzendente Gleichung für das Molvolumen $\bar{V}$:

$$20 \cdot 10^5 \frac{\text{N}}{\text{m}^2} = \frac{8{,}314 \cdot 10^3 \, \text{J}/(\text{kmol K}) \cdot 473{,}15 \, \text{K}}{\bar{V} - 7{,}539 \cdot 10^{-2} \, \text{m}^3/\text{kmol}}$$
$$- \frac{3{,}388 \cdot 10^7 \, \text{Nm}^4 \, \text{K}^{0{,}5}/\text{kmol}^2}{\sqrt{473{,}15 \, \text{K}} \, \bar{V} \, (\bar{V} + 7{,}539 \cdot 10^{-2} \, \text{m}^3/\text{kmol})} \,.$$

Als Lösung findet man $\bar{V} = 1{,}599 \, \text{m}^3/\text{kmol}$.

Die Dichte ist

$$\varrho = M/\bar{V} = (\bar{M}_1 x_1 + \bar{M}_2 x_2)/\bar{V} \,,$$
$$\varrho = (44{,}1 \, \text{kg/kmol} \cdot 0{,}371 + 78{,}11 \, \text{kg/kmol} \cdot 0{,}629)/1{,}599 \, \text{m}^3/\text{kmol} \,,$$
$$\varrho = 40{,}96 \, \text{kg/m}^3 \,.$$

Beispiel 8.2

Man berechne für das azeotrope Gemisch aus n-Hexan (Komponente 1) und Ethanol (Komponente 2), dessen azeotroper Punkt bei $x_1 = 0,85$ liegt, die Aktivitätskoeffizienten γ_1 und γ_2 nach der UNIQUAC-Gleichung bei einer Temperatur von 263,15 K.

Dem Tabellenwerk von Gmehling und Onken[39] entnimmt man folgende Werte:

$$u_{12} - u_{22} = A_{12} = 830,1963 \, \text{cal/mol} = 3474,79 \, \text{J/mol},$$

$$u_{21} - u_{11} = A_{21} = -49,2130 \, \text{cal/mol} = -205,98 \, \text{J/mol},$$

$$q_1 = 3,8560, \quad q_2 = 1,9720, \quad r_1 = 4,4998 \quad \text{und} \quad r_2 = 2,1055.$$

Es ist $\psi_i = x_i r_i/(x_1 r_1 + x_2 r_2)$ und $\vartheta_i = x_i q_i (x_1 q_1 + x_2 q_2)$. Mit den gegebenen Werten folgt

$$\psi_1 = 0,9237, \quad \psi_2 = 0,0763, \quad \vartheta_1 = 0,9172, \quad \vartheta_2 = 0,0828.$$

Weiter ist

$$\tau_{12} = \exp[-(u_{12} - u_{21})/(\bar{R} \, T)] = 0,2044,$$

$$\tau_{21} = \exp[-(u_{21} - u_{11})/(\bar{R} \, T)] = 1,0987.$$

Außerdem ist $l_1 = -0,2808$ und $l_2 = -0,4380$. Damit erhält man aus Gl. 8.40a $\ln \gamma_1^C = -0,0030$, aus Gl. 8.40c $\ln \gamma_1^R = 0,0749$ und $\ln \gamma_1 = \ln \gamma_1^C + \ln \gamma_1^R = 0,0719$. Entsprechend folgt aus Gl. 8.40b $\ln \gamma_2^C = -0,1531$ und aus Gl. 8.40d $\ln \gamma_2^R = 1,9767$, somit $\ln \gamma_2 = 1,8236$. Es ist also $\gamma_1 = 1,0746$ und $\gamma_2 = 6,1944$. (Der Vergleich mit den Werten der Aufgabe 8.4 zeigt, für γ_1 eine Abweichung von rund 4,5 %, während γ_2 zwischen dem Wert nach Wilson und dem NRTL-Gleichung liegt).

Beispiel 8.3

Nach der Methode der Strukturgruppenbeiträge besteht n-Hexan analog Abb. 8.5 aus zwei CH$_3$-Gruppen (Gruppenindex 1) und vier CH$_2$-Gruppen (Gruppenindex 2), während Ethanol als eine einzige Strukturgruppe CH$_3$CH$_2$OH betrachtet wird (wir wählen hierfür in Übereinstimmung mit den Tafelwerten[40] den Gruppenindex 17). Man berechne den Aktivitätskoeffizienten des azeotropen Gemisches aus n-Hexan (Komponente 1) und Ethanol (Komponente 2) bei $T = 263,15$ K des vorigen Beispiels mit $x_1 = 0,85$ nach der UNIFAC-Methode. Die Parameter der Strukturgruppe sind[40]

$$R_1 = 0,9011, \qquad R_2 = 0,6744, \qquad R_{17} = 2,1055,$$

$$Q_1 = 0,848, \qquad Q_2 = 0,540, \qquad Q_{17} = 1,972,$$

$$a_{1,17} = a_{2,17} = 737,5 \, \text{K},$$

$$a_{17,2} = a_{17,1} = -87,93 \, \text{K} \quad \text{und}$$

$$a_{1,2} = a_{2,1} = a_{1,1} = a_{2,2} = a_{17,17} = 0.$$

---

[39] Siehe Fußnote 25.
[40] Siehe Fußnote 34.

Die kombinatorischen Anteile der Aktivitätskoeffizienten sind bereits in Beispiel 8.2 berechnet worden $\ln \gamma_1^C = -0,0030$, $\ln \gamma_2^C = -0,1531$. Für die Restaktivitätskoeffizienten sind zunächst die erforderlichen Parameter zu berechnen. Die Molenbrüche X_m der Strukturgruppen im Gemisch nach Gl. 8.46 sind

$$X_{17} = \frac{x_2}{x_2 + 2x_1 + 4x_1} = \frac{0,15}{0,15 + 2 \cdot 0,85 + 4 \cdot 0,85} = 0,02857 \,,$$

$$X_1 = \frac{2x_1}{x_2 + 2x_1 + 4x_1} = \frac{2 \cdot 0,85}{0,15 + 2 \cdot 0,85 + 4 \cdot 0,85} = 0,3238$$

und

$$X_2 = \frac{4x_1}{x_2 + 2x_1 + 4x_1} = 2X_1 = 0,6476 \,.$$

Die Oberflächenanteile ergeben sich aus Gl. 8.45 zu

$$\vartheta_{17} = \frac{X_{17} Q_{17}}{X_{17} Q_{17} + X_1 Q_1 + X_2 Q_2}$$

$$= \frac{0,02857 \cdot 1,972}{0,02857 \cdot 1,972 + 0,3238 \cdot 0,848 + 0,6476 \cdot 0,540} = 0,082775 \,.$$

Entsprechend ist $\vartheta_1 = 0,4034$ und $\vartheta_2 = 0,5138$.

Aus Gl. 8.47 erhält man

$$\psi_{17,1} = \exp\left(-\frac{a_{17,1}}{T}\right) = \exp\left(\frac{-87,93}{263,15}\right) = 1,3967 \,,$$

$$\psi_{1,17} = \exp\left(-\frac{a_{1,17}}{T}\right) = \exp\left(\frac{-737,5}{263,15}\right) = 0,06065 \,.$$

Es ist $\psi_{17,1} = \psi_{17,2}$, $\psi_{1,17} = \psi_{2,17}$ sowie

$$\psi_{1,2} = \psi_{2,1} = \psi_{1,1} = \psi_{2,2} = \psi_{17,17} = 1 \,.$$

Nach Gl. 8.44 ist

$$\ln \Gamma_{17} = Q_{17} \left\{ 1 - \ln(\vartheta_{17}\psi_{17,17} + \vartheta_1\psi_{1,17} + \vartheta_2\psi_{2,17}) - \left[\frac{\vartheta_{17}\psi_{17,17}}{\vartheta_{17}\psi_{17,17} + \vartheta_1\psi_{1,17} + \vartheta_2\psi_{17,2}} \right. \right.$$

$$\left. \left. + \frac{\vartheta_1\psi_{17,1}}{\vartheta_{17}\psi_{17,1} + \vartheta_1\psi_{1,1} + \vartheta_2\psi_{2,1}} + \frac{\vartheta_2\psi_{17,2}}{\vartheta_{17}\psi_{17,2} + \vartheta_1\psi_{1,2} + \vartheta_2\psi_{2,2}} \right] \right\} \,.$$

Einsetzen der Zahlenwerte ergibt $\ln \Gamma_{17} = 2{,}2467$. Entsprechend folgt aus Gl. 8.44:

$$\ln \Gamma_1 = Q_1 \left\{ 1 - \ln(\vartheta_1 \psi_{1,1} + \vartheta_2 \psi_{2,1} + \vartheta_{17} \psi_{17,1}) - \left[\frac{\vartheta_1 \psi_{1,1}}{\vartheta_1 \psi_{1,1} + \vartheta_2 \psi_{2,1} + \vartheta_{17} \psi_{17,1}} \right. \right.$$
$$\left. \left. + \frac{\vartheta_2 \psi_{1,2}}{\vartheta_1 \psi_{1,2} + \vartheta_2 \psi_{2,2} + \vartheta_{17} \psi_{17,2}} + \frac{\vartheta_{17} \psi_{1,17}}{\vartheta_1 \psi_{17,1} + \vartheta_2 \psi_{17,2} + \vartheta_{17} \psi_{17,17}} \right] \right\} .$$

Nach Einsetzen der Zahlenwerte erhält man $\ln \Gamma_1 = 0{,}03678$.
    Weiter liefert Gl. 8.44:

$$\ln \Gamma_2 = Q_2 \left\{ 1 - \ln(\vartheta_1 \psi_{1,2} + \vartheta_2 \psi_{2,2} + \vartheta_{17} \psi_{17,2}) - \left[\frac{\vartheta_1 \psi_{2,1}}{\vartheta_1 \psi_{1,1} + \vartheta_2 \psi_{2,1} + \vartheta_{17} \psi_{17,1}} \right. \right.$$
$$\left. \left. + \frac{\vartheta_2 \psi_{2,2}}{\vartheta_1 \psi_{1,2} + \vartheta_2 \psi_{2,2} + \vartheta_{17} \psi_{17,2}} + \frac{\vartheta_2 \psi_{2,17}}{\vartheta_1 \psi_{1,17} + \vartheta_2 \psi_{2,17} + \vartheta_{17} \psi_{17,17}} \right] \right\} .$$

Mit den Zahlenwerten folgt $\ln \Gamma_2 = 0{,}023423$.
    Es ist nach Gl. 8.43

$$\ln \gamma_1^R = v_1^{(1)} \left(\ln \Gamma_1 - \ln \Gamma_1^{(1)} \right) + v_2^{(1)} \left(\ln \Gamma_2 - \ln \Gamma_2^{(1)} \right) + v_{17}^{(1)} \left(\ln \Gamma_{17} - \ln \Gamma_{17}^{(1)} \right)$$

und

$$\ln \gamma_1^R = v_1^{(2)} (\ln \Gamma_1 - \ln \Gamma_1^{(2)}) + v_2^{(2)} (\ln \Gamma_2 - \ln \Gamma_2^{(2)}) + v_{17}^{(2)} (\ln \Gamma_{17} - \ln \Gamma_{17}^{(2)}) .$$

Hierin gilt $v_{17}^{(1)} = v_2^{(1)} = v_2^{(2)} = 0$. Demnach sind nur noch $\Gamma_1^{(1)}$, $\Gamma_2^{(1)}$ und $\Gamma_{17}^{(2)}$ nach Gl. 8.44 zu bestimmen. Man erhält

$$\ln \Gamma_{17}^{(1)} = \ln \Gamma_2^{(1)} = \ln \Gamma_{17}^{(2)} = 0 .$$

Damit ergibt sich

$$\ln \gamma_1^R = 2(\ln \Gamma_1 - 0) + 4(\ln \Gamma_2 - 0) = 0{,}1673 ,$$
$$\ln \gamma_2^R = 1(\ln \Gamma_{17} - 0) = 2{,}2467$$

und

$$\ln \gamma_1 = \ln \gamma_1^C + \ln \gamma_1^R = -0{,}0030 + 0{,}1673 = 0{,}1643 ,$$
$$\ln \gamma_2 = \ln \gamma_2^C + \ln \gamma_2^R = -0{,}1531 + 2{,}2467 = 2{,}0936 .$$

Daraus folgt $\gamma_1 = 1{,}1785$ und $\gamma_2 = 8{,}1141$.

Vergleicht man mit den Werten der Aufgabe 8.4 und des Beispiels 8.1, so ist:

	Wilson	NRTL	UNIQUAC	UNIFAC
γ_1	1,1199	1,1202	1,0746	1,1785
γ_2	5,5196	7,2320	6,1944	8,1141

Aufgabe 8.1

Das „einfache Gemisch" aus Cyclohexan und Tetrachlorkohlenstoff genügt dem Porterschen Ansatz

$$\bar{G}^{\mathrm{F}} = A_0 x_1 x_2$$

mit $A_0/(\mathrm{J/mol}) = 1176 + 1,96\,T\ln T - 14,18\,T$ für $10\,°\mathrm{C} < t < 55\,°\mathrm{C}$.

Man berechne die Mischungsenthalpie als Funktion des Molenbruchs.

Aufgabe 8.2

In dem Tabellenwerk von Gmehling und Onken[41] sind für das Gemisch aus n-Hexan (Komponente 1) und Ethanol (Komponente 2) folgende Parameter der Wilson-Gleichung angegeben: $A_{12} = \lambda_{12} - \lambda_{11} = 596,4878\,\mathrm{cal/mol} = 2497,38\,\mathrm{J/mol}$ und $A_{21} = \lambda_{12} - \lambda_{22} = 1829,6250\,\mathrm{cal/mol} = 7657,9\,\mathrm{J/mol}$. Die Molvolumina der reinen Flüssigkeiten sind $V_{01} = V_1^+ = 131,61\,\mathrm{cm^3/mol}$ und $V_{02} = V_2^+ = 58,68\,\mathrm{cm^3/mol}$.

Man berechne die Grenzaktivitätskoeffizienten $\lim_{x_1\to 0}\gamma_1 = \gamma_1^\infty$ und $\lim_{x_2\to 0}\gamma_2 = \gamma_2^\infty$ mit Hilfe der Wilson-Gleichung bei einer Temperatur von $263,15\,\mathrm{K}$.

Aufgabe 8.3

Wie groß ist die Mischungsenthalpie eines Zweistoffgemisches nach der Wilson-Gleichung? Die Parameter $\lambda_{12} - \lambda_{11}$ und $\lambda_{12} - \lambda_{22}$ seien temperaturunabhängig, ebenso V_{01} und V_{02}. Man berechne die Mischungsenthalpie für ein Gemisch aus n-Hexan (Komponente 1) und Ethanol (Komponente 2) bei $25\,°\mathrm{C}$ und dem Molenbruch $x_1 = 0,5957$ und vergleiche mit dem Messwert $\Delta\bar{H} = 580,1\,\mathrm{J/mol}$.

Wie in Aufgabe 8.2 ist $A_{12} = \lambda_{12} - \lambda_{11} = 2497,38\,\mathrm{J/mol}$ und $A_{21} = \lambda_{12} - \lambda_{22} = 7657,9\,\mathrm{J/mol}$, $V_{01} = V_1^+ = 131,61\,\mathrm{cm^3/mol}$, $V_{02} = V_2^+ = 58,68\,\mathrm{cm^3/mol}$.

Aufgabe 8.4

Das Gemisch aus n-Hexan (Komponente 1) und Ethanol (Komponente 2) besitzt bei der Temperatur $263,15\,\mathrm{K}$ einen azeotropen Punkt beim Molenbruch $x_1 = 0,85$. Die Grenzaktivitätskoeffizienten für die Wilson-Gleichung sind in dem Tabellenwerk von Gmehling und Onken[42] zu $\gamma_1^\infty = 17,82$ und $\gamma_2^\infty = 34,76$ angegeben. Es ist $\alpha_{12} = 0,3827$. Man berechne mit Hilfe dieser Angaben die Wechselwirkungsparameter τ_{12} und τ_{21} nach der NRTL-Gleichung und errechne mit ihr die Aktivitätskoeffizienten γ_1 und γ_2 am azeotropen Punkt. Man vergleiche mit den Aktivitätskoeffizienten nach Wilson unter Benutzung der Werte A_{12}, A_{21}, V_1^+ und V_2^+ aus Aufgabe 8.2.

---

[41] Siehe Fußnote 25.
[42] Siehe Fußnote 25.

Phasenzerfall und Phasengleichgewichte

9

9.1 Phasenzerfall von flüssigen oder festen Gemischen

Wie die Erfahrung zeigt, können sich flüssige und feste binäre Systeme unterhalb oder oberhalb bestimmter Temperaturen in zwei koexistente Phasen aufspalten, die beide flüssig oder fest (binäre Mischkristalle) sind. Kennt man die freie Enthalpie, so kann man mit Hilfe der Bedingung für stabiles Gleichgewicht (Gl. 6.8d)

$$\Delta G > 0 \quad \text{für } T, \ p, \ N_i = \text{const}$$

entscheiden, ob sich ein flüssiges oder festes Gemisch in zwei Phasen aufspaltet. Wir betrachten hierzu den Verlauf der freien Enthalpie eines binären Gemisches für konstante Werte von Druck und Temperatur über dem Molenbruch x_1, Abb. 9.1.

Die Kurve a stellt eine Isotherme dar, die oberhalb einer oberen oder unterhalb einer unteren kritischen Entmischungstemperatur liegt; man vergleiche hierzu Abb. 4.18. Ein Gemisch einer beliebigen Zusammensetzung x_1, Punkt A in Abb. 9.1, kann man sich dadurch hergestellt denken, dass man die Lösung A' (Phase $'$) mit der Lösung A'' (Phase $''$) mischt.

Abb. 9.1 Zur Aufspaltung eines binären Gemisches in zwei Phasen

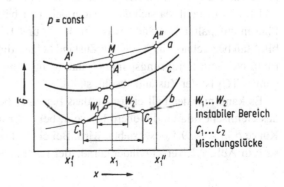

Für die Molmengen N_1' und N_1'' in beiden Phasen gilt $N_1' + N_1'' = N_1$ sowie $x_1 = N_1/N$, $x_1' = N_1'/N'$, $x_1'' = N_1''/N''$ und $N = N' + N''$, worin N die gesamte Molmenge, N' und N'' die der jeweiligen Phasen sind. Hieraus erhält man

$$x_1 - x_1' = \frac{N''}{N}(x_1'' - x_1') \, . \tag{9.1}$$

Die freie Enthalpie ist $N \, \bar{G} = N'\bar{G}' + N''\bar{G}''$, wofür man auch

$$\bar{G} - \bar{G}' = \frac{N''}{N}(\bar{G}'' - \bar{G}') \tag{9.2}$$

schreiben kann. Dividiert man Gl. 9.1 durch Gl. 9.2, so findet man

$$\frac{\bar{G} - \bar{G}'}{x_1 - x_1'} = \frac{\bar{G}'' - \bar{G}'}{x_1'' - x_1'} \, . \tag{9.3}$$

Wie aus dieser Beziehung hervorgeht, liegt der Punkt M, der den Mischungszustand $\bar{G}$, x_1 kennzeichnet, auf der Verbindungsgeraden durch die Punkte A' und A'', und zwar beim gleichen Wert x_1 wie der Punkt A. Da die freie Enthalpie im stabilen Zustand einen Kleinstwert annimmt, ist der Zustand im Punkt A stabiler als im Punkt M. Die beiden Phasen mischen sich daher vollständig miteinander. Auch für alle anderen Punkte der konvex bezüglich der x-Achse gekrümmten Kurve a ist keine Aufspaltung in zwei Phasen möglich, was man durch

$$\left(\frac{\partial^2 \bar{G}}{\partial x^2}\right)_{T,p} > 0 \tag{9.4}$$

ausdrücken kann. Dies ist die Bedingung gegen Aufspaltung eines binären Gemisches in zwei Phasen (vgl. hierzu auch die Ausführungen zu Gl. 6.23).

Die Kurve b in Abb. 9.1 ist eine Isotherme, bei der zwischen den Wendepunkten W_1 und W_2 immer Phasenzerfall auftritt, weil hier der einem Zerfall in zwei Phasen entsprechende Punkt stets unterhalb des zwischen W_1 und W_2 liegenden Punktes B zu liegen käme und daher einen kleineren Wert der freien Enthalpie hätte. Der Zustand zwischen W_1 und W_2 ist instabil, da sich das System bei einer beliebig kleinen Störung in zwei stabile Phasen aufspaltet. Zustände zwischen $W_1 C_1$ und $W_2 C_2$ sind gegen kleine Störungen stabil. Man bezeichnet einen solchen Zustand bekanntlich als metastabil (vgl. Abschn. 6.2.4). Erst links vom Berührungspunkt C_1 und rechts vom Berührungspunkt C_2 der Doppeltangente $C_1 C_2$ ist der Zustand absolut stabil.

Es kann nun der Fall eintreten, dass bei einer bestimmten Temperatur das Verhalten des Gemisches durch die obere Kurve a, bei einer anderen Temperatur durch die untere Kurve b in Abb. 9.1 beschrieben wird. Bei einer dazwischen liegenden Temperatur, Kurve c in Abb. 9.1, verschwindet gerade der noch nach oben gekrümmte Ast der Kurve b, die Wendepunkte W_1 und W_2 rücken beliebig nahe zusammen. Daher ist dort neben

$$\left(\frac{\partial^2 \bar{G}}{\partial x^2}\right)_{T,p} = 0 \quad \text{auch} \quad \left(\frac{\partial^3 \bar{G}}{\partial x^3}\right)_{T,p} = 0 . \tag{9.5}$$

An dem durch diese Bedingungen gekennzeichneten Punkt fallen die beiden koexistenten Phasen gerade zusammen. Man bezeichnet ihn als *kritischen Entmischungspunkt*, den wir schon beim Studium der Phasendiagramme binärer Gemische, Abb. 4.17 bis 4.19, kennen lernten.

Für ein *binäres* Gemisch gilt allgemein

$$\bar{G} = \bar{G}^{\mathrm{id}} + \bar{G}^{\mathrm{E}}$$

oder

$$\bar{G} = x_1 \mu_{01} + x_1 \bar{R} T \ln x_1 + x_2 \mu_{02} + x_2 \bar{R} T \ln x_2 + \bar{G}^{\mathrm{E}} .$$

Die Ableitungen nach den Molenbrüchen betragen mit $x_1 = x$ und $x_2 = (1 - x)$

$$\left(\frac{\partial^2 \bar{G}}{\partial x^2}\right)_{T,p} = \frac{\bar{R} T}{x(1-x)} + \left(\frac{\partial^2 \bar{G}^{\mathrm{E}}}{\partial x^2}\right)_{T,p}$$

und

$$\left(\frac{\partial^3 \bar{G}}{\partial x^3}\right)_{T,p} = \frac{\bar{R} T (2x - 1)}{x^2 (1-x)^2} + \left(\frac{\partial^3 \bar{G}^{\mathrm{E}}}{\partial x^3}\right)_{T,p} .$$

Hieraus ergibt sich mit Gl. 9.5 für den kritischen Entmischungspunkt

$$\left(\frac{\partial^2 \bar{G}^{\mathrm{E}}}{\partial x^2}\right)_{T,p} = \frac{\bar{R} T}{x(1-x)} , \tag{9.6a}$$

$$\left(\frac{\partial^3 \bar{G}^{\mathrm{E}}}{\partial x^3}\right)_{T,p} = \frac{\bar{R} T (2x - 1)}{x^2 (1-x)^2} . \tag{9.6b}$$

9.2 Die Gesetze von Raoult und Henry als spezielle Lösungen der Gleichung von Duhem-Margules

9.2.1 Die Gleichung von Duhem-Margules

In Kapitel 5.3 hatten wir die Gleichung von Gibbs-Duhem abgeleitet, die die intensiven Zustandsgrößen einer Mischphase miteinander verknüpft. Eine wichtige Spezialform der

Abb. 9.2 Zum Gleichgewicht
zwischen einem Flüssigkeitsgemisch und seinem Dampf

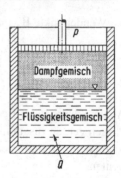

Beziehung von Gibbs-Duhem ist die Gleichung von Duhem[1]-Margules[2]. Im Folgenden wird gezeigt, wie sich mit Hilfe dieser Gleichung die Gesetze von Raoult und Henry, theoretisch als Grenzgesetze für das Phasenverhalten begründen lassen. Als Beispiel betrachten wir ein homogenes Flüssigkeitsgemisch, Abb. 9.2, über dem sich ein homogenes Dampfgemisch befindet. Durch Wärmezufuhr von außen können die Temperatur und durch einen verschiebbaren Kolben der Druck des aus flüssiger und gasförmiger Phase bestehenden Systems auf vorgegebene Werte eingestellt werden. Es interessiert nun die Frage, welches die Gleichgewichtszusammensetzung des Dampfgemisches ist, wenn bei vorgegebenen Werten des Druckes und der Temperatur die Gleichgewichtszusammensetzung der Flüssigkeit bekannt ist. Statt dessen kann man auch umgekehrt nach der Zusammensetzung der flüssigen Phase fragen, wenn die der dampfförmigen Phase vorgegeben ist und Gleichgewicht herrscht. Würde man die Zustandsgleichungen der beiden Phasen kennen, so könnte man mit Hilfe der Gleichgewichtsbedingungen die Zusammensetzung der einen Phase ermitteln, wenn man die der anderen vorgibt. Für feste Werte der Temperatur und des Druckes existieren dann nämlich für jede Phase noch K Zustandsgleichungen $\mu_i(T, p, N_1, N_2, \ldots, N_K)$ mit $i = 1, 2, \ldots, K$ für die chemischen Potentiale. Da im Gleichgewicht die chemischen Potentiale der gasförmigen (G)-Phase und der flüssigen (L)-Phase übereinstimmen

$$\mu_i^L(T, p, N_1^L, N_2^L, \ldots, N_K^L) = \mu_i^G(T, p, N_1^G, N_2^G, \ldots, N_K^G)\ (i = 1, 2, \ldots, K)\,, \quad (9.7)$$

hat man ein System von K Gleichungen, aus dem sich für vorgegebene Werte des Druckes, der Temperatur und der Zusammensetzung einer Phase die Zusammensetzung der anderen Phase ergibt. Sind beispielsweise T, p und sämtliche Molmengen $N_1^L, N_2^L, \ldots, N_K^L$ bekannt, so kann man aus den vorstehenden K Gleichungen die K unbekannten Molmengen $N_1^G, N_2^G, \ldots, N_K^G$ berechnen.

---

[1] Siehe Fußnote 8 in Abschn. 5.3.2.
[2] M. Margules (1856–1920) war Professor in Wien und Mitglied der österreichischen Akademie der Wissenschaft. Er untersuchte Gleichgewichte zwischen Flüssigkeiten von Mehrstoffgemischen und ihren Dämpfen, sowie meteorologische Fragen der Strömung von Luftmassen aufgrund von Temperaturunterschieden.

Statt mit Molmengen rechnet man in praktischen Fällen besser mit den Molenbrüchen. Dadurch lassen sich die Gln. 9.7 vereinfachen, da man die Molmengen der einen Phase mit einem Faktor $\lambda^L = 1/N^L$ und die anderen mit einem Faktor $\lambda^G = 1/N^G$ multiplizieren kann, ohne dass die zugehörigen chemischen Potentiale ihre Werte ändern. Man erhält

$$\mu_i^L\left(T, p, \frac{N_1^L}{N^L}, \frac{N_2^L}{N^L}, \ldots, \frac{N_K^L}{N^L}\right) = \mu_i^G\left(T, p, \frac{N_1^G}{N^G}, \frac{N_2^G}{N^G}, \ldots, \frac{N_K^G}{N^G}\right)$$

oder

$$\mu_i^L(T, p, x_1, x_2, \ldots, x_K) = \mu_i^G(T, p, y_1, \ldots, y_K) \ (i = 1, 2, \ldots, K) \,. \tag{9.8}$$

Da außerdem die „Schließbedingungen"

$$\sum_k x_k = 1 \quad \text{und} \quad \sum_k y_k = 1$$

gelten, kann man die Molenbrüche x_K und y_K durch die der übrigen Komponenten ausdrücken, sodass man die Gleichgewichtsbedingungen Gl. 9.8 in folgender Form schreiben kann

$$\mu_i^L(T, p, x_1, x_2, \ldots, x_{K-1}) = \mu_i^G(T, p, y_1, y_2, \ldots, y_{K-1}) \,, \ (i = 1, 2, \ldots, K) \,. \tag{9.9}$$

Aus diesem System von K Gleichungen kann man insgesamt auch K Unbekannte berechnen. Von den $2(K-1)$ unbekannten Molenbrüchen $x_1, x_2, \ldots, x_{K-1}$ und $y_1, y_2, \ldots, y_{K-1}$ kann man also noch $2(K-1) - K = K-2$ frei wählen. Alle übrigen Molenbrüche ergeben sich dann aus der Lösung des Gleichungssystems. Nach Vorgabe der Temperatur und des Druckes treten demnach für ein Zweistoffsystem an die Stelle der Gln. 9.9 die Beziehungen

$$\mu_1^L(T, p, x_1) = \mu_1^G(T, p, y_1) \,,$$
$$\mu_2^L(T, p, x_1) = \mu_2^G(T, p, y_1) \,,$$

die zur Berechnung der unbekannten Molenbrüche x_1 und y_1 dienen. Wie man hieraus erkennt, ist für ein Zweistoffsystem, das aus zwei Phasen besteht, bei vorgegebenen Werten der Temperatur und des Druckes die Zusammensetzung nicht mehr frei wählbar.

Gibt man andererseits nur die Temperatur vor, so enthalten die beiden obigen Gleichungen noch die drei Unbekannten p, x_1, y_1. Man kann noch eine Unbekannte frei wählen; die beiden anderen liegen damit fest. Fasst man den Molenbruch x_1 als frei wählbare Größe auf, so ergibt sich zu jedem Wert von x_1 ein bestimmter Wert des Druckes p und des Molenbruches y_1. Es existiert also für ein Zweistoffsystem, das aus zwei Phasen besteht, für jede vorgegebene Temperatur ein Zusammenhang

$$p(x_1) \text{ und } y_1(x_1) \text{ für } T = \text{const.}$$

Besteht die gasförmige Phase aus idealen Gasen, so ist

$$p = p_1 + p_2 = p(x_1) \, ,$$

woraus $p_1 = p_1(x_1)$ und $p_2 = p_2(x_1)$ folgt:

▶ **Merksatz** Die Partialdrücke der beiden Gase sind bei fester Temperatur vollständig durch die Zusammensetzung der Flüssigkeit bestimmt.

In vielen Fällen sind nicht alle Zustandsgleichungen bekannt, sodass eine Berechnung der Gleichgewichtszusammensetzung allein mit Hilfe der Zustandsgleichungen nicht möglich ist. Trotzdem kann man auch dann aus der Gleichung von Gibbs-Duhem einige wichtige, wenn auch nicht erschöpfende Auskünfte über die Zusammensetzung der Phasen herleiten. Wir betrachten hierzu wieder zwei Phasen, die gemäß Abb. 9.2 miteinander im Gleichgewicht stehen. Die Temperatur des aus beiden Phasen bestehenden Systems sei konstant, Änderungen des Druckes und der Zusammensetzung seien zugelassen. Für jede der beiden Phasen gilt dann nach Gibbs-Duhem (Gl. 5.56)

$$-\bar{V}^L \, dp^L + \sum_k x_k \, d\mu_k^L = 0 \quad (T = \text{const}) \, , \tag{9.10}$$

$$-\bar{V}^G \, dp^G + \sum_k y_k \, d\mu_k^G = 0 \quad (T = \text{const}) \, . \tag{9.10a}$$

Im Gleichgewicht stimmen die Drücke $p^L = p^G = p$ und die chemischen Potentiale $\mu_k^L = \mu_k^G$ in beiden Phasen überein. Gl. 9.10 kann man somit auch schreiben

$$-\bar{V}^L \, dp + \sum_k x_k \, d\mu_k^G = 0 \quad (T = \text{const}) \, . \tag{9.10b}$$

Besteht die gasförmige Phase aus einem Gemisch idealer Gase, so ist das chemische Potential einer Komponente i gegeben durch (Gl. 5.23)

$$\mu_i^G = \mu_{0i}^G(p^+, T) + \bar{R} \, T \, \ln \frac{p_i}{p^+} \, ,$$

woraus für konstante Temperatur T die Beziehung

$$d\mu_i^G = \bar{R} \, T d(\ln p_i)$$

folgt.

Nach Einsetzen in Gl. 9.10b erhält man

$$- \bar{V}^L \, dp + \bar{R} \, T \sum_k x_k \, d(\ln p_k) = 0 \quad (T = \text{const}) \, . \qquad (9.10c)$$

In einem binären System sind, wie wir zuvor sahen, die Partialdrücke bei vorgegebener Temperatur durch die Angabe des Molenbruchs x_1 in der flüssigen Phase vollkommen bestimmt. Hierfür geht daher die obige Beziehung über in

$$-\bar{V}^L \, dp + \bar{R} \, T x_1 \left(\frac{\partial(\ln p_1)}{\partial x_1} \right)_T dx_1 + \bar{R} \, T x_2 \left(\frac{\partial(\ln p_2)}{\partial x_1} \right)_T dx_1 = 0$$

oder

$$- \frac{\bar{V}^L}{\bar{R} \, T} \frac{dp}{dx_1} + x_1 \left(\frac{\partial(\ln p_1)}{\partial x_1} \right)_T + x_2 \left(\frac{\partial(\ln p_2)}{\partial x_1} \right)_T = 0 \, . \qquad (9.11)$$

Hierin ist der Ausdruck $\bar{V}^L/(\bar{R} \, T)$ in hinreichender Entfernung vom kritischen Zustand von der Größenordnung 10^{-4} bar^{-1}. Der Differentialquotient dp/dx_1 beträgt von wenigen Ausnahmen abgesehen, wie Lösungen des schwerlöslichen gasförmigen Wasserstoffs in Wasser, höchstens 1 bar. Das erste Glied in Gl. 9.11 ist somit von der Größenordnung 10^{-4}. Das zweite und dritte Glied ist hingegen annähernd von der Größenordnung eins und daher um mehrere Zehnerpotenzen größer als das erste Glied. Man darf also Gl. 9.11 auch in guter Näherung schreiben

$$x_1 \left(\frac{\partial(\ln p_1)}{\partial x_1} \right)_T + x_2 \left(\frac{\partial(\ln p_2)}{\partial x_1} \right)_T = 0 \, . \qquad (9.12)$$

Diese Gleichung haben Duhem[3] und Margules[4] unabhängig voneinander abgeleitet. Sie wird als *Gleichung von Duhem-Margules* bezeichnet. Ihre Bedeutung besteht darin, dass man den Partialdruck *einer* gasförmigen Komponente als Funktion des Molenbruchs in der flüssigen Phase berechnen kann, wenn der Partialdruck der anderen gasförmigen Komponente gegeben ist. Ebenso kann man die Partialdrücke p_1 und p_2 berechnen, wenn der einfacher zu messende Gesamtdruck $p = p(T, x_1)$ bekannt ist. Mit $p = p_1 + p_2$ hat man neben Gl. 9.12 noch eine zweite Gleichung zur Bestimmung der beiden Partialdrücke $p_1(T, x_1)$ und $p_2(T, x_2)$.

---

[3] Duhem, P.: Sur les vapeurs émises par un mélange de substances volatiles. C.R. Acad. Sci. Paris 102 (1886) 1449–1451; Duhem, P.: Dissolutions et mélanges. III. Les mélanges doubles. Trav. Mém. des Facultés de Lille 3 (1894) 13, 75–79; Duhem, P.: Traité élémentaire de mécanique chimique fondée sur la thermodynamique, Band 4: Les mélanges doubles. Paris: A. Herrmann 1899.
[4] Margules, M.: Über die Zusammensetzung der gesättigten Dämpfe von Mischungen. Sitzungsber. Akad. Wiss. Wien, math.-naturwiss. Klasse, 104 Abt. IIa (1895) 1243–1278.

9.2.2 Verdampfungsgleichgewichte, Raoultsches Gesetz[5]

Ein siedendes binäres Flüssigkeitsgemisch befinde sich im Gleichgewicht mit seinem Dampf. Stellt man für konstante Temperatur die Partialdrücke p_1 und p_2 des Dampfes in Abhängigkeit von dem Molenbruch x_1 der Komponente 1 in der Flüssigkeit dar, so müssen die Kurven $p_1(x_1)$ und $p_2(x_1)$ folgenden Grenzbedingungen genügen:

Besteht die Flüssigkeit nur aus der Komponente 1, so ist der Partialdruck p_1 gleich dem Sättigungsdruck p_{01s} der reinen Komponente und der Partialdruck p_2 der anderen Komponente verschwindet:

$$p_1(x_1 = 1) = p_{01s} \quad \text{und} \quad p_2(x_1 = 1) = 0 \, .$$

Ist umgekehrt nur die Komponente 2 vorhanden, so gilt

$$p_1(x_1 = 0) = 0 \quad \text{und} \quad p_2(x_1 = 0) = p_{02s} \, .$$

Die einfachsten Ansätze, welche diese Grenzbedingungen erfüllen, sind die linearen Gesetzmäßigkeiten

$$p_1 = p_{01s} x_1 \quad (T = \text{const})$$

und

$$p_2 = p_{02s}(1 - x_1) \quad (T = \text{const}) \, . \tag{9.13}$$

Sie genügen der Gleichung von Duhem-Margules, wovon man sich durch Einsetzen leicht überzeugen kann. Die Gln. 9.13 sind auch unter dem Namen *Raoultsches Gesetz*[6] bekannt. Danach ist der Partialdruck in der Gasphase direkt proportional dem Molenbruch der betreffenden Komponente in der Flüssigkeit. In Abb. 9.3 ist der Verlauf der Partialdrücke und des Gesamtdruckes dargestellt.

Leider gibt es nur wenige binäre Gemische, welche dem Raoultschen Gesetz gehorchen. Beispiele[7] sind Gemische aus Ethylenbromid und Propylenbromid bei einer Tem-

---

[5] François Marie Raoult (1830–1901), Professor für Chemie in Grenoble, entdeckte die Gefrierpunktserniedrigung und die isobare Siedepunktserhöhung von wässrigen Lösungen und die sich darauf gründende Methode zur Bestimmung der Molmasse gelöster Stoffe.

[6] Raoult, F.-M.: Sur les tensions de vapeur des dissolutions faites dans l'éther. C.R. Acad. Sci. Paris 103 (1886) 1125–1127; Raoult, F.-M.: Influence du degré de concentration sur la tension de vapeur des dissolutions faites dans l'éther. C.R. Acad. Sci. Paris 104 (1887) 976–978; Raoult, F.-M.: Loi générale des tensions de vapeur des dissolvants. C.R. Acad. Sci. Paris 104 (1887) 1430–1433; Raoult, F.-M.: Sur les tensions de vapeur des dissolutions faites dans l'alcool. C.R. Acad. Sci Paris 107 (1888) 442–445; Raoult, F.-M.: Über die Dampfdrucke ätherischer Lösungen. Z. phys. Chem. 2 (1888) 353–373; Raoult, F.-M.: Sur les tensions de vapeur des dissolutions faites dans l'éther. Ann. chim. phys. VI, 15 (1888) 375–407. Einen Überblick über die geschichtliche Entwicklung der Lehre von den Dampfdrücken binärer Flüssigkeitsgemische gibt W. Ostwald in: Lehrbuch der allgemeinen Chemie, 2 Bde., 2. Aufl., Leipzig: W. Engelmann 1891–1906, Bd. 1, S. 612–635 u. 705–741, Bd. 2, 2. Teil, S. 182–198 u. 554–648.

[7] Guggenheim, E.A.: Thermodynamics, 6. Aufl., Amsterdam, New York, Oxford: North-Holland 1977, S. 189 u. 190.

Abb. 9.3 Partialdrücke
und Gesamtdruck nach dem
Raoultschen Gesetz

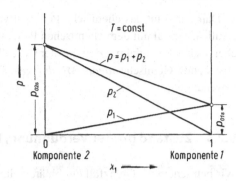

peratur von 85 °C und Gemische aus Benzol und Brombenzol bei einer Temperatur von
80 °C. Auch Gemische aus Sauerstoff und Stickstoff, aus Benzol und Chloroform, Benzol
und Ethylchlorid und aus Methylchlorid und Kohlendioxid weichen nicht wesentlich vom
Raoultschen Gesetz ab. Allgemein kann man sagen, dass die Abweichung vom Raoultschen Gesetz in Gemischen aus chemisch ähnlichen Stoffen gering ist.

Das chemische Potential einer Flüssigkeit, die das Raoultsche Gesetz erfüllt, ergibt sich
aus der Gleichheit der chemischen Potentiale zwischen flüssiger und gasförmiger Phase

$$\mu_1^L = \mu_1^G = \mu_{01}^G(p^+, T) + \bar{R}\, T\, \ln \frac{p_1}{p^+}\,.$$

Mit

$$p_1 = p_{01s} x_1$$

folgt

$$\mu_1^L = \mu_{01}^G(p^+, T) + \bar{R}\, T\, \ln \frac{p_{01s} x_1}{p^+}\,.$$

Wählt man als Bezugsdruck p^+ den Sättigungsdruck p_{01s} der reinen Komponente, so
ergibt sich

$$\mu_1^L = \mu_{01}^G(p_{01s}, T) + \bar{R}\, T\, \ln x_1\,.$$

Die Größe $\mu_{01}^G(p_{01s}, T)$ ist hierin das chemische Potential der reinen Komponente im
Sättigungszustand. In diesem herrscht aber Gleichgewicht zwischen der Flüssigkeit und
ihrem Dampf, sodass $\mu_{01}^G(p_{01s}, T) = \mu_1^L(p_{01s}, T)$ ist. Daraus ergibt sich für das chemische Potential von Flüssigkeiten, welche das Raoultsche Gesetz befolgen,

$$\mu_1^L = \mu_{01}^L(p_{01s}, T) + \bar{R}\, T\, \ln x_1\,.$$

Da Flüssigkeiten in hinreichender Entfernung vom kritischen Punkt mit guter Genauigkeit
inkompressibel sind, ändern sich ihre thermodynamischen Größen nicht merklich mit dem
Druck. Man darf daher in guter Näherung

$$\mu_{01}^L(p_{01s}, T) = \mu_{01}^L(p, T)$$

setzen, wobei der Druck p vom Sättigungsdruck p_{01s} verschieden sein kann.

Damit stimmt das chemische Potential von Flüssigkeiten, die das Raoultsche Gesetz erfüllen, formal mit dem chemischen Potential idealer Gase überein. Flüssigkeiten, deren chemisches Potential mit dem idealer Gase übereinstimmt, nennt man ideal und aus ihnen bestehende Gemische *ideale Mischungen*. Das Raoultsche Gesetz gilt somit für ideale Mischungen.

9.2.3   Zustand großer Verdünnung, Henrysches Gesetz

Wir betrachten als Grenzfall ein binäres Flüssigkeitsgemisch, das überwiegend aus einer Komponente besteht, während der Molenbruch x_1 der anderen Komponente sehr gering ist. Über dem Flüssigkeitsgemisch befinde sich im Gleichgewicht der aus beiden Komponenten bestehende Dampf. Die Funktion $p_1(T, x_1)$ kann man nun in eine Taylorreihe nach dem Molenbruch entwickeln und diese, da der Molenbruch x_1 hinreichend klein sein soll, nach dem linearen Glied abbrechen

$$p_1 = p_1(T, x_1 = 0) + \left(\frac{\partial p_1}{\partial x_1}\right)_{T, x_1 = 0} x_1 \, .$$

Da der Partialdruck p_1 verschwindet, wenn die Komponente 1 nicht vorhanden ist, $p_1(T, x_1 = 0) = 0$, geht die obige Taylorreihe über in

$$p_1 = \left(\frac{\partial p_1}{\partial x_1}\right)_{T, x_1 = 0} x_1 \, .$$

Der hierin vorkommende Differentialquotient ist nur eine Funktion der Temperatur, für die wir abkürzend

$$\left(\frac{\partial p_1}{\partial x_1}\right)_{T, x_1 = 0} = H_{px1}(T)$$

schreiben, womit wir das für den Grenzfall sehr großer Verdünnung gültige *Henrysche Gesetz* mit dem Henryschen Koeffizienten H_{px1} erhalten:

$$p_1 = H_{px1}(T) \, x_1 \, . \tag{9.14}$$

Die Indizes des Henryschen Koeffizienten kennzeichnen die Maße der Zusammensetzung beider Phasen (p steht für Partialdruck, x für Molanteil) sowie den Stoff, der in unendlicher Verdünnung vorliegt (1). H_{px1} hat die Dimension bar. [8]

---

[8] Die weiteren Ausführungen werden zeigen, dass diese etwas umständliche Bezeichnung voll gerechtfertigt ist, weil in der Literatur ganz unterschiedliche Henrysche Koeffizienten benutzt werden, die sich auf unterschiedliche Konzentrationsmaße beziehen und somit unterschiedliche Dimensionen aufweisen.

Abb. 9.4 Partialdruckkurven mit Henryscher Grenztangente und Raoultscher Geraden

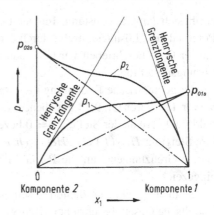

Der Partialdruck der Komponente 2 ergibt sich durch Einsetzen dieses Ausdruckes in die Gl. 9.12 von Duhem-Margules. Man erhält aus ihr wegen

$$x_1 \left(\frac{\partial (\ln p_1)}{\partial x_1} \right)_T = x_1 \frac{1}{p_1} \frac{\partial p_1}{\partial x_1} = 1$$

den Ausdruck

$$1 + x_2 \left(\frac{\partial (\ln p_2)}{\partial x_1} \right)_T = 0 \,,$$

woraus sich durch Integration bei konstanter Temperatur zwischen den Grenzen $p_2(x_1 = 0) = p_{02s}$ und $p_2(x_1) = p_2$ die Beziehung

$$p_2 = p_{02s}(1 - x_1) = p_{02s} x_2 \tag{9.15}$$

ergibt. Dies ist die Gleichung der Raoultschen Geraden. Die Partialdruckkurve p_2 mündet demnach für kleine Werte x_1 in die Raoultsche Gerade ein. Eine entsprechende Rechnung für kleine Werte x_2 würde zu dem Resultat führen, dass die Partialdruckkurve p_1 an der Stelle $x_2 = 0$ bzw. $x_1 = 1$ in die Raoultsche Gerade einmündet, vgl. Abb. 9.4. Voraussetzung für dieses Ergebnis ist, dass sich die Gasphase ideal verhält. Außerdem muss die in der Flüssigkeit befindliche gelöste Komponente aus der gleichen chemischen Substanz wie die betreffende Komponente in der Gasphase bestehen. Dissoziationen und Assoziationen der in der Flüssigkeit gelösten Moleküle sind also ausgeschlossen.

Wir haben unsere Betrachtungen der Einfachheit halber auf binäre Gemische beschränkt. Man kann die Untersuchung jedoch leicht auf Systeme mit mehr als zwei Komponenten ausdehnen und findet dann, dass die flüssige Phase notwendigerweise dem Raoultschen Gesetz gehorcht, wenn die in ihr befindlichen gelösten Komponenten das Henrysche Gesetz erfüllen. Den Beweis wollen wir nur skizzieren. Man führt ihn dadurch, dass man für die $K - 1$ gelösten Komponenten extreme Verdünnung und damit die chemischen Potentiale einer idealen Mischung annimmt. Aus der Gleichung von Gibbs-Duhem ergibt sich dann für konstante Temperatur und konstanten Druck, dass auch das chemische Potential des „Lösungsmittels" durch den gleichen Ausdruck wie das chemische Potential idealer Gase beschrieben wird, woraus die Gültigkeit des Raoultschen Gesetzes für das Lösungsmittel folgt.

Die geometrische Bedeutung der Ergebnisse für binäre Gemische geht aus Abb. 9.4 hervor. Die durch Gl. 9.14 gegebene und in Abb. 9.4 eingezeichnete Tangente an die Partialdruckkurve an der Stelle $x_1 = 0$ bezeichnet man als „Henrysche Grenztangente" und ihre Steigung $H_{px1}(T)$ als „Henryschen Koeffizienten"[9]. Ebenso ist in Abb. 9.4 die Henrysche Grenztangente an die Partialdruckkurve p_2 an der Stelle $x_1 = 1$ bzw. $x_2 = 0$ eingezeichnet.

Hat man es mit einer idealen Mischung zu tun, so wird die Partialdruckkurve durch das Raoultsche Gesetz beschrieben. Henrysche Grenztangente und Raoultsche Gerade fallen dann zusammen.

Das Henrysche Gesetz ist Grundlage für die Berechnung von Vorgängen der *Absorption*. Hierunter versteht man die Auflösung von Gasen in flüssigen (oder in speziellen Fällen auch in festen) Absorptionsmitteln, die man gelegentlich auch als Absorbens, Lösungs- und Waschmittel bezeichnet.

Häufig rechnet man in der Technik nicht mit Molenbrüchen x_1, sondern formt das Henrysche Gesetz mit Hilfe des Zusammenhangs Gl. 1.18a zwischen Molen- und Massenbrüchen

$$x_1 = \xi_1 \frac{\bar{M}^L}{\bar{M}_1^L} = \frac{M_1^L}{M^L} \frac{\bar{M}^L}{\bar{M}_1^L}$$

so um, dass die Masse M_1^L der gelösten Komponente explizit erscheint. Dazu setzt man den obigen Ausdruck für den Molenbruch x_1 in das Henrysche Gesetz Gl. 9.14 ein und löst nach der Masse M_1^L auf. Man erhält

$$M_1^L = M^L \, p_1 \frac{\bar{M}_1}{\bar{M}^L H_{px1}(T)} \,. \tag{9.16}$$

Die mittlere Molmasse

$$\bar{M}^L = \bar{M}_1 x_1 + \bar{M}_2 x_2 = (\bar{M}_1 - \bar{M}_2) x_1 + \bar{M}_2$$

der flüssigen Phase ist im Zustand großer Verdünnung ($x_1 \to 0$) und unter der Voraussetzung, dass sich die Molmasse $\bar{M}_1$ der gelösten Komponente nicht außergewöhnlich von

---

[9] Nach William Henry, (1775–1836), englischer Chemiker und Physiker, der 1803 in einer grundlegenden Untersuchung den Zusammenhang zwischen Partialdruck und Löslichkeit eines Gases in einer Flüssigkeit entdeckte. Henry, W.: Experiments on the quantity of gases absorbed by water at different temperatures and under different pressures. Philos. Trans. Roy. Soc. London 93 (1803) 29–42 und 274–276; Henry, W.: Versuche über die Gasmengen, welche das Wasser nach Verschiedenheit der Temperatur und nach Verschiedenheit des Drucks absorbiert. Ann. Phys. 20 (1805) 147–167.

der Molmasse $\bar{M}_2$ des Lösungsmittels unterscheidet, annähernd gleich der Molmasse des Lösungsmittels $\bar{M}^L \approx \bar{M}_2$.

Damit geht die Beziehung 9.16 über in

$$M_1^L = M^L p_1 \frac{\bar{M}_1}{\bar{M}_2 H_{px1}(T)}$$

oder mit der Abkürzung

$$k^* = \frac{\bar{M}_1}{\bar{M}_2 H_{px1}(T)} = k^*(T),$$

$$M_1^L = M^L p_1 k^*. \tag{9.17}$$

In dieser Form verwendet man das Henrysche Gesetz häufig für technische Rechnungen. Danach ist in verdünnten Lösungen die gelöste Menge M_1^L proportional dem Dampfdruck p_1 des gelösten Bestandteils und proportional der Menge M^L des Lösungsmittels. Da Gl. 9.17 nur für thermodynamisches Gleichgewicht gilt, gibt sie an, welche Menge M_1^L *höchstens* von dem Lösungsmittel der Menge M^L aufgenommen werden kann. Umgekehrt kann man aus Gl. 9.17 errechnen, welche Menge M^L des Lösungsmitels man *mindestens* braucht, um die Menge M_1^L in der flüssigen Phase zu absorbieren.

Zahlreiche Messergebnisse für die Größe k^* sind in dem Tabellenwerk Landolt-Börnstein[10] vertafelt. Als Beispiel zeigt Abb. 9.5 die Löslichkeit von Sauerstoff, argonfreiem Stickstoff und von Luft in Wasser.

An Stelle von $k^*(T)$ ist die Löslichkeit k_T hier in

$$\frac{cm_n^3 \, (\text{Gas})}{g \, (\text{H}_2\text{O}) \cdot at}$$

angegeben. Es ist

$$1 \, cm_n^3 \, (\text{Gas}) = 10^{-6} \, m_n^3 = (10^{-6}/22{,}4138) \, \text{kmol}$$

$$= \frac{10^{-6} \, \text{kmol}}{22{,}4138} \cdot \bar{M}_1 \frac{\text{kg}}{\text{kmol}} = \frac{\bar{M}_1 \cdot 10^{-3}}{22{,}4138} \, g.$$

Abb. 9.6 zeigt als weiteres Beispiel die Löslichkeit von Kohlendioxid (CO_2) in Methanol (CH_3OH) und in Wasser [11].

Wie man aus beiden Abbildungen erkennt, nimmt die Löslichkeit des Gases mit fallender Temperatur stark zu. Besonders Abb. 9.6 zeigt, dass die Löslichkeit von Kohlendioxid in Methanol bei tiefen Temperaturen um ein Vielfaches größer ist als bei hohen Temperaturen oder als die Löslichkeit in Wasser.

---

[10] Landolt-Börnstein: Zahlenwerte und Funktionen aus Physik, Chemie, Astronomie, Geophysik und Technik, 6. Aufl., Bd. II, Teil 2b, Berlin, Göttingen, Heidelberg: Springer 1962.

[11] Baldus, H., Knapp, H., Schlatterer, R.: Verflüssigung und Trennung von Gasen. In: Winnacker, K., Küchler, L.: Chemische Technologie, 3. Aufl., Bd. 2, Anorganische Technologie II, München: Hanser 1970, S. 437.

Abb. 9.5 Löslichkeit von Sauerstoff, argonfreiem Stickstoff und von Luft in Wasser

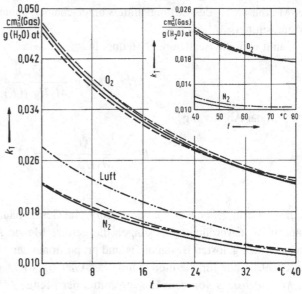

Abb. 9.6 Löslichkeit von Kohlendioxid in Methanol und in Wasser

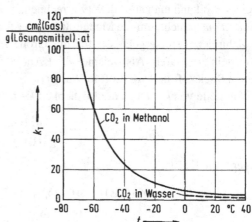

9.3 Die allgemeine Berechnung von Phasengleichgewichten

Grundlage für die Berechnung aller Vorgänge der Stofftrennung sind die Bedingungen für das mechanische, das thermische und das stoffliche Gleichgewicht zwischen verschiedenen Phasen.

Die Bedingungen für das stoffliche Gleichgewicht $\mu_i^{(1)} = \mu_i^{(2)}$ ($i = 1, 2, \ldots, K$) lassen sich noch durch die Fugazitäten ersetzen. Es gilt definitionsgemäß für eine flüssige Phase

L und eine Gasphase G Gl. 7.5,

$$\mu_i^L = \mu_{0i}(p^+, T) + \bar{R}\, T \ln \frac{f_i^L}{p^+}\,,\tag{9.18a}$$

$$\mu_i^G = \mu_{0i}(p^+, T) + \bar{R}\, T \ln \frac{f_i^G}{p^+}\,.\tag{9.18b}$$

Gleichsetzen beider Ausdrücke ergibt die Beziehung

$$f_i^L = f_i^G \quad (i = 1, 2, \ldots, K)\,.\tag{9.19}$$

Sie bleibt auch gültig, wenn die Standarddrücke in Gl. 9.18a und Gl. 9.18b voneinander verschiedene Werte p^{+L} und p^{+G} besitzen, da die Standardzustände durch

$$\mu_{0i}(p^{+L}, T) = \mu_{0i}(p^{+G}, T) + \bar{R}\, T \ln \frac{p^{+L}}{p^{+G}}\tag{9.20}$$

miteinander verknüpft sind, wie aus der Integration von $d\mu = \bar{V}\, dp$ mit $\bar{V} = \bar{R}\, T/p$ folgt. Elimination des Standardpotentials $\mu_{0i}(p^+, T)$ in Gl. 9.18a würde dann wieder zu Gl. 9.19 führen. Diese besagt, dass im Phasengleichgewicht die Fugazität jeder Komponente in jeder Phase gleich ist. Gleichung 9.19 ist der bereits früher abgeleiteten Beziehung äquivalent, wonach im Gleichgewicht das chemische Potential jeder Komponente in jeder Phase übereinstimmt. Zur Berechnung der Fugazitäten muss man, wie in Abschn. 7.1 ausgeführt wurde, die thermische Zustandsgleichung kennen.

Die Aufgabe, ein Phasengleichgewicht zu berechnen, ist daher grundsätzlich gelöst, wenn man die thermische Zustandsgleichung kennt. Als typisches Beispiel für die Berechnung von Phasengleichgewichten betrachten wir eine Flüssigkeit (Phase L) von vorgegebenem Druck p und vorgegebener Zusammensetzung $x_1, x_2, \ldots, x_K$, die sich im Gleichgewicht mit ihrem Dampf (Phase G) befindet. Zu ermitteln sind die $K + 2$ Unbekannten

$$y_1, y_2, \ldots, y_{K-1}, T, \bar{V}^L, \bar{V}^G\,.$$

Der Molenbruch y_K ergibt sich aus $\sum_k y_k = 1$; er ist daher nicht unter den Unbekannten aufgeführt. Zur Berechnung dieser Unbekannten stehen die $K + 2$ Gleichungen

$$f_i^L = f_i^G, \ i = 1, 2, \ldots, K,$$
$$p = f(\bar{V}^L, T, x_1, \ldots, x_{K-1}) \ \text{(Zustandsgleichung der flüssigen Phase)},$$
$$p = f(\bar{V}^G, T, y_1, \ldots, y_{K-1}) \ \text{(Zustandsgleichung der dampfförmigen Phase)}$$

zur Verfügung. Da die Zahl der Gleichungen mit der Zahl der Unbekannten übereinstimmt, kann man die Unbekannten durch Lösen des Gleichungssystems ermitteln.

Die ersten Berechnungen von Dampf-Flüssigkeitsgleichgewichten hat van der Waals mit der nach ihm benannten Zustandsgleichung ausgeführt. Zwischen 1940 und 1952 haben dann Benedict, Webb und Rubin mit der nach ihnen benannten BWR-Gleichung Gl. 8.10, die Phasengleichgewichte von Gemischen aus Kohlenwasserstoffen berechnet. Ergebnisse ihrer Rechnungen findet man in einem Buch von Kellogg [12] wiedergegeben. Diese Rechnungen wurden wenig später für den praktischen Gebrauch in übersichtlichen Diagrammen niedergelegt[13]. Prausnitz und Mitarbeiter[14,15] haben Rechenprogramme entwickelt, nach denen man Dampf-Flüssigkeitsgleichgewichte auch in komplizierten Fällen bestimmen kann. Mittlerweile ist eine nahezu unüberschaubare Menge von Arbeiten erschienen, in denen die Berechnung von Phasengleichgewichten basierend auf Zustandsgleichungen behandelt wird. Für zusammenfassende Darstellungen sei auf die Spezialliteratur verwiesen[16,17,18]. Angaben über die Dampf-Flüssigkeits- und Flüssigkeit-Flüssigkeitsgleichgewichte zahlreicher Zwei- und Mehrstoffgemische enthalten die Dechema Chemistry Data Series[19].

9.3.1 Dampf-Flüssigkeitsgleichgewichte

a) Allgemeine Beziehungen

Von einem Dampf-Flüssigkeitsgleichgewicht seien die Größen $p, x_1, x_2, \ldots, x_K$ bekannt und die $K + 1$ Größen $T, y_1, y_2, \ldots, y_K$ gesucht.

Zur Berechnung der Unbekannten benötigt man $K + 1$ Gleichungen. Diese sind

$$f_i^L = f_i^G \quad (i = 1, 2, \ldots, K)$$

und

$$\sum_k y_k = 1 .$$

---

[12] Kellogg, M.W., Company: Liquid – Vapor Equilibrium in Mixtures of Light Hydrocarbons. New York 1950.

[13] De Priester, C.L.: Light hydrocarbon vapor-liquid distribution coefficients: Pressure-temperature-composition charts and pressure-temperature nomographs. Chem. Eng. Progr. Symp. Ser. Nr. 7, 49, (1953) 1–44, and Edmister, W.C., Ruby, C.L.: Generalized activity coefficients of hydrocarbon mixture components. Chem. Eng. Progr. 51 (1955) 2, 95–101.

[14] Prausnitz, J.M., Anderson, T.F., Grens, E.A., Eckert, C.A., Hsieh, R., O'Connell, J.P.: Computer Calculations for Multicomponent Vapor–Liquid and Liquid–Liquid Equilibria. Englewood Cliffs: Prentice Hall 1980.

[15] Prausnitz, J.M., Chueh, P.L.: Computer Calculations for High Pressure Vapor–Liquid Equilibria. Englewood Cliffs: Prentice Hall 1968.

[16] Dohrn, R.: Berechnung von Phasengleichgewichten. Grundlagen und Fortschritte der Ingenieurwissenschaften, Vieweg Verlag, Braunschweig, 1994.

[17] Sandler, S.I. (Editor): Models for thermodynamic and phase equilibria calculations, Marcel Dekker Inc.,New York, 1994.

[18] Poling, B.E.; Prausnitz , J.M.; o'Connell, J.P.: The properties of gases and liquids, 5. Auflage, McGraw-Hill, 2001.

[19] Dechema Chemistry Data Series, vol. I–VI. Frankfurt/Main: Dechema 1977–1984.

Die Fugazitäten f_i^L der flüssigen und f_i^G der dampfförmigen Phase kann man noch auf eine zweckmäßigere Form bringen. Der Fugazitätskoeffizient φ_i der dampfförmigen Phase ist bekanntlich definiert durch Gl. 7.9

$$\varphi_i = f_i / p_i = f_i^G / (y_i\, p) \,,$$

sodass

$$f_i^G = y_i\, p\, \varphi_i \tag{9.21}$$

gilt.

Zur Ermittlung der Fugazität der flüssigen Phase geht man von der Definition für den Aktivitätskoeffizienten (Gl. 7.27) aus

$$\gamma_i = \varphi_i^L / \varphi_{0i}^L = f_i^L / (p_i\, \varphi_{0i}^L) = f_i^L / (p\, x_i^L\, \varphi_{0i}^L) \,,$$

woraus sich

$$f_i^L = \gamma_i\, x_i\, p\, \varphi_{0i}^L = \gamma_i\, x_i\, f_{0i}^L \tag{9.22}$$

ergibt. Der Fugazitätskoeffizient φ_{0i}^L der reinen Komponente i ist nach Gl. 7.21 gegeben durch

$$\ln \varphi_{0i}^L = \int\limits_0^p \left(\frac{V_{0i}}{\bar{R}\,T} - \frac{1}{p} \right) dp \,.$$

Das Integral auf der rechten Seite spalten wir auf in zwei Integrale

$$\ln \varphi_{0i}^L = \int\limits_0^{p_{0is}} \left(\frac{V_{0i}}{\bar{R}\,T} - \frac{1}{p} \right) dp + \int\limits_{p_{0is}}^p \left(\frac{V_{0i}}{\bar{R}\,T} - \frac{1}{p} \right) dp \,, \tag{9.23}$$

worin p_{0is} der Sättigungsdruck der reinen Komponente i bei der Temperatur T sein soll. Das erste Integral auf der rechten Seite ist der Fugazitätskoeffizient der reinen Komponente i beim Sättigungsdruck p_{0is} und der Temperatur T. Wir setzen daher für das erste Integral den Ausdruck $\ln \varphi_{0is}(p_{0is})$, worin $\varphi_{0is}(p_{0is}) = f_{0i}(p_{0is})/p_{0is}$ mit $p_{0is}(T)$ der Fugazitätskoeffizient des reinen gesättigten Dampfes ist, der mit dem Fugazitätskoeffizienten der reinen kondensierten Flüssigkeit übereinstimmt, da die reinen gesättigten Phasen sich im Gleichgewicht befinden. Das zweite Integral berücksichtigt die Verdichtung der Flüssigkeit bei der Temperatur T auf einen Druck p, der größer als der Sättigungsdruck ist. Als molares Volumen V_{0i} im zweiten Integral ist somit das molare Volumen V_{0i}^L der Flüssigkeit einzusetzen. Das zweite Integral ergibt

$$\int\limits_{p_{0is}}^p \left[\left(\frac{V_{0i}^L}{\bar{R}\,T} \right) - \frac{1}{p} \right] dp = \int\limits_{p_{0is}}^p \frac{V_{0i}^L}{\bar{R}\,T} - \ln \frac{p}{p_{0is}} \,.$$

Damit kann man für Gl. 9.23 auch schreiben

$$\ln \varphi_{0i}^L = \ln \varphi_{0is} + \int_{p_{0is}}^{p} \frac{V_{0i}^L}{\bar{R} T} \, dp - \ln \frac{p}{p_{0is}}$$

oder

$$\varphi_{0i}^L = \frac{p_{0is} \varphi_{0is}}{p} \exp \int_{p_{0is}}^{p} \frac{V_{0i}^L}{\bar{R} T} \, dp \ . \tag{9.24}$$

Setzt man $\varphi_{0i}^L = f_{0i}^L / p$, so folgt

$$f_{0i}^L = p_{0is} \varphi_{0is} \exp \int_{p_{0is}}^{p} \frac{V_{0i}^L}{\bar{R} T} \, dp \ . \tag{9.25}$$

Man erkennt, dass die Fugazität der reinen flüssigen Komponente i bei der Temperatur T und dem Druck p in erster Näherung gleich dem Sättigungsdruck p_{0is} bei der Temperatur T ist. Es sind lediglich zwei Korrekturen anzubringen: Der Fugazitätskoeffizient φ_{0is} berücksichtigt, dass der gesättigte Dampf vom Verhalten des idealen Gases abweicht. Die Exponentialfunktion, die man häufig auch *Poynting-Korrektur* (J.H. Poynting, englischer Physiker, 1852–1914) nennt, kommt dadurch zustande, dass die Flüssigkeit bei der Temperatur T nicht den Druck p_{0is} hat, sondern auf einen höheren Druck p verdichtet ist.

Nach Einsetzen von Gl. 9.25 in Gl. 9.22 erhält man für die Fugazität der flüssigen Phase

$$f_i^L = \gamma_i \, x_i \, p_{0is} \, \varphi_{0is} \exp \int_{p_{0is}}^{p} \frac{V_{0i}^L}{\bar{R} T} \, dp \ . \tag{9.26}$$

Durch Gleichsetzen mit der Fugazität der dampfförmigen Phase, Gl. 9.21 findet man schließlich

$$y_i \, p \, \varphi_i = \gamma_i \, x_i \, p_{0is} \, \varphi_{0is} \exp \int_{p_{0is}}^{p} \frac{V_{0i}^L}{\bar{R} T} \, dp \quad (i = 1, 2, \dots, K) \ . \tag{9.27}$$

Diese Beziehung hat sich als besonders nützlich für die Berechnung von Phasengleichgewichten zwischen Dämpfen und Flüssigkeiten erwiesen. In ihr sind der Fugazitätskoeffizient φ_{0is}, das Molvolumen V_{0i}^L und der Dampfdruck p_{0is} Eigenschaften der reinen Komponenten. Den Fugazitätskoeffizienten φ_i des gasförmigen Gemisches erhält man aus der thermischen Zustandsgleichung; zur Berechnung des Aktivitätskoeffizienten γ_i der flüssigen Phase verwendet man zweckmäßigerweise eine der bereits in Abschn. 8.2 besprochenen empirischen Beziehungen. Man wird sich hier für denjenigen Ansatz entscheiden, der Messdaten am besten wiedergibt. Zusammen mit den Beziehungen für die

Fugazitäts- und Aktivitätskoeffizienten stellt Gl. 9.27 ein in hohem Maß nichtlineares Gleichungssystem dar, das nur durch Iteration zu lösen ist. Zu diesem Zweck schätzt man am besten zuerst die unbekannte Temperatur T des Systems. Da der Druck p und die Molenbrüche x_i bekannt sein sollen, sind nun die in Gl. 9.27 vorkommenden Größen außer dem Fugazitätskoeffizienten φ_i und den Molenbrüchen y_i in der Dampfphase bekannt. In einer ersten Iteration kann man insbesondere bei nicht allzu hohem Druck $\varphi_i = 1$ setzen. Dadurch erhält man die unbekannten Molenbrüche y_i. Diese werden im Allgemeinen nicht der „Schließbedingung"

$$\sum_k y_k = 1$$

genügen, da die Annahme $\varphi_i = 1$ falsch war. Im nächsten Schritt kann man aber die zuvor berechneten Molenbrüche y_i zur Berechnung der Fugazitätskoeffizienten φ_i verwenden. Man erhält dann aus Gl. 9.27 die neuen Molenbrüche y_i. Diese Rechnung führt man solange fort, bis die „Schließbedingung" einen festen Wert erreicht hat, der sich mit weiteren Iterationen nicht mehr ändert. Im allgemeinen wird dieser feste Wert von 1 abweichen, weil die geschätzte Temperatur T falsch war. Das Rechenverfahren ist dann mit einem neuen Schätzwert für die Temperatur fortzusetzen, bis auch die Schließbedingung erfüllt ist. Nach dem hier beschriebenen Verfahren haben Prausnitz und Mitarbeiter[20] Rechenprogramme erarbeitet, mit denen man für Kohlenwasserstoffe und eine große Anzahl anderer Gemische Phasengleichgewichte ermitteln kann.

In vielen Fällen kann man an der allgemeinen Beziehung Gl. 9.27 jedoch noch Vereinfachungen vornehmen, sodass eine Berechnung von Phasengleichgewichten in einfacherer Weise möglich ist. Diese Vereinfachungen sollen im Folgenden diskutiert werden.

b) Phasengleichgewichte bei mäßigem Druck
Für nicht allzu hohe Drücke kann man die Gasphase als schwach real ansehen und die Zustandsgleichung bis zum zweiten Virialkoeffizienten verwenden. Für das Molvolumen der Gasphase eines binären Gemisches gilt dann nach Gl. 8.4

$$\bar{V} = \frac{\bar{R} T}{p} + B$$

mit

$$B = B_{11} y_1^2 + 2 B_{12} y_1 y_2 + B_{22} y_2^2 \ .$$

Durch Differentiation findet man die partiellen Molvolumina zu

$$V_1^G = \bar{V} - y_2 \left(\frac{\partial \bar{V}}{\partial y_2} \right)_{T,p} = \frac{\bar{R} T}{p} + B_{11} + \Delta y_2^2 \ ,$$

$$V_2^G = \bar{V} - y_1 \left(\frac{\partial \bar{V}}{\partial y_1} \right)_{T,p} = \frac{\bar{R} T}{p} + B_{22} + \Delta y_1^2$$

---

[20] Siehe Fußnoten 14 und 15.

mit

$$\Delta \equiv 2B_{12} - B_{11} - B_{22} .$$

Für die Molvolumina der reinen Komponenten ist daher

$$V_{01}^G = \frac{\bar{R}\,T}{p} + B_{11} \quad \text{und} \quad V_{02}^G = \frac{\bar{R}\,T}{p} + B_{22} .$$

Die in Gl. 9.27 vorkommenden Fugazitätskoeffizienten sind definiert durch (vgl. Gl. 7.18)

$$\bar{R}\,T \ln \frac{\varphi_i}{\varphi_{0is}} = \int_0^p \left(V_i^G - \frac{\bar{R}\,T}{p} \right) dp - \int_0^{p_{0is}} \left(V_{0i}^G - \frac{\bar{R}\,T}{p} \right) dp .$$

Durch Einsetzen der Molvolumina ergibt sich

$$\bar{R}\,T \ln \frac{\varphi_1}{\varphi_{01s}} = \left(B_{11} + \Delta y_2^2 \right) p - B_{11} p_{01s} , \tag{9.28a}$$

$$\bar{R}\,T \ln \frac{\varphi_2}{\varphi_{02s}} = \left(B_{22} + \Delta y_1^2 \right) p - B_{22} p_{02s} . \tag{9.28b}$$

Für mäßige Drücke kann man weiterhin die Kompressibilität der flüssigen Phase vernachlässigen und daher V_{0i}^L als unabhängig vom Druck ansehen. Man kann daher in Gl. 9.27 das Molvolumen V_{0i}^L vor das Integralzeichen ziehen. Nach Einsetzen der Beziehungen Gl. 9.28a und Gl. 9.28b vereinfacht sich damit Gl. 9.27 nach einigen einfachen Umformungen zu

$$\bar{R}\,T \ln x_1 \gamma_1 = \bar{R}\,T \ln \frac{y_1 p}{p_{01s}} + (B_{11} - V_{01}^L)(p - p_{01s}) + \Delta y_2^2\, p , \tag{9.29a}$$

$$\bar{R}\,T \ln x_2 \gamma_2 = \bar{R}\,T \ln \frac{y_2 p}{p_{02s}} + (B_{22} - V_{02}^L)(p - p_{02s}) + \Delta y_1^2\, p . \tag{9.29b}$$

Die letzten beiden Ausdrücke auf der rechten Seite beschreiben das nichtideale Verhalten des Dampfes und den Einfluss des Druckes auf die flüssige Phase (Poynting-Korrektur). Es kann vorkommen, dass sie sich gegenseitig kompensieren. Dann erhält man die einfacheren Beziehungen

$$x_1 \gamma_1 = \frac{y_1\, p}{p_{01s}} , \tag{9.29c}$$

$$x_2 \gamma_2 = \frac{y_2\, p}{p_{02s}} . \tag{9.29d}$$

c) Gasphase ideal, flüssige Phase real

Setzt man voraus, dass sich der Dampf eines Mehrstoffgemisches ideal verhält, so sind die Fugazitätskoeffizienten $\varphi_i = \varphi_{0is} = 1$ und Gl. 9.27 geht über in

$$y_i\, p = \gamma_i\, x_i\, p_{0is} \exp \int_{p_{0is}}^{p} \frac{V_{0i}^L}{\bar{R}\,T}\, dp . \tag{9.30}$$

Bei mäßigen Drücken ist außerdem in vielen Fällen die Poynting-Korrektur vernachlässigbar, sodass sich Gl. 9.30 weiter vereinfachen lässt zu

$$y_i \, p = \gamma_i \, x_i \, p_{0is} \, . \tag{9.31}$$

Es ist

$$p = \sum_k \gamma_k \, x_k \, p_{0ks} \, . \tag{9.32}$$

Die vorigen Beziehungen Gl. 9.31 und Gl. 9.32 ergeben für ein binäres Gemisch die *Gleichung der Siedelinie* $p(x_1, T)$ *im* p, x*-Diagramm* aus

$$p = p_1 + p_2 = \gamma_1 \, x_1 \, p_{01s} + \gamma_2 (1 - x_1) p_{02s} \, . \tag{9.33}$$

Die zugehörige *Taulinie* $p(y_1, T)$ findet man ausgehend von

$$\frac{y_1}{y_2} = \frac{p_1}{p_2} = \frac{\gamma_1 \, x_1 \, p_{01s}}{\gamma_2 \, x_2 \, p_{02s}} \, .$$

Auflösen nach dem Molenbruch y_1 ergibt unter Beachtung von $y_2 = 1 - y_1$ und $x_2 = 1 - x_1$ den Ausdruck

$$y_1 = \frac{\gamma_1 \, x_1 \, p_{01s}}{\gamma_1 x_1 p_{01s} + \gamma_2 (1 - x_1) p_{02s}} \, . \tag{9.34}$$

Mit Hilfe dieser Beziehung lässt sich zu jedem Punkt p, x_1 der Siedelinie der zugehörige Molenbruch y_1 berechnen und als Punkt p, y_1 der Taulinie in das Siedediagramm einzeichnen.

d) Gasphase ideal, flüssige Phase ideal
Ist außerdem auch die flüssige Phase ideal, so wird $\gamma_i = 1$ und Gl. 9.31 geht dann in das bereits bekannte *Raoultsche Gesetz* Gl. 9.13

$$y_i \, p = p_i = x_i \, p_{0is}$$

über.
Aus ihm erhält man für die *Siedelinie* eines binären Gemisches

$$p = p_1 + p_2 = x_1 \, p_{01s} + (1 - x_1) p_{02s} \, . \tag{9.35}$$

Sie ist eine Gerade im p,x-Diagramm. Die zugehörige *Taulinie* findet man aus Gl. 9.34, wenn man $\gamma_1 = \gamma_2 = 1$ setzt

$$y_1 = \frac{x_1 \, p_{01s}}{x_1 \, p_{01s} + (1 - x_1) p_{02s}} \, . \tag{9.36}$$

Vernachlässigt man die Poynting-Korrektur nicht, setzt aber weiter beide Phasen als ideal voraus, so folgt aus $\gamma_i^L = \gamma_i^G = 1$ wegen $\gamma_i = f_i / (x_i f_{0i})$ die *Lewissche Fugazitätsregel* $y_i / x_i = f_{0i}^L / f_{0i}^G$.

e) Grenzfall unendlicher Verdünnung in der flüssigen Phase

Ist die Komponente i in der flüssigen Phase in großem Überschuss vorhanden $x_i \rightarrow 1$, während alle übrigen Komponenten stark verdünnt sind, so gilt für den Aktivitätskoeffizienten $\lim_{x_i \rightarrow 1} \gamma_i = 1$, wie die Ausführungen in Abschn. 7.3 über den Aktivitätskoeffizienten zeigten. Die allgemeine Beziehung für das Phasengleichgewicht Gl. 9.27 der Komponente i vereinfacht sich dann zu

$$y_i \, p \, \varphi_i = x_i \, p_{0is} \, \varphi_{0is} \, \exp \int_{p_{0is}}^{p} \frac{V_{0i}^{L}}{R \, T} \, dp \, , \qquad (9.37)$$

woraus man für den Fall einer vernachlässigbar kleinen Poynting-Korrektur die Beziehung

$$y_i \, p \, \varphi_i = x_i \, p_{0is} \, \varphi_{0is} \qquad (9.37a)$$

erhält.

Für ideale Gasphase wird $\varphi_i = \varphi_{0is} = 1$. Gl. 9.37 geht dann in die Gleichung der Raoultschen Geraden $p_i = x_i \, p_{0is}$ über.

Als anderen Grenzfall behandeln wir den einer stark verdünnten Lösung $x_i \rightarrow 0$. Durch Reihenentwicklung der Fugazität nach dem Molenbruch erhält man

$$f_i^{L} = f_i^{L}(x_i = 0) + \left(\frac{\partial f_i^{L}(x_i=0)}{\partial x_i} \right)_{T,p,x_{j \neq i}} x_i + \left(\frac{\partial^2 f_i^{L}(x_i=0)}{\partial x_i^2} \right)_{T,p,x_{j \neq i}} \frac{x_i^2}{2} + \dots .$$

Hierin ist $f_i^{L}(x_i = 0) = 0$ und man setzt für die erste Ableitung

$$\left(\frac{\partial f_i^{L}(x_i = 0)}{\partial x_i} \right)_{T,p,x_{j \neq i}} = \lim_{x_i \rightarrow 0} \frac{f_i^{L}}{x_i} = H_{pxi} \, . \qquad (9.38)$$

Durch diese Gleichung ist der Henrysche Koeffizient H_{pxi} definiert. Im Zustand großer Verdünnung $x_i \rightarrow 0$ gilt somit

$$f_i^{L} = H_{pxi} \, x_i = f_i^{G} = y_i \, p \, \varphi_i \, , \qquad (9.39)$$

woraus für ideale Gasphase als Sonderfall die schon bekannte Formulierung des Henryschen Gesetzes $p_i = H_{pxi} \, x_i$ folgt (Gl. 9.14).

Den Henryschen Koeffizienten kann man auch auf den Aktivitätskoeffizienten zurückführen

$$H_{pxi} = \lim_{x_i \rightarrow 0} \frac{f_i^{L}}{x_i} = \lim_{x_i \rightarrow 0} \gamma_i \, f_{0i}^{L} = \gamma_i^{\infty} \, f_{0i}^{L} \, . \qquad (9.40)$$

Falls die Gasphase ideal und die Poynting-Korrektur vernachlässigbar ist, stimmt die Fugazität der reinen flüssigen Komponente i nach Gl. 9.25 mit dem Sättigungsdruck überein

$f_{0i}^L = p_{0is}$. Der Henrysche Koeffizient ergibt sich dann aus dem Grenzaktivitätskoeffizienten und dem Sättigungsdruck

$$H_{pxi} = \gamma_i^\infty p_{0is} . \tag{9.40a}$$

Wie der Zustand der ideal verdünnten Lösung in der in Abschn. 7.3 beschriebenen Variante I definiert, ist der Henrykoeffizient nur eine Funktion der Temperatur und des Drucks.

Benutzt man die Definition nach Variante II, hängt der Henrysche Koeffizient von Temperatur, Druck und sämtlichen Molenbrüchen, ausgenommen den Molenbruch x_i ab. In hinreichender Entfernung vom kritischen Gebiet ist die Fugazität von Flüssigkeiten nur schwach vom Druck abhängig und daher auch der Henrysche Koeffizient nur eine schwache Druckfunktion.

In binären Gemischen entfällt durch die Bildung des Grenzwertes auch die Abhängigkeit vom Molenbruch, sodass der Henrysche Koeffizient bei mäßigen Drücken nur von der Temperatur abhängt, während bei höheren Drücken $H_{pxi} = H_{pxi}(p, T)$ ist.

Einfluss von Druck und Temperatur auf die Löslichkeit von Gasen in Flüssigkeiten
In Tabellenwerken findet man den Henryschen Koeffizienten gelegentlich für einen anderen als den gesuchten Druck vertafelt. Dann kann man die Druckabhängigkeit wegen Gl. 7.17 berechnen

$$\left(\frac{\partial \ln \varphi_i}{\partial p} \right)_{T, x_j} = \frac{V_i}{\bar{R} T} - \frac{1}{p} .$$

Hieraus folgt mit $\varphi_i = f_i / p x_i$

$$\left(\frac{\partial \ln f_i}{\partial p} \right)_{T, x_j} = \frac{V_i}{\bar{R} T} \tag{9.41}$$

oder nach Abziehen von $(\partial \ln x_i / \partial p)_{T, x_j} = 0$ auf der linken Seite

$$\left(\frac{\partial \ln \frac{f_i}{x_i}}{\partial p} \right)_{T, x_j} = \frac{V_i}{\bar{R} T} .$$

Für die flüssige Phase ergibt sich daraus mit der Definition des Henryschen Koeffizienten $\lim\limits_{x_i \to 0} f_i^L / x_i = H_{pxi}$ die Gleichung

$$\left(\frac{\partial \ln H_{pxi}}{\partial p} \right)_{T, x_j \neq i} = \frac{V_i^{\infty, L}}{\bar{R} T} \quad (x_i \to 0) . \tag{9.42}$$

Durch Integration erhält man

$$\ln \frac{H_{pxi}(p)}{H_{pxi}(p_0)} = \int\limits_{p_0}^{p} \frac{V_i^{\infty, L}}{\bar{R} T} \, dp \quad (T, x_{j \neq i} = \text{const}, x_i \to 0) . \tag{9.43}$$

Setzt man das Molvolumen $V_i^{L\infty}$ der Flüssigkeit als druckunabhängig voraus, was in einigem Abstand vom kritischen Gebiet zulässig ist, so geht Gl. 9.43 über in

$$\ln H_{pxi}(p) = \ln H_{pxi}(p_0) + \frac{V_i^{\infty,L}(p - p_0)}{\bar{R}\,T} \ . \tag{9.43a}$$

Im Fall des Zweistoffgemisches darf man für kleine Werte des Molenbruchs x_2 wegen der Definition $H_{px2} = \lim\limits_{x_2 \to 0} f_2^L / x_2$ und, wenn man als Bezugsdruck den Sättigungsdruck des Lösungsmittels (Komponente 1) wählt, $p_0 = p_{01s}$, auch

$$\ln \frac{f_2^L}{x_2} = \ln H_{px2}(p_{01s}) + \frac{V_2^{\infty,L}(p - p_{01s})}{\bar{R}\,T} \tag{9.43b}$$

schreiben. Dies ist die Gleichung von Krichevsky und Kasarnovsky[21]. Sie stellt eine Näherung für unendlich verdünnte Lösungen $x_2 \to 0$ und nicht allzu hohen Druck dar.

Einen genauen Wert der Fugazität in der flüssigen Phase erhält man aus der exakt gültigen Gl. 9.43, wenn man beachtet, dass der Henrysche Koeffizient nach Gl. 9.40 $H_{pxi} = \gamma_i^\infty f_{0i}^L$ mit der Definition des Aktivitätskoeffizienten $\gamma_i = f_i^L / f_{0i}^L x_i$ auch auf die Form

$$H_{pxi} = \frac{\gamma_i^\infty}{\gamma_i} \frac{f_i^L}{x_i} \tag{9.44}$$

gebracht werden kann. Hierin ist das Verhältnis $\gamma_i^\infty / \gamma_i$ der Aktivitätskoeffizienten gleich dem Kehrwert des rationellen Aktivitätskoeffizienten γ_i^* nach Gl. 7.37. Seine Abweichung vom Wert eins ist ein Maß für den Fehler, den man macht, wenn man $H_{pxi} = f_i^L / x_i$ setzt.

Einsetzen von Gl. 9.44 in die Gl. 9.43 ergibt

$$\ln \frac{f_i^L}{x_i} = \ln \gamma_i^* + \ln H_{pxi}(p_0) + \int\limits_{p_0}^{p} \frac{V_i^{\infty,L}}{\bar{R}\,T}\, dp \ , \tag{9.45}$$

bzw. eine zu Gl. 9.26 analoge Gleichung

$$f_i^L = x_i \gamma_i^* H_{pxi}(p_0) \exp \int\limits_{p_0}^{p} \frac{V_i^{\infty,L}}{\bar{R}\,T}\, dp \ . \tag{9.45a}$$

Wählt man als Bezugsdruck den Dampfdruck des reinen Lösungsmittels (1) und benutzt die in Abschn. 7.3 beschriebene Definition Variante I für den Bezugszustand der ideal verdünnten Lösung ($x_i \to 0$, $x_1 \to 1$), erhält man

$$f_i^L = x_i \gamma_i^* H_{pxi}(p_{01s}) \exp \int\limits_{p_{01s}}^{p} \frac{V_i^{\infty,L}}{\bar{R}\,T}\, dp \ . \tag{9.45b}$$

---

[21] Krichevsky, I.R., Kasarnovsky, Ya.S.: Thermodynamic calculations of solubilities of nitrogen and hydrogen in water at high pressures. J. Am. Chem. Soc. 57 (1935) 2168–2171.

In diesem Fall ist der Henry-Koeffizient nur eine Funktion der Temperatur, da auch p_{01s} nur von der Temperatur abhängt.

Setzt man das Molvolumen als unabhängig vom Druck voraus, so erhält man aus Gl. 9.45

$$\ln \frac{f_i^L}{x_i} = \ln \gamma_i^* + \ln H_{pxi} (p_0) + \frac{V_i^{\infty,L}(p - p_0)}{\bar{R} T} . \tag{9.46}$$

Mit Hilfe dieser Gleichung kann man die Fugazität von Flüssigkeiten bei beliebigen Drücken berechnen, vorausgesetzt, dass man den Henryschen Koeffizienten bei einem Bezugsdruck kennt und den Aktivitätskoeffizienten, wie in Abschn. 8.2 erläutert wurde, ermittelt hat.

Für ein einfaches binäres Gemisch ist nach dem Ansatz von Redlich und Kister

$$\ln \gamma_1 = A_0 x_2^2, \quad \ln \gamma_2 = A_0 x_1^2$$

und infolgedessen

$$\ln \gamma_1^\infty = A_0 = \ln \gamma_2^\infty .$$

Hierfür erhält man mit $p_0 = p_{01s}$ die in einem weiteren Bereich des Molenbruchs als Gl. 9.43b gültige Gleichung von Krichevsky und Ilinskaya [22]

$$\ln \frac{f_2^L}{x_2} = A_0(x_1^2 - 1) + \ln H_{pxi}(p_{01s}) + \frac{V_2^{\infty,L}(p - p_{01s})}{\bar{R} T} . \tag{9.47}$$

Wir stellen uns nun die Frage, wie sich der Molenbruch x_i des in der Flüssigkeit gelösten Gases i mit dem Druck ändert, wenn man die Temperatur T und die Molenbrüche y_j ($j = 1, 2, \ldots, K$) in der Gasphase vorgibt. Zur Beantwortung der Frage setzen wir in der exakt gültigen Gl. 9.45 die Fugazität $f_i^L = f_i^G$ und differenzieren nach dem Druck

$$\left(\frac{\partial \ln f_i^G}{\partial p}\right)_{T,y_j} - \left(\frac{\partial \ln x_i}{\partial p}\right)_{T,y_j} = \left(\frac{\partial \ln \gamma_i^*}{\partial p}\right)_{T,y_j} + \frac{V_i^{\infty,L}}{\bar{R} T} .$$

Nun ist andererseits nach Gl. 9.41

$$\left(\frac{\partial \ln f_i^G}{\partial p}\right)_{T,y_j} = \frac{V_i^G}{\bar{R} T}$$

und damit

$$\left(\frac{\partial \ln x_i}{\partial p}\right)_{T,y_j} = -\left(\frac{\partial \ln \gamma_i^*}{\partial p}\right)_{T,y_j} + \frac{V_i^G - V_i^{\infty,L}}{\bar{R} T} . \tag{9.48}$$

---

[22] Krichevsky, I.R., Ilinskaya, A.A.: Partielles molares Volumen von in Flüssigkeiten gelösten Gasen (russ.). Zhur. Fiz. Khim. 19 (1945) 621–636.

Im Zustand unendlicher Verdünnung ist $\lim\limits_{x_i \to 0} \gamma_i^* = 1$, der erste Term auf der rechten Seite verschwindet, und somit ist

$$\left(\frac{\partial \ln x_i}{\partial p}\right)_{T,y_j} = \frac{V_i^G - V_i^{\infty,L}}{\bar{R}\,T}\ (x_i \to 0)\ . \tag{9.48a}$$

Bei mäßigem Druck ist $V_i^G \gg V_i^{\infty,L}$; die Löslichkeit nimmt mit dem Druck zu. Für ideale Gasphase ergibt sich in Übereinstimmung mit dem Henryschen Gesetz, dass die Löslichkeit proportional mit dem Druck ansteigt. Als Lösung der Gl. 9.48a erhält man mit $V_i^G/\bar{R}\,T = 1/p$

$$x_i(p) = x_i(p_0)p/p_0\ .$$

Im Bereich hoher Drücke kann $V_i^G < V_i^{\infty,L}$ werden; die Löslichkeit kann also bei ausreichend hohen Drücken ein Maximum durchlaufen und mit zunehmendem Druck wieder abnehmen.

Um die Temperaturabhängigkeit der Löslichkeit von Gasen zu untersuchen, beachten wir, dass nach Gl. 7.17 gilt

$$\left(\frac{\partial \ln \varphi_i}{\partial T}\right)_{p,x_j} = -\frac{H_i - H_i^{id}}{\bar{R}\,T^2}\ .$$

Wie hieraus folgt, ist wegen der Definition $\varphi_i = f_i/(px_i)$ des Fugazitätskoeffizienten

$$\left(\frac{\partial \ln f_i}{\partial T}\right)_{p,x_j} = -\frac{H_i - H_i^{id}}{\bar{R}\,T^2}\ . \tag{9.49}$$

Division durch x_i und Grenzübergang $x_i \to 0$ führt mit dem Henryschen Koeffizienten $H_{pxi} = \lim\limits_{x_i \to 0} f_i^L/x_i$ zu

$$\left(\frac{\partial \ln H_{pxi}}{\partial T}\right)_{p,x_j} = -\frac{H_i^{\infty,L} - H_i^{id}}{\bar{R}\,T^2}\ , \tag{9.50}$$

woraus man nach Integration bei festen Werten des Drucks und der Molenbrüche den Ausdruck

$$\ln H_{pxi}(T) = \ln H_{pxi}(T_0) - \int\limits_{T_0}^{T} \frac{H_i^{\infty,L}-H_i^{id}}{\bar{R}\,T^2}\,dT \quad (p, x_{j\neq j} = \text{const}, x_i \to 0) \tag{9.51}$$

erhält. Ersetzt man den Henryschen Koeffizienten $H_{pxi}(T)$ nach Gl. 9.44 unter Beachtung von $\gamma_i^* = \gamma_i/\gamma_i^\infty$, so ergibt sich die der Gl. 9.45 entsprechende Beziehung

$$\ln\frac{f_i^L}{x_i} = \ln \gamma_i^* + \ln H_{pxi}(T_0) - \int\limits_{T_0}^{T} \frac{H_i^{\infty,L} - H_i^{id}}{\bar{R}\,T^2}\,dT\ . \tag{9.52}$$

Im Phasengleichgewicht ist $f_i^L = f_i^G$. Differentiation nach der Temperatur bei festgehaltenen Werten des Drucks p und der Molenbrüche y_j ($j = 1, 2, \ldots, K$) in der Gasphase liefert daher mit Gl. 9.49

$$\left(\frac{\partial \ln f_i^G}{\partial T}\right)_{p,y_j} = -\frac{H_i^G - H_i^{id}}{\bar{R} T^2}$$

und unter Beachtung von Gl. 9.44 den Ausdruck

$$\left(\frac{\partial \ln x_i}{\partial T}\right)_{p,y_j} = -\left(\frac{\partial \ln \gamma_i^*}{\partial T}\right)_{p,y_j} \frac{H_i^G - H_i^{\infty,L}}{\bar{R} T^2} \tag{9.53}$$

für die temperaturabhängige Löslichkeit des Gases. Beim Übergang zum Zustand unendlicher Verdünnung wird $\lim_{x_i \to 0} \gamma_i^* = 1$ und der erste Term auf der rechten Seite verschwindet. Es ist

$$\left(\frac{\partial \ln x_i}{\partial T}\right)_{p,y_j} = -\frac{H_i^G - H_i^{\infty,L}}{\bar{R} T^2} \quad (x_i \to 0) \tag{9.53a}$$

oder

$$\left(\frac{\partial \ln x_i}{\partial \frac{1}{T}}\right)_{p,y_j} = \frac{H_i^G - H_i^{\infty,L}}{\bar{R} T} \quad (x_i \to 0) . \tag{9.53b}$$

Falls die Lösungsenthalpie $H_i^G - H_i^{\infty,L}$ eines Gases in einer unendlich verdünnten Lösung über größere Temperaturbereiche konstant ist, nimmt in einem Koordinatensystem $\ln x_i, 1/T$ die Löslichkeit linear zu. Die Löslichkeit nimmt dann mit steigender Temperatur ab, da $H_i^G - H_i^{\infty,L}$ im allgemeinen positiv ist. Falls die Anziehungskräfte zwischen Molekülen des Lösungsmittels und der gelösten Stoffe sehr groß sind, kann jedoch die Lösungsenthalpie $H_i^G - H_i^{\infty,L}$ negativ werden, sodass die Löslichkeit mit der Temperatur zunimmt. Ein Beispiel dafür ist die Lösung von Wasserstoff in Benzol. Da in

$$H_i^G - H_i^{\infty,L} = (H_i^G - H_i^L) + (H_i^L - H_i^{\infty,L})$$

der erste Term die stets positive Kondensationsenthalpie des gelösten Stoffes darstellt, muss der zweite Term negativ und dem Betrage nach größer als die Kondensationsenthalpie werden, damit $H_i^G - H_i^{\infty,L}$ negativ wird. Die Enthalpie $H_i^{\infty,L}$ der verdünnten Lösung ist dann größer als die partielle molare Enthalpie H_i, wenn man zur Herstellung einer verdünnten Lösung Wärme zuführen muss, um die starken Anziehungskräfte zur Trennung der gelösten Moleküle zu überwinden. Die Lösung muss somit stark endotherm sein, damit die Löslichkeit mit der Temperatur steigt.

9.3.2 Löslichkeit von Feststoffen in Flüssigkeiten

Feste Stoffe sind in sehr unterschiedlicher Weise in Flüssigkeiten löslich. In einigen Fällen löst sich ein großer Teil der mit der Flüssigkeit im Gleichgewicht stehenden festen

Phase (beispielsweise Calciumchlorid in Wasser), in anderen Fällen hingegen nur eine verschwindend kleine Menge (beispielsweise Paraffin in Quecksilber). Für das Gleichgewicht zwischen der flüssigen L-Phase und der festen S-Phase gilt neben den Bedingungen konstanten Druckes und konstanter Temperatur noch die Beziehung

$$f_i^L = f_i^S \, . \tag{9.54}$$

Die Fugazität der Flüssigkeit ist gemäß (Gl. 9.22)

$$f_i^L = \gamma_i \, x_i \, p \, \varphi_{0i}^L = \gamma_i \, x_i \, f_{0i}^L \, .$$

Damit kann man Gl. 9.54 auch schreiben

$$x_i = \frac{f_i^S}{\gamma_i \, f_{0i}^L} \, . \tag{9.55}$$

Besteht die feste Phase nur aus der Komponente i, so ist die Fugazität f_i^S durch f_{0i}^S zu ersetzen. Gl. 9.55 geht dann über in die für das Gleichgewicht zwischen einer reinen festen Phase und einem Flüssigkeitsgemisch gültige Beziehung

$$x_i = \frac{f_{0i}^S}{\gamma_i \, f_{0i}^L} \, . \tag{9.55a}$$

Wie hieraus hervorgeht, hängt die Löslichkeit der Komponente i nicht nur vom Aktivitätskoeffizienten, sondern auch vom Verhältnis der Fugazitäten der reinen Komponenten ab.

In Gl. 9.55a kann man die Fugazitäten der reinen kondensierten (festen oder flüssigen) Phasen ausgehend von Gl. 7.21 berechnen:

$$\ln \varphi_{0i} = \int_0^p \left(\frac{V_{0i}}{\bar{R} \, T} - \frac{1}{p} \right) dp \, .$$

Das Integral auf der rechten Seite trennen wir in zwei Anteile auf

$$\ln \varphi_{0i} = \int_0^{p_{0is}} \left(\frac{V_{0i}}{\bar{R} \, T} - \frac{1}{p} \right) dp + \int_{p_{0is}}^p \left(\frac{V_{0i}}{\bar{R} \, T} - \frac{1}{p} \right) dp \, ,$$

wovon der erste den Logarithmus des Fugazitätskoeffizienten des reinen gesättigten Dampfes bei der Temperatur T und dem zugehörigen Sättigungsdruck p_{0is} darstellt, und der zweite als Korrektur zu deuten ist, die angibt, um wieviel sich die Fugazität der kondensierten Phase auf Grund der Verdichtung vom Sättigungsdruck p_{0is} auf den Druck p

ändert. Die Fugazität des reinen gesättigten Dampfes stimmt bei der Temperatur T mit der Fugazität der reinen Flüssigkeit überein. Ist die kondensierte Phase ein Feststoff, so stimmt die Fugazität des reinen Dampfes bei der Temperatur T mit der des reinen Feststoffes überein, da sich die gesättigten reinen Phasen beim Druck p_{0is} im Gleichgewicht befinden. Infolgedessen hat man für V_{0i} in dem zweiten Integral das Molvolumen der kondensierten Phase einzusetzen, also im Fall der flüssigen Phase V_{0i}^L, im Fall der festen Phase V_{0i}^S. Mit

$$\ln \varphi_{0i}(p_{0is}) = \ln \varphi_{0ts} - \int_0^{p_{0is}} \left(\frac{V_{0i}}{RT} - \frac{1}{p} \right) dp$$

für die Fugazität des gesättigten reinen Dampfes können wir obige Beziehung auch schreiben

$$\ln \varphi_{0i} = \ln \varphi_{0is} + \int_{p_{0is}}^{p} \frac{V_{0i}}{\bar{R} T} dp - \ln \frac{p}{p_{0is}}$$

oder

$$\ln \frac{\varphi_{0i} \, p}{\varphi_{0is} \, p_{0is}} = \int_{p_{0is}}^{p} \frac{V_{0i}}{\bar{R} T} dp \;.$$

Mit $f_{0i} = \varphi_{0i} \, p$ erhält man hieraus

$$f_{0i} = p_{0is} \, \varphi_{0is} \exp \int_{p_{0is}}^{p} \frac{V_{0i}}{\bar{R} T} dp \;. \tag{9.56}$$

Ist die kondensierte Phase eine Flüssigkeit, so ergibt sich die schon bekannte Beziehung (Gl. 9.25)

$$f_{0i}^L = p_{0is} \, \varphi_{0is} \exp \int_{p_{0is}}^{p} \frac{V_{0i}^L}{\bar{R} T} dp \;. \tag{9.57a}$$

Entsprechend ergibt sich für eine feste Phase

$$f_{0i}^S = p_{0is} \, \varphi_{0is} \exp \int_{p_{0is}}^{p} \frac{V_{0i}^S}{\bar{R} T} dp \;. \tag{9.57b}$$

Wie diese Beziehungen zeigen, ist die Fugazität einer reinen kondensierten Komponente in erster Näherung proportional dem Sättigungsdruck p_{0is} der reinen Komponente bei der Temperatur T. Man hat noch zwei Korrekturen vorzunehmen: Der Fugazitätskoeffizient φ_{0is} berücksichtigt, dass sich der gesättigte Dampf nicht wie ein ideales Gas verhält;

das Exponentialglied, die *Poynting-Korrektur*, ist maßgebend für die Verdichtung der kondensierten (flüssigen oder festen) Phase auf einen Druck $p > p_{0is}$. In hinreichender Entfernung vom kritischen Punkt kann man die kondensierte Phase als inkompressibel ansehen, ihr Molvolumen ist dann druckunabhängig und kann vor das Integralzeichen in Gl. 9.56 gezogen werden, sodass die Poynting-Korrektur übergeht in

$$\exp \frac{V_{0i}(p - p_{0is})}{\bar{R}\,T}$$

mit $V_{0i} = V_{0i}^L$ für Flüssigkeiten und $V_{0i} = V_{0i}^S$ für Feststoffe. Die Poynting-Korrektur nimmt vor allem bei hohen Drücken und niederen Temperaturen große Werte an, sie ist aber bei mäßigen Drücken und nicht allzu tiefen Temperaturen meistens vernachlässigbar klein.

Wir setzen nun Gl. 9.57a und Gl. 9.57b in die Beziehung Gl. 9.55a für das Gleichgewicht zwischen einer festen und einer flüssigen Phase ein. Hierbei hat man jedoch zu beachten, dass die Dampfdrücke p_{0is} in beiden Beziehungen verschiedene Werte annehmen.

In Gl. 9.57b ist definitionsgemäß $p_{0is} = p_{0is}^S(T)$ der Dampfdruck für das Gleichgewicht zwischen reiner fester und dampfförmiger Phase der Temperatur T, Punkt 1 in Abb. 9.7. Hingegen ist in Gl. 9.57a der Dampfdruck $p_{0is} = p_{0is}^L(T)$ gleich dem Dampfdruck für das Gleichgewicht zwischen der reinen Flüssigkeit und ihrem Dampf bei derselben Temperatur T. Bei dieser Temperatur ist die Flüssigkeit aber unterkühlt. Man erhält den Druck p_{0is}^L, wenn man die Dampfdruckkurve entsprechend der strichpunktierten Linie in Abb. 9.7 extrapoliert bis zur Temperatur T, Punkt 2 in Abb. 9.7. Der durch diese graphische Extrapolation der Dampfdruckkurve gewonnene hypothetische Druck p_{0is} ergibt nach Einsetzen in Gl. 9.57a erfahrungsgemäß für die meistens vorkommenden nicht zu großen Unterkühlungen brauchbare Ergebnisse. Bei großer Unterkühlung lassen sich der hypothetische Druck p_{0is} und damit die Fugazität f_{0i}^L nicht mehr in der geschilderten einfachen Weise ermitteln. Zur Berechnung des Phasengleichgewichts muss man dann von Gl. 9.54 ausgehen und dort die Fugazitäten beispielsweise aus Zustandsgleichungen berechnen.

Vernachlässigt man weiterhin die Poynting-Korrekturen in Gl. 9.57a und Gl. 9.57b und setzt man so mäßige Drücke voraus, dass die Fugazitätskoeffizienten der reinen Komponenten $\varphi_{0is} \approx 1$ sind, so kann man Gl. 9.55a durch die Näherungsbeziehung

$$x_i = \frac{p_{0is}^S}{\gamma_i\, p_{0is}^L} \tag{9.58}$$

ersetzen, die sich in vielen praktischen Fällen bewährt hat, bei denen die geschilderten Voraussetzungen erfüllt sind. Besteht die Flüssigkeit aus chemisch ähnlichen Molekülen oder ist die Komponente i in großem Überschuss vorhanden, so ist auch $\gamma_i \to 1$ und Gl. 9.58 geht über in

$$x_i = \frac{p_{0is}^S}{p_{0is}^L}\,. \tag{9.58a}$$

Abb. 9.7 Zur Bildung der Sättigungsdrücke p_{0is} in Gl. 9.57a und Gl. 9.57b

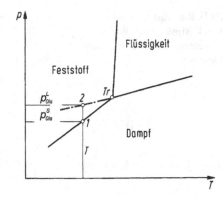

Die im Beispiel 9.5 abgeleitete Beziehung für die Löslichkeit eines Salzes in Wasser kann man allgemein auf die Löslichkeit eines Stoffes 1 in einem Lösungsmittel (Komponente 2) erweitern. Wir schreiben dazu für $x_1^L = x_{12}$, um anzudeuten, dass der Stoff 1 im Stoff 2 gelöst wird. Damit ergibt sich $x_{12} = 1 - x_2 = 1 - \exp\left[\dfrac{\Delta h_{s2}}{R}\left(\dfrac{1}{T_{tr2}} - \dfrac{1}{T}\right)\right]$, wobei Δh_{s2} die Schmelzenthalpie des Stoffes 2 (Lösungsmittel) und T_{tr2} seine Tripelpunktstemperatur ist. Die Gleichung lässt sich noch vereinfachen, indem man die Tripelpunktstemperatur durch die mit ihr gut übereinstimmende und meist besser bekannte Schmelztemperatur T_{ms2} ersetzt. Man erhält dann für die Löslichkeit eines Stoffes 1 im Lösungsmittel 2

$$x_{12} = 1 - \exp\left[\frac{\Delta h_{s2}}{R}\left(\frac{1}{T_{ms2}} - \frac{1}{T}\right)\right] . \tag{9.58b}$$

Umgekehrt gilt für die Löslichkeit des Stoffes 2 im Stoff 1 als Lösungsmittel

$$x_{21} = 1 - \exp\left[\frac{\Delta h_{s1}}{R}\left(\frac{1}{T_{ms1}} - \frac{1}{T}\right)\right] . \tag{9.58c}$$

Wie man aus Gl. 9.58b erkennt, ist ein Stoff 1 wegen $0 \le x_{12} \le 1$ nur dann in einem Lösungsmittel 2 löslich, wenn $T_{ms} \ge T$: Die Schmelztemperatur T der Lösung ist kleiner als die des Lösungsmittels T_{ms}. Punkte T, x_{12} mögen beispielsweise auf dem linken, Punkte T, x_{21} auf dem rechten Ast eines Diagramms vom Typ Natriumchlorid-Wasser liegen. Im eutektischen Punkt ist $x_{12} + x_{21} = 1$. Er kann daher für Zweistoffgemische berechnet werden, sofern die Voraussetzungen erfüllt sind, unter denen diese Gleichungen gelten. Man erhält durch Addition von Gl. 9.58b und Gl. 9.58c für die eutektische Temperatur

$$1 = \exp\left[\frac{\Delta h_{s1}}{R}\left(\frac{1}{T_{ms1}} - \frac{1}{T_E}\right)\right] + \exp\left[\frac{\Delta h_{s2}}{R}\left(\frac{1}{T_{ms2}} - \frac{1}{T_E}\right)\right] . \tag{9.58d}$$

Abb. 9.8 Zur Extraktion
von Essigsäure mit Wasser
aus einem Toluol-Essigsäure-
Gemisch

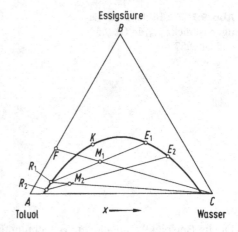

9.3.3 Gleichgewicht zwischen nicht mischbaren flüssigen Phasen.

Wir betrachten zunächst zwei nicht mischbare flüssige Phasen, von denen jede aus zwei Komponenten besteht. Eine der Komponenten i möge in beiden Phasen vorkommen. Sie wird jedoch im allgemeinen in beiden Phasen in unterschiedlicher Menge gelöst sein. Man nützt diese Tatsache aus, um aus einem flüssigen homogenen Gemisch durch *Extraktion* eine Komponente zu entfernen, indem man das Gemisch mit einer anderen, nicht mischbaren Flüssigkeit in Kontakt bringt, in der diese Komponente besser löslich ist. Wir machen uns den Vorgang an dem Löslichkeitsdiagramm Abb. 9.8 von Toluol, Essigsäure und Wasser klar.

Das binäre Gemisch aus Toluol (Punkt A) und Wasser (Punkt C) besitzt eine große Mischungslücke und ist praktisch nicht mischbar, hingegen sind Toluol mit Essigsäure (Punkt B) und Wasser mit Essigsäure beliebig mischbar. Wir stellen uns nun zunächst ein Gemisch aus Toluol und Essigsäure her, dessen Zusammensetzung durch Punkt F gegeben ist, und fügen Wasser in solcher Menge zu, dass sich ein Gemisch der Zusammensetzung M_1 ergibt. Überlässt man das Gemisch sich selbst, so zerfällt es nach einiger Zeit in zwei deutlich voneinander getrennte Phasen, deren Zusammensetzung durch die Punkte R_1 und E_1 auf der Konoden $R_1 M_1 E_1$ gegeben ist. Die Phase R_1 enthält viel Toluol und wenig Essigsäure und Wasser. Nach Trennung beider Phasen mischt man R_1 erneut mit Wasser, sodass ein Gemisch der Zusammensetzung M_2 entsteht, das sich nach einiger Zeit in die Phasen R_2 und E_2 aufspaltet. Die Phase R_2 enthält weniger Essigsäure als die Phase R_1. Durch Zusatz von neuem Wasser zur Phase R_2 kann man auf diese Weise den Anteil an Essigsäure weiter herabsetzen, bis eine gewünschte oder herstellbare Reinheit des Toluols erreicht ist. Wie man aus Abb. 9.8 erkennt, ist die Trennwirkung um so größer, je mehr die jeweilige Konode gegen die Seite AC geneigt ist.

Die Verteilung einer zu extrahierenden Komponente i auf die beiden flüssigen Phasen, die $L1$-Phase und die $L2$-Phase, ergibt sich bei mechanischem und thermischem Gleichgewicht durch die Bedingung für das stoffliche Gleichgewicht

$$f_i^{L1} = f_i^{L2} \,, \tag{9.59}$$

die man mit Hilfe der Aktivitätskoeffizienten auch umformen kann in

$$x_i^{L1} \gamma_i^{L1} f_{0i}^{L1} = x_i^{L2} \gamma_i^{L2} f_{0i}^{L2} \,.$$

Wir nehmen an, dass der reine Stoff i beim Druck p und der Temperatur T als Flüssigkeit existiert, sodass man die Fugazitäten f_{0i}^{L1} und f_{0i}^{L2} des reinen Stoffes i bilden kann. Wegen $f_{0i}^{L1} = f_{0i}^{L2}$ ist

$$x_i^{L1} \gamma_i^{L1} = x_i^{L2} \gamma_i^{L2} \,. \tag{9.60}$$

Dies ist die einfachste Form des *Nernstschen Verteilungssatzes*[23]. Man sieht sofort, dass die Komponente i in beiden Phasen gleich verteilt ist, wenn $\gamma_i^{L1} = \gamma_i^{L2}$ ist. Eine unterschiedliche Verteilung in beiden Phasen kommt nur zustande, wenn die Aktivitätskoeffizienten voneinander verschieden sind. Sind beide Phasen ideale Gemische $\gamma_i^{L1} = \gamma_i^{L2} = 1$, so ist die Komponente i gleich verteilt und eine Extraktion nicht möglich.

Häufig ist die Komponente i beim Druck p und der Temperatur T im reinen Zustand nicht flüssig, sodass man die Fugazitäten f_{0i}^{L1} und f_{0i}^{L2} nicht bilden kann. Man geht dann zweckmäßigerweise von den rationellen Aktivitätskoeffizienten aus. Mit ihnen lautet das chemische Potential der Komponente i, vgl. Gl. 7.25, in beiden Phasen

$$\mu_i^{L1} = \mu_i^{*,L1} + \bar{R}\,T \ln(x_i^{L1} \gamma_i^{*,L1}) \,,$$
$$\mu_i^{L2} = \mu_i^{*,L2} + \bar{R}\,T \ln(x_i^{L2} \gamma_i^{*,L2}) \,.$$

Da beide chemischen Potentiale im Gleichgewicht übereinstimmen, ist

$$\mu_i^{*,L1} + \bar{R}\,T \ln(x_i^{L1} \gamma_i^{*,L1}) = \mu_i^{*,L2} + \bar{R}\,T \ln(x_i^{L2} \gamma_i^{*,L2})$$

oder

$$\frac{x_i^{L1} \gamma_i^{*,L1}}{x_i^{L2} \gamma_i^{*,L2}} = K = \exp \frac{1}{\bar{R}\,T} [\mu_i^{*,L2} - \mu_i^{*,L1}] = \frac{\gamma_i^{\infty,L2}}{\gamma_i^{\infty,L1}} \,. \tag{9.61}$$

Die Größe K nennt man den *Verteilungskoeffizienten*. Er hängt definitionsgemäß von der Temperatur, den Eigenschaften der beiden Phasen und im allgemeinen nur in geringem Maß vom Druck ab, da die Druckabhängigkeit der Phasen gering ist, solange man hinreichend weit vom kritischen Gebiet entfernt ist. Im Zustand sehr großer Verdünnung,

---

[23] Walter Hermann Nernst (1864–1941), von 1891 bis 1905 Professor an der Universität Göttingen und von 1906–1933 Professor an der Universität Berlin, dazwischen einige Jahre Präsident der Physikalisch-Technischen Reichsanstalt, war einer der Begründer der physikalischen Chemie. Er war Mitglied der preußischen Akademie der Wissenschaften. Im Jahre 1920 erhielt er den Nobelpreis für das später nach ihm benannte Wärmetheorem.

$x_i^{L1} \to 0$ und $x_i^{L2} \to 0$, ist wegen Gl. 7.35 $\gamma_i^{*,L1} = \gamma_i^{*,L2} = 1$ und daher

$$\frac{x_i^{L1}}{x_i^{L2}} = K \ . \tag{9.61a}$$

9.3.4 Prüfung von Gleichgewichtsdaten auf thermodynamische Konsistenz

Die Gleichung von Gibbs-Duhem verknüpft bekanntlich die chemischen Potentiale und damit auch die Fugazitäten und Aktivitäten aller Komponenten eines Gemisches. Kennt man die korrekten Daten für ein Gemisch, so muss die Gleichung von Gibbs-Duhem erfüllt sein. Sind die Daten fehlerbehaftet, so ist immer noch der allerdings unwahrscheinliche Fall denkbar, dass ein gegebener Datensatz die Gleichung von Gibbs-Duhem zufällig erfüllt. Viele thermodynamische Daten genügen jedoch nicht der Gleichung von Gibbs-Duhem, sie sind thermodynamisch nicht konsistent.

Um die Aktivitätskoeffizienten eines binären Systems auf thermodynamische Konsistenz zu prüfen, könnte man beispielsweise von der Gleichung von Gibbs-Duhem, Gl. 7.58 in der Form

$$x_1 \left(\frac{\partial \ln \gamma_1}{\partial x_1} \right)_{T,p} = x_2 \left(\frac{\partial \ln \gamma_2}{\partial x_2} \right)_{T,p} \tag{9.62}$$

ausgehen. Man könnte nun $\ln \gamma_1$ über x_1 und $\ln \gamma_2$ über x_2 auftragen, dann die Steigungen beider Kurven ermitteln und nachprüfen, ob obige Gleichung erfüllt ist. Dieser sehr einfache Test hat jedoch den Nachteil, dass man die Steigungen nur ungenau ermitteln und daher auch nur grobe Fehler entdecken kann. Besser als der Steigungs- oder Differentialtest ist ein *„Integraltest"*. Dieser gestattet zwar nur, Daten in ihrer Gesamtheit und nicht einzeln zu überprüfen, er ist jedoch leichter durchführbar. Ein solcher Integraltest wurde zuerst von Redlich und Kister[24] und auch von Herington[25] vorgeschlagen. Wir betrachten der Einfachheit halber binäre Gemische. Hierfür ist der Realanteil der freien Enthalpie, Gl. 7.77, gegeben durch

$$\frac{\bar{G}^{\mathrm{E}}}{\bar{R} T} = x_1 \ln \gamma_1 + x_2 \ln \gamma_2 \ . \tag{9.63}$$

Durch Differentiation nach x_1 bei konstantem Druck und konstanter Temperatur erhält man

$$\frac{d}{dx_1} \left(\frac{\bar{G}^{\mathrm{E}}}{\bar{R} T} \right) = x_1 \frac{\partial \ln \gamma_1}{\partial x_1} + \ln \gamma_1 + x_2 \frac{\partial \ln \gamma_2}{\partial x_2} - \ln \gamma_2 \ . \tag{9.64}$$

---

[24] Siehe Fußnote 12 in Abschn. 8.2.

[25] Herington, E.F.G.: A thermodynamic test for the internal consistency of experimental data on volatility ratios. Nature 160 (1947) 610–611.

Abb. 9.9 Aktivitätskoeffizienten von Benzol und Isooktan in Abhängigkeit vom Molenbruch x_1 des Benzols. Flächentest

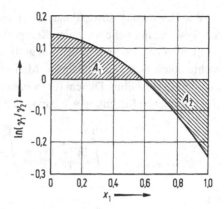

Nun ist nach der Gleichung von Gibbs-Duhem

$$x_1 \frac{\partial \ln \gamma_1}{\partial x_1} + x_2 \frac{\partial \ln \gamma_2}{\partial x_2} = 0 \quad (T, p = \text{const}).$$

Damit vereinfacht sich Gl. 9.64 zu

$$\frac{d}{dx_1} \left(\frac{\bar{G}^{\mathrm{E}}}{\bar{R}\,T} \right) = \ln \frac{\gamma_1}{\gamma_2}.$$

Integration zwischen den Grenzen $x_1 = 0$ und $x_1 = 1$ ergibt

$$\int_0^1 \frac{d}{dx_1} \left(\frac{\bar{G}^{\mathrm{E}}}{\bar{R}\,T} \right) dx_1 = \frac{1}{\bar{R}\,T} [\bar{G}^{\mathrm{E}}(x_1 = 1) - \bar{G}^{\mathrm{E}}(x_1 = 0)] = \int_0^1 \ln \frac{\gamma_1}{\gamma_2} dx_1.$$

Der Realanteil der freien Enthalpie gibt bekanntlich an, um welchen Anteil sich die freie Enthalpie des realen Gemisches von der des idealen unterscheidet. Er verschwindet also, wenn man es mit einem reinen Stoff zu tun hat. Somit sind $\bar{G}^{\mathrm{E}}(x_1 = 1) = \bar{G}^{\mathrm{E}}(x_1 = 0) = 0$ und die vorige Beziehung geht über in das sogenannte *Konsistenzkriterium von Redlich und Kister*:

$$\int_0^1 \ln \frac{\gamma_1}{\gamma_2} dx_1 = 0. \tag{9.65}$$

Nach dieser Beziehung prüft man die Konsistenz durch einen Flächentest, indem man den Integranden $\ln(\gamma_1/\gamma_2)$ über den Molenbruch x_1 aufträgt. Als Beispiel zeigt Abb. 9.9 das Verhältnis der Aktivitätskoeffizienten von Benzol (Komponente 1) und Isooktan (Komponente 2) über dem Molenbruch x_1 des Benzols.

Der Flächentest ist dann erfüllt, wenn die schraffierte Fläche A_1 oberhalb der x_1-Achse gleich der schraffierten Fläche A_2 unterhalb der x_1-Achse ist.

Wie Herington[26] sowie Prausnitz und Snider [27] zeigten, kann man den Integraltest auch auf Systeme mit beliebig vielen Komponenten erweitern.

Ebenso ist es möglich, den Integraltest auf isobare nichtisotherme und auf isotherme nichtisobare Daten auszudehnen. Man erhält ausgehend von Gl. 7.79, Gl. 7.80 und der Gleichung von Gibbs-Duhem für isobare bzw. der für isotherme Zustandsänderungen nach einer ähnlichen Rechnung wie zuvor, von der hier nur das Ergebnis mitgeteilt werden soll,

$$\int_0^1 \ln \frac{\gamma_1}{\gamma_2}\, dx_1 = \int_0^1 \frac{\bar{H}^{\mathrm{E}}}{\bar{R}\, T^2}\, dT \quad \text{für } p = \text{const} \tag{9.66}$$

und

$$\int_0^1 \ln \frac{\gamma_1}{\gamma_2}\, dx_1 = -\int_0^1 \frac{\bar{V}^{\mathrm{E}}}{\bar{R}\, T}\, dp \quad \text{für } T = \text{const.} \tag{9.67}$$

Für das Gleichgewicht zwischen einer realen flüssigen und einer idealen gasförmigen Phase vereinfachen sich die Konsistenzkriterien erheblich. Dort ist unter Vernachlässigung der Poynting-Korrektur nach Gl. 9.31

$$\gamma_1 = \frac{y_1\, p}{x_1\, p_{01s}} \quad \text{und} \quad \gamma_2 = \frac{y_2\, p}{x_2\, p_{02s}}\, .$$

Infolgedessen ist

$$\frac{\gamma_1}{\gamma_2} = \frac{p_{02s}}{p_{01s}} \frac{y_1\, x_2}{x_1\, y_2}\, .$$

Das Verhältnis

$$\frac{y_1\, x_2}{x_1\, y_2} = \alpha \tag{9.68}$$

nennt man auch die *relative Flüchtigkeit*.

Das Konsistenzkriterium von Redlich und Kister nach Gl. 9.65 lautet somit für reale flüssige und ideale Gasphasen

$$\int_0^1 \ln \left(\frac{p_{02s}}{p_{01s}} \alpha \right) dx_1 = 0$$

oder

$$\int_0^1 \ln \alpha\, dx_1 = \ln \frac{p_{01s}}{p_{02s}}\, . \tag{9.69}$$

---

[26] Herington, E.F.G.: Tests for the consistency of experimental isobaric vapor-liquid equilibrium data. J. Inst. Petrol. 37 (1951) 457–470.
[27] Prausnitz, J.M., Snider, G.D.: Thermodynamic consistency test for multicomponent solutions. AIChE J. 5 (1959) 3, 7S–8S.

Die Beziehung gestattet es, Messwerte der relativen Flüchtigkeit auf ihre Konsistenz hin zu überprüfen.

Wie man dazu vorgeht, sei am Beispiel des Zweistoffgemisches erörtert. Gemessen seien p, x_1, y_1 bei konstantem T. Die Gasphase sei ideal, die Flüssigphase real. Dann ist nach Gl. 9.33

$$p = \gamma_1\, x_1\, p_{01s} + \gamma_2(1 - x_1)p_{02s}\,.$$

Hierin sind durch die Messungen p, x_1 bei festem T alle Größen bekannt außer den Aktivitätskoeffizienten. Für diese wählt man einen Ansatz, der so beschaffen ist, dass man die Messwerte möglichst gut wiedergeben kann, beispielsweise im Fall des einfachen Gemisches

$$\bar{R}\, T \ln\gamma_1 = A_0\, x_2^2 \quad\text{und}\quad \bar{R}\, T \ln\gamma_2 = A_0\, x_1^2\,.$$

Einsetzen in die obige Gleichung ergibt dann aus den Messwerten die Unbekannte $A_0 = A_0(p, T)$ nach dem Prinzip des kleinsten Fehlerquadrats. Es kann natürlich sein, dass man die Messwerte nur ausreichend genau wiedergeben kann, wenn man einen komplizierteren Ansatz für den Aktivitätskoeffizienten wählt.

Nachdem so der Ansatz für den Aktivitätskoeffizienten festliegt, lassen sich die Molenbrüche in der Dampfphase berechnen

$$y_1 = \frac{\gamma_1\, x_1\, p_{01s}}{p}$$

und mit den gemessenen Werten vergleichen.

Mit den angegebenen Kriterien kann man Messwerte jedoch nur grob auf Konsistenz prüfen, da man letztlich nur nachprüft, ob der integrale Mittelwert eines Datensatzes den thermodynamischen Gesetzen genügt, nicht aber, ob die einzelnen Werte diese erfüllen.

Um einen Konsistenztest sorgfältig auszuführen, wird man aus Messwerten p, x_i, y_i bei konstantem T mit Hilfe eines der bekannten Ansätze für den Aktivitätskoeffizienten zwei der drei Größen p, x_i, y_i wiedergeben, dann die dritte Größe berechnen und diese mit den Messwerten vergleichen.

9.4   Die Differentialgleichungen der Phasengrenzkurven

Aus der Bedingung, dass im Phasengleichgewicht außer den Temperaturen und Drücken auch die Fugazitäten der einzelnen Komponenten in den verschiedenen Phasen gleich sind, kann man, wie die vorigen Betrachtungen und Übungsbeispiele zeigten, grundsätzlich den vollständigen Verlauf der Siede- und Taulinien eines Gemisches ermitteln. Die Berechnung musste jedoch, wie gezeigt wurde, im Allgemeinen numerisch ausgeführt werden, sodass man keine analytische Gleichung für die Siede- und Taulinie erhielt, aus der man allgemeine Gesetzmäßigkeiten über das Verhalten von Gemischen ableiten konnte. Um eine solche, für allgemeine Betrachtungen sehr vorteilhafte Beziehung zu

gewinnen, betrachten wir der Einfachheit halber ein binäres Gemisch, das aus zwei miteinander im Gleichgewicht befindlichen Phasen besteht. Die Bedingung für das stoffliche
Gleichgewicht besagt, dass $\mu_1^L = \mu_1^G$ und $\mu_2^L = \mu_2^G$ ist.

Für das Differential des chemischen Potentials einer beliebigen Komponente i galt die
allgemeine Beziehung (Gl. 7.11)

$$d\mu_i = -S_i \, dT + V_i \, dp + \sum_{k=1}^{K-1} \left(\frac{\partial \mu_i}{\partial x_k}\right)_{T,p,x_{j \neq k}} dx_k .$$

Für das von uns betrachtete zweiphasige binäre System ergeben sich hieraus die Ausdrücke

$$d\mu_1^L = -S_1^L \, dT + V_1^L \, dp + \left(\frac{\partial \mu_1^L}{\partial x_1}\right)_{T,p} dx_1 , \qquad (9.70)$$

$$d\mu_1^G = -S_1^G \, dT + V_1^G \, dp + \left(\frac{\partial \mu_1^G}{\partial y_1}\right)_{T,p} dy_1 , \qquad (9.70a)$$

$$d\mu_2^L = -S_2^L \, dT + V_2^L \, dp + \left(\frac{\partial \mu_2^L}{\partial x_1}\right)_{T,p} dx_1 , \qquad (9.71)$$

$$d\mu_2^G = -S_2^G \, dT + V_2^G \, dp + \left(\frac{\partial \mu_2^G}{\partial y_1}\right)_{T,p} dy_1 . \qquad (9.71a)$$

Subtraktion der Gl. 9.70a von Gl. 9.70 und der Gl. 9.71a von Gl. 9.71 ergibt die beiden
Beziehungen

$$0 = (S_1^G - S_1^L) \, dT - (V_1^G - V_1^L) \, dp + \left(\frac{\partial \mu_1^L}{\partial x_1}\right) dx_1 - \left(\frac{\partial \mu_1^G}{\partial y_1}\right) dy_1 , \qquad (9.72)$$

$$0 = (S_2^G - S_2^L) \, dT - (V_2^G - V_2^L) \, dp + \left(\frac{\partial \mu_2^L}{\partial x_1}\right) dx_1 - \left(\frac{\partial \mu_2^G}{\partial y_1}\right) dy_1 . \qquad (9.73)$$

Wir multiplizieren nun die Gl. 9.72 mit x_1, Gl. 9.73 mit x_2 und addieren beide Gleichungen. Als nächstes multiplizieren wir Gl. 9.72 mit y_1 und Gl. 9.73 mit y_2 und addieren
beide Gleichungen. Unter Beachtung von (vgl. Gl. 5.58a)

$$x_1 \left(\frac{\partial \mu_1^L}{\partial x_1}\right)_{T,p} + x_2 \left(\frac{\partial \mu_2^L}{\partial x_1}\right)_{T,p} = 0$$

und

$$y_1 \left(\frac{\partial \mu_1^G}{\partial y_1}\right)_{T,p} + y_2 \left(\frac{\partial \mu_2^G}{\partial y_1}\right)_{T,p} = 0$$

erhält man dann, wenn man noch die partiellen molaren Entropien wegen $\mu_i^L = H_i^L - TS_i^L = \mu_i^G = H_i^G - TS_i^G$ oder $T(S_i^L - S_i^G) = H_i^L - H_i^G$ durch die partiellen molaren Enthalpien ersetzt,

$$[x_1(H_1^L - H_1^G) + (1 - x_1)(H_2^L - H_2^G)]\frac{dT}{T}$$
$$- [x_1(V_1^L - V_1^G) + (1 - x_1)(V_2^L - V_2^G)]\,dp$$
$$= \frac{y_1 - x_1}{1 - y_1}\left(\frac{\partial \mu_1^G}{\partial y_1}\right)_{T,p}dy_1 \tag{9.74}$$

und

$$[y_1(H_1^L - H_1^G) + (1 - y_1)(H_2^L - H_2^G)]\frac{dT}{T}$$
$$- [y_1(V_1^L - V_1^G) + (1 - y_1)(V_2^L - V_2^G)]\,dp$$
$$= \frac{y_1 - x_1}{1 - x_1}\left(\frac{\partial \mu_1^L}{\partial x_1}\right)_{T,p}dx_1 \ . \tag{9.75}$$

Der bei dT/T in Gl. 9.74 stehende Faktor

$$x_1(H_1^L - H_1^G) + (1 - x_1)(H_2^L - H_2^G) = x_1 H_1^L + x_2 H_2^L - (x_1 H_1^G + x_2 H_2^G)$$

gibt an, um wieviel sich die Enthalpie eines binären Gemisches ändert, wenn man dieses von einer Phase (G) in eine andere koexistente Phase (L) überführt, ohne dass sich die Zusammensetzung beider Phasen ändert. Entsprechendes gilt für den Faktor bei dT/T in Gl. 9.75. Man bezeichnet daher die bei dT/T stehenden Faktoren als *„molare Überführungsenthalpien"*; diese sind nicht identisch mit der molaren Kondensationsenthalpie $\bar{H}^L - \bar{H}^G$. Der Faktor bei dp hat entsprechend die Bedeutung einer „molaren Überführungsarbeit"; er ist verschieden von der molaren Volumenarbeit $p(\bar{V}^L - \bar{V}^G)$.

Mit Hilfe der Gl. 9.74 und Gl. 9.75 kann man für die Siede- und Taulinien Differentialgleichungen gewinnen. Man erhält für die *Isobaren*, $p =$ const, im T,x-Diagramm

$$\frac{dT}{dx_1} = \frac{T(x_1 - y_1)(\partial \mu_1^L/\partial x_1)_{T,p}}{(1 - x_1)[y_1(H_1^G - H_1^L) + (1 - y_1)(H_2^G - H_2^L)]} \quad \text{(Siedelinie)}, \tag{9.76}$$

$$\frac{dT}{dy_1} = \frac{T(x_1 - y_1)(\partial \mu_1^G/\partial y_1)_{T,p}}{(1 - y_1)[x_1(H_1^G - H_1^L) + (1 - x_1)(H_2^G - H_2^L)]} \quad \text{(Taulinie)}. \tag{9.77}$$

Für die Isothermen, $T =$ const, im *p,x-Diagramm* ergibt sich

$$\frac{dp}{dx_1} = \frac{(y_1 - x_1)(\partial \mu_1^L/\partial x_1)_{T,p}}{(1 - x_1)[y_1(V_1^G - V_1^L) + (1 - y_1)(V_2^G - V_2^L)]} \quad \text{(Siedelinie)}, \tag{9.78}$$

$$\frac{dp}{dy_1} = \frac{(y_1 - x_1)(\partial \mu_1^G/\partial y_1)_{T,p}}{(1 - y_1)[x_1(V_1^G - V_1^L) + (1 - x_1)(V_2^G - V_2^L)]} \quad \text{(Taulinie)}. \tag{9.79}$$

Diese Gleichungen enthalten die Beziehung von Clausius-Clapeyron für reine Stoffe. Dividiert man nämlich, die Gl. 9.78 durch Gl. 9.72, so findet man mit $x_1 = y_1 = 1$, $V_1^L = \bar{V}^L$, $V_1^G = \bar{V}^G$, $H_1^L = \bar{H}_1^L$ und $H_1^G = \bar{H}^G$

$$\frac{dp}{dT} = \frac{\bar{H}^L - \bar{H}^G}{T(\bar{V}^L - \bar{V}^G)} \quad \text{oder} \quad \frac{dp}{dT} = \frac{h^G - h^L}{T(\upsilon^G - \upsilon^L)}.$$

Die Differentialgleichungen 9.76 bis 9.79 der Phasengrenzkurven werden daher auch als *Clausius-Clapeyronsche Gleichungen für binäre Gemische* bezeichnet.

Erfahrungsgemäß sind in einigem Abstand vom kritischen Gebiet $H_i^G - H_i^L$ und $V_i^G - V_i^L$ positiv und daher auch die Nenner der Gln. 9.76 bis 9.79 positiv. Andererseits ist wegen der bereits bekannten Stabilitätsbedingung, vgl. Gl. 6.24, auch $(\partial \mu_1 / \partial x_1)_{T,p}$ in beiden Phasen positiv. Das Vorzeichen des Anstieges von Siede- und Taulinie wird demnach allein durch den Unterschied der Molenbrüche $x_1 - y_1$ bzw. $y_1 - x_1$ bestimmt. Man fasst dieses Ergebnis in den Sätzen von Konowalow[28] zusammen.

Erster Satz von Konowalow

In hinreichendem Abstand vom kritischen Gebiet haben die Steigungen von Siede- und Taulinie der Isobaren das Vorzeichen von $x_1 - y_1$ und die der Isothermen das Vorzeichen von $y_1 - x_1$.

Die isobare Siedetemperatur steigt daher durch Zusatz der Komponente, die in der Flüssigkeit stärker vertreten ist, der isotherme Dampfdruck durch Zusatz der Komponente, die im Dampf stärker vertreten ist.

Zweiter Satz von Konowalow

In hinreichendem Abstand vom kritischen Gebiet besitzen Siede- und Taulinie azeotroper binärer Gemische ($x_1 = y_1$) eine gemeinsame horizontale Tangente.

Wie in Kap. 4 gezeigt, gehört zu einem azeotropen Punkt mit Temperaturmaximum im T,x-Diagramm, ein azeotroper Punkt mit Druckminimum im p,x-Diagramm. Für azeotrope Gemische ergibt sich aus den Differentialgleichungen der Phasengrenzkurven wieder die Gleichung von Clausius-Clapeyron für reine Stoffe.

9.4.1 Isobare Siedepunktserhöhung und isobare Gefrierpunktserniedrigung

Mit Hilfe der Differentialgleichungen für die Siede- und Taulinie kann man nun die Frage beantworten, wie sich der Siedepunkt einer reinen Flüssigkeit (Komponente 1) ändert, wenn man einen anderen Stoff (Komponente 2) hinzufügt. Als Beispiel denke man an siedendes Wasser, das sich mit reinem Dampf im Gleichgewicht befindet und dem man

---

[28] Konowalow, D.: Über die Dampfspannungen der Flüssigkeitsgemische. Wied. Ann. Phys. 14 (1881) 34–52, v. a. ab S. 48.

eine gewisse Menge eines Salzes beigibt. Die Komponente 2 sei in der dampfförmigen Phase praktisch nicht enthalten, sodass $x_2^G \to 0$ und $x_1^G \to 1$ ist. Setzt man abkürzend das Zeichen

$$L_1 = H_1^G - H_1^L$$

für die „differentielle Verdampfungsenthalpie" des Lösungsmittels (Komponente 1), so geht Gl. 9.76 über in

$$\frac{dT}{dx_1} = \frac{T(x_1 - 1)(\partial \mu_1^L / \partial x_1)_{T,p}}{(1 - x_1)L_1} = -\frac{T}{L_1}\left(\frac{\partial \mu_1^L}{\partial x_1}\right)_{T,p}. \qquad (9.80)$$

Wegen der Stabilitätsbedingung Gl. 6.24 ist $(\partial \mu_1 / \partial x_1)_{T,p}$ positiv; außerdem ist L_1 erfahrungsgemäß ebenfalls positiv. Somit ist dT/dx_1^L bei konstantem Druck negativ, oder es ist

$$\frac{dT}{dx_2} > 0 \quad \text{für } p = \text{const}. \qquad (9.81)$$

Bei konstantem Druck nimmt die Siedetemperatur mit dem Molenbruch des gelösten Stoffes zu.

Man bezeichnet Gl. 9.80 daher auch als Differentialgleichung der *isobaren Siedepunktserhöhung*. Die in Gl. 9.80 vorkommende Ableitung des chemischen Potentials ersetzen wir mit Hilfe des Aktivitätskoeffizienten (Gl. 7.25 und Gl. 7.27) durch

$$\left(\frac{\partial \mu_1^L}{\partial x_1}\right)_{T,p} = \bar{R}\, T \left(\frac{\partial \ln(x_1 \gamma_1)}{\partial x_1}\right)_{T,p}. \qquad (9.82)$$

Für die differentielle Verdampfungsenthalpie kann man auch schreiben

$$L_1 = H_1^G - H_1^L = H_1^G - H_{01}^L - (H_1^L - H_{01}^L).$$

Da der Dampf nur aus dem Lösungsmittel (Komponente 1) besteht, ist $H_1^G = H_{01}^G$ und $H_1^G - H_{01}^L = H_{01}^G - H_{01}^L$. In Abb. 9.10 sind die Zustandspunkte des reinen Lösungsmittels schematisch dargestellt.

Beim Zusatz eines gelösten Stoffes erhöht sich die Siedetemperatur T_S des Lösungsmittel (1) bei konstantem Druck auf die Siedetemperatur T des Gemischs. Die Gasphase des Gemischs (H_{01}^G) ist somit gegenüber der Gasphase des reinen Lösungsmittels überhitzt. Der Flüssigkeitszustand des reinen Lösungsmittels (H_{01}^L) liegt bei Systembedingungen p,T auf dem metastabilen Ast der Isothermen T.

Ist T nicht allzu weit von der Siedetemperatur T_S entfernt, kann man aber in guter Näherung

$$H_{01}^G - H_{01}^L \approx \Delta \bar{H}_{v1}(T) = \Delta h_{v1} \bar{M}_1$$

setzen. Eine bessere Näherung für die Differenz $(H_{01}^G - H_{01}^L)$ kann man analog zu den in Abschn. 5.5.2 angestellten Betrachtungen herleiten. Es ist somit näherungsweise:

$$L_1 = \Delta h_{v1} \bar{M}_1 - (H_1^L - H_{01}^L). \qquad (9.83)$$

Abb. 9.10 Zustände des Lösungsmittels (1) im Falle einer
isobaren Siedepunktserhöhung

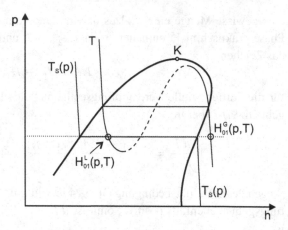

Die partielle molare Mischungsenthalpie $H_1^L - H_{01}^L$ kann man ihrerseits auf den Aktivitätskoeffizienten zurückzuführen. Ganz allgemein gilt, vgl. Gl. 5.89,

$$H_i^L - H_{0i}^L = \mu_i^L - \mu_{0i}^L - T \left(\frac{\partial (\mu_i - \mu_{0i})^L}{\partial T} \right)_{p,x_j} .$$

Hierin ist definitionsgemäß (Gl. 7.25 und Gl. 7.27)

$$\mu_i^L - \mu_{0i}^L = \bar{R} \, T \ln(x_i \gamma_i)$$

und somit

$$H_i^L - H_{0i}^L = -\bar{R} \, T^2 \left(\frac{\partial \ln(x_i \gamma_i)}{\partial T} \right)_{p,x_j} . \tag{9.84}$$

Damit kann man die differentielle Verdampfungsenthalpie, Gl. 9.83, umformen in

$$L_1 = \Delta h_{v1} \bar{M}_1 + \bar{R} \, T^2 \left(\frac{\partial \ln(x_1 \gamma_1)}{\partial T} \right)_{p,x_j} . \tag{9.85}$$

Diesen Ausdruck setzen wir zusammen mit Gl. 9.82 in Gl. 9.80 ein

$$\frac{dT}{dx_1} = -\frac{\bar{R} \, T^2}{\Delta h_{v1} \bar{M}_1 + \bar{R} \, T^2 \left(\frac{\partial \ln(x_1 \gamma_1)}{\partial T} \right)_{p,x_1}} \left(\frac{\partial \ln(x_1 \gamma_1)}{\partial x_1} \right)_{T,p} .$$

Durch Umformen erhält man

$$\Delta h_{v1} \frac{dT}{T^2} = -\frac{\bar{R}}{\bar{M}_1} \left[\left(\frac{\partial \ln(x_1 \gamma_1)}{\partial x_1} \right)_{T,p} dx_1 + \left(\frac{\partial \ln(x_1 \gamma_1)}{\partial T} \right)_{p,x_1} dT \right]$$

oder bei $p = \text{const}$ kann man das in Abhängigkeit der Variablen x_1 und T dargestellte Differential in das totale Differential $d \ln(x_1\gamma_1)$ umschreiben. Es folgt

$$\Delta h_{v1} \frac{dT}{T^2} = \frac{\bar{R}}{\bar{M}_1} d \ln(x_1\gamma_1) = -\frac{\bar{R}}{\bar{M}_1} d \ln(x_1\gamma_1) \,,$$

wenn der Aktivitätskoeffizient γ_1 vereinbarungsgemäß für die flüssige Phase zu bilden ist. Integration zwischen den Werten T_s, $x_1 = 1$ und T, x_1, wobei T_s die Siedetemperatur des reinen Lösungsmittels beim Druck p ist, ergibt, wenn man eine „mittlere spezifische Verdampfungsenthalpie" Δh_{v1M} definiert durch

$$\int_{T_s}^{T} \Delta h_v \frac{dT}{T^2} = \Delta h_{v1M} \left(\frac{1}{T_s} - \frac{1}{T} \right) \,, \tag{9.86}$$

den Ausdruck

$$\Delta h_{v1M} \left(\frac{1}{T} - \frac{1}{T_s} \right) = \frac{\bar{R}}{\bar{M}_1} \ln(x_1\gamma_1) \,.$$

Die *isobare Siedepunktserhöhung* ist somit

$$T - T_s = -\frac{\bar{R}\, T_s^2 \ln(x_1\gamma_1)}{\bar{M}_1 \Delta h_{v1M} + \bar{R}\, T_s \ln(x_1\gamma_1)} \,. \tag{9.87}$$

Für *ideale Gemische* oder für Gemische, in denen die Komponente 2 nur in verschwindender Menge gelöst ist, sodass $x_1 \to 1$ geht, wird $\gamma_1 = 1$. Weiterhin ist dann, wenn x_2 klein ist,

$$\ln x_1 = \ln(1 - x_2) \approx -x_2 \,.$$

Für viele Flüssigkeiten ist überdies die molare Verdampfungsenthalpie $\bar{M}_1 \Delta h_{v1M} \gg \bar{R}\, T_s x_2$. Beispielsweise erhält man für siedendes Wasser beim Druck von 1 bar $\bar{M}_1 \Delta h_{v1M} = 4{,}068 \cdot 10^4$ kJ/kmol, während für einen Molenbruch $x_2 = 0{,}1$ der Ausdruck $\bar{R}\, T_s x_2$ den Wert $3{,}1 \cdot 10^2$ kJ/kmol annimmt. Man kann daher in vielen Fällen die letzte Beziehung auch vereinfachen zu

$$T - T_s = \frac{\bar{R}\, T_s^2 x_2}{\bar{M}_1 \Delta h_{v1M}} \,. \tag{9.88}$$

Dieser Ausdruck wird häufig für die isobare Siedepunktserhöhung angegeben. Er gilt aber nur unter den zuvor erwähnten einschränkenden Voraussetzungen eines idealen oder eines unendlich verdünnten Gemisches mit hinreichend großer Verdampfungsenthalpie und nicht zu hoher Siedetemperatur des Lösungsmittels.

Falls der gelöste Stoff (Komponente 2) teilweise dissoziiert ist, beispielsweise NaCl $=$ Na$^+$ + Cl$^-$, ist die Molmenge des gelösten größer als die des zugefügten Stoffes. Der Dissoziationsgrad

$$\alpha = \frac{N_\alpha}{N_2} \tag{9.89}$$

gibt an, welcher Anteil der zugeführten Molmenge N_2 dissoziiert ist. Der Ionisationsgrad δ gibt an, wieviele Ionen aus einem Molekül entstehen. Für $NaCl = Na^+ + Cl^-$ ist $\delta = 2$. Die Molmenge des Gelösten ist dann

$$N_2 \, \alpha \, \delta + N_2(1 - \alpha) = N_2 \, i = N_2^*$$

mit

$$i = 1 + \alpha(\delta - 1) \, . \tag{9.90}$$

Der Molenbruch des Gelösten ist

$$x_2^* = \frac{N_2^*}{N} = x_2 \, i \, . \tag{9.91}$$

Bei Dissoziation ist daher für den Molenbruch x_2 in Gl. 9.88 der Wert $x_2 \, i$ einzusetzen.

Die obigen, für die isobare Siedepunktserhöhung angestellten Überlegungen gelten in analoger Weise für die isobare Erniedrigung des Gefrierpunktes eines reinen Stoffes 1 (Lösungsmittel) infolge Zugabe eines anderen Stoffes 2. Beim Gefrieren herrscht Gleichgewicht zwischen der Lösung und der festen Phase, die, wie zuvor die Gasphase, aus dem reinen Lösungsmittel bestehen soll. Man braucht infolgedessen in den bisherigen Beziehungen nur die Gasphase durch die feste Phase zu ersetzen. Gl. 9.80 gilt also weiterhin.

Es ist jedoch jetzt

$$L_1 = H_1^S - H_1^L \, ,$$

wenn H_1^S die partielle molare Enthalpie der festen Phase ist. Diese ist erfahrungsgemäß kleiner als die Enthalpie H_1^L der flüssigen Phase, sodass L_1 negativ wird. Damit ist dT/dx_1 positiv und

$$\frac{dT}{dx_2} < 0 \quad \text{für } p = \text{const.} \tag{9.92}$$

Bei konstantem Druck nimmt die Gefriertemperatur mit dem Molenbruch des gelösten Stoffes ab. Für die Größe L_1 kann man schreiben

$$L_1 = H_1^S - H_{01}^L - (H_1^L - H_{01}^L) = H_{01}^S - H_{01}^L - (H_1^L - H_{01}^L)$$

oder mit der molaren Schmelzenthalpie $H_{01}^L - H_{01}^S = \Delta h_{s1} \bar{M}_1$

$$L_1 = -\Delta h_{s1} \bar{M}_1 - (H_1^L - H_{01}^L) \, .$$

Vergleicht man diesen Ausdruck mit Gl. 9.83, so erkennt man, dass in den Beziehungen für die isobare Siedepunktserhöhung lediglich die molare Verdampfungsenthalpie $\Delta h_{v1} \bar{M}_1$ durch den negativen Wert der molaren Schmelzenthalpie $\Delta h_{s1} \bar{M}_1$ zu ersetzen ist. Die allgemeine Beziehung Gl. 9.87 geht damit über in die Gleichung für die *isobare Gefrierpunktserniedrigung*

$$T_s - T = \frac{\bar{R} \, T_s^2 \ln(x_1 \gamma_1)}{\bar{M}_1 \Delta h_{s1} - \bar{R} \, T_s \ln(x_1 \gamma_1)} \, , \tag{9.93}$$

woraus man unter den oben besprochenen Vereinfachungen für ideale Gemische die der Gl. 9.88 entsprechende Beziehung

$$T_s - T = \frac{\bar{R}\,T_s^2 x_2}{\bar{M}_1 \Delta h_{s1}} \tag{9.94}$$

erhält. In den beiden letzten Gleichungen ist T_s die Gefriertemperatur des reinen Lösungsmittels (Komponente 1). Die in Gl. 9.94 vorkommende Größe $\bar{R}\,T_s^2/\Delta h_{s1}$ nennt man *kryoskopische Konstante*, SI-Einheit (kg K)/kmol.

Bei Dissoziationen ist der Molenbruch x_2 wieder durch $x_2\,i$ zu ersetzen mit $i = 1 + \alpha(\delta - 1)$, worin α der Dissoziations- und δ der Ionisationsgrad sind.

9.4.2 Isotherme Dampfdruckerniedrigung

Es soll die Änderung des Dampfdruckes berechnet werden, wenn man einem reinen flüssigen Stoff 1 einen anderen Stoff 2 hinzufügt und dabei die Temperatur konstant hält. Die flüssige Lösung befindet sich im Gleichgewicht mit ihrem Dampf, der praktisch nur aus der Komponente 1 bestehen soll. Als Beispiel denke man wiederum an siedendes Wasser, dem bei konstanter Temperatur ein Salz zugegeben wird. Aus Gl. 9.78 ergibt sich dann mit $y_2 = 0$ und $y_1 = 1$

$$\frac{dp}{dx_1} = \frac{(\partial\mu_1/\partial x_1)_{T,p}^L}{V_1^G - V_1^L}\;. \tag{9.95}$$

Wegen der Stabilitätsbedingung Gl. 6.24 ist hierin $(\partial\mu_1/\partial x_1)_{T,p}$ positiv, außerdem ist erfahrungsgemäß in hinreichender Entfernung vom kritischen Punkt $V_1^G > V_1^L$; daher ist auch die linke Seite von Gl. 9.95 positiv, oder es ist

$$\frac{dp}{dx_2} < 0 \quad \text{für} \quad T = \text{const.} \tag{9.96}$$

Bei konstanter Temperatur nimmt der Dampfdruck mit dem Molenbruch des gelösten Stoffes ab. Man nennt Gl. 9.95 daher auch die Differentialgleichung für die *isotherme Dampfdruckerniedrigung*. Mit Hilfe von Gl. 9.82 erhält man aus Gl. 9.95 die Differentialgleichung

$$(V_1^G - V_1^L)\,dp = \bar{R}\,T\left(\frac{\partial \ln(x_1\gamma_1)}{\partial x_1}\right)_{T,p} dx_1\;. \tag{9.97}$$

Für die linke Seite kann man, da der Dampf nur die Komponente 1 enthält, also $V_1^G = V_{01}^G$ gilt, auch schreiben

$$V_1^G - V_1^L = V_{01}^G - V_{01}^L - (V_1^L - V_{01}^L)\;.$$

Die Differenz der partiellen Molvolumina $V_1^L - V_{01}^L$ kann man hierin mit Gl. 7.29 noch durch den Aktivitätskoeffizienten ersetzen

$$V_1^L - V_{01}^L = \bar{R}\,T\left(\frac{\partial \ln\gamma_1}{\partial p}\right)_{T,x_1} = \bar{R}\,T\left(\frac{\partial \ln(x_1\gamma_1)}{\partial p}\right)_{T,x_1}\;.$$

Damit lautet Gl. 9.97

$$
(V_{01}^G - V_{01}^L)\, dp = \bar{R}\, T \left(\frac{\partial \ln(x_1 \gamma_1)}{\partial x_1} \right)_{T,p}^L dx_1 + \bar{R}\, T \left(\frac{\partial \ln(x_1 \gamma_1)}{\partial p} \right)_{T,x_1}^L dp \ .
$$

Die beiden Summanden auf der rechten Seite lassen sich mit $T = $ const zu einem totalen Differential zusammenfassen, und man erhält, wenn man unter γ_1 den Aktivitätskoeffizienten in der flüssigen Phase versteht,

$$
(V_{01}^G - V_{01}^L)\, dp = \bar{R}\, T\, d\ln(x_1 \gamma_1) \quad \text{für} \quad T = \text{const.} \tag{9.98}
$$

Durch Integration zwischen den Grenzen p_{01s}, $x_1 = 1$ und p, x_1, wenn p_{01s} der Sättigungsdruck des reinen Lösungsmittels bei der Temperatur T ist, ergibt sich

$$
\int_{p_{01s}}^{p} (V_{01}^G - V_{01}^L)\, dp = \bar{R}\, T \ln(x_1 \gamma_1) \ . \tag{9.99}
$$

Für ideale Gemische oder für unendliche Verdünnung $x_1 \to 1$ wird der Aktivitätskoeffizient $\gamma_1 = 1$ und Gl. 9.99 vereinfacht sich zu

$$
\int_{p_{01s}}^{p} (V_{01}^G - V_{01}^L)\, dp = \bar{R}\, T \ln x_1 \ .
$$

In hinreichender Entfernung vom kritischen Punkt ist außerdem $V_{01}^L \ll V_{01}^G = \bar{R}\, T / p$. Damit vereinfacht sich die letzte Beziehung weiter zu dem *Raoultschen Gesetz* (vgl. Abschn. 9.2)

$$
\bar{R}\, T \ln \frac{p}{p_{01s}} = \bar{R}\, T \ln x_1
$$

oder

$$
p = p_{01s}(1 - x_2) \ . \tag{9.100}
$$

Die *relative Dampfdruckerniedrigung* beträgt

$$
\frac{p_{01s} - p}{p_{01s}} = x_2 \ .
$$

Bei Dissoziation ist an Stelle von x_2 die Größe $x_2\, i$ für den Molenbruch einzusetzen mit $i = 1 + \alpha(\delta - 1)$, worin α der Dissoziations- und δ der Ionisationsgrad sind.

Abb. 9.11 Osmotischer Druck
Δp. Die Phase $L2$ sei bei-
spielsweise eine Lösung aus
Rohrzucker und Wasser, die
Phase $L1$ reines Wasser

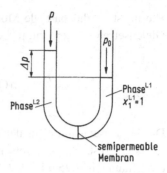

9.4.3 Der osmotische Druck

Zwei flüssige Phasen seien durch eine starre semipermeable Wand voneinander getrennt, die nur für eine Teilchenart durchlässig, für alle anderen aber undurchlässig ist,
Abb. 9.11. Ein Beispiel ist eine Lösung aus Rohrzucker und Wasser in der linken Hälfte
von Abb. 9.11, die über eine semipermeable Membran mit reinem Wasser (Komponente 1)
im Gleichgewicht steht. Die Membran lässt nur die Wassermoleküle, nicht jedoch die sehr
viel größeren Zuckermoleküle durch. Wie die Erfahrung zeigt, steigt die Flüssigkeitssäule
der Lösung höher als die des reinen Lösungsmittels. Es entsteht ein Druckunterschied Δp
beiderseits der Membran, sodass die Bedingung für das mechanische Gleichgewicht nicht
mehr $p^{L1} = p^{L2}$ lautet. Den Druckunterschied $p^{L2} - p^{L1}$ bezeichnet man als *osmotischen
Druck*.

Im Gleichgewicht stimmen die Temperaturen beider Phasen überein, außerdem gilt die
Bedingung für stoffliches Gleichgewicht

$$\mu_1^{L1} = \mu_1^{L2} \quad \text{bzw.} \quad f_1^{L1} = f_1^{L2} \ . \tag{9.101}$$

Zur Berechnung des chemischen Potentials μ_1^{L2} integrieren wir die Beziehung Gl. 5.86

$$\left(\frac{\partial \mu_1}{\partial p} \right)_{T, x_1} = V_1$$

zwischen den Grenzen p^{L1} und p^{L2}. Wir erhalten

$$\mu_1^{L2} = \mu_1(T, p^{L2}, x_1) = \mu_1(T, p^{L1}, x_1) + \int\limits_{p^{L1}}^{p^{L2}} V_1 \, dp \ . \tag{9.102}$$

Hierin ist V_1 das partielle Molvolumen der Komponente 1 in der Lösung (Phase $L2$). Gleichsetzen von μ_1^{L2} mit μ_1^{L1} ergibt

$$\mu_1^{L1} = \mu_1(T, p^{L1}) = \mu_1(T, p^{L1}, x_1) + \int_{p^{L1}}^{p^{L2}} V_1 \, dp \; . \tag{9.103}$$

Da das Lösungsmittel in der einen Phase $L1$ allein vorhanden ist, darf man $\mu_1^{L1} = \mu_{01}(T, p^{L1})$ setzen. Andererseits folgt aus der Definitionsgleichung für den Aktivitätskoeffizienten (Gl. 7.25 mit Gl. 7.27)

$$\mu_1(T, p^{L1}, x_1) = \mu_{01}(T, p^{L1}) + \bar{R}\, T \ln(x_1 \gamma_1) \; .$$

Der Aktivitätskoeffizient ist hierin beim Druck p^{L1} (niedriger Druck) zu bilden. Damit geht Gl. 9.103 über in die Bestimmungsgleichung für den osmotischen Druck

$$\bar{R}\, T \ln(x_1 \gamma_1) = - \int_{p^{L1}}^{p^{L2}} V_1 \, dp \; . \tag{9.104}$$

In hinreichender Entfernung vom kritischen Gebiet ist das partielle Molvolumen V_1 der flüssigen Komponente 1 in der Lösung unabhängig vom Druck, sodass sich Gl. 9.104 vereinfacht zu

$$p^{L2} - p^{L1} = \Delta p = - \frac{\bar{R}\, T \ln(x_1 \gamma_1(T, p^{L1}, x_1))}{V_1} \; . \tag{9.105}$$

Eine zu Gl. 9.104 alternative Beziehung erhält man ausgehend von Gl. 9.101 unter Verwendung der Zustandsgleichung für das chemische Potential μ_1^{L2} beim Druck p^{L2}:

$$\mu_1^{L1} = \mu_{01}^L(T, p^{L1}) \, ,$$
$$\mu_1^{L2} = \mu_{01}^L(T, p^{L2}) + \bar{R}\, T \ln(x_1 \, \gamma_1(T, p^{L2}, x_1)) \; .$$

Mit $\mu_{01}^L(T, p^{L2}) = \mu_{01}^L(T, p^{L1}) + \int_{p^{L1}}^{p^{L2}} V_{01} \, dp$ folgt nach Einsetzen in Gl. 9.101 die zu Gl. 9.104 analoge Gleichung

$$\bar{R}\, T \ln(x_1 \, \gamma_1(T, p^{L2}, x_1)) = - \int_{p^{L1}}^{p^{L2}} V_{01} \, dp \; . \tag{9.106}$$

In hinreichender Entfernung vom kritischen Gebiet ist das molare Reinstoffvolumen des Lösungsmittels unabhängig vom Druck, sodass sich Gl. 9.106 vereinfacht zu

$$p^{L2} - p^{L1} = \Delta p = - \frac{\bar{R}\, T \ln(x_1 \, \gamma_1(T, p^{L2}, x1))}{V_{01}} \; . \tag{9.107}$$

Für ideale Gemische oder für Zustände unendlicher Verdünnung wird $\gamma_1 = 1$. Im Fall unendlicher Verdünnung kann man außerdem $\ln x_1 = \ln(1 - x_2) \approx -x_2$ und $V_1 \approx V_{01}$ setzen, sodass Gl. 9.105 bzw. Gl. 9.107 übergehen in

$$\Delta p = \frac{\bar{R} \, T \, x_2}{V_{01}} \, . \tag{9.108}$$

Der osmotische Druck ist in ideal verdünnten Gemischen proportional dem Molenbruch des gelösten Stoffes.

Wie zuvor dargelegt, ist bei Dissoziation des gelösten Stoffes der Molenbruch x_2 mit dem Faktor $i = 1 + \alpha(\delta - 1)$ zu multiplizieren, worin α der Dissoziations- und δ der Ionisationsgrad sind.

9.5 Beispiele und Aufgaben

Beispiel 9.1

Durch Messung des Dampfdruckes $p(T, x_1)$ des Gemisches Benzol–Toluol bei $t = 50\,°C$ hat man die empirische Gleichung p (mbar) $= a_0 + a_1 x_1$ mit $a_0 = 122{,}81$ und $a_1 = 238{,}9$ gefunden. Man berechne daraus die schwer zu messenden Partialdrücke $p_1(T, x_1)$ und $p_2(T, x_2)$.

Wir formen Gl. 9.12 zunächst so um, dass in ihr der Gesamtdruck $p(T, x_1)$ erscheint. Mit $p_2 = p - p_1$ erhält man

$$x_1 \left(\frac{\partial \ln p_1}{\partial x_1} \right)_T + x_2 \left(\frac{\partial \ln(p - p_1)}{\partial x_1} \right)_T = 0$$

oder

$$x_1 \frac{1}{p_1} \left(\frac{\partial p_1}{\partial x_1} \right)_T + \frac{1 - x_1}{p - p_1} \left[\left(\frac{\partial p}{\partial x_1} \right)_T - \left(\frac{\partial p_1}{\partial x_1} \right)_T \right] = 0 \, .$$

Daraus folgt

$$\frac{p_1 - p x_1}{(1 - x_1) p_1} \left(\frac{\partial p_1}{\partial x_1} \right)_T = \left(\frac{\partial p}{\partial x_1} \right)_T \, .$$

Einsetzen von $p = a_0 + a_1 x_1$ ergibt für $p_1(x_1, T = 323{,}15\,K)$ die Differentialgleichung

$$\frac{p_1 - a_0 x_1 - a_1 x_1^2}{(1 - x_1) p_1} \left(\frac{\partial p_1}{\partial x_1} \right)_T = a_1 \, .$$

Die Lösung muss den Randbedingungen $p_1(x_1 = 0) = 0$ und $p_1(x_1 = 1) = a_0 + a_1 = 361{,}7\,mbar = p_{1s}$ genügen. Da die Differentialgleichung nichtlinear und analytisch nicht lösbar ist, kommt nur eine numerische Lösung oder eine Lösung durch Reihenansatz infrage. Es ist naheliegend, auch für p_1 einen Reihenansatz zu machen:

$$p_1(x_1) = b_0 + b_1 x_1^2 \, .$$

Damit er die Randbedingungen $p_1(x_1 = 1) = a_0 + a_1 = p_{1s}$ erfüllt, muss gelten $b_0 + b_1 = p_{1s}$. Einsetzen dieses Ansatzes in die obige Differentialgleichung und Koeffizientenvergleich ergibt für den Koeffizienten bei $x_1 : b_0 = a_0 + a_1$ und für den bei $x_1^2 : b_1 = 0$. Mithin ist $p_1(x_1) = b_0 x_1 = (a_0 + a_1)x_1$, somit $p_1(x_1)/\text{mbar} = 361{,}8\,x_1$. Wegen $p_2 = p - p_1$ folgt $p_2 = a_0(1 - x_1)$, somit $p_2(x_1)/\text{mbar} = 122{,}8(1 - x_1)$.

Anmerkung: Wie in Abschn. 9.2.2 erörtert, gehorcht das Gemisch dem Rauoltschen Gesetz, denn es gilt $p_1 = p_{1s}x_1$ und $p_2 = p_{2s}x_2$.

Beispiel 9.2

Der Luft- und damit der Sauerstoffgehalt des Wassers nimmt mit sinkender Temperatur zu, sodass Fische im kalten Wasser besser „atmen" können, als im warmen Wasser.

Wieviel atmosphärische Luft von 1 bar löst sich in $1\,\text{m}^3$ Wasser ($\approx 1000\,\text{kg}$) von $20\,°\text{C}$ und um wieviel größer ist die Menge der gelösten Luft bei $4\,°\text{C}$?

Der Abb. 9.5 entnimmt man für Luft

$$k_T(20\,°\text{C}) = 0{,}018\frac{\text{cm}_n^3\,(\text{Luft})}{\text{g}\,(\text{H}_2\text{O})\,\text{at}} \quad \text{und} \quad k_T(4\,°\text{C}) = 0{,}025\frac{\text{cm}_n^3\,(\text{Luft})}{\text{g}\,(\text{H}_2\text{O})\,\text{at}}.$$

Damit wird mit $\bar{M}_1 = 28{,}953\,\text{kg/kmol}$:

$$k^*(20\,°\text{C}) = 0{,}018\frac{28{,}953 \cdot 10^{-3}}{22{,}4138}\frac{\text{g}\,(\text{Luft})}{\text{g}\,(\text{H}_2\text{O}) \cdot 0{,}980665\,\text{bar}},$$

$$k^*(20\,°\text{C}) = 2{,}3710 \cdot 10^{-5}\frac{\text{g}\,(\text{Luft})}{\text{g}\,(\text{H}_2\text{O})\,\text{bar}},$$

$$k^*(4\,°\text{C}) = 0{,}025\frac{28{,}953 \cdot 10^{-3}}{22{,}4138}\frac{\text{g}\,(\text{Luft})}{\text{g}\,(\text{H}_2\text{O}) \cdot 0{,}980665\,\text{bar}},$$

$$k^*(4\,°\text{C}) = 3{,}293 \cdot 10^{-5}\frac{\text{g}\,(\text{Luft})}{\text{g}\,(\text{H}_2\text{O})\,\text{bar}}.$$

Aus Gl. 9.17 folgt:

$$M_1^L(20\,°\text{C}) = 1000\,\frac{\text{kg}\,(\text{H}_2\text{O})}{\text{m}^3\,(\text{H}_2\text{O})}\,1\,\text{bar} \cdot 2{,}3710 \cdot 10^{-5}\frac{\text{g}\,(\text{Luft})}{\text{g}\,(\text{H}_2\text{O})\,\text{bar}},$$

$$M_1^L(20\,°\text{C}) = 23{,}7\,\frac{\text{g}\,(\text{Luft})}{\text{m}^3\,(\text{H}_2\text{O})}.$$

Weiter ist

$$M_1^L(4\,^\circ\mathrm{C}) = 1000\,\frac{\mathrm{kg\,(H_2O)}}{\mathrm{m^3\,(H_2O)}}\,1\,\mathrm{bar}\cdot 3{,}293\cdot 10^{-5}\,\frac{\mathrm{g\,(Luft)}}{\mathrm{g\,(H_2O)\,bar}}\,,$$

$$M_1^L(20\,^\circ\mathrm{C}) = 32{,}9\,\frac{\mathrm{g\,(Luft)}}{\mathrm{m^3\,(H_2O)}}\,.$$

Bei 4 °C löst sich rund 1,4 mal soviel Luft im Wasser wie bei 20 °C.

Beispiel 9.3

Ein Flüssigkeitsgemisch aus Hexan (Komponente 1) und Ethanol (Komponente 2) befindet sich beim Druck $p = 1013\,\mathrm{mbar}$ im Gleichgewicht mit seinem Dampf. Die Zusammensetzung der Flüssigkeit sei $x_1 = 0{,}333$. Man berechne die Siedetemperatur t und die Dampfzusammensetzung y_1. Die hierfür benötigten Aktivitätskoeffizienten ermittle man nach der Gleichung von Wilson.

Beim Druck von 1013 mbar verhält sich die Dampfphase ideal. Die Siedetemperatur erhält man aus der Gl. 9.33 $p = \gamma_1(x_1, T)x_1\,p_{01s}(T) + \gamma_2(x_1, T)(1 - x_1)p_{02s}(T)$.

Hierin sind alle Größen außer der Siedetemperatur T bekannt. Kennt man diese, so folgt die Dampfzusammensetzung aus Gl. 9.31 zu

$$y_1 = \frac{\gamma_1(x_1, T)x_1\,p_{01s}(T)}{p}\,.$$

Hierin erhält man die Dampfdrücke $p_{0is}(T)$ aus der Antoine-Gleichung (siehe z. B. Band 1) $\log_{10}\frac{p_{0is}}{\mathrm{mbar}} = A - \frac{B}{C+t}$. Für die Konstanten A, B, C findet man in dem Tabellenwerk von Gmehling, Onken (Vapor-Liquid Equilibrium Data Collection, DECHEMA, Chemistry Data Series, Vol. I, Part 2a, 1977, S. 454) folgende Werte, umgerechnet in SI-Einheiten:

		A	B	C
Hexan	Komponente 1	7,03548	1189,64	226,28
Ethanol	Komponente 2	8,2371	1592,84	226,184

Für die Parameter $A_{12} = \lambda_{12} - \lambda_{11}$ und $A_{21} = \lambda_{21} - \lambda_{22}$ sowie V_1^+ und V_2^+ findet man im gleichen Tabellenwerk die Werte (ebenfalls umgerechnet in SI-Einheiten):

$$A_{12} = 1340{,}39\,\mathrm{J/mol},\ A_{21} = 9160{,}01\,\mathrm{J/mol},$$
$$V_1^+ = V_{1L} = 131{,}61\,\mathrm{ml/mol},\ V_2^+ = V_{2L} = 58{,}68\,\mathrm{ml/mol}.$$

Damit erhält man aus Gl. 8.26a und Gl. 8.26b

$$\Lambda_{12} = \frac{58{,}68}{131{,}61} \exp\left(-\frac{1340{,}39}{8{,}31451\,T}\right) = 0{,}44586 \exp\left(-\frac{161{,}21}{T}\right) \text{ und}$$

$$\Lambda_{21} = \frac{131{,}61}{58{,}68} \exp\left(-\frac{9160{,}01}{8{,}31451\,T}\right) = 2{,}2428 \exp\left(-\frac{1101{,}69}{T}\right).$$

Die Gl. 8.27a und Gl. 8.27b für die Aktivitätskonstanten lauten

$$\ln\gamma_1 = -\ln(0{,}333 + 0{,}667\,\Lambda_{12}) + 0{,}667\,F$$

mit

$$F = \frac{\Lambda_{12}}{0{,}332 + 0{,}667\,\Lambda_{12}} - \frac{\Lambda_{21}}{0{,}667 + 0{,}332\,\Lambda_{21}}$$

und

$$\ln\gamma_2 = -\ln(0{,}667 + 0{,}333\,\Lambda_{21}) - 0{,}333\,F.$$

Einsetzen von Λ_{12} und Λ_{21} in die obige Gleichung ergibt die Aktivitätskoeffizienten γ_1 und γ_2 als Funktion der Temperatur.

Setzt man diese sowie die Dampfdrücke aus der Antoine-Gleichung in die Gl. 9.33 für den Druck p ein, so enthält diese nur die unbekannte Temperatur T. Diese einzelnen Rechenschritte führt man zweckmäßigerweise mit einem PC aus. Man erhält dann als Siedetemperatur $t = 59{,}4\,°C$. Der gemessene Wert nach Gmehling und Onken ist $58{,}7\,°C$.

Damit findet man aus der obigen Gleichung

$$\Lambda_{12} = 0{,}44586 \exp\left(-\frac{161{,}21}{332{,}55}\right) = 0{,}2746\,,$$

$$\Lambda_{21} = 2{,}24284 \exp\left(-\frac{1101{,}69}{332{,}55}\right) = 0{,}08166\,,$$

$$\ln\gamma_1 = -\ln(0{,}333 + 0{,}2746 \cdot 0{,}667)$$

$$+ 0{,}667\left(\frac{0{,}2476}{0{,}333 + 0{,}2746 \cdot 0{,}667} - \frac{0{,}08167}{0{,}667 + 0{,}08166 \cdot 0{,}333}\right),$$

$\ln\gamma_1 = 0{,}93772$; $\gamma_1 = 2{,}5542$. Weiter ist $\ln\gamma_2 = 0{,}2270$; $\gamma_2 = 1{,}2548$.

Der Dampfdruck von Hexan ist

$$\log_{10}\frac{p_{01s}}{\text{mbar}} = 7{,}03548 - \frac{1189{,}64}{226{,}28 + 59{,}4}\,, \quad p_{01s} = 743{,}4\,\text{mbar}\,.$$

Damit wird nach Gl. 9.31

$$y_1 = \frac{2{,}5542 \cdot 0{,}333 \cdot 743{,}4 \, \text{mbar}}{1013 \, \text{mbar}} = 0{,}624 \, .$$

Der gemessene Wert nach Gmehling-Onken ist $y_1 = 0{,}630$.

Beispiel 9.4

Im sogenannten „Rektisolprozess" rieselt flüssiges Methanol ($\bar{M} = 32 \, \text{kg/kmol}$) im Gleichstrom mit einem Gas, das aus einem Gasgemisch, dem Rohgas, mit einer „Verunreinigung" von 10 g Schwefelwasserstoff (H$_2$S, Komponente 1, $\bar{M} = 34 \, \text{kg/kmol}$) je kg Gemisch besteht. Der Schwefelwasserstoff löst sich vorzugsweise in dem flüssigen Methanol.

Wieviel Methanol muss man der bei $-40\,°C$ und 5 bar arbeitenden Waschsäule mindestens zuführen, wenn das Gasgemisch bis 0,1 g H$_2$S je kg Gemisch gereinigt werden soll?

Das gasförmige Gemisch aus dem Rohgas (Komponente 2, $\bar{M} = 50 \, \text{kg/kmol}$) und H$_2$S gehorche der Zustandsgleichung

$$\bar{V} = \frac{\bar{R}\,T}{p} + y_1 B_{11} + y_2 B_{22} \, ; \quad B_{11} = -8 \cdot 10^{-5} \, \text{m}^3/\text{kg} \cdot M_2 \, .$$

Der Henrysche Koeffizient bei $-40\,°C$ sei $H_{px1} = 8{,}52 \cdot 10^{-3}$ bar.

In Gl. 9.39 benötigt man den Fugazitätskoeffizienten. Er ist gegeben durch Gl. 7.18

$$\bar{R}\,T \ln \varphi_1 = \int_0^p \left(V_1 - \frac{\bar{R}\,T}{p} \right) dp \, .$$

Nun ist

$$V_1 = \bar{V} - y_2 \left(\frac{\partial \bar{V}}{\partial y_2} \right) = \frac{\bar{R}\,T}{p} + B_{11} \, .$$

Also

$$\bar{R}\,T \ln \varphi_1 = \int_0^p B_{11} dp \, ,$$

woraus man $\varphi_1 = \exp(B_{11} p / \bar{R}\,T) = 0{,}999$ erhält. Da $\varphi_1 \approx 1$, kann die Gasphase als ideal angesehen werden. Zur Berechnung der notwendigen Lösungsmittelmenge kann man also Gl. 9.39 bzw. Gl. 9.16 verwenden. Man findet

$$\xi_1^G = 0{,}1/1000 = 10^{-4} \, .$$

Daraus folgt

$$y_1 = (\bar{M}_1^G / \bar{M}_1) \xi_1^G \, .$$

Mit

$$(1/\bar{M}^G) = (\xi_1^G/\bar{M}_1) + (\xi_2^G/\bar{M}_2)$$

folgt $\bar{M}^G = 49{,}998 \, \text{kg/kmol}$ und damit $y_1 = 1{,}4705 \cdot 10^{-4}$ und

$$p_1 = y_1 p = 1{,}4705 \cdot 10^{-4} \cdot 5 \, \text{bar} = 7{,}23526 \cdot 10^{-4} \, \text{bar}.$$

Es ist nach Gl. 9.39 bzw. Gl. 9.16 $p_1 = H_{px1}(T)x_1$, also

$$x_1 = p_1/H_{px1}(T) = 8{,}6299 \cdot 10^{-2}.$$

Mit $\bar{M}^L = \bar{M}_1 x_1 + (1 - x_1)\bar{M}$ ist $\xi^L(\bar{M}_1^L/\bar{M}^L)x_1 = 9{,}1201 \cdot 10^{-2}$, also

$$M^L = M_1^L(1 - \xi_1^L)/\xi_1^L.$$

Das Methanol nimmt pro kg Gasgemisch $M_1^L = 9{,}9 \, \text{g} \, H_2S$ auf. Somit benötigt man pro kg Gasgemisch $M^L = 98{,}65 \, \text{g}$ Methanol.

Beispiel 9.5

Wassereis befindet sich im Gleichgewicht mit einer wässrigen Salzlösung. Man entwerfe ein t,ξ-Diagramm für einen Massenbruch des Kochsalzes (Komponente 1, $\bar{M}_1 = 58{,}5 \, \text{kg/kmol}$) bis zu 0,1 und für einen Gesamtdruck von 1 bar.

Die spezifische Schmelzenthalpie von Wasser (Komponente 2) bei $0\,°C$ ist $333{,}5 \, \text{kJ/kg}$. Man nehme temperaturunabhängige Schmelzenthalpie an. Die berechneten Werte t, ξ vergleiche man mit den von Guthrie 1876 gemessenen Werten.

ξ_1	0,01	0,02	0,04	0,07	0,1
t in °C	−0,3	−0,9	−1,5	−2,2	−4,2

Aus der Gleichung von Clausius-Clapeyron $\Delta h_v + \Delta h_s = T(v^G - v^S)\dfrac{dp}{dT}$ erhält man mit $v^S \ll v^G = RT/p$

$$\Delta h_v + \Delta h_s = \frac{RT^2}{p}\frac{dp}{dT}.$$

Die Integration zwischen dem Tripelpunkt p_{tr}, $T_{\text{tr}} = 273{,}16 \, \text{K}$ und $p_{02s,T}^S$ ergibt eine Gleichung für die Dampfdruckkurve fest-dampfförmig

$$\frac{p_{02s}^S}{p_{\text{tr}}} = \exp\left[\frac{\Delta h_v + \Delta h_s}{R}\left(\frac{1}{273{,}16 \, \text{K}} - \frac{1}{T}\right)\right],$$

entsprechend erhält man für die Dampfdruckkurve flüssig-dampfförmig

$$\frac{p_{02s}^L}{p_{\text{tr}}} = \exp\left[\frac{\Delta h_v}{R}\left(\frac{1}{273{,}16 \, \text{K}} - \frac{1}{T}\right)\right].$$

Wegen Gl. 9.58a $x_2^L = p_{02s}^S / p_{02s}^L$ erhält man hieraus durch Division

$$x_2^L = \exp\left[\frac{\Delta h_s}{R}\left(\frac{1}{273,16\,\text{K}} - \frac{1}{T}\right)\right],$$

woraus man nach Umrechnung der Molenbrüche in Massenbrüche die Schmelztemperatur in Abhängigkeit von dem Massenbruch ermitteln kann.

ξ_1	0,01	0,02	0,04	0,07	0,1
t in °C	−0,31	−0,64	−1,30	−2,33	−3,42

Beispiel 9.6

Die Aktivitätskoeffizienten des Gemisches Aceton-Chloroform bei 50 °C lassen sich näherungsweise beschreiben durch

$$\ln\gamma_1 = 0,0763 - 1,207 x_2^2, \quad \ln\gamma_2 = 0,01014 - 1,017 x_1^2.$$

Man prüfe die Aktivitätskoeffizienten auf Konsistenz.

Wir setzen

$$\ln\gamma_1 = a_1 - b_1 x_2^2 \quad \text{und} \quad \ln\gamma_2 = a_2 - b_2 x_1^2$$

mit

$$a_1 = 0,0763, b_1 = 1,207, \quad a_2 = 0,01014 \quad \text{und} \quad b_2 = 1,017.$$

Es ist

$$\ln\frac{\gamma_1}{\gamma_2} = a_1 - a_2 - b_1(1 - x_1)^2 + b_2 x_1^2$$

und

$$\int_0^1 \ln\frac{\gamma_1}{\gamma_2}\,dx_1 = a_1 - a_2 - \frac{b_1}{3} + \frac{b_2}{3} = 0,0763 - 0,01014 - \frac{1,207}{3} + \frac{1,017}{3}$$

$$= 0,00283.$$

Der Konsistenztest ist recht gut erfüllt. Ein Maß für die Güte ist der mit dem positiven und negativen Flächen A_1 und A_2, Abb. 9.9, gebildete Ausdruck $\dfrac{A_1 - A_2}{A_1 + A_2}$. Dieser soll < 0,002 sein.

In unserem Beispiel ist

$$A_1 = 0,0763 + 1,017/3 = 0,4153, A_2 = 0,01014 + 1,207/3 = 0,4125$$

und daher

$$\frac{A_1 - A_2}{A_1 + A_2} = \frac{0,4153 - 0,4125}{0,4153 + 0,4125} = 0,0034 < 0,02.$$

Beispiel 9.7

Wieviel Methanol muss man mindestens je g Eis auf eine vereiste Autoscheibe sprühen, um dieses bei einer Außentemperatur von $-10\,°C$ zum Schmelzen zu bringen? Molmasse des Methanols $\bar{M}_2 = 32\,\mathrm{kg/kmol}$, Schmelzenthalpie von Eis $\Delta h_{s1} = 333,5\,\mathrm{kJ/kg}$, Molmasse des Wassers $\bar{M}_1 = 18\,\mathrm{kg/kmol}$.

Aus Gl. 9.94 erhält man mit $\Delta h_{s1} = 333,5\,\mathrm{kJ/kg}$ und $\bar{M}_1 = 18\,\mathrm{kg/kmol}$

$$x_2 = \frac{10\,\mathrm{K} \cdot 18\,\mathrm{kg/kmol} \cdot 333,5\,\mathrm{kJ/kg}}{8,314\,\mathrm{kJ/(kmol\,K)} \cdot 273,15^2\,\mathrm{K}^2} = 0,097 \,,$$

$\xi_2^L = x_2\,\bar{M}_2/\bar{M}^L$ mit $\bar{M}^L = \bar{M}_1 x_1 + \bar{M}_2 x_2 = 19,358\,\mathrm{kg/kmol}$, $\xi_2^L = 0,16$; d. h. es werden mindestens $16\,\mathrm{g}$ Methanol/$100\,\mathrm{g}$ Gemisch benötigt. Der tatsächliche Bedarf zum Schmelzen beträgt natürlich ein Vielfaches davon.

Aufgabe 9.1

Der Realanteil der freien Enthalpie eines binären Flüssigkeitsgemisches genügt dem Porterschen Ansatz

$$\bar{G}^E = A_0 x_1 x_2 \quad \text{mit} \quad A_0(T, p) \,.$$

a) Wann spaltet sich das Gemisch in zwei koexistente flüssige Phasen auf?
b) Man berechne die Temperatur am kritischen Entmischungspunkt.

Aufgabe 9.2

Für das flüssige Gemisch aus Schwefel und Schwefeldioxid ist der Aktivitätskoeffizient gegeben durch den Porterschen Ansatz

$$\bar{R}\,T \ln\gamma_1 = A_0(1 - x_1)^2 \,,$$
$$\bar{R}\,T \ln\gamma_2 = A_0(1 - x_2)^2$$

mit

$$A_0 = 16\,200\,\frac{\mathrm{J}}{\mathrm{mol}} - 22,1\,\frac{\mathrm{J}}{\mathrm{mol\,K}} \cdot T \,.$$

Man zeichne in einem T,x -Diagramm

a) den Verlauf der Stabilitätsgrenze $(\partial^2 \bar{G}/\partial x^2)_{T,p} = 0$,
b) den Verlauf der Koexistenzkurve für die Aufspaltung in zwei flüssige Phasen,
c) den metastabilen Bereich schraffiert.

Aufgabe 9.3

Mit Hilfe von Abb. 9.5 berechne man unter der Annahme, dass das Henrysche Gesetz erfüllt ist, wieviel Sauerstoff (O_2) sich bei $5\,°C$ in Wasser löst, wenn der Partialdruck
a) $p_{O_2} \approx 1\,\mathrm{bar}$ und b) wenn der Partialdruck der Luft $p_{\mathrm{Luft}} \approx 1\,\mathrm{bar}$ beträgt.

Aufgabe 9.4

Welche Menge Methanol in t/h braucht man, um aus einem Gasgemisch 50 kg/h Kohlendioxid bei einer Temperatur von $-20\,°C$ und einem Partialdruck von 1 atm = 1,01325 bar auszuwaschen? Für diesen Partialdruck sei das Henrysche Gesetz erfüllt.

Aufgabe 9.5

Ein Gemisch aus Benzol (C_6H_6) und Toluol ($C_6H_5CH_3$) verhält sich bei $80\,°C$ in der gasförmigen und in der flüssigen Phase ideal. Bei dieser Temperatur hat Benzol einen Sättigungsdruck von 1 bar, Toluol von 0,394 bar.

Die Molmassen sind $\bar{M}_1 = 78\,kg/kmol$ für Benzol und $\bar{M}_2 = 92\,kg/kmol$ für Toluol.

a) Man entwerfe das p, x-Diagramm mit Siede- und Taulinie, wenn x der Molenbruch des Benzols ist.

b) Sodann entwerfe man ein p, ξ-Diagramm, wenn ξ der Massenbruch des Benzols ist.

c) In welchem Verhältnis stehen die Anteile von Dampf und Flüssigkeit eines Gemisches von $\xi = 0,5$ Gew.-% Benzol bei einem Gesamtdruck von 0,659 bar?

Aufgabe 9.6

Das binäre Gemisch aus 2-Methyl-Naphthalin (Komponente 1; $C_{11}H_{10}$; $\bar{M}_1 = 142,19\,kg/kmol$) und 5-Ethyl-Nonanol (Komponente 2; $C_{11}H_{24}O$; $\bar{M}_2 = 172,30\,kg/kmol$) besitzt einen azeotropen Punkt bei $p_{az} = 533\,mbar$, $x_{2az} = 0,974$, $t_{az} = 200,0\,°C$. Die Sättigungsdrücke der reinen Komponenten betragen bei $200\,°C$: $p_{01s} = 388\,mbar$ und $p_{02s} = 520\,mbar$. Die Gasphase des Gemisches kann man als ideal ansehen. Man berechne die Gleichgewichtszusammensetzung für eine Temperatur von $119,6\,°C$ und verschiedene Drücke unter Verwendung des Ansatzes von van Laar und der Annahme, dass man die Poynting-Korrektur vernachlässigen darf.

Aufgabe 9.7

Man zeige, dass sich der Fugazitätskoeffizient einer reinen inkompressiblen Flüssigkeit aus $\varphi_{0i}^L = \frac{p_{0is}}{p} \varphi_{0is} \exp \frac{V_{0i}^L(p-p_{0is})}{RT}$ berechnen lässt.

Aufgabe 9.8

Die Grenzaktivitätskoeffizienten des Gemisches Heptan (Komponente 1) und Ethanol (Komponente 2) sind für $60\,°C$ in dem Tabellenwerk von Gmehling und Onken mit $\gamma_1^\infty = 8,67$ und $\gamma_2^\infty = 43,90$ angegeben.

a) Man bestimme die Parameter τ_{12} und τ_{21} der NRTL-Gleichung, wenn der Wechselwirkungsparameter $\alpha_{12} = 0,2895$ ist.

b) Man bestimme die Parameter Λ_{12} und Λ_{21} der Gleichung von Wilson.

Aufgabe 9.9

Man zeige, dass am azeotropen Punkt binärer Gemische, deren Gasphase sich ideal verhält, die Beziehung $\gamma_1/\gamma_2 = p_{02s}/p_{01s}$ gilt, und dass ein azeotroper Punkt x_{az} existiert, wenn diese Beziehung für $0 \le x_{az} \le 1$ erfüllt ist.

Aufgabe 9.10

Das Gemisch Aceton-Chloroform besitzt bei 50 °C einen azeotropen Punkt. Es genügt in der Nähe des azeotropen Punktes dem Ansatz von Porter mit $A_0 = -0{,}789$. Ferner ist $p_{01s} = 817{,}3$ mbar, $p_{02s} = 691{,}9$ mbar. Gesucht ist die azeotrope Zusammensetzung.

Aufgabe 9.11

Man prüfe aufgrund des Kriteriums der Aufgabe 9.9, wonach gilt $\gamma_1/\gamma_2 = p_{02s}/p_{01s}$ für $0 \le x_1 \le 1$, ob das Gemisch Butylalkohol-Benzol bei 45 °C einen azeotropen Punkt besitzt. Die Aktivitätskonstanten ergeben sich aus der Gleichung von Margules zu $A_0 = 1{,}3089$, $A_1 = -0{,}3211$. Ferner ist $p_{01s} = 33{,}15$ mbar, $p_{02s} = 298{,}1$ mbar.

Aufgabe 9.12

Welche Werte darf die Temperaturfunktion $A_0(T)$ annehmen, damit ein Gemisch, das dem Porterschen Ansatz $\ln \gamma_1 = A_0 x_2^2$, $\ln \gamma_2 = A_0 x_1^2$ genügt, einen azeotropen Punkt besitzt?

Aufgabe 9.13

Durch Messungen bei 20 °C kennt man die Löslichkeit von Helium (Komponente 1) in Propinylacetat ($C_5H_6O_2$, Komponente 2) als Lösungsmittel beim Druck von $p_0 = 25$ bar, $x_1(p_0) = 10^{-4}$, und beim Druck $p_1 = 75$ bar, $x_1(p_1) = 2{,}85 \cdot 10^{-4}$. Man berechne die Löslichkeit $x_1(p_2)$ von Helium im gleichen Lösungsmittel und bei gleicher Temperatur bei einem Druck von $p_2 = 100$ bar. Dabei werde angenommen, dass das Lösungsmittel nicht in die Dampfphase übergeht, das molare Volumen der flüssigen Phase druckunabhängig ist und die Gasphase sich ideal verhält.

Aufgabe 9.14

Man berechne die Löslichkeit von o-Xylol (Komponente 1) in Benzol (Komponente 2) bei -5 °C und bestimme eutektische Temperatur T_E und Zusammensetzung x_E des Gemisches. Die spezifische Schmelzenthalpie des Benzols ist $\Delta h_{s2} = 9952$ J/mol, seine Schmelztemperatur $T_{ms2} = 278{,}68$ K, die entsprechenden Werte von o-Xylol sind $\Delta h_{s1} = 13\,604$ J/mol und $T_{ms1} = 247{,}65$ K.

Aufgabe 9.15

Der Aktivitätskoeffizient von Jod (Komponente 1) in dem flüssigen Gemisch aus Jod und Wasser ist gegeben durch

$$\ln \gamma_1^{L1} = 9{,}23(1 - x_1^{L1})^2$$

und der von Jod in Chloroform durch

$$\ln \gamma_1^{L2} = 2{,}97(1 - x_1^{L2})^2 \, .$$

Gibt man Chloroform zu dem homogenen flüssigen Gemisch aus Wasser und Jod, so bilden sich zwei deutlich voneinander unterscheidbare flüssige Phasen bestehend aus Wasser mit Jod ($L1$-Phase) und aus Chloroform mit Jod ($L2$-Phase). Wieviel Jod enthält die $L2$-Phase, wenn der Molenbruch des Jods in der $L1$-Phase $x_1^{L1} = 2{,}418 \cdot 10^{-5}$ beträgt? Beim Druck p und der Temperatur T des Gemisches ist reines Jod flüssig.

Aufgabe 9.16

Die Gleichgewichtszusammensetzung des Gemisches aus Ethylalkohol (Komponente 1) und Wasser (Komponente 2) bei 25 °C und mäßigen Gesamtdrücken ist durch die Messwerte der folgenden Tabelle gegeben:

x_1	0,0252	0,0523	0,0916	0,1343	0,1670	0,2022	0,2848	0,3368	0,4902	0,5820	0,7811
y_1	0,1790	0,3163	0,4334	0,5127	0,5448	0,5684	0,6104	0,6287	0,6791	0,7096	0,8161

Bei 25 °C sind die Sättigungsdrücke $p_{01s} = 77{,}7$ mbar und $p_{02s} = 31{,}66$ mbar. Man prüfe die Messwerte auf Konsistenz.

Aufgabe 9.17

Gl. 9.94 dient häufig zur Bestimmung von Molmassen. Es soll die Molmasse einer unbekannten chemischen Verbindung ermittelt werden, die in Benzol ($\bar{M}_1 = 78$ kg/kmol) löslich ist. Zu diesem Zweck werden 10 g der Verbindung in 990 g Benzol gelöst und gekühlt, bis sich festes Benzol ausscheidet. Man misst eine Gefrierpunktserniedrigung von 5 K gegenüber dem Gefrierpunkt des reinen Benzols von 5,5 °C. Die Schmelzenthalpie von Benzol ist $\Delta h_{s1} = 127$ kJ/kg. Wie groß ist die Molmasse der unbekannten Verbindung?

Aufgabe 9.18

Um wieviel sinkt der Gefrierpunkt von 1 kg Wasser, wenn man diesem 100 g Kochsalz, Molmasse $\bar{M}_2 = 58{,}44$ kg/kmol, zufügt. Für wässrige Kochsalzlösungen ist der Dissoziationsgrad $\alpha = 0{,}92$, der Ionisationsgrad von Kochsalz ist $\delta = 2$. Weiter ist die sogenannte kryoskopische Konstante von Wasser $\Theta_{Kr} = \bar{R} \, T_s^2 / \Delta h_{s1} = 1858$ kg K/kmol.

Aufgabe 9.19

Man berechne den Dampfdruck über einer Lösung von 10 Gew.-% Kochsalz ($\bar{M}_2 = 58$ kg/kmol) in Wasser ($\bar{M}_1 = 18$ kg/kmol) bei 100 °C. Das Kochsalz sei in der Lösung vollständig dissoziiert. Man berechne außerdem die Siedetemperatur beim Druck

1,0133 bar (t_{1s} = 100 °C). Die Verdampfungsenthalpie von Wasser bei 100 °C ist 2257 kJ/kg.

Aufgabe 9.20

Eine wässerige Lösung enthält bei einer Temperatur von 20 °C 10 g Rohrzucker ($\bar{M}_2$ = 342 kg/kmol) je kg Lösung. Wie groß ist der osmotische Druck, wenn die Lösung durch eine semipermeable Membran von reinem Wasser ($\bar{M}_1$ = 18 kg/kmol) getrennt ist? Es sei $\gamma_1 = 1$.

Grenzflächenbestimmte Systeme und spontane Phasenübergänge **10**

Moleküle im Innern einer flüssigen Phase sind allseitig von Nachbarmolekülen umgeben, sodass sich Anziehungskräfte gegenseitig aufheben. Im Gegensatz dazu sind die Moleküle in einer Grenzfläche von mehr Nachbarmolekülen im Flüssigkeitsinnern als von solchen außerhalb der Grenzfläche, z. B. in einer angrenzenden Gasphase, umgeben. Auf die Moleküle in der Grenzfläche wirkt daher eine ins Flüssigkeitsinnere gerichtete resultierende Kraft. Diese hält beispielsweise einen Flüssigkeitstropfen in einer umgebenden Gasphase wie eine elastische Haut zusammen. Die ins Flüssigkeitsinnere gerichtete Kraft ist somit verantwortlich für die sogenannte Grenzflächenspannung, deren Dimension Kraft durch Länge (N/m) bzw. Energie durch Fläche (J/m^2) ist. Will man die Grenzfläche vergrößern und die Moleküle vom Flüssigkeitsinnern an die Grenzfläche bringen, muss man eine Arbeit gegen die Grenzflächenspannung σ verrichten, die proportional zu dem Grenzflächenzuwachs dA ist (vgl. Bd. 1, Abschn. 4.2.5.2),

$$dL = \sigma \, dA. \tag{10.1}$$

Die Grenzflächenspannung ist eine intensive Zustandsgröße und hängt hauptsächlich von der Temperatur und der Zusammensetzung der flüssigen Phase ab. Messmethoden zur Ermittlung der Grenzflächenspannung sind in der Literatur vielfach beschrieben[1].

Ausführliche Einführungen und vertiefende Darstellungen zur Thermodynamik von Grenzflächen und zu den damit eng verbundenen spontanen Phasenübergängen finden sich in verschiedenen einschlägigen Lehrbüchern[1,2,3].

In unseren bisherigen Überlegungen spielte die Grenzflächenarbeit bzw. die Grenzflächenenergie keine Rolle, da wir einerseits keine Zustandsänderungen mit Veränderung der

---

[1] Kahlweit, M.: Grenzflächenerscheinungen. Grundzüge der physikalischen Chemie in Einzeldarstellungen Band VII. Steinkopf Verlag, Darmstadt 1981.
[2] Debenedetti, P.G.: Metastable Liquids, Concepts and Principles, Princeton University Press, 1996.
[3] Friedlander, S.K.: Smoke, Dust, and Haze. Fundamentals of Aerosol Dynamics, University of California, Los Angeles, 2nd edition, 2000.

© Springer-Verlag GmbH Deutschland 2017
P. Stephan et al., *Thermodynamik*, https://doi.org/10.1007/978-3-662-54439-6_10

Abb. 10.1 Kräftebilanz an einem sphärischen Tropfen

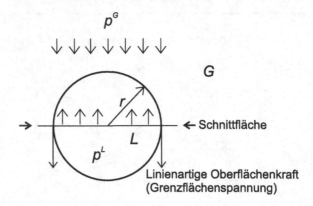

Tab. 10.1 Druckdifferenzen bei kleinen Tröpfchen zwischen Gas- und Flüssigphase am Beispiel von Wasser bei 20 °C ($\sigma = 72 \cdot 10^{-3}$ N/m)

r in µm	5	0,5	0,05	0,005
Δp in bar	0,288	2,88	28,8	288

Grenzfläche ($dA = 0$) und andererseits keine dispersen Systeme mit gekrümmter Grenzfläche betrachtet haben.

Im letzteren Falle einer dispersen, tropfenförmigen flüssigen Phase kann man durch eine einfache Kräftebilanz den Unterschied zu einer ausgedehnten Phase mit einer ebenen Grenzfläche aufzeigen. Wir betrachten einen flüssigen, kugelförmigen Tropfen in einer Gasphase bei einer Temperatur T, Abb. 10.1. Im Innern des Tropfens herrsche der Druck p^L, in der umgebenden Gasphase messen wir den Druck p^G.

Das Kräftegleichgewicht an der Schnittebene ergibt

$$p^L \pi r^2 = p^G \pi r^2 + \sigma 2\pi r$$

und damit

$$\Delta p = p^L - p^G = \frac{2\sigma}{r} . \tag{10.2}$$

Gl. 10.2 ist bekannt als Laplace-Gleichung; Δp wird auch *Laplace-Druck* genannt. Im Innern des Tropfens herrscht somit ein höherer Druck als in der Gasphase. Will man also das Phasengleichgewicht zwischen den beiden Phasen berechnen, kann man nicht mehr wie bisher von einer Druckgleichheit in beiden Phasen ausgehen. Die Werte in Tabelle 10.1 zeigen am Beispiel von Wasser bei $t = 20$ °C sehr deutlich, dass sich insbesondere bei kleinen Tropfengrößen im Mikrometer- und Submikrometerbereich erhebliche Druckdifferenzen einstellen. Ein Tropfen mit einem Durchmesser von 1 µm weist somit bereits eine Druckdifferenz von ca. 2,9 bar auf.

In den folgenden Betrachtungen zum thermodynamischen Gleichgewicht in dispersen Systemen muss die Ungleichheit der Drücke in beiden Phasen entsprechend berücksichtigt werden.

10.1 Thermodynamisches Gleichgewicht in dispersen Systemen

10.1.1 Disperse Flüssigphase im Gleichgewicht mit einer Gasphase

Ein System, das aus einer Gasphase besteht, in der feinste Flüssigkeitstropfen oder Feststoffpartikel dispergiert sind, welche über einen beliebig langen Betrachtungszeitraum durch Brownsche Molekularbewegung in der Schwebe gehalten werden, bezeichnet man als *Aerosol*. Im Falle von Flüssigkeitstropfen spricht man auch von Nebel. Die dispergierten Tropfen oder Partikel können sich nur bei entsprechend geringen Größen gegen Sedimentationskräfte in der Schwebe halten. Typische Aerosoltropfengrößen liegen bei Durchmessern unter $10\,\mu\mathrm{m}$ ($1\,\mu\mathrm{m} = 10^{-6}\,\mathrm{m}$).

Die folgenden Betrachtungen beziehen sich auf Aerosole mit Tropfengrößen kleiner $10\,\mu\mathrm{m}$. Nur bei solchen Systemen hat die Krümmung der Grenzfläche überhaupt einen Einfluss auf das Phasengleichgewicht, wie wir später nachweisen werden.

Zur Ableitung der Beziehungen für das thermodynamische Gleichgewicht schneiden wir in einem Aerosol ein Teilsystem mit einem sphärischen Flüssigkeitströpfchen heraus, Abb. 10.2. Bei Tropfengrößen kleiner $10\,\mu\mathrm{m}$ ist die Annahme kugelförmiger Tropfen gerechtfertigt. Befindet sich das in Abb. 10.2 dargestellte System im Phasengleichgewicht, sind die Temperaturen in beiden Phasen gleich ($T^G = T^L = T$). Im Gegensatz zu Systemen mit ebener Phasengrenzfläche sind aber die Drücke in beiden Phasen verschieden ($p^L > p^G$).

Das thermodynamische Gleichgewicht in einem heterogenen, d. h. mehrphasigen System ist durch den Extremwert eines thermodynamischen Potentials bestimmt (vgl. Abschn. 6.1). Dabei gelten je nach ausgewählter Potentialfunktion unterschiedliche Nebenbedingungen. Gewöhnlicherweise werden zur Berechnung von Gleichgewichten folgende Beziehungen verwendet:

$$(\delta S)_{U,V,N_i} = 0\,, \tag{10.3}$$

d. h. die Entropie besitzt im Gleichgewicht einen Extremwert, wenn die innere Energie U, das Volumen V und die Stoffmengen aller Komponenten (hier vereinfacht mit N_i bezeichnet) im Gesamtsystem konstant gehalten werden.

$$(\delta G)_{p,T,N_i} = 0\,, \tag{10.4}$$

Abb. 10.2 Heterogenes System mit sphärischer Grenzfläche zwischen Flüssigkeit und Gas

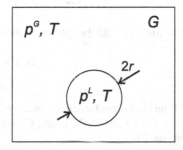

d. h. die freie Enthalpie besitzt einen Extremwert, wenn Druck, Temperatur und alle Stoffmengen im Gesamtsystem konstant gehalten werden.

$$(\delta F)_{V,T,N_i} = 0 \,, \tag{10.5}$$

d. h. die freie Energie besitzt einen Extremwert, wenn Volumen, Temperatur und alle Stoffmengen im Gesamtsystem konstant gehalten werden.

Es ist offensichtlich, dass Gl. 10.4 nicht zur Berechnung des in Abb. 10.2 dargestellten Gleichgewichts verwendet werden kann, da in diesem Fall die Nebenbedingung der Druckgleichheit in beiden Phasen nicht erfüllt ist. Wir entscheiden uns daher für die Verwendung von Gl. 10.5[4].

Zunächst formulieren wir einen Ausdruck für die freie Energie F des Gesamtsystems. Diese setzt sich zusammen aus den Beiträgen der beiden ausgehnten Phasen G und L sowie dem im allgemeinen Fall nicht vernachlässigbaren Beitrag der Phasengrenzfläche:

$$F = F^G + F^L + F^A \,. \tag{10.6}$$

Die Phasengrenzfläche wird als Teilsystem ohne volumetrische Ausdehnung ($V^A = 0$) aber mit unterschiedlicher Zusammensetzung ($N_1^A, \ldots, N_K^A$) behandelt. Zur Ausformulierung der Terme in Gl. 10.6 verwenden wir die Eulersche Gleichung (Gl. 5.54) sowie die für die Grenzfläche gültige Form

$$F^A = \sigma A + \sum_k \mu_k^A N_k^A \,. \tag{10.7}$$

Somit ergibt sich folgender Zusammenhang:

$$F = -p^L V^L + \sum_k \mu_k^L N_k^L - p^G V^G + \sum_k \mu_k^G N_k^G + \sigma A + \sum_k \mu_k^A N_k^A \,. \tag{10.8}$$

Das totale Differential der Potentialfunktion (Gl. 10.8) erhält man unter Verwendung der Gl. 5.31 sowie einer analogen Form für die freie Energie der Grenzfläche

$$dF = -S^L dT - p^L dV^L + \left(\sum_k \mu_k dN_k \right)^L - S^G dT - p^G dV^G$$

$$+ \left(\sum_k \mu_k dN_k \right)^G - S^A dT + \sigma dA + \left(\sum_k \mu_k dN_k \right)^A \,. \tag{10.9}$$

Für die Grenzfläche gilt somit eine Gibbs-Duhem-Gleichung in der Form

$$- S^A dT + A d\sigma + \sum_k N_k^A d\mu_k^A = 0 \,. \tag{10.10}$$

---

[4] Eine alternative Herleitung unter Verwendung von Gl. 10.3 findet sich beispielsweise in der Monographie: Hanna Vehkamäki: Classical Nucleation Theory in Multicomponent Systems. Springer Verlag 2006.

Wir wollen den Extremwert der freien Energie des in Abb. 10.2 dargestellten Systems unter den Randbedingungen konstanten Gesamtvolumens $V = V^L + V^G = $ const und ausgeglichenen Temperaturen $T^L = T^G = T^A$ bestimmen. Somit sind $dV^L = -dV^G$ und $dT = 0$. Aus Gl. 10.9 folgt damit

$$(dF)_{T,V} = -(p^L - p^G)dV^L + \sigma dA + \left(\sum_k \mu_k dN_k\right)^L$$

$$+ \left(\sum_k \mu_k dN_k\right)^G + \left(\sum_k \mu_k dN_k\right)^A . \qquad (10.11)$$

Wie bereits angedeutet soll der Durchmesser des Flüssigkeitstropfens in Abb. 10.2 im Mikrometerbereich bzw. im Submikrometerbereich liegen, sodass in sehr guter Näherung Kugelgestalt angenommen werden kann. Die Phasengrenzfläche kann dann als Funktion des Volumens ausgedrückt werden.

$$A = 4\pi \left(\frac{3V^L}{4\pi}\right)^{\frac{2}{3}} .$$

Differentiation ergibt mit $V^L = \frac{4}{3}\pi r^3$

$$dA = \frac{2}{r}\, dV^L .$$

Eingesetzt in Gl. 10.11 erhält man

$$(dF)_{T,V} = -\left(p^L - p^G + \frac{2\sigma}{r}\right) dV^L + \left(\sum_k \mu_k dN_k\right)^L$$

$$+ \left(\sum_k \mu_k dN_k\right)^G + \left(\sum_k \mu_k dN_k\right)^A . \qquad (10.12)$$

Gl. 10.12 ist das totale Differential einer Funktion

$$F(V^L, N_i^G, N_i^L, N_i^A) , \qquad i = 1 \ldots K .$$

Gemäß Gl. 10.5 suchen wir den Extremwert dieser Funktion unter den bereits berücksichtigten Bedingungen $V, T = $ const sowie den zusätzlichen Nebenbedingungen:

$$N_{i\,\text{ges}} = N_i^L + N_i^G + N_i^A = \text{const}, \qquad i = 1 \ldots K . \qquad (10.13)$$

Diese Aufgabe lässt sich mit Hilfe der Mathematik unter Verwendung der Multiplikatorenmethode von Lagrange[5] lösen. Dabei werden K Nebenbedingungen $(N_i^L + N_i^G + N_i^A -$

---

[5] Bronstein, I.N.; Semendjajew, K.A.; Musiol, G.; Mühlig, H.: Taschenbuch der Mathematik, Verlag Harri Deutsch, 7. Auflage, 2008.

$N_{i\,\text{ges}}$) mit den Multiplikatoren λ_i zu der Hauptfunktion F addiert und dann die Ableitung der neuen Funtion ϕ gebildet und zu Null gesetzt

$$\phi = F + \sum_k \lambda_k \left(N_k^L + N_k^G + N_k^A - N_{k\,\text{ges}} \right) \; ;$$

$$\frac{\partial \phi}{\partial V^L} = 0 \; ; \quad \frac{\partial \phi}{\partial N_i^L} = 0 \; ; \quad \frac{\partial \phi}{\partial N_i^G} = 0 \; ; \quad \frac{\partial \phi}{\partial N_i^A} = 0 \; .$$

Unter Verwendung von Gl. 10.12 ergeben sich dann die folgenden Bedingungen:

$$p^L - p^G = \frac{2\sigma}{r} \; . \tag{10.14}$$

Dies ist die mechanische Gleichgewichtsbedingung, die wir bereits aus dem Kräftegleichgewicht hergeleitet haben (Gl. 10.2).

$$\mu_i^L = -\lambda_i \; , \qquad i = 1 \dots K \; ,$$
$$\mu_i^G = -\lambda_i \; , \qquad i = 1 \dots K \; ,$$
$$\mu_i^A = -\lambda_i \; , \qquad i = 1 \dots K \; .$$

Hieraus folgt für das stoffliche Gleichgewicht in einem heterogenen System

$$\mu_i^G(p^G, T, y_i) = \mu_i^L(p^L, T, x_i) = \mu_i^A(\sigma, T, x_i^A) \; , \qquad i = 1 \dots K \; . \tag{10.15}$$

Mit x_i^A werden die Molanteile in der Phasengrenzfläche bezeichnet. Man beachte, dass eine formale Gleichheit zu der Bedingung für ein stoffliches Gleichgewicht in einem System mit ebener Phasengrenzfläche besteht. Im Gegensatz dazu sind aber hier die chemischen Potentiale der jeweiligen Komponenten i in den ausgedehnten Mischphasen L und G bei unterschiedlichen Drücken anzusetzen. Wir werden auf diese Besonderheit im nächsten Abschnitt näher eingehen und eine Formulierung der Gleichgewichtsbedingung Gl. 10.15 entwickeln, die nur auf den Druck der Gasphase p^G bezogen ist.

Mit den Gleichgewichtsbedingungen Gl. 10.15, der Konstanz der Stoffmengen N_i im heterogenen System Gl. 10.13 sowie der Volumenkonstanz des Gesamtsystems kann man Gl. 10.8 wesentlich vereinfachen. Es gilt im thermodynamischen Gleichgewicht für die freie Energie des heterogenen Gesamtsystem der Ausdruck

$$F = -p^G V - (p^L - p^G) V^L + \sigma A + \sum_k \mu_k N_k \; , \tag{10.16}$$

wobei für μ_k das chemische Potential der beiden ausgedehnten Phasen L und G oder von A eingesetzt werden kann. Unter Verwendung der mechanischen Gleichgewichtsbedingung Gl. 10.14 und den bekannten Beziehungen der Kugelgeometrie folgt

$$F = -p^G V + \frac{4}{3} \pi r^2 \sigma + \sum_k \mu_k N_k \; . \tag{10.17}$$

Ausgehend von Gl. 10.17 kann man einen einfachen Ausdruck für die freie Enthalpie eines heterogenen Systems definieren, wobei der Bezugsdruck derjenige der Gasphase ist. Allgemein gilt gemäß Gl. 5.29 und Gl. 5.41 $G = F + pV$ und somit

$$G(p^G) = \frac{4}{3}\pi r^2 \sigma + \sum_k \mu_k N_k \qquad (10.18)$$

oder

$$G(p^G) = \frac{1}{3}\sigma A + \sum_k \mu_k N_k . \qquad (10.19)$$

10.1.2 Verallgemeinerte Gibbs-Thomson-Gleichungen für Gemische am Beispiel einer dispersen Flüssigphase

In einem dispersen System nach Abb. 10.2 ist der Druck in der Gasphase p^G direkt messbar, nicht aber der Druck p^L im Tropfen. Wir rechnen daher das chemische Potential der Flüssigphase $\mu_i^L(p^L, T, x_1, \ldots, x_{K-1})$ bei konstanten Molanteilen und konstanter Temperatur um und erhalten nach Integration der Gl. 7.11

$$\mu_i^L(p^L, T, x_1, \ldots, x_{K-1}) = \mu_i^L(p^G, T, x_1, \ldots, x_{K-1}) + \int_{p^G}^{p^L} V_i^L dp .$$

Eingesetzt in Gl. 10.15 ergibt sich

$$\mu_i^G(p^G, T, y_1, \ldots, y_{K-1}) - \mu_i^L(p^G, T, x_1, \ldots, x_{K-1}) = \int_{p^G}^{p^L} V_i^L dp . \qquad (10.20)$$

In der Literatur wird häufig die linke Seite der Gleichung mit $\Delta\mu_i$ abgekürzt[6]

$$\Delta\mu_i = \mu_i^G(p^G, T, y_1, \ldots, y_{K-1}) - \mu_i^L(p^G, T, x_1, \ldots, x_{K-1}) . \qquad (10.21)$$

In ausreichender Entfernung vom kritischen Punkt ist das partielle molare Volumen V_i^L in guter Näherung druckunabhängig. Die Auswertung des Integrals in Gl. 10.20 ergibt dann unter Berücksichtigung von Gl. 10.14 die verallgemeinerten Gibbs-Thomson-Gleichungen für Gemische:

$$\Delta\mu_i = \frac{2\sigma}{r} V_i^L, \quad i = 1 \ldots K . \qquad (10.22)$$

---

[6] Wilemski, G.: Composition of the critical nucleus in multicomponent vapor nucleation. J. Chem. Phys. 80 (3) 1984, 1370–1372.

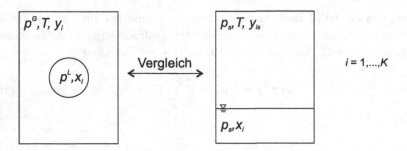

Abb. 10.3 Systemvergleich

Zur Berechnung von $\Delta\mu_i$ vergleichen wir das disperse System mit einem System mit ebener Phasengrenzfläche, Abb. 10.3, bei gleicher Temperatur und Flüssigkeitszusammensetzung. Das System mit ebener Phasengrenzfläche stellt ein bekanntes Dampf-Flüssigkeits-Gleichgewicht dar. Der Druck ist in beiden Phasen gleich und entspricht dem Sättigungsdampfdruck p_s bei der Temperatur T und der durch die Molanteile x_i festgelegten Zusammensetzung der flüssigen Phase. In der Gasphase des Systems mit ebener Grenzfläche stellen sich die Molanteile y_{is} im Gleichgewicht zur flüssigen Phase ein.

Im System mit gekrümmter Phasengrenzfläche liegt im Tropfen ein höherer Gesamtdruck vor. Die Molanteile y_i und der Druck p^G unterscheiden sich von den Molanteilen y_{is} und dem Druck p_s bei ebener Grenzfläche. Wir beziehen nun die chemischen Potentiale $\mu_i(p^G)$ in Gl. 10.22 bzw. Gl. 10.21 auf die Werte im Sättigungszustand

$$\mu_i^L(p^G, T, x_1, \ldots, x_{K-1}) = \mu_i^L(p_s, T, x_1, \ldots, x_{K-1}) + \int\limits_{p_s}^{p^G} V_i^L dp \ .$$

Unter der Annahme einer inkompressiblen Flüssigphase in ausreichender Entfernung vom kritischen Punkt kann man das Integral auswerten und erhält

$$\mu_i^L(p^G, T, x_1, \ldots, x_{K-1}) = \mu_i^L(p_s, T, x_1, \ldots, x_{K-1}) + V_i^L(p^G - p_s) \ . \qquad (10.23)$$

Für die Gasphase beider Systeme in Abb. 10.3 benutzen wir die Gl. 7.5 für das chemische Potential einer realen Gasphase zusammen mit der Definitionsgleichung für die Fugazität, Gl. 7.9.

$$\mu_i^G(p^G, T, y_1, \ldots, y_{K-1}) = \mu_{0i}(p^+, T) + \bar{R}T \ln \frac{\varphi_i \, p_i}{p^+} \qquad (10.24)$$

$$\mu_i^G(p_s, T, y_{1S}, \ldots, y_{K-1,S}) = \mu_{0i}(p^+, T) + \bar{R}T \ln \frac{\varphi_{is} \, p_{is}}{p^+} \ . \qquad (10.25)$$

Subtraktion beider Gleichungen ergibt

$$\mu_i^G(p^G, T, y_1, \ldots, y_{K-1}) = \mu_i^G(p_s, T, y_{1s}, \ldots, y_{K-1,s}) + \bar{R}T \ln \frac{\varphi_i \, p_i}{\varphi_{is} \, p_{is}} \ . \qquad (10.26)$$

Mit der Phasengleichgewichtsbedingung

$$\mu_i^G(p_s, T, y_{1s}, \ldots, y_{K-1,s}) = \mu_i^L(p_s, T, x_1, \ldots, x_{K-1})$$

erhält man für $\Delta\mu_i$ den Ausdruck

$$\Delta\mu_i = \bar{R}T \ln \frac{\varphi_i \, p_i}{\varphi_{is} \, p_{is}} - V_i^L(p^G - p_s) . \tag{10.27}$$

Nach Einsetzen von Gl. 10.27 in Gl. 10.22 folgt

$$\bar{R}T \ln \frac{\varphi_i \, p_i}{\varphi_{is} \, p_{is}} - V_i^L(p^G - p_s) = \frac{2\sigma}{r} V_i^L . \tag{10.28}$$

In ausreichender Entfernung vom kritischen Punkt gilt $V_i^L(p^G - p_s) \ll V_i^L(p^L - p^G) = V_i^L(2\sigma/r)$. Somit kann man den zweiten Term auf der linken Seite der Gleichung vernachlässigen und erhält die Gibbs-Thomson-Gleichungen für Gemische in der Form

$$\bar{R}T \ln \frac{\varphi_i \, p_i}{\varphi_{is} \, p_{is}} = \frac{2\sigma}{r} V_i^L . \tag{10.29}$$

In vielen Fällen kann man an die Gasphase als ideal betrachten und Gl. 10.29 vereinfacht schreiben

$$\bar{R}T \ln \frac{p_i}{p_{is}} = \frac{2\sigma}{r} V_i^L , \qquad i = 1 \ldots K . \tag{10.30}$$

Den Quotienten p_i / p_{is} bezeichnet man als partiellen Sättigungsgrad S_i der Kompononte i im Gemisch

$$S_i = \frac{p_i}{p_{is}} . \tag{10.31}$$

p_i ist der aktuelle Partialdruck der Komponente i im heterogenen System, p_{is} ist der Sättigungspartialdruck der Komponente i im System mit ebener Grenzfläche.

Der Sättigungsdampfdruck p_{is} lässt sich mit Hilfe des verallgemeinerten Raoultschen Gesetzes berechnen,

$$p_{is} = x_i \, \gamma_i \, p_{0is}(T) = a_i \, p_{0is}(T) . \tag{10.32}$$

Da die rechte Seite von Gl. 10.30 immer positiv ist, muss das Argument des Logarithmus auf der linken Seite größer als 1 sein, d. h.

$$p_i > p_{is} \quad \text{bzw.} \quad S_i > 1 .$$

Die Gasphase eines heterogenen Systems ist somit im thermodynamischen Gleichgewicht übersättigt, der Partialdruck der Komponente i ist größer als derjenige bei ebener Phasengrenzfläche.[7]

---

[7] An dieser Stelle sei angemerkt, dass es verschiedene Möglichkeiten gibt, Sättigungsgrade zu definieren. In der Literatur findet man beispielsweise den Reinstoffsättigungsgrad $S_{0i} = p_i/p_{0is}(T)$, oder den Gesamtsättigungsgrad $S = \sum_k p_k / \sum_k p_{ks}$ (Vgl. VDI-Wärmeatlas, Kap. J5, 11. Auflage, Springer Verlag, 2013).

Tab. 10.2 Kelvin-Effekt für Wasser bei $t = 20\,°C$ ($\sigma = 72 \cdot 10^{-3}\,\text{N/m}$, $V_{0i}^L = 0{,}018\,\text{m}^3/\text{kmol}$)

d [µm]	10	1	0,1	0,01	0,001
S [−]	1,0002	1,002	1,021	1,237	8,4

10.1.3   Kelvin-Gleichung für Einstoffsysteme und Betrachtungen zur Stabilität

Die Gibbs-Thomson-Gleichung für Einstoffsysteme wird allgemein als Kelvin-Gleichung bezeichnet. Aus Gl. 10.30 erhält man

$$\bar{R}T \ln S = V_{0i}^L \frac{2\sigma}{r} \tag{10.33}$$

mit dem Sättigungsgrad $S = p/p_{0is}(T)$.

Je kleiner der Radius r bzw. der Durchmesser d eines Tropfens, desto größer ist der Sättigungsgrad S, d. h. der Dampfdruck kleiner Tropfen ist gegenüber dem Sättigungsdampfdruck $p_{0is}(T)$ des Einstoffsystems mit ebener Phasengrenzfläche ($r \to \infty$) erhöht. Tab. 10.2 gibt einen Überblick über die Größenordnung des sogenannten Kelvin-Effektes bei verschiedenen Tropfendurchmessern am Beispiel von Wasser bei 20 °C.

Es wird deutlich, dass der Kelvin-Effekt nur bei sehr kleinen Tropfendurchmessern im Nanometerbereich ($< 0{,}1\,\text{µm} = 100\,\text{nm}$) wirksam wird.

Gemäß der Kelvin-Gleichung bzw. der Gibbs-Thomson-Gleichungen allgemein gehört somit zu jedem Übersättigungszustand der Gasphase ($S > 1$) ein Tropfen mit einem Radius r, der mit dieser übersättigten Gasphase im Gleichgewicht steht.

Wir wollen nun anhand eines einfachen Zahlenbeispiels die Stabilität eines solchen dispersen Systems überprüfen. Wir betrachten dazu einen Wassertropfen mit einem Durchmesser von $d = 1\,\text{nm}$, der sich bei einer Temperatur von 20 °C in einer übersättigten Gasphase befindet. Das Volumen des Gesamtsystems betrage $V = 1\,\text{cm}^3$.

Gemäß Tab. 10.2 beträgt dann der Sättigungsgrad $S = 8{,}4$. Dies entspricht einem Dampfdruck $p^G = S\,p_{0is}(t = 20\,°C) = 196{,}7\,\text{mbar}$. Wir nehmen an, dass sich der Wasserdampf unter diesen Bedingungen wie ein ideales Gas verhält und berechnen die Masse des Wasserdampfes im entsprechenden Volumen von $1\,\text{cm}^3$ zu

$$M^G = \bar{M}\,\frac{p^G V^G}{\bar{R}T} = 1{,}46 \cdot 10^{-4}\,\text{g} \,.$$

Wir stören nun das Gleichgewicht zwischen Tropfen und übersättigter Gasphase, indem wir annehmen, dass der Tropfen durch spontane Fluktuation im System für eine kurze Zeit auf $d = 2\,\text{nm}$ anwächst. Die aufkondensierende Masse würde dann

$$\Delta M = \rho\,\frac{\pi}{6}(d_2^3 - d_1^3) = 3{,}66 \cdot 10^{-21}\,\text{g}$$

betragen. Die Massenzunahme ist somit so klein, dass sich die Gesamtmasse der Gasphase nicht merklich ändert ($\Delta M \ll M^G$). Der Sättigungsgrad bleibt somit im Kern der Gasphase mit $S = 8{,}4$ unverändert.

Dahingegen ergibt sich direkt an der Tropfenoberfläche gemäß der Kelvin-Gleichung eine starke Veränderung. Bei $d = 2$ nm beträgt der Gleichgewichtsättigungsgrad nur noch $S = 2{,}9$. Dies bedeutet, dass sich zwischen der Oberfläche des Tropfens und dem Kern der Gasphase ein Sättigungs- bzw. Partialdruckgefälle aufbaut, das zu einem Stoffstrom in Richtung des Tropfens und somit zu weiterem Wachstum führt.

Eine analoge Betrachtung zeigt, dass der Tropfen sehr schnell verdampft, wenn sich durch eine kleine Störung der Tropfendurchmesser verkleinert.

Die durchgeführte numerische Stabilitätsbetrachtung gilt auch dann, wenn sich eine Vielzahl von Tropfen in dem Volumen von $1\,\mathrm{cm}^3$ befinden. Bei 10^6 Tropfen pro cm^3, was einer typischen Anzahldichte in einem technischen Aerosol entspricht, würde die aufkondensierte Menge ΔM bei einer Tropfenvergrößerung von 1 nm auf 2 nm $3{,}66 \cdot 10^{-15}$ g betragen, sodass immer noch $\Delta M \ll M^G$ gilt und die zuvor durchgeführten Überlegungen zu dem gleichen Ergebnis führen.

Die Stabilitätsbetrachtungen zeigen somit klar, dass die Gibbs-Thomson-Gleichungen bzw. für Einstoffsysteme die Kelvin-Gleichung ein thermodynamisch *instabiles Gleichgewicht* beschreiben. Die kleinste Störung des Gleichgewichts führt entweder zur totalen Verdampfung der Tropfen oder zu einem Wachstum bis die Tropfen eine Größe erreicht haben, bei der der Kelvin-Effekt irrelevant ist ($d > 1\,\mu$m) und sich die Übersättigung der Gasphase abgebaut hat.

In Abschn. 10.2 wollen wir der Frage nachgehen, wann solche instabilen Gleichgewichte in Natur und Technik überhaupt eine Rolle spielen können.

10.1.4 Gasblasen in einer Flüssigkeit

Für eine disperse Gasphase in einer Flüssigkeit gelten die gleichen grundsätzlichen Überlegungen zum thermodynamischen Gleichgewicht, die in Abschn. 10.1.1 und Abschn. 10.1.2 ausführlich dargelegt worden sind.

Für das stoffliche Gleichgewicht gilt ebenso wie bei Aerosolen

$$\mu_i^G(p^G, T, y_1, \ldots, y_{K-1}) = \mu_i^L(p^L, T, x_1, \ldots, x_{K-1}), \quad i = 1 \ldots K \, . \qquad (10.34)$$

Bei der Herleitung der Gleichgewichtsbedingungen wird aber zweckmäßigerweise in Gl. 10.9 die Größe dV^L zugunsten von dV^G eliminiert. Für das mechanische Gleichgewicht folgt dann abweichend von Gl. 10.14 die Beziehung

$$p^G - p^L = \frac{2\sigma}{r} \, . \qquad (10.35)$$

Der Druck in einer Gasblase ist somit bei gleicher Temperatur T in beiden Phasen höher als in der umgebenden ausgedehnten Flüssigkeitsphase.

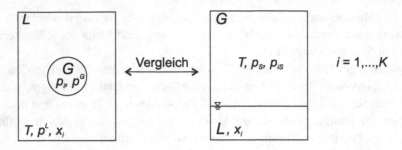

Abb. 10.4 Systemvergleich

Bei der Herleitung der Gibbs-Thomson-Gleichungen benutzt man den in Abb. 10.4 dargestellten Systemvergleich.

Daraus folgen analog zu dem in Abschn. 10.1.2 beschriebenen Weg die Gibbs-Thomson-Gleichungen unter Annahme einer inkompressiblen Flüssigkeitsphase und einer idealen Gasphase in der Form

$$\bar{R}T \ \ln \frac{p_i}{p_{is}} = -\frac{2\sigma}{r} V_i^L + V_i^L (p^G - p_s) \tag{10.36}$$

bzw. für Einstoffsysteme

$$\bar{R}T \ \ln \frac{p^G}{p_{0is}} = -\frac{2\sigma}{r} V_{0i}^L + V_{0i}^L (p^G - p_s) . \tag{10.37}$$

In ausreichender Entfernung vom kritischen Punkt gilt $|p^G - p_s| \ll |p^G - p^L|$. Daher kann der letzte Term in Gl. 10.36 und Gl. 10.37 vernachlässigt werden.

Aufgrund des negativen Vorzeichens des Terms $2\sigma V_{0i}^L / r$ ist der Sättigungsgrad S in der Blase bei der vorgegebenen Temperatur T offensichtlich kleiner als 1. Die Gasphase ist somit untersättigt und es gilt

$$p_{0is}(T) > p^G(T, r) > p^L(T) . \tag{10.38}$$

Ein einfaches Zahlenbeispiel soll einen Eindruck über die dabei auftretenden Größenordnungen der Druckunterschiede vermitteln. Wir betrachten dazu Wasser bei $t = 100\,°C$. Der Siededruck $p_{0is}(T)$ beträgt $p = 1{,}013\,\text{bar}$, die Grenzflächenspannung $\sigma = 59 \cdot 10^{-3}\,\text{N/m}$, das molare Volumen der Flüssigkeit $V_{0i} = 0{,}018\,\text{m}^3/\text{kmol}$. Würde man den Flüssigkeitsdruck isotherm auf $p^L = 0{,}1\,\text{bar}$ absenken errechnet man aus Gl. 10.35 und Gl. 10.37 folgende Zahlenwerte: $p^G = 0{,}9995\,\text{bar}$, $r = 1{,}3\,\mu\text{m}$. Wollte man unter den gegebenen Bedingungen ein Gleichgewicht mit Dampfblasen im Nanometerbereich erzeugen, müsste p^L stark negative Werte annehmen, d. h. man müsste eine Zugspannung aufprägen.

10.2   Spontane Phasenübergänge

Phasenübergänge oder Phasenwechselvorgänge finden in der Technik im Allgemeinen an *Wänden* bzw. allgemein an *Oberflächen* statt, an denen solche thermodynamischen Bedingungen eingestellt werden, die einen Phasenwechsel ermöglichen.

Ein Beispiel hierfür ist die Kondensation eines Dampfes an einer kalten Oberfläche (Rohrwand). Die Temperatur der Rohrwand muss dabei so gewählt werden, dass bei gegebenem Systemdruck die Temperatur unterhalb der Taupunktstemperatur liegt. Kondensationsfläche kann natürlich auch die gesamte Oberfläche eines Kollektivs von Flüssigkeitstropfen sein, das durch eine Sprühdüse erzeugt wird. Ähnliches gilt beim Verdampfen einer Flüssigkeit an einer heißen Rohrwand. Im Unterschied zu diesen Phasenübergängen an technischen Oberflächen finden *spontane Phasenübergänge* im *Kern einer Phase* statt, wenn dort, verursacht durch einen thermodynamischen Prozess, ein *Übersättigungszustand* aufgetreten ist. Es kommt dann zu einer spontanen Bildung einer hochdispersen Phase. In Abb. 10.5 sind diese beiden unterschiedlichen Vorgänge noch einmal symbolisch am Beispiel der Kondensation dargestellt.

Die Übersättigung einer Phase ist somit die Grundvoraussetzung für einen spontanen Phasenübergang. Übersättigung bedeutet, dass sich in einer Phase mehr Materie befindet, als es dem thermodynamischen Gleichgewicht (= Sättigung) entspricht.

Eine übersättigte Gasphase entsteht beispielsweise beim Vermischen zweier wasserdampfgesättigter Luftströme unterschiedlicher Temperatur. Solche Mischvorgänge lassen sich im Mollier-Diagramm (siehe Kap. 3) sehr gut veranschaulichen, Abb. 10.6.

Sind die beiden Luftströme frei von Fremdstoffen (Partikeln), entsteht zunächst eine übersättigte ($S > 1$), d.h. *metastabile* Phase, deren Temperatur t_M^m beträgt.

Ist die Übersättigung S ausreichend hoch, d.h. überschreitet diese einen kritischen Schwellenwert S_{krit} findet ein spontaner Kondensationsvorgang statt und es bildet sich Nebel.

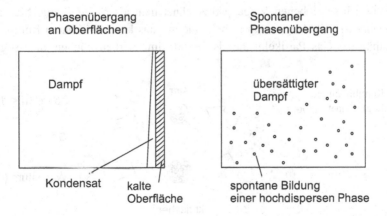

Abb. 10.5 Phasenübergänge

Abb. 10.6 Vermischen gesättigter feuchter Luftströme

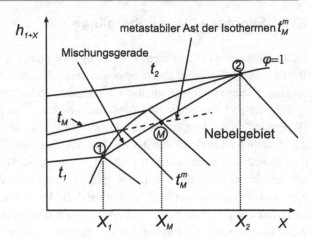

Nebel ist ein Aerosol. Durch das Tropfenwachstum wird die Übersättigung in der Gasphase abgebaut, die freie werdende Kondensationsenthalpie führt zu einer Erwärmung des Systems und es stellt sich letztendlich die Gleigewichtstemperatur t_M ein.

Der mikroskopische Vorgang der spontanen Phasenbildung soll am Beispiel eines Kondensationsvorgangs erklärt werden. Sobald die Sättigungsgrenze überschritten ist, erscheinen in der übersättigten (= metastabilen) Gasphase aufgrund der ungeordneten Molekularbewegung kurzlebige Molekülassoziate, sog. Cluster, die bei schwacher Übersättigung schnell wieder zerfallen. Es kommt dadurch in der metastabilen Phase zu lokalen Dichte- und Energiefluktuationen. Mit zunehmender Übersättigung steigt die Wahrscheinlichkeit für die Bildung überlebens- und damit wachstumsfähiger Cluster stark an, bis bei einem bestimmten Schwellenwert, dem sog. *kritischen Sättigungsgrad* nahezu schlagartig („spontan") eine sehr hohe Konzentration von wachstumsfähigen Clustern auftritt, die danach zu Nebeltröpfchen anwachsen, Abb. 10.7.

Cluster dieser kritischen, d. h. wachstumsfähigen Größe ($d = d_{krit}$) bezeichnet man als *Keime*. Den beschriebenen Vorgang bezeichnet man als *Keimbildung*. Man spricht von *homogener Keimbildung*, wenn sich Keime nur aus kondensierbaren Komponenten bilden. Enthält das Gas Partikeln, die als Fremdkeime wirken können, also sog. *Kon-*

Abb. 10.7 Keimbildung in einer übersättigten (metastabilen) Phase

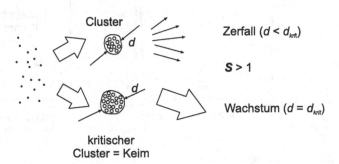

densationskerne, kann die Keimbildung an diesen Partikeln stattfinden. Man spricht dann von *heterogener Keimbildung*. In aller Regel erleichtern Kondensationskerne die Keimbildung. Diese tritt dann bei wesentlich niedrigeren Sättigungsgraden auf als die homogene Keimbildung.

Ein Cluster bzw. ein Keim ist eine kondensierte Phase, also ein „kleiner Tropfen". Nimmt man an, dass dieses nur aus wenigen Molekülen bestehende Gebilde durch die Kelvin-Gleichung, die bekanntlicherweise nur makroskopische thermodynamische Größen wie V, σ, T beinhaltet, beschreibbar ist, kann der Vorgang der Keimbildung leicht plausibel gemacht werden. Wir nehmen dabei Bezug auf die Betrachtung zur Stabilität in Abschn. 10.1.3.

Ein kugelförmiges Molekülassoziat, also ein Cluster, dessen Radius bei gegebenem Sättigungsgrad S ($S > 1$) in der Gasphase nur geringfügig kleiner ist als der Kelvin-Radius r_K gemäß Gl. 10.33

$$\bar{R}T \ln S = V_{0i}^L \frac{2\sigma}{r_K}$$

ist nicht überlebensfähig, da bei $r < r_K$ der Sättigungsgrad S an der Oberfläche eines Tröpfchens größer ist als im Kern der Phase. Unter dem treibendem Gefälle des Sättigungsgrades (bzw. des Partialdrucks) „verdampft" dieses Assoziat umgehend.

Erst wenn bei $S = $ const im Kern der Phase durch zufällige Molekülzusammenstöße ein Cluster gebildet wird, dessen Radius gerade r_K entspricht oder diesen knapp übersteigt, ist S direkt an der Oberfläche kleiner im Kern der Phase. Somit kann dieser kritische Cluster wachsen. Der kritische Radius r_{krit} eines Keims entspricht dem Kelvinraduis r_K. Man erkennt, dass das durch die Kelvin-Gleichung beschriebene labile Gleichgewicht sehr eng mit dem Vorgang der Keimbildung verknüpft ist. Je höher die Übersättigung, d. h. also S in einer metastabilen Phase ist, desto kleiner ist der erforderliche Keimradius r_{krit}. Je kleiner r_{krit}, desto höher ist die Wahrscheinlichkeit für die Bildung eines solchen Assoziats durch zufällige Molekülzusammenstöße.

Man kann einen spontanen Phasenübergang in eine Sequenz von drei aufeinanderfolgenden Teilschnitten zerlegen[8]:

1. Erzeugung einer übersättigten (metastabilen) Phase durch einen thermodynamischen Prozess, wie z. B. das Mischen zweier Stoffströme, die schnelle Expansion von Gasen bzw. Gas-Dampf-Gemischen oder bestimmte simultan ablaufende Wärme- und Stoffaustauschvorgänge in Anwesenheit von Inertgasen.
2. *Keimbildung* (Nukleation)
   Die Anzahl der pro Volumen- und Zeiteinheit homogen gebildeten oder heterogen wirksam werdenden Keime wird als Keimbildungsrate J definiert und in der Regel in der Dimension $\text{cm}^{-3}\text{s}^{-1}$ angegeben. Als kritischer Sättigungsgrad S_{krit} kann derjenige

---

[8] Eine Übersicht zu spontanen Kondensationsvorgängen enthält der VDI-Wärmeatlas, Kap. J5: Spontane Kondensation und Aerosolbildung (Autoren: F. Ehrler und K. Schaber), 11. Auflage, Springer Verlag, 2013.

betrachtet werden, bei dem die Keimbildungsrate J innerhalb bestimmter Verweilzeiten ein nennenswertes, d. h. an hinreichender Partikelbildung beobacht- und messbares Ausmaß erreicht, z. B.

$$S_{krit} = S \left(J = 10^x \, cm^{-3} s^{-1} \right) .$$ (10.39)

In der Atmosphärenphysik wird $x = 0$ gewählt. In technischen Prozessen ist es zweckmäßig, für x einen Zahlenwert zwischen 4 und 6 zu wählen. Die Übersättigung einer Gasphase ist also ein notwendiges, aber noch kein hinreichendes Kriterium für einen spontanen Phasenübergang. Erst für $S > S_{krit}$ findet Keimbildung und damit ein spontaner Phasenübergang statt. S_{krit} ist eine kinetische Größe, und keine thermodynamische Zustandsgröße. Die Berechnung der Keimbildungsrate J und von S_{krit} ist Gegenstand der kinetischen Theorie der (homogenen) Keimbildung.

Bei *homogener* Keimbildung kann S_{krit} hohe Werte annehmen ($S_{krit} = 2$ bis 6). Bei *heterogener* Keimbildung liegt S_{krit} meist sehr nahe an $S = 1$ (z. B. $S_{krit} = 1,02$ bei atmosphärischer Nebelbildung).

3. *Wachstum*

Nach der Keimbildung erfolgt ein schnelles Wachstum durch Kondensation. Dabei wird die Übersättigung der Gasphase abgebaut. Das Wachstum endet, wenn $S \approx 1$ erreicht ist. Im Fall der Aerosolbildung wachsen die Tropfen in typischen technischen Prozessen auf Durchmesser zwischen $0,2 \, \mu m$ und $3 \, \mu m$ an. Bei diesen Tropfengrößen ist die Dampfdruckerhöhung aufgrund des Kelvin-Effektes nicht mehr relevant.

Die bisherigen Betrachtungen zu spontanen Phasenübergängen initiiert durch homogene Keimbildung wurden am Beispiel der Aerosolbildung, d. h. eines Phasenübergangs in einer übersättigten Gasphase durchgeführt. Prinzipiell gilt dies auch für die Dampfblasenbildung in übersättigten (überhitzten) Flüssigkeiten.

Die numerischen Abschätzungen in Abschn. 10.1.4 machen jedoch deutlich, dass homogene Keimbildung mit typischen Keimgrößen (Blasengrößen) in Nanometerbereich nur dann auftreten kann, wenn sich einerseits im Kern einer Phase ausreichend hohe negative Drücke (Zugspannungen) ausbilden können. Dies ist z. B. bei Stoßwellen in Flüssigkeitssystemen im Zusammenhang mit Kavitationsphänomenen der Fall. Andererseits kann homogene Keimbildung in stark überhitzten Flüssigkeiten bei Temperaturen knapp unterhalb der kritischen Temperatur auftreten.[9]

Die Dampfblasenbildung in den meisten technischen Prozessen wird aber durch heterogene Keimbildung an technischen Oberflächen bzw. an partikulären Verunreinigungen im strömenden Fluid initiiert.[10]

---

[9] M. Blander, J.L. Katz: Bubble Nucleation in Liquids, AIChE Journal 21, 5 (1975) 833–848.
[10] Vgl. hierzu auch H.D. Baehr, K. Stephan: Wärme- und Stoffübertragung, 4. Auflage, Springer Verlag, 2003.

Thermodynamik chemischer Reaktionen

Grundlagen und das chemische Gleichgewicht   11

Gegenstand der bisherigen Betrachtungen war die Thermodynamik nicht reagierender Gemische. Die verschiedenen Stoffe, also die Komponenten der Gemische, konnten zwar ihren Aggregatzustand ändern, erfuhren aber keine chemischen Umwandlungen. Die behandelten Grundbegriffe sind jedoch allgemein gültig, wie bei ihrer Ableitung betont wurde, und gelten daher auch für chemische Reaktionen. Vom thermodynamischen Standpunkt aus kann man die chemische Reaktion als einen Vorgang auffassen, bei dem sich die Molmengen im Inneren eines Systems ändern. Die Grundgesetze für solche Vorgänge sind bereits aus der Thermodynamik der Gemische bekannt. Es sind nur einige Besonderheiten zu beachten, die im Folgenden dargestellt werden.

11.1 Formale Beschreibung chemischer Reaktionen

Im Mittelpunkt der thermodynamischen Analyse steht das Verhalten von Stoffen. Liegen die Stoffe in einem Gemisch vor, spricht man auch von Komponenten oder Spezies. Ein Stoff ist in der Regel eine chemische Verbindung, die durch individuelle thermodynamische Stoffeigenschaften, wie z. B. Schmelzpunkt, Siedepunkt, kritische Daten etc. gekennzeichnet ist. Das „thermodynamische Individuum" ist somit das Molekül, bzw. eine Menge von gleichartigen Molekülen, die mit der Stoffmengenzahl (= Molzahl) N_i quantifiziert werden. In manchen Fällen kann das „thermodynamische Individuum" aber auch ein Atom oder ein Ion sein.

In einem geschlossenen chemisch reagierenden System ändern sich die Stoffmengen N_i der reagierenden Komponenten, d. h. „thermodynamische Individuen" verschwinden oder entstehen neu. Beschreibt man ein chemisch reagierendes System mittels einer Bilanz über die Teilmassen M_i der jeweiligen Komponenten, so muss man in den Bilanz-

© Springer-Verlag GmbH Deutschland 2017
P. Stephan et al., *Thermodynamik*, https://doi.org/10.1007/978-3-662-54439-6_11

gleichungen Quell- bzw. Senkenterme mit berücksichtigen (vgl. Bd 1, Gl. 5.3). Nur die Gesamtmasse des reagiernden Gemisches bleibt erhalten.[1]

Gleiches gilt für die Zahl der im geschlossenen System vorhandenen Atome, die lediglich von einem Molekül in ein anderes umgelagert werden. Bezeichnet man mit a_{ei} die Zahl der Atome eines Elements e im Molekül i, kann man die Atombilanz formulieren:

$$\sum_{i=1}^{K} a_{ei} N_i = A_e = \text{const.}, \qquad \text{mit } e = 1 \ldots E. \tag{11.1}$$

A_e ist die auf die Avogadrozahl bezogene Atommenge des Elements e, K ist die Zahl der Komponenten (thermodynamische Individuen) und E ist die Zahl aller Elemente.

Die Stoffmengenzahlen (Molzahlen) der an einer Reaktion beteiligten Komponenten stehen in festen Verhältnissen zu einander, die durch die sog. stöchiometrischen Koeffizienten ν_i beschrieben werden. Mit Hilfe dieser Größen erhält man die stöchiometrische Gleichung einer Reaktion, beispielsweise der Stoffe A und B, die zu den Stoffen C und D reagieren in der Form

$$|\nu_A| A + |\nu_B| B = |\nu_C| C + |\nu_D| D. \tag{11.2}$$

Die stöchiometrischen Koeffizienten ν_i lassen sich stets auf ganze Zahlen zurückführen, was letztendlich darin begründet ist, dass auch die Größen a_{ei} ganzzahlig sind.

Auf der linken Seite der stöchiometrischen Gleichung stehen die Ausgangsstoffe, *Edukte* genannt, auf der rechten Seite die neu gebildeten Stoffe, die als *Produkte* bezeichnet werden.

Vor dem Hintergrund der weiteren thermodynamischen Analyse ist es zweckmäßig, die stöchiometrische Gleichung einer Reaktion in allgemeiner Weise wie folgt zu schreiben

$$\sum_{k=1}^{K} \nu_k X_k = 0. \tag{11.3}$$

Mit X_i werden die an der Reaktion beteiligten K Komponenten bezeichnet. Dabei wird die folgende Vorzeichenkonvention

Koeffizienten vereinbart:

$$\nu_i < 0 \qquad \text{für Edukte},$$

$$\nu_i > 0 \qquad \text{für Produkte}.$$

Um den Fortschritt oder Ablauf einer chemischen Reaktion zu beschreiben führen wir den Begriff der *Reaktionslaufzahl* ein. In einer allgemeinen Reaktion nach Gl. 11.3 stehen die Molmengen der verbrauchten und der entstehenden Komponenten in bestimmten festen Verhältnissen zueinander.

---

[1] Massendefekte infolge von relativistischen Effekten bzw. Kernreaktionen werden hier ausgeschlossen.

Es ist daher zweckmäßig, die Änderung einer beliebigen Molmenge auf die einer charakteristischen Molmenge zu beziehen. Die bezogenen Molmengenänderungen sind die uns schon bekannten stöchiometrischen Koeffizienten $\nu_i = dN_i/dN_{ref}$. Für die charakteristische Molmengenänderung dN_{ref} wählen wir künftig das Zeichen $d\zeta$. Es gilt also

$$d\zeta = \frac{1}{\nu_i}\, dN_i \quad \text{bzw.} \quad dN_i = \nu_i\, d\zeta\,. \tag{11.4}$$

Man nennt ζ nach einem Vorschlag von de Donder[2] die *Reaktionslaufzahl*. Ihre zeitliche Änderung $d\zeta/dt$ ist die *Reaktionsgeschwindigkeit*

$$\frac{d\zeta}{dt} = \frac{1}{\nu_i}\frac{dN_i}{dt}\,. \tag{11.5}$$

Da der stöchiometrische Koeffizient dimensionslos ist, wird die Reaktionsgeschwindigkeit in mol/s gemessen. Sie gibt den Umsatz der interessierenden Komponente je Zeiteinheit, den sogenannten Äquivalent- oder Formelumsatz, an.

Die Integration der Gl. 11.4 ergibt

$$N_i = N_i^0 + \nu_i \zeta\,, \tag{11.6}$$

wobei N_i^0 die Ausgangsstoffmenge (Molmenge eines Edukts) darstellt, d. h. für $\zeta = 0$, also vor Beginn der Reaktion, sind nur Edukte vorhanden. Da die stöchiometrischen Koeffizienten ν_i für Edukte negativ sind, nimmt die Molmenge der Edukte während der Reaktion ab, die der Produkte zu, da deren stöchiometrische Koeffizienten positiv sind.

11.2 Das chemische Gleichgewicht

Früher glaubte man, jede zwischen Gasen verlaufende chemische Reaktion führe zu einem vollständigen Umsatz der Ausgangsstoffe zu den Endprodukten. Danach müsste die Verbrennung von 1 Mol H_2 mit 1/2 Mol O_2 reines H_2O liefern. Die Entwicklung der Chemie in der zweiten Hälfte des 19. Jahrhunderts hat aber gezeigt, dass bei allen chemischen Reaktionen im Gaszustand die Ausgangsstoffe niemals vollständig verschwinden, sondern dass stets gewisse, manchmal allerdings außerordentlich kleine Reste davon übrigbleiben und dass sich zwischen sämtlichen bei einer Reaktion als Ausgangsstoffe und Endprodukte auftretenden Teilnehmern ein Gleichgewicht herstellt. Zwar ist bei vielen Reaktionen, insbesondere bei Oxidationsreaktionen, das Gleichgewicht so sehr nach der einen Seite der Reaktionsgleichung verschoben, dass man den Eindruck eines vollständigen Umsatzes erhält. Bei der Reaktion

$$H_2 + Cl_2 = 2\,HCl$$

---

[2] de Donder, Th.: L'Affinité. Paris 1920.

bleibt z. B. bei 18 °C nur der Bruchteil $10^{-17,1}$ des H_2 und Cl_2 unvereinigt, wenn man von reinem H_2 und Cl_2 ausgegangen war.

Eine Reaktion, die auch bei niederer Temperatur merklich unvollständig abläuft, ist dagegen

$$H_2 + J_2 = 2\,HJ\;.$$

Bei 25 °C bleiben hier 8,2% der Ausgangsstoffe unvereinigt, bei 327 °C sogar 19,4%.

Mit steigender Temperatur tritt bei exothermen Reaktionen eine Erhöhung des unvereinigt bleibenden oder, wie man auch sagt, dissoziierten Teiles ein, bei endothermen Reaktionen eine Erniedrigung. Die Temperaturabhängigkeit werden wir später berechnen. Dabei stellt sich bei jeder Temperatur dasselbe Gleichgewicht ein, gleichgültig, ob man von einem Gemisch der reinen Ausgangsstoffe oder vom reinen Endprodukt ausgeht, wenn nur die Geschwindigkeit des Reaktionsablaufes ausreichend groß ist. Bei niederen Temperaturen ist diese Reaktionsgeschwindigkeit allerdings oft so klein, dass auch in Wochen und Monaten noch kein merklicher Umsatz erkennbar wird. Ein Gemisch von H_2 und O_2 kann bei Zimmertemperatur jahrelang aufbewahrt werden, ohne dass sich H_2O in merklicher Menge bildet.

In der Chemie hat man sehr oft mit gehemmten Reaktionen zu tun, die ein Gleichgewicht nur vortäuschen. Eine solche Hemmung des Gleichgewichtes kann man mit einer arretierten Waage vergleichen. Das einfachste und vom Chemiker am meisten angewandte Mittel zur Beseitigung von Hemmungen ist die Erwärmung, wobei man als grobe Faustregel für jeweils 10 K Temperatursteigerung etwa eine Verdoppelung der Reaktionsgeschwindigkeit annehmen kann. Ein anderes, sehr oft benütztes Mittel bilden Reaktionsbeschleuniger oder Katalysatoren, das sind gewisse, in der Regel für die betreffende Reaktion spezifische Stoffe, die die Reaktion oft in außerordentlichem Maße beschleunigen und das Gleichgewicht herbeiführen, ohne aber am Gleichgewichtszustand selbst irgend etwas zu ändern.

Bringt man Ausgangsstoffe und Endprodukte einer Reaktion in anderer Zusammensetzung zusammen als dem Gleichgewicht entspricht, so findet, falls die Bedingungen für eine ausreichende Reaktionsgeschwindigkeit vorhanden sind, eine Vereinigung der Ausgangsstoffe statt, wenn diese zu reichlich vorhanden sind, dagegen eine Dissoziation, wenn die Endprodukte die Gleichgewichtszusammensetzung übersteigen. Man hat es also durch Wahl der Mischungsverhältnisse in der Hand, eine Reaktion in dem einen oder anderen Sinne ablaufen zu lassen. Dieses Verhalten drückt man dadurch aus, dass man das Gleichheitszeichen der Reaktionsgleichung durch einen Doppelpfeil ersetzt, also z. B. schreibt:

$$H_2 + Cl_2 \leftrightharpoons 2\,HCl\;.$$

Der Druck ist auf das chemische Gleichgewicht nur von Einfluss, wenn die Reaktion unter Änderung der Molmenge abläuft oder wenn die Gase (bei hohen Drücken) nicht mehr als ideal angesehen werden können.

Für die Richtung der Verschiebung eines Gleichgewichtes durch Ändern irgendeiner Einflussgröße fanden le Chatelier (1888) und Braun (1887) das folgende allgemeine und, wie man später nachwies, aus dem zweiten Hauptsatz folgende Prinzip[3]:

▶ **Merksatz** Ändert man eine der das Gleichgewicht beeinflussenden Größen, so verschiebt es sich in solcher Weise, dass dadurch die Wirkung der Änderung verkleinert wird.

Verkleinert man z. B. das Volumen des Gleichgewichtsgemisches einer Reaktion, die unter Abnahme der Molmenge verläuft, so verschiebt sich das Gleichgewicht nach der rechten Seite der Reaktionsgleichung, wodurch die Molmenge kleiner wird und der Druck durch die Volumenverkleinerung weniger stark ansteigt als es ohne die Gleichgewichtverschiebung der Fall wäre. Steigert man die Temperatur eines Gleichgewichtsgemisches durch Wärmezufuhr, so verschiebt sich das Gleichgewicht nach der Seite, die mit einem positiven Wärmebedarf verbunden ist, also im Sinne einer Verminderung des Temperaturanstieges. Erhöht man die Menge irgendeines Bestandteiles, so verschiebt sich das Gleichgewicht im Sinne eines Verbrauches dieses Teilnehmers, also nach der Seite der Reaktionsgleichung, auf der dieser Bestandteil nicht vorkommt.

Zur Berechnung der Zusammensetzung im Gleichgewicht gehen wir von der allgemeinen aus dem 2. Hauptsatz abgeleiteten Bedingung für ein thermodynamisches Gleichgewicht nach Gl. 6.25 aus. Demnach hat die freie Enthalpie bei konstanten Werten von Druck und Temperatur in einem geschlossenen System ein Minimum

$$(\delta G)_{p,T} = 0 \, .$$

Ausgehend von dem totalen Differential der freien Enthalpie nach Gl. 5.43 für konstante Werte von Druck und Temperatur ($dp = 0, dT = 0$)

$$dG|_{p,T} = \sum_k \mu_k dN_k$$

ersetzen wir die Größen dN_k durch Gl. 11.4, da bei chemisch reagierenden Komponenten die Molzahlen aller beteiligten Komponenten in festen Verhältnissen stehen.

$$dG|_{p,T} = \sum_k \mu_k \nu_k d\zeta \, . \tag{11.7}$$

Im Gleichgewicht gilt somit

$$(\delta G)_{p,T} = \sum_k \mu_k \nu_k d\zeta = 0 \, . \tag{11.8}$$

---

[3] H.L. le Chatelier, französischer Chemiker, 1850–1936, und K.F. Braun, deutscher Physiker, 1850–1918.

Verschiebt man das Gleichgewicht um einen differentiellen Betrag $\delta\zeta \neq 0$, ist die Änderung von G gleich Null.

Damit Gl. 11.8 erfüllt ist, muss

$$\sum \mu_k \nu_k = 0 \tag{11.9}$$

sein. Gl. 11.9 ist die *allgemeinste Bedingung für das Gleichgewicht chemisch reagierender Systeme*. Laufen in einem System mehrere, voneinander unabhängige Reaktionen, sogenannte *Simultanreaktionen*, ab, so gilt für jede von ihnen Gl. 11.9. Die Reaktion kann in dem geschlossenen System innerhalb einer Phase (Homogenreaktion) oder zwischen verschiedenen Phasen (Heterogenreaktion) ablaufen, oder es kann beides zugleich der Fall sein. Zwischen den Phasen sollen jedoch keine semipermeablen Wände vorhanden sein, so dass sich ein mechanisches Gleichgewicht mit $p = \text{const}$ einstellen kann. Ist das System offen, findet also noch ein Stoffaustausch mit benachbarten Systemen statt, so gilt zusätzlich die bereits früher hergeleitete Bedingung für das Gleichgewicht hinsichtlich des Stoffaustausches, was hier nicht erneut bewiesen werden soll.

Angewandt beispielsweise auf die Knallgasreaktionen,

$$H_2 + \frac{1}{2}O_2 \leftrightharpoons H_2O \,,$$

besagt also die Beziehung Gl. 11.9

$$-\mu_{H_2} - \frac{1}{2}\,\mu_{O_2} + \mu_{H_2O} = 0 \,. \tag{11.10}$$

Das chemische Gleichgewicht stellt sich so ein, dass diese Bedingung erfüllt ist.

Allgemein gilt für das chemische Potential

$$\mu_i(T, p, N_1, N_2, \ldots, N_K) \,.$$

Nach Gl. 11.6 ist

$$N_i = N_i^0 + \nu_i \zeta \,.$$

In dem von uns betrachteten geschlossenen System kann man daher das chemische Potential auch schreiben

$$\mu_i = \mu_i \left(T, p, N_1^0 + \nu_1 \zeta, N_2^0 + \nu_2 \zeta, \ldots, N_K^0 + \nu_K \zeta \right) \,.$$

Wie daraus ersichtlich ist, enthält die Bedingung für chemisches Gleichgewicht eines Systems von vorgegebenen Werten der Temperatur, des Druckes und der anfänglichen Zusammensetzung (Gl. 11.9) als einzige Unbekannte die Reaktionslaufzahl ζ. Man kann somit aus der Bedingung für chemisches Gleichgewicht die Zusammensetzung des Systems im Gleichgewicht errechnen.

11.3   Homogene Reaktionen in Gasen

Wir betrachten Reaktionen, die innerhalb einer Phase ablaufen, sogenannte Homogenreaktionen, und wir nehmen an, alle beteiligten Reaktionspartner seien gasförmig.

Für den Fall idealer Gase ist das chemische Potential einer Komponente i gegeben durch (Gl. 7.2)

$$\mu_i = \mu_{0i} + \bar{R}T \ln(p_i/p^+) , \tag{11.11}$$

wo $\mu_{0i} = \mu_{0i}(p^+, T)$ ein Bezugswert beim Druck p^+ und der Temperatur T des Systems und p_i der Partialdruck der betreffenden Komponente sind. Einsetzen in die Bedingung 11.9 für das chemische Gleichgewicht ergibt

$$\sum \mu_{0k}\nu_k + \bar{R}T \sum \nu_k \ln p_k - \bar{R}T \sum \nu_k \ln p^+ = 0 .$$

Beachtet man

$$\sum \nu_k \ln p_k = \sum \ln p_k^{\nu_k} = \ln p_1^{\nu_1} + \ln p_2^{\nu_2} + \ldots = \ln(p_1^{\nu_1} p_2^{\nu_2}\ldots) = \ln \prod p_k^{\nu_k} ,$$

so kann man hierfür auch schreiben

$$\ln \prod p_k^{\nu_k} = \left(\sum \nu_k\right) \ln p^+ - \frac{1}{\bar{R}T} \sum \mu_{0k}\nu_k \tag{11.12}$$

oder, wenn man abkürzend $\sum \nu_k = \nu$ setzt,

$$\ln \frac{\prod p_k^{\nu_k}}{(p^+)^\nu} = -\frac{1}{\bar{R}T} \sum \mu_{0k}\nu_k . \tag{11.12a}$$

Die rechte Seite dieser Gleichung ist dimensionslos und für jede chemische Reaktion bei vorgegebenem Bezugsdruck p^+ nur eine Funktion der Temperatur. Wir setzen für sie abkürzend

$$\ln K(T) = -\frac{1}{\bar{R}T} \sum \mu_{0k}\nu_k . \tag{11.13}$$

Damit lautet Gl. 11.12 nach dem Übergang zur Exponentialfunktion

$$\frac{1}{(p^+)^\nu} \prod p_k^{\nu_k} = K(T) . \tag{11.14}$$

Angewandt auf die Knallgasreaktion finden wir mit $\nu = -1/2$

$$(p^+)^{1/2} \frac{p_{H_2O}}{p_{H_2} \cdot p_{O_2}^{1/2}} = K(T) . \tag{11.14a}$$

Gl. 11.14 ist eine der Formulierungen des chemischen Gleichgewichts. Die durch Gl. 11.13 definierte dimensionslose Größe $K(T)$ wird als *Gleichgewichtskonstante* der Reaktion bezeichnet. Die Gleichgewichtskonstante der Knallgasreaktion hat nach Tab. 13.1 für 25 °C und $p^+ = 1$ bar den außerordentlich großen Wert $K = 1{,}114 \cdot 10^{40}$. Nehmen wir den Druck des Wasserdampfes p_{H_2O} mit z. B. 0,03 bar an und beachten, dass bei der Dissoziation $p_{O_2} = 1/2 \, p_{H_2}$ ist, so ergibt sich für diesen Wert der Gleichgewichtskonstanten

$$p_{H_2} \sqrt{\frac{1}{2} p_{H_2}} = 1 \, bar^{1/2} \, \frac{0{,}03 \, bar}{1{,}114 \cdot 10^{40}}$$

oder

$$p_{H_2} = 2{,}44 \cdot 10^{-28} \, bar \ .$$

Demnach sind von den $6{,}022045 \cdot 10^{26}$ Molekülen eines Kilomols nur ungefähr vier dissoziiert. Mit steigender Temperatur nimmt der dissoziierte Bruchteil rasch zu und erreicht bei 1300 K mit $K = 1{,}158 \cdot 10^7$ den Wert $p_{H_2} = 2{,}38 \cdot 10^{-6}$ bar.

Dividiert man Gl. 11.14 auf beiden Seiten durch $p^{\nu_1} p^{\nu_2} p^{\nu_3} \ldots = p^{\sum \nu_k} = p^{\nu}$ und beachtet, dass der Molenbruch eines idealen Gases im Gemisch gegeben ist durch $y_i = p_i/p$ so erhält man eine andere Formulierung des chemischen Gleichgewichts

$$\frac{1}{p^{+\nu}} \prod y_k^{\nu_k} = K(T) \frac{1}{p^{\nu}}$$

oder

$$\prod y_k^{\nu_k} = K_y(T, p) \ . \tag{11.15}$$

Die beiden Gleichgewichtskonstanten K und K_y sind dimensionslos und hängen zusammen durch

$$\left(\frac{p^+}{p}\right)^{\nu} K(T) = K_y(T, p) \ . \tag{11.16}$$

Das chemische Gleichgewicht wird schließlich noch gelegentlich mit der molaren Volumenkonzentration

$$c_i = N_i/V$$

geschrieben. Man findet dann

$$\prod c_k^{\nu_k} = K_c(T) \tag{11.17}$$

mit der dimensionsbehafteten Gleichgewichtskonstanten

$$K_c(T) = \left(\frac{p^+}{\bar{R}T}\right)^{\nu} K(T) \ . \tag{11.18}$$

Die Gl. 11.14, Gl. 11.15 und Gl. 11.16 werden als *klassisches Massenwirkungsgesetz* oder nach Guldberg und Waage, die das Gesetz 1867 fanden, auch als *Gesetz von Guldberg und Waage* bezeichnet.[4]

---

[4] C.M. Guldberg, finnischer Mathematiker und Physiker, 1836–1902, und P. Waage, finnischer Chemiker, 1833–1900.

Müssen die Abweichungen vom idealen Gaszustand berücksichtigt werden, so erhält man eine zur Gl. 11.14 analoge Formulierung durch Einführen der Fugazitäten an Stelle der Partialdrücke. Die Fugazitäten sind bekanntlich definiert durch Gl. 7.5

$$\mu_i = \mu_{0i} + \bar{R}T \ln f_i/p^+ \,, \tag{11.19}$$

und es gilt im Grenzfall der idealen Gase $\lim_{p \to 0} f_i/p_i = 1$, sodass das chemische Potential mit demjenigen der idealen Gase übereinstimmt. Als chemisches Gleichgewicht ergibt sich nun nach Einsetzen von Gl. 11.19 in die Bedingung für das chemische Gleichgewicht, Gl. 11.9, eine der Gl. 11.12a entsprechende Beziehung, in der lediglich der Partialdruck p_i durch die Fugazität f_i zu ersetzen ist

$$\ln \frac{\prod (f_k)^{\nu_k}}{(p^+)^{\nu}} = -\frac{1}{\bar{R}T} \sum \mu_{0k} \nu_k \,. \tag{11.20}$$

Man setzt für die rechte Seite wiederum

$$-\frac{1}{\bar{R}T} \sum \mu_{0k} \nu_k = \ln K(T) \tag{11.21}$$

und erhält das *verallgemeinerte chemische Gleichgewicht für homogene Gasreaktionen*

$$\frac{1}{(p^+)^{\nu}} \prod f_k^{\nu_k} = K(T) \,. \tag{11.22}$$

Die Gleichgewichtskonstante $K(T)$ ist bei vorgegebenem Bezugsdruck p^+ wieder nur von der Temperatur abhängig. Sie ist genau so definiert wie die für Reaktionen idealer Gasgemische und ist beim Standarddruck p^+ zu berechnen.

11.4 Homogene Reaktionen in der flüssigen Phase

Wenn alle an der Reaktion beteiligten Stoffe bei den festgelegten Werten von Druck p und Temperatur T in flüssiger Phase vorliegen, ist es zweckmäßig für die chemischen Potentiale die Formulierung gemäß Gl. 7.25 zu wählen, deren Referenzpotentiale die Reinstoffgrößen bei Systembedingungen sind

$$\mu_i = \mu_{0i}(p, T) + \bar{R}T \ln a_i \,.$$

Eingesetzt in die allgemeine Bedingung für das chemische Gleichgewicht, Gl. 11.9, erhält man den Ausdruck

$$\sum_k \nu_k \mu_{0k}(p, T) + \bar{R}T \sum \nu_k \ln a_k = 0 \,.$$

Mit der Definition der Gleichgewichtskonstanten

$$\ln K(T, p) = \frac{1}{\bar{R}T} \sum v_k \, \mu_{0k}(p, T) \tag{11.23}$$

erhält man nach Umformen die Gleichung für das chemische Gleichgewicht homogener Flüssigkeitsreaktionen in der Form

$$\prod_k a_k^{v_k} = K(p, T) \tag{11.24}$$

bzw. mit $a_i = \gamma_i x_i$

$$\prod_k \gamma_i^{v_k} x_i^{v_k} = K(p, T) \, . \tag{11.25}$$

Wie bei homogenen Gasreaktionen enthält auch hier die Gleichgewichtskonstante nur Reinstoffgrößen.

11.5 Heterogene Reaktionen

Viele chemische Reaktionen laufen nicht nur wie die bisher besprochenen homogenen Reaktionen innerhalb einer einzigen Phase ab. Die Reaktionspartner sind häufig in verschiedenen Aggregatzuständen vorhanden, z. B. bei der Verbrennung von festem Kohlenstoff mit gasförmigem Sauerstoff zu gasförmigem CO oder CO_2. Man spricht dann von einer *heterogenen*Reaktion. Neben den Bedingungen für das Reaktionsgleichgewicht gelten nun auch die für das Phasengleichgewicht, wonach außer den Temperaturen und Drücken auch die chemischen Potentiale jeder Komponente in den verschiedenen Phasen gleich groß sind. Es gilt somit allgemein

$$\sum_{k=1}^{K} v_k \mu_k = 0 \tag{11.26}$$

für K reagierende Komponenten und simultan

$$\mu_i^{(1)} = \mu_i^{(2)}, \quad i = 1 \dots K \, . \tag{11.27}$$

Weitere typische Beispiele für heterogene Reaktionen sind Absorptionsgleichgewichte von Gasen in chemisch reagierenden Flüssigkeiten, wie das Gleichgewicht von gasförmigen SO_2 über wässriger Lösung. Diese Art von Gleichgewichten werden in Kap. 14 behandelt.

Besonders einfache Beispiele für heterogene Reaktionen sind Gas-Feststoff-Reaktionen, bei denen der Feststoff oder Bodenkörper aus einem reinen Stoff besteht, wie bei der bereits erwähnten Umsetzung von Kohlenstoff zu gasförmigen CO oder CO_2 mittels Sauerstoff.

In diesem Fall muss in Gl. 11.26 das chemische Potential des Kohlenstoffs als Reinstoffpotential einbezogen werden

$$\mu_{0C}(T) = \mu_{0C}(p^+, T) + \bar{R}T \ln \frac{f_{0i}(T)}{p^+} . \tag{11.28}$$

Die Druckabhängigkeit von μ_{0C} wurde hier vernachlässigt. Im Falle einer idealen Gasphase ist die Fugazität f_{0i} gleich dem Dampfdruck p_{0is}.

Da somit die Größe $\mu_{0C}(T)$ nur eine Temperaturfunktion ist, wird diese der Gleichgewichtskonstanten $K(T)$ zugeschlagen und es gilt die Beziehung für das chemische Gleichgewicht in der bekannten Form

$$\frac{1}{(p^+)^\nu} \prod p_k^{\nu_k} = K(T) ,$$

wobei auf der linken Seite der Gleichung nur die Partialdrücke der gasförmigen Komponenten auftauchen.

Der Dampfdruck des Bodenkörpers nimmt also an den Partialdruckverschiebungen, die sich nach der Gleichgewichtsbeziehung für homogene Gasreaktionen für ungeänderte Gleichgewichtskonstanten, z. B. durch Erhöhen des Partialdruckes eines Partners, abspielen, nicht teil.

Besonders einfach werden die Verhältnisse, wenn nur ein Teilnehmer die Gasphase bildet und die anderen als reine Bodenkörper auftreten. Ein Beispiel dieser Art ist die Reaktion

$$CaCO_3 = CaO + CO_2 ,$$

die sich beim Kalkbrennen abspielt.

Das aus festem CaO, festem $CaCO_3$ und gasförmigem CO_2 bestehende System enthält drei Phasen, nämlich zwei feste und eine gasförmige, und drei verschiedene Komponenten. Würde keine chemische Reaktion ablaufen, so hätte ein solches System nach der Gibbsschen Phasenregel (Gl. 6.32), zwei Freiheitsgrade. Da aber die drei Komponenten noch durch eine weitere Gleichung, nämlich die Reaktionsgleichung miteinander verknüpft sind, vermindert sich die Zahl der Freiheitsgrade infolge der chemischen Reaktion um eins. Zu jeder Temperatur gehört daher im Gleichgewicht ein bestimmter Druck p_{CO_2}, den man den *Zersetzungsdruck* des Kalkes nennt. Er steigt mit wachsender Temperatur in derselben Art wie der Dampfdruck eines reinen Stoffes. Die Gleichgewichtskonstante reduziert sich auf den bezogenen Druck p_{CO_2}/p^+ des Kohlendioxids, das mit dem aus CaO und $CaCO_3$ bestehenden Bodenkörper in ähnlicher Weise im Gleichgewicht steht wie der Dampf eines reinen Stoffes mit seinem Kondensat. Sorgfältige Messungen des Zersetzungsdruckes von $CaCO_3$ wurden von S. Tamru, K. Siomi und M. Adati[5] ausge-

---

[5] Tamaru, S., Siomi, K., Adati, M.: Neubestimmung thermischer Dissoziationsgleichgewichte von anorganischen Verbindungen. Z. physik. Chem., Abt. A 157 (1931) 447–467.

führt, indem sie in einem vorher evakuierten Gefäß ein Platintiegelchen mit $CaCO_3$ und CaO verschiedenen Temperaturen aussetzten und den CO_2-Druck bestimmten. Danach erreicht bei etwa 1150 K der Zersetzungsdruck 1 bar, aber auch schon bei niederer Temperatur zersetzt sich $CaCO_3$ zu CaO (bei 1100 K ist der Zersetzungsdruck 0,472 bar, bei 1000 K nur 0,08 bar), wenn man soviel Gas (in der Regel Verbrennungsgas) über den Kalk leitet, dass der Teildruck des Kohlendioxids im Gas unter dem Zersetzungsdruck bleibt.

11.6   Chemisches Gleichgewicht und Stoffbilanz

Zur Berechnung chemischer Gleichgewichte ist es zweckmäßig, die Stoffbilanz über die Reaktionslaufzahl mit der Gleichgewichtsbeziehung zu verknüpfen. Die Reaktionslaufzahl beschreibt den Fortschritt einer chemischen Reaktion und wurde bereits in Abschn. 11.1 eingeführt. Nach Gl. 11.6 gilt für eine an einer Reaktion beteiligten Komponente

$$N_i = N_i^0 + \nu_i\, \zeta \,. \tag{11.29}$$

Die Reaktionslaufzahl nimmt Werte zwischen 0 und dem Gleichgewichtswert ζ_{GG} an

$$0 \leq \zeta \leq \zeta_{GG} \,. \tag{11.30}$$

Im Falle von Simultanreaktionen kann sich die Molmenge der Komponente i durch Beteiligung an mehreren Reaktionen ändern. Gl. 11.29 ist somit wie folgt zu erweitern

$$N_i = N_i^0 + \sum_{j=1}^{R} \nu_{ij}\, \zeta_j \tag{11.31}$$

wobei R die Anzahl der Simultanreaktionen bezeichnet.

Die Vorgehensweise zur Berechnung von Gleichgewichten soll an drei Beispielen homogener Gasreaktionen demonstriert werden, wobei in erster Näherung angenommen werden kann, dass sich die Reaktanden wie ideale Gase verhalten.

a) Das Schwefeloxid-Gleichgewicht bei hohen Temperaturen
Wir betrachten die Reaktion

$$SO_2 + \frac{1}{2}O_2 = SO_3 \,. \tag{11.32}$$

Für das chemische Gleichgewicht gilt gemäß Gl. 11.15

$$K_y(p, T) = \frac{y_{SO_3}}{y_{SO_2}\, y_{O_2}^{1/2}} \,. \tag{11.33}$$

Wir gehen nun davon aus, dass anfänglich in einem geschlossenen System die Ausgangsmolmengen $N_{SO_2}^0$ und $N_{O_2}^0$ vorhanden waren, bevor die Reaktion begonnen hat ($\zeta = 0$).

Alternativ können wir annehmen, dass in einem offenen isobaren Reaktor die Stoffmengenströme $\dot{N}^0_{SO_2}$ und $\dot{N}^0_{O_2}$ zugeführt werden. Die Gleichgewichtszusammensetzung bei vorgegebenen Werten von p und T wird in beiden Fällen die gleiche sein.

Mit Gl. 11.19 lässt sich die Zusammensetzung im Gleichgewicht berechnen. Der Einfachheit halber verzichten wir bei der Reaktionslaufzahl auf die Indizierung und schreiben nur ζ anstelle von ζ_{GG}:

$$2N_{SO_2} = N^0_{SO_2} - \zeta \qquad (\nu_{SO_2} = -1),$$

$$N_{O_2} = N^0_{O_2} - \frac{1}{2}\zeta \qquad (\nu_{O_2} = -\frac{1}{2}),$$

$$N_{SO_3} = \zeta \qquad (N^0_{SO_2} = 0 \,;\, \nu_{SO_3} = 1).$$

Die gesamte Stoffmenge im Gleichgewicht beträgt

$$N_{ges} = \sum_k N_k = N^0_{SO_2} + N^0_{O_2} - \frac{1}{2}\zeta .$$

Die Molanteile im Gleichgewicht sind

$$y_{SO_2} = \frac{N^0_{SO_2} - \zeta}{N_{ges}} \,; \quad y_{SO_3} = \frac{\zeta}{N_{ges}} \,; \quad y_{O_2} = \frac{N^0_{O_2} - \frac{1}{2}\zeta}{N_{ges}} .$$

Eingesetzt in Gl. 11.33 erhält man schließlich

$$K_y(p,T) = \frac{\zeta\,(N^0_{SO_2} + N^0_{O_2} - \frac{1}{2}\zeta)^{1/2}}{(N^0_{SO_2} - \zeta)\,(N^0_{O_2} - \frac{1}{2}\zeta)^{1/2}} . \tag{11.34}$$

Aus Gl. 11.34 kann man ζ bei bekannter Gleichgewichtskonstante berechnen und den Zahlenwert in Gleichungen für die Molanteile y_i einsetzen und erhält somit die Gleichgewichtszusammensetzung der Reaktion bei vorgegebenen Werten von p und T.

b) Die Methanspaltung
Bei der Spaltung von Methan bei hohen Temperaturen zur Erzeugung von Wasserstoff laufen zwei simultane Reaktionen ab, die durch jeweils eigene Reaktionslaufzahlen zu beschreiben sind:

$$(I) \quad CH_4 + H_2O \rightleftharpoons CO + 3H_2 \tag{11.35}$$

$$(II) \quad CO + H_2O \rightleftharpoons CO_2 + H_2 \tag{11.36}$$

Das chemische Gleichgewicht der Simultanreaktion wird bei vorgegebenen Werten von p und T durch die zwei Gleichungen

$$K_{y,I}(p,T) = \frac{y_{CO}\, y_{H_2}^3}{y_{H_2O}\, y_{CH_4}} \tag{11.37}$$

$$K_{y,II}(p,T) = \frac{y_{CO_2}\, y_{H_2}}{y_{CO}\, y_{H_2O}} \tag{11.38}$$

beschrieben. Als Edukte werden $N_{CH_4}^0$ Mole Methan und $N_{H_2O}^0$ Mole Wasser eingesetzt $(\zeta_I = 0, \zeta_{II} = 0)$. Die Gleichung für die Stoffbilanz lautet nunmehr gemäß Gl. 11.31

$$N_i = N_i^0 + \nu_{i,I}\, \zeta_I + \nu_{i,II}\, \zeta_{II} \,. \tag{11.39}$$

Die Molmengen der einzelnen Komponenten im Gleichgewicht betragen

$$2N_{CH_4} = N_{CH_4}^0 - \zeta_I \qquad (\nu_{CH_4,I} = -1)$$
$$N_{H_2O} = N_{H_2O}^0 - \zeta_I - \zeta_{II} \qquad (\nu_{H_2O,I} = -1\,, \nu_{H_2O,II} = -1)$$
$$N_{CO} = \zeta_I - \zeta_{II} \qquad (\nu_{CO,I} = 1\,, \nu_{CO,II} = -1)$$
$$N_{CO_2} = \zeta_{II} \qquad (\nu_{CO_2,II} = 1)$$
$$N_{H_2} = 3\zeta_I + \zeta_{II} \qquad (\nu_{H_2,I} = 3\,, \nu_{H_2,II} = 1)\,.$$

Daraus ergibt sich die gesamte Stoffmenge im Gleichgewicht

$$N_{ges} = N_{CH_4}^0 + N_{H_2O}^0 + 2\zeta_I \,.$$

Die Molanteile der Reaktionspartner berechnet man wie in Beispiel a), z. B.

$$y_{H_2} = \frac{3\zeta_I + \zeta_{II}}{N_{ges}} \quad \text{etc.}$$

und setzt diese in die Gl. 11.37 und Gl. 11.38 ein, wobei sich zwei Gleichungen für die beiden unbekannten Reaktionslaufzahlen ergeben:

$$K_{y,I}(p,T) = f_1(\zeta_I, \zeta_{II})\,, \tag{11.40a}$$

$$K_{y,II}(p,T) = f_2(\zeta_I, \zeta_{II})\,. \tag{11.40b}$$

Sind die beiden Gleichgewichtskonstanten bekannt, kann man die Zahlenwerte für ζ_I und ζ_{II} berechnen, in die Gleichungen für die Molanteile einsetzen und erhält somit die Gleichgewichtszusammensetzung der Simultanreaktion.

An der Stelle sei angemerkt, dass die Eduktmengen N_i^0 beliebig gewählt werden kön-nen und keineswegs einer stöchiometrischen Zusammensetzung entsprechen müssen. Na-türlich ist die Gleichgewichtszusammensetzung, wie Gl. 11.34 explizit zeigt, stets eine Funktion der Eduktzusammensetzung.

c) Einfluss der Eduktmengen auf das Gleichgewicht

Wir betrachten eine beliebige Reaktion idealer Gase

$$A + B \rightleftharpoons 2C \quad (\textstyle\sum v_k = 0) .$$

Die Stoffmengen im Gleichgewicht $\zeta = \zeta_{GG}$ sind

$$N_A = N_A^0 - \zeta , \quad N_B = N_B^0 - \zeta , \quad N_C = 2\zeta$$

mit

$$N_{ges} = N_A^0 + N_B^0 .$$

Daraus lassen sich die Molanteile im Gleichgewicht bestimmen. Es sind

$$y_A = \frac{N_A^0 - \zeta}{N_A^0 + N_B^0} ; \quad y_B = \frac{N_B^0 - \zeta}{N_A^0 + N_B^0} ; \quad y_C = \frac{2\zeta}{N_A^0 + N_B^0} .$$

Für die Gleichgewichtskonstante gilt wegen der Gleichheit der Stoffmengen vor und nach der Reaktion

$$K_y = K(T) = \frac{y_C^2}{y_A \, y_B} .$$

Setzt man die bereits ermittelten Funktionen $y_i(\zeta)$ ein, erhält man für $K(T)$

$$K(T) = \frac{4\zeta^2}{(N_A^0 - \zeta)(N_B^0 - \zeta)} .$$

Wir wählen nun für K den willkürlichen Wert $K = 50$ und berechnen die Reaktionslaufzahl für zwei Varianten:

1. Stöchiometrisches Ausgangsgemisch:
   Die Eduktmengen betragen $N_A^0 = N_B^0 = 1$ mol. Für das chemische Gleichgewicht ergibt sich

$$K(T) = \frac{4\zeta^2}{(1 \, mol - \zeta)^2} \quad bzw. \quad \zeta = \frac{\sqrt{K}}{2 + \sqrt{K}} \, mol = 0{,}78 \, mol .$$

2. Komponente A ist im Überschuss vorhanden:
   Mit den Eduktmengen $N_A^0 = 9 \, mol$, $N_B^0 = 1$ mol ergibt sich nun

$$K(T) = \frac{4\zeta^2}{(9 \, mol - \zeta)(1 \, mol - \zeta)} .$$

Die Auflösung der in ζ quadratischen Gleichung ergibt

$$\zeta = 0{,}99 .$$

Aus diesem Beispiel wird klar, dass das Gleichgewicht in Richtung des Produkts verschoben wird, wenn eine der Eduktkomponenten im Überschuss vorhanden ist. Bei einer chemischen Reaktion zur Erzeugung des Produkts C, kann man somit die Ausbeute durch diese Maßnahme vergrößern. Der überschüssige Anteil an A wird dann nach der Reaktion abgetrennt und in das Edukt zurückgeführt, um dort erneut die überschüssige Menge an A bereit zustellen.

11.7 Beispiele und Aufgaben

Beispiel 11.1

In einem Behälter befinden sich 6 Mole Cyclohexen (C_6H_{10}), 8 Mole O_2, 6 Mole CO_2 und 7 Mole H_2O. Es läuft folgende Reaktion ab

$$2\,C_6H_{10} + 17\,O_2 = 12\,CO_2 + 10\,H_2O\,.$$

Man gebe an, zwischen welchen Werten die Reaktionslaufzahl liegt.

Die Reaktionsgleichung kann man auch schreiben

$$1\,C_6H_{10} + 8{,}5\,O_2 = 6\,CO_2 + 5\,H_2O\,.$$

Es sind also

$$\nu_{C_6H_{10}} = -1\,, \quad \nu_{O_2} = -8{,}5\,, \quad \nu_{CO_2} = 6\,, \quad \nu_{H_2O} = 5$$

und wegen $N_i = N_i^0 + \nu_i \zeta$:

$$N_{C_6H_{10}} = 6 - \zeta\,, \quad N_{CO_2} = 6 + 6\zeta\,, \quad N_{O_2} = 8 - 8{,}5\zeta\,, \quad N_{H_2O} = 7 + 5\zeta\,.$$

Läuft die Reaktion von links nach rechts, so ist sie erschöpft, wenn kein O_2 mehr vorhanden ist ($N_{O_2} = 0$), wenn also $\zeta = 0{,}94$ Mole C_6H_{10} verbraucht sind. Läuft die Reaktion von rechts nach links, so ist zuerst alles CO_2 verbraucht ($N_{CO_2} = 0$). Die Reaktionslaufzahl liegt daher zwischen $-1 \leq \zeta \leq 0{,}94$.

Beispiel 11.2

Methylchlorid kann durch eine katalytische Reaktion in der Gasphase aus Methanol und Chlorwasserstoff hergestellt werden.

$$CH_3OH + HCl = CH_3Cl + H_2O \quad I$$
$$2\,CH_3OH = CH_3OCH_3 + H_2O \quad II$$

In einem Versuchsreaktor, dem 1 mol Methanol und 1 mol Chlorwasserstoff zugeführt werden, wird bei einer Temperatur von 600 K im Gleichgewicht ein Molanteil des

Dimethylethers von $y_{CH3OCH3} = 0,007$ festgestellt. Die Gleichgewichtskonstante der Reaktion I beträgt $K_I(T) = 274$.

Wie groß sind die Molanteile der übrigen Reaktionspartner im Gleichgewicht? Alle Reaktionspartner seien ideale Gase.

Aus Gl. 11.31 folgt für zwei parallele Reaktionen: $N_i = \nu_I \zeta_I + \nu_{II} \zeta_{II}$ Damit lassen sich die Stoffmengen im Gleichgewicht wie folgt berechnen:

$$N_{CH3OH} = 1\,\text{mol} - \zeta_I - 2\zeta_{II}; \quad N_{HCl} = 1\,\text{mol} - \zeta_I; \quad N_{CH3Cl} = \zeta_I;$$

$$N_{CH3OCH3} = \zeta_{II}; \quad N_{H2O} = \zeta_I + \zeta_{II}; \quad N_{ges} = 2\,\text{mol}.$$

Für die Molanteile gilt: $y_i = N_i / N_{ges}$. Der Molanteil des Methylethers ist gegeben.

$$y_{CH3OCH3} = 0,007 = \zeta_{II}/2\,\text{mol} \rightarrow \zeta_{II} = 0,014\,\text{mol}.$$

Die Reaktionslaufzahl ζ_I ergibt sich aus dem chemischen Gleichgewicht der Reaktion I.

$$\Delta \nu_I = 0 \rightarrow K(T) = K_{yI}(T); \quad K_{yI} = \frac{y_{H2O}\, y_{CH3Cl}}{y_{CH3OH}\, y_{HCl}} = 274.$$

Mit den Ergebnissen der Stoffmengenbilanz folgt

$$274 = \frac{\zeta_I (\zeta_I + \zeta_{II})}{(1\,\text{mol} - \zeta_I - 2\zeta_{II})(1\,\text{mol} - \zeta_I)}.$$

Einsetzen von $\zeta_{II} = 0,014\,\text{mol}$ ergibt $\zeta_I = 0,928\,\text{mol}$.

Für die Molanteile der übrigen Reaktionspartner ergibt sich:

$$y_{H2O} = 0,47; \quad y_{CH3Cl} = 0,464; \quad y_{CH3OH} = 0,022; \quad y_{HCl} = 0,036.$$

Aufgabe 11.1

Bei der Ammoniaksynthese wird Ammoniak aus Stickstoff und Wasserstoff entsprechend der Reaktion

$$N_2 + 3\,H_2 \leftrightharpoons 2\,NH_3$$

erzeugt. Die Reaktanden können in erster Näherung als ideale Gase betrachtet werden. Die Edukte N_2 und H_2 sollen dem Reaktor in stöchiometrischer Zusammensetzung zugeführt werden. Für den Bezugsdruck kann $p^+ = 1$ bar gesetzt werden. Die Gleichgewichtskonstanten betragen

$$K(400\,°C) = 1,82 \cdot 10^{-4} \text{ und}$$

$$K(500\,°C) = 1,48 \cdot 10^{-5}.$$

Es sollen für beide Temperaturen die Molanteile y_{NH_3} (= Ausbeute an NH_3) im Gleichgewicht bei den Drücken 1 bar, 100 bar und 300 bar berechnet und interpretiert werden.

Aufgabe 11.2

Schwefeldioxid wird mit Sauerstoff zu Schwefeltrioxid oxidiert.

$$2SO_2 + O_2 = 2SO_3 \ .$$

Für die Gleichgewichtskonstante dieser Reaktion gilt bei einer Temperatur von 500 °C

$$\ln K\left(T\right) = \frac{23\,884}{T} - 31{,}78 \quad \text{mit } T \text{ in } K \ .$$

In einem Behälter werden 6 kmol SO_2 und 4 kmol O_2 eingesetzt. Die Reaktionstemperatur beträgt 500 °C. Die Gasphase kann als ideal betrachtet und es kann $p^+ = p^\oplus = 1$ bar gesetzt werden.

Berechnen Sie den Druck im Behälter, wenn die Hälfte des eingesetzten Sauerstoffs umgesetzt wird.

Energieumsatz bei chemischen Reaktionen und Standardgrößen   **12**

12.1 Die Energiebilanz für chemisch reagierende Systeme

Bei chemischen Reaktionen findet ein Energieumsatz statt; so sind z. B. Verbrennungsvorgänge mit einer erheblichen Wärmeentwicklung, der sogenannten *Wärmetönung*, verbunden, worunter man die zu- oder abzuführende Wärme versteht, wenn wir die Endprodukte wieder auf die Ausgangstemperatur der Stoffe vor der Reaktion abkühlen. Bei geeigneter Ausführung kann, wie das Beispiel der Verbrennung eines Gas-Luft-Gemisches im Verbrennungsmotor zeigt, ein mehr oder weniger großer Teil des Energieumsatzes als Arbeit gewonnen werden.

Wir betrachten zunächst ein geschlossenes System, Abb. 12.1, in dem bei konstantem Volumen die Modellreaktion

$$|v_A|\, A + |v_B|\, B \leftrightharpoons v_C\, C + v_D\, D \tag{12.1}$$

ablaufen möge.

Während der Reaktion wird keine Arbeit geleistet. Somit lautet der 1. Hauptsatz:

$$Q_{I,II} = Q_V = U_{II}(T, V) - U_I(T, V)\,. \tag{12.2}$$

Abb. 12.1 Chemische Reaktion bei konstanter Temperatur und konstantem Volumen

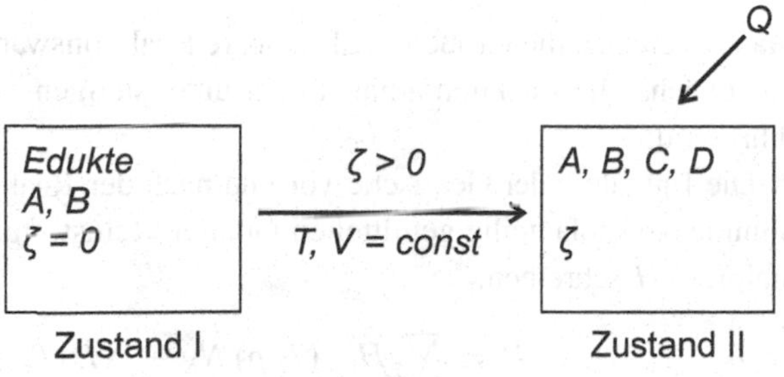

© Springer-Verlag GmbH Deutschland 2017
P. Stephan et al., *Thermodynamik*, https://doi.org/10.1007/978-3-662-54439-6_12

Man bezeichnet die Größe Q_V als Reaktionswärme bei konstantem Volumen. Da die Differenz der inneren Energien $U_{II} - U_I$ eine Differenz von Zustandsgrößen ist, ist es gleichgültig, ob während der Reaktion soviel Wärme abgeführt wird, dass stets $T = \text{const}$ gilt, oder ob die Zustandsänderung zunächst adiabat verläuft und die Wärme erst danach abgeführt wird, bis wieder die Ausgangstemperatur T erreicht ist.

Die innere Energie der beiden Gemische vor und nach der Reaktion lässt sich nach Gl. 5.109 als molanteilig gemittelte Summe der molaren Reinstoffgrößen U_{0i} und einer Mischungsgröße ΔU berechnen.

$$U = \sum_K U_{0K}(T, V_{0K})\, N_K + \Delta U(T, V, N_1, \ldots, N_K) \tag{12.3}$$

Somit ergibt sich

$$\begin{aligned} U_{II} - U_I = & N_A\, U_{0A,II} + N_B\, U_{0B,II} + N_C\, U_{0C,II} + N_D\, U_{0D,II} \\ & - N_A^0\, U_{0A,I} - N_B^0\, U_{0B,I} + \Delta U_{II} - \Delta U_I \,. \end{aligned} \tag{12.4}$$

Da sich bei der Reaktion sowohl die Gemischzusammensetzung als auch im Allgemeinen die Stoffmenge und somit der Druck bei konstantem Gesamtvolumen V ändern, sind die Größen $U_{0A,I}$ und $U_{0A,II}$ bzw. $U_{0B,I}$ und $U_{0B,II}$ verschieden. Gleiches gilt auch für die Mischungsgrößen vor und nach der Reaktion.

Bei den meisten chemischen Reaktionen sind allerdings die Mischungsgrößen ΔU um mehr als zwei Größenordnungen kleiner als die Reaktionswärmen und können somit vernachlässigt werden. Wenn also

$$\Delta U_{II} - \Delta U_I \ll U_{II} - U_I \tag{12.5}$$

ist, tauchen in Gl. 12.4 nur noch Reinstoffgrößen auf, was die Berechnung der Reaktionswärme erheblich vereinfacht.

Von größerer technischer Bedeutung sind Reaktionen, die in geschlossenen Systemen oder stationär durchflossenen Kontrollräumen bei eingestelltem konstanten Druck und konstanter Temperatur ablaufen, Abb. 12.2. In beiden Fällen führt der 1. Hauptsatz zum gleichen Endergebnis, wenn man im Fall des stationär durchflossenen offenen Systems die Änderungen der potentiellen und kinetischen Energie vernachlässigt,

$$Q_{I,II} = Q_p = H_{II} - H_I \,. \tag{12.6}$$

Man bezeichnet die Größe Q_p als isobare Reaktionswärme. Auch hier ist es gleichgültig, ob zunächst die Reaktion adiabat oder unter stetigen isothermen Bedingungen durchgeführt wird.

Die Enthalpie der Gemische vor und nach der Reaktion lässt sich nach Gl. 5.101 als Summe der molanteilig gemittelten molaren Reinstoffgrößen H_{0i} und der Mischungsenthalpie ΔH schreiben.

$$H = \sum_K H_{0K}(T, p)\, N_K + \Delta H(T, p, N_1, \ldots, N_K) \tag{12.7}$$

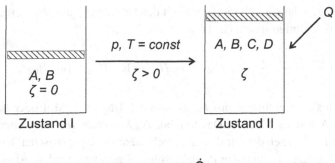

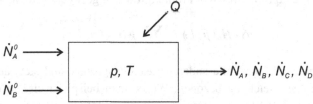

Abb. 12.2 Chemische Reaktionen bei konstantem Druck und konstanter Temperatur

Da die Reinstoffenthalpien $H_{0i}(p, T)$ nur Funktionen von Druck und Temperatur sind und die Reaktion bei konstanten Werten von p und T durchgeführt wird, sind die Reinstoffgrößen vor und nach der Reaktion gleich und es bedarf keiner Unterscheidung zwischen den Zuständen I und II wie dies im Falle der inneren Energie in Gl. 12.4 erforderlich war. Somit folgt für die Enthalpiedifferenz

$$H_{II} - H_I = N_A\, H_{0A}(p, T) + N_B\, H_{0B}(p, T) + N_C\, H_{0C}(p, T)$$
$$+ N_D\, H_{0D}(p, T) - N_A^0\, H_{0A}(p, T) - N_B^0\, H_{0B}(p, T)$$
$$+ \Delta H_{II} - \Delta H_I \,. \tag{12.8}$$

Die Mischungsenthalpien ΔH vor und nach der Reaktion sind verschieden, da sich die Zusammensetzung des Gemischs ändert. Trotzdem gilt, wie zuvor bei der inneren Energie, in der Regel

$$\Delta H_{II} - \Delta H_I \ll H_{II} - H_I \,. \tag{12.9}$$

Vernachlässigt man somit die Differenz der Mischungsenthalpien, stehen in Gl. 12.8 nur noch molare Reinstoffgrößen der Enthalpie bei gleichem Druck und gleicher Temperatur. Die Stoffbilanz nach Gl. 11.29 erlaubt die Molmengen N_i durch die Reaktionslaufzahl zu ersetzen:

$$N_A = N_A^0 - |\nu_A|\zeta\,, \tag{12.10a}$$
$$N_B = N_B^0 - |\nu_B|\zeta\,, \tag{12.10b}$$
$$N_C = \nu_C\,\zeta\,, \tag{12.10c}$$
$$N_D = \nu_D\,\zeta\,. \tag{12.10d}$$

Eingesetzt in Gl. 12.8 heben sich die Terme mit den Größen N_A^0 und N_B^0 heraus und man erhält unter Berücksichtigung von Gl. 12.9

$$\Delta_R H_0 = \frac{(H_{II} - H_I)}{\zeta} = \nu_C H_{0C} + \nu_D H_{0D} - |\nu_A| H_{0A} - |\nu_B| H_{0B} \ . \tag{12.11}$$

$\Delta_R H_0$ ist die Reaktionsenthalpie pro *Formelumsatz*, d. h. pro ζ Mol oder bezogen auf genau ν_A Mole A und ν_B Mole B. Das Symbol $\Delta_R X$ wollen wir im Weiteren für alle Größen benutzen, bei denen die mit den entsprechenden stöchiometrischen Koeffizienten multiplizierten Eduktgrößen von den Produktgrößen abgezogen werden. Allgemein kann man schreiben

$$\Delta_R H_0(p, T) = \sum_K \nu_K H_{0K}(p, T) \ . \tag{12.12}$$

Die Reaktionsenthalpie bzw. alle anderen Reaktionsgrößen sind stets auf eine konkrete stöchiometrische Gleichung bezogen. Würde man beispielsweise in der stöchiometrischen Gleichung Gl. 12.1 alle stöchiometrischen Koeffizienten mit einem konstanten Faktor multiplizieren und somit eine zu Gl. 12.1 vollkommen äquivalente, linear abhängige Gleichung schreiben, würde sich auch dementsprechend die zu dieser neuen Gleichung gehörige Reaktionsenthalpie um den gleichen Faktor erhöhen.

Kann man die Differenz der Mischungsenthalpien nicht vernachlässigen, folgt aus Gl. 12.8

$$\Delta_R H = \Delta_R H_0 + \frac{\Delta H_{II} - \Delta H_I}{\zeta} \ . \tag{12.13}$$

Bei der Reaktion idealer Gase vereinfachen sich die Gl. 12.4 und Gl. 12.13 wesentlich, da dann die molaren Reinstoffgrößen U_{0i} und H_{0i} nur noch Temperaturfunktionen sind und die Mischungsgrößen entfallen. Analog zu Gl. 12.12 erhält man dann nach Einbinden der Stoffbilanz

$$\Delta_R U_0^{id}(T) = \frac{\Delta U_{II} - \Delta U_I}{\zeta} = \sum_K U_{0K} \nu_K \ . \tag{12.14}$$

Für isobare Reaktionen idealer Gase kann man auch die Volumenänderung in einfacher Weise berechnen

$$\Delta_R V_0^{id}(p, T) = \frac{\Delta V}{\zeta} = \sum_K V_{0K}(p, T) \nu_K \ . \tag{12.15}$$

Mit der Zustandsgleichung des idealen Gases folgt

$$\Delta_R V_0^{id}(p, T) = \frac{\bar{R} T}{p} \sum_K \nu_K \ . \tag{12.16}$$

Im Falle von isobaren Prozessen existiert dann wegen $H = U + pV$ zwischen $\Delta_R H_0$ und ΔU_0 der einfache Zusammenhang

$$\Delta_R H_0^{id}(T) = \Delta_R U_0^{id} + \bar{R} T \sum_K \nu_K \ . \tag{12.17}$$

Zusammenfassend gelten somit folgende Beziehungen für die Reaktionswärmen bei isothermer Prozessführung:

$$Q_p = \Delta_R H(p, T) \approx \Delta_R H_0(p, T) \,, \tag{12.18}$$

$$Q_V = U_{II} - U_I \,. \tag{12.19}$$

Die Gl. 12.18 und Gl. 12.19 gelten allgemein für Reaktionen realer Stoffe, wobei die Größen $\Delta_R H$, $\Delta_R H_0$ bzw. $(U_{II} - U_I)$ entsprechend Gl. 12.13, Gl. 12.12 bzw. Gl. 12.4 zu berechnen sind. Es sei an dieser Stelle ausdrücklich darauf hingewiesen, dass hier für Q_V kein allgemein gültiger Zusammenhang entsprechend der Gl. 12.18 existiert, da, wie bereits ausgeführt, die Reinstoffgrößen in Gl. 12.4 nicht durch die Stoffbilanz nach Gl. 12.10a - Gl. 12.10d eliminiert werden können. Bei einer isotherm und isochor ablaufenden Reaktion ändert sich im allgemeinen Fall die Gesamtstoffmenge und damit auch der Druck bzw. die molaren Volumina $V/N_i{}^1$. Nur im Falle der Reaktion idealer Gase kann man schreiben

$$Q_p = \Delta_R H_0^{id}(T) \,, \tag{12.20}$$

$$Q_V = \Delta_R U_0^{id}(T) \,. \tag{12.21}$$

Die Größen Q_p und Q_V bzw. $\Delta_R H_0$ und $\Delta_R U_0$ lassen sich experimentell mit Kalorimetern ermitteln. In diesen Geräten werden die Wärmen bei isothermer Prozessführung gemessen.

Sind die Größen Q_p und Q_V negativ, d. h. muss während der Reaktion Wärme abgeführt werden, damit die Temperatur konstant bleibt, spricht man *exothermen* Reaktionen, umgekehrt von *endothermen* Reaktionen.

Die Reaktionswärmen bzw. Reaktionsenergien beziehen sich auf den Formelumsatz und sind damit wie bereits angedeutet unmittelbar einer stöchiometrischen Gleichung zugeordnet. Man schreibt daher oft

$$|\nu_A|A + |\nu_B|B \leftrightharpoons \nu_C C + \nu_D D - \Delta_R H \,. \tag{12.22}$$

Gl. 12.22 kann somit als eine Art Stoff- und Energiebilanzgleichung betrachtet werden.

---

[1] In einer Reihe von Lehrbüchern findet man alternative Darstellungen, die auf der Verwendung partieller molarer Zustandsgrößen basieren. Ausgehend von der Beziehung $dQ = dH$ mit $H(T, p, N_1 \dots N_K)$ und $dH|_{T,p} = \sum_K \left(\frac{\partial H}{N_K}\right)_{T,p,N_{j \neq K}} \nu_K \, d\zeta$ ergibt sich

$$\left(\frac{dH}{d\zeta}\right)_{T,p} = \Delta_R H = \sum_K H_K \nu_K \,.$$

Diese Darstellung ist der Gl. 12.13 äquivalent (vgl. Prigogine, Defay: Chemische Thermodynamik, VEB Verlag 1962).

Als Zahlenbeispiel betrachten wir die Knallgasreaktion

$$H_2 + \frac{1}{2}O_2 \leftrightharpoons H_2O \tag{12.22a}$$

bei einem Druck von 1,01325 bar und einer Temperatur von 25 °C. Ihre Reaktions-enthalpie ist $-241{,}8\,\mathrm{kJ/mol}$, wenn das Wasser gasförmig angenommen wird, und $-285{,}8\,\mathrm{kJ/mol}$, wenn das Wasser in flüssiger Form auftritt[2]. Der Unterschied ist die Verdampfungsenthalpie von Wasser von 44 kJ/mol. Man erkennt an diesem Beispiel, dass Reaktionsenthalpien, insbesondere die von Verbrennungsreaktionen, sehr hoch sind im Vergleich zu Phasenumwandlungsenthalpien.

Zur Ermittlung der Temperaturabhängigkeit der Reaktionsenergie $\Delta_R U_0$ und der Reaktionsenthalpie $\Delta_R H_0$ differenzieren wir die Gl. 12.12 bzw. Gl. 12.14 und erhalten

$$\left(\frac{d\,\Delta_R H_0}{dT}\right)_p = \sum_k \nu_k C_{p0k}(p, T) \tag{12.23}$$

sowie nach Integration von T_0 bis T

$$\Delta_R H_0(T, p) = \Delta_R H_0(T_0, p) + \sum_k \nu_k \int_{T_0}^{T} C_{p0k}\, dT \tag{12.24}$$

und

$$\left(\frac{d\,\Delta_R U_0}{dT}\right)_V = \sum_k \nu_k C_{V0k}(T) \tag{12.25}$$

sowie nach Integration von T_0 bis T

$$\Delta_R U_0(T) = \Delta_R U_0(T_0) + \sum_k \nu_k \int_{T_0}^{T} C_{V0k}\, dT \;. \tag{12.26}$$

Die Größen C_{p0i} und C_{V0i} sind die molaren Wärmekapazitäten der an der Reaktion beteiligten Komponenten bei konstantem Druck bzw. bei konstantem Volumen.

12.2 Standardgrößen für die Enthalpie, Entropie und freie Enthalpie

In der Thermodynamik nicht reagierender Systeme tauchen stets Differenzen von Enthalpien und Entropien zwischen gleichartigen Spezies auf, beispielsweise in den verschiedenen Formulierungen der Hauptsätze. Somit können die Nullpunkte für diese Größen

---

[2] Die Zahlenwerte sind dem Handbuch „Hütte", 32. Auflage, 2004, Springer-Verlag entnommen

vollkommen beliebig gewählt werden, da sich bei der Differenzenbildung die Nullpunktsgrößen stets herausheben.

Dies ist bei den chemisch reagierenden Systemen vollkommen anders, wie beispielsweise Gl. 12.11 anschaulich zeigt. Dort treten Differenzen von Enthalpien unterschiedlicher Stoffe auf. Somit ergibt sich bei chemisch reagierenden Systemen die Notwendigkeit, Enthalpie- und Entropienullpunkte für alle Stoffe einheitlich festzulegen.

Man führt hierzu zunächst den Begriff der *Bildungsenthalpie* ein und definiert als Bildungsenthalpie die Reaktionsenthalpie bei der Bildung von genau 1 Mol eines Stoffes X aus den Elementen E_i bei konstanten Werten von Druck und Temperatur. Die stöchiometrische Gleichung einer Bildungsreaktion kann also beispielsweise formuliert werden als

$$|\nu_{E1}|E_1 + |\nu_{E2}|E_2 \to X \qquad (12.27)$$

wobei der stöchiometrische Koeffizient stets $\nu_X = 1$ sein muss. Eine weitere unabdingbare Voraussetzung ist, dass die Bildungsreaktion vollständig ablaufen muss ($K \to \infty$), d. h. keine Gleichgewichtsreaktion vorliegt. Dafür steht in Gl. 12.27 der einfache Pfeil. Solche (praktisch) vollständig ablaufende Reaktionen sind beispielsweise Verbrennungsreaktionen. Führt man solche Verbrennungsreaktionen in Kalorimetern durch, kann man die Reaktionsenthalpie als Wärme gemäß der Gl. 12.16 direkt messen. Da bei der Reaktion nur ein reiner Stoff und keine Mischung entsteht und darüber hinaus die Elemente als unvermischt betrachtet werden, gilt für die Bildungsreaktion exakt

$$Q_p = \Delta_R H_{0X} = H_{0X} - |\nu_{E1}|H_{0E1} - |\nu_{E2}|H_{0E2} \,. \qquad (12.28)$$

Es ist zweckmäßig, für die Bildungsenthalpie des Stoffes X bzw. eines beliebigen Stoffes i ein neues Symbol einzuführen und zu schreiben[3]

$$\Delta_R H_{0i} = \Delta_f H_i \,. \qquad (12.29)$$

Für die Vertafelung von Bildungsenthalpien wird der sog. thermochemische Standard mit folgenden Werten festgelegt:

$$T^\theta = 298,15\,\mathrm{K} \qquad (t = 25\,^\circ\mathrm{C})\,,$$
$$p^\theta = 0,1\,\mathrm{MPa} \qquad (1\,\mathrm{bar})\,.$$

Für die molare Standardbildungsenthalpie eines Stoffes i wird das Symbol $\Delta_f H_i^\theta$ benutzt

$$\Delta_f H_i^\theta = \Delta_f H_i(p^\theta, T^\theta)\,. \qquad (12.30)$$

Aus Gl. 12.28 wird deutlich, dass die Bildungsenthalpie aus einer Differenz berechnet werden muss. Wir wollen aber letztendlich absolute Werte für die Enthalpie eines Stoffes ermitteln. Daher wird folgende Festlegung getroffen:

---

[3] In Anlehnung an die international übliche Nomenklatur steht der Index f für „formation".

▶ **Merksatz** Für die stabile Form der Elemente E_i ist die Enthalpie bei Standardbedingungen gleich Null.

$$H_{0E_i}(p^\theta, T^\theta) = 0 . \tag{12.31}$$

Stabile Formen von Elementen sind beispielsweise C als Graphit, oder die Gase O_2, H_2, N_2, Cl_2.

Somit ist die Standardbildungsenthalpie gleich der absoluten Enthalpie eines Stoffes bei Standardbedingungen.

$$\Delta_f H_i^\theta = H_{0i}(p^\theta, T^\theta) = H_{0i}^\theta . \tag{12.32}$$

Nun kann aber nicht für jede chemische Verbindung eine vollständig ablaufende Bildungsreaktion nach Gl. 12.27 durchgeführt werden. In diesem Fall hilft das Gesetz der konstanten Energiesummen weiter.

Schon vor der Formulierung des ersten Hauptsatzes hatte *H. Hess* 1840[4] *das Gesetz der konstanten Wärmesummen* aufgestellt. Wir sprechen den Satz in der folgenden Form aus:

▶ **Merksatz** Der Energiebedarf einer chemischen Reaktion ist gleich dem Unterschied des Energieinhaltes der Endprodukte und der Ausgangsstoffe, unabhängig davon, ob die Reaktion direkt oder über irgendwelche Zwischenstufen erfolgt.

In dieser Gestalt ist er eine unmittelbare Folge des Satzes von der Erhaltung der Energie. Der Hesssche Satzes erlaubt somit die Bestimmung des Energiebedarfs von nicht direkt ausführbaren Reaktionen mit Hilfe von Umwegreaktionen. Als Beispiel betrachten wir die Verbrennung von festem Kohlenstoff in graphitischer Form unmittelbar zu CO_2 und auf dem Umweg über CO.

Für die Verbrennung von festem C zu CO_2 bei 25 °C ergibt die kalorimetrische Messung

$$C_{graph} + O_2 = CO_2 + 393{,}51\,kJ/mol , \tag{12.33}$$

für die Verbrennung von CO zu CO_2 gilt

$$CO + \frac{1}{2}O_2 = CO_2 + 282{,}99\,kJ/mol . \tag{12.34}$$

Durch algebraisches Subtrahieren beider Gleichungen erhält man die nur schwierig direkt messbare Verbrennung von festem C zu CO in der Form

$$C_{graph} + \frac{1}{2}O_2 = CO + 110{,}52\,kJ/mol . \tag{12.35}$$

---

[4] G.H. Hess, russischer Chemiker, 1802–1850.

Der feste Kohlenstoff musste ausdrücklich als Graphit bezeichnet werden, da er in allotroper Modifikation als Diamant eine etwas größere Bildungsenthalpie hat, entsprechend der Gleichung

$$C_{diam} + O_2 = CO_2 + 395{,}55\,kJ/mol \, . \tag{12.36}$$

Durch algebraisches Subtrahieren der Gl. 12.33 und Gl. 12.36 ergibt sich

$$C_{diam} = C_{graph} + 2{,}04\,kJ/mol \, , \tag{12.37}$$

wonach die Umwandlung von Diamant in Graphit ein exothermer Vorgang ist.

Als weiteres Beispiel soll die unmittelbar kaum bestimmbare Bildungsenthalpie von Methan CH_4 aus den gemessenen Verbrennungsenthalpien der Verbindung und ihrer elementaren Bestandteile C und H_2 bei 25 °C und 1,01325 bar berechnet werden. Da das bei der Verbrennung entstehende Wasser gasförmig oder flüssig auftreten kann, ist in den folgenden Gleichungen jedem Teilnehmer die Zustandsform in Klammern beigefügt.

Für die Verbrennung von Methan gilt

$$CH_4(g) + 2\,O_2(g) = CO_2(g) + 2\,H_2O(l) + 890{,}35\,kJ/mol \, ,$$

für die Verbrennung von Kohlenstoff und Wasserstoff

$$C_{graph} + O_2(g) = CO_2(g) + 393{,}51\,kJ/mol \, ,$$
$$2\,H_2(g) + O_2(g) = 2\,H_2O(l) + 571{,}68\,kJ/mol \, .$$

Subtrahiert man die erste Gleichung von der Summe der beiden letzten und bringt in algebraischer Weise das Methan auf die rechte Seite, so erhält man

$$C_{graph} + 2\,H_2(g) = CH_4(g) + 74{,}84\,kJ/mol \, .$$

Damit ist die Bildungsenthalpie von Methan aus den Elementen C_{graph} und $H_2(g)$ mit $-74{,}84\,kJ$ je mol gefunden. Methan ist demnach eine exotherme Verbindung mit negativer Bildungsenthalpie.

Standardwerte der Bildungsenthalpie sind in verschiedenen Tabellenwerken vertafelt. Einen Auszug enthält Tab. 12.1.

Die Enthalpie eines reinen Stoffes bei beliebigen Werten von Druck und Temperatur $H_{0i}(p, T)$ lässt sich allgemein mit Hilfe der in Bd. 1 in Abschn. 12.2 angegebenen Gleichung berechnen, beispielsweise längs des Weges $p^\theta = $ const und $T = $ const

$$H_{0i} = \Delta_f H^\theta + \int_{T^\theta}^{T} C_{p0i}(p^\theta, T)\, dT + \int_{p^\theta}^{p} \left[V_{0i}(p, T) - T \left(\frac{\partial V_{0i}}{\partial T} \right)_p \right] dp \, . \tag{12.38}$$

Hierzu müssen eine Zustandsgleichung $V_{0i}(p, T)$ und die molaren Wärmekapazitäten bekannt sein.

Tab. 12.1 Molare Standardgrößen ausgewählter Stoffe bei $T^\theta = 298,15\,\mathrm{K}$ und $p^\theta = 0,1\,\mathrm{MPa}$ (1 bar)[a]. Der Zustand ist mit g = gasförmig, l = flüssig und s = fest bezeichnet.

Stoff	Zustand	$\bar{M}$ kg/kmol	$H_{0i}^\theta = \Delta_f H_i^\theta$ kJ/mol	S_{0i}^θ J/(mol K)	G_{0i}^θ kJ/mol	$\Delta_f G_i^\theta$ kJ/mol
H	g	1,008	218,00	141,61	183,85	203,25
H_2	g	2,016	0	130,57	$-38,93$	0
O	g	16,00	249,18	160,95	201,19	231,73
O_2	g	32,00	0	205,04	$-61,13$	0
H_2O	l	18,015	$-285,83$	69,95	$-306,69$	$-237,13$
H_2O	g	18,015	$-241,83$	188,73	$-298,10$	$-228,57$
C (Graphit)	s	12,011	0	5,74	$-1,71$	0
C (Diamant)	s	12,011	1,89	2,37	1,18	2,9
CO	g	28,01	$-110,53$	197,55	$-169,43$	$-137,17$
CO_2	g	44,01	$-393,51$	213,68	$-457,22$	$-394,36$
CH_4	g	16,043	$-74,81$	186,26	$-130,34$	$-50,72$
CH_3OH	l	32,043	$-200,66$	239,81	$-272,16$	$-161,96$
C_2H_5OH	l	46,07	$-277,69$	160,70	$-325,60$	$-174,78$
N_2	g	28,013	0	191,61	$-57,13$	0
NH_3	g	17,031	$-46,11$	192,45	$-103,49$	$-16,45$
SO_2	g	64,06	$-296,81$	248,11	$-370,78$	$-300,19$
SO_3	g	80,06	$-395,72$	256,76	$-472,27$	$-371,06$
H_2SO_4	l	98,075	$-813,99$	156,90	$-860,76$	$-690,00$
H_2S	g	34,076	$-20,60$	205,70	$-81,93$	$-33,56$
S (rhomb.)	s	32,06	0	32,05	$-9,56$	0
Cl_2	g	70,906	0	222,98	$-66,48$	0
Si	s	28,086	0	18,81	$-5,61$	0
SiO_2 (Quarz)	s	60,084	$-910,7$	41,46	$-923,06$	$-856,64$

[a] Nach Cox, J.D.; Wagman, D.D.; Medvedev, V.A.: CODATA Key Values for Thermodynamics, Hemisphere Pub. Comp., New York, 1989.
Bzw. Wagman, D.D. et al.: The NBS tables of chemical and thermodynamic properties, J. Phys. Chem. Reference Data 11 (1982) Suppl. 2.
Anmerkung: Die Zahlenwerte sind auf 2 bzw. 3 Nachkommastellen gerundet. Die Werte für G_{0i}^θ sind aus H_{0i}^θ und S_{0i}^θ berechnet.

Bereits in Bd. 1 wurde in Abschn. 8.4 das Nernstsche Wärmetheorem behandelt. Demnach ist die Entropie eines chemisch homogenen, kristallinen Festkörpers am absoluten Nullpunkt gleich Null,

$$\lim_{T\to 0} S_{0i} = 0 \,. \tag{12.39}$$

Die Entropie S_{0i} unter Standardbedingungen wird ausgehend von $T = 0$ unter Berücksichtigung aller für den jeweiligen Stoff bis T^θ auftretenden Phasenübergänge mit Hilfe bekannter Zustandsgleichungen bzw. mit im fraglichen Zustandsbereich zwischen

$0 \leq T \leq T^\theta$ geltenden Ansätzen für die molare Wärmekapazität berechnet. Werte für die Standardentropien einiger ausgewählten Stoffe finden sich in Tab. 12.1.

Analog zur Enthalpie kann man die Entropie eines reinen Stoffes $S_{0i}(p, T)$ ausgehend vom Standardwert basierend auf den bereits in Bd. 1, Abschn. 12.3, hergeleiteten Beziehungen berechnen, beispielsweise über den Integrationsweg $p^\theta = $ const und $T = $ const

$$S_{0i} = S_{0i}^\theta + \int_{T^\theta}^{T} \frac{C_{p0i}(p^\theta, T)}{T} \, dT - \int_{p^\theta}^{p} \left(\frac{\partial V_{0i}}{\partial T} \right)_p dp \,, \tag{12.40}$$

wenn man eine geeignete Zustandsgleichung $V_{0i}(T, p)$ und entsprechende Ansätze für die molare Wärmekapazität kennt.

Manchmal ist es zweckmäßig, die Standardgrößen der freien Enthalpie zu kennen. Nach Gl. 5.41 kann man schreiben

$$G_{0i}(p^\theta, T^\theta) = G_{0i}^\theta = H_{0i}^\theta - T^\theta S_{0i}$$

$$\text{bzw. } G_{0i}^\theta = \Delta_f H_i^\theta - T^\theta S_{0i} \,. \tag{12.41}$$

G_{0i}^θ ist der *Standardwert der freien Enthalpie*. Einige Werte für G_{0i}^θ sind in der Tab. 12.1 eingetragen.

Davon zu unterscheiden ist der Standardbildungswert der freien Enthalpie $\Delta_f G_i^\theta$. Dieser berechnet sich gemäß Gl. 12.27 aus der Bildungsreaktion des Stoffes i

$$\Delta_f G_i^\theta = G_{0i}^\theta - \sum_{E_j} \nu_{E_j} G_{0E_j}^\theta \,. \tag{12.42}$$

Dabei ist zu beachten, dass die Standardwerte der freien Enthalpie für Elemente ungleich Null sind, da auch die Standardentropien für Elemente ungleich Null sind. Werte der freien Standardbildungsenthalpie $\Delta_f G_i^\theta$ sind für einige ausgewählte Stoffe in Tab. 12.1 aufgeführt.

Zur Lösung der Aufgaben in Abschn. 12.7 sind die entsprechenden Werte aus Tab. 12.1 zu benutzen.

12.3 Berechnung von Gleichgewichtskonstanten

Mit Hilfe der in Abschn. 12.2 hergeleiteten Beziehungen sind wir nun in der Lage, Gleichgewichtskonstanten konkreter Reaktionen zu berechnen und deren Abhängigkeiten von Druck und Temperatur zu ermitteln. Eine Gleichgewichtskonstante $K(T, p)$ ist entsprechend Gl. 11.13 bzw. Gl. 11.23 allgemein folgendermaßen definiert:

$$- \bar{R} T \ln K = \sum_{k} \nu_k \mu_{0k} \,. \tag{12.43}$$

Die chemischen Potentiale μ_{0i} sind die Bezugspotentiale $\mu_{0i}(p^+, T)$ für den Zustand des idealen Gases bzw. $\mu_{0i}(p, T)$ für den reinen realen Stoff unter Systembedingungen.

Nach Gl. 5.47 ist $\mu_{0i} = G_{0i}$. Weiterhin kann man für die Summe auf der rechten Seite von Gl. 12.43 in Anlehnung an Gl. 12.11 das Symbol $\Delta_R\mu_0$ einführen und es folgt mit Gl. 5.41

$$\sum_k \nu_k\,\mu_{0k} = \Delta_R\mu_0 = \Delta_R G_0\,, \tag{12.44}$$

$$\Delta_R G_0 = \Delta_R H_0 - T\,\Delta_R S_0\,, \tag{12.45}$$

$$\Delta_R H_0 = \sum_k \nu_k\,H_{0k}\,, \tag{12.46}$$

$$\Delta_R S_0 = \sum_k \nu_k\,S_{0k}\,, \tag{12.47}$$

$$\text{bzw.} \quad \Delta_R G_0 = \sum_k \nu_k G_{0k}\,. \tag{12.48}$$

Die Ermittlung der Größen H_{0i}, S_{0i} und G_{0i} in Abhängigkeit von Druck und Temperatur wurde in Abschn. 12.2 behandelt. Basierend auf diesen Größen sind somit Gleichgewichtskonstanten von chemischen Reaktionen der Berechnung zugänglich.

Alternativ zu Gl. 12.48 kann $\Delta_R G_0$ auch über die Werte der freien Bildungsenthalpien berechnet werden, wenn diese aus Tabellenwerken zugänglich sind.

Für Standardbedingungen folgt beispielsweise

$$\Delta_R G_0^{\theta} = \sum_k \nu_k G_{0k}^{\theta} = \sum_k \nu_k\,\Delta_f G_k^{\theta}\,. \tag{12.49}$$

Der Berechnungsweg über freie Standardbildungsenthalpien vereinfacht oft die Berechnung von $\Delta_R G_0$, da per definitionem die Standardbildungsgrößen von Elementen gleich Null sind.

In Beispiel 12.1 wird dieser Tatbestand näher erläutert.

Bei homogenen Gasreaktionen müssen zur Berechnung der Gleichgewichtskonstanten mittels Gl. 12.44 die chemischen Potentiale μ_{0i} bzw. die freien molaren Enthalpien der reinen Stoffe bei einem Bezugsdruck p^+ gebildet werden. Dabei ist p^+ ein beliebiger Druck, der so niedrig gewählt werden muss, dass sich der Stoff wie ein ideales Gas verhält. Oftmals ist es möglich

$$p^+ = p^{\theta}$$

zu setzen, da sich viele Gase bei einem Druck von $p^{\theta} = 1$ bar ideal verhalten. Falls aber ein Gas sich bei einem Druck von 1 bar bereits real verhält, muss man den Tabellenwert G_{0i}^{θ} entsprechend umrechnen. Es ist dann nach Gl. 7.11 bei konstanter Temperatur unter

Berücksichtigung von $\mu_{0i} = G_{0i}$

$$G_{0i}^{\theta}(p^{\theta}, T) = G_{0i}^{\theta}(p^{+}, T) + RT \int_{p^{+}}^{p^{\theta}} (V_{0i} - V_{0i}^{id}) \, dp \,. \tag{12.50}$$

12.4 Die Gleichgewichtskonstante als Funktion von Temperatur und Druck

Im Folgenden sollen die Abhängigkeit der Gleichgewichtskonstanten von der Temperatur und vom Druck untersucht werden. Dazu gehen wir von der allgemeinen Beziehung Gl. 12.43 aus und erhalten durch Differentiation nach der Temperatur, wobei der Druck konstant gehalten wird

$$\left(\frac{\partial \ln K}{\partial T}\right)_{p} = \frac{1}{\bar{R}T^2} \sum_{k} \mu_{0k} \nu_k - \frac{1}{\bar{R}T} \sum_{k} \frac{d\mu_{0k}}{dT} \nu_k$$

$$= \frac{1}{\bar{R}T^2} \left[\sum_{k} \nu_k \left(\mu_{0k} - T \frac{d\mu_{0k}}{dT} \right) \right]. \tag{12.51}$$

Nun ist für Einstoffsysteme entsprechend Gl. 5.41

$$\mu_{0i} = H_{0i} - TS_{0i} \,,$$

wobei man nach Gl. 5.85 die molare Entropie $S_{0i}(p^{+}, T)$ auch schreiben kann

$$S_{0i} = -\frac{d\mu_{0i}}{dT} \,.$$

Daraus folgt

$$\mu_{0i} = H_{0i} + T\frac{d\mu_{0i}}{dT} \quad \text{oder} \quad \mu_{0i} - T\frac{d\mu_{0i}}{dT} = H_{0i} \,.$$

Gl. 12.51 ergibt sich damit zu

$$\left(\frac{\partial \ln K}{\partial T}\right)_{p} = \frac{1}{\bar{R}T^2} \sum_{k} \nu_k H_{0k} \,, \tag{12.52}$$

wenn H_{0i} den Wert der molaren Enthalpie des reinen Stoffes i bei einem beliebigen Druck p und der Temperatur T bedeutet

$$\sum_{k} \nu_k H_{0k} = \Delta_R H_0(p, T) \,. \tag{12.53}$$

$\Delta_R H_0(p, T)$ ist die Reaktionsenthalpie beim Druck p, wobei wie zuvor ausgeführt oftmals $p^+ = p^\theta$ gesetzt werden kann. Damit geht Gl. 12.52 über in

$$\left(\frac{\partial \ln K}{\partial T}\right)_p = \frac{\Delta_R H_0(p, T)}{\bar{R} T^2} \, . \tag{12.54}$$

Gl. 12.54 wird als *Gleichung von van't Hoff* bezeichnet[5]. Sie gibt einen Zusammenhang zwischen der Gleichgewichtskonstanten und der Reaktionsenthalpie. Da man Gleichgewichtskonstanten unmittelbar aus gemessenen Zusammensetzungen, beispielsweise aus Partialdrücken, berechnen kann, lassen sich mit Hilfe von Gl. 12.54 die Reaktionsenthalpie von Gasen ermitteln. Die Gleichung von van't Hoff gilt allgemein für alle Gleichgewichtskonstanten $K(p, T)$.

Bei Gasreaktionen (Bezugszustand ideales Gas) ist die Gleichgewichtskonstante nur eine Temperaturfunktion

$$\frac{d \ln K(T)}{dT} = \frac{\Delta_R H_0(p^+, T)}{\bar{R} T^2} \, . \tag{12.55}$$

Falls im Temperaturintervall $[T_0, T]$ die Reaktionsenthalpie näherungsweise als konstant angenommen werden kann, lässt sich Gl. 12.55 einfach integrieren und es folgt

$$\ln \frac{K(T)}{K(T_0)} = -\frac{\Delta_R H}{\bar{R}} \left[\frac{1}{T} - \frac{1}{T_0}\right] \, . \tag{12.56}$$

Im Falle einer exothermen Reaktion ($\Delta_R H_0 < 0$) ist

$$\ln K(T) \sim \frac{const}{T} \, ,$$

was bedeutet, dass $\ln K(T)$ und damit $K(T)$ abnimmt mit zunehmender Temperatur. Dies bedeutet, dass das Gleichgewicht in Richtung der Edukte verschoben wird. Dieses Systemverhalten entspricht genau dem in Abschn. 11.2 beschriebenen Prinzip von Le Chatelier und Braun.

Die Druckabhängigkeit der Gleichgewichtskonstanten spielt praktisch nur bei Gasphasenreaktionen eine nennenswerte Rolle.

Von den verschiedenen Gleichgewichtskonstanten ist lediglich $K_y(T, p)$ druckabhängig. Durch Differentiation von Gl. 11.16 nach dem Druck findet man

$$\left(\frac{\partial K_y}{\partial p}\right)_T = \frac{(p^+)^\nu}{p^\nu} K \left(\frac{-\nu}{\nu}\right) = K_y \left(\frac{-\nu}{p}\right)$$

oder

$$\left(\frac{\partial \ln K_y}{\partial p}\right)_T = \frac{\nu}{p} \, . \tag{12.57}$$

---

[5] J.H. van't Hoff, holländischer Chemiker, 1852–1911.

Abb. 12.3 Verlauf der freien
Enthalpie über der Reaktionslaufzahl

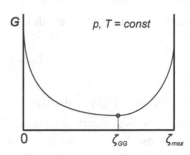

Da diese Beziehung voraussetzungsgemäß für ideale Gase gilt, ist bei einer Änderung der bezogenen Molmenge um $\sum \nu_k = \nu$ die auf einen Äquivalentumsatz bezogene Volumenänderung $\Delta_R V_0$ gegeben durch

$$p\,\Delta_R V_0 = \nu \bar{R} T \ .$$

Damit erhält man die von *Planck* und von *van Laar* angegebene Beziehung für die Druckabhängigkeit der Gleichgewichtskonstanten

$$\left(\frac{\partial \ln K_y}{\partial p} \right)_T = -\frac{\Delta_R V}{\bar{R} T} \ . \tag{12.58}$$

Nimmt bei einer Reaktion die Molzahl und damit das Volumen zu, verringert sich die Gleichgewichtskonstante bei steigendem Druck. Somit wird das Gleichgewicht in Richtung der Edukte verschoben, was dem Prinzip von Le Chatelier und Braun entspricht.

12.5 Triebkraft einer chemischen Reaktion

Wir betrachten eine isobare Reaktion, wie sie beispielsweise in Abb. 12.2 dargestellt ist. Die Reaktion möge beginnend von den Edukten bei $\zeta = 0$ bis in den Gleichgewichtszustand ζ_{GG} verlaufen. Geschieht dies quasistatisch, d. h. ist in jedem Zeitpunkt der Reaktion ein eindeutig definierter thermodynamischer Zustand vorhanden, kann man den Verlauf der freien Enthalpie über der Reaktionslaufzahl in einem Zustandsdiagramm darstellen, Abb. 12.3.

Die freie Enthalpie nimmt bei konstanten Werten von p und T ausgehend von den Edukten ab bis sie im thermodynamischen Gleichgewicht ein Minimum erreicht (vgl. Abschn. 11.2). Der maximale Wert der Reaktionslaufzahl wäre dann erreicht, wenn die Edukte j vollkommen abreagiert sind, wenn also

$$N_j = N_j^0 - |\nu_j|\zeta_{\max} = 0$$

ist. Aufgelöst nach ζ_{max} erhält man

$$\zeta_{max} = \frac{N_j^0}{|v_j|} \; ; \qquad j = \text{Edukte} .$$ (12.59)

Die Steigung $\left(\frac{\partial G}{\partial \zeta}\right)_{p,T}$ der Kurve $G(\zeta)$ hat bei $\zeta = 0$ den Wert $-\infty$ und bei $\zeta = \zeta_{max}$ den Wert $+\infty$ (vgl. hierzu Beispiel 12.3).

Für die Änderung der freien Enthalpie während der Reaktion wurde bereits Gl. 11.7 entwickelt

$$dG|_{T,p} = \sum_k \mu_k \, v_k d\zeta ,$$

deren Umstellung ergibt

$$\left(\frac{dG}{d\zeta}\right)_{p,T} = \sum_k \mu_k \, v_k = \Delta_R G .$$ (12.60)

$\Delta_R G$ ist die Triebkraft einer chemischen Reaktion. Im Gleichgewicht ist $\Delta_R G = 0$, die Triebkraft verschwindet und es folgt die bereits in Abschn. 11.2 abgeleitete Gleichgewichtsbeziehung 11.9.

Eine chemische Reaktion kann also prinzipiell nur dann ablaufen, wenn die freie Enthalpie bei festgehaltenen Werten von Druck und Temperatur mit wachsender Reaktionslaufzahl abnimmt, wenn also

$$\Delta_R G < 0$$ (12.61)

ist. Gl. 12.61 ist die notwendige Voraussetzung für den Ablauf einer chemischen Reaktion. Sie ist aber keine hinreichende Bedingung, da wie bereits erläutert viele Reaktionen gehemmt sind und diese kinetische Hemmschwelle erst durch besondere Maßnahmen, z. B. durch Einfluss von Katalysatoren überwunden werden muss.

Handelt es sich um eine homogene Reaktion idealer Gase, kann man mittels

$$\mu_{0i} = \mu_{0i}(p^+, T) + \bar{R}T \ln \frac{p_i}{p^+}$$

und Gl. 12.44 die Ungleichung 12.61 umschreiben

$$\Delta_R G = \sum_k \mu_{0k} \, v_k + \bar{R}T \sum_k v_k \ln \frac{p_k}{p^+} < 0$$

$$\Delta_R G = \Delta_R G_0(p^+, T) + \bar{R}T \ln \frac{\prod p^{v_k}}{(p^+)^v} < 0 .$$

Mit der Definition der Gleichgewichtskonstanten nach Gl. 11.13 erhält man

$$-\ln K(T) + \ln \frac{\prod p_k^{v_k}}{(p^+)^v} < 0$$

$$\text{bzw.} \quad \frac{1}{(p^+)^v} \prod p_k^{v_k} - \ln K(T) < 0$$ (12.62)

als notwendige Voraussetzung für den Ablauf einer Reaktion idealer Gase.

De Donder[6] führte für die Triebkraft einer chemischen Reaktion den Begriff der Affinität A ein.

$$A = -\Delta_R G \tag{12.63}$$

Dieser Begriff wird häufig in älteren Lehrbüchern benutzt.

12.6 Entropieerzeugung und maximal gewinnbare Arbeit

12.6.1 Entropieerzeugung bei Systemen ohne Nutzarbeit

Zur Berechnung der Entropieänderung bei einer isobaren chemischen Reaktion benutzen wir die Fundamentalgleichung 5.57 in der Emtropiedarstellung

$$T\, dS = dH - V\, dp - \sum_k (\mu_k \nu_k) d\zeta \,. \tag{12.64}$$

Wir wollen einen isobaren Prozess betrachten und während der Reaktion soviel Wärme ab- oder zuführen, dass die Temperatur konstant bleibt, wie in Abb. 12.2 dargestellt. Aus dem 1. Hauptsatz folgt in diesem Fall

$$dQ = dH \,.$$

Für ein geschlossenes System gilt weiterhin (Bd. 1, Kap. 9)

$$dQ = T\, dS_Q$$
$$dS = dS_Q + dS_{\text{irr}} \,.$$

Eingesetzt in Gl. 12.64 folgt mit $dp = 0$

$$dS = dS_{\text{irr}} = -\frac{1}{T} \sum_k (\mu_k \nu_k) d\zeta \tag{12.65}$$

oder

$$dS_{\text{irr}} = -\frac{\Delta_R G}{T} d\zeta \,. \tag{12.66}$$

Die zeitliche Entropieproduktion bei T, $p = $ const ergibt sich zu

$$\frac{dS_{\text{irr}}}{d\tau} = -\frac{1}{T} \Delta_R G \frac{d\zeta}{d\tau} \,, \tag{12.67}$$

wobei $d\zeta/d\tau$ die Reaktionsgeschwindigkeit ist.

Bei einer chemischen Reaktion wird somit stets Entropie erzeugt, wenn dem System keine Nutzarbeit entnommen werden kann. Die Entropieerzeugung ist immer dann klein, wenn die Reaktion annähernd bei Gleichgewichtsbedingungen ($\Delta_R G = 0$) durchgeführt werden kann.

---

[6] De Donder, Th.: Bull. Acad. Roy. Belg. (Cl. Sc.), (5), 7 (1922) 197–205.

12.6.2 Nutzarbeit bei reversiblen chemischen Reaktionen

Zur Berechnung der maximal möglichen Nutzarbeit bei einer reversiblen chemischen Reaktion betrachten wir ein offenes isobar, isothermes System, bei dem die Wärmeabfuhr bei Systemtemperatur erfolgt. Edukte und Produkte werden bei Systemtemperatur zu- bzw. abgeführt. Ein solches System könnte beispielsweise eine reversibel arbeitende Brennstoffzelle sein.

Der 1. Hauptsatz lautet in differentieller Schreibweise für diesen Fall, wenn die Änderungen der potentiellen und kinetischen Energien der ein- und austretenden Stoffmengen vernachlässigt werden können

$$dL_t + dQ = dH \; . \tag{12.68}$$

Die Enthalpieänderung berechnen wir über die Funktion $H(p, T, N_1 \ldots N_K)$. Berücksichtigt man dass die Variablen N_i über die Stoffbilanz

$$N_i = N_i^0 + \nu_i \zeta$$

verknüpft sind, kann die Enthalpieänderung bei konstanten Werten von Druck und Temperatur nur als Funktion der Variablen ζ beschrieben werden

$$dH = \left(\frac{\partial H}{\partial \zeta} \right)_{p,T} d\zeta \; . \tag{12.69}$$

Die Entropiebilanz des stationär durchflossenen offenen Systems lautet (siehe Bd. 1, Kap. 9)

$$\frac{dQ}{T} + (dS_M)_{\text{Edukte}} + dS_{\text{irr}} = (dS_M)_{\text{Produkte}} \; . \tag{12.70}$$

Die Entropieänderung dS_M aufgrund des Massentransports berechnen wir ausgehend von der Funktion $S(p, T, N_1 \ldots N_K)$. Wie bei der Enthalpieänderung folgt für konstante Werte des Drucks und der Temperatur unter Berücksichtigung der Stoffbilanz bei der chemischen Reaktion

$$dS_M = \left(\frac{\partial S}{\partial \zeta} \right)_{p,T} d\zeta \; . \tag{12.71}$$

Einsetzen von Gl. 12.71 in Gl. 12.70 und Auflösen nach dQ ergibt für einen reversiblen Prozess mit $dS_{\text{irr}} = 0$

$$dQ = T \left[(dS_M)_{\text{Produkte}} - (dS_M)_{\text{Edukte}} \right] = T \, dS_M \; .$$

Gemäß der Konvention für die stöchiometrischen Koeffizienten bei chemischen Reaktionen ist zu beachten, dass die Produkte (abgeführte Stoffe) positiv und die Edukte (zugeführte Stoffe) negativ zählen. In Gl. 12.71 ist diese Vereinbarung berücksichtigt.

Somit folgt

$$dQ = T \left(\frac{\partial S}{\partial \zeta}\right) d\zeta . \tag{12.72}$$

Setzt man die Gl. 12.59 und Gl. 12.72 in den 1. Hauptsatz Gl. 12.68 ein, erhält man

$$dL_t = \left[\left(\frac{\partial H}{\partial \zeta}\right)_{p,T} - T \left(\frac{\partial S}{\partial \zeta}\right)_{p,T}\right] d\zeta . \tag{12.73}$$

Mit $G = H - TS$ bzw. $dG = dH - T\,dS$ für $T = $ const und unter Berücksichtigung von Gl. 12.60 folgt

$$\frac{dL_t}{d\zeta} = \left(\frac{\partial G}{\partial \zeta}\right)_{p,T} = \Delta_R G . \tag{12.74}$$

Die Größe $dL_t/d\zeta$ ist die maximal gewinnbare technische Arbeit pro Formelumsatz. Sie ist gleich der Triebkraft $\Delta_R G$ der chemischen Reaktion.

12.7 Beispiele und Aufgaben

Beispiel 12.1

Knallgasreaktion Man berechne die Größe $\Delta_R G_0$ für die Knallgasreaktion unter Standardbedingungen nach Gl. 12.45, Gl. 12.48 und Gl. 12.49. Die entsprechenden Standardwerte sind der Tab. 12.1 zu entnehmen. Die Werte der freien Standardbildungsenthalpie sind mit Gl. 12.42 zu berechnen.

Die Knallgasreaktion lautet

$$H_2 + \frac{1}{2}O_2 = H_2O\ (l).$$

Aus der Tab. 12.1 kann man folgende Werte entnehmen:

$$2H_2O\ (l)\ :\ \Delta_f H_i^\theta = -285{,}83\,\text{kJ/mol}\ ,\qquad S_{0i}^\theta = 69{,}95\,\text{J/(mol K)},$$
$$G_{0i}^\theta = -306{,}69\,\text{kJ/mol}\ ,$$
$$H_2\ (g)\ :\ \Delta_f H_i^\theta = 0\ ,\qquad S_{0i}^\theta = 130{,}57\,\text{J/(mol K)},$$
$$G_{0i}^\theta = -38{,}93\,\text{kJ/mol}\ ,$$
$$O_2\ (g)\ :\ \Delta_f H_i^\theta = 0\ ,\qquad S_{0i}^\theta = 205{,}04\,\text{J/(mol K)},$$
$$G_{0i}^\theta = -61{,}13\,\text{kJ/mol}\ .$$

Wir berechnen zunächst die Größen $\Delta_R H_0$ und $\Delta_R S_0$ und anschließend $\Delta_R G_0$ nach Gl. 12.45.

$$\Delta_R H_0 = (-285,83 - 0 - 0) \, \text{kJ/mol} = -285,83 \, \text{kJ/mol} \,,$$

$$\Delta_R S_0 = (69,95 - 130,57 - \frac{1}{2} 205,04) \, \text{J/(mol K)} = -163,14 \, \text{J/(mol K)} \,,$$

$$\Delta_R G_0 = \Delta_R H_0 - T \, \Delta_R S_0 = (-285,83 + 298,15 \cdot 0,16314) \, \text{kJ/mol}$$
$$= \underline{-237,19 \, \text{kJ/mol}} \,.$$

Mit Gl. 12.48 ergibt sich

$$\Delta_R G_0 = (-306,69 + 38,93 + \frac{1}{2} 61,13) \, \text{kJ/mol} = \underline{-237,195 \, \text{kJ/mol}} \,.$$

Zur Auswertung von Gl. 12.49 kann man die freien Bildungsenthalpien gemäß Gl. 12.42 bestimmen. Hierbei ist zu beachten, dass es sich bei der Knallgasreaktion in der oben angegebenen Form bereits um eine Bildungsreaktion im Sinne von Gl. 12.27 handelt.

$$H_2O \; : \; \Delta_f G^\theta_{H_2O} = (-306,69 + 38,93 + \frac{1}{2} \, 61,13) \, \text{kJ/kmol} = \underline{-237,195 \, \text{kJ/kmol}}$$

Die Standardbildungsenthalpien der Elemente sind per definitionem gleich Null. Somit folgt aus Gl. 12.49

$$\Delta_R G_0 = (-237,13 - 0 - 0) \, \text{kJ/kmol} = \underline{-237,13 \, \text{kJ/mol}} \,.$$

Alternativ dazu kann man natürlich auch die Werte für die freien Bildungsenthalpien direkt aus Tab. 12.1 entnehmen.

Es wird deutlich, dass alle drei Methoden im Rahmen der Tabellengenauigkeit zum gleichen Ergebnis führen. Falls Tabellenwerte der Größen G^θ_{0i} oder $\Delta_f G^\theta_i$ bekannt sind, ist aber der Berechnungsweg über eine dieser beiden Größen einfacher und schneller.

Beispiel 12.2

In einem Behälter von $5 \, \text{m}^3$ Inhalt befinden sich $0,4 \, \text{kmol}$ CO und $0,2 \, \text{kmol}$ H_2O, und es läuft folgende chemische Reaktion bei einer Temperatur von $500 \, \text{K}$ ab:

$$CO + H_2O = CO + H_2 \,.$$

In Tabellen findet man die Reaktionsenthalpie zu $\Delta_R H = -38,2 \cdot 10^3 \, \text{kJ/kmol}$ und die Gleichgewichtskonstante zu $K = 10$ für eine Temperatur von $690 \, \text{K}$.

Man berechne die Gleichgewichtskonstante bei $500 \, \text{K}$ und die Partialdrücke der Reaktionsprodukte unter der Annahme, dass sich die Gase ideal verhalten und die Temperaturabhängigkeit der Reaktionsenthalpie vernachlässigbar ist.

Mit Gl. 12.56

$$\ln \frac{K_2}{K_1} = \frac{\Delta_R H_0}{\bar{R}} \left(\frac{1}{T_1} - \frac{1}{T_2} \right) \text{ oder } K_2 = K_1 \exp\left[\frac{\Delta_R H_0}{\bar{R}} \frac{T_2 - T_1}{T_1 T_2} \right]$$

ergibt sich

$$K_2 = 10 \exp\left[\frac{-38{,}2 \cdot 10^3 \cdot (-190)}{8{,}3144 \cdot 500 \cdot 690} \right] = 126 \, .$$

Neben dem chemischen Gleichgewicht Gl. 11.14 ist mit $\nu = 0$

$$K_2 = (p_{CO_2} p_{H_2})/(p_{CO_2} p_{H_2O}) = (N_{CO_2} N_{H_2})/(N_{CO_2} N_{H_2O}) \, ,$$

was mit $p_i = (N_i \bar{R} T)/V$ folgt. Es entstehen genau so viele Mole CO_2 wie H_2: $N_{CO_2} = N_{H_2} = \zeta$, und es ist $N_{CO} = 0{,}4\,\text{kmol} - \zeta$ und $N_{H_2O} = 0{,}2\,\text{kmol} - \zeta$. Damit wird $K_2 = \zeta^2/[(0{,}4\,\text{kmol} - \zeta) \cdot (0{,}2\,\text{kmol} - \zeta)]$. Man erhält eine quadratische Gleichung für ζ mit den Lösungen $\zeta_1 = 0{,}1984\,\text{kmol}$ und $\zeta_2 = 0{,}4064\,\text{kmol}$. Die zweite Lösung für ζ ist physikalisch nicht existent, da bereits alles H_2O und CO verbraucht wäre, bevor ζ_2 erreicht würde. Somit ist $\zeta = \zeta_1 = 0{,}1984\,\text{kmol}$. Man erhält mit Hilfe der thermischen Zustandsgleichung idealer Gase $p_{CO_2} = p_{H_2} = 1{,}650\,\text{bar}$, $p_{CO} = 1{,}676\,\text{bar}$ und $p_{H_2O} = 0{,}01289\,\text{bar}$.

Beispiel 12.3

Am Beispiel der Reaktion

$$A + B \rightleftharpoons C + D$$

ist nachzuweisen, dass die Steigung der Funktion $G(\zeta)$ bei $\zeta = 0$ den Wert $-\infty$ aufweist. Die Stoffe A, B, C und D seien ideale Gase. Die Anfangsstoffmengen betragen N_A^0, N_B^0, $N_C^0 = 0$, $N_D^0 = 0$.

Wie gehen von Gl. 12.60 aus

$$\left(\frac{\partial G}{\partial \zeta} \right)_{p,T} = \sum_k \mu_k \nu_k \, .$$

Für das chemische Potential eines idealen Gases kann man schreiben

$$\mu_i = \mu_{0i}(p^+, T) + \bar{R} T \ln \frac{p_i}{p^+} = \mu_{0i}(p^+, T) + \bar{R} T \ln \frac{y_i p}{p^+} \, ,$$

$$\mu_i = \mu_{0i}(p, T) + \bar{R} T \ln y_i \, .$$

Die Molanteile y_i werden über die Stoffbilanz berechnet:

$$N_i = N_i^0 + \nu_i\,\zeta\,,$$

$$N_A = N_A^0 - \zeta\,, \quad N_B = N_B^0 - \zeta\,, \quad N_C = N_D = \zeta\,,$$

$$\sum_k N_k = N_A^0 + N_B^0\,,$$

$$y_A = \frac{N_A^0 - \zeta}{N_A^0 + N_B^0}\,, \quad y_B = \frac{N_B^0 - \zeta}{N_A^0 + N_B^0}\,, \quad y_C = y_D = \frac{\zeta}{N_A^0 + N_B^0}\,,$$

$$\left(\frac{\partial G}{\partial \zeta}\right)_{p,T} = \sum_k \nu_k \mu_{0k}(p,T) + \bar{R}T \sum_k \nu_k \ln y_k\,,$$

$$\left(\frac{\partial G}{\partial \zeta}\right)_{p,T} = \Delta_R G_0 + \bar{R}T \ln \frac{\zeta^2}{(N_A^0 - \zeta)\,(N_B^0 - \zeta)}\,.$$

Für $\zeta = 0$ ist $\ln(0) = -\infty$. Für $\zeta = N_A^0$ bzw. $\zeta = N_B^0$ ist $\ln(+\infty) = \infty$.

Beispiel 12.4

Formaldehyd soll bei $T = 900\,\mathrm{K}$ und $p = 1\,\mathrm{atm}$ in einem stationär durchströmten Reaktor durch katalytische Dehydrierung von Methanol hergestellt werden:

$$CH_3OH = CH_2O + H_2\,.$$

Der Methanolstrom beträgt $1\,\mathrm{kmol/s}$. Um die zur Durchführung der Reaktion benötigte Energie aufzubringen, soll der bei der Dehydrierung gebildete Wasserstoff teilweise verbrannt werden. Zur Vereinfachung wird angenommen, dass dem Reaktor außer Methanol reiner Sauerstoff zugeführt wird.

Wieviel Sauerstoff muss dem Reaktor zugeführt werden, damit der Energiebedarf der gekoppelten Reaktion gerade gleich Null ist (autotherme Reaktionsführung)?

Alle Reaktionspartner sollen als ideale Gase betrachtet werden. Für die Rechnung kann vorausgesetzt werden, dass der Sauerstoff vollständig umgesetzt wird.

Die Gleichgewichtskonstante für $900\,\mathrm{K}$ ist $K\,(900\,\mathrm{K}) = 11{,}40$.

Standardbildungsenthalpien und mittlere molare Wärmekapazitäten:

	CH_3OH	CH_2O	H_2O	H_2	O_2
$\delta_f H_i^{\theta}$ [kJ/mol]	$-201{,}2$	$-115{,}9$	$-241{,}8$	0	0
C_{p0i} [J/(mol K)]	$64{,}39$	$47{,}22$	$57{,}54$	$29{,}35$	$31{,}86$

$$\text{Reaktion I}: CH_3OH = CH_2O + H_2\,; \quad \text{Reaktion II}: H_2 + \frac{1}{2}O_2 = H_2O$$

Die Stoffbilanz nach Gl. 11.31 ergibt im Gleichgewicht:

$$\dot{N}_{CH_3OH} = 1\,\text{kmols}^{-1} - \dot{\zeta}_I;\ \dot{N}_{CH_2O} = \dot{\zeta}_I;\ N_{H_2} = \dot{\zeta}_I - \dot{\zeta}_{II};\ \dot{N}_{O_2} = X - 0{,}5\dot{\zeta}_{II};\ \dot{N}_{H_2O} = \dot{\zeta}_{II};$$

$$\dot{N}_{ges} = 1\,\text{kmols}^{-1} + X + \dot{\zeta}_I - 0{,}5\dot{\zeta}_{II}$$

Die eingesetzte Sauerstoffmenge X wird vollständig verbraucht. Somit gilt

$$X - 0{,}5\dot{\zeta}_{II} = 0;\ \rightarrow \dot{\zeta}_{II} = 2X \rightarrow \dot{N}_{ges} = 1\,\text{kmols}^{-1} + \dot{\zeta}_I$$

Die Energiebilanz gemäß Gl. 12.11 und Gl. 12.18 lässt sich für gekoppelte Reaktionen wie folgt erweitern

$$\dot{Q} = \sum_r \dot{\zeta}_r \Delta_R H_r = \dot{\zeta}_I \Delta_R H_I + \dot{\zeta}_{II} \Delta_R H_{II}$$

Für autotherme Reaktionen ist die zu- oder abgeführte Wärme gleich Null. Damit erhält man einen Zusammenhang der beiden Reaktionslaufzahlen

$$\dot{\zeta}_I \Delta_R H_I + \dot{\zeta}_{II} \Delta_R H_{II} = 0$$

Die Berechnung der Reaktionsenthalpien ergibt für eine Mischung idealer Gase

$$\Delta_R H_r = \Delta_R H_{0r}$$

$$\Delta_R H_{0I} = \Delta_R H_{0I}^\theta + \int_{T^\theta}^T \Delta_R C_{p0I}\, dT = \Delta_R H_{0I}^\theta + \Delta_R C_{p0I} \left(T - T^\theta\right)$$

$$\Delta_R H_{0I}^\theta = \Delta_f H_{H_2}^\theta + \Delta_f H_{CH_2O}^\theta - \Delta_f H_{CH_3OH}^\theta = 85{,}3\,\text{kJ/mol}$$

$$\Delta_R C_{p0I} = C_{p0H_2} + C_{p0CH_2O} - C_{p0CH_3OH} = 12{,}18\,\text{J/(mol K)}$$

$$\Delta_R H_{0I} = 92{,}63\,\text{kJ/mol}$$

Analog ergibt sich für die Reaktion II

$$\Delta_R H_{0II} = -234{,}42\,\text{kJ/mol}$$

und somit

$$\dot{\zeta}_{II} = -\frac{\Delta_R H_I}{\Delta_R H_{II}} \dot{\zeta}_I = 0{,}395\dot{\zeta}_I$$

Für das chemische Gleichgewicht gilt

$$K(T) = \frac{1}{p^+} \frac{p_{H_2} p_{H_2O}}{p_{CH_3OH}} = \frac{p}{p^+} \frac{y_{H_2} y_{CH_2O}}{y_{CH_3OH}};\quad p/p^+ = 1$$

Die Molanteile y_i kann man aus den Stoffmengenströmen berechnen. Eingesetzt in die Beziehung für das chemische Gleichgewicht ergibt sich schließlich der benötigte Mengenstrom an Sauerstoff.

$$y_i = \dot{N}_i / N_{ges} \rightarrow 11{,}4 = \frac{\dot{\zeta}_I^2 - 0{,}395\dot{\zeta}_I^2}{1\,\text{kmol/s} - \dot{\zeta}_I^2} \rightarrow \dot{\zeta}_I = 0{,}975\,\text{kmol/s} \quad \text{und}$$

$$\dot{\zeta}_{II} = 0{,}385\,\text{kmol/s};$$

$$X \equiv \dot{N}_{O2} = 0{,}193\,\text{kmol/s}$$

Aufgabe 12.1

1 mol/s Wasserstoff und 1/2 mol/s Sauerstoff verbrennen in einem Brenner isobar-isotherm bei 1000 K und 1 bar zu Wasser nach der Knallgasreaktion Gl. 12.22a. Die Gase werden bei 25 °C zugeführt. Die mittleren molaren Wärmekapazitäten von O_2, H_2 und H_2O zwischen 298,15 K und 1000 K betragen $\bar{C}_{pO_2} = 33{,}1\,\text{J/mol K}$; $\bar{C}_{pH_2} = 29{,}8\,\text{J/mol K}$ und $\bar{C}_{pH_2O} = 38{,}6\,\text{J/mol K}$.

Welchen Wärmestrom muss man dem Brenner entziehen, damit die Reaktion isotherm ablaufen kann?

Aufgabe 12.2

Man berechne die Reaktionsenthalpie der Reaktion $H_2O + SO_3 = H_2SO_4$ bei 298,15 K und 1 bar aus den Bildungsenthalpien von H_2O, SO_3 und H_2SO_4. H_2O und SO_3 werden gasförmig zugeführt, H_2SO_4 ist flüssig.

Aufgabe 12.3

Methylchlorid (CH_3Cl) soll durch eine katalytische Reaktion aus Methanol (CH_3OH) und Chlorwasserstoff (HCl) hergestellt werden. Die Reaktionsgleichung für diese Reaktion lautet:

$$(I) \quad CH_3OH + HCl = CH_3Cl + H_2O$$

Parallel zu dieser Reaktion läuft eine weitere Nebenreaktion (II) ab, bei der Dimethylether (DME) (CH_3OCH_3) entsteht.

$$(II) \quad 2CH_3OH = CH_3OCH_3 + H_2O$$

Zum Einsatz kommt ein kontinuierlich durchströmter Reaktor, an dessen Austritt ein Gesamtstoffstrom von 2 mol/s entnommen wird. Die beiden Edukte Methanol und Chlorwasserstoff werden dem Reaktor mit einer Temperatur von $T = 600\,\text{K}$ und in einem Molverhältnis von 1:1 zugeführt. Der Reaktor wird bei einer Temperatur von $T = 600\,\text{K}$ und einem Druck von $p = 1\,\text{bar}$ betrieben.

a) Berechnen Sie die Gleichgewichtskonstante K_I (T) der Hauptreaktion bei den gegebenen Reaktionsbedingungen.

b) In dem Reaktionsgemisch wird im Gleichgewicht ein Molanteil an Methylchlorid
   von $y_{CH_3Cl} = 0{,}471$ gemessen. Berechnen Sie die Molanteile der restlichen Komponenten und die Gleichgewichtskonstante K_{II} (T) für die Nebenreaktion.

c) Ist für den isothermen Betrieb des Reaktors Wärme zu- oder abzuführen? Wie groß
   ist der zu übertragende Wärmestrom?

d) Wie ändert sich die Zusammensetzung des Gasgemisches, das aus dem Reaktor austritt, wenn der Betriebsdruck im Reaktor verdoppelt wird? Wie ändert sie sich bei einer
   Reaktionsführung bei höherer Temperatur?

Alle Reaktionspartner sind als perfekte Gase zu betrachten. Das Gasgemisch ist als
ideale Mischung zu behandeln.

$$T^\theta = 298K; \quad p^+ = p^\theta = 1\,bar$$

Stoff	$\Delta_f H_i^\theta$ kJ/mol	$C_{p0,i}$ J/(mol K)	S_i^θ J/(mol K)
CH_3OH (g)	$-201{,}0$	60,88	239,9
HCl (g)	$-91{,}7$	29,50	186,9
CH_3Cl (g)	$-81{,}9$	56,04	234,6
H_2O (g)	$-242{,}1$	37,08	188,3
CH_3OCH_3 (g)	$-184{,}1$	64,40	–

Gleichgewichtsreaktionen in der Gasphase   13

13.1 Der Gasgenerator zur Kohlenmonoxiderzeugung

Bläst man Sauerstoff oder Luft durch glühende Kohle von genügender Schichthöhe, wie das im Gasgenerator geschieht, so bildet sich brennbares Gas nach der Gleichung

$$(3) \quad C + CO_2 = 2\,CO\,, \tag{13.1}$$

indem das zuerst gebildete Kohlendioxid durch die glühende Kohle zu Kohlenmonoxid reduziert wird.

Die Gleichgewichtskonstante

$$K(T) = \frac{p_{CO}^2}{p_{CO_2}} \frac{1}{p^+} \tag{13.2}$$

dieser Reaktion bestimmt das Gleichgewicht zwischen CO_2 und CO über fester Kohle. In der Gleichgewichtskonstante ist neben den Reinstoffpotentialen $\mu_{0i}(p^+, T)$ der beiden gasförmigen Komponenten auch das chemische Potential $\mu_{0i}(T)$ des reinen Kohlenstoffs (Graphit) enthalten (vgl. hierzu Abschn. 11.5: Heterogene Reaktionen).

Der Stickstoff der Luft kann bei den in Frage kommenden Temperaturen als unbeteiligt angesehen werden. Die Reaktion (3) der Gl. 13.1 lässt sich auffassen als algebraische Differenz der Reaktionen (2) und (1)

$$(2) \quad C + \frac{1}{2}\,O_2 = CO \quad \text{mit} \quad K_2^2 = \frac{p_{CO}^2}{p_{O_2}} \frac{1}{p^+}$$

und

$$(1) \quad C + O_2 = CO_2 \quad \text{mit} \quad K_1 = \frac{p_{CO_2}}{p_{O_2}}\,.$$

© Springer-Verlag GmbH Deutschland 2017
P. Stephan et al., *Thermodynamik*, https://doi.org/10.1007/978-3-662-54439-6_13

Damit ergibt sich

$$K(T) = \frac{p_{CO}^2}{p_{CO_2}\, p^+} = \frac{K_2^2}{K_1} \, . \tag{13.3}$$

In Tab. 13.1 ist die Temperaturabhängigkeit dieser Größe angegeben, sie steigt von sehr kleinen Werten bei Zimmertemperatur bis auf etwa 0,01 bei 800 K, erreicht bei etwa 970 K den Wert 1 und steigt bei 1300 K auf etwa 200. Bei Temperaturen unter 800 K, d. h. bis zu dunkler Rotglut, entsteht also bei der Kohleverbrennung praktisch reines Kohlendioxid nach der Reaktion (1), bei Temperaturen oberhalb 1300 K, d. h. bei heller Gelbglut, im wesentlichen nur Kohlenmonoxid nach der Reaktion (2). Dementsprechend beobachtet man in Rostfeuerungen über der glühenden Kohle bei schwacher Rotglut keine bläulichen Flammen, sondern diese erscheinen erst bei heller Rotglut als Zeichen der Bildung von CO.

Die Stoffmengenbilanz über die gasförmigen Komponenten der Reaktion (3) ergibt unter der Voraussetzung $N_{CO}^0 = 0$ mit

$$N_{CO_2} = N_{CO_2}^0 - \zeta \quad \text{und}$$
$$N_{CO} = 2\zeta \quad \text{die Summe von } N_{CO_2}^0 + \zeta \text{ mol Gasgemisch.}$$

Da die Reaktionspartner ideale Gase sind, gilt

$$\frac{p_{CO}}{p} = \frac{2\zeta}{N_{CO_2}^0 + \zeta} \, ; \quad \frac{p_{CO_2}}{p} = \frac{N_{CO_2}^0 - \zeta}{N_{CO_2}^0 + \zeta} \, .$$

Damit erhält man mit Gl. 13.2

$$K(T) = \frac{4\,\zeta^2\,(N_{CO_2}^0 + \zeta)}{(N_{CO_2}^0 + \zeta)^2\,(N_{CO_2}^0 - \zeta)} \, \frac{p^2}{p\,p^+} = 4\,\frac{p}{p^+}\,\frac{\zeta^2}{(N_{CO_2}^0)^2 - \zeta^2} \tag{13.4}$$

und hieraus

$$\zeta = N_{CO_2}^0 \sqrt{\frac{K}{K + 4p/p^+}} \, . \tag{13.5}$$

Betrachtet man die CO-Bildung als Zweck des Generators, so interessiert besonders der CO-Molenbruch

$$y_{CO} = \frac{p_{CO}}{p} = \frac{2\zeta}{N_{CO_2}^0 + \zeta} = \frac{2}{1 + \sqrt{\frac{4p/p^+}{K} + 1}} \, . \tag{13.6}$$

In Abb. 13.1 sind bei Temperaturen bis 1600 K die CO-Molenbrüche für einige Drücke $p = p_{CO} + p_{CO_2}$ angegeben, wie das Boudouard[1] zuerst getan hat.

---

[1] Boudouard, O.: Recherches sur les équilibres chimiques. Ann. chim. phys. VII 24 (1901) 1–85.

Tab. 13.1 Werte der Gleichgewichtskonstanten K einiger Reaktionen (der Kohlenstoff ist in fester Form als Graphit, die anderen Teilnehmer sind als ideale Gase angenommen) beim Druck $p^+ = 1{,}01325\,\text{bar}$

T in K	$H_2 + 1/2\,O_2 =$ H_2O	$C + 1/2\,O_2 =$ CO	$C + O_2 = CO_2$	$C + 2\,H_2 =$ CH_4	$C + CO_2 =$ $2\,CO$	$C + H_2O =$ $CO + H_2$	$CO + 1/2\,O_2 =$ CO_2	$CO + H_2O =$ $CO_2 + H_2$
298,15	$1{,}114\cdot10^{40}$	$1{,}117\cdot10^{24}$	$1{,}234\cdot10^{69}$	$7{,}916\cdot10^{8}$	$1{,}012\cdot10^{-21}$	$1{,}002\cdot10^{-16}$	$1{,}106\cdot10^{45}$	$9{,}926\cdot10^{4}$
300	$6{,}121\cdot10^{39}$	$8{,}481\cdot10^{23}$	$4{,}656\cdot10^{68}$	$6{,}572\cdot10^{8}$	$1{,}546\cdot10^{-21}$	$1{,}387\cdot10^{-16}$	$5{,}492\cdot10^{44}$	$8{,}975\cdot10^{4}$
400	$1{,}737\cdot10^{29}$	$1{,}339\cdot10^{19}$	$3{,}439\cdot10^{51}$	$3{,}090\cdot10^{5}$	$5{,}214\cdot10^{-14}$	$7{,}713\cdot10^{-11}$	$2{,}568\cdot10^{32}$	$1{,}479\cdot10^{3}$
500	$7{,}683\cdot10^{22}$	$1{,}790\cdot10^{16}$	$1{,}812\cdot10^{41}$	$2{,}672\cdot10^{3}$	$1{,}768\cdot10^{-9}$	$2{,}228\cdot10^{-7}$	$1{,}013\cdot10^{25}$	$1{,}260\cdot10^{2}$
600	$4{,}288\cdot10^{18}$	$2{,}169\cdot10^{14}$	$2{,}518\cdot10^{34}$	100	$1{,}868\cdot10^{-6}$	$5{,}059\cdot10^{-5}$	$1{,}161\cdot10^{20}$	$27{,}08$
700	$3{,}830\cdot10^{15}$	$9{,}221\cdot10^{12}$	$3{,}185\cdot10^{29}$	$8{,}966$	$2{,}669\cdot10^{-4}$	$2{,}407\cdot10^{-3}$	$3{,}453\cdot10^{16}$	$9{,}017$
800	$1{,}943\cdot10^{13}$	$8{,}549\cdot10^{11}$	$6{,}709\cdot10^{25}$	$1{,}411$	$1{,}098\cdot10^{-2}$	$4{,}399\cdot10^{-2}$	$7{,}848\cdot10^{13}$	$4{,}038$
900	$3{,}146\cdot10^{11}$	$1{,}335\cdot10^{11}$	$9{,}257\cdot10^{22}$	$0{,}3250$	$0{,}1926$	$0{,}4244$	$6{,}930\cdot10^{11}$	$2{,}204$
1000	$1{,}151\cdot10^{10}$	$3{,}004\cdot10^{10}$	$4{,}751\cdot10^{20}$	$9{,}829\cdot10^{-2}$	$1{,}900$	$2{,}609$	$1{,}582\cdot10^{10}$	$1{,}374$
1100	$7{,}638\cdot10^{8}$	$8{,}800\cdot10^{9}$	$6{,}347\cdot10^{18}$	$3{,}677\cdot10^{-2}$	$12{,}2$	$11{,}58$	$7{,}210\cdot10^{8}$	$0{,}9444$
1200	$7{,}918\cdot10^{7}$	$3{,}150\cdot10^{9}$	$1{,}738\cdot10^{17}$	$1{,}608\cdot10^{-2}$	$57{,}09$	$39{,}77$	$5{,}519\cdot10^{7}$	$0{,}6966$
1300	$1{,}158\cdot10^{7}$	$1{,}311\cdot10^{9}$	$8{,}252\cdot10^{15}$	$7{,}932\cdot10^{-3}$	$2{,}083\cdot10^{2}$	$1{,}135\cdot10^{2}$	$6{,}293\cdot10^{6}$	$0{,}5435$
1400	$2{,}226\cdot10^{6}$	$6{,}166\cdot10^{8}$	$6{,}040\cdot10^{14}$	$4{,}327\cdot10^{-3}$	$6{,}286\cdot10^{2}$	$2{,}770\cdot10^{2}$	$9{,}810\cdot10^{5}$	$0{,}4406$
1500	$5{,}314\cdot10^{5}$	$3{,}195\cdot10^{8}$	$6{,}290\cdot10^{13}$	$2{,}554\cdot10^{-3}$	$1{,}623\cdot10^{3}$	$6{,}013\cdot10^{2}$	$1{,}970\cdot10^{5}$	$0{,}3704$
1750	$3{,}017\cdot10^{4}$	$8{,}283\cdot10^{7}$	$1{,}095\cdot10^{12}$	–	$1{,}038\cdot10^{4}$	$2{,}751\cdot10^{3}$	$7{,}982\cdot10^{3}$	$0{,}2644$
2000	$3{,}516\cdot10^{3}$	$2{,}900\cdot10^{7}$	$2{,}117\cdot10^{10}$	–	$3{,}971\cdot10^{4}$	$8{,}313\cdot10^{3}$	$7{,}299\cdot10^{2}$	$0{,}2094$
2500	$1{,}706\cdot10^{2}$	$6{,}321\cdot10^{6}$	$1{,}664\cdot10^{8}$	–	$2{,}402\cdot10^{5}$	$3{,}734\cdot10^{4}$	$26{,}320$	$0{,}1555$
3000	$2{,}208\cdot10^{1}$	$2{,}173\cdot10^{6}$	$6{,}977\cdot10^{6}$	–	$6{,}773\cdot10^{5}$	$9{,}744\cdot10^{4}$	$3{,}210$	$0{,}1438$
3500	–	$9{,}926\cdot10^{5}$	$6{,}243\cdot10^{5}$	–	$1{,}577\cdot10^{6}$	–	$0{,}6292$	–

Schmidt, E.: Einführung in die Technische Thermodynamik, 10. Aufl., Berlin, Göttingen, Heidelberg: Springer 1963, S. 474–477.

Abb. 13.1 Gleichgewichte
von CO_2 und CO über festem
Kohlenstoff

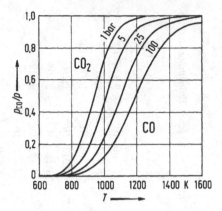

Es sind die sog. *Boudouardschen Gleichgewichtskurven* gezeichnet, wobei y_{CO} über T für einige Drücke aufgetragen ist. In einem mit Luft betriebenen Gasgenerator gelten auch die Gl. 13.1 und Gl. 13.2. Man hat jedoch zu beachten, dass sich der in der Luft enthaltene Stickstoff am Gesamtdruck beteiligt. Bei gleichem Gesamtdruck erhält man daher nach Ausführung einer der vorigen entsprechenden Rechnung kleinere Werte, wenn man y_{CO} über T aufträgt.

13.2   Die Dissoziation von Kohlendioxid und Wasserdampf

Bringt man Kohlendioxid in Abwesenheit von festem Kohlenstoff auf hohe Temperaturen, so zersetzt es sich in Kohlenmonoxid und Sauerstoff entsprechend der von rechts nach links ablaufenden Reaktion

$$CO + \frac{1}{2}O_2 = CO_2 \qquad \left(\sum_k \nu_k = -\frac{1}{2}\right)$$

mit der Gleichgewichtskonstanten

$$K = \frac{p_{CO_2}}{p_{CO}\sqrt{p_{O_2}}}\sqrt{p^+}\,. \tag{13.7}$$

Beim Zerfall entstehen doppelt soviele CO-Moleküle wie O_2-Moleküle, es ist daher $p_{O_2} = 1/2\,p_{CO}$. Damit lautet das chemische Gleichgewicht

$$K = \frac{p_{CO_2}\sqrt{2}}{(p_{CO})^{3/2}}\sqrt{p^+}\,, \tag{13.8}$$

und den Gesamtdruck $p = p_{CO_2} + p_{CO} + p_{O_2}$ kann man schreiben

$$p = p_{CO_2} + \frac{3}{2}\,p_{CO}\,. \tag{13.9}$$

Abb. 13.2 Dissoziation von CO_2 bei Abwesenheit von festem Kohlenstoff

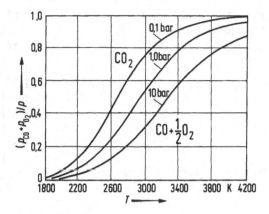

Aus Gl. 13.8 und Gl. 13.9 folgt durch Eliminieren von p_{CO_2}

$$\frac{p - \frac{3}{2}p_{CO}}{(p_{CO})^{3/2}} \sqrt{2} \sqrt{p^+} = K$$

oder

$$\frac{1 - \frac{3}{2}p_{CO}/p}{(p_{CO}/p)^{3/2}} = K \sqrt{\frac{p}{2p^+}} \ .$$

Da K in Tab. 13.1 als Temperaturfunktion gegeben ist, kann man den Molenbruch $(p_{CO} + p_{O_2})/p = (3/2)p_{CO}/p$ des aus CO und O_2 im Verhältnis 2 : 1 bestehenden Zersetzungsgases als Funktion von Druck und Temperatur ausrechnen. Abb. 13.2 zeigt das Ergebnis für drei Drücke, demnach ist bei 1,01325 bar bei 2000 K nur sehr wenig CO_2 zersetzt, entsprechend einem Molenbruch von etwa 0,02 und erst bei 2960 K besteht das Gemisch zur Hälfte aus Zersetzungsgas.

Die Zersetzung von Wasserdampf nach der Gleichung

$$H_2 + \frac{1}{2} O_2 = H_2O \quad \text{mit} \quad K = \frac{p_{H_2O}}{p_{H_2}\sqrt{p_{O_2}}} \sqrt{p^+} \quad \left(\sum_k \nu_k = -\frac{1}{2}\right) \quad (13.10)$$

ergibt in derselben Weise für den Molenbruch $(3/2)\,p_{H_2}/p$ des Zersetzungsgases (H_2 und O_2) die Beziehung

$$\frac{1 - \frac{3}{2}p_{H_2}/p}{(p_{H_2}/p)^{3/2}} = K \sqrt{\frac{p}{2p^+}} \ . \quad (13.11)$$

Benutzt man für die Temperaturabhängigkeit von K die Werte der Tab. 13.1, so erhält man für drei Drücke die in Abb. 13.3 dargestellten Zersetzungsverhältnisse $(p_{H_2} + p_{O_2})/p = (3/2)\,p_{H_2}/p$. Die Kurven sind von gleichem Charakter wie bei der CO_2-Zersetzung, nur sind sie nach höheren Temperaturen hin verschoben.

Abb. 13.3 Dissoziation des Wasserdampfes

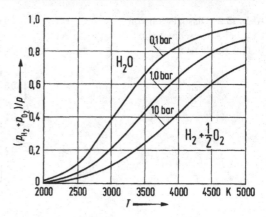

Die Zersetzung des Wasserdampfes ist aber insofern verwickelter als die von CO_2, als neben der bisher behandelten Art auch eine Dissoziation nach der Gleichung

$$(1) \quad OH + \frac{1}{2} H_2 = H_2O \quad \text{mit} \quad K_1 = \frac{p_{H_2O}}{p_{OH} \sqrt{p_{H_2}}} \sqrt{p^+} \tag{13.12}$$

möglich ist. Dazu gilt die frühere Gleichung

$$(2) \quad H_2 + \frac{1}{2} O_2 = H_2O \quad \text{mit} \quad K_2 = \frac{p_{H_2O}}{p_{H_2} \sqrt{p_{O_2}}} \sqrt{p^+} \tag{13.13}$$

und der Gesamtdruck ist die Summe von vier Partialdrücken

$$p = p_{H_2O} + p_{H_2} + p_{O_2} + p_{OH} \,. \tag{13.14}$$

Damit haben wir erst drei Gleichungen für die vier unbekannten Partialdrücke. Die notwendige vierte Gleichung ergibt sich aus der Atombilanz nach Gl. 11.1. Bei der Zersetzung von reinem H_2O muss die Zahl der im ganzen vorhandenen H-Atome doppelt so groß sein wie die Zahl der O-Atome. In dem Gasgemisch aus H_2O, OH, H_2 und O_2 ist die Menge N_H der H-Atome

$$N_H = 2N_{H_2O} + N_{OH} + 2N_{H_2}$$

und die Menge N_O der O-Atome

$$N_O = N_{H_2O} + N_{OH} + 2N_{O_2} \,.$$

Für das Verhältnis N_H / N_O gilt also

$$\frac{2 N_{H_2O} + N_{OH} + 2 N_{H_2}}{N_{H_2O} + N_{OH} + 2 N_{O_2}} = 2 \,.$$

Nun ist

$$\frac{N_{H_2O}}{N} = \frac{p_{H_2O}}{p} \ , \ \frac{N_{H_2}}{N} = \frac{p_{H_2}}{p} \ , \ \frac{N_{O_2}}{N} = \frac{p_{O_2}}{p} \ , \quad \text{und} \quad \frac{N_{OH}}{N} = \frac{p_{OH}}{p} \ .$$

Damit folgt die benötigte vierte Gleichung in der Form

$$\frac{2\,p_{H_2O} + p_{OH} + 2\,p_{H_2}}{p_{H_2O} + p_{OH} + 2p_{O_2}} = 2$$

oder

$$p_{OH} = 2\,p_{H_2} - 4\,p_{O_2} \ . \tag{13.15}$$

Aus den vier Gln. 13.12 bis 13.15 mit vier Unbekannten lassen sich p_{OH} und p_{H_2O} nach Gl. 13.15 und Gl. 13.13 leicht eliminieren, und man erhält für die beiden Unbekannten p_{O_2} und p_{H_2} die zwei Gleichungen

$$K_1 = \frac{p + 3(p_{O_2} - p_{H_2})}{(2p_{H_2} - 4p_{O_2})\sqrt{p_{H_2}}}\sqrt{p^+} \quad \text{und} \quad K_2 = \frac{p + 3(p_{O_2} - p_{H_2})}{p_{H_2}\sqrt{p_{O_2}}}\sqrt{p^+} \ . \tag{13.16}$$

Darin ist p der gegebene Gesamtdruck und K_1 und K_2 sind für jede Temperatur gegebene Werte, wovon K_2 das für die Reaktion $H_2 + \frac{1}{2}O_2 = H_2O$ in Tab. 13.1 angegebene K ist. Der Quotient K_2/K_1 bzw. sein Kehrwert K_1/K_2 ist, wie sich aus Gl. 13.12 und Gl. 13.13 ergibt, das K der Reaktion $OH = \frac{1}{2}O_2 + \frac{1}{2}H_2$. Damit kann man die vier gesuchten Partialdrücke ermitteln.

Wenn man die Temperatur auf über 3000 K steigert, dissoziieren H_2, O_2 und OH in ihre Atome nach den Gleichungen

$$\left.\begin{array}{l} H = \dfrac{1}{2}\,H_2 \quad \text{mit} \quad K_3 = \dfrac{\sqrt{p_{H_2}}}{p_H}\sqrt{p^+} \ , \\[3mm] O = \dfrac{1}{2}\,O_2 \quad \text{mit} \quad K_4 = \dfrac{\sqrt{p_{O_2}}}{p_O}\sqrt{p^+} \end{array}\right\} \tag{13.17}$$

und

$$OH = O + H \quad \text{mit} \quad K_5 = \frac{p_O p_H}{p_{OH}p^+} = \frac{K_1}{K_2 K_3 K_4} \ .$$

Dabei genügen die ersten beiden Gleichungen, denn die dritte kann, wie man leicht erkennt, aus den ersten beiden in Verbindungen mit Gl. 13.12 und Gl. 13.13 abgeleitet werden. Für die Zersetzung des Wasserdampfes bei Temperaturen oberhalb etwa 3000 K haben wir somit für die sechs unbekannten Teildrücke aus den Gleichgewichtskonstanten die vier Gleichungen

$$\left.\begin{array}{ll} K_1 = \dfrac{p_{H_2O}}{p_{OH}\sqrt{p_{H_2}}}\sqrt{p^+} \ , & K_3 = \dfrac{\sqrt{p_{H_2}}}{p_H}\sqrt{p^+} \ , \\[4mm] K_2 = \dfrac{p_{H_2O}}{p_{H_2}\sqrt{p_{O_2}}}\sqrt{p^+} \ , & K_4 = \dfrac{\sqrt{p_{O_2}}}{p_O}\sqrt{p^+} \end{array}\right\} \tag{13.18}$$

gewonnen. Dazu kommt die Gleichung für den Gesamtdruck

$$p = p_{H_2O} + p_{H_2} + p_{O_2} + p_{OH} + p_H + p_O \, , \tag{13.19}$$

und schließlich muss die Zahl der Wasserstoffatome stets doppelt so groß sein wie die Zahl der Sauerstoffatome, da wir von reinem H_2O ausgegangen waren. Daraus ergibt sich die sogenannte Atombilanz

$$\frac{2p_{H_2O} + p_{OH} + 2p_{H_2} + p_H}{p_{H_2O} + p_{OH} + 2p_{O_2} + p_O} = 2 \tag{13.20}$$

und somit als sechste Gleichung die Beziehung

$$p_{OH} = 2p_{H_2} + p_H - 4p_{O_2} - 2p_O \, . \tag{13.21}$$

Die Auflösung dieses Gleichungssystems soll hier nicht durchgeführt werden.

13.3 Das Wassergasgleichgewicht und die Zersetzung von Wasserdampf durch glühende Kohle

Bringt man Wasserdampf und Kohlenmonoxid in gleichen Molmengen zusammen, so stellt sich bei ausreichender Reaktionsgeschwindigkeit das Gleichgewicht

$$CO + H_2O = CO_2 + H_2 \quad (\sum_k \nu_k = 0) \tag{13.22}$$

mit

$$K = \frac{p_{CO_2} p_{H_2}}{p_{CO} p_{H_2O}} \tag{13.23}$$

und

$$\Delta_R H_0 = -41\,586\,\text{J/mol}$$

ein. Die Gleichgewichtskonstante dieses Wassergasgleichgewichtes ist in Tab. 13.1 als Funktion der Temperatur angegeben. Die Stoffbilanz für die Reaktion ergibt

$$N_{CO} = N_{CO}^0 - \zeta \, ; \quad N_{H_2O} = N_{H_2O}^0 - \zeta \, ; \quad N_{H_2} = \zeta \, ; \quad N_{CO_2} = \zeta \, .$$

Die gesamte Stoffmenge nach der Reaktion beträgt ($N_{CO}^0 + N_{H_2O}^0$). Damit hat man folgende Partialdrücke

$$p_{CO_2} = p \, \frac{\zeta}{N_{CO}^0 + N_{H_2O}^0} = P_{H_2} \, ; \quad p_{CO} = p \, \frac{N_{CO}^0 - \zeta}{N_{CO}^0 + N_{H_2O}^0} \, ;$$

$$p_{H_2O} = p \, \frac{N_{H_2O}^0 - \zeta}{N_{CO}^0 + N_{H_2O}^0}$$

Abb. 13.4 Wassergasgleichgewicht als Funktion der
Temperatur

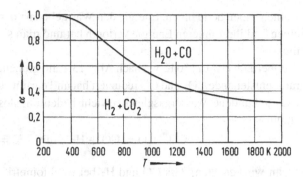

und für die Gleichgewichtskonstante gilt die Beziehung

$$K = \frac{\zeta^2}{(N_{CO}^0 - \zeta)\,(N_{H_2O}^0 - \zeta)} . \tag{13.24}$$

Den Wert der Reaktionslaufzahl erhält man durch Auflösen von Gl. 13.24, wenn K bekannt ist. Betrachten wir die Reaktion als Verfahren zur Gewinnung von Wasserstoff, so stellt die Größe α

$$\alpha = \frac{p_{H_2} + p_{CO_2}}{p_{H_2} + p_{CO_2} + p_{CO} + p_{H_2O}} \tag{13.25}$$

die Ausbeute der chemischen Reaktion dar. Sie ist für äquimolare Ausgangsbedingungen ($N_{CO}^0 = N_{H_2O}^0$) mit Hilfe der Tab. 13.1 berechnet und in Abb. 13.4 aufgetragen. Man sieht, dass bei 1100 K die Ausbeute etwa 50 % beträgt und bei 500 K auf 92 % ansteigt, d. h. das Gemisch besteht dann zu mehr als 9/10 aus Wasserstoff und Kohlendioxid. Um viel Wasserstoff zu erhalten, muss man deshalb die Reaktion bei Temperaturen möglichst unter 500 K durchführen. Bei hohen Temperaturen bleibt aber, wie Abb. 13.4 zeigt, der CO_2-Gehalt beträchtlich. Der Anteil an brennbarem Gas, d. h. die Summe des CO- und H_2-Gehaltes, ist stets 50 %, da für jedes auf der linken Seite der Reaktionsgleichung verschwindende CO-Molekül auf der rechten Seite ein H_2-Molekül entsteht. Die Reaktion hat eine negative Reaktionsenthalpie, verläuft also unter Erwärmung des Gases.

Die Verhältnisse ändern sich wesentlich bei Anwesenheit glühender Kohle, wie das in einem Gasgenerator der Fall ist. Lässt man Wasserdampf über glühende Kohle strömen, so läuft oberhalb etwa 1150 K, wo beim Druck 1 bar nach Abb. 13.1 praktisch kein CO_2 mehr auftritt, die Reaktion $C + H_2O = CO + H_2$ ab, wenn der erhebliche Wärmebedarf von 135,88 kJ/mol bei 1150 K durch Wärmezufuhr gedeckt wird. Von der Größe dieses Betrages gewinnt man eine Vorstellung, wenn man bedenkt, dass die Wasserstoffverbrennung bei 300 K etwa 214,93 kJ/mol, die CO-Bildung bei 25 °C 110,50 kJ/mol liefert und dass die CO_2-Bildung aus den Elementen bei 25 °C 393,51 kJ/mol ergibt.

Um auf diese Weise das sogenannte Wassergas herzustellen, muss man deshalb die Kohle des Gasgenerators erst durch „Heißblasen"
mit Luft auf hohe Temperatur bringen, bevor man in dem eigentlichen Arbeitsprozess Wasserdampf über die glühende Kohle leitet. Auf diese Weise deckt die in der heißen

Kohle gespeicherte innere Energie den Wärmebedarf der Wasserzersetzung, bis die Kohle einen Teil ihrer inneren Energie verloren hat und man sie von neuem mit Luft heiß blasen muss.

Oberhalb etwa 1150 K, wo nach Abb. 13.1 die glühende Kohle das bei niederer Temperatur entstehende CO_2 und CO reduziert hat und darum auch das an das Vorhandensein von CO_2 gebundene Wassergasgleichgewicht bedeutungslos wird, genügt deshalb die Gleichung

$$C + H_2O = CO + H_2 \quad \text{mit} \quad K = \frac{p_{CO}\, p_{H_2}}{p_{H_2O}\, p^+} . \tag{13.26}$$

Wenn wir beachten, dass CO und H_2 bei stöchiometrischer Ausgangszusammensetzung stets in gleicher Menge auftreten müssen, haben wir damit zur Bestimmung der drei Partialdrücke die drei Gleichungen

$$\left.\begin{aligned}
(1) \quad p_{CO}\, p_{H_2} &= K p_{H_2O} p^+ , \\
(2) \quad p &= p_{CO} + p_{H_2} + p_{H_2O} , \\
(3) \quad p_{CO} &= p_{H_2} .
\end{aligned}\right\} \tag{13.27}$$

Eliminiert man daraus p_{CO} und p_{H_2O} und löst nach p_{H_2} auf, so wird

$$p_{H_2}/p^+ = -K + \sqrt{K(p/p^+) + K^2} , \tag{13.28}$$

wobei K als Funktion der Temperatur aus Tab. 13.1 zu entnehmen ist. In dieser Weise wurde p_{H_2} berechnet, und in Abb. 13.5 ist der relative Partialdruck

$$\frac{p_{H_2} + p_{CO}}{p} = \frac{2 p_{H_2}}{p}$$

des brennbaren Gases als Funktion der Temperatur aufgetragen für Gesamtdrücke p von 1, 10 und 100 bar. Man beachte die starke Zunahme des brennbaren Teils mit steigender Temperatur im Gegensatz zum Wassergasgleichgewicht, wo in Abwesenheit glühender Kohle der Gehalt an Brennbarem für alle Temperaturen 50 % blieb.

Da der intermittierende Betrieb eines Generators mit abwechselndem Einblasen von Luft und Wasserdampf wenig befriedigend ist, hat man kontinuierlichen Betrieb angestrebt. Eine Möglichkeit dieser Art besteht in dem Zusatz von Sauerstoff zu dem in den Generator eingeführten Wasserdampf. Dann bildet der Sauerstoff mit der Kohle zusätzlich CO, dessen Bildungsenergie den Wärmebedarf der Wasserzersetzung deckt. Gewöhnlich führt man gleiche Volumina Wasserdampf und Sauerstoff zu, wobei die folgenden Reaktionen auftreten

$$\left.\begin{aligned}
C + H_2O &= CO + H_2 - 131\,349\,\text{J/mol} , \\
2\,C + O_2 &= 2\,CO + 221\,128\,\text{J/mol}
\end{aligned}\right\} \tag{13.29}$$

oder summiert

$$3\,C + O_2 + H_2O = 3\,CO + H_2 + 89\,779\,\text{J/mol} . \tag{13.30}$$

Abb. 13.5 Gleichgewicht von
Wasserdampf mit glühender
Kohle

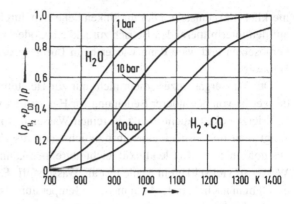

Im Ganzen wird also noch eine erhebliche Wärme erzeugt, die aber auch nötig ist, da die
Gase die Reaktionszone mit einer Temperatur von etwa 1000 K verlassen. Gegenüber dem
Normalzustand von 298,15 K sind die Enthalpiedifferenzen $\Delta H_{0i} = H_{0i,1000} - H_{0i,298,15}$

$$\text{für} \quad H_2 \quad \text{mit} \quad \Delta H_{0i} = 29\,156 - 8471 = 20\,685\,\text{J/mol}\,,$$

$$\text{für} \quad CO \quad \text{mit} \quad \Delta H_{0i} = 30\,974 - 8676 = 21\,698\,\text{J/mol}\,,$$

demnach für $3\,CO + H_2$ mit $\Delta H_0 = 85\,779\,\text{J/mol}$. Nehmen wir an, dass der Überschuss
der Wärmeerzeugung über den Wärmebedarf im Betrage von 4000 J/mol die unvermeid-
lichen Wärmeverluste an die Umgebung und an die Asche und Schlacke deckt, so geht
die Bilanz gerade auf, und die Reaktionszone kann im Dauerzustand auf einer Temperatur
von 1000 K gehalten werden.

In der Reaktionsgleichung

$$3\,C + O_2 + H_2O = 3\,CO + H_2 \quad \text{mit} \quad K = \frac{p_{CO}^3\,p_{H_2}}{p_{O_2}\,p_{H_2O}}\frac{1}{(p^+)^2}$$

kann man die Gleichgewichtskonstante durch die Gleichung

$$K = K_1^2\,K_2$$

auf die Gleichgewichtskonstanten K_1 der Reaktion $C + \frac{1}{2}O_2 = CO$ und K_2 der Reaktion
$C + H_2O = CO + H_2$ zurückführen, die wir bereits behandelt hatten. Berechnet man K
aus den Werten von K_1 und K_2 der Tab. 13.1, so findet man, dass es in dem ganzen für
Generatorbetrieb in Frage kommenden Temperaturbereich von der Größenordnung 10^{20}
und darüber ist. Das Gleichgewicht ist also ganz nach der rechten Seite verschoben und
die Gase enthalten kein O_2 in merklicher Menge.

Der reine Sauerstoff wird in einer Lindeschen Luftverflüssigungsanlage hergestellt.
Mit gewöhnlicher Luft kann man nicht arbeiten, denn dabei müsste auch der Stickstoff
aufgeheizt werden, und die Temperatur der Reaktionszone würde so tief sinken, dass

merklich CO_2 entsteht. Diesem Sinken ließe sich durch Heißblasen begegnen, wobei man auf den intermittierenden Betrieb zurückkäme; oder man müsste die Wasserdampfmenge herabsetzen und wäre dann wieder beim Luftgasprozess mit seinem Gas von geringem Heizwert.

Der Wassergasprozess dient nicht nur zur Herstellung von Gas für Heizzwecke, sondern er ist von besonderer Bedeutung zur Herstellung von sogenanntem Synthesegas. Für Hydrierzwecke braucht man z. B. reinen Wasserstoff mit geringem CO-Gehalt. Dazu erzeugt man im Gasgenerator ein möglichst nur aus CO_2 und H_2 bestehendes Gemisch, aus dem man das Kohlendioxid leicht abtrennen kann, da es sich bei höherem Druck in Wasser in viel stärkerem Maße löst als Wasserstoff. Ein CO-armes und CO_2-reiches Gas erhält man nach Abb. 13.4 bei niederer Temperatur, also durch Erhöhen der Dampfmenge im Vergleich zur Sauerstoffmenge.

Durch den größeren Wasserdampfpartialdruck wird nämlich das bei der erniedrigten Temperatur wieder eine Rolle spielende Wassergasgleichgewicht

$$CO + H_2O = CO_2 + H_2 \quad \text{mit} \quad K = \frac{p_{CO_2}\, p_{H_2}}{p_{CO}\, p_{H_2O}}$$

nach der rechten Seite in erwünschter Weise verschoben. Steigert man z. B. den Wasserdampfteildruck auf das Vierfache, so ändert sich der Nenner der Gleichgewichtskonstanten um den Faktor 4. Damit sie im ganzen unverändert bleibt, müssen sich z. B. die Teildrücke p_{CO_2} und p_{H_2} je um den Faktor 2 vergrößern, d. h. der CO-Teildruck des Wassergasgleichgewichtes hat sich gegenüber dem CO_2-Teildruck um die Hälfte verkleinert. Durch Ändern des Wasserdampf-Sauerstoffverhältnisses hat man es also in der Hand, die Zusammensetzung des erzeugten Gases in gewünschter Weise zu beeinflussen. Der Wasserdampfüberschuss fällt bei der Abkühlung durch Kondensieren von selbst heraus.

Ein anderes wichtiges Verfahren ist die Vergasung bei Drücken von der Größenordnung 10 bis 100 bar. Auch für Druckbetriebe lassen sich die Gleichgewichtszusammensetzungen nach den entwickelten Methoden berechnen, wie wir an einfachen Beispielen gezeigt haben; sie verschieben sich bei höheren Drücken nach der Seite der kleineren Molmengen, also bei $C + CO_2 = 2\,CO$, $H_2O = H_2 + \frac{1}{2} O_2$ und $CO_2 = CO + \frac{1}{2} O_2$ nach links. Nur das Wassergasgleichgewicht und die Kohlendioxidbildung aus den Elementen sind vom Druck unabhängig.

Bei nicht zu hohen Temperaturen tritt als weitere Reaktion Methanbildung auf nach der Gleichung

$$C + 2\,H_2 = CH_4 \quad \text{mit} \quad K = \frac{p_{CH_4}\, p^+}{p_{H_2}^2}\,, \tag{13.31}$$

deren Bedeutung mit wachsendem Druck erheblich zunimmt, da aus zwei Molen H_2 nur ein Mol CH_4 entsteht. In Tab. 13.1 sind die Gleichgewichtskonstanten dieser Reaktion und in Tab. 13.2 für einige andere Reaktionen angegeben, bei denen Methan beteiligt ist. Wie die Tabellen erkennen lassen, tritt Methan nur bei Temperaturen unter etwa 1000 K in merklicher Menge auf. Man ist deshalb in der Lage, im Druckgasgenerator bei nicht

Tab. 13.2 Werte der Gleichgewichtskonstanten K einiger Reaktionen idealer Gase mit CH_4 beim Druck $p^+ = 1{,}01325$ bar

T in K	$CH_4 + 1/2\,O_2 =$ $CO + 2\,H$	$CH_4 + CO_2 =$ $2\,CO + 2\,H_2$	$CH_4 + H_2O =$ $CO + 3\,H_2$	$CH_4 + 2\,H_2O =$ $CO_2 + 4\,H_2$
298,15	$1{,}411 \cdot 10^{15}$	$1{,}278 \cdot 10^{-30}$	$1{,}266 \cdot 10^{-25}$	$1{,}257 \cdot 10^{-20}$
300	$1{,}290 \cdot 10^{15}$	$2{,}348 \cdot 10^{-30}$	$2{,}107 \cdot 10^{-25}$	$1{,}891 \cdot 10^{-20}$
400	$4{,}253 \cdot 10^{13}$	$1{,}652 \cdot 10^{-19}$	$2{,}447 \cdot 10^{-16}$	$3{,}623 \cdot 10^{-13}$
500	$6{,}710 \cdot 10^{12}$	$6{,}625 \cdot 10^{-13}$	$8{,}732 \cdot 10^{-11}$	$1{,}151 \cdot 10^{-8}$
600	$2{,}169 \cdot 10^{12}$	$1{,}868 \cdot 10^{-8}$	$5{,}058 \cdot 10^{-7}$	$1{,}369 \cdot 10^{-5}$
700	$1{,}028 \cdot 10^{12}$	$2{,}978 \cdot 10^{-5}$	$2{,}687 \cdot 10^{-4}$	$2{,}423 \cdot 10^{-3}$
800	$6{,}060 \cdot 10^{11}$	$7{,}722 \cdot 10^{-3}$	$3{,}120 \cdot 10^{-2}$	$0{,}126$
900	$4{,}108 \cdot 10^{11}$	$0{,}5929$	$1{,}306$	$2{,}879$
1000	$3{,}056 \cdot 10^{11}$	$19{,}32$	$26{,}56$	$36{,}49$
1100	$2{,}392 \cdot 10^{11}$	$3{,}316 \cdot 10^{2}$	$3{,}133 \cdot 10^{2}$	$2{,}959 \cdot 10^{2}$
1200	$1{,}957 \cdot 10^{11}$	$3{,}548 \cdot 10^{3}$	$2{,}473 \cdot 10^{3}$	$1{,}723 \cdot 10^{3}$
1300	$1{,}652 \cdot 10^{11}$	$2{,}626 \cdot 10^{4}$	$1{,}428 \cdot 10^{4}$	$7{,}759 \cdot 10^{3}$
1400	$1{,}425 \cdot 10^{11}$	$1{,}452 \cdot 10^{5}$	$6{,}402 \cdot 10^{4}$	$2{,}821 \cdot 10^{4}$
1500	$1{,}251 \cdot 10^{11}$	$6{,}352 \cdot 10^{5}$	$2{,}354 \cdot 10^{5}$	$8{,}720 \cdot 10^{4}$

zu hoher Temperatur ein Gas mit erheblichem Methangehalt und daher von größerem Heizwert herzustellen als bei Betrieb mit atmosphärischem Druck.

Für die Synthese von flüssigen Kohlenwasserstoffen nach dem Verfahren von Fischer-Tropsch braucht man als Ausgangsprodukt ein Gas, das möglichst nur aus H_2 und CO im Verhältnis 2:1 besteht. Man stellt es her, indem man im Druckgasgenerator bei etwa 10 bar durch geeignete Führung des Betriebes (Verhältnis der Dampf- und Sauerstoffzufuhr) ein aus H_2O, CO_2, CO und H_2 bestehendes Gas erzeugt, indem das Verhältnis von H_2 zu CO den gewünschten Wert hat, und entfernt in der erwähnten Weise den Wasserdampf und das Kohlendioxid.

Eine wichtige Rolle spielen bei Reaktionen, besonders, wenn man sie mit Rücksicht auf das gewünschte Produkt bei tiefen Temperaturen ablaufen lassen muss, die Katalysatoren als Reaktionsbeschleuniger. Mit ihrer Hilfe gelingt es z. B., Methanol CH_3OH und flüssige Kohlenwasserstoffe aus den im Gasgenerator erzeugten Gasen herzustellen. Katalysatoren beschleunigen nur die an sich möglichen Reaktionen. Dabei kann, je nach der chemischen Art des Kontaktes, die Wirkung durchaus spezifisch sein, d. h., aus einem gegebenen Ausgangsgemisch kann ein Kontaktstoff dieses, ein anderer jenes Endprodukt bevorzugt liefern.

Die vorstehenden Überlegungen gelten streng nur bei Gleichgewicht. In praktischen Generatoren steht wegen der endlichen Durchströmgeschwindigkeiten der Gase in der Regel nicht genügend Zeit zur vollständigen Einstellung der Gleichgewichte zur Verfügung. Deshalb weicht die Zusammensetzung des erzeugten Gases mehr oder weniger vom

Gleichgewicht ab, und es sind Gase, die nach der Gleichgewichtskonstanten nur in verschwindenden Mengen auftreten sollten, doch mit merklichen Teildrücken vorhanden.

Die Geschwindigkeit der Gleichgewichtseinstellung ist ein Problem der Reaktionsfähigkeit fester Oberflächen sowie der Diffusion und des Stoffaustausches zwischen der Oberfläche der glühenden Kohle bzw. des Kontaktstoffes und dem darüber hinstreichenden Gas.

Gleichgewichtsreaktionen in Elektrolytlösungen

14

Gegenstand dieses Kapitels sind wässrige Elektrolytlösungen und Dampf-Flüssigkeits-Gleichgewichte von flüchtigen Stoffen, die in wässrigen Lösungen dissoziieren. Diese Art von Gleichgewichten spielen insbesondere bei Absorptions- oder Desorptionsprozessen eine wichtige Rolle. Als Beispiel seien die Desorption von Ammoniak aus wässrigen Lösungen oder die Absorption von sauren Gasen in alkalischen Lösungen erwähnt. Ausführliche Darstellungen der Thermodynamik von Elektrolytlösungen finden sich in der einschlägigen Literatur[1].

14.1 Grundbegriffe und Aktivitätskoeffizienten

Eine Ionen enthaltende Lösung wird als Elektrolytlösung bezeichnet. Ein Ion ist ein elektrisch geladenes Atom oder eine elektrisch geladene Verbindung von Atomen. Jedes Ion trägt eine elektrische Ladung, die ein ganzzahliges Vielfaches der Elementarladung e ist,[2]

$$e = 1,6021766208 \cdot 10^{-19} \text{ As} .$$ (14.1)

Als zweckmäßiges Konzentrationsmaß für Ionenspezies aber auch für molekulare, nicht in Ionen zerfallende Spezies in wässrigen Lösungen verwenden wir die Molalität

$$m_i = \frac{N_i}{M_1} \quad \text{in} \quad \frac{\text{mol}}{\text{kg Wasser}} .$$ (14.2)

Der Index 1 kennzeichnet das Lösungsmittel Wasser. Aus Gründen der Übersichtlichkeit bei der Formulierung chemischer Gleichgewichte wird für m_i auch das Symbol $[i]$

---

[1] Z. B.: Pitzer, K.S.: Activity Coefficients in Electrolyte Solutions, CRC Press, Inc., 1991 oder Luckas, M. und Krissmann, J.: Thermodynamik der Elektrolytlösungen. Springer Verlag, 2001.
[2] CODATA Recommended Values. Nationale Institute of Standards and Technologie (NIST), 2014.

© Springer-Verlag GmbH Deutschland 2017
P. Stephan et al., *Thermodynamik*, https://doi.org/10.1007/978-3-662-54439-6_14

verwendet. Für alle Elektrolytlösungen gilt das Prinzip der Elektroneutralität, d. h. die negativen und positiven Lösungen der Ionen kompensieren sich,

$$\sum_k m_k z_k = 0 , \tag{14.3}$$

wobei z_i die Ladungszahl des Ions i bedeutet. z_i ist negativ für negativ geladene Ionen und positiv für positiv geladene Ionen. Für das Ion Na^+ ist $z_i = 1$, für Cl^- ist $z_i = -1$. Gl. 14.3 wird oft auch in der Form

$$\sum_+ m_+ z_+ = \sum_- m_- |z_-| \tag{14.4}$$

geschrieben, wobei jeweils über alle positiven bzw. negativen Ionenspezies summiert wird. Da Ionen bei Druck und Temperatur einer wässrigen Lösung nicht als reine Stoffe existieren können, verwendet man bei der Formulierung des chemischen Potentials den Bezugszustand der ideal verdünnten Lösung und schreibt gemäß Gl. 7.52

$$\mu_i = \mu_{m_i}^*(T, p, m_i^\circ) + \bar{R}T \ln a_{m_i}^* \tag{14.5}$$

mit

$$a_{m_i}^* = \gamma_{m_i}^* \frac{m_i}{m_i^\circ} . \tag{14.6}$$

Für m_i° wird im Allgemeinen $m_i^\circ = 1\,\mathrm{mol/kg}$ gesetzt. Da dies für alle Komponenten gilt, kann man auf den Index i verzichten und für $m_i^\circ = m = m^\circ = 1\,\mathrm{mol/kg}$ schreiben. Die rationellen, auf die Molalität bezogenen Aktivitätskoeffizienten nehmen im Zustand der ideal verdünnten Lösung den Wert 1 an.

Wir wollen in diesem Kapitel eine vereinfachte Schreibweise für die rationellen, auf die Molalität bezogenen Größen benutzen, wie dies in der Literatur allgemein üblich ist. Wir schreiben für ein Ion i

$$\gamma^*_{m_i} \equiv \gamma_i^* \quad \text{bzw.} \quad a_{m_i}^* \equiv a_i^* .$$

Da wässrige Elektrolytlösungen im neutralen Zustand vorliegen und somit stets mehrere Ionenspezies vorhanden sind, kann man die Aktivitätskoeffizienten einzelner Ionen nicht messen. Man definiert daher sog. *mittlere Aktivitätskoeffizienten* bzw. *mittlere Aktivitäten*. Diese Vorgehensweise soll am Beispiel einer Dissoziationsreaktion näher erläutert werden. Ein Molekül X zerfällt in wässriger Lösung teilweise in ν_+ Ionen A_+ und ν_- Ionen B_-

$$X \rightleftharpoons \nu_+ A_+ + \nu_- B_- . \tag{14.7}$$

Die Bezeichnung A_+ steht dabei für ein positives Ion mit beliebiger Ladungszahl z_+. Gleiches gilt für B_-. Aus Gründen der Elektroneutralität ist $|z_+| = |\nu_-|$ und $|z_-| = |\nu_+|$.

Das chemische Gleichgewicht für diese Dissoziationsreaktion kann man analog Gl. 11.24 allgemein wie folgt formulieren:

$$K(p, T) = \prod (a_i{}^*)^{\nu_i} \; . \tag{14.8}$$

Angewandt auf die Reaktion nach Gl. 14.7 ergibt sich

$$K(p, T) = \frac{(a_{A_+}^*)^{\nu_+} \, (a_{B_-}^*)^{\nu_-}}{a_X} \tag{14.9}$$

oder

$$K_m(p, T) = \frac{(m_{A_+})^{\nu_+} \, (m_{B_-})^{\nu_-}}{m_X} \; \frac{(\gamma_{A_+}^*)^{\nu_+} \, (\gamma_{B_-}^*)^{\nu_-}}{\gamma_X^*} \; , \tag{14.10}$$

wobei der konstante Wert der Bezugsmolalität $(\frac{1}{m^\circ})^{\sum \nu_n}$ in die Gleichgewichtskonstante einbezogen wird, die dadurch im allgemeinen Fall dimensionsbehaftet ist. Nur das Produkt der Aktivitätskoeffizienten bzw. der Aktivitäten der Ionen kann experimentell bestimmt werden. Man definiert daher die mittleren Aktivitäten $a_\pm^*$ bzw. die Aktivitätskoeffizienten $\gamma_\pm^*$ durch die Beziehungen

$$(a_\pm^*)^{(\nu_+ + \nu_-)} = (a_{A_+}^*)^{\nu_+} \, (a_{B_-}^*)^{\nu_-} \tag{14.11}$$

und

$$(\gamma_\pm^*)^{(\nu_+ + \nu_-)} = (\gamma_{A_+}^*)^{\nu_+} \, (\gamma_{B_-}^*)^{\nu_-} \; . \tag{14.12}$$

Setzt man Gl. 14.6 in Gl. 14.11 ein, erhält man unter Berücksichtigung von Gl. 14.12

$$a_\pm^* = \gamma_\pm^* \left[\left(\frac{m_+}{m^\circ} \right)^{\nu_+} \left(\frac{m_-}{m^\circ} \right)^{\nu_-} \right]^{\left(\frac{1}{\nu_+ + \nu_-} \right)} \; . \tag{14.13}$$

Wir betrachten als Beispiel die Dissoziation von Kalziumchlorid in Wasser

$$CaCl_2 \; \rightleftharpoons \; Ca^{++} + 2\,Cl^- \; .$$

Anwendung der Beziehung für die Elektroneutralität Gl. 14.3 ergibt

$$2m_{Ca^{++}} - m_{Cl^-} = 0$$

und somit

$$m_{Cl^-} = 2m_{Ca^{++}} \; .$$

Die mittlere Aktivität der Lösung folgt aus Gl. 14.13

$$a_\pm^* = \gamma_\pm^* \left[\left(\frac{m_{Ca^{++}}}{m^\circ} \right) \left(\frac{m_{Cl^-}}{m^\circ} \right) \right]^{\frac{1}{3}} \; .$$

Die Beziehung für das chemische Gleichgewicht lautet dann mit Gl. 14.9 unter Berücksichtigung der Elektroneutralität

$$K(p,\ T) = \frac{a_{\pm}^{*\ 3}}{a_{CaCl_2}^{*}} = \frac{\gamma_{\pm}^{*\ 3} m_{Ca^{++}} m_{Cl^-}^2}{a_{CaCl_2}^{*}(m^{\circ})^3} = \frac{4\gamma_{\pm}^{*\ 3} m_{Ca^{++}}^3}{a_{CaCl_2}^{*}(m^{\circ})^3}\ .$$

bzw.

$$K_m(p,\ T) = K(p,\ T)(m^{\circ})^3 = \frac{4\gamma_{\pm}^{*\ 3} m_{Ca^{++}}^3}{a_{CaCl_2}^{*}}\ .$$

Als weiteres Beispiel betrachten wir den Zerfall von NaCl in Wasser

$$NaCl \ \rightleftharpoons\ Na^+ + Cl^-\ .$$

Mit der Elektroneutralitätsbedingung $m_{Na^+} = m_{Cl^-}$ folgt in diesem Fall eines 1,1 Elektrolyten für die mittlere Aktivität

$$a_{\pm}^* = \gamma_{\pm}^* \frac{m_{Na^+}}{m^{\circ}}$$

bzw. für das chemische Gleichgewicht

$$K(p,\ T) = \frac{a_{\pm}^{*2}}{a_{NaCl}^{*}} = \frac{\gamma_{\pm}^{*2} m_{Na^+}^2}{a_{NaCl}^{*}(m^{\circ})^2}\ .$$

Lewis und Randall[3] fanden, dass der mittlere Aktivitätskoeffizient in verdünnten Lösungen nicht durch die Art der Ionen, sondern lediglich durch die Ladungen der einzelnen Ionen und durch einen Summenparameter beeinflusst wird, der ein Maß für die gesamte Ionenkonzentration darstellt. Man nennt diesen Summenparameter Ionenstärke. Die auf die *Molalitäten* der Ionen bezogene *Ionenstärke* ist definiert als

$$I_m = \frac{1}{2} \sum_k m_k z_k^2\ . \tag{14.14}$$

Die mit der Molalität gebildete Ionenstärke I_m ist dimensionsbehaftet und hat die Dimension mol/kg. Lewis und Randall fanden empirisch, dass der Logarithmus des mittleren Aktivitätskoeffizienten proportional der Wurzel aus der Ionenstärke ist,

$$-\ln \gamma_{\pm}^* \sim |z_+ z_-| \sqrt{I_m}\ .$$

Dieser Zusammenhang wurde durch die Theorie von Debye und Hückel[4] theoretisch bestätigt. Diese basiert auf der Berechnung des Gleichgewichts zwischen der elektrostatischen Anziehung und der thermischen Bewegung der Ionen. Diese Ionen werden als

---

[3] Lewis, G.N. und Randall, M.: J. Amer. Chem. Soc. 43 (1921) 1112.
[4] Debye, P. und Hückel, E.: Physik. J. 24 (1923) 185.

Massenpunkte mit elektrischen Ladungen betrachtet. Man erhält den Zusammenhang

$$- \ln \gamma_\pm^* = A_0 \, |z_+ z_-| \, \sqrt{I_m} \, . \tag{14.15}$$

Man nennt Gl. 14.15 das Debye-Hückelsche-Grenzgesetz für verdünnte Elektrolytlösungen. Es ist in guter Näherung gültig für Ionenstärken $I_m < 0{,}01 \, \text{mol/kg}$. A_0 ist die Debye-Hückel-Konstante

$$A_0 = \left(\frac{2\pi N_A \rho_0}{1000} \right)^{\frac{1}{2}} \cdot \frac{e^3}{(kTD)^{\frac{3}{2}}} \tag{14.16}$$

mit der Avogadro-Konstanten N_A, der Dichte der Lösung ρ_0, der Elementarladung e, der Boltzmann-Konstanten k und der Dielektrizitätskonstanten D der Lösung. Bei $T = 298{,}15 \, \text{K}$ beträgt $A_0 = 1{,}176 \, (\text{kg/mol})^{\frac{1}{2}}$.

Oft ist es zweckmäßig, Gl. 14.16 für die individuelle Ionenspezies zu formulieren. Sie lautet dann

$$- \ln \gamma_i^* = A_0 z_i^{\,2} \sqrt{I_m} \, . \tag{14.17}$$

Es ist leicht nachweisbar, dass die Gl. 14.15 und Gl. 14.17 ineinander überführbar sind. Wir benutzen hierzu die Definitionsgleichung Gl. 14.12 für den mittleren Aktivitätskoeffizienten in logarithmischer Form

$$\ln \gamma_\pm^* = \frac{1}{\nu_+ + \nu_-} \ln \left[\left(\gamma_{A+}^* \right)^{\nu_+} \left(\gamma_{B-}^* \right)^{\nu_-} \right]$$

$$\ln \gamma_\pm^* = \frac{1}{\nu_+ + \nu_-} \left[\nu_+ \ln \gamma_{A+}^* + \nu_- \ln \gamma_{B-}^* \right] \, . \tag{14.18}$$

Die Bezeichnung γ_i^* in Gl. 14.17 steht für γ_{A+}^* bzw. γ_{B-}^*. Setzt man Gl. 14.17 in Gl. 14.18 ein, ergibt sich

$$\ln \gamma_\pm^* = - \frac{A_0}{\nu_+ \nu_-} \sqrt{I_m} [\nu_+ z_+^2 + \nu_- z_-^2] \, . \tag{14.19}$$

Wegen der Elektroneutralität der Lösung ist

$$\nu_+ z_+ + \nu_- z_- = 0$$

bzw.

$$\nu_+ z_+^2 + \nu_- z_- z_+ = 0 \qquad \text{oder}$$

$$\nu_+ z_+ z_- + \nu_- z_-^2 = 0 \, .$$

Die Addition der beiden letzten Gleichungen ergibt

$$\nu_+ z_+^2 + \nu_- \, z_-^2 = -z_+ z_- (\nu_+ + \nu_-) \, .$$

Eingesetzt in Gl. 14.19 erhält man

$$\ln \gamma^*_{\pm} = A_0 z_+ z_- \sqrt{I_m} = -A_0 \, |z_+ z_-| \, \sqrt{I_m}$$

und somit Gl. 14.15, womit die Äquivalenz mit Gl. 14.17 bewiesen ist.

Um den Gültigkeitbereich des Gesetzes von Debye-Hückel in Richtung höherer Ionenstärken zu erweitern, wurden verschiedene empirische Korrelationen vorgeschlagen, die
insbesondere die Größe der Ionen berücksichtigen. So wurde beispielsweise von Pitzer[5]
eine Gleichung vorgeschlagen, die bis Ionenstärken $I_m < 0,1$ mol/kg gültig ist

$$\ln \gamma_i^* = -A_0 z_i^2 \left[\frac{\sqrt{I_m}}{1 + b\sqrt{I_m}} + \frac{1}{b} \ln \left(1 + b\sqrt{I_m} \right) \right] . \qquad (14.20)$$

Für konzentrierte Mehrkomponentensysteme benutzt man in der Praxis häufig die von
Pitzer und Kim vorgeschlagenen Ansätze, die auf Reihenentwicklungen der freien Exzessenthalpie ähnlich der Virialgleichung für reale Gase basieren[6]

$$\frac{G^E}{\bar{R}T} = M_1 f(I_m) + \frac{1}{M_1} \sum_i \sum_j \lambda_{ij} N_i N_j + \frac{1}{M_1^2} \sum_i \sum_j \sum_k \mu_{ijk} N_i N_j N_k . \qquad (14.21)$$

Die Funktion $f(I_m)$ beinhaltet das Debye-Hückelsche-Grenzgesetz und beschreibt die
weitreichenden Wechselwirkungen aufgrund der Coulombkräfte

$$f(I_m) = -A_0 \frac{4 I_m}{b} \ln(1 + b\sqrt{I_m}) . \qquad (14.22)$$

Pitzer empfiehlt für den Parameter $b = 1,2 \, (\text{kg/mol})^{1/2}$. Dieser Wert ergibt die beste
Übereinstimmung mit Messwerten. Die Koeffizienten λ_{ij} und μ_{ijk} sind binäre und ternäre
Wechselwirkungsparameter, die nahreichende Wechselwirkungen aufgrund von Van der
Waals Kräften zwischen den gelösten Spezies beschreiben. M_1 ist die Masse des Lösungs-
mittels (Wasser). Für die Koeffizienten λ_{ij} und μ_{ijk} werden in der Literatur unterschied-
liche Ansätze vorgeschlagen, abhängig davon, ob es sich um Ion-Ion, Molekül-Ion oder
Molekül-Molekül-Wechselwirkungen handelt. Zur Berechnung der Wechselwirkungsparameter sei auf die Literatur verwiesen.[7]

Aus Gl. 14.21 erhält man die rationellen Aktivitätskoeffizienten einer Ionenspezies mit
dem Ansatz nach Gl. 7.83

$$\ln \gamma_i^* = \frac{1}{\bar{R}T} \left(\frac{\partial G^E}{\partial N_i} \right)_{T, \, p, \, N_{j \neq i}} . \qquad (14.23)$$

[5] Pitzer, K.S. und Mayorga, G.: J. Phys. Chem. 77 (1973) 2300–2308.
[6] Pitzer, K.S.: J. Phys. Chem. Vol. 77 (1973) No.2, 268–277
Pitzer, K.S. und Kim, J.J.: J. Am. Chem. Soc. Vol. 96 (1974) 5701–5707.
[7] Eine zusammenfassende Darstellung enthält beispielsweise die Monographie von Luckas und
Krissmann (siehe Fußnote 1).

Tab. 14.1 Aktivitätskoeffizienten und Aktivität von Wasser für einen 1,1 Elektrolyten bei $T = 298{,}15\,\text{K}$ und verschiedenen Ionenstärken I_m

I_m mol/kg	γ_j^* nach Gl. 14.17	γ_i^* nach Gl. 14.20 mit $b = 1{,}2$ $(\text{kg/mol})^{1/2}$	a_1^* nach Gl. 14.24	$(\gamma_\pm^*)_{\text{NaCl}}$[a] experimentell
0,0001	0,988	0,977	1,000	–
0,001	0,963	0,93	0,9999	0,966
0,01	0,89	0,806	0,9960	0,891
0,1	0,689	0,557	0,8815	0,769

[a] Zaytsev, I.D. und Aseyev, G.G.: Properties of Aqueous Solutions of Electrolytes. CRC Press, Inc., 1992

Leitet man Gl. 14.21 entsprechend Gl. 14.23 ab und bildet den Grenzübergang für kleine Ionenstärken, ergibt sich Gl. 14.20.

Analog zu der grobskizzierten Vorgehensweise bei der Berechnung der Aktivitäskoeffizienten ergibt sich für die Aktivität von Wasser ein Ansatz, der beim Grenzübergang für kleine Ionenstärken in einen Debye-Hückel-Term übergeht.

$$\ln a_1^* = \bar{M}_1 \frac{2}{3} \frac{A_0 \, (I_m)^{\frac{3}{2}}}{1 + b \, \sqrt{I_m}} \, . \tag{14.24}$$

In Tab. 14.1 sind für einen 1,1 Elektrolyten bei einer Temperatur von 25 °C Aktivitätskoeffizienten für verschiedene Ionenstärken nach Gl. 14.17, Gl. 14.20 sowie die Aktivität von Wasser nach Gl. 14.24 dargestellt. Die Ionenstärke entspricht in diesem Fall gemäß Gl. 14.14 unter Berücksichtigung der Elektroneutralitätsbedingung der Molalität m_i.

Es wird deutlich, dass bei kleinen Ionenstärken die Aktivität von Wasser wesentlich stärker gegen den Wert 1 tendiert als die Aktivitätskoeffizienten der Ionen. Die Tatsache, dass sich bei relativ geringen Ionenstärken und somit Salzkonzentrationen – beispielsweise entspricht die Ionenstärke $I_m = 0{,}001$ bei NaCl einer Konzentration von lediglich 58,5 mg/l – die Aktivitätskoeffizienten immer noch deutlich von 1 abweichen, ist durch die langen Reichweiten elektrostatischer Kräfte zwischen Ionen bedingt.

Während also im Zustand der ideal verdünnten Lösung Wechselwirkungen mit kurzer Reichweite zwischen gelösten Molekülen oder Ionen vernachlässigt werden können, existieren immer noch die elektrostatischen Kräfte mit langer Reichweite zwischen den Ionen.

14.2 Gleichgewichte in schwachen Elektrolytlösungen

14.2.1 Die Dissoziation des Wassers und der pH-Wert

Wasser dissoziert gemäß der Gleichung

$$H_2O(l) \;\rightleftharpoons\; H^+ + OH^- \tag{14.25}$$

in geringem Umfang in H^+ und OH^--Ionen.

Bei der Formulierung des chemischen Gleichgewichts wird als Bezugszustand für das chemische Potential der Ionen die ideal verdünnte Lösung gewählt. Beim chemischen Potential des Wassers wählt man als Bezugszustand den reinen realen Stoff bei Systembedingungen.

$$\frac{a_{H^+}^* \, a_{OH^-}^*}{a_{H_2O}} = K_{H_2O}(T,\ p)$$

$$= \exp\left(-\frac{\mu_{m,H^+}^* + \mu_{m,OH^-}^* - \mu_{0,H_2O}}{\bar{R}T} \right). \tag{14.26}$$

Somit enthält die Gleichgewichtskonstante $K_{H_2O}(T)$ unterschiedliche Referenzpotentiale.

Nach Gl. 5.47 ist $\mu_{0i}(p,\ T) = G_{0i}(p,\ T)$. Analog gilt für den Bezugszustand der ideal verdünnten Lösung bei Verwendung der Molalität als Maß für die Zusammensetzung der flüssigen Phase

$$\mu_{m,i}^*(p,\ T\, m_i^\circ) = G_{m,i}^*(p,\ T,\ m_i^\circ). \tag{14.27}$$

$G_{m,i}^*$ ist die molare freie Enthalpie der Komponente i im Zustand der ideal verdünnten Lösung bei der Bezugsmolalität $m_i^\circ = 1\,\text{mol/kg}$.

Die kalorischen Standardgrößen sind für einige Spezies in Tab. 14.2 vertafelt. Die dort aufgelisteten Größen für Ionen bzw. für gelöste Gase, die mit aq (= aqueous solution) bezeichnet sind, gelten für den Referenzzustand der ideal verdünnten Lösung bei der Bezugsmolalität $m_i^\circ = 1\,\text{mol/kg}$. Sie können zur Berechnung der Gleichgewichtskonstanten $K_{H_2O}(p,\ T)$ verwendet werden. Die Druckabhängigkeit der in Gl. 14.26 aufgeführten Potentiale kann bei niedrigen Drücken vernachlässigt werden. Wir können somit die Gleichgewichtskonstante mit $K_{H_2O}(T)$ bezeichnen. Entsprechend den Überlegungen in Abschn. 12.3 führen wir für die Differenz der molbezogenen Produkt- und Eduktreferenzpotentiale bei gemischter (unsymmetrischer) Formulierung des chemischen Gleichgewichts die Abkürzung ΔG_{ref} ein. Analog zu den Beziehungen für die symmetrische Formulierung

$$\Delta_R G_0 = \sum_k G_{0k}\, \nu_k = \sum_k \Delta_f G_{0k}\, \nu_k$$

gilt für die unsymmetrische Formulierung allgemein

$$\Delta_R G_{\text{ref}} = \sum_k G_{\text{ref},k}\, \nu_k = \sum_k \Delta_f G_{\text{ref},k}\, \nu_k. \tag{14.28}$$

Mit den in Tab. 14.2 aufgelisteten Referenzpotentialen für die Ionen $H^+(aq)$ und $OH^-(aq)$ sowie für $H_2O(l)$ kann man K_{H_2O} unter Standardbedingungen ($T^\theta = 298{,}15\,K$) berechnen. Es ergibt sich

$$K_{H_2O}(T^\theta) = 1{,}009 \cdot 10^{-14}.$$

Der geringe Wert der Gleichgewichtskonstanten ist ein Hinweis auf die schwach ausgeprägte Dissoziation des Wassers bei Umgebungsbedingungen. Man kann folglich in guter Näherung die Aktivitätskoeffizienten der Ionen und die Aktivität des Wassers gleich 1 setzen und es folgt

$$m_{H^+} \cdot m_{OH^-} = K_{H_2O}(T^\theta)\,(m^\circ)^2 = 1{,}009 \cdot 10^{-14} \left(\frac{mol}{kg}\right)^2. \tag{14.28a}$$

Aufgrund der Elektroneutralität ist

$$m_{H^+} = m_{OH^-} = 1{,}00449 \cdot 10^{-7}\,\frac{mol}{kg}. \tag{14.29}$$

Wasser enthält somit bei 25 °C ca. 10^{-7} mol/kg H^+-Ionen.

Als einfach zu handhabendes Maß für die H^+-Ionen-Konzentration einer Lösung wurde der pH-Wert eingeführt, der als negativer Logarithmus (Basis 10) der H^+-Ionen-Aktivität definiert ist,

$$pH = -\log a_{H^+}^*. \tag{14.30}$$

Im Falle von Wasser bei Standardbedingungen ist entsprechend Gl. 14.29

$$pH = 7.$$

Enthält Wasser dissoziierende saure Komponenten erniedrigt sich der pH-Wert. Im Falle von basischen Komponenten erhöht sich der pH-Wert.

14.2.2 Dampfdrücke über schwachen Elektrolytlösungen

Gase wie beispielsweise CO_2, SO_2, H_2S, Cl_2 oder NH_3 dissoziieren in geringem Ausmaß, wenn sie in Wasser gelöst werden. Bei der Betrachtung ihrer Dampfdrücke über wässrigen Lösungen muss die Dissoziation berücksichtigt werden. Man hat es dann mit der Überlagerung eines Phasengleichgewichts mit einem Reaktionsgleichgewicht zu tun. Am Beispiel von SO_2 ist dies in Abb. 14.1 schematisch dargestellt.

Bei der Dissoziation von SO_2 in Wasser kann man in guter Näherung die zweite Dissoziation und die Bildung von SO_3^{--}-Ionen vernachlässigen.

Wir wollen die Überlagerung von Phasengleichgewicht und Dissoziation zunächst allgemein anhand der Beispielreaktion

$$X(aq) + H_2O \rightleftharpoons A^+ + B^- \tag{14.31}$$

Abb. 14.1 Phasengleichgewicht mit überlagerter chemischer Reaktion am Beispiel der Lösung von SO_2 in Wasser

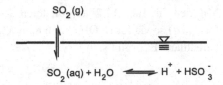

behandeln. Die stöchiometrischen Koeffizienten der Reaktionspartner seien $|v_i| = 1$, die Ladungszahlen $z_+ = |z_-| = 1$. Für das Phasengleichgewicht zwischen der molekularen Spezies $X(g)$ in der Gasphase und in der Flüssigphase $X(aq)$ gilt allgemein die Isofugazitätsbedingung $f_i^G = f_i^L$. Wir betrachten ein Gleichgewicht bei moderaten Drücken und setzen ideales Verhalten in der Gasphase ($\varphi_i = 1$) voraus. Dann ergibt sich nach Einsetzen der Gleichungen Gl. 9.21 und Gl. 9.45 in die Isofugazitätsbedingung unter Vernachlässigung der Druckabhängigkeit von f_i^L das *verallgemeinerte Gesetz von Henry* in der Form

$$p_i = y_i\, p = \gamma_i^* x_i\, H_{px_i}(T)\,, \qquad (14.32)$$

das sich in einfacher Weise mit den in Abschn. 1.3 bzw. Abschn. 7.3 dargestellten Zusammenhängen in die für Lösungen günstigere Form mit der Molalität als Maß für die Zusammensetzung umschreiben lässt

$$p_i = \gamma_{m,i}^* m_i\, H_{pm_i}(T)\,. \qquad (14.33)$$

$H_{pm_i}(T)$ ist ein modifizierter Henry-Koeffizient. Er verknüpft den Partialdruck der molekularen Spezies in der Gasphase mit dessen Molalität in der flüssigen Phase und hat die Dimension [bar kg/mol]. Der praktische, auf die Molalität bezogene Aktivitätskoeffizient ist dimensionslos. Aus Gründen der Übersichtlichkeit benutzen wir im Folgenden die bereits in Abschn. 14.1 eingeführte vereinfachte Bezeichnungsweise für die Aktivitätskoeffizienten. Weiterhin führen wir eine vereinfachte Nomenklatur für den Henry-Koeffizienten ein und schreiben Gl. 14.33 für das Molekül X

$$p_X = \gamma_X^* m_X\, H_{pm}(T)\,. \qquad (14.33a)$$

Das chemische Gleichgewicht für die Reaktion Gl. 14.32 lautet unter Vernachlässigung der Druckabhängigkeit

$$K(T) = \frac{a_{A^+}^* a_{B^-}^*}{a_{H_2O}\, a_X^*} = \frac{m_{A^+} m_{B^-}}{m_X\, a_{H_2O}} \cdot \frac{\gamma_{A^+}^* \gamma_{B^-}^*}{\gamma_X^* m^\circ}\,. \qquad (14.34)$$

Gl. 14.34 beinhaltet eine unsymmetrische Formulierung der Gleichgewichtskonstanten. Referenzzustand für die Spezies $X(aq)$, A^+ und B^- ist die ideal verdünnte Lösung, für Wasser der reine reale Stoff bei Systembedingungen. Die Bezugsmolalität $m^\circ = 1\,\text{mol/kg}$ wird üblicherweise in die Gleichgewichtskonstante mit einbezogen, die dann die Dimension [mol/kg] erhält und mit $K_m(T)$ bezeichnet werden kann

$$K_m(T) = m^\circ K(T)\,. \qquad (14.35)$$

Mit der Elektroneutralitätsbedingung

$$m_{A^+} = m_{B^-} \tag{14.36}$$

kann man in Gl. 14.34 die Ionenspezies eliminieren, die keine Atomgruppen aus der Ursprungssubstanz X enthält, beispielsweise A^+. Aus Gl. 14.34 erhält man dann

$$m_{B^-} = \sqrt{K_m \frac{\gamma_X^* a_{H_2O}}{\gamma_{A^+}^* \gamma_{B^-}^*} m_X} . \tag{14.37}$$

Die Gesamtkonzentration der Spezies X in der flüssigen Phase setzt sich zusammen aus der Molalität der molekularen Spezies und der Molalität der Ionenspezies (hier B^-), die wesentliche Atomgruppen aus X enthält.

$$m_{X_{ges}} = m_X + m_{B^-} . \tag{14.38}$$

Eingesetzt in Gl. 14.33a erhält man

$$p_X = \gamma_X^* H_{pm} \left[m_{X_{ges}} - m_{B^-} \right] . \tag{14.39}$$

Nach Einsetzen von Gl. 14.37 in Gl. 14.39 und einigen Umformungen erhält man ein verallgemeinertes Gesetz von Henry für nach Gl. 14.31 dissoziierende Stoffe in der Form

$$p_X = \gamma_X^* H_{pm} m_{X_{ges}} F_D \tag{14.40}$$

mit dem Dissoziationsfaktor F_D

$$F_D = \left(1 - \frac{1}{1 + \sqrt{\frac{m_X \gamma_{B^-}^* \gamma_{A^+}^*}{K_m \gamma_X^* a_{H_2O}}}} \right) \tag{14.40a}$$

bzw.

$$F_D = \left(1 - \frac{1}{1 + \sqrt{\frac{p_X \gamma_{B^-}^* \gamma_{A^+}^*}{K_m H_{pm} \gamma_X^{*2} a_{H_2O}}}} \right) . \tag{14.40b}$$

Für ein nichtdissoziierendes Molekül X ist $K_m(T) = 0$. In diesem Fall ist der Dissoziationsfaktor $F_D = 1$ und Gl. 14.40 geht über in Gl. 14.33a.

Ist $K_m(T)$ endlich, liegen aber sehr geringe Gesamtkonzentrationen an X vor ($m_X \to 0$ bzw. $m_{X_{ges}} \to 0$) so gilt für den Grenzübergang

$$\lim_{m_{X_{ges}} \to 0} F_D = 0 . \tag{14.41}$$

Abb. 14.2 Gültigkeitsbereich
des Gesetzes von Henry bei
schwachen Elektrolyten

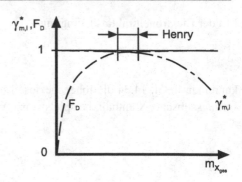

In diesem Fall geht p_x überproportional gegen Null. In Abb. 14.2 sind der Verlauf des
praktischen Aktivitätskoeffizienten und des Dissoziationsfaktors schematisch dargestellt.

Das Henrysche Gesetz kann für wässrige Lösungen schwacher Elektrolyte nur in einem
engeren Bereich angewandt werden, in dem der praktische Aktivitätskoeffizient und der
Dissoziationsfaktor näherungsweise den Wert 1 annehmen. Nicht für alle Stoffe existiert
ein solcher Bereich tatsächlich. Dies soll nachstehend an zwei Beispielen demonstriert
werden.

Reaktionen, die nach dem in Gl. 14.31 dargestellten Schema ablaufen, sind die Dissoziation von SO_2, CO_2 und NH_3.

a) Dissoziation von SO_2

$$SO_2 + H_2O \rightleftharpoons H^+ + HSO_3^-$$

Im Prinzip kann man die Gleichgewichtskonstante der Reaktion mit Hilfe der Standardpotentiale aus Tab. 14.2 berechnen, wie dies bereits für Wasser demonstriert wurde. Da aber
die Tabellenwerte in gewissen Grenzen stets fehlerbehaftet sind und bei der Berechnung
von $\Delta_R G_{ref}$ die Differenz großer Zahlen gebildet werden muss, verstärken sich numerische Unsicherheiten und die Genauigkeit des Endergebnisses ist beschränkt. Für genauere
Berechnungen empfiehlt es sich, Korrelationen für $K_m(T)$ und $H_{pm}(T)$ aus der Literatur zu entnehmen. Man erhält dann beispielsweise mit den Daten von Kawazuishi und
Prausnitz bzw. Raabe und Harris[8]

$$K_m(T^\theta) = 0,0144 \, \text{mol/kg} \quad \text{und} \quad H_{pm}(T^\theta) = 0,833 \, \text{bar kg/mol} \, .$$

Würde man $K_m(T^\theta)$ nach Gl. 14.28 mit Hilfe der Standardgrößen aus Tab. 14.2 berechnen, ergäbe sich ein Wert $K_m(T) = 0,0172 \, \text{mol/kg}$. Setzt man diese Zahlenwerte in die
Gleichung für den Dissoziationsfaktor ein und vernachlässigt in erster grober Näherung
die Einflüsse der Aktivitätskoeffizienten und den der Aktivität von Wasser, wird deutlich, dass auch bei Partialdrücken von $p_{SO_2} > 1 \, \text{bar}$ F_D deutlich verschieden von 1 ist.

---

[8] Kawazuishi, K. und Prausnitz, J.M.: IEC Res. 26 (1987) 1482–1485
Raabe, A.E. und Harris, J.F.: J.Chem. Engng. Data 8 (1963) 333–336.

Tab. 14.2 Molare Standardgrößen ausgewählter Ionen und Moleküle im Zustand der ideal verdünnten wässrigen Lösung (aq = aqueous solution). Die Größen sind auf die Molalität als Konzentrationsmaß mit der Bezugsmolalität $m_i^\circ = 1$ mol/kg bezogen

Stoff	Zustand	$\bar{M}$ kg/kmol	$H_{m,i}^{*\theta}$ kJ/mol	$S_{m,i}^{*\theta}$ J/(mol K)	$G_{m,i}^{*\theta}$ kJ/mol	$\Delta_f G_{m,i}^{*\theta}$ kJ/mol
H^+	aq	1,007	0	0	0	0
OH^-	aq	17,01	−230,015	−10,9	−226,77	−157,24
Cl_2	aq	70,906	−23,4	121,0	−59,47	6,94
$HOCl$	aq	52,46	−120,9	142,0	−163,24	−79,9
Cl^-	aq	35,454	−167,16	56,50	−184,00	−131,23
SO_2	aq	64,06	−322,98	161,9	−371,25	−300,676
HSO_3^-	aq	81,06	−626,22	139,7	−667,87	−527,73
SO_3^{2-}	aq	80,06	−635,5	−29,0	−626,85	−486,5
SO_4^{2-}	aq	96,06	−909,34	18,50	−914,86	−744,53
H_2S	aq	34,076	−39,7	121,0	−75,78	−27,83
HS^-	aq	33,068	−16,30	67,0	−36,28	12,8
CO_2	aq	44,01	−413,8	117,60	−448,86	−385,98
HCO_3^-	aq	61,02	−691,99	91,2	−719,18	−586,77
CO_3^{2-}	aq	60,01	−677,14	−56,9	−660,18	−527,81
NH_3	aq	17,031	−80,29	111,3	−113,47	−26,50
NH_4^+	aq	18,039	−132,51	113,4	−166,32	−79,31
H_2O	l	18,015	−285,83	69,95	−306,67	−237,13

Nach Wagmann, D.D. et al.: The NBS tables of chemical and thermodynamic properties. J. Phys. Chem. Reference Data 11 (1982) Suppl. 2. Die Zahlenwerte sind auf 2 bzw. 3 Nachkommastellen gerundet. Die Werte für $G_{m,i}^{*\theta}$ wurden mit der Gleichung $G_{m,i}^{*\theta} = H_{m,i}^{*\theta} - TS_{m,i}^{*\theta}$ berechnet.

Die Ursachen hierfür sind die realtiv hohen Werte von K_m und H_{pm}. Andererseits kann bei Partialdrücken $p_{SO_2} > 1$ bar der Aktivitätskoeffizient der SO_2-Moleküle nicht mehr gleich 1 gesetzt werden. Somit existiert bei SO_2 kein Konzentrations- bzw. Partialdruckbereich, in dem das originale Gesetz von Henry ($\gamma^*_{SO_2} = 1$, $F_D = 1$) angewandt werden kann.

b) Dissoziation von NH_3

Ammoniak dissoziiert in wässriger Lösung nach der Gleichung

$$NH_3 + H_2O \rightleftharpoons NH_4^+ + OH^-.$$

Bei Standardbedingungen ergibt sich aus den Werten der Tab. 14.2 nach Gl. 14.28a $K_m(T^\theta) = 1{,}8 \cdot 10^{-5}$ mol/kg. Nach Kawazuishi und Prausnitz sind

$$K_m(T^\theta) = 1{,}712 \cdot 10^{-5} \, \text{mol/kg} \quad \text{und} \quad H_{pm}(T^\theta) = 0{,}0175 \, \text{bar kg/mol} \, .$$

Im Vergleich zu SO_2 ist bei NH_3 die Gleichgewichtskonstante um 3 Zehnerpotenzen kleiner, d. h. die Dissoziation des Ammoniaks ist wesentlich geringer ausgeprägt. Bei moderaten Partialdrücken des Ammoniaks wird sich daher in der Lösung nur eine geringe Ionenstärke I_m einstellen, sodass man in erster Näherung die Aktivitätskoeffizienten und die Aktivität von NH_3-Molekülen gleich 1 setzen kann.

Für einen Partialdruck des Ammoniaks von $p_{NH_3} = 10$ mbar erhält man aus Gl. 14.40b den Wert $F_D = 0{,}995$. Das bedeutet, dass oberhalb von Partialdrücken von ca 10 mbar die Dissoziation des Ammoniaks bei $t = 25\,°C$ vernachlässigt werden kann. Anders ist dies allerdings bei sehr kleinen Partialdrücken. Beispielsweise ergibt sich bei $p_{NH_3} = 0{,}01$ mbar $F_D = 0{,}8$. Im Gegensatz zu SO_2 existiert also bei NH_3 ein Partialdruck- bzw. Konzentrationsbereich, in dem in guter Näherung das Gesetz von Henry verwendet werden kann.

14.3   Beispiele und Aufgaben

Beispiel 14.1

Über einer wässrigen Lösung von Kohlendioxid steht ein Partialdruck von $p_{CO_2} = 1$ mbar bei einer Temperatur von $t = 25\,°C$. Wie groß ist der pH-Wert der Lösung? Zur Lösung der Aufgabe genügt es, ausschließlich die erste Dissoziationsreaktion zu betrachten:

$$CO_2\,(aq) + H_2O \rightleftharpoons HCO_3^- + H^+ \, .$$

Die Gleichgewichtskonstante der Reaktion hat bei $t = 25\,°C$ den Wert

$$K_m(T^\theta) = 4{,}4 \cdot 10^{-7} \, \text{mol/kg} \, .$$

Der Henry-Koeffizient beträgt $H_{pm}(T^\theta) = 30.34$ bar kg/mol (nach Kawazuishi und Prausnitz). Alle Aktivitätskoeffizienten und die Aktivität von Wasser sollen zunächst zu 1 gesetzt werden. Es ist der Nachweis zu erbringen, dass diese Annahme gerechtfertigt ist.

Lösung: Nach Gl. 14.33a folgt mit $\gamma^*_{CO_2} = 1$, $m_{CO_2} = 0{,}033$ mol/kg

$$K_m(T^\theta) = \frac{m_{HCO_3^-}\; m_{H^+}}{m_{CO_2}} = 4{,}4 \cdot 10^{-7} \text{ mol/kg}\,.$$

Aus der Elektroneutralitätsbedinung folgt

$$m_{H^+} = m_{HCO_3^-} \quad \text{und somit} \quad K(T^\theta) = \frac{(m_{H^+})^2}{m_{CO_2}}$$

bzw.

$$m_{H^+} = \sqrt{4{,}4 \cdot 10^{-7} \cdot 0{,}033} \text{ mol/kg}\,,$$

$$m_{H^+} = 1{,}2 \cdot 10^{-4} \text{mol/kg}\,,$$

$$pH = -\log m_{H^+} = 3{,}9\,.$$

Die Ionenstärke der Lösung beträgt nach Gl. 14.14 $I_m = 1{,}2 \cdot 10^{-4}$ mol/kg. Daraus berechnet man nach Debye-Hückel (Gl. 14.17) den Aktivitätskoeffizienten $\gamma^*_{H^+} = 0{,}987$. Damit würde sich ein pH-Wert von 3,93 ergeben. Die Vernachlässigung der Aktivitätskoeffizienten erscheint somit gerechtfertig zu sein.

Beispiel 14.2

Man berechne mit Hilfe der Werte in Tab. 12.1 und 14.2 die Henrykoeffizienten H_{pm_i} von SO_2 und CO_2 in wässriger Lösung bei $T^\theta = 298{,}15$ K. Die Gasphase sei ideal.

Lösung: Für das Phasengleichgewicht des Moleküls i zwischen einer Gasphase und einer wässrigen Lösung gilt $\mu_i^G = \mu_i^L$. Als Ansätze für die chemischen Potentiale benutzen wir

$$\mu_i^G = \mu_{0i}(p^+, T) + \bar{R}T \ln \frac{p_i}{p^+}$$

und

$$\mu_i^L = \mu_{m_i}^*(p, T, m_i^\circ) + \bar{R}T \ln \gamma^*_{m_i} \frac{m_i}{m_i^\circ}\,.$$

Gleichsetzen und Umordnen ergibt mit $p^+ = p^\theta$

$$p_i = \gamma^*_{m_i} m_i \frac{p^\theta}{m_i^\theta} \exp\left(\frac{\mu_i^* - \mu_{0i}}{\bar{R}T}\right)\,.$$

Dies ist das verallgemeinerte Gesetz von Henry. Für die Differenz der Standardpotentiale können wir

$$\Delta_R G_{ref} = \mu_i^* - \mu_{0i}$$

schreiben und es ergibt sich mit $p^\theta = 1$ bar und $m_i^\theta = 1$ mol/kg der Henrykoeffizient

$$H_{pm} = \exp\left(\frac{\Delta_R G_{ref}}{\bar{R}T}\right) \text{ bar mol/kg} .$$

Für SO_2 ist

$$\Delta_R G_{ref} = -300{,}676 + 300{,}19 = -0{,}486 \,\text{kJ/mol}$$

und somit $H_{pm} = 0{,}82$ bar kg/mol.
Für CO_2 ist

$$\Delta_R G_{ref} = -385{,}98 + 394{,}36 = 8{,}38$$

und somit $H_{pm} = 29{,}39$ bar kg/mol.

Der Vergleich mit den Werten aus Beispiel 14.1 für CO_2 zeigt, dass die Ergebnisse in guter Näherung übereinstimmen.

Aufgabe 14.1

Bei der Lösung von Schwefelwasserstoff H_2S in Wasser bei 25 °C wird ein pH-Wert von pH $= 5{,}84$ gemessen.

Man bestimme die Gesamtkonzentration des H_2S in Wasser und den Partialdruck des H_2S über der Lösung. Der Henrykoeffizient beträgt bei 25 °C $H_{pm} = 9{,}7$ bar kg/mol, die Gleichgewichtskonstante ist mit Hilfe der Standardgrößen in Tab. 14.2 zu bestimmen. Es ist nur die erste Dissoziation

$$H_2S \;\rightleftharpoons\; HS^- + H^+$$

zu betrachten. Die Aktivitätskoeffizienten und die Aktivität von Wasser können zu 1 gesetzt werden. Die Rechtfertigung dieser Annahme ist im Falle des Aktivitätskoeffizienten der Ionen nachzuweisen.

Aufgabe 14.2

Bei einer Temperatur von $t = 20$ °C kommt chlorhaltige Luft in Kontakt mit Wasser. Der Partialdruck des Chlors beträgt $p_{Cl_2} = 1$ mbar. Chlor reagiert mit Wasser gemäß der Reaktionsgleichung

$$Cl_2 + H_2O \;\rightleftharpoons\; H^+ + HOCl + Cl^- .$$

Man berechne den pH-Wert der Lösung und die Gesamtkonzentration des Chlors in der wässrigen Lösung. Der Henrykoeffizient beträgt bei $t = 20\,°C$ $H_{px} = 722\,\text{bar}$, die Gleichgewichtskonstante ist $K_m = 4{,}6 \cdot 10^{-4}\,(\text{mol/kg})^2$. Die Aktivitätskoeffizienten und die Aktivität von Wasser sollen zunächst zu 1 gesetzt werden. Es ist nachträglich zu prüfen, inwieweit diese Annahme gerechtfertigt war.

Prozesse

Verbrennungsprozesse 15

15.1 Verbrennungserscheinungen

Wärme, die man z. B. in Kraftwerken, in Anlagen der thermischen Verfahrenstechnik oder zur Raumheizung nutzt, wird heute noch größtenteils durch Verbrennung gewonnen. Verbrennung ist die chemische Reaktion eines Stoffes – in der Regel Kohlenstoff, Wasserstoff, Kohlenwasserstoffverbindungen – mit Sauerstoff, die stark exotherm, also unter Wärmefreisetzung abläuft. Die mit der Verbrennung verbundenen Erscheinungen beruhen auf dem Zusammenwirken einer Reihe chemischer und physikalischer Prozesse, wobei nicht nur die Reaktionstechnik und die Thermodynamik, sondern auch die Strömungsmechanik sowie der Wärme- und Stofftransport eine große Rolle spielen.

Abb. 15.1 zeigt schematisch die an einem Verbrennungsprozess beteiligten Stoffe und die dabei freigesetzte Wärme. Die Brennstoffe können festen, flüssigen oder gasförmigen Aggregatzustand aufweisen, und als Sauerstoffträger für die Oxidationsreaktion dient in den meisten technischen Anwendungen atmosphärische Luft. Von *stöchiometrischer Verbrennung* spricht man, wenn der Sauerstoffbedarf, der für eine vollständige Oxidation des Brennstoffes notwendig ist, gerade gedeckt wird. Führt man dem Brennstoff – z. B. mit der Luft – mehr Sauerstoff zu als für die chemische Reaktion notwendig wäre, so spricht man von *Sauerstoff-* bzw. *Luftüberschuss* und *oxidierender Atmosphäre* und bei zu wenig

Abb. 15.1 Schema eines Verbrennungsprozesses

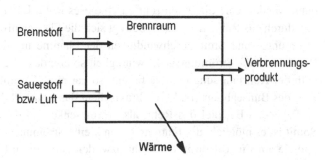

Sauerstoff von *Sauerstoff-* bzw. *Luftmangel* und *reduzierender Atmosphäre*. Ohne Luftzufuhr verbrennen nur Sprengstoffe und Treibmittel, die den nötigen Sauerstoff in chemisch gebundener Form oder als flüssige Luft enthalten. Die Verbrennungsprodukte der Kohlenwasserstoffe sind gasförmig, zu festen Endprodukten verbrennen die Metalle.

Zur Einleitung der Verbrennung bedarf es der *Zündung*, d. h. die Moleküle eines Brennstoff-Luftgemisches müssen erst in einen Zustand höherer Energie versetzt werden, bevor die Reaktion in Gang kommt und aus diesen Teilen die neuen Verbindungen entstehen können. Diese Zündung kann durch örtliche Temperaturerhöhung auf die Entzündungstemperatur z. B. mittels eines elektrischen Funkens, eines glühenden Drahtes oder selbstverständlich auch einer Flamme, aber auch durch Druckerhöhung erfolgen. Der Verlauf der Verbrennung nach der Zündung hängt von verschiedenen hydro- und thermodynamischen sowie konstruktiven Gegebenheiten ab. Die dem Zündfunken unmittelbar benachbarten Moleküle reagieren, bilden neue Produkte oder auch Zwischenprodukte und setzen Energie frei. Diese wird zum Teil wieder dazu benützt, weiteren Brennstoff- und Sauerstoffmolekülen Energie zuzuführen, d. h. sie auf Entzündungstemperatur zu bringen oder sie in den Aktivierungszustand zu versetzen.

Wird ein großer Teil der freigesetzten Energie durch Strahlung oder konvektive Wärmeübertragung vom Ort der Zündung rasch abgeführt und verbleibt nur ein geringer Rest zur Aktivierung weiterer Moleküle, so breitet sich die Verbrennung nur langsam aus, oder kann, wenn die Wärmeabfuhr an die Umgebung zu groß wird, zum Erlöschen kommen. Überwiegt jedoch der Betrag der freigesetzten Energie merklich den der abgeführten, so steigt die Zahl der aktivierten Moleküle exponentiell an, und es kommt im Gemisch zur Explosion. Diese ist um so stärker, je größer der Anteil ist, der für die Aktivierung weiterer Reaktionspartner zur Verfügung steht. Mischt man inerte, an der Reaktion nicht teilnehmende Stoffe unter das Brennstoff-Sauerstoff-Gemisch, wie es z. B. beim Stickstoff der Luft von selbst der Fall ist, so wird zur Erwärmung dieser inerten Stoffe bereits ein Teil der Verbrennungsenergie verbraucht und damit die Ausbreitungsgeschwindigkeit der Reaktion verringert.

Die Ausbreitungsfront der Reaktion wird als *Flammenfront* bezeichnet. Da die Flammenfront im Allgemeinen eine gewisse räumliche Ausdehnung hat, spricht man auch kurz von *Flamme*. Vielfach wird aber der Begriff Flamme auch nur für Flammenfronten gebraucht, deren Reaktionszone leuchtet. Befindet sich beispielsweise ein gasförmiges, brennbares Gemisch in einem langen Rohr, an dessen einem Ende die Zündung erfolgt, dann wandert eine Flammenfront durch dieses Rohr. Lässt man das brennbare Gemisch nun durch das Rohr strömen, so bewegt sich die Flammenfront, d. h. die Flamme, je nach Strömungs- und Brenngeschwindigkeit der Flamme in oder gegen Strömungsrichtung. Regelt man die Strömungsgeschwindigkeit so ein, dass die Flamme gerade etwas außerhalb der Rohrmündung ortsfest brennt, so hat man die einfachste Form eines Brenners, z. B. des Bunsenbrenners. In der Praxis dient das Konstruktionsmaterial des Brenners, im vorliegenden Beispiel das Rohr, als Wärmesenke und damit als Deaktivierungspartner. Somit ist es möglich, die Flamme gegen kleine Strömungsschwankungen zu stabilisieren und sie am Eindringen in das Rohr bzw. den Brenner zu hindern. Hinter der Rohrmün-

Abb. 15.2 Strömung eines
gasförmigen Brennstoff-
Luftgemisches durch ein Rohr
und Flammenfront (Bunsen-
brenner)

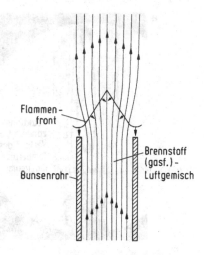

dung kann sich die Gemischströmung nach den Gesetzen des Freistrahles leicht ausbreiten
und die Flammenfront kommt dort zum Stehen, wo ihre Brenngeschwindigkeit gleich der
Strömungsgeschwindigkeit senkrecht zur Flammenfront ist. Dadurch ergibt sich die in
Abb. 15.2 skizzierte konische Form der Flamme außerhalb eines laminar durchströmten
Rohres. In Wirklichkeit treten Randeffekte durch Untermischen von Luft an der Freistrahl-
grenze und durch Wärmeabfuhr an der Rohrmündung sowie Zwischenreaktionen auf, die
nicht nur die Form der Flammenfront beeinflussen, sondern auch die Reaktion über einen
größeren Bereich ausdehnen. Dies ist eine geläufige Beobachtung, und man kann eine innere und eine äußere konische Begrenzung der Flamme, wie Abb. 15.3a für das Beispiel
eines Bunsenbrenners und Abb. 15.3b für eine brennende Kerze zeigt, beobachten. Während im Bunsenbrenner die an der Reaktion teilnehmenden Gase bereits vorgemischt sind
und im Beispiel der Abb. 15.3a aus dem Rohr laminar ausströmen, muss bei der Kerze die
in der Flamme freigesetzte Wärme erst Wachs verdampfen, das dann im Laufe der Zeit
und entsprechend seiner Mischung mit der umgebenden Luft verbrennt.

Die Ausbreitung einer Flammenfront wird von zwei Mechanismen bestimmt, nämlich dem Wärme- und dem Stofftransport. Durch die chemische Reaktion erfährt der

Abb. 15.3 Reaktionszonen in
einfachen Flammen. **a** Bunsenbrenner; **b** Kerze (Nach
Gaydon, A.G., Wolfhard, H.G.:
Flames. Their Structurs, Radia-
tion and Temperature, 4. Aufl.,
London: Chapman & Hall
1979)

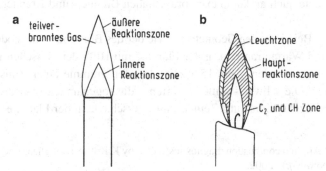

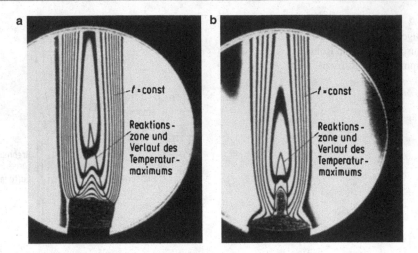

Abb. 15.4 Interferogramme von Flammen. **a** Bunsenbrenner; **b** Kerze

Stoffstrom in der Verbrennungszone nicht nur eine starke Erwärmung, sondern auch eine plötzliche Änderung seiner thermodynamischen Eigenschaften wie z. B. der Dichte, Viskosität und Wärmeleitfähigkeit. Dies kann zu einer merklichen Veränderung der Strömung an der Reaktionszone führen.

Diffusion und Wärmeleitung können aber auch in Flammen zu zwei getrennten Verbrennungszonen führen, wie man an einer Bunsenflamme leicht beobachten kann. Drosselt man die Luftzufuhr so, dass der im Rohr zugemischte Sauerstoff nicht zur völligen Verbrennung ausreicht, so steht unmittelbar über dem Rohr eine innere, kegelförmige Reaktionszone der Flamme des vorgemischten Gases, die in ihrer Form und Position durch den Wärmetransport bestimmt wird. Aus Mangel an Sauerstoff kann hier der Brennstoff nicht vollständig verbrennen. Weiter außen und oberhalb bildet sich eine zweite, ebenfalls einem Konus ähnliche Verbrennungszone aus, deren Flammenfront sich aus dem Stofftransport atmosphärischer Luft der Umgebung zu dem nur teilverbrannten Gasstrom ergibt.

Mittels moderner, vorwiegend laseroptischer Methoden können die Reaktionsabläufe heute auch an komplexen praxisnahen Brenner- und Brennerraumgeometrien vermessen werden[1].

Bei einfachen Geometrien, wie der des Bunsenbrenners oder der Kerze, können Stoff- und Wärmetransport in der Flamme mit Hilfe der optischen Interferometrie sichtbar gemacht werden. Abb. 15.4 zeigt Interferogramme einer Bunsen- und einer Kerzenflamme. Die schwarz-weißen Streifen – die sogenannten Interferenzlinien – entstehen durch Konzentrations- und Temperaturunterschiede in der Flamme. Verwendet man beim Bun-

---

[1] Applied combustion diagnostics/edited by K. Kohse-Höinghaus und J.B. Jeffries, Taylor & Francis, New York, 2002.

Tab. 15.1 Laminare Brenngeschwindigkeiten und Flammentemperaturen verschiedener gasförmiger Brennstoffe mit Luft und Sauerstoff

Reaktionsstoffe	Flammentemperatur °C	Brenngeschwindigkeit m/s
$H_2 + O_2$	2500	9–11
$CO + O_2 (+ H_2O)$	2925	0,72–1,08
$CH_4 + O_2$	2870	3,3–4,0
$H_2 +$ Luft	2045	1,8
$CO +$ Luft $(+ H_2O)$	2000	0,18
$CH_4 +$ Luft	1960	0,3–0,37
$C_2H_2 +$ Luft	2250	1,45–1,7
$C_2H_4 +$ Luft	1975	0,6–0,64
$C_2H_6 +$ Luft	1895	0,4
$C_3H_8 +$ Luft	1925	0,39–0,41
$C_4H_{10} +$ Luft	1895	0,38

senbrenner Kohlenmonoxid als Brenngas, so ist der Brechungsindex des Frischgasgemisches und der Luft bei gleicher Temperatur nahezu gleich dem des Verbrennungsproduktes – nämlich Kohlendioxid –, so dass das Interferenzmuster nahezu ausschließlich von den Temperaturunterschieden in der Flamme bestimmt wird und die Konzentrationsverteilungen von CO, CO_2 und Luft kaum einen Einfluss haben. Die Interferenzstreifen stellen damit in erster Näherung Linien konstanter Temperatur dar, aus deren Abstand und Verlauf man bei bekannter Wärmeleitfähigkeit des Gases unmittelbar auf den Wärmetransport schließen kann. An der Kerzenflamme sind nicht nur wegen der stärkeren Abhängigkeit des Brechungsindexes von der Zusammensetzung, sondern auch wegen der Verdampfung des Wachses die Verhältnisse komplizierter. Das Temperaturmaximum der ebenso wie im Bunsenbrenner laminaren Flamme liegt deutlich oberhalb der Dochtspitze, da in den unteren Bereichen zum einen noch nicht genügend Luft zugemischt ist und zum anderen die Verdampfung des Wachses erheblich Wärme absorbiert.

Die einzelnen Beispiele haben gezeigt, dass die Geschwindigkeit der Flammenfront und die Brenn- oder Zündgeschwindigkeit von den physikalischen und chemischen Eigenschaften des Gemisches sowie von den Bedingungen des Wärme- und Stofftransportes abhängen.

Anhaltswerte für Brenngeschwindigkeiten verschiedener gasförmiger Brennstoffe gibt Tab. 15.1. Die dort angegebenen Zahlenwerte gelten bei atmosphärischem Druck für stöchiometrische Gemische unter den Bedingungen des molekularen Wärme- und Stofftransportes. Die laminare Brenngeschwindigkeit ist nicht nur für die einzelnen Brennstoffe stark unterschiedlich, sie hängt auch in hohem Maße vom Luftgehalt im Brennstoff-Luftgemisch ab, wie Abb. 15.5 zeigt. Hierbei ist zu beachten, dass die höchste Flammenfront- und Zündgeschwindigkeit nicht beim stöchiometrischen Gemisch, sondern bei Luftüberschuss vorliegt.

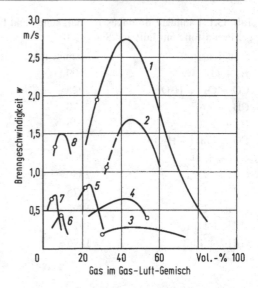

Abb. 15.5 Laminare Brenngeschwindigkeit von Flammen für verschiedene technische Gase in Abhängigkeit vom Luftanteil im Gas-Luft-Gemisch. *1* Wasserstoff; *2* Wassergas; *3* Kohlenmonoxid; *4* Gichtgas; *5* Stadtgas; *6* Methan; *7* Ethylen; *8* Acetylen; ○ theoretischer Luftbedarf (stöchiometrische Verbrennung)

Die Schnelligkeit der Ausbreitung der Verbrennung kann durch starke turbulente Bewegung des Gemisches erheblich über die angegebenen Zündgeschwindigkeiten hinaus gesteigert werden. Diese Tatsache wird in technischen Feuerungen ausgenützt, und sie ist von großer Bedeutung für die Verbrennungsmotoren. Ohne sie wären rasch laufende Motoren unmöglich. Aber auch bei stark turbulenten Strömungsvorgängen bleiben die Brenngeschwindigkeiten bei den bisher beschriebenen Transportprozessen erheblich unter der Schallgeschwindigkeit des Gemisches.

Es gibt aber auch Verbrennungsvorgänge, die sich mit Überschallgeschwindigkeit fortpflanzen, wobei jedoch ein anderer Transportprozess maßgebend ist. Man spricht dann von einer *Detonation*; die Reaktion wird durch eine mit Überschall sich vorwärts bewegende Druck- oder Schockwelle eingeleitet. Die in der Reaktionszone hinter der Flammenfront freigesetzte Energie dient dazu, die Schockwelle voranzutreiben. Die Temperaturerhöhung in der Reaktionszone erfolgt hier nicht durch Wärmeübertragung oder Stofftransport, sondern durch adiabate Verdichtung des Gemisches auf Zündtemperatur. Im Wasserstoff-Sauerstoff-Gemisch – dem sogenannten Knallgas – wurden die Detonationsgeschwindigkeiten mit $2800\,\mathrm{m/s}$, im Kohlenmonoxid-Sauerstoff-Gemisch mit $1750\,\mathrm{m/s}$ gemessen. Am bekanntesten ist die Detonation der eigentlichen Sprengstoffe, von denen viele, je nach Art der Zündung, sowohl verpuffen wie detonieren können. Dynamit z. B. verpufft bei Entzündung an einer Flamme, detoniert dagegen heftig bei Zündung mit Knallquecksilber. In festen Sprengstoffen beträgt die Detonationsgeschwindigkeit 5 bis $8\,\mathrm{km/s}$.

In geschlossenen Räumen kann eine Verbrennung, die als Explosion beginnt, unter Umständen in ihrem weiteren Verlauf in eine Detonation übergehen. Dies ist z. B. beim sogenannten „Klopfen" der Verbrennungsmotoren der Fall. In dem geschlossenen Verbrennungsraum des Motors wird durch die Volumenzunahme des zuerst verbrannten Gemisches der noch unverbrannte Gemischrest adiabat auf hohe Temperatur verdichtet. Wird

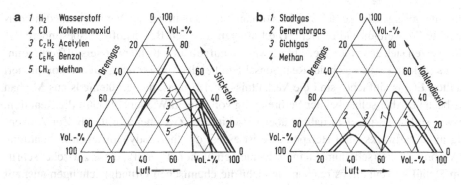

Abb. 15.6 Zündgrenzen von Brenngasen in Mischung mit Luft und Inertgasen. **a** Stickstoff; **b** Kohlendioxid

dadurch die Zündtemperatur überschritten, so tritt nach einer kleinen, von der Art des Kraftstoffes und dem Gemischzustand abhängigen Zeitspanne, dem sogenannten *Zündverzug*, unkontrolliert Selbstzündung ein. Der schon stark verdichtete Gemischrest kommt augenblicklich auf sehr hohen Druck, der sich nicht mehr stetig ausgleicht, sondern in Form von Druckwellen hoher Amplitude und steiler Front ausbreitet, deren Auftreffen auf die Wände des Verbrennungsraumes, d. h. des Zylinders, das harte metallische, als Klopfen bezeichnete Geräusch verursacht. Reicht die Ausbreitungsgeschwindigkeit der Verbrennung aus, so tritt kein Klopfen ein.

Im Freien, also bei nahezu ungehinderter dreidimensionaler Ausbreitung der Flammenfront in Luft-Brennstoff-Gemischen reichen auch bei starken Turbulenzen in der Regel die Flammenfrontgeschwindigkeiten nicht aus, um Druckwellen zu erzeugen, die zur Detonation von Gasgemischen führen. Selbst bei detonativer Zündung klingt die anfangs erzeugte Stoßwelle rasch ab, und die weitere Verbrennung erfolgt deflagrativ bzw. explosiv.

Die Brenngeschwindigkeit sinkt durch Verdünnung eines brennbaren Gemisches mit inerten Gasen, wozu auch ein Überschuss an Brenngas oder an Sauerstoff gehört, stark ab und kann schließlich den Wert null erreichen. Man spricht dann von unterer (bei Brennstoffmangel) und oberer Zündgrenze (bei Sauerstoffmangel). In Abb. 15.6 sind die Zündgrenzen verschiedener Brennstoff-Luftgemische bei Zugabe von Inertgasen (Stickstoff und Kohlendioxid) in Form von Dreiecksdiagrammen angegeben.

15.2   Grundlegende Reaktionsgleichungen

Auf die Zusammensetzung von Brennstoffen wird in Abschn. 15.3 noch genauer eingegangen. Für das Verstandnis der grundlegenden Reaktionsgleichungen ist es zunächst ausreichend, deren Hauptbestandteile zu kennen. Bei allen technisch wichtigen Brennstoffen wie Kohle, Erdöl und Erdgas sind dies Kohlenstoff C und Wasserstoff H. Daneben ist häufig auch noch Sauerstoff O und – mit Ausnahme von Erdgas – in der Regel noch eine geringe Menge Schwefel S vorhanden, aus dem bei der Verbrennung das unerwünschte Schwefeldioxid entsteht. Die flüssigen, fossilen Brennstoffe, insbesondere das Erdöl, setzen sich aus einer Vielzahl verwickelt aufgebauter Kohlenwasserstoffverbindungen zusammen, so dass sich der Reaktionsablauf bei der Verbrennung äußerst kompliziert gestaltet. Etwas einfacher sind die Verhältnisse bei Erdgas, das größtenteils aus Methan CH_4 besteht. Aber selbst bei der Verbrennung von reinem Wasserstoff läuft die Reaktion, wie wir einleitend gesehen haben, über verschiedene Zwischenschritte ab. Zur Anwendung auf Kraftwerks- und Heizprozesse ist es bei der thermodynamischen Behandlung der Verbrennungserscheinungen im Allgemeinen nicht notwendig, diese Zwischenschritte im Detail zu kennen, es reichen vielmehr die chemischen Grundgleichungen aus, auf die sich die meisten Verbrennungsvorgänge wie folgt zurückführen lassen

$$
\left.
\begin{aligned}
C + O_2 &= CO_2 + 393\,510\,\text{kJ/kmol}\,, \\
C + \frac{1}{2}O_2 &= CO + 110\,520\,\text{kJ/kmol}\,, \\
CO + \frac{1}{2}O_2 &= CO_2 + 282\,989\,\text{kJ/kmol}\,, \\
H_2 + \frac{1}{2}O_2 &= (H_2O)_{\text{fl}} + 285\,840\,\text{kJ/kmol}\,, \\
H_2 + \frac{1}{2}O_2 &= (H_2O)_{\text{gas}} + 241\,840\,\text{kJ/kmol}\,, \\
S + O_2 &= SO_2 + 296\,900\,\text{kJ/kmol}\,.
\end{aligned}
\right\}
\tag{15.1}
$$

In diesen Formeln bedeutet das chemische Symbol zugleich ein Mol des betreffenden Stoffes. Bei H_2O ist durch den Index der flüssige und der gasförmige Zustand unterschieden. Die freigesetzten Wärmen sind für den Zustand 25 °C und 1,01325 bar vor und nach der Reaktion angegeben, siehe auch Abschn. 12.2. Auf die damit verknüpften Heizwerte wird in Abschn. 15.3 genauer eingegangen.

Da ein Mol bei allen Gasen bei gleicher Temperatur und gleichem Druck denselben Raum einnimmt, ist bei der Verbrennung von C und S das Volumen des gebildeten CO_2 und SO_2 gleich dem Volumen des verbrauchten Sauerstoffes, natürlich bei derselben Temperatur und demselben Druck. Wenn man das Volumen der festen Brennstoffe gegen das der Verbrennungsluft und der Rauchgase vernachlässigt, tritt hier keine Volumenänderung bei der Verbrennung ein. Bei der isobaren Verbrennung von C zu CO nimmt das Volumen zu, da aus 1/2 kmol O_2 sich 1 kmol CO bildet. Bei der isobaren Verbrennung von CO und H_2 nimmt dagegen das Volumen ab, da aus 1 kmol Brenngas und 1/2 kmol Sauerstoff 1 kmol CO_2 bzw. H_2O entsteht.

Die Verbrennung aller Kohlenwasserstoffe lässt sich auf die obigen Grundgleichungen zurückführen, wobei sich wegen der Verbindungsenergien die Verbrennungsenergie aber nicht einfach durch Addieren der Werte für die Bestandteile aus Gl. 15.1 ergeben. Für

Methan CH_4, Ethan C_2H_6 und Ethylen C_2H_4 erhält man z. B.

$$\left.\begin{aligned}
CH_4 + 2\,O_2 &= CO_2 + 2\,(H_2O)_{fl} + 890\,350\,kJ/kmol\,, \\
C_2H_4 + 3\,O_2 &= 2\,CO_2 + 2\,(H_2O)_{fl} + 1\,410\,640\,kJ/kmol\,, \\
C_2H_6 + 3\tfrac{1}{2}\,O_2 &= 2\,CO_2 + 3\,(H_2O)_{fl} + 1\,559\,880\,kJ/kmol\,.
\end{aligned}\right\} \qquad (15.2)$$

15.3 Brennstoffzusammensetzung, Heiz- und Brennwerte

15.3.1 Zusammensetzung fester, flüssiger und gasförmiger Brennstoffe

Brennstoffe bestehen im Allgemeinen aus zahlreichen Komponenten, die entsprechend der Reaktionsgleichungen Gl. 15.1 und Gl. 15.2 bei der Verbrennung oxidiert werden, sowie auch weiteren, nicht oxidierbaren Komponenten.

Bei festen Brennstoffen, wie beispielsweise Stein- oder Braunkohle, Holz oder Müll, bezieht man die Angaben für die Brennstoffzusammensetzung üblicherweise auf die Masse 1 kg des Brennstoffs. Bei gasförmigen Brennstoffen ist die Bezugsgröße üblicherweise die Menge 1 kmol des Brennstoffs. Bei flüssigen Brennstoffen ist die Bezugsgröße meist 1 kg, gelegentlich aber auch 1 kmol.

Ein *fester Brennstoff* besteht im Allgemeinen aus folgenden Komponenten: Kohlenstoff C, Wasserstoff H_2, Schwefel S, Sauerstoff O_2, Stickstoff N_2, Wasser (aufgrund von Feuchtigkeit), sowie Asche. Dabei fasst man unter dem Begriff Asche alle Komponenten zusammen, die nicht an den üblichen Reaktionen teilnehmen können und sich daher nach der Verbrennung in dem festen Verbrennungsprodukt Asche wiederfinden. Addition der jeweiligen Massenanteile $\xi_k = M_k / M_B$ ergibt

$$\sum_k \xi_k = 1\,, \qquad (15.3a)$$

wobei der Index k für die Komponente und der Index B für Brennstoff stehen. Mit den oben genannten Komponenten Kohlenstoff, Wasserstoff, Schwefel, Sauerstoff, Stickstoff, Wasser und Asche folgt daraus

$$\xi_c + \xi_h + \xi_s + \xi_o + \xi_n + \xi_w + \xi_a = 1\,. \qquad (15.3b)$$

Typische Zusammensetzungen einiger fester Brennstoffe sind in Tab. 15.2 angegeben.

Flüssige Brennstoffe bestehen im Allgemeinen aus einem oder mehreren Kohlenwasserstoffen, beispielsweise Ethanol (C_2H_6O), Oktan (C_8H_{18}), Pentan (C_5H_{12}) oder Hexan (C_6H_{14}). Die jeweiligen Massenanteile an Kohlenstoff und Wasserstoff, ξ_c und ξ_n, lassen sich mithilfe der Molmassen berechnen. Angaben hierzu für verschiedene Kohlenwasserstoffe sind in Tab. 15.3 zu finden.

Gasförmige Brennstoffe sind im Allgemeinen Gemische aus Gasen. Erdgas besteht beispielsweise vorwiegend aus Methan (CH_4), aber auch Wasserstoff, Kohlenmonoxid,

Stickstoff und weiteren Komponenten. Die Molmassen und Dichten einiger reiner Gase bzw. typischer Komponenten gasförmiger Brennstoffe sind in Tab. 15.4 genannt. Die Zusammensetzung wird üblicherweise in Volumen- bzw. Molanteilen angegeben. Es gilt

$$\sum_k x_k = 1 \,.$$ (15.4)

Mittlere Zusammensetzungen einiger technischer Heizgase sind in Tab. 15.5 angegeben.

15.3.2 Heiz- und Brennwerte

In den Reaktionsgleichungen Gl. 15.1 und Gl. 15.2 waren die Energien angegeben, die bei der Verbrennung bzw. exothermen Reaktion verschiedener Brennstoffbestandteile je 1 kmol freigesetzt werden. Die Werte bezogen sich auf eine isobare Verbrennung bei 1,01325 bar und eine Anfangs- und Endtemperatur von 25 °C aller beteiligten Stoffe. Die spezifische, je kmol oder kg freigesetzte Wärme nennt man den *Heizwert*. Der Heizwert entspricht somit der Differenz der spezifischen Enthalpien aller unter diesen Bedingungen zu- und abgeführten Stoffe. Eine Heizwertangabe ist daher immer zusammen mit diesen Bedingungen, also einem Bezugszustand (i. Allg. 1,01325 bar/25 °C) anzugeben. Es gilt

$$\Delta h = h_1 - h_2$$ (15.5)

mit den spezifischen Enthalpien h_1 und h_2 der Verbrennungsteilnehmer vor und nach der isobaren Verbrennung. Wird bei konstantem Volumen verbrannt, so ist der Heizwert

$$\Delta u = u_1 - u_2$$ (15.6)

gleich dem Unterschied der spezifischen inneren Energien. Beide Heizwerte unterscheiden sich um die bei der isobar-isothermen Verbrennung geleistete Ausdehnungsarbeit nach der Gleichung

$$\Delta h = \Delta u + p(v_1 - v_2) \,,$$ (15.7)

wenn v_1 und v_2 die spezifischen Volumina der Verbrennungsteilnehmer vor und nach der Verbrennung sind. Auf die bei den gewöhnlichen Schwankungen der Umgebungstemperatur praktisch meist bedeutungslose Temperaturabhängigkeit der Heizwerte gehen wir später ein.

Je nach den Bedingungen kann Kohlenstoff vollständig zu CO_2 oder unvollständig zu CO verbrennen; im letzteren Falle wird nach Gl. 15.1 weniger als 1/3 der gesamten Verbrennungsenthalpie frei. Wasserstoff und alle wasserstoffhaltigen oder feuchten Brennstoffe haben einen verschiedenen Heizwert, je nachdem, ob das entstehende Wasser nach der Verbrennung flüssig oder gasförmig ist. Man spricht dann von *oberem Heizwert* Δh_o und von *unterem Heizwert* Δh_u. Es ist jedoch auch gängiger Usus, den oberen Heizwert *Brennwert*, und den unteren Heizwert nur kurz *Heizwert* zu nennen.

Tab. 15.2 Feste Brennstoffe

Brennstoff	Asche Gew.-%	Wasser Gew.-%	Zusammensetzung der aschefreien Trockensubstanz Gew.-%					Brennwert MJ/kg	Heizwert MJ/kg
			C	H	S	O	N		
Holz, lufttrocken	< 0,5	10–20	50	6	0,0	43,9	0,1	15,91–18,0	14,65–16,75
Torf, lufttrocken	< 15	15–35	50–60	4,5–6	0,3–2,5	30–40	1–4	13,82–16,33	11,72–15,07
Rohbraunkohle	2–8	50–60						10,47–12,98	8,37–11,30
Braunkohlenbrikett	3–10	12–18	65–75	5–8	0,5–4	15–26	0,5–2	20,93–21,35	19,68–20,10
Steinkohle	3–12	0–10	80–90	4–9	0,7–1,4	4–12	0,6–2	29,31–35,17	27,31–34,12
Anthrazit	2–6	0–5	90–94	3–4	0,7–1	0,5–4	1–1,5	33,49–34,75	32,66–33,91
Zechenkoks	8–10	1–7	97	0,4–0,7	0,6–1	0,5–1	1–1,5	28,05–30,56	27,84–30,35

Tab. 15.3 Verbrennung flüssiger Brenn- und Kraftstoffe

Brennstoff	Molmasse kg/kmol	Gehalt an C und H Gew.-%		Kennzahl σ	Dichte bei 15 °C kg/dm³	Siedetemperatur °C
		C	H			
Ethanol C_2H_5OH	46,069	52	13	1,50	0,794	78,5
Spiritus 95 %	–	–	–	1,50	0,809	78,6
90 %	–	–	–	1,50	0,823	78,7
85 %	–	–	–	1,50	0,836	78,9
Benzol (rein) C_6H_6	78,113	92,2	7,8	1,25	0,884	80,2
Toluol (rein) C_7H_8	92,140	91,2	8,8	1,285	0,890	110,8
Xylol (rein) C_8H_{10}	106,167	90,5	9,5	1,313	0,870	139,4
Handelsbenzol I (90er Benzol)[a]	–	92,1	7,9	1,26	0,882	–
Handelsbenzol II (50er Benzol)[b]	–	91,6	8,4	1,30	0,876	–
Naphthalin (rein) $C_{10}H_8$ (Schmelztemp. 80 °C)	128,19	93,7	6,3	1,20	0,977 (bei 80 °C) 1,152 (fest 15 °C)	218
Tetralin (rein) $C_{10}H_{12}$	132,21	90,8	9,2	1,30	0,975	205
Pentan C_5H_{12}	72,150	83,2	16,8	1,60	0,627	36,0
Hexan C_6H_{14}	86,177	83,6	16,4	1,584	0,659	68,7
Heptan C_7H_{16}	100,203	83,9	16,1	1,571	0,683	98,4
Oktan C_8H_{18}	114,230	84,1	15,9	1,562	0,702	125,5
Benzin (Mittelwerte)	–	85	15	1,53	0,7–0,74	60–120

[a] 0,84 Benzol, 0,13 Toluol, 0,03 Xylol (Massenbrüche).
[b] 0,43 Benzol, 0,46 Toluol, 0,11 Xylol (Massenbrüche).

Tab. 15.3 (Fortsetzung)

Brennstoff	Brennwert kJ/kg	Heizwert kJ/kg	Verbrennung erfordert		Bei der Verbrennung entstehen	
			$10^2 \cdot o_{min}$ kmol/kg	$10^2 \cdot l_{min}$ kmol/kg	$10^2 \cdot CO_2$ kmol/kg	$10^2 \cdot H_2O$ kmol/kg
Ethanol C_2H_5OH	29 730	26 960	6,47	30,92	4,33	6,51
Spiritus 95 %	28 220	25 290	6,16	29,36	4,11	6,47
90 %	26 750	23 860	5,85	27,80	3,88	6,43
85 %	25 250	22 360	5,53	26,28	3,70	6,34
Benzol (rein) C_6H_6	41 870	40 150	9,64	45,87	7,68	3,88
Toluol (rein) C_7H_8	42 750	40 820	9,82	46,68	7,59	4,42
Xylol (rein) C_8H_{10}	43 000	40 780	9,91	47,12	7,54	4,73
Handelsbenzol I (90er Benzol)	41 870	40 190	9,64	45,96	7,68	3,97
Handelsbenzol II (50er Benzol)	42 290	40 400	9,73	46,32	7,63	4,19
Napthalin (rein) $C_{10}H_8$ (Schmelztemp. 80 °C)	40 360	38 940	9,37	44,67	7,81	3,17
Tetralin (rein) $C_{10}H_{12}$	42 870	40 820	9,86	46,99	7,59	4,60
Pentan C_5H_{12}	49 190	45 430	11,11	53,01	6,92	8,39
Hexan C_6H_{14}	48 360	44 670	11,07	52,70	6,96	8,21
Heptan C_7H_{16}	47 980	44 380	11,02	52,43	7,01	8,03
Oktan C_8H_{18}	48 150	44 590	10,98	52,30	7,01	7,94
Benzin (Mittelwerte)	46 050	42 700	10,84	51,58	7,10	7,50

Tab. 15.4 Reine Gase bzw. typische Komponenten gasförmiger Brennstoffe

Gasart	Molmasse[a] kg/kmol	Dichte bezogen auf Luft bei 25 °C und 1,01325 bar	Kennzahl σ	Sauerstoffbedarf O_{min} kmol/kmol	Luftbedarf L_{min} kmol/kmol	Brennwert[a] MJ/kg	Heizwert[a] MJ/kg
Wasserstoff H_2	2,0158	0,0695	∞	0,5	2,38	141,80	119,98
Kohlenmonoxid CO	28,0104	0,967	0,50	0,5	2,38	10,10	10,10
Methan CH_4	16,043	0,554	2,00	2,0	9,52	55,50	50,01
Ethan C_2H_6	30,069	1,049	1,75	3,5	16,7	51,88	47,49
Propan C_3H_8	44,096	1,52	1,67	5,0	23,8	50,35	46,35
Butan C_4H_{10}	58,123	2,00	1,625	6,5	31,0	49,50	45,72
Ethylen C_2H_4	28,054	0,975	1,50	3,0	14,3	50,28	47,15
Propylen C_3H_6	42,080	1,45	1,50	4,5	21,4	48,92	45,78
Butylen C_4H_8	56,107	1,935	1,50	6,0	28,6	48,43	45,29
Acetylen C_2H_2	26,038	0,906	1,25	2,5	11,9	49,91	48,22

[a] Nach DIN 51 850: Brennwerte und Heizwerte gasförmiger Brennstoffe, April 1980.

Tab. 15.5 Einige technische Heizgase

Gasart	Mittlere Zusammensetzung Vol.-%						Scheinbare Molmasse M kg/kmol	Dichte bezogen auf Luft bei 25 °C und 1,01325 bar	Kennzahl σ	Sauerstoffbedarf O_{min} kmol/kmol	Luftbedarf L_{min} kmol/kmol	Brennwert MJ/kg	Heizwert MJ/kg
	H_2	CO	CH_4	C_mH_n	CO_2	N_2							
Steinkohlenschwelgas	27	7	48	13	3	2	15,7	0,54	1,81	1,52	7,25	715,9	649,3
Leuchtgas I	51	8	32	4	2	3	11,2	0,39	2,11	1,055	5,03	514,2	458,8
Leuchtgas II	56	13	23	2,5	2	3,5	11,0	0,38	2,15	0,88	4,19	440,0	391,2
Koksofengas	50	8	29	4	2	7	11,85	0,41	2,11	0,99	4,72	483,2	431,6
Wassergas	49	42	0,5	–	5	3	15,9	0,55	0,979	0,465	2,215	263,6	242,1
Mischgas	12	28	3	0,2	3	54	25,1	0,87	0,773	0,266	1,267	144,5	135,1
Mondgas	25	12	4	0,3	16	43	23,7	0,82	0,840	0,274	1,305	145,4	130,4
Luftgas	6	23	3	0,2	5	62	26,6	0,92	0,672	0,211	1,005	112,6	107,9
Gichtgas	4	28	–	–	8	60	28,2	0,97	0,445	0,16	0,763	91,0	89,1

Tab. 15.6 Heizwert bzw. Brennwert der einfachsten Brennstoffe bei 25 °C und 1,01325 bar

Heizwert	C	CO	H_2 (Brennw.)	H_2 (Heizw.)	S
kJ/kmol	393 510	282 989	285 840	241 840	296 900
kJ/kg	32 762	10 103	141 800	119 972	9 260

Beide unterscheiden sich durch die Verdampfungsenthalpie Δh_v des in den Verbrennungserzeugnissen enthaltenen Wassers, da definitionsgemäß beim Heizwert das gesamte entstandene Wasser als dampfförmig und beim Brennwert als flüssig angenommen wird. Die Differenz der Heizwerte bezogen auf 1 kmol entstandenes H_2O ist demnach bei 25 °C

$$\Delta \bar{H}_o - \Delta \bar{H}_u = \bar{M} \, \Delta h_v = 44\,002 \, \text{kJ/kmol} \ .$$

Für grundsätzliche Überlegungen verdient der Brennwert den Vorzug. Da das Wasser aber technische Feuerungen meist als Dampf verlässt, wird dort meist nur der Heizwert nutzbar gemacht. Eine Ausnahme stellen beispielsweise moderne Heizungen mit *Brennwertkesseln* dar, bei denen das Wasser im Abgas größtenteils kondensiert wird. In Tab. 15.6 sind die Heiz- und Brennwerte nach den Verbrennungsgleichungen bezogen auf 1 kmol und 1 kg des Brennstoffes angegeben.

Der Heizwert des Kohlenstoffes bezieht sich im Allgemeinen auf die amorphe Form, die als Ruß, Holzkohle und Koks vorkommt. Die kristallinen Modifikationen des Kohlenstoffes haben größere Heizwerte[2]: α-Graphit 32 781 kJ/kg, β-Graphit 32 881 kJ/kg, Diamant 32 952 kJ/kg, denn beim Übergang vom amorphen Zustand zur Ordnung des Kristallgitters wird Energie frei, siehe hierzu Abschn. 12.2. Da auch in amorpher Kohle ein mehr oder weniger guter Ordnungszustand besteht, schwankt ihr Heizwert etwas.

Bei feuchten Brennstoffen besteht der Unterschied von Brenn- und Heizwert nicht nur aus der Verdampfungsenthalpie des bei der Verbrennung gebildeten Wassers, sondern auch des dabei verdampften Wassergehaltes des Brennstoffes.

Die Heiz- und Brennwerte von einigen festen, flüssigen und gasförmigen Brennstoffen sind in Tab. 15.2 bis 15.5 angegeben.

Der Heizwert von Brennstoffgemischen lässt sich nach der Mischungsregel aus den Werten der Bestandteile berechnen. Der Heizwert von chemischen Verbindungen ist aber nicht in dieser Weise aus den Werten der Elementarbestandteile zu ermitteln, da bei der Bildung von Verbindungen aus den Elementen eine positive oder negative Bildungsenthalpie auftritt, um die der Heiz- und Brennwert von dem der Summe der Bestandteile abweicht. Bei den meisten festen und flüssigen technischen Brennstoffen ist die Bildungsenthalpie klein gegen den Heiz- und Brennwert. Dann kann man diesen näherungsweise nach der rein empirischen sog. *Verbandsformel* berechnen, die für Überschlagsrechnungen in der Praxis benutzt werden kann. Sie ist eine Zahlenwertgleichung und gibt den

---

[2] D'Ans, J., Lax, E.: Taschenbuch für Chemiker und Physiker, 3. Aufl., Bd. I. Berlin, Heidelberg, New York: Springer 1967, S. 1316.

Heizwert in kJ/kg Brennstoff wieder. Es gilt für feste Brennstoffe allgemein[3]

$$\Delta h_u = (33{,}9\xi_c + 121{,}4\xi_h + 10{,}5\xi_s - 15{,}2\xi_o - 2{,}44\xi_w) \cdot 10^3 . \qquad (15.8)$$

Die Verbandsformel ist nichts anderes als eine um den Schwefelgehalt, Wassergehalt und Sauerstoffgehalt des Brennstoffes erweiterte Mischungsregel. Für die Verdampfung des Wassers muss die Verdampfungsenthalpie aufgebracht werden, die beim Heizwert nicht genutzt werden kann. Weiterhin muss der Anteil an Wasserstoff, der bereits in Form von Wasser an Sauerstoff gebunden ist, vom Beitrag des Wasserstoffs zum Heizwert des Brennstoffs abgezogen werden.

Die Verbandsformel gibt nur einen groben Anhaltswert. Sie setzt voraus, dass die Zusammensetzung des Brennstoffs durch eine Elementaranalyse ermittelt wurde. Leider ist die Elementaranalyse meistens nicht bekannt, so dass der praktische Nutzen dieser Formel begrenzt ist. Für die praktische Rechnung einfacher sind empirische Gleichungen, die durch hinreichend viele Messungen abgesichert sind. So besteht zwischen dem Heizwert von Steinkohlen und dem Gehalt an flüchtigen Bestandteilen ein statistisch ermittelter Zusammenhang. Unter den flüchtigen Bestandteilen fester Brennstoffe versteht man nach DIN 51720 die bei einer Erhitzung auf 900 °C ± 10 °C unter Luftabschluss entweichenden gas- und dampfförmigen Zersetzungsprodukte der organischen Brennstoffsubstanz. Eine solche Gleichung für den Heizwert Δh_u in kJ/kg hat u. a. Scholz[4] angegeben. Sie lautet

$$\Delta h_u = 34\,430 + 123 \cdot (10^2 \cdot \xi) - 3{,}70 \cdot (10^2 \cdot \xi)^2 , \qquad (15.9)$$

worin der Massenbruch ξ der flüchtigen Bestandteile auf den asche- und wasserfreien Brennstoff bezogen ist. Die Gleichung gilt für Steinkohlen verschiedener Herkunft mit $0{,}05 \le \xi \le 0{,}45$, aber nicht für Braunkohle, Torf und Holz. Den Heizwert eines Gemisches verschiedener Steinkohlen erhält man dadurch, dass man die Heizwerte der einzelnen Kohlenarten entsprechend ihrem Mengenanteil addiert.

Der Heizwert von Heizölen lässt sich ebenfalls durch einen statistisch gesicherten Zusammenhang wiedergeben. Danach ist der Heizwert in MJ/kg von der Dichte ρ des Heizöls in kg/dm³ bei 15 °C und dem Massenbruch ξ_s des Schwefels im Heizöl abhängig. Nach Brandt[5] erhält man

$$\Delta h_u = 54{,}04 - 13{,}29\rho - 29{,}31\xi_s . \qquad (15.10)$$

Ein solcher Zusammenhang ist physikalisch verständlich, weil eine große Dichte durch hohen Kohlenstoff- und geringen Wasserstoffanteil bedingt ist. Da der Wasserstoff aber

---

[3] Dubbel, Taschenbuch für den Maschinenbau, 24. Aufl., Berlin, Heidelberg, New York: Springer 2007, S. L10.
[4] in Ruhrkohlen-Handbuch: Anhaltszahlen, Erfahrungswerte und praktische Hinweise für industrielle Verbraucher, 5. Aufl., Essen: Verlag Glückauf 1969.
[5] Brandt, F.: Brennstoffe und Verbrennungsrechnung, 2. Aufl. Essen: Vulkan-Verlag 1991, S. 40.

einen sehr viel größeren Heizwert als der Kohlenstoff hat, nimmt der Heizwert mit der Dichte ab. Mit dem Schwefelgehalt nimmt der Heizwert ebenfalls ab. 1 % Schwefel vermindert den Heizwert um 293 kJ/kg.

Der Brenn- oder Heizwert gasförmiger Brennstoffe ergibt sich aus den Brenn- oder Heizwerten der einzelnen Komponenten des Gasgemisches, da die Einzelgase für sich ohne chemische Reaktion untereinander verbrennen. Für den Brennwert gilt also beispielsweise

$$\Delta \bar{H}_{o} = \sum_{k} x_{k} \Delta \bar{H}_{o,k} \tag{15.11}$$

wenn $\Delta \bar{H}_{o,k}$ der molare Brennwert der Gaskomponente k und x_{k} ihr Molenbruch und Exzessenthalpien vernachlässigbar sind.

Die Temperaturabhängigkeit von Heiz- und Brennwert ist gering und kann im Temperaturbereich zwischen 0 °C und 100 °C im Rahmen der Genauigkeit, mit der man diese Größen ermitteln kann, vernachlässigt werden.

15.4   Stoff- und Energiebilanzen bei vollständiger Verbrennung

Von *vollständiger Verbrennung* sprechen wir, wenn alles Brennbare zu CO_2, H_2O und SO_2 verbrannt ist, und von *unvollständiger Verbrennung*, wenn die Verbrennungserzeugnisse noch Kohle (in der Asche, der Schlacke oder als Ruß in den Abgasen) oder brennbare Gase (Kohlenmonoxid, Wasserstoff, Methan oder andere Kohlenwasserstoffe) enthalten.

Aus den Stoffbilanzen unter Berücksichtigung der Reaktionsgleichungen Gl. 15.1 oder Gl. 15.2 und der Brennstoffzusammensetzung lassen sich der Sauerstoff- bzw. der Luftbedarf sowie die Abgaszusammensetzung berechnen. Mit Hilfe der so errechneten Stoffströme kann durch Aufstellen der Energiebilanz am System Brennraum (Abb. 15.1) bei Kenntnis der Temperaturen der Zuluft und des Brennstoffes sowie der Abgastemperatur der abgegebene Wärmestrom errechnet werden. Umgekehrt kann die Abgastemperatur errechnet werden, wenn der abgegebene Wärmestrom bekannt ist.

Dies gilt natürlich sowohl für die vollständige als auch für die unvollständige Verbrennung. Bei der unvollständigen Verbrennung ist der Umsetzungsgrad des Brennstoffes jedoch von vielen praktischen Randbedingungen des Verbrennungsprozesses abhängig und kann daher nur messtechnisch erfasst, nicht aber theoretisch abgeleitet werden. Daher beschränken wir uns in der folgenden Darstellung der Berechnungsmethoden für die Sauerstoff-, Luftbedarf und Abgaszusammensetzung sowie Wärmeabgabe und Verbrennungstemperatur auf die vollständige Verbrennung.

15.4.1   Sauerstoff- und Luftbedarf

Der Sauerstoffbedarf der vollkommenen Verbrennung ergibt sich aus der Zusammensetzung der Brennstoffe mit Hilfe der Gln. 15.1 oder 15.2. $O_{\min}$ sei die zur vollkommenen

Tab. 15.7 Zusammensetzung der trockenen atmosphärischen Luft

	N_2	O_2	Ar	CO_2	H_2	Ne	He	Kr	Xe
Vol.-%	78,03	20,99	0,933	0,030	0,01	0,0018	$5 \cdot 10^{-4}$	$1 \cdot 10^{-4}$	$9 \cdot 10^{-6}$
Gew.-%	75,47	23,20	1,28	0,046	0,001	0,0012	$7 \cdot 10^{-5}$	$3 \cdot 10^{-4}$	$4 \cdot 10^{-5}$

Verbrennung des Brennstoffes nach den stöchiometrischen Gleichungen gerade erforderliche Sauerstoffmenge in kmol O_2. L_{min} sei die dazu erforderliche Menge trockener Luft in kmol. Da Luft aus 21 Vol.-% Sauerstoff und 79 Vol.-% Stickstoff besteht, ist

$$O_{min} = 0,21 \, L_{min} \, . \tag{15.12}$$

Dabei ist der Gehalt an Argon und anderen Gasen von rund 1 % zum Stickstoff gerechnet. Die genaue Zusammensetzung der trockenen atmosphärischen Luft zeigt Tab. 15.7.

O_{min} und L_{min} haben die Einheit kmol. Bezieht man diese Größen auf die Masse 1 kg Brennstoff, so ergeben sich der *spezifische Sauerstoffbedarf* o_{min} und der *spezifische Luftbedarf* l_{min} des Brennstoffes. Diese spezifischen Größen werden sinnvoller Weise angewandt, wenn von einem festen oder flüssigen Brennstoff die Masse bzw. der Massenstrom und die Massenanteile ξ_k der Brennstoffkomponenten bekannt sind.

Das bei der Verbrennung mit L_{min} entstehende Rauchgas enthält CO_2, O_2 und N_2. Weitere Bestandteile kommen nicht vor, da wir vollkommene Verbrennung voraussetzen und da bei der Abkühlung vor der Analyse mit dem Wasser auch die schweflige Säure ausscheidet.

Bei einem festen oder flüssigen Brennstoff ist die Zusammensetzung entweder durch Elementaranalyse oder bei einheitlichen Stoffen durch die chemische Formel gegeben.

Betrachten wir zunächst die Verbrennung der Komponente Kohlenstoff C. Entsprechend Gl. 15.1 gilt

$$1 \, \text{kmol C} + 1 \, \text{kmol} \, O_2 = 1 \, \text{kmol} \, CO_2,$$

d. h. 1 kmol C verbrennt vollständig zu 1 kmol CO_2, wobei 1 kmol O_2 benötigt wird. Da die Molmasse des Kohlenstoffs $\bar{M}_c = 12 \, \text{kg/kmol}$ beträgt, kann man auch schreiben

$$12 \, \text{kg C} + 1 \, \text{kmol} \, O_2 = 1 \, \text{kmol} \, CO_2 \tag{15.13a}$$

oder

$$1 \, \text{kg C} + \frac{1}{12} \, \text{kmol} \, O_2 = \frac{1}{12} \, \text{kmol} \, CO_2 \, . \tag{15.13b}$$

Beträgt der Massenanteil des Kohlenstoffs in einem mehrkomponentigen Brennstoff ξ_c, so wird je kg dieses Brennstoffes Kohlenstoff entsprechend

$$\xi_c \, \text{kg C} + \frac{\xi_c}{12} \, \text{kmol} \, O_2 = \frac{\xi_c}{12} \, \text{kmol} \, CO_2 \tag{15.13c}$$

verbrannt. Dies gilt analog für Wasserstoff H_2 und Schwefel S. Es gilt

$$\xi_h \text{ kg } H_2 + \frac{\xi_h}{4} \text{ kmol } O_2 = \frac{\xi_h}{2} \text{ kmol } H_2O \qquad (15.14)$$

und

$$\xi_s \text{ kg } S + \frac{\xi_s}{32} \text{ kmol } O_2 = \frac{\xi_s}{32} \text{ kmol } SO_2 . \qquad (15.15)$$

Nun sind in 1 kg sauerstoffhaltigem Brennstoff schon $\xi_o/32$ kmol Sauerstoff enthalten, um die sich der mit der Verbrennungsluft zuzuführende Sauerstoff vermindert. Damit ergibt sich für den Sauerstoffbedarf von 1 kg Brennstoff

$$o_{\min} = \left(\frac{\xi_c}{12} + \frac{\xi_h}{4} + \frac{\xi_s}{32} - \frac{\xi_o}{32} \right) \text{ kmol/kg.} \qquad (15.16)$$

Gl. 15.16 kann man auch schreiben als

$$o_{\min} = \frac{1}{12} \left[\xi_c + 3 \left(\xi_h - \frac{\xi_o - \xi_s}{8} \right) \right] = \frac{1}{12} \xi_c \sigma \text{ kmol/kg .}$$

Gibt man den Sauerstoffbedarf $o_{\min}^*$ in kg O_2 je kg Brennstoff an, so folgt unter Berücksichtigung der Molmassen

$$o_{\min}^* = 32 \, o_{\min} = \frac{32}{12} O_{\min} = (2{,}664 \, \xi_c + 7{,}937 \, \xi_h + 0{,}998 \, \xi_s - \xi_o) \text{ kg/kg ,} \quad (15.17)$$

wobei wir nach Mollier die Größe

$$\sigma = 1 + 3 \frac{\xi_h - (\xi_o - \xi_s)/8}{\xi_c} \qquad (15.18)$$

als Kennzahl des Brennstoffes einführen. Sie ist das Verhältnis des Sauerstoffbedarfes in kmol O_2 des Brennstoffes zu seinem Kohlenstoffgehalt in kmol C. Als Kohlenstoffgehalt ist dabei der gesamte im Brennstoff enthaltene Kohlenstoff zu zählen, auch wenn er schon z. B. bei Gasen als Kohlendioxid oder Kohlenmonoxid mit Sauerstoff verbunden ist.

Die Kennzahl σ ist zweckmäßig, weil ihr Wert für bestimmte Brennstoffgruppen nur wenig schwankt und für diese dann allein aufgrund der Kenntnis des Kohlenstoffmassenanteils Sauerstoff- und Luftbedarf errechnet werden können. Für reinen Kohlenstoff ist $\sigma = 1{,}0$, für technische Kohlen $\sigma = 1{,}1$ bis $1{,}2$, für schwere Öle etwa $\sigma = 1{,}2$, für leichte Öle steigt σ bis auf $1{,}55$. Weitere Werte für σ sind den Tab. 15.3 bis 15.5 zu entnehmen. Der Mindestluftbedarf an trockener Verbrennungsluft ist dann

$$l_{\min} = \frac{o_{\min}}{0{,}21} \text{ kmol/kg}$$

$$= 0{,}397 \left[\xi_c + 3 \left(\xi_h - \frac{\xi_o - \xi_s}{8} \right) \right] \text{ kmol/kg}$$

$$= 0{,}397 \, \xi_c \sigma \text{ kmol/kg .} \qquad (15.19)$$

Da 1 kg trockene Luft 0,232 kg Sauerstoff enthält, kann man den Mindestluftbedarf auch in kg Luft je kg Brennstoff angeben

$$l^*_{min} = \frac{o^*_{min}}{0,232} ,$$ (15.20)

wobei o^*_{min} durch Gl. 15.17 gegeben ist.

Erfahrungsgemäß kann man Brennstoffe in technischen Feuerungen nur bei Luftüberschuss verbrennen. Man definiert daher das *Luftverhältnis* λ durch

$$\lambda = l / l_{min} ,$$ (15.21)

wobei l die bei der Verbrennung insgesamt zugeführte Luftmenge in kmol je kg Brennstoff ist. Der überschüssige Sauerstoff $(\lambda - 1)o_{min}$, der nicht mit dem Brennstoff reagiert, und der gesamte Stickstoff 0,79 l gehen unverändert durch die Feuerung hindurch. Typische Werte für λ sind beispielsweise:

$$1,05 \leq \lambda \leq 1,2 \text{ für Öl- und Gasbrenner mit Gebläse,}$$

$$1,2 \leq \lambda \leq 2,0 \text{ für Gasbrenner ohne Gebläse,}$$

$$1,2 \leq \lambda \leq 1,5 \text{ für Kohlebrenner.}$$

Die Regelung des Luftverhältnisses hat zudem wie wir in Abschn. 15.4.3 erkennen werden, direkten Einfluss auf die adiabate Verbrennungstemperatur und damit in der Praxis auch auf die Schadstoffbildung.

Erfolgt bei einem gasförmigen oder flüssigen Brennstoff die Angabe der Zusammensetzung in Mengen- oder Massenanteilen der verschiedenen Kohlenwasserstoffe, so errechnet man zunächst die spezifischen Sauerstoff- oder Luftbedarfe der einzelnen Kohlenwasserstoffe und gewichtet diese anschließend entsprechend der jeweiligen Anteile. Hierzu kann man die molare Zusammensetzung jedes einzelnen Kohlenwasserstoffs in der Form $C_x H_y O_z$ ausdrücken, also beispielsweise für Methanol, das üblicherweise CH_3OH geschrieben wird, die Form $C_1 H_4 O_1$ wählen. Bei vollständiger Verbrennung gilt hier

$$1 \text{ kmol } C_x H_y O_z + \left(x + \frac{y}{4} - \frac{z}{2}\right) \text{ kmol } O_2 = x \text{ kmol } CO_2 + \frac{y}{2} \text{ kmol } H_2O .$$ (15.22)

Der auf 1 kmol des Brennstoffes $C_x H_y O_z$ bezogene Mindestsauerstoffbedarf $\bar{O}_{min}$ beträgt demnach

$$\bar{O}_{min} = \left(x + \frac{y}{4} - \frac{z}{2}\right) \text{ kmol/kmol}$$ (15.23)

und der entsprechende Mindestluftbedarf an trockener Verbrennungsluft

$$\bar{L}_{min} = \frac{\bar{O}_{min}}{0,21} \text{ kmol/kmol.}$$ (15.24)

Bei Sauerstoff- bzw. Luftüberschuss sind die entsprechenden Mengen $\bar{O} = \lambda \bar{O}_{min}$ bzw. $\bar{L} = \lambda \bar{L}_{min}$.

15.4.2 Abgaszusammensetzung

Die Abgaszusammenzusetzung ergibt sich ebenfalls aus den Stoffbilanzen unter Berücksichtigung der Reaktionsgleichungen aller Brennstoffkomponenten.

So entstehen nach Gl. 15.13c bei der Verbrennung eines Brennstoffes mit dem Kohlenstoffmassenanteil ξ_c daraus $\xi_c/12$ kmol CO_2. Aus dem Wasserstoffanteil ξ_h entstehen $\xi_h/2$ kmol H_2O (Gl. 15.14), und aus dem Schwefelanteil ξ_s entstehen $\xi_s/32$ kmol SO_2. Ist im Brennstoff auch Wasser enthalten mit einem Anteil von ξ_w, so wird sich dieses sofern es nicht auskondensiert wird, als Wasserdampf wiederfinden, wobei die Menge $\xi_w/18$ kmol H_2O beträgt. Außerdem sind im Abgas mit der Verbrennungsluft zugeführten Stickstoffs enthalten, die Menge $0{,}79 \cdot l$, sowie bei $\lambda > 1$ der nicht verbrauchte Sauerstoff mit der Menge $(\lambda - 1) \cdot o_{min}$. Ist die Verbrennnungsluft feucht, d. h. ist Wasserdampf in ihr enthalten, wird sich auch dieses Wasser im Abgas wiederfinden. Bei einer nach Gl. 3.4 definierten Wasserdampfbeladung X_D der Verbrennungsluft errechnet sich die daraus resultierende Wassermenge im Abgas in kmol H_2O je kg Brennstoff zu $l \cdot X_D \cdot \left(\frac{\bar{M}_L}{M_W} \right) = \frac{l \cdot X_D}{0{,}622}$. Darin ist l nach Gl. 15.21 die trockene Luftmenge in kmol, die je kg Brennstoff der Feuerung zugeführt wird. Somit setzt sich das Abgas eines stickstofffreien Brennstoffes, der mit feuchter Luft verbrannt wird, zusammen aus

Kohlendioxid: $\dfrac{\xi_c}{12}$ kmol CO_2/kg bzw. $\dfrac{11}{3} \xi_c$ kg CO_2/kg ,

Wasser: $\left(\dfrac{\xi_h}{2} + \dfrac{\xi_w}{18} + l \cdot \dfrac{X_D}{0{,}622} \right)$ kmol H_2O/kg bzw.

$(9\xi_h + \xi_w + l \cdot X_D \cdot 28{,}95)$ kg H_2O/kg ,

Schwefeldioxid: $\dfrac{\xi_s}{32}$ kmol SO_2/kg bzw.

$2\,\xi_s$ kg SO_2/kg ,

Stickstoff: $0{,}79 \cdot l$ kmol N_2/kg bzw. $\dfrac{0{,}79}{28} \cdot l$ kg N_2/kg ,

Sauerstoff: $(\lambda - 1) \cdot o_{min}$ kmol O_2/kg bzw.

$\dfrac{(\lambda - 1)}{32} o_{min}$ kg O_2/kg .

Im Ganzen erhalten wir also die Abgasmenge

$$
\frac{N_A}{M_B} = \left(0{,}79 \cdot l + (\lambda - 1)o_{min} + \left(\frac{1}{32}\xi_s + \frac{1}{2}\xi_h \right. \right.
$$
$$
\left. \left. + \frac{1}{18}\xi_w + l \cdot \frac{X_D}{0{,}622} + \frac{1}{12}\xi_c \right) \right) \text{ kmol/kg}
$$

(15.25)

bzw. die Abgasmasse

$$\frac{M_A}{M_B} = \left(0{,}768 \cdot l^* + (\lambda - 1)o^*_{\min} + \left(2\xi_s + 9\xi_h \right. \right.$$
$$\left. \left. + \xi_w + l \cdot X_D \cdot 28{,}95 + \frac{11}{3}\xi_c \right) \right) \text{ kg/kg} . \tag{15.26}$$

Der Stickstoffgehalt des Brennstoffs war zu $\xi_n = 0$ vorausgesetzt worden und erscheint daher nicht in den Bilanzen. Ebenso wurde vorausgesetzt, dass es nicht zur Bildung von Stickoxiden aus dem Stickstoff der Luft kommt.

Die Menge 1 kmol eines gasförmigen oder flüssigen Kohlenwasserstoffs $C_x H_y O_z$ reagiert mit Sauerstoff entsprechend Gl. 15.21 zu x kmol CO_2 und $y/2$ kmol H_2O. Die Abgasmenge beträgt insgesamt folglich

$$\frac{N_A}{N_B} = \left(0{,}79 \, \bar{L} + (\lambda - 1) \, \bar{O}_{\min} + \left(x + \frac{y}{2} + \bar{L} \cdot \frac{X_D}{0{,}622} \right) \right) \text{ kmol/kmol} . \tag{15.27}$$

15.4.3   Verbrennungstemperatur und Wärmeabgabe

Die maximale Verbrennungstemperatur stellt sich ein, sofern bei dem Verbrennungsprozess keine Wärmeabgabe an die Umgebung erfolgt. Daher betrachten wir zunächst eine isobar-adiabate Verbrennung. Die bei der Oxidation des Brennstoffes freigesetzte Reaktionsenthalpie entsprechend seines Heiz- bzw. Brennwertes führt dann ausschließlich zur Erhöhung der Enthalpie bzw. Temperatur der Abgase. Wenn die Gase nicht dissozieren, wird somit die maximale oder *theoretische Verbrennungstemperatur* erreicht. Um sie zu berechnen, stellen wir eine Energiebilanz in allgemeiner Form an dem System Brennraum auf, welches in Abb. 15.1 dargestellt ist. Da die Heizwertangabe stets auf einen Bezugszustand (t_b, p_b) bezogen sein muss, wird durch diese Angabe in sinnvoller Weise auch gleichzeitig der Bezugszustand für die Energiebilanz festgelegt. Damit ist es möglich die Bilanz auf der Grundlage der allgemeinen Form einer Energiebilanz wie folgt zu formulieren:

$$0 = \sum_i dH_i . \tag{15.28}$$

Der Index i steht hierbei für alle dem Brennraum zu- oder abgeführten Stoffe, und die Enthalpie beinhaltet auch den Heiz- bzw. Brennwert des Brennstoffes. Aus Gl. 15.28 ergibt sich für unser in Abb. 15.1 gezeigtes System Brennraum

$$0 = M_B dh_b + M_L dh_L + X_D \cdot M_L dh_D - M_A dh_A, \tag{15.29}$$

wobei der Index B für Brennstoff, L für trockene Luft, D für Wasserdampf in der Luft und A für Abgase stehen. Für einen festen Brennstoff folgt daraus bezogen auf die Masse 1 kg des Brennstoffes und unter Verwendung eine Heizwertangabe $\Delta h_{u,b}$ bei der Bezugstemperatur t_b

$$0 = \Delta h_{u,b} + [c_B]_{t_b}^{t_B} \cdot (t_B - t_b) + \frac{N_L}{M_B} [\bar{C}_{pL}]_{t_b}^{t_L} \cdot (t_L - t_b)$$

$$+ \frac{N_L}{M_B} \cdot \frac{X_D}{0{,}622} \cdot (h_{D,L} - h_{D,b}) - \frac{N_A}{M_B} [\bar{C}_{pA}]_{t_A}^{t_b} \cdot (t_A - t_b), \tag{15.30}$$

wobei die Wärmekapazitäten jeweils mittlere Wärmekapazitäten zwischen der Bezugstemperatur t_b und der jeweiligen Stofftemperatur sind. Die ersten beiden Summanden berücksichtigen somit die mit dem Brennstoff der Temperatur t_b zugeführte spezifische Energie, bestehend aus Reaktionsenthalpie bzw. Heizwert und der fühlbaren Enthalpie. Es folgt die mit der trockenen Luft der Temperatur t_L zugeführte Enthalpie und die mit dem Wasserdampf in feuchter Luft zugeführte Enthalpie, wobei $h_{D,l}$ die Enthalpie des Dampfes bei dem entsprechenden Partialdruck und der Temperatur t_L ist und $h_{D,b}$ die Enthalpie gesättigten Dampfes bei der Bezugstemperatur t_b. Der letzte Term beschreibt die mit dem Abgas der Temperatur t_A aus dem Brennraum abgeführte Enthalpie. Die spezifische Menge der Verbrennungsluft ergibt sich dabei nach Abschn. 15.4.1 zu

$$l = \frac{N_L}{M_B} = \lambda \cdot l_{\min}. \tag{15.31}$$

Ist die Brennstoffzusammensetzung entsprechend Abschn. 15.3.1 in Form der Massenanteile $\xi_c, \xi_h, \xi_s, \xi_o, \xi_n, \xi_w, \xi_a$ angegeben, so folgt bei vollständiger Verbrennung und unter Vernachlässigung des Ascheanteils ξ_a, der im Allgemeinen nicht mit den heißen Abgasen entweicht, für rein gasförmiges Abgas

$$\frac{N_A}{M_B} [\bar{C}_{pA}]_{t_b}^{t_A} = \frac{\xi_c}{12} [c_{pCO_2}]_{t_b}^{t_A} + \left(\frac{\xi_h}{2} + \frac{\xi_w}{18} + l \cdot \frac{X_D}{0{,}622} \right) [c_{pH_2O}]_{t_b}^{t_A} + \frac{\xi_s}{32} [c_{pSO_2}]_{t_b}^{t_A}$$

$$+ (\lambda - 1) \, o_{\min} [\bar{C}_{pO_2}]_{t_b}^{t_A} + 0{,}79 l \, [\bar{C}_{pN_2}]_{t_b}^{t_A}. \tag{15.32}$$

Gl. 15.32 gibt somit die mittlere, auf 1 kg Brennstoff bezogene Wärmekapazität des Abgases an, welches sich entsprechend der Brennstoffzusammensetzung aus den gasförmigen Reaktionsprodukten CO_2, H_2O, SO_2 sowie aus überschüssigem O_2 und aus dem N_2 aus der Verbrennungsluft zusammensetzt.

Die unbekannte theoretische Verbrennungs- bzw. Abgastemperatur t_A kommt auf der rechten Seite der Energiebilanz auch noch in den mittleren Molwärmen vor. Man entnimmt daher z. B. der Tab. 6.3, Bd. 1, 19. Aufl., zunächst für einen geschätzten Wert von t_A die mittlere Molwärme der Rauchgasbestandteile und rechnet damit t_A nach Gl. 15.29 bis Gl. 15.31 aus. Für den so ermittelten Wert entnimmt man der Tabelle verbesserte Werte der mittleren Molwärme und wiederholt die Berechnung von t_A iterativ solange, bis man eine gewünschte Genauigkeit erzielt. Hierzu sind im Allgemeinen nur ein bis zwei Iterationsschleifen notwendig, da die Abhängigkeit der Wärmekapazitäten von der Temperatur nicht stark ausgeprägt ist.

Erfolgt die Verbrennung bei konstantem Volumen, so sind in den vorstehenden Gleichungen statt der Molwärmen und Heizwerte bei konstantem Druck die bei konstantem Volumen einzusetzen.

Die vorstehende Berechnung der theoretischen Verbrennungstemperatur berücksichtigt nicht die oberhalb 1500 °C merklich werdende Dissoziation. Bei hohen Temperaturen verläuft die chemische Reaktion nicht vollständig ab, sondern es bleibt ein mit steigender Temperatur und mit sinkendem Druck zunehmender Teil des Brennstoffes unverbrannt, obwohl noch freier Sauerstoff vorhanden ist. Durch Dissoziation sinkt daher die Verbrennungstemperatur.

Verwendet man in Gl. 15.30 anstatt dem spezifischen Heizwert $\Delta h_{u,b}$ den spezifischen Brennwert $\Delta h_{o,b}$ und nutzt diesen bei der Verbrennung durch Teilkondensation des Wasserdampfes im Abgas tatsächlich aus, so muss die Bilanz wie folgt modifiziert werden:

$$
\begin{aligned}
0 = \; & \Delta h_{o,b} + [c_B]_{t_b}^{t_B} \cdot (t_B - t_b) \\
& + l \, [\bar{C}_{pL}]_{t_b}^{t_L} \cdot (t_L - t_b) \\
& + l \cdot \frac{X_D}{0{,}622} \cdot (h_{D,l} - h_{Fl,b}) \\
& - \frac{N_{A,tr}}{M_B} [\bar{C}_{pA,tr}]_{t_b}^{t_A} \cdot (t_A - t_b) \\
& - \frac{M_{Fl}}{M_B} [c_{Fl}]_{t_b}^{t_A} \cdot (t_A - t_b) \\
& - \frac{M_D}{M_B} (h_{D,A} - h_{Fl,b}) \, .
\end{aligned}
\tag{15.33}
$$

In Gl. 15.33 wird hierbei die Abgasenthalpie aufgeteilt auf die Enthalpien des trockenen Abgases (Index A,tr), die des auskondensierten und somit flüssigen Wassers (Index Fl) sowie die des restlichen dampfförmigen Wassers (Index D). Der Term, der die Enthalpie des Wasserdampfes im Abgas beschreibt, kann hierbei, anders als in Gl. 15.30, in Gl. 15.33 nicht mit $dh = c_p dT$ gebildet werden, da die Verwendung des Brennwertes anstatt des Heizwertes gleichzeitig die Definition der Bezugsenthalpie für die Energiebilanz festlegt. Während sie bei Verwendung des Heizwertes durch den Zustand I (t_b, p_b, H_2O im Abgas dampfförmig) festgelegt ist, ist bei Verwendung des Brennwertes der Bezugszustand II (t_b, p_b, H_2O im Abgas flüssig). Die Bezugsenthalpie für das Wasser ist in diesem Fall $h_{Fl,b}$, die der siedenden Wassers bei der Temperatur t_b entspricht.

Für gasförmige Brennstoffe oder allgemein für Brennstoffe, deren molare Zusammensetzung bekannt ist, lautet die Energiebilanz bezogen auf 1 kmol Brennstoff analog bei

Verwendung des Heizwertes

$$
\begin{aligned}
0 = \Delta \bar{H}_{u,b} &+ [\bar{c}_B]_{t_b}^{t_B} \cdot (t_B - t_b) \\
&+ \bar{L} \cdot [\bar{C}_{pL}]_{t_b}^{t_L} \cdot (t_L - t_b) \\
&+ \bar{L} \cdot \frac{X_D}{0{,}622}(h_{D,L} - h_{D,b}) \\
&- \frac{N_A}{N_B}[\bar{C}_{pA}]_{t_b}^{t_A} \cdot (t_A - t_b)
\end{aligned}
\tag{15.34}
$$

und bei Verwendung des Brennwertes

$$
\begin{aligned}
0 = \Delta \bar{H}_{o,b} &+ [\bar{c}_B]_{t_b}^{t_B} \cdot (t_B - t_b) \\
&+ \bar{L} \cdot [\bar{C}_{pL}]_{t_b}^{t_L} \cdot (t_L - t_b) \\
&+ \bar{L} \cdot \frac{X_D}{0{,}622}(h_{D,L} - h_{Fl,b}) \\
&- \frac{N_{A,tr}}{N_B}[\bar{C}_{pA,tr}]_{t_b}^{t_A} \cdot (t_A - t_b) \\
&- \frac{N_{Fl}}{N_B}[\bar{C}_{Fl}]_{t_b}^{t_A} \cdot (t_A - t_b) \\
&- \frac{N_D}{N_B}(\bar{H}_{D,A} - \bar{H}_{Fl,b}) \, .
\end{aligned}
\tag{15.35}
$$

Nach den abgeleiteten Formeln ist die Verbrennungstemperatur um so höher, je größer der Heizwert bzw. Brennwert des Brennstoffes und je kleiner der Luftüberschuss λ ist. Man kann die Verbrennungstemperatur steigern durch Vorwärmen des Brennstoffes und der Verbrennungsluft (Luftvorwärmer bei Dampfkesseln, Regenerativfeuerung) und durch Verbrennen mit reinem Sauerstoff.

Die höchsten Verbrennungstemperaturen von etwa $3100\,°C$ erreicht man mit einem Acetylen-Sauerstoffgemisch im Schweißbrenner, da Acetylen (C_2H_2) eine stark endotherme Verbindung ist, deren Bildungsenergie zu dem Heizwert ihrer Bestandteile hinzukommt.

In praktischen Feuerungen bleibt die wirkliche Flammentemperatur wegen der Wärmeverluste stets unter der theoretischen Verbrennungstemperatur, auch wenn dabei die Dissoziation berücksichtigt ist. Schon von der Oberfläche der glühenden Kohle, also unmittelbar an der Entstehungsstelle der Verbrennungsenergie, geht durch Strahlung Wärme verloren, die gar nicht in den Flammgasen fühlbar wird. In der leuchtenden Flamme strahlt glühender, fein verteilter Kohlenstoff Energie an die Umgebung ab. Sogar die schwach leuchtenden Gasflammen (Bunsenbrenner) senden in erheblichem Maße infrarote Strahlung aus, die ihre Temperatur herabsetzt. Durch diese Wärmeverluste sinkt die wirkliche Flammentemperatur erheblich unter ihren theoretischen Wert.

Berücksichtigt man diese Wärmeabgabe an die Umgebung in der Energiebilanz, so wird aus Gl. 15.28, die für die isobar-adiabate Verbrennung galt, die Bilanzgleichung

$$0 = dQ + \sum_i dH_i \,. \tag{15.36}$$

Alle weiter aus Gl. 15.28 abgeleiteten Gleichungen Gl. 15.29 bis Gl. 15.35 gelten dann analog, wobei jeweils ein Term für die Abwärme dQ bzw. die entsprechende auf 1 kg oder 1 kmol Brennstoff bezogene Abwärme ergänzt wird. Ist in einem solchen nicht-adiabaten Fall die Abgastemperatur beispielsweise durch Messungen bekannt, kann aus der Energiebilanz dann die Abwärme des Verbrennungsprozesses bestimmt werden.

15.5 Unvollständige Verbrennung

Bei Luftmangel bzw. ungenügendem Luftüberschuss bleibt die Verbrennung unvollständig, wobei die Rauchgase CO, H_2, CH_4 und andere Kohlenwasserstoffe sowie Ruß enthalten können. Daneben kann trotzdem noch freier Sauerstoff vorhanden sein, aus folgenden Gründen: Auf einem Rost z. B. liegt die glühende Kohle nicht überall gleich hoch. An Stellen großer Schichthöhe ist der Strömungswiderstand groß und daher die hindurchtretende Luftmenge klein. An Stellen geringer Schichthöhe ist dagegen der Widerstand klein und der Luftdurchtritt groß. In der dicken Schicht bleibt die Verbrennung unvollständig, durch die dünne Schicht tritt mehr Luft als nötig hindurch. Bietet der Feuerraum über dem Rost nicht genügend Gelegenheit zum Nachbrennen und werden die Gase vorher an den Heizflächen unter ihre Zündtemperatur abgekühlt, so enthalten sie freien Sauerstoff neben Unverbranntem.

Die Zusammensetzung der Rauchgase prüft man durch chemische Analyse, die in stationären, modernen, größeren Anlagen im Allgemeinen kontinuierlich „online" erfolgt.

Für den Betrieb gilt die Regel, dass der Luftüberschuss gerade so klein gehalten werden muss, dass noch nichts Unverbranntes im Rauchgas auftritt. Vermindert man den Luftüberschuss zu sehr, so wird die Verbrennung unvollständig und es treten chemische Heizwertverluste auf, erhöht man ihn, so wachsen mit der größeren Abgasmenge die Abgasverluste, also die physikalischen Heizwertverluste. Da die chemischen Heizwertverluste stärker ins Gewicht fallen als die physikalischen, ist es besser, mit etwas zu hohem als mit etwas zu kleinem Luftüberschuss zu fahren.

15.6 Beispiele und Aufgaben

Beispiel 15.1

In einer Raffinerieanlage fallen stündlich 20 kg Schwefel und 80 kg Schwefelwasserstoffgas H_2S an, die mit trockener Luft vollständig verbrannt werden sollen.

a) Welcher Mindestluftbedarf ist dazu erforderlich?

b) Wie groß ist der tatsächliche Luftbedarf, wenn die (feuchten) Abgase nur noch 0,07 Massenanteile des gesundheitsschädlichen Schwefeldioxids SO_2 enthalten dürfen?

c) Welche theoretische Verbrennungstemperatur t_A wird erreicht bei einer Temperatur der Ausgangsstoffe von 20 °C? Die Enthalpien von Schwefel und Schwefelwasserstoff im Ausgangszustand kann man vernachlässigen. Die Bezugstemperatur der Heizwertangabe sei $t = 0$ °C.

Benötigte Stoffdaten:

Stoff	$\bar{M}$ in kg/kmol	Δh_u in kJ/kg K	$[c_p]_0^{t_2}$ in kJ/(kg K)
S	32	$9{,}26 \cdot 10^3$	–
H_2S	34	$15{,}23 \cdot 10^3$	–
SO_2	64	–	0,73
H_2O	18	–	1,98
N_2	28	–	1,06
O_2	32	–	0,98
Luft	29	–	–

Weitere Angaben: Luft enthält 0,232 Massenanteile O_2 und 0,768 Massenanteile N_2 und hat eine spezifische Wärmekapazität $[c_p]_b^{t_A}$ in kJ/(kg K)

zu a) Mindestluftbedarf nach Gl. 15.20:

$$l_{min}^* = o_{min}^*/0{,}232 \ .$$

Reaktionsgleichungen

$$S + O_2 = SO_2 \ ,$$

$$H_2S + \frac{3}{2}O_2 = H_2O + SO_2 \ .$$

Zur vollständigen Verbrennung von 20 kg S benötigt man demnach mindestens 20 kg O_2, zur vollständigen Verbrennung von 80 kg H_2S mindestens 112,9 kg O_2. Der Mindestbedarf an O_2 für die gesamte Masse M_B des Brennstoffes ist $o_{min}^* \cdot M_B = 132{,}9$ kg O_2 und der Mindestluftbedarf

$$l_{min}^* \cdot M_B = 132{,}9 \text{ kg } O_2/(0{,}232 \text{ kg } O_2 \text{ je kg Luft})$$

$$= 573 \text{ kg} \ .$$

zu b) Tatsächlicher Luftbedarf nach Gl. 15.21 $l = \lambda l_{min}$. Die Rauchgase bestehen aus 42,35 kg H_2O, 190,59 kg SO_2; $0{,}231 \cdot 573(\lambda - 1) = 132{,}9(\lambda - 1)$ kg O_2 und $(1 - 0{,}232) \cdot 573\lambda = 440{,}1\lambda$ kg N_2.

Die Gesamtmasse der Rauchgase beträgt somit

$$M_A = (42{,}35 + 190{,}59 + 132{,}9(\lambda - 1) + 440{,}1\lambda)\,\text{kg} = (100{,}04 + 573\lambda)\,\text{kg} \ .$$

Mit dem Massenbruch des SO_2 von $\xi_{SO_2} = \xi_{SO_2}/\xi_A = 0{,}07$ folgt $190{,}59/(100{,}04 + 573\lambda) = 0{,}07$.

Daraus errechnet man einen Luftüberschuss $\lambda = 4{,}58$. Der Luftbedarf für die gesamte Brennstoffmasse beträgt somit $l \cdot M_B = 264\,\text{kg}$.

zu c) Die theoretische Verbrennungstemperatur ergibt sich aus der Bedingung, dass die Enthalpie der Ausgangsstoffe gleich derjenigen der Endprodukte sein muss. Mit den angegebenen mittleren molaren Wärmekapazitäten findet man eine theoretische Verbrennungstemperatur von $t_A = 517\,°\text{C}$.

Beispiel 15.2

Methan (CH_4) wird mit feuchter Luft, deren Wasserbeladung $8\,\frac{g}{kg}$ beträgt, und einem Luftüberschuss von $\lambda = 1{,}3$ vollständig verbrannt. Welche Menge trockene Verbrennungsluft wird hierbei je kmol Methan zugeführt und wie setzt sich das Abgas zusammen?

Methan reagiert mit Sauerstoff entsprechend der Reaktionsgleichung

$$1\,\text{kmol}\ CH_4 + 2\,\text{kmol}\ O_2 \longrightarrow 1\,\text{kmol}\ CO_2 + 2\,\text{kmol}\ H_2O.$$

Folglich ist

$$\bar{O}_{\min} = 2\,\frac{\text{kmol}\ O_2}{\text{kmol}\ CH_4},$$

und die Menge zugeführter Verbrennungsluft ist

$$\bar{L} = \lambda \cdot \frac{\bar{O}_{\min}}{0{,}21} = 12{,}38\,\frac{\text{kmol Luft}}{\text{kmol}\ CH_4}.$$

Im Abgas sind folgende Komponenten vorhanden:

Kohlendioxid

$$\frac{N_{CO_2}}{N_{CH_4}} = 1\,\frac{\text{kmol}\ CO_2}{\text{kmol}\ CH_4}$$

Wasser

$$\frac{N_{H_2O}}{N_{CH_4}} = \left(2 + \bar{L} \cdot \frac{X_D}{0{,}622}\right) = 2{,}16\,\frac{\text{kmol}\ H_2O}{\text{kmol}\ CH_4}$$

Sauerstoff

$$\frac{N_{O_2}}{N_{CH_4}} = (\lambda - 1)\,\bar{O}_{\min} = 0{,}6\,\frac{\text{kmol}\ O_2}{\text{kmol}\ CH_4}$$

Stickstoff

$$\frac{N_{N_2}}{N_{CH_4}} = 0{,}79 \cdot \bar{L} = 9{,}78\,\frac{\text{kmol}\ N_2}{\text{kmol}\ CH_4}$$

Die Abgasmenge beträgt insgesamt

$$\frac{N_{Abgas}}{N_{CH_4}} = (1 + 2{,}16 + 0{,}6 + 9{,}78)\,\frac{\text{kmol Abgas}}{\text{kmol CH}_4} = 13{,}54\,\frac{\text{kmol Abgas}}{\text{kmol CH}_4}.$$

Aufgabe 15.1

In einer Feuerung werden stündlich 500 kg Kohle von der Zusammensetzung $\xi_c = 0{,}78$; $\xi_h = 0{,}05$; $\xi_o = 0{,}08$; $\xi_s = 0{,}01$; $\xi_w = 0{,}02$; $\xi_a = 0{,}06$ mit einem Luftverhältnis von $\lambda = 1{,}4$ vollkommen verbrannt. Welchen Heizwert hat die Kohle? Wieviel Luft muss der Feuerung zugeführt werden, wieviel Rauchgas entsteht dabei und wie ist seine Zusammensetzung?

Aufgabe 15.2

Wassergas von folgender Zusammensetzung $y_{H_2} = 0{,}5$; $y_{CO} = 0{,}40$; $y_{CH_4} = 0{,}005$; $y_{N_2} = 0{,}045$; $y_{CO_2} = 0{,}05$ wird unter Luftüberschuss vollständig verbrannt. Die Analyse des trockenen Abgases ergab: $\frac{N_{CO_2}}{N_{A,tr}} = 0{,}136$; $\frac{N_{N_2}}{N_{A,tr}} = 0{,}795$.

Wie groß war das Luftverhältnis bei der Verbrennung?

Man gebe eine Gleichung für die Wassermenge im Abgas an.

Prozesse zur Stofftrennung

16

Thermische Stofftrennprozesse setzen prinzipiell ein Nichtgleichgewicht zwischen zwei Phasen voraus, das als Triebkraft einen selektiven Stoffübergang bewirkt. Somit setzt die Beschreibung von Stofftrennprozessen im Allgemeinen die Kenntnis der Gesetze der Wärme- und Stoffübertragung voraus, die nicht Gegenstand des vorliegenden Lehrbuches sind.

Allerdings lassen sich eine Reihe von wichtigen thermischen Stofftrennprozessen auf der Basis von Gleichgewichtsstufenmodellen, d. h. nur unter Verwendung von Bilanzen und Phasengleichgewichtsbeziehungen, verstehen und ausreichend genau beschreiben. Dabei wird sehr oft die Abweichung vom Gleichgewicht mit Korrekturfaktoren, sog. Stufenwirkungsgraden beschrieben.

Insbesondere Eindampfen, Destillation, Rektifikation und Extraktion sind Trennverfahren, für die Gleichgewichtsstufenmodelle besonders zweckmäßig sind.

16.1 Eindampfen

Als Eindampfen bezeichnet man in der thermischen Trenntechnik die Konzentrierung von Lösungen, Suspensionen oder Emulsionen durch partielles Verdampfen des Lösungsmittels. Die gelösten bzw. suspendierten oder emulgierten Stoffe haben dabei in der Regel einen vernachlässigbaren Dampfdruck, sodass das abgetrennte Lösungsmittel praktisch in reiner Form anfällt. Eindampfen dient in vielen Fällen als Vorstufe zur Gewinnung des reinen Lösungsmittels. Eindampfverfahren werden häufig in der Lebensmittelverarbeitung eingesetzt, beispielsweise zum Konzentrieren von Milch, Molke, Obstsaft oder Zuckerlösungen. Weitere Beispiele sind das Eindampfen von Salzlösungen und Abwässern in verschiedenen Produktionsbereichen der chemischen Industrie. Das Eindampfen von Lösungen erfolgt in verschiedenen Bauarten von Verdampfern. Häufig werden Fallstromverdampfer eingesetzt. Dies sind Rohrbündelapparate. Die Konzentrierung der Lösung erfolgt dabei in Rohren, die auf der Mantelseite mit kondensierendem Dampf beheizt

© Springer-Verlag GmbH Deutschland 2017
P. Stephan et al., *Thermodynamik*, https://doi.org/10.1007/978-3-662-54439-6_16

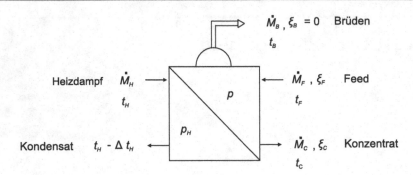

Abb. 16.1 Prinzip des Eindampfens und Bilanzierung eines Verdampfers

werden. Weitere Bauarten sind Umlaufverdampfer oder Plattenverdampfer. In Abb. 16.1 ist eine Verdampferstufe schematisch skizziert.

Auf der Produktseite des Verdampfers wird die dünne Lösung eingedickt. Den dabei gebildeten Produktdampf bezeichnet man als Brüden, das eingedampfte Produkt als Konzentrat. Die Beheizung von Verdampfern erfolgt meist mit Heizdampf (Wasserdampf), der auf der Heizseite des Verdampfers kondensiert und als Kondensat den Heizraum verlässt.

Zusammenhänge zwischen den bei einem Eindampfvorgang auftretenden Stoffströmen erhält man in einfacher Weise mittels Bilanzen, Abb. 16.1. Als Konzentrationsmaß für die Feedlösung und das Konzentrat benutzt man zweckmäßigerweise den Massenanteil ξ_{TS} des gelösten Stoffes, auch Trockensubstanz (TS) genannt. Im Folgenden bezeichnen wir den Massenanteil der Trockensubstanz nur mit dem Symbol ξ.

$$\xi_{TS} \equiv \xi = \frac{M_{TS}}{M_{TS} + M_w}. \tag{16.1}$$

Der Index w kennzeichnet das Lösungsmittel (Wasser). Wie bereits eingangs erwähnt, gehen wir davon aus, dass der Dampfdruck der Trockensubstanz vernachlässigt werden kann.

Die Gesamt- und Teilmassenbilanz um den Verdampfer ergeben

$$\dot{M}_F = \dot{M}_B + \dot{M}_C \tag{16.2}$$

$$\dot{M}_F \, \xi_F = \dot{M}_C \, \xi_C \,. \tag{16.3}$$

Hieraus folgt die Gleichung für den Brüdenstrom

$$\dot{M}_B = \dot{M}_F \left(1 - \frac{\xi_F}{\xi_C} \right). \tag{16.4}$$

Ein häufig benutzes Maß zur Kennzeichnung von Eindampfprozessen ist das Eindampfverhältnis e. Es gilt

$$e = \frac{\dot{M}_F}{\dot{M}_C} = \frac{\xi_C}{\xi_F} \,, \tag{16.5}$$

$$\dot{M}_B = \dot{M}_F \frac{e-1}{e} \,, \tag{16.6}$$

$$\dot{M}_C = \frac{\dot{M}_F}{e} \,. \tag{16.7}$$

Der vom Heizdampf abgegebene Wärmestrom folgt aus einer Energiebilanz

$$\dot{Q}_H = \dot{M}_B \, h_B + \dot{M}_C \, h_C - \dot{M}_F \, h_F + \dot{Q}_v \,. \tag{16.8}$$

Mit $\dot{Q}_v$ werden die Wärmeverluste erfasst. Der Brüden ist gesättigter oder bei Produkten mit Siedepunktserhöhung überhitzter Wasserdampf. Überhitzung stellt sich in der Praxis auch ein aufgrund von Druckverlusten in Tropfabscheidern (z. B. Zentrifugalabscheider), in denen der Brüden von Produkttropfen abgereinigt wird. Diese Überhitzung ist aber sehr gering und kann in aller Regel vernachlässigt werden. Die Temperatur t_B des Brüdens, d. h. dessen Überhitzung bei Produkten mit Siedepunktserhöhung hängt von der Bauart und Betriebsweise des Verdampfers ab und ergibt sich exakt durch Integration der Massen- und Energiebilanzen unter Berücksichtigung der veränderlichen Siedepunktserhöhung entlang der Phasengrenzfläche zwischen Brüden und Flüssigkeit. Bei nennenswerten Druckverlusten in den Verdampferrohren muss auch die Veränderung der Siedetemperatur mit fallendem Druck berücksichtigt werden. Im Falle eines Gleichstrombetriebs (Brüden und Flüssigkeit strömen in gleicher Richtung) ist die Temperatur t_B wegen der auf dem Strömungsweg auftretenden Wärmeaustauschvorgänge am höchsten und erreicht dann näherungsweise die Temperatur t_C des Konzentrats. Im Falle eines Gegenstrombetriebes liegt t_B am niedrigsten. Der Brüden ist dann am Verdampferaustritt schwächer überhitzt. Im praktischen Betrieb wird dieser Unterschied verstärkt durch überlagerte Druckverluste.

Die Temperatur t_C des Konzentrats entspricht der Siedetemperatur der konzentrierten Lösung beim Verdampfungsdruck p.

Die Ermittlung der Temperaturen des Brüdens t_B und des Konzentrats t_C erfordert die Kenntnis der isobaren Siedepunktserhöhung. Ausgeprägte Siedepunktserhöhungen treten insbesondere bei molekulardispersen Lösungen, also bei Salzen, Zucker und zuckerähnlichen Produkten auf. Dahingegen sind bei Suspensionen und Emulsionen Siedepunktserhöhungen in der Regel wenig ausgeprägt. Vernachlässigt man in erster Näherung auftretende Siedepunktserhöhungen und Wärmeverluste und geht man davon aus, dass im Druckbereich $[p, \, p_H]$ die Verdampfungsenthalpie nahezu konstant ist, ergibt sich bei Verwendung von Wasserdampf als Heizmedium bei einstufiger Verdampfung nach Abb. 16.1

$$\dot{M}_H \approx \dot{M}_B \,. \tag{16.9}$$

Die Betriebskosten einer Eindampfanlage werden wesentlich von der Energie bestimmt, die für eine geforderte Verdampfleistung aufgebracht werden muss. Es gibt prinzipiell drei Möglichkeiten zur Energieeinsparung:

- die Mehrstufeneindampfung,
- die thermische Brüdenverdichtung,
- die mechanische Brüdenverdichtung.

Bei Anwendung eines dieser Prinzipien kann der Energiebedarf ganz beträchtlich erniedrigt werden. Oft werden zwei dieser Möglichkeiten so kombiniert, dass die Betriebskosten ein Minimum erreichen. In hochentwickelten Eindampfanlagen sind manchmal sogar alle drei Prinzipien verwirklicht.

a) Mehrstufeneindampfung

Bei einer einstufigen Verdampfung sind Heizdampf und die erzeugte Brüdenmenge gemäß Gl. 16.9 etwa gleich groß. Der Heizdampfverbrauch einer Eindampfanlage kann jedoch entscheidend vermindert werden, wenn man die im Brüden enthaltene Enthalpie zur Beheizung einer zweiten Stufe verwendet. Der dort erzeugte Brüden kann weiterhin eine dritte Stufe heizen und so fort, Abb. 16.2.

Die Beheizung einer Stufe mit dem Brüden der vorgeschalteten Stufe bedingt natürlich, dass die Temperatur und somit auch der Dampfdruck von Stufe zu Stufe absinken und zwar jeweils um einen frei wählbaren Betrag ΔT_H zur Übertragung der Heizwärme und zusätzlich um einen Betrag ΔT_S einer eventuell vorhandenen isobaren Siedepunktserhöhung. In diesem Fall ist der Brüden überhitzt. Die Kondensationstemperatur des Brüdens (= reiner Wasserdampf) ist somit die Siedetemperatur t_{ws} von Wasser bei dem in der betrachteten Stufe herrschenden Druck. Die in Abb. 16.2 eingetragenen Temperaturen in den jeweiligen Stufen lassen sich somit bei vorgegebenem Wert der Heiztemperatur t_H wie folgt berechnen:

$$t_1 = t_{H1} - \Delta T_{H1} , \tag{16.10}$$

$$t_1 = t_{ws}(p_1) + \Delta T_{s1} . \tag{16.11}$$

Bei vorgegebenem Eindampfverhältnis e einer Stufe kann man den maximalen Massenanteil der Trockensubstanz und somit die Siedepunktserhöhung ΔT_{s1} in dieser Stufe berechnen. Danach folgen aus Gl. 16.11 die Siedetemperatur und der Druck p auf dieser Stufe. Vernachlässigt man Druckverluste im strömenden Brüden ist

$$p_{H2} = p_1 \qquad \text{oder generell} \qquad p_{Hn+1} = p_n . \tag{16.12}$$

Die Temperatur der folgenden Stufe ist

$$t_2 = t_{H2} - \Delta T_{H2} . \tag{16.13}$$

Die Heiztemperatur der 2. Stufe ist aber gerade die Temperatur t_{ws} des Brüdens beim Druck p_1. Mit Gl. 16.11 ergibt sich dann

$$t_2 = t_1 - \Delta T_{s1} - \Delta T_{H2} .$$

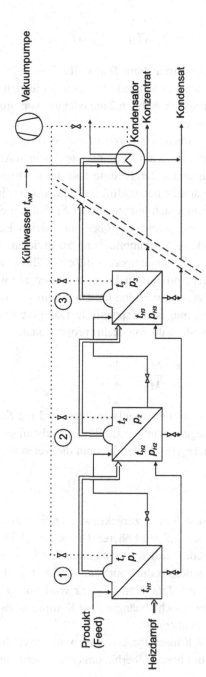

Abb. 16.2 Prinzip der Mehrstufeneindampfung

Allgemein gilt für die n-te Stufe

$$t_n = t_{n-1} - \Delta T_{sn-1} - \Delta T_{Hn} \qquad (16.14)$$

und somit

$$t_n = t_{H1} - \sum_n \Delta T_{Hn} - \sum_{n-1} \Delta T_{sn-1} . \qquad (16.15)$$

Die niedrigste in der letzten Stufe erreichbare Temperatur ist durch die Temperatur des Kühlwassers, t_{kw} begrenzt, mit dem der Kondensator nach der letzten Stufe gekühlt wird. Kondensat und Produkt werden, wie in Abb. 16.2 angedeutet, von Stufe zu Stufe auf den jeweils niedrigeren Druck gedrosselt.

Die meisten Eindampfanlagen arbeiten im Vakuum und benötigen daher zum Absaugen von nichtkondensierbaren Komponenten ein Vakuumsystem, wie in Abb. 16.2 angedeutet.

Die höchstzulässige Heiztemperatur der 1. Stufe und die niedrigste Siedetemperatur der letzten Stufe bilden eine Gesamttemperaturdifferenz, die auf die einzelnen Stufen aufgeteilt werden kann. Dadurch ergibt sich mit steigender Stufenzahl eine immer kleinere Temperaturdifferenz pro Stufe. Entsprechend größer muss deren Heizfläche dimensioniert werden, um eine vorgegebene Verdampfleistung zu erzielen. In erster Näherung ergibt sich bei einer bestimmten Gesamttemperaturdifferent, dass die insgesmat für alle Stufen einzusetzende Heizfläche proportional mit der Stufenzahl wächst, wodurch die Investitionskosten erheblich ansteigen, während die Dampfeinsparung mit zunehmender Stufenzahl ansteigt. In erster Näherung ist der spezifische Dampfverbrauch (kg Heizdampf pro kg erzeugtem Brüden) der Stufenzahl umgekehrt proportional:

$$\frac{\dot{M}_H}{\dot{M}_B} \approx \frac{1}{n} . \qquad (16.16)$$

Je mehr Stufen vorgesehen werden, um so aufwändiger wird die Schaltung und um so träger reagiert die Eindampfanlage auf äußere Einflüsse. Vielstufige Anlagen sind daher schwieriger zu bedienen und zu regeln. Weiterhin kann die Verweilzeit des Produkts unzulässig lang werden.

b) Brüdenverdichtung

Die Enthalpie des Brüdens lässt sich auch zurückgewinnen, indem man nach dem Prinzip der Wärmepumpe den Brüden auf den höheren Druck des Heizraums verdichtet. In Abb. 16.3 ist das Prinzip der Brüdenverdichtung in einem T-s-Diagramm dargestellt.

Der Brüden ist beim Druck p des Produtraums um den Betrag der Siedepunktserhöhung ΔT_s überhitzt und besitzt die Temperatur T_B. Er wird von p auf p_H, den Druck des Heizraums verdichtet, wobei er sich abhängig vom Kompressionsverhältnis und vom Verdichterwirkungsgrad merklich überhitzt.

Sofern die Überhitzung 20–30 K nicht überschreitet, wird der verdichtete Dampf direkt auf der Heizseite kondensiert. Bei hohen Überhitzungen des verdichteten Dampfes wird

Abb. 16.3 Prinzip der Brüdenverdichtung im T-s-Diagramm

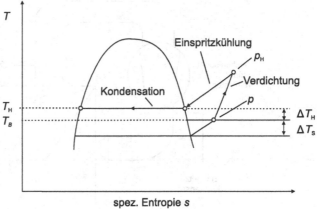

Abb. 16.4 Dampfstrahlverdichter und seine Verwendung als Brüdenkompressor. Dampfstrahlverdichter: *1* Kopf, *2* Laval-Düse, *3* Konfusor, *4* engster Querschnitt, *5* Diffusor, p_0 Saugdruck,
p_1 Dampfdruck, p Enddruck.

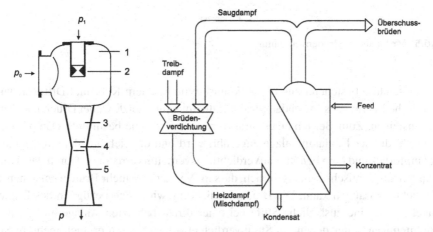

dieser vor Verwendung als Heizmedium z. B. durch Einspritzen von Kondensat isobar etwa auf Sättigungstemperatur gekühlt. Somit lassen sich mögliche Produktschädigungen
durch Übertemperaturen verhindern. Man unterscheidet zwei Arten der Brüdenverdichtung: thermische und mechanische Brüdenverdichtung[1]. Zur thermischen Brüdenverdichtung werden Dampfstrahl-Verdichter eingesetzt. In Abb. 16.4 ist die Bauweise eines solchen Apparats und seine Verwendung als Brüdenverdichter dargestellt.

Der Treibdampf wird in einer Treibdüse auf Überschallgeschwindigkeit beschleunigt.
Der dabei entstehende Unterdruck saugt Brüden in den Ansaugstutzen. In der anschlie-

---

[1] vgl. Broschüren zur Eindampftechnik der Firma GEA Wiegand GmbH, Ettlingen.

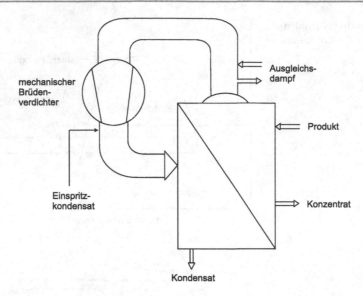

Abb. 16.5 Mechanische Brüdenverdichtung

ßenden Mischdüse bestehend aus Einlaufkonus, zylindrischem Rohr und Diffusor, wird die kinetische Energie des Mischdampfes in Enthalpie umgesetzt, wobei Druck und Temperatur ansteigen. Zum Betrieb eines Strahlverdichters ist eine bestimmte Dampfmenge erforderlich, die der Eindampfanlage zugeführt wird und die sich aus dem verfügbaren Treibdampfdruck und dem benötigten Verdichtungsverhältnis errechnet. Durch den Treibdampfanteil am Gemischstrom ergibt sich, dass im Verdampfer mehr Brüden entstehen als der Verdichter ansaugen kann. Die Brüdenverdichtung wirkt sich bezüglich des Dampfverbrauches wie eine zusätzliche Stufe bei einer direkt beheizten Anlage aus. Je nach den Bedingungen, unter denen ein Strahlverdichter arbeitet, kann er auch mehrere Stufen ersetzen. Die Kondensationswärme der letzten Stufe bzw. des Überschussbrüdens in Abb. 16.4 bei einstufigem Betrieb muss über Kühlwasser abgeführt werden und entspricht in erster Näherung der eingesetzten Treibdampfenergie.

Eindampfanlagen, die mit mechanischer Brüdenverdichtung ausgerüstet sind, können mit besonders geringem Energieeinsatz betrieben werden. Während ein Strahlverdichter immer nur einen Teil der Brüden verdichten kann und die Energie des Treibdampfes als Restwärme über das Kühlwasser abgeführt werden muss, wird bei der mechanischen Verdichtung die gesamte Brüdenmenge erfasst und auf einen höheren Kondensationsdruck gebracht, wie in Abb. 16.5 prinzipiell dargestellt. Um die Energiebilanz des Verdampfens zu schließen und somit konstante Betriebsbedingungen zu gewährleisten, sind in der Regel geringe Mengen Überschusswärme abzuführen oder bei Energiedefizit kleine Mengen Ausgleichsdampf einzuspeisen.

Wegen der einfachen und wartungsfreundlichen Bauweise verwendet man für Eindampfanlagen heute vorzugsweise einstufige Radialverdichter in der Bauweise als Hochdruckventilatoren. Sind größere Druckerhöhungen erforderlich, wählt man ggfs. 2 Ventilatoren in Serienschaltung oder eine mehrstufige Ausführung. Wo noch höhere Kompressionsverhältnisse verlangt werden (z. B. bei Produkten mit stärkerer Siedepunkterhöhung) werden die komplizierteren und entsprechend teureren Turboverdichter eingesetzt.

16.2 Destillation

Zum Destillieren benötigen wir, wie Abb. 16.6 zeigt, einen Verdampfer und einen Kühler, in dem der aus dem Verdampfer abziehende, an leichter flüchtigen Bestandteilen angereicherte Dampf kondensiert wird. Hinter dem Kühler strömt das Destillat einem oder mehreren, zeitlich nacheinander zuschaltbaren Auffanggefäßen zu. Dem Verdampfer – auch Destillierblase genannt – wird Wärme zugeführt, die der kondensierende Dampf dann im Kühler wieder abgibt.

In der in Abb. 16.6 gezeigten Anordnung wird die Destillieranlage absatzweise betrieben, d. h. der Verdampfer wird einmal gefüllt und das in ihm befindliche Gemisch wird im Laufe der Destillation an leichter siedenden Bestandteilen abgereichert. Der zuerst aus dem Verdampfer aufsteigende Dampf hat den höchsten Anteil an leichter flüchtigen Komponenten, deren Konzentration im Destillat dann mit der Zeit abnimmt.

Mengen und Konzentrationsverlauf im Verdampfer und im Destillatauffanggefäß können wir mit dem Erhaltungssatz der Masse, angewandt auf das gesamte Gemisch und auf dessen Komponenten, sowie über die Gleichgewichtsbedingungen beschreiben. Der Einfachheit halber wollen wir ein binäres Gemisch voraussetzen. Flüssigkeit und Dampf in der Destillierblase befinden sich in thermodynamischem Gleichgewicht und die Flüssigkeit sei homogen durchmischt auf Sättigungstemperatur. Wir betrachten die leichter siedende Komponente 1 mit den während des Destillierens jeweils momentanen Molenbrüchen x_1 in der Flüssigkeit und y_1 im Dampf des Verdampfers und erhalten als Mengenbilanz

$$d(x_1 N^L) = y_1 dN^D = y_1 dN^L , \qquad (16.17)$$

Abb. 16.6 Unstetige offene Destillation. a Verdampfer; b Kondensator; c Destillatauffanggefäße

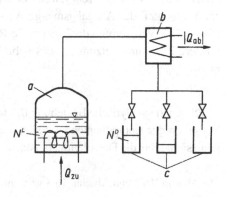

wobei N^L für die zu jedem Zeitpunkt im Verdampfer vorhandene gesamte Flüssigkeits-menge (Komponenten 1 und 2) und N^D für die gebildete Dampfmenge bzw. das Destillat stehen[2]. Den gleichen Ansatz könnten wir auch für die schwerer siedende Komponente 2 machen, der uns aber keine neue Information brächte, da stets $x_1 + x_2 = 1$ und $y_1 + y_2 = 1$ gilt. Da wir deshalb unsere Betrachtung auf die eine Komponente beschränken, können wir den Index 1 weglassen.

Mit der Bedingung, dass vor Beginn des Destillierens sich die Gemischmenge N_a^L mit dem Molenbruch x_a an leichter Siedendem im Verdampfer befinde, können wir Gl. 16.17 integrieren und erhalten

$$\int_{N_a^L}^{N^L} \frac{dN^L}{N^L} = \int_{x_a}^{x} \frac{dx}{y - x} \ . \tag{16.18}$$

Gl. 16.18 lässt sich nur in Sonderfällen geschlossen integrieren, nämlich dann, wenn $y(x)$ analytisch gegeben ist. Bei einigen Gemischen, wie Benzol-Toluol bei Drücken zwischen 1 bar und 10 bar, ist die relative Flüchtigkeit,

$$\alpha = \frac{y_1 \, x_2}{x_1 \, y_2} \tag{16.19}$$

eine vom Molenbruch unabhängige Konstante. Dann ist die Funktion $y(x)$ gegeben durch

$$y = \frac{\alpha x}{1 + (\alpha - 1)x} \tag{16.20}$$

und Gl. 16.18 kann geschlossen integriert werden. Man findet

$$\frac{N^L}{N_a^L} = \left(\frac{x}{x_a} \right)^{\frac{1}{\alpha - 1}} \left(\frac{1 - x_a}{1 - x} \right)^{\frac{\alpha}{\alpha - 1}} \ . \tag{16.21}$$

Wir erhalten damit den Zusammenhang zwischen der im Verdampfer verbliebenen Ge-mischmenge N^L und ihrem jeweiligen Molenbruch x. Die Gleichung gibt auch an, welchen Bruchteil der Ausgangsmenge N_a^L von der Zusammensetzung x_a man in der De-stillierblase verdampfen darf, damit die Restflüssigkeit die Zusammensetzung x hat. Die mittlere Zusammensetzung x_D des gebildeten Destillats erhalten wir über eine Mengen-bilanz

$$N_a^L \, x_a = N^L \, x + (N_a^L - N^L)x_D \ .$$

Ohne jede analytische Beziehung für das Phasengleichgewicht und für beliebiges reales Verhalten der Komponenten lässt sich die Destillation im h,ξ-Diagramm verfolgen. Man kann sich dabei die Destillation, bei der sich ja die Zusammensetzung der Flüssigkeit stetig

---

[2] In Abschn. 16.2 und Abschn. 16.3 verwenden wir den Index D (D = Dampf) anstelle G für die Gasphase

Abb. 16.7 Destillation im
h, ξ-Diagramm

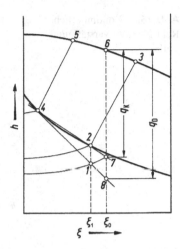

ändert, als eine Reihe nacheinander folgender differentieller Ausdampfvorgänge vorstel-
len. Nehmen wir an, die Flüssigkeit habe vor der Destillation die Zusammensetzung ξ_1
und sie werde unterkühlt mit der Temperatur t_1 in die Destillierblase gebracht, so brauchen wir nur die Endzusammensetzung ξ_4 der Flüssigkeit – d. h. am Ende der Destillation
– und die mittlere Zusammensetzung $\xi_6 = \xi_D$ des angefallenen Destillats in das h, ξ-
Diagramm einzutragen, um mit Hilfe der bereits in Kap. 4 diskutierten Darstellung den
Wärmeumsatz in Blase und Kühler der Destillieranlage ablesen zu können. In Abb. 16.7
ist q_D die in der Destillierblase je kg gewonnenen Destillats zuzuführende Wärme und
q_K die ebenfalls auf das Destillat bezogene Wärme, die im Kühler abzuführen ist. Beide
Wärmen sind nicht gleich, da die Restflüssigkeit in der Blase aufgeheizt werden muss-
te, das Gemisch Mischungsenthalpie aufweist und die in die Destillierblase eingesetzte
Flüssigkeit erst auf Siedetemperatur erwärmt werden musste.

16.3   Rektifikation

Die maximal mögliche Anreicherung an der leichter siedenden Komponente ist bei der
Destillation durch das Phasengleichgewicht des Gemisches zu Destillationsbeginn festgelegt. Wollte man im Destillierverfahren zu höheren Anreicherungen kommen, so müsste
man in einer zweiten Destillierstufe das Destillat teilweise nochmals verdampfen und so
fort. Dieses Vorgehen wäre hinsichtlich seines Apparate- und Energiebedarfes sehr auf-
wändig.

   Obwohl es nahe lag, ein Verfahren zu entwickeln, das höhere Anreicherungen bei
wenig apparativem Aufwand und hoher Wirtschaftlichkeit ermöglicht, wurde die Rektifikation, die diese Bedingungen erfüllt, erst spät in die moderne Technik eingeführt.
Während das Destillieren in Griechenland schon im dritten Jahrhundert nach Christus
bekannt war, stammen die ersten Hinweise auf Rektifiziereinrichtungen aus dem Jahre

Abb. 16.8 Kontinuierliche
Rektifikation. Verstärkungssäule

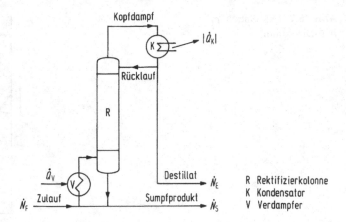

1817[3]. Der Grundvorgang des Rektifizierens besteht darin, dass der beim Sieden eines Mehrstoffgemisches erzeugte Dampf im Gegenstrom zu dem Kondensat geführt wird und beide Ströme in Wärme- und Stoffaustausch stehen. Dabei reichern sich leichter siedende Komponenten im Dampf an, und in der Flüssigkeit erhöht sich die Konzentration an schwerer siedenden Bestandteilen.

Das prinzipielle Schaltbild einer solchen Rektifiziereinrichtung zeigt Abb. 16.8. Das zu trennende Flüssigkeitsgemisch $\dot{N}_F$ – Feed genannt – wird einem Verdampfer V – der Destillierblase – zugeführt, und der durch Wärmezufuhr $\dot{Q}_V$ erzeugte Dampf strömt in der Rektifiziersäule R nach oben. Nach Verlassen der Rektifiziersäule gelangt der Dampf in einen Kühler K, in dem er durch Wärmeentzug $\dot{Q}_K$ vollständig kondensiert. Ein Teil des Kondensates wird der Rektifiziersäule am oberen Ende als Rücklauf wieder zugeleitet und läuft im Gegenstrom unter Wärme- und Stoffaustausch mit dem aufsteigenden Dampf zurück in die Destillierblase. Der Rest des Kondensats – Destillat genannt – wird als Produktstrom $\dot{N}_E$ entnommen. Zur Aufrechterhaltung einer konstanten Zusammensetzung der Destillierblase muss ständig ein weiterer Mengenstrom $\dot{N}_S$ aus ihrem Sumpf abgezogen werden.

Will man nur die leichter siedende Komponente eines Zweistoffgemisches anreichern, so genügt es, das zu trennende Gemisch in der Destillierblase zuzugeben. Häufig will man aber auch die schwerer siedende Komponente möglichst rein darstellen. Deshalb wird bei technischen Einrichtungen das Gemisch nicht in der Destillierblase, sondern in einer bestimmten Höhe der Rektifiziersäule der rücklaufenden Flüssigkeit zugemischt, Abb. 16.9. Die Zugabestelle lässt sich aus der gewünschten Produktqualität, dem Verhältnis von Produktstrom und Rücklaufstrom und der Zusammensetzung des Zulaufes ermitteln.

Der Wärme- und Stoffaustausch zwischen Dampf und Flüssigkeit in der Rektifiziersäule ist um so besser, je intensiver man beide Phasen vermischt und je größere Phasengrenzflächen man erzeugen kann. Hierfür gibt es verschiedene konstruktive und strömungs-

[3] Siehe hierzu: von Rechenberg, C.: Einfache und fraktionierte Destillation. Militz b. Leipzig: Schimmel 1923, S. 655–660.

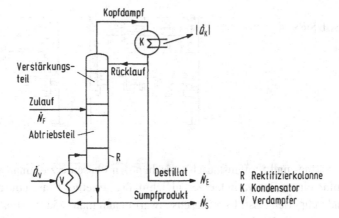

Abb. 16.9 Kontinuierliche Rektifikation

technische Möglichkeiten. Die einfachste ist die, die Flüssigkeit an einem oder mehreren vertikalen Rohren in einem dünnen Film herabrieseln und den Dampf im Gegenstrom nach oben steigen zu lassen. Wesentlich großflächiger und besser durchmischt wird die Flüssigkeit, wenn man die Säule mit einer Vielzahl kleiner Metall-, Kunststoff- oder Keramikstückchen – sogenannter Füllkörper – füllt, welche die Flüssigkeit auf ihrem Weg nach unten umströmt, wobei genügend Lücken bleiben müssen, damit der Dampf ohne zu großen Druckabfall und ohne Flüssigkeitsteilchen mitzureißen nach oben strömen kann. Beispiele für solche Füllkörper zeigt Abb. 16.10. Längs der Rieselfilm- und der Füllkörpersäule erfolgt der Rektifiziervorgang stetig.

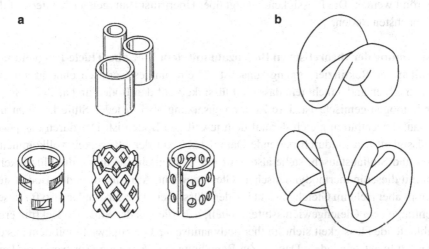

Abb. 16.10 Füllkörper **a** Raschigringe, **b** Sattelkörper

Abb. 16.11 Schema eines
a Glockenbodens, b Siebbo-
dens

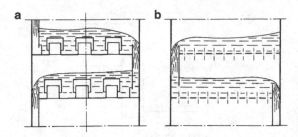

Sehr guten Wärme- und Stoffaustausch zwischen den Phasen erzielt man auch, wenn man den Dampf in einem Schwarm kleiner, gleichmäßig verteilter Blasen durch ein Flüssigkeitsbad hindurchperlen lässt. Den Blasenschwarm kann man, wie in Abb. 16.11 skizziert, mit Hilfe einer mit Löchern versehenen Platte – einem sogenannten Siebboden – erzeugen, über der die Flüssigkeit steht. Sie muss durch den Staudruck des durch die Löcher strömenden Dampfes auf dem Boden gehalten werden. Bei stark wechselnden Dampfmengen ist dies manchmal schwierig und man verwendet deshalb als Übertrittsöffnungen glockenförmige Konstruktionen, wie ebenfalls in Abb. 16.11 an einem Beispiel gezeigt, die syphonartige Wirkung haben und damit die Flüssigkeit am Durchregnen hindern, auch wenn die Dampfströmung zeitlich oder örtlich geringer wird. Schließlich kann man noch mit Rückschlagventilen versehene Überströmöffnungen vorsehen. Aus Gründen der Strömungstechnik und des Stoffaustausches ist die Flüssigkeitsschicht über dem Sieb- oder Glockenboden nur wenige Zentimeter hoch, was aber ausreicht, um nahezu thermodynamisches Gleichgewicht zwischen dem Dampf und der Flüssigkeit auf dem Boden zu erzielen. Für eine starke Anreicherung und möglichst reine Darstellung der Komponenten ist es aber nötig, eine Vielzahl solcher Böden übereinander anzuordnen, die nacheinander durchströmt werden. Die Flüssigkeit gelangt über Übertrittsöffnungen nach unten auf den jeweils nächsten Boden.

a) Bestimmung der theoretischen Bodenzahl mit dem McCabe-Thiele-Diagramm
Wir wollen den Rektifiziervorgang zunächst für ein binäres Gemisch ohne azeotropen Punkt betrachten und annehmen, dass die Flüssigkeit auf den Böden und auch im Sumpf immer homogen gemischt ist, ihre Zusammensetzung also in jeder Stufe konstant und die Ablaufkonzentration gleich der auf dem jeweiligen Boden ist. Der durch das jeweilige Flüssigkeitsbad hindurch perlende Dampf habe mit der Flüssigkeit vollkommenen Wärme- und Stoffaustausch, stehe also am Ende des Durchtritts durch die Flüssigkeitsschicht mit dieser in thermodynamischem Gleichgewicht. Am Eintritt in den Boden steht der Dampf aber nicht im Gleichgewicht mit der Flüssigkeit. Wir verwenden also für unsere Betrachtungen ein Gleichgewichtsstufenmodell, d. h. die aus der Stufe (= Rektifizierboden) ablaufende Flüssigkeit steht im thermodynamischen Gleichgewicht mit dem aus der gleichen Stufe aufsteigendem Dampf. Zur Berechnung des Konzentrationsverlaufes längs der Rektifiziersäule benötigt man die Erhaltungssätze für Masse und Energie, die aussagen, dass bei stationärem Betrieb die Summen der zu- und ablaufenden Mengen- und

Abb. 16.12 Verstärkungsteil einer Rektifiziersäule

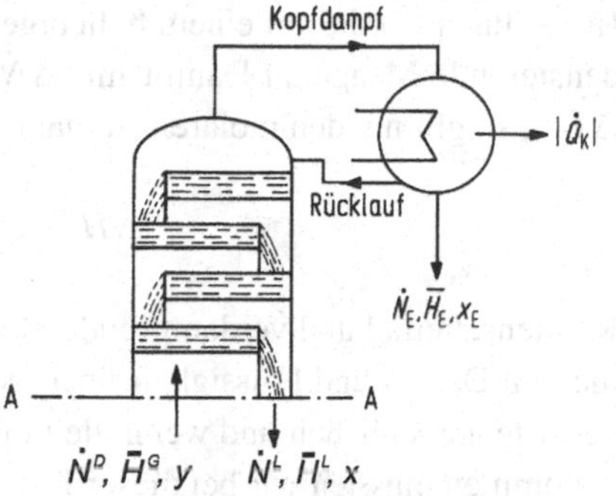

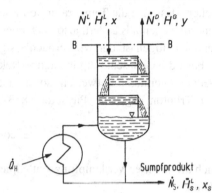

Abb. 16.13 Abtriebsteil einer Rektifiziersäule

Energieströme in jedem Abschnitt der Säule null sein müssen. Dabei wollen wir voraussetzen, dass die Wand der Rektifiziersäule gegen die Umgebung vollkommen isoliert sei. Die Systemgrenzen legen wir so fest, dass sie einmal das obere Ende der in Abb. 16.9 dargestellten Säule einschließlich des Kondensators bis herab zu einem Querschnitt A–A oberhalb des Zulaufs umfassen. Diesen Abschnitt des Verstärkungsteils der Säule zeigt Abb. 16.12. Entsprechend zeigt Abb. 16.13 einen Ausschnitt aus dem Abtriebsteil der Säule. Er erstreckt sich von einem Querschnitt B–B unterhalb des Zulaufs der in Abb. 16.9 gezeigten Säule bis zum Sumpf und Verdampfer.

Es gelten folgende Bilanzgleichungen: für den Verstärkungsteil, Abb. 16.12,

$$\dot{N}^D = \dot{N}^L + \dot{N}_E \quad \text{(gesamte Stoffmenge)} , \tag{16.22}$$

$$\dot{N}^D y = \dot{N}^L x + \dot{N}_E x_E \quad \text{(leichter flüchtige Komponente)} , \tag{16.23}$$

$$\dot{N}^D \bar{H}^G = \dot{N}^L \bar{H}^L + \dot{N}_E \bar{H}_E^L + |\dot{Q}_K| \quad \text{(Energie)} \tag{16.24}$$

und für den Abtriebsteil, Abb. 16.13,

$$\dot{N}^L = \dot{N}^D + \dot{N}_S \quad \text{(gesamte Stoffmenge)} , \tag{16.25}$$

$$\dot{N}^L x = \dot{N}^D y + \dot{N}_S x_S \quad \text{(leichter flüchtige Komponente)} , \tag{16.26}$$

$$\dot{N}^L \bar{H}^L + \dot{Q}_H = \dot{N}^D \bar{H}^G + \dot{N}_S \bar{H}_S^L \quad \text{(Energie)} . \tag{16.27}$$

Bezeichnen wir die auf einem beliebigen Boden der Säule durch Wärmeübertragung kondensierende Menge an Dampf mit $\Delta \dot{N}^D$ und die verdampfte Menge an Flüssigkeit mit $\Delta \dot{N}^L$, so gilt mit den molaren Verdampfungsenthalpien $\Delta \bar{H}^D$ und $\Delta \bar{H}^L$

$$\Delta \bar{H}^D \Delta \dot{N}^D = \Delta \bar{H}^L \Delta \dot{N}^L .$$

Kondensatanfall und verdampfende Menge sind also gleich groß und damit die Stoffströme von Dampf und Flüssigkeit über jeden einzelnen Boden konstant, wenn wir Wärmeverluste ausschließen und wenn die molaren Verdampfungsenthalpien gleich sind. Streng genommen müssten wir bei dieser Energiebilanz über die beiden Phasen auch in Betracht ziehen, dass sich die Temperatur von Flüssigkeit und Dampf wegen der Konzentrationsänderung ebenfalls ändert, also auch noch ein Anteil an Änderung der inneren Energie zu berücksichtigen ist, den wir vernachlässigt haben.

Falls die Gemischkomponenten in Rektifiziersäulen nur geringe Unterschiede in ihren Siedetemperaturen aufweisen, so unterscheiden sich aufgrund der Troutonschen Regel (F.T. Trouton, englischer Physiker, 1863–1922)

$$\Delta \bar{S} \simeq \text{const} \simeq 88\,\text{J/mol K}$$

auch die molaren Verdampfungsenthalpien nicht wesentlich. Trifft man demnach die Annahme

$$\Delta \bar{H}_{v1} \approx \Delta \bar{H}_{v2} \approx \text{const} \tag{16.28}$$

gleich großer molarer Verdampfungsenthalpien der Komponenten, so ergeben sich längs der ganzen Säule äquimolare Stoffströme.

Die Molenströme von Flüssigkeit und Dampf bleiben längs der Säule zeitlich und örtlich konstant, da sich auch die zu- und abgeführten Mengenströme im stationären Betrieb nicht ändern. Die Gl. 16.23 liefert damit einen linearen Zusammenhang zwischen dem Molenbruch y und dem Molenbruch x in irgendeinem Querschnitt zwischen zwei Böden des Verstärkungsteils

$$y = \frac{\dot{N}^L}{\dot{N}^D} x + \frac{\dot{N}_E}{\dot{N}^D} x_E . \tag{16.29}$$

Dies ist die Gleichung der Verstärkungsgeraden. Man bezeichnet das Verhältnis von rücklaufender Flüssigkeitsmenge $\dot{N}^L$ zur entnommenen Destillatmenge $\dot{N}_E$ als Rücklaufverhältnis

$$v = \frac{\dot{N}^L}{\dot{N}_E} . \tag{16.30}$$

Es gibt an, wieviel Flüssigkeit in der Kolonne je Molmenge des Erzeugnisses für den Rücklauf aufgewendet wird. Unter Beachtung der Mengenbilanz Gl. 16.22 kann man die Gl. 16.29 der Verstärkungsgeraden auch schreiben

$$y = \frac{v}{v+1} x + \frac{1}{v+1} x_E . \tag{16.31}$$

Abb. 16.14 McCabe-Thiele-Diagramm. Konstruktion des Rektifizierverlaufs mit Verstärkungs- und Abtriebsgerade

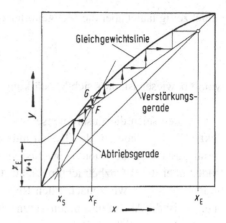

Die Verstärkungsgerade liegt im y,x-Diagramm, dem sogenannten McCabe-Thiele-Diagramm, durch Angabe zweier Punkte fest. Der Ordinatenabschnitt ist gegeben durch

$$x = 0 : \quad y = \frac{1}{v+1} x_E$$

und für $y = x_E$ ist $y = x$; die Verstärkungsgerade schneidet also die Diagonale des McCabe-Thiele-Diagramms bei dem Molenbruch x_E des Erzeugnisses, Abb. 16.14. In ähnlicher Weise erhält man aus Gl. 16.26 die Gleichung der „Abtriebsgeraden":

$$y = \frac{\dot{N}^L}{\dot{N}^D} x - \frac{\dot{N}_S}{\dot{N}^D} x_S \ . \tag{16.32}$$

Sie schneidet die Diagonale im McCabe-Thiele-Diagramm im Punkt $x = x_S = y$; denn, setzt man $x = x_S$, so erhält man wegen $\dot{N}^L = \dot{N}^D + \dot{N}_S$ gerade $y = x_S$.

Verstärkungs- und Abtriebsgerade schneiden sich im Punkt F mit der Abszisse x_F, da der Zulauf sowohl zum Verstärkungs- als auch zum Abtriebsteil der Säule gehört. Den gemeinsamen Schnittpunkt F findet man rechnerisch dadurch, dass man die Verstärkungsgerade Gl. 16.29 und die Abtriebsgerade Gl. 16.32 zum Schnitt bringt. Dabei ist zu beachten, dass die im Abtriebsteil der Säule herabströmende Flüssigkeit gleich der im Verstärkungsteil und der über den Zulauf zugeführten Flüssigkeit $\dot{N}_F$ ist. Die rücklaufenden Flüssigkeitsmengen $\dot{N}^L$ in Gl. 16.29 und Gl. 16.32 sind daher nicht gleich, sondern $\dot{N}^L$ in Gl. 16.32 ist um $\dot{N}_F$ größer als in Gl. 16.29. Beachtet man dieses und setzt die beiden Beziehungen gleich, so folgt

$$\frac{\dot{N}^L}{\dot{N}^D} x + \frac{\dot{N}_E}{\dot{N}^D} x_E = \frac{\dot{N}^L + \dot{N}_F}{\dot{N}^D} x - \frac{\dot{N}_S}{\dot{N}^D} x_S \ .$$

Daraus erhält man

$$\dot{N}_F x = \dot{N}_E x_E + \dot{N}_S x_S \ .$$

Gleichzeitig lautet aber die Mengenbilanz für die leichter flüchtige Komponente

$$\dot{N}_F x_F = \dot{N}_E x_E + \dot{N}_S x_S \,,$$

womit bewiesen ist, dass sich Verstärkungs- und Abtriebsgerade im Punkt $x = x_F$ schneiden.

Gegeben seien die Zusammensetzungen von Zulauf sowie von Sumpf- und Kopfprodukt. Alle Zustände auf den Böden müssen, vollkommener Wärme- und Stoffaustausch vorausgesetzt, auf der Gleichgewichtslinie liegen, während wir die Zustände zwischen den Böden über die Bilanzbetrachtungen aus Gl. 16.31 und Gl. 16.32 auf den Bilanzgeraden finden. Verfolgen wir zunächst den Rektifiziervorgang von dem Zulauf ausgehend nach oben, so ist die Ablaufzusammensetzung der Flüssigkeit aus dem über der Zulaufstelle liegenden Boden gleich der Zusammensetzung des Zulaufs, und der aus diesem Boden nach oben abziehende Dampf steht damit mit dem Zulauf im Gleichgewicht, d. h. sein Zustandspunkt findet sich senkrecht über der Zulaufzusammensetzung auf der Gleichgewichtslinie. Die Ablaufzusammensetzung des darüber liegenden Bodens erhalten wir mit Hilfe der Bilanzüberlegungen, wobei wir die Bilanzgrenze zwischen diese beiden Böden legen. Die Dampfzusammensetzung in diesem dazwischen liegenden Raum ist gleich der Gleichgewichtszusammensetzung des Dampfes im darunter liegenden Boden, und die Flüssigkeitszusammensetzung ergibt sich dann in einfacher Weise dadurch, dass wir von Punkt G eine waagerechte Linie bis zum Schnittpunkt mit der Verstärkungsgeraden ziehen. Der aus diesem zweiten Boden aufsteigende Dampf ist im Gleichgewicht mit der Flüssigkeit des Bodens, d. h. sein Zustandspunkt liegt wieder senkrecht über der soeben ermittelten Flüssigkeitszusammensetzung auf der Gleichgewichtslinie. Diese Stufenkonstruktion können wir bis zum Erreichen der gewünschten Qualität des Kopfproduktes fortsetzen, sie vermittelt uns dann die Zahl der im Verstärkungteil der Rektifiziersäule notwendigen Böden. In ganz analoger Weise erfolgt die Stufenkonstruktion für die Abtriebssäule.

Wir wollen dabei voraussetzen, dass an der Zugabestelle der Zulauf und die aus dem oberen Teil der Kolonne dem Boden zuströmende Flüssigkeit gleiche Zusammensetzung haben und dass sich der Zulauf auf Sättigungstemperatur befindet. Wäre dies nicht der Fall, so müsste z. B. bei tieferer Temperatur der Zulauf erst auf Siedetemperatur erwärmt werden, wozu eine gewisse Wärme nötig ist, die durch Kondensieren einer entsprechenden Dampfmenge auf dem Zulaufboden geliefert wird. Der Rücklauf in der Abtriebssäule erhöht sich dann zusätzlich um diese Kondensatmenge.

Die vom Boden oberhalb der Zulaufstelle ablaufende Flüssigkeit hat bereits die Zusammensetzung x_F des Zulaufs und wird dem Boden unterhalb des Zulaufs zugeführt. Dieser ist zugleich der oberste Boden des Abtriebsteils der Säule. Der auf ihm gebildete Dampf ist mit der Flüssigkeit der Zusammensetzung x_F im Gleichgewicht. Wir finden die Zusammensetzung dieses Dampfes als Schnittpunkt der Waagerechten durch den Punkt F in Abb. 16.14 mit der Gleichgewichtslinie. Der Zustand im Zwischenraum unterhalb des Zugabebodens liegt dann wieder auf der Abtriebsgeraden senkrecht unter diesem Punkt. Damit lässt sich die Stufenkonstruktion bis zum Erreichen der gewünschten Sumpfzusammensetzung fortsetzen und daraus die Zahl der benötigten theoretischen Böden ermitteln.

In Wirklichkeit stehen der von einem Boden aufsteigende Dampf und die von ihm abfließende Flüssigkeit nicht im Gleichgewicht, d. h. die Zustandspunkte auf den Böden liegen je nach Vollkommenheit des Wärme- und Stoffaustausches mehr oder weniger unterhalb der Gleichgewichtslinie. Das Verhältnis der tatsächlichen Anreicherung der leichter flüchtigen Komponente im Dampf beim Durchströmen des Bodens und der Anreicherung, die bei vollkommenem Wärme- und Stoffaustausch auf einem theoretischen Boden erreicht würde, nennt man Verstärkungsverhältnis.

Schneiden sich Verstärkungs- und Abtriebsgerade auf oder oberhalb der Gleichgewichtslinie, so können die vorgegebenen Zusammensetzungen von Sumpf- und Kopfprodukt nicht mehr erreicht werden. Liegt der Schnittpunkt auf der Gleichgewichtslinie, so wäre eine unendlich große Stufenzahl erforderlich. Es ist dann notwendig, die Rücklaufmenge auf Kosten der Produktentnahme zu vergrößern, um die Funktionsfähigkeit der Trennsäule wieder herzustellen.

Um die Verstärkungs- und Abtriebsgerade gerade auf der Gleichgewichtslinie zum Schnitt zu bringen, verkleinern wir das Rücklaufverhältnis v, so dass der Ordinatenabschnitt $x_E/(v + 1)$ in Abb. 16.14 größer wird, bis der Punkt F mit dem Punkt G zusammenfällt. Das Rücklaufverhältnis v erreicht dann einen Mindestwert $v_{\min}$, die zugehörige Stufenzahl ist unendlich groß. Das Mindestrücklaufverhältnis ergibt sich aus Gl. 16.31, wenn man dort $x = x_F$ und $y = y_F$ setzt, zu

$$v = v_{\min} = \frac{x_E - y_F}{y_F - x_F} \ . \tag{16.33}$$

b) Bestimmung der theoretischen Bodenzahl mit dem Enthalpie-Konzentrationsdiagramm

Die Auslegung einer Rektifizierkolonne mit Hilfe des McCabe-Thiele-Diagrammes ist keineswegs auf ideale Gemische beschränkt. Bei Vorliegen eines azeotropen Punktes ergibt sich lediglich die bereits aus der Destillation bekannte Tatsache, dass die Grenzzusammensetzung des Sumpf- oder Kopfproduktes die des azeotropen Gemisches ist.

Wesentlich einschränkender bei der Behandlung im McCabe-Thiele-Diagramm sind die Annahmen des äquimolaren Stoffaustausches, d. h. dass die molaren Verdampfungsenthalpien beider Komponenten etwa gleich sind, die Änderung der Sättigungsenthalpie von Flüssigkeit und Dampf jeder Komponente längs der Säule vernachlässigt werden kann und keine Mischungsenthalpie vorhanden ist. Will oder muss man auf diese vereinfachenden Annahmen verzichten, so bietet sich für die Darstellung des Rektifiziervorganges das Enthalpie-Konzentrationsdiagramm an. Aus diesem lassen sich auch sofort die zu- und abzuführenden Wärmen, die Enthalpien und die Temperaturen von Dampf und Flüssigkeit ablesen.

Wir wollen zunächst die Vorgänge in der Verstärkungssäule mit Hilfe des h, ξ-Diagrammes darstellen, wobei wir wieder stationäre Verhältnisse und keine Wärmeverluste der Säule an die Umgebung voraussetzen. Weiterhin wollen wir annehmen, dass der Stoffaustausch auf den Böden vollkommen und die Bodenflüssigkeit homogen vermischt ist (Gleichgewichtsmodell).

Abb. 16.15 Rektifikation im
Verstärkungsteil einer Kolonne

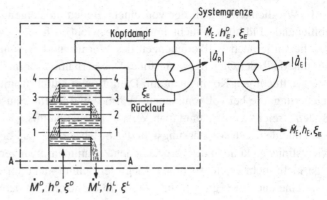

Zur Vereinfachung der Betrachtung und zum Zwecke des besseren Verständnisses wollen wir den Kühler am oberen Ende der Säule, wie in Abb. 16.15 gezeichnet, in zwei Bereiche unterteilen, wobei im ersten nur die Dampfmenge kondensiert, die als Rücklauf der Kolonne wieder zuströmt. Die darin abzuführende Wärme sei mit $\dot{Q}_R$ bezeichnet. Der entnommene Produktstrom $\dot{M}_E$ wird im zweiten Teil des Kühlers kondensiert und eventuell unterkühlt. Der Rücklauf fließe der Säule mit Sättigungstemperatur zu. Zur Aufstellung der Bilanzbeziehungen legen wir die Systemgrenze zwischen die beiden Kühler, wie in Abb. 16.15 gezeigt. In das Bilanzgebiet tritt der Massen- und Energiestrom des aus dem unteren Teil der Säule aufsteigenden Dampfes ein und als austretende Ströme sind die herabströmende Flüssigkeit $\dot{M}^L$, der dampfförmige Produktstrom $\dot{M}_E$ sowie die im ersten Bereich des Kühlers abzuführende Kondensationswärme $\dot{Q}_R$ für den Rücklauf zu betrachten.

Wir können damit in der gewohnten Weise die folgenden Mengen- und Energiebilanzen aufstellen:

$$\dot{M}^D - \dot{M}^L = \dot{M}_E \,, \tag{16.34}$$

$$\dot{M}^D \xi^D - \dot{M}^L \xi^L = \dot{M}_E \xi_E \,, \tag{16.35}$$

$$\dot{M}^D h^D - \dot{M}^L h^L = \dot{M}_E h_E^D + |\dot{Q}_R| \,. \tag{16.36}$$

Durch Umformung und Zusammenfassung der Gln. 16.34 bis 16.36 kann man den in der Kolonne an einer beliebigen Stelle aufsteigenden Dampfstrom $\dot{M}^D$ und den im gleichen Querschnitt herabströmenden Rücklauf $\dot{M}^L$ durch den Entnahmestrom $\dot{M}_E$ und die Zusammensetzungsverhältnisse ausdrücken:

$$\dot{M}^D = \dot{M}_E \frac{\xi_E - \xi^L}{\xi^D - \xi^L} \,, \tag{16.37}$$

$$\dot{M}^L = \dot{M}_E \frac{\xi_E - \xi^D}{\xi^D - \xi^L} \,. \tag{16.38}$$

Abb. 16.16 Konstruktion der Querschnittsgeraden für die Verstärkungssäule

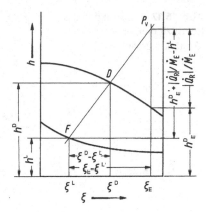

Setzen wir die in Gl. 16.37 und Gl. 16.38 gefundenen Ausdrücke für den Dampfstrom und den Rücklauf in Gl. 16.36 ein, so erhalten wir die Gleichung der sog. Querschnittsgeraden

$$\frac{h_E^D + \frac{|\dot{Q}_R|}{\dot{M}_E} - h^L}{\xi_E - \xi^L} = \frac{h^D - h^L}{\xi^D - \xi^L}. \tag{16.39}$$

Während sich die Massenbrüche ξ^D und ξ^L und die spezifischen Enthalpien h^D und h^L längs der Säule ändern, sind bei stationärem Betrieb die Größen h_E^D, ξ_E und die im Rücklaufkondensator auf die Menge bezogene abgeführte Wärme $\dot{Q}_R/\dot{M}_E$ konstant. Gl. 16.35 besagt damit, wie in Abb. 16.16 verdeutlicht, dass in einem beliebigen Kolonnenquerschnitt die Zustandspunkte für Flüssigkeit (ξ^L, h^L) und Dampf (ξ^D, h^D) sowie der feste Zustandspunkt P_v mit den Koordinaten ξ_E^L und $h_E^D + |\dot{Q}_R|/\dot{M}_E$ auf einer Geraden, der sogenannten Querschnittsgeraden, liegen. Ausgehend von dem festen Pol P_v können wir nun für jeden Kolonnenquerschnitt zwischen jeweils zwei Böden längs der Verstärkungssäule die Querschnittsgerade angeben, wenn uns die Zusammensetzung des aufsteigenden Dampfes oder der herabströmenden Flüssigkeit bekannt ist. Wir erhalten sie aus der Überlegung, dass auf jedem Boden die ablaufenden Ströme beider Phasen jeweils im Gleichgewicht sind. Damit sind wir in der Lage, den Rektifizierprozeß für den Verstärkungsteil der Kolonne im h, ξ-Diagramm zu verfolgen.

Der dem obersten Boden zufließende Rücklauf hat entsprechend Abb. 16.15 die gleiche Zusammensetzung ξ_E wie der Entnahmestrom $\dot{M}_E$ und wie der zum Kondensator aufsteigende Dampf. Die Querschnittsgerade für den Raum über dem obersten Boden ist deshalb die durch den Pol P_V gehende Vertikale $\xi_E = $ const. Die von diesem Boden abfließende Flüssigkeit hat die Zusammensetzung ξ_3^L und steht im Gleichgewicht mit dem die Kolonne verlassenden Dampf, der die Zusammensetzung ξ_E aufweist. Damit finden wir, wie in Abb. 16.17 gezeichnet, den Zustandspunkt F_3 als Schnittpunkt der Siedelinie und der zum Zustand D_4 des aus der Kolonne abziehenden Dampfes gehörenden Gleichgewichtslinie. Den Zustand des aus dem vorletzten Boden aufsteigenden Dampfes erhalten wir dann wieder mit Hilfe der Querschnittsgeraden, wobei in Gl. 16.35 für die

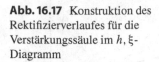

Abb. 16.17 Konstruktion des
Rektifizierverlaufes für die
Verstärkungssäule im h, ξ-
Diagramm

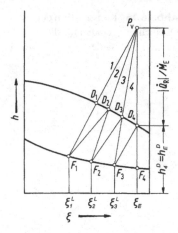

Flüssigkeitszusammensetzung und für die Enthalpie der Flüssigkeit die zu F_3 gehörigen
und aus dem h, ξ-Diagramm ablesbaren Werte einzusetzen sind. Indem man in dieser Weise zwischen der Querschnittsgeraden und der Gleichgewichtslinie fortschreitet, lässt sich
die Stufenkonstruktion über den gesamten Bereich der Verstärkungssäule fortsetzen. Die
Zahl der theoretischen Böden kann man damit aus dem Diagramm ablesen. Wie man aus
Abb. 16.17 sieht, wird sie um so kleiner, je höher der Pol P_V liegt, d. h. je größer die
spezifische Rücklaufwärme $|\dot{Q}_R|/\dot{M}_E$ ist. Aus Abb. 16.17 ist auch zu entnehmen, dass
eine Anreicherung und damit eine Rektifizierwirkung nur dann möglich ist, wenn jede
Querschnittsgerade steiler als die zugehörige Gleichgewichtslinie verläuft. In der Pra-
xis erfolgt die Dampfführung und die Aufteilung des Kühlers in der Regel nicht wie in
Abb. 16.15 gezeigt. Man verwendet vielmehr eine Kondensatorschaltung nach Abb. 16.18.
Im Rücklaufkondensator wird nur ein Teil des Kopfdampfes kondensiert und der Kolon-
ne wieder zugeführt. Einen solchen Teilkondensator nennt man auch Dephlegmator. Der
zum nachgeschalteten Kondensator strömende Dampf ist reicher an der leichter flüchtigen
Komponente, weil die Rektifizierwirkung durch den Dephlegmator verstärkt wird. Der
Zustand des Rücklaufs ist dann nicht gleich dem des Destillats, und im h, ξ-Diagramm,

Abb. 16.18 Verstärkungssäule
mit Dephlegmator

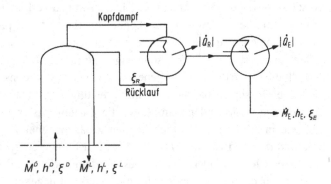

Abb. 16.19 Konstruktion des Rektifizierverlaufes mit Dephlegmator für die Verstärkungssäule im h, ξ-Diagramm

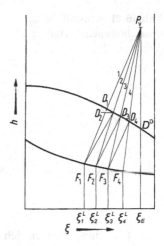

Abb. 16.19, stellt der Unterschied der Zusammensetzungen zwischen den Punkten D_4 und D^D die Anreicherung des Dampfes durch Teilkondensation dar.

Ebenso wie für die Verstärkungssäule lassen sich auch für den Abtriebsteil der Kolonne eine Querschnittsgerade und ein Pol ermitteln. Wir nehmen dabei an, dass das Sumpfprodukt $\dot{M}_S$ im Sättigungszustand aus der Blase – dem unteren Kolonnenende – abgeführt wird. Aus den in Abb. 16.20 skizzierten Mengen- und Energieströmen erhalten wir die drei Bilanzgleichungen für die Gesamtmenge, für den leichter siedenden Anteil und für die Energie:

$$\dot{M}^L - \dot{M}^D = \dot{M}_S \, , \tag{16.40}$$

$$\dot{M}^L \xi^L - \dot{M}^D \xi^D = \dot{M}_S \xi_S^L \, , \tag{16.41}$$

$$\dot{M}^L h^L - \dot{M}^D h^D = \dot{M}_S h_S^L + \dot{Q}_V \, . \tag{16.42}$$

Abb. 16.20 Mengen- und Energiebilanz am unteren Ende der Kolonne

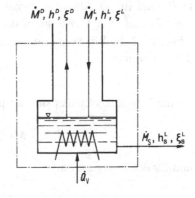

Abb. 16.21 Konstruktion der
Querschnittsgeraden für die
Abtriebssäule

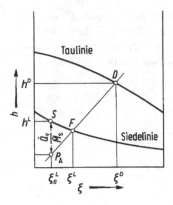

Diese Gleichungen lassen sich zusammenfassen zu der Beziehung für die Querschnittsgerade in der Abtriebssäule

$$\frac{h^D + \frac{\dot{Q}_V}{\dot{M}_S} - h_S^L}{\xi^D - \xi_S^L} = \frac{h^D - h^L}{\xi^D - \xi^L} , \qquad (16.43)$$

die wie die Gleichung der Querschnittsgeraden für die Verstärkungssäule (Gl. 16.39) aufgebaut ist und aus der sich dementsprechend der feste Pol P_A für den Abtriebsteil ergibt.
Wie in Abb. 16.21 gezeigt, liegen für jeden beliebigen Querschnitt der Abtriebskolonne
der Dampfzustand D, der Flüssigkeitszustand F und der Pol P_A auf der Querschnittsgeraden. Der Zustandsverlauf über die Böden lässt sich dann im h,ξ-Diagramm in gleicher
Weise verfolgen wie es für die Verstärkungssäule erläutert wurde, und man kann somit die
theoretische Bodenzahl der Abtriebskolonne bestimmen. Auch für den Abtriebsteil muss
die Querschnittsgerade steiler als die zugehörige Gleichgewichtslinie verlaufen, um eine
Rektifizierwirkung zu ermöglichen.

Schließlich bleibt noch die gegenseitige Lage der beiden Pole für die Verstärkungssäule P_V und für die Abtriebskolonne P_A sowie des Zulaufes F zu bestimmen. Auch dies
kann in einfacher Weise durch Bilanzbetrachtungen erfolgen, wobei wir entsprechend
Abb. 16.22 die Bilanz über die gesamte Kolonne ziehen müssen. Damit ergibt sich für
die Gesamtmenge

$$\dot{M}_F = \dot{M}_E + \dot{M}_S , \qquad (16.44)$$

für die Menge des leichter siedenden Bestandteiles

$$\dot{M}_F \xi_F = \dot{M}_E \xi_E + \dot{M}_S \xi_S^L \qquad (16.45)$$

und für den Energiestrom

$$\dot{M}_F h_F + \dot{Q}_V = \dot{M}_E h_E^D + \dot{M}_S h_S^L + |\dot{Q}_R| . \qquad (16.46)$$

Abb. 16.22 Zur Bilanz über
die gesamte Kolonne

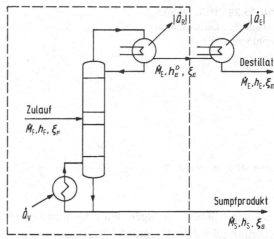

Abb. 16.23 Konstruktion
der Hauptgeraden im h, ξ-
Diagramm

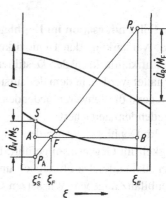

Diese Beziehungen lassen sich wieder wie für den Abtriebs- und Verstärkungsteil zusammenfassen, und man erhält dann die Gleichung für die Hauptgerade

$$\frac{h_E^D - h_F + \frac{|\dot{Q}_R|}{\dot{M}_E}}{h_F - h_S^L + \frac{\dot{Q}_V}{\dot{M}_S}} = \frac{\xi_E - \xi_F}{\xi_F - \xi_F^L}, \tag{16.47}$$

aus der man erkennt, dass wegen der Ähnlichkeit der Dreiecke $P_V\,BF$ und $P_A\,AF$ in Abb. 16.23 im h, ξ-Diagramm die beiden Pole P_V und P_A der Verstärkungs- und der Abtriebskolonne und der Zustandspunkt des Zulaufes F auf einer Geraden liegen, die nichts anderes als eine Mischungsgerade darstellt.

Nach diesen grundlegenden thermodynamischen Betrachtungen des Rektifiziervorganges in der Verstärkungs- und in der Abtriebssäule lässt sich nun der Trennprozess in der

Abb. 16.24 Teilkondensation und Stoffaustausch im Dephlegmator

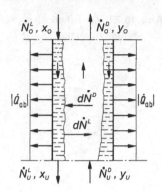

gesamten Kolonne verfolgen. Für eine detailliertere Beschreibung und eingehendere Erläuterung sei auf die Literatur[4,5,6] verwiesen.

c) Teilkondensation im Dephlegmator

Zur Verstärkung der Trennwirkung bei der einfachen, einstufigen Destillation oder der Rektifikation kann der Destillierblase oder der Rektifizierkolonne ein Kühler nachgeschaltet werden, in dem der aufsteigende Dampf teilweise kondensiert. Dabei fallen überwiegend die schwerer siedenden Bestandteile aus, wodurch sich das Destillat an leichter Siedendem anreichert.

Im Dephlegmator werden, wie Abb. 16.24 zeigt, die Stoffströme von Dampf und Flüssigkeit im Gegenstrom geführt. Der Zusammenhang zwischen der Zusammensetzung in der rücklaufenden Flüssigkeit und dem abströmenden Dampf lässt sich durch eine Mengenbilanz angeben. Wir setzen Gleichgewicht zwischen Dampf und Flüssigkeit voraus. Dann ergibt sich als Mengenbilanz an einer beliebigen Stelle des Dephlegmators die einfache Differentialgleichung

$$d(\dot{N}^D y) = x\, d\dot{N}^L \; , \tag{16.48}$$

die man wegen der Annahme äquimolaren Stoffaustausches

$$d\dot{N}^D = d\dot{N}^L$$

auch

$$d(\dot{N}^D y) = x\, d\dot{N}^D \tag{16.49}$$

schreiben kann. Integriert man über den Rückflusskondensator, der nach Abb. 16.24 als senkrechtes Rohr behandelt wird, an dem das Kondensat als Rieselfilm herabströmt, so

---

[4] Grassmann, P., Widmer, F., Sinn, H.: Einführung in die thermische Verfahrenstechnik, 3. Aufl., Berlin: de Gruyter 1997.
[5] Mersmann, A., Kind, M.: Thermische Verfahrenstechnik, Grundlagen und Methoden. Berlin: Springer 1980.
[6] Henley, E.J., Seader, J.D.: Equilibrium-stage separation operations in chemical engineering. New York: Wiley 1981.

lässt sich die Abnahme des Dampfstromes in Abhängigkeit von der Zusammensetzung in Flüssigkeit und Dampf angeben

$$\ln \frac{\dot{N}_O^D}{\dot{N}_U^D} = \int\limits_{x_U}^{x_O} \frac{dy}{x - y} \, . \tag{16.50}$$

In Gl. 16.50 sind als Integrationsgrenzen der Eintritts- und Austrittszustand am unteren bzw. oberen Ende des Dephlegmators eingeführt. Die Lösung von Gl. 16.50 muss in der Regel numerisch erfolgen, wobei die Gleichgewichte zwischen Flüssigkeit und Dampf über eine analytische Beziehung oder auch über das y,x- bzw. h,ξ-Diagramm bekannt sein müssen. Für den Sonderfall eines Gemisches, dessen relative Flüchtigkeit α, Gl. 16.19, konstant ist, lässt sich Gl. 16.50 analytisch lösen. Es ist dann

$$\frac{\dot{N}_O^D}{\dot{N}_U^D} = \left(\frac{x_U}{y_O} \right)^{\frac{\alpha}{\alpha-1}} \left(\frac{1 - y_O}{1 - y_U} \right)^{\frac{1}{\alpha-1}} . \tag{16.51}$$

Aus Gl. 16.51 lässt sich ablesen, um wieviel der Dampfstrom auf seinem Weg durch den Dephlegmator abnimmt. Wie wir bei der Behandlung der Rektifikation in der Verstärkungssäule gesehen haben, interessiert bei Nachschaltung eines Dephlegmators hinter die Rektifiziersäule vor allem auch die Zusammensetzung des Rücklaufes. Die Ablaufzusammensetzung aus dem Dephlegmator kann man aus der Gesamtbilanz

$$(\dot{N}_U^D - \dot{N}_O^D) x_U = \dot{N}_U^D y_U - \dot{N}_O^D y_O \tag{16.52}$$

bestimmen, bei der wir voraussetzen, dass keine Flüssigkeit in den Dephlegmator eintritt $\dot{N}_O^L = 0$. Aus ihr ergibt sich die Zusammensetzung am Ablauf des Dephlegmators zu

$$x_U = \frac{y_U - \frac{\dot{N}_{DO}}{\dot{N}_U^D} y_O}{1 - \frac{\dot{N}_O^D}{\dot{N}_U^D}} \, . \tag{16.53}$$

Für die Darstellung der Trennwirkung durch den Dephlegmator wird häufig das Rücklaufverhältnis v

$$v = \frac{\dot{N}_U^D - \dot{N}_O^D}{\dot{N}_O^D} = \frac{\dot{N}_U^L}{\dot{N}_O^D} \tag{16.54}$$

herangezogen, für das man mit Hilfe von Gl. 16.50 den Ausdruck

$$\ln(v + 1) = \int\limits_{x_U}^{x_O} \frac{dy}{y - x} \tag{16.55}$$

erhält. Dieses Integral kann man unter Verwendung der Gleichgewichtszusammensetzungen x und y von Flüssigkeit und Dampf berechnen. Als Ergebnis erhält man die

Abb. 16.25 Einfluss des
Rücklaufverhältnisses auf die
Anreicherung des Dampfes bei
der Dephlegmation

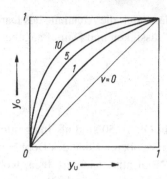

sogenannten theoretischen Verstärkungskurven $y_O = f(y_U)$, welche den Zusammenhang zwischen der Eintrittszusammensetzung y_U des Dampfes und seiner Zusammensetzung y_O am Austritt für ein vorgegebenes Rücklaufverhältnis angeben. Als Beispiel zeigt
Abb. 16.25 qualitativ den typischen Verlauf der theoretischen Verstärkungskurven. Wie
man erkennt, muss bei sehr niedrigen und sehr hohen Konzentrationen an leichter Siedendem im Dampf ein wesentlich höheres Rücklaufverhältnis gewählt werden, um eine
merkliche zusätzliche Trennwirkung zu erzielen als bei mittleren Konzentrationen. Die
Anreicherung des Destillats durch den Dephlegmator geht auf Kosten eines gröeren Wär-
meverbrauchs. Er ist um so gröer, je höher das Rücklaufverhältnis gewählt wird.

Eine eingehende Behandlung der Dephlegmation im Enthalpie-Konzentrationsdiagramm
ist bei Bošnjaković und Knoche[7], eine weitergehende rechnerische Untersuchung bei
Hausen und Linde[8] zu finden.

16.4 Extraktion

Extrahieren ist das Lösen eines Stoffes aus einer Mischung mit Hilfe einer Flüssigkeit,
dem Lösungsmittel, wobei das Ausgangsgemisch fest oder flüssig sein kann. Ist das Ausgangsgemisch fest, so spricht man von einer Fest-Flüssig-Extraktion oder von Auslaugen,
wenn Wasser als Lösungsmittel dient. Erfolgt der Stoffaustausch aus der flüssigen Phase
an das Lösungsmittel, so wird dies als Flüssig-Flüssig-Extraktion bezeichnet.

Die Extraktion zur Gewinnung eines Stoffes aus einer Lösung kommt vor allem dann in
Betracht, wenn das Produkt temperaturempfindlich, oder wenn eine Destillation aus thermodynamischen Gründen – z. B. infolge eines azeotropen Punktes oder bei sehr niedriger
Konzentration – nur schwer möglich ist. Extraktionsprozesse spielen in der Verfahrenstechnik eine wesentliche Rolle. So wird durch Fest-Flüssig-Extraktion Öl aus Samen und

---

[7] Bošnjaković, F., Knoche, F.: Technische Thermodynamik, Teil II, 6. Aufl., Darmstadt: Steinkopff
1997, S. 137.
[8] Hausen, H., Linde, H.: Tieftemperaturtechnik: Erzeugung sehr tiefer Temperaturen, Gasverflüssi-
gung u. Zerlegung von Gasgemischen, 2. Aufl. – Berlin, Heidelberg, New York, Tokio: Springer
1985, S. 275 ff.

Früchten und Zucker aus Zuckerrüben gewonnen. Die Flüssig-Flüssig-Extraktion findet z. B. Anwendung bei der Essigsäure-Herstellung oder bei der Caprolactam-Gewinnung.

An der Extraktion sind stets mindestens drei Stoffe beteiligt, nämlich

- das Extraktionsmittel (Aufnehmer, Solvens) A,
- das Trägermedium (Abgeber) B,
- der in beiden lösliche und zu extrahierende Stoff C.

Der mit dem extrahierten Stoff C beladene Aufnehmer A wird als Extraktphase E und das Gemisch aus Abgeber B und Stoff C wird als Raffinatphase R bezeichnet. Der Aufnehmer soll ein möglichst selektives Lösungsvermögen aufweisen, d. h. die Extraktphase E soll nur aus A und C bestehen und möglichst keine Beimischungen des Abgebers B aufweisen. In der Praxis sind Lösungsmittel mit engem selektiven Lösungsvermögen selten, und Aufnehmer sowie Abgeber sind in der Regel ebenfalls ineinander löslich, wenn auch in wesentlich geringerem Maße, so dass sowohl die Extrakt- als auch die Raffinatphase aus einem Mehrkomponenten-Gemisch bestehen.

Will man den extrahierten Stoff rein gewinnen, so muss in einem zweiten Verfahrensschritt ein weiterer Trennprozess, in der Regel eine Rektifikation oder auch eine Kristallisation, nachgeschaltet werden. Zuvor ist es jedoch notwendig, Extrakt- und Raffinatphase auf mechanischem Wege zu trennen, weshalb dem Extraktionsapparat stets ein mechanisches Trennverfahren nachgeschaltet wird, das je nach Dichteunterschied der beiden Phasen mit Hilfe der Sedimentation, der Zentrifugation oder anderer mechanischer Abscheidehilfen arbeitet.

Nicht immer ist die Gewinnung eines Stoffes aus einem Gemisch das Ziel der Extraktion. Häufig ist es notwendig, das ursprüngliche Gemisch von einem einzelnen oder einigen unerwünschten oder schädlichen Bestandteilen zu reinigen, wobei dann die gereinigte Abgeberlösung das gewünschte Produkt darstellt. In diesem Falle ist es nach dem mechanischen Trennprozess nicht mehr notwendig, das Produkt weiter zu verarbeiten. An die Selektivität eines Lösungsmittels werden besonders hohe Anforderungen gestellt, da es aus einem Vielkomponenten-Gemisch oft nur einen unerwünschten Bestandteil herauslösen soll.

Da der Aufnehmer in der Regel nur ein beschränktes, meist sogar ein relativ geringes Lösungsvermögen besitzt, müssen ähnlich wie bei der Rektifikation mehrere Extraktionsstufen hintereinander geschaltet werden, in denen, wie in Abb. 16.26 schematisch gezeigt, Aufnehmer und Abgeber im Kreuz- oder Gegenstrom geführt werden können. In Abb. 16.26 repräsentieren die Rechtecke jeweils eine Extraktionseinheit, deren Aufgabe es ist, durch Vermischung und Stoffaustausch Gleichgewicht zwischen den eintretenden Strömen von Aufnehmer und Abgeber herzustellen, dann die entstandenen Raffinat- und Extraktphasen mechanisch wieder zu trennen und jede für sich weiterzugeben.

Im Kreuzstrom lässt sich ein sehr reines Raffinat gewinnen, da jeder Stufe immer frisches Lösungsmittel zugeführt wird. Diese Prozessführung weist jedoch auch verschiede-

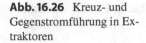 **Abb. 16.26** Kreuz- und
Gegenstromführung in Ex-
traktoren

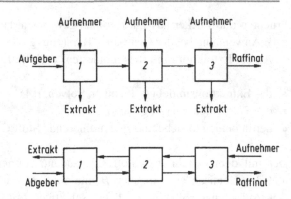

ne Nachteile auf; so können hohe Verluste an Raffinat entstehen, wenn dieses im Aufnehmer merklich löslich ist. Darüber hinaus werden große Mengen an Aufnehmer benötigt,
was die Wirtschaftlichkeit des Verfahrens beeinträchtigt, wenn das Lösungsmittel teu-
er oder nicht leicht aus dem Extrakt wiedergewinnbar ist. Die ebenfalls in Abb. 16.26
gezeigte Gegenstromführung ist dagegen wirtschaftlicher, da sie geringen Lösungsmit-
telbedarf mit gutem Stoffaustausch verbindet. Als Apparate für Gegenstromextraktoren
kommen einfache Blasensäulen, Sieb- oder Glockenbodenkolonnen oder auch Füllkör-
persäulen zum Einsatz.

Während der Flüssig-Flüssig-Extraktion kann man die gegenseitige Löslichkeit von
Aufnehmer und Abgeber nur in ganz seltenen Fällen vernachlässigen. Raffinat- und Extraktphase bestehen deshalb meist aus einem Dreikomponenten-Gemisch. Für die graphische Darstellung müssen wir deshalb auf das Dreiecks-Diagramm zurückgreifen, das
wir bereits in Kap. 4 kennenlernten. In ihm lässt sich der Extraktionsvorgang nach einem Verfahren von Hunter und Nash[9] anschaulich verfolgen. Wir betrachten zunächst
nach Abb. 16.27 eine Stufe eines Extraktionsapparates, der Feed und Extraktionsmittel
zuströmen und aus der nach Durchlaufen eines mechanischen Trennapparates Raffinat
und Extrakt abströmen. Zum Zwecke des guten Stoffaustausches werden Extraktionsmittel und Feed innig vermischt. In dem anschließenden Abscheider trennen sich beide
Phasen auf mechanischem Wege und können jede für sich als Raffinat bzw. Extrakt der
Weiterverarbeitung oder auch der erneuten Extraktion in einer zweiten Stufe zugeführt
werden. Man spricht von einer theoretischen oder auch idealen Stufe, wenn Extrakt- und
Raffinatphase beim Verlassen des Mischers im Gleichgewicht stehen.

Wie in Abb. 16.28 gezeigt, nehmen wir an, dass sowohl im Abgeber F (Feed) als
auch im Aufnehmer L (Lösungsmittel oder auch Solvens) alle drei am Extraktionsprozess
teilnehmende Komponenten enthalten sind. Die Binode und die zueinander gehörende
Gleichgewichtspunkte verbindenden Konoden seien aus Messungen oder auch aus ther-

---

[9] Hunter, T.G., Nash, A.W.: The application of physico-chemical principles to the design of liquid-
liquid contact equipment. Part II. Application of phase-rule graphical methods. J. Soc. Chem. Ind.
53 (1934) 95T–102T.

Abb. 16.27 Extraktionsstufe mit Mischer und mechanischem Abscheider

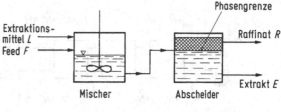

Abb. 16.28 Einstufige Extraktion

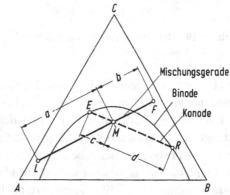

modynamischen Überlegungen bekannt. Bei vorgegebener Menge an Extraktionsmittel und Feed können wir nach dem Hebelgesetz

$$N_L a = N_F b \tag{16.56}$$

die Zusammensetzung jeder der drei Komponenten des im Mischer entstandenen heterogenen Gemisches angeben und erhalten im Dreiecksdiagramm der Abb. 16.28 den Punkt M. Durch den Stoffaustausch zwischen Lösungsmittel und Feed ändert sich die Zusammensetzung der beiden Phasen, bis sie den Gleichgewichtszustand erreichen, wobei ihre Zusammensetzungen dann auf den Schnittpunkten der Gleichgewichtslinie mit der durch den Mischungspunkt M gehenden Konode liegen. Das Mengenverhältnis von Extrakt- zu Raffinatphase erhält man wieder aus dem Hebelgesetz

$$\frac{N^E}{N^R} = \frac{d}{c}, \tag{16.57}$$

und schließlich gilt als Mengenbilanz für die ganze Stufe

$$N_M = N_F + N_L = N^E + N^R, \tag{16.58}$$

womit alle interessierenden Daten für diesen Extraktionsvorgang bekannt sind. Die Zusammensetzungen kann man nun aus dem Dreiecksdiagramm ablesen.

Der Zustand des Gemisches muss innerhalb der Mischungslücke, also in Abb. 16.28 unterhalb der Gleichgewichtslinie liegen, da sonst eine mechanische Trennung in Raffinat-

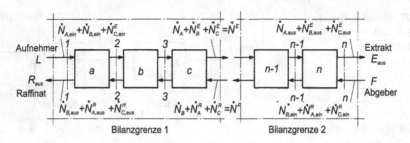

Abb. 16.29 Mehrstufige Extraktionskolonne

und Extraktphase nicht möglich wäre. Daraus ergibt sich eine Einschränkung für das Mengenverhältnis zwischen Lösungsmittel und Feed.

Eine einstufige Extraktion reicht meist nicht aus, um die gewünschte Reinheit im Raffinat und im Extrakt zu erzielen. Hierzu bedarf es einer mehrstufigen Anordnung, für die wir das in der Praxis gebräuchliche Gegenstromverfahren behandeln wollen. Wir betrachten die Kombination aus Mischer und Abscheider als jeweils eine Stufe, von denen wir eine Anzahl, wie in Abb. 16.29 skizziert, zu einer Extraktionskolonne koppeln. Wir bezeichnen mit

$\dot{N}_B^E$ den in der Extraktphase E gelösten, meistens kleinen Molenstrom des reinen Abgebers B,

$\dot{N}_A^R$ den Anteil des reinen Aufnehmers A, den die Raffinatphase R enthält,

$\dot{N}_C^R$ den Anteil des zu extrahierenden Stoffes C in der Raffinat- und

$\dot{N}_C^E$ denjenigen in der Extraktphase.

Die Bilanzbeziehungen lassen sich dann in bekannter Weise für jede der drei Komponenten A, B und C durch die folgenden drei Gleichungen angeben:

$$\dot{N}_{A,\text{ein}} + \dot{N}_A^R = \dot{N}_A + \dot{N}_{A,\text{aus}}^R , \qquad (16.59)$$

$$\dot{N}_B + \dot{N}_{B,\text{ein}}^E = \dot{N}_{B,\text{aus}} + \dot{N}_B^E , \qquad (16.60)$$

$$\dot{N}_C^R + \dot{N}_{C,\text{ein}}^E = \dot{N}_{C,\text{aus}}^R + \dot{N}_C^R . \qquad (16.61)$$

Die vier das Bilanzgebiet durchdringenden Ströme sind jetzt nicht mehr wie bisher in einer, sondern der Übersichtlichkeit halber in drei Gleichungen dargestellt, die sich selbstverständlich zu einer Beziehung zusammenfassen ließen.

Die Gln. 16.59 bis 16.61 lassen sich so umformen, dass jeweils auf der rechten Seite des Gleichheitszeichens nur Mengenströme am linken Kolonnenende erscheinen, die bei stationärem Betrieb der Kolonne unverändert bleiben und unabhängig von der Lage der

Bilanzgrenze innerhalb der Kolonne sind:

$$\dot{N}_A^R - \dot{N}_A = \dot{N}_{A,\text{aus}}^R - \dot{N}_{A,\text{ein}} , \qquad (16.62)$$

$$\dot{N}_B - \dot{N}_B^E , = \dot{N}_{B,\text{aus}} - \dot{N}_{B,\text{ein}}^E , \qquad (16.63)$$

$$\dot{N}_C^R - \dot{N}_C^E = \dot{N}_{C,\text{aus}}^R - \dot{N}_{C,\text{ein}}^E . \qquad (16.64)$$

Bisher betrachteten wir Mischungsvorgänge immer so, dass durch Addition zweier Teilmengen der Mischungszustand erzielt wird. In gleicher Weise können wir auch ein Gemisch zerlegen, indem wir eine Teilmenge wegnehmen. Der Mischungsansatz ergibt dann

$$\text{Gemischmenge minus Teilmenge 1} = \text{Teilmenge 2} .$$

Genau diesen Vorgang beschreiben die Gln. 16.62 bis 16.64. Sie lassen sich auch in der Form ausdrücken

$$\text{Raffinatmenge minus Extraktmenge} = \text{„Pol“-Menge} ,$$

da in den Gln. 16.62 bis 16.64 jeweils das erste Glied links vom Gleichheitszeichen einen Molenstrom in der Raffinatphase, das zweite einen in der Extraktphase darstellt und die Ausdrücke auf der rechten Seite der Gleichheitszeichen einen festen, von der Lage des Bilanzquerschnittes unabhängigen, fiktiven Molenstrom – nämlich den am linken Ende der Säule – repräsentieren.

Für jeden beliebigen zu betrachtenden Querschnitt längs der Säule müssen die Zustände von Raffinat-, Extrakt- und „Pol“-Menge auf einer Geraden liegen. Dies bedeutet, dass die Bilanzlinien ein Büschel von Geraden darstellen, die alle vom Pol P ausgehen. Damit lässt sich der Extrahiervorgang, wie in Abb. 16.30 skizziert, an Hand des Dreiecksdiagramms verfolgen. Nehmen wir an, die Austrittszustände der Extraktionssäule seien bekannt, so findet man den Pol einfach dadurch, dass man die Verbindungslinien zwischen dem Zustand von eintretendem Aufnehmer L und von austretendem Raffinat R_1 sowie zwischen dem Extrakt E_{aus} am Austritt und dem Feed F bis zum Schnittpunkt verlängert. Die Zahl der für die Extraktion benötigten theoretischen Böden wird dann wieder über die Stufenkonstruktion ermittelt, indem man abwechselnd eine vom Pol ausgehende Bilanzgerade und die zum jeweiligen Extrakt- oder Raffinatzustand zugehörige Konode ausnutzt.

Der Pol kann rechts oder links vom Zustandsdreieck liegen, je nachdem wie groß das Verhältnis von Raffinat- zu Extraktmenge ist. Das Beispiel in Abb. 16.30 wurde so gewählt, dass die Raffinatmenge größer ist als die Extraktmenge, da dadurch der Mischungsbzw. Entmischungsvorgang leichter verständlich wird.

Verringert man das Verhältnis von Lösungsmittelmenge zu Feedmenge, so rückt der Pol näher an das Dreieck heran, und es werden mehr Böden für die gleiche Trennwirkung notwendig. Die Bodenzahl geht gegen unendlich, wenn eine der vom Pol ausgehenden Bilanzgeraden mit einer Konode zusammenfällt, was meistens für die oberste Bilanzgerade durch den Feedpunkt zuerst eintritt.

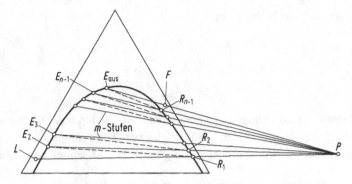

Abb. 16.30 Bestimmung der Zahl der theoretischen Böden bei der Flüssig-Flüssig-Extraktion mittels der Stufenkonstruktion im Dreiecksdiagramm

16.5 Kristallisation

Kristallisation ist das Überführen eines Stoffes aus dem flüssigen, gasförmigen oder auch amorphen in den kristallinen Zustand. Sie hat unter den thermischen Trennverfahren insbesondere Bedeutung zur Konzentrierung oder Reindarstellung von Stoffen aus Schmelzen, Lösungen oder Gasgemischen, da sie es erlaubt, Produkte höchster Reinheit zu erzeugen. Allgemein bekannt sind die Zucker- und Salzgewinnung, die Herstellung von Düngemitteln und die Produktion verschiedener Kunstfasern. In der Natur treten Kristallisationsvorgänge aus der flüssigen und auch aus der gasförmigen Phase vielfach auf; zu erwähnen ist die Bildung von Eis- oder Schneekristallen.

Im Gegensatz zur amorphen Konfiguration von Feststoffen sind Kristalle Festkörper geordneter Struktur mit dreidimensionaler, regelmäßiger Anordnung ihrer Elementarbausteine. Als Bausteine kommen Atome, Moleküle und Ionen in Betracht, die ein Raumgitter bilden.

Sowohl synthetisch hergestellte als auch in der Natur gewachsene Kristalle weisen Unregelmäßigkeiten und Inhomogenitäten auf, die durch Einschlüsse von Gas, Flüssigkeit oder fremden Feststoffen und durch andere Gitterfehler, wie z. B. Versetzungen, Verwerfungen oder Korngrenzen, verursacht sein können.

a) Löslichkeit, Keimbildung und Kristallwachstum

Die Löslichkeit von Kristallen in Flüssigkeiten und insbesondere in Gasen ist keineswegs unbegrenzt. Für jede Lösung gibt es eine Sättigungszusammensetzung, die temperaturabhängig ist. Man spricht dann von einer gesättigten Lösung, während eine ungesättigte oder verdünnte Lösung vorliegt, wenn noch überschüssiges Lösungsmittel vorhanden ist. Die Löslichkeit eines einzelnen kristallinen Stoffes in einem Lösungsmittel wird, wie in Abb. 16.31 dargestellt, als Funktion der Temperatur angegeben. Wie das für diese Abbildung gewählte Beispiel der Löslichkeit von Zinksulfat in Wasser zeigt, kann die

Abb. 16.31 Löslichkeitskurve
von Zinksulfat in Wasser

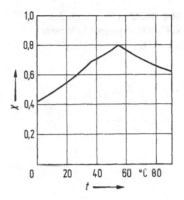

Löslichkeitskurve selbst bei ein- und demselben Stoff über der Temperatur unterschiedliche Tendenzen aufweisen. Dies beobachtet man immer dann, wenn das kristalline Produkt in mehreren Konfigurationen (bei Zinksulfat $ZnSO_4 \cdot 7\,H_2O$, $ZnSO_4 \cdot 6\,H_2O$ und $ZnSO_4 \cdot H_2O$) in Abhängigkeit von der Temperatur existieren kann. Eine geringe Abhängigkeit der Löslichkeit von der Temperatur weist z. B. Kochsalz auf. Als Konzentrationsmaß wird bei der Kristallisation in den Löslichkeitsdiagrammen meist die Beladung – als die gelöste Kristallmasse je kg Lösungsmittel – verwendet. Hierbei kann es auch zu Beladungen über eins kommen. So lassen sich z. B. in einem kg Wasser von 70 °C bis zu 1,4 kg Kaliumnitrat lösen.

Die Zugabe eines zweiten kristallinen Stoffes zu einer bereits vorhandenen Lösung kann ein teilweises Auskristallisieren des zuerst gelösten Stoffes, aber auch eine Verbesserung des Lösungsvermögens bewirken. Höhere Löslichkeit ist dann zu erwarten, wenn die beiden zu lösenden Stoffe Hydrate, Salzverbindungen oder Fest-Fest-Lösungen bilden. Im Gegensatz dazu verringert bei Kochsalz (NaCl) und Kalisalz (KCl) die Zugabe des einen Stoffes die Löslichkeit des anderen in Wasser, wie Abb. 16.32 zeigt. Die Beladung ist in dieser Abbildung in kmol Salz/kmol Wasser angegeben. Links von der in Abb. 16.32 eingezeichneten Linie ist ungesättigte, rechts übersättigte Lösung vorhanden. Würde man der Lösung isotherm – z. B. durch Verdunsten – reines Wasser entziehen, so bewegen sich im untersättigten Bereich alle Zustandspunkte auf vom Koordinatenursprung ausgehenden Geraden, bis die Sättigungsgrenze erreicht ist, da das Verhältnis der beiden Salzmengen konstant bleibt. Bei weiterem Wasserentzug fällt dann bei der in Abb. 16.32 gewählten Eindickung $A–B$, wie die Versuche zeigen, reines Kalisalz aus, bis die Lösung den Zustand E erreicht hat und dann ein Kristallgemisch aus NaCl und KCl im Verhältnis 0,088 zu 0,042 abgibt.

Eine Möglichkeit der Darstellung von Dreistoff-Gemischen bietet das aus der Extraktion bereits bekannte Dreiecksdiagramm. In Abb. 16.33 seien A das Lösungsmittel, B und C darin gelöste kristalline Stoffe. Das Gebiet $AFDE$ sei der Bereich der ungesättigten Lösung mit reiner flüssiger Phase. Wir finden weitere Bereiche, z. B. FCD oder EDB, in denen eine Komponente teilweise auskristallisiert ist und damit ein zweipha-

Abb. 16.32 Löslichkeit des
NaCl-KCl-Systems in Wasser
bei 25 °C

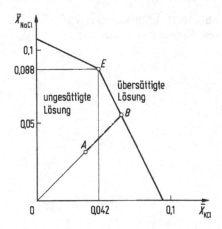

siges Fluid vorhanden ist. Schließlich sind im Gebiet *BDC* beide Kristallarten in der Lösung vorhanden. Ähnlich wie in Abb. 16.32 wollen wir auch hier den Kristallisationsvorgang durch Entzug von reinem Lösungsmittel verfolgen. Die Linie, längs der sich der Ausgangszustand ändert, ist wieder dadurch definiert, dass das Verhältnis der gelösten Komponenten bei der Lösungsmittelverdampfung unverändert bleiben muss. Sie hat stets ihren Ursprung im Zustand *A* des reinen Lösungsmittels und geht von dort als Gerade durch den Ausgangszustand 1 der Lösung. Wenn wir die Lösung bis zum Zustand 2, der im Zweiphasengebiet liegt, eindicken, so beginnen sich bei Überschreiten der Sättigungslinie *FD* Kristalle *C* abzuscheiden, wobei sich die Konzentration an *B* erhöht. Im Punkt 2 existiert ein Gemisch aus gesättigter Lösung des Zustandes 4, dessen mengenmäßige Aufteilung in Kristallisat und Lösung aus dem Hebelgesetz folgt, und Kristallen des reinen Stoffes *C*. Würden wir den Lösungsmittelentzug weitertreiben, so wanderte der Zustand der Lösung längs der Sättigungslinie *FD* zum Kristallisationsendpunkt *D*. Dieser Punkt

Abb. 16.33 Dreistoffgemische
und Lösungen im Dreiecksdiagramm

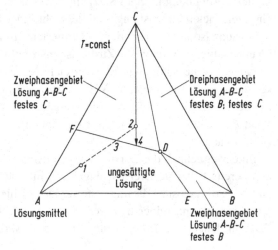

Abb. 16.34 Überlöslichkeitskurve im Beladungsdiagramm

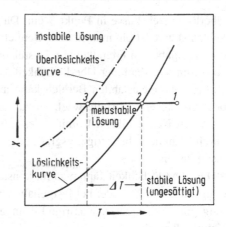

entspricht der Zusammensetzung der Lösung, wenn sie an *B* und *C* gleichzeitig gesättigt ist. Die Strecke *DE* kennzeichnet alle Lösungen von *C*, in denen sich *B* im Sättigungszu-stand befindet. Punkt *E* ist die Sättigungskonzentration von *B* im Lösungsmittel *A*. Fügt man demnach einer Lösung, deren Zusammensetzung einem Punkt längs der Linie *ED* entspricht, den Stoff *C* hinzu, so wird ein Teil des Stoffes *B* als Kristall ausfallen. Der Zustand der Lösung bewegt sich dabei in Richtung *D*.

Die bisherigen Betrachtungen gelten nur, wenn die Temperatur der Lösung während der Konzentrationsänderungen konstant bleibt. Erfolgt die Auskristallisation durch Erwärmen oder Abkühlen der Lösung, so muss die Zustandsänderung in verschiedenen Diagrammen verfolgt werden, da für jede Temperatur andere Löslichkeitskurven und Gleichgewichts-verhältnisse gelten.

Wir hatten bisher angenommen, daß die Kristallbildung unmittelbar bei Überschreiten der Löslichkeitskurve einsetzt. In Wirklichkeit beobachtet man einen gewissen Grad an Übersättigung, da ähnlich wie bei der Kondensation erst Keime vorhanden sein müssen, an denen die Kristalle wachsen können. Man spricht von heterogener Keimbildung, wenn feste Verunreinigungen in der Lösung oder die Gefäßwände Ausgang für das Kristall-wachstum sind und von homogener Keimbildung, wenn sich hierfür kleine Kristalle der gelösten Stoffe anbieten.

Der für die Keimbildung notwendige Grad der Übersättigung lässt sich nicht mit den Methoden der Gleichgewichtsthermodynamik vorhersagen. Keimbildung ist im Wesent-lichen ein kinetisch bestimmter Vorgang, der neben thermodynamischen Zustandsgrößen auch wesentlich von Prozessparametern abhängt. Die Thematiken Übersättigung und Keimbildung wurden bereits in Kap. 10 behandelt. Für den praktischen Gebrauch wird die Übersättigung bis zur Keimbildung in Form einer Überlöslichkeitskurve, wie in Abb. 16.34 dargestellt, in das Temperatur-Beladungsdiagramm eingetragen. Eine Lö-sung des Zustandes 1, die abgekühlt wird, erreicht bei Punkt 2 die Löslichkeitskurve und damit den Sättigungszustand, beginnt aber noch nicht zu kristallisieren. Die Bildung wachstumsfähiger Keime und damit die Kristallisation setzt erst bei Überschreiten der

Überlöslichkeitskurve in Punkt 3 ein. Das Gebiet zwischen Löslichkeits- und Überlöslichkeitskurve ist ein metastabiler Bereich, da hier geringste Störungen von außen, z. B.
durch Zugabe von Fremdkeimen, ausreichen, die Kristallisation aus der Lösung in Gang
zu setzen. Oberhalb der Überlöslichkeitskurve haben wir es mit einer instabilen Lösung
zu tun. Den metastabilen Bereich kann man in der Praxis dazu ausnützen, zugegebene
oder vorhandene Kristalle wachsen zu lassen, wobei sich aus der Lösung spontan keine neuen Keime bilden. Damit ist es möglich, über die Zahl der zugegebenen Keime
durch Wahl des Übersättigungsgrades die Granulatgröße des kristallisierten Produktes zu
beeinflussen.

Die Überlöslichkeit kann man für konstante Temperatur als Konzentrations- oder Bela-
dungsdifferenz ΔX oder bei festgehaltener Zusammensetzung der Lösung als Unterküh-
lungsgrad ΔT angeben. Wässrige Lösungen lassen sich um 1 bis 10 K unterkühlen, bevor
Keimbildung einsetzt.

Übersättigung ist aber nicht nur für die Keimbildung, sondern auch für das Kristallwachstum notwendig, da der zu kristallisierende Stoff aus der Lösung zum Kristall dif-
fundieren und über eine Grenzflächenreaktion in die Kristalloberfläche integriert werden muss. Da Kristalle eine fest vorgegebene Form aufweisen und damit ein orientiertes
Wachstum mit Flächen bevorzugter Anlagerung haben, kann sich der neu hinzugekom-
mene Stoff nicht beliebig auf dem Keim absetzen, sondern er muss zusätzlich einen Ori-
entierungsprozess durchlaufen. Jedes Molekül muss sich erst an der dafür vorgesehenen
Stelle im Gitter einbauen. Dies wiederum verzögert das Kristallwachstum. Neben dem
Stofftransport kann auch der Wärmetransport bei der Kristallisation eine Rolle spielen,
da besonders bei der Keimbildung und dem Kristallwachstum aus der Gasphase und aus
Schmelzen merklich Wärme frei wird, die abgeführt werden muss, wenn sie die Kris-
tallisation nicht durch Temperaturerhöhung beeinflussen soll. Bei der Kristallisation aus
Lösungen ist der Wärmeumsatz gering.

b) Kristallisationsprozesse
Für technische Kristallisationsprozesse müssen der Zusammenhang zwischen Keimbildung und Übersättigung und auch der Vorgang des Kristallwachstums bekannt sein. Zur
Reingewinnung des kristallinen Produktes wird dem Kristallisator ein Filter, Absetzbe-
cken oder eine Zentrifuge nachgeschaltet, in denen die Phasen getrennt werden. Das
Kristallisat wird dann getrocknet. Zur Entfernung von Lösungsrückständen wird verschie-
dentlich ein Waschprozess dazwischengeschaltet. Bei Auftreten von Mischkristallen müssen zur Reindarstellung der Komponenten ebenso wie bei der Rektifikation und Extraktion
mehrere Stufen hintereinander geschaltet, und die Mischkristalle müssen zwischen jeder
Kristallisationsstufe wieder in Lösung gehen oder aufgeschmolzen werden. Dieses Verfahren wird fraktionierte Kristallisation genannt.

Die verschiedenen Kristallisationsverfahren unterscheidet man nach der Art, wie man
die für die Keimbildung und das Kristallwachstum notwendige Übersättigung der Lösung
erreicht. Wir wollen hier nur die

Abb. 16.35 Kühlungskristallisation

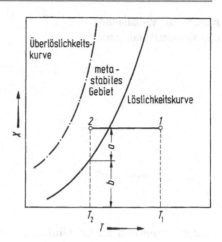

- Kühlungskristallisation, die
- Verdampfungs- und Verdunstungskristallisation und die
- Vakuumkristallisation

behandeln.

Die Kühlungskristallisation bietet sich dann an, wenn die Löslichkeit des zu gewinnenden Stoffes mit steigender Temperatur stark zunimmt. Die Lösung wird dabei, wie in Abb. 16.35 gezeichnet, vom Ausgangszustand 1 der Temperatur T_1 auf den Zustand 2 mit der Temperatur T_2 abgekühlt. Hier werden Kristallisationskeime zugegeben, an denen ein Teil des gelösten Stoffes rasch kristallisiert. Die ausgeschiedene Menge lässt sich aus dem Schnittpunkt der Isothermen T_2 mit der Löslichkeitskurve bestimmen. Die Mengen an ausgeschiedenem und noch in Lösung befindlichem Stoff verhalten sich wie die Strecken a zu b.

Verfahrenstechnisch meist einfacher, aber im Energieverbrauch aufwändiger, ist die Verdampfungs- und Verdunstungskristallisation. Hier wird die Übersättigung durch Verdampfen des Lösungsmittels unter Wärmezufuhr erreicht. Sie ist dann angebracht, wenn die Löslichkeitskurve sehr flach verläuft oder wenn billige Energie zur Verfügung steht. Das Verfahren wurde schon von alters her zur Salzgewinnung verwendet, wobei Salzlösungen zur Vergrößerung der wärmetauschenden Oberfläche über ein Geflecht geleitet wurde oder Meerwasser in eingedeichten Parzellen verdunstete. In beiden Fällen lieferte die Sonneneinstrahlung die Verdunstungsenthalpie.

Während die Verdunstung bei beliebiger Temperatur – vorausgesetzt der Partialdruck des Lösungsmittels in der Luft ist niedrig genug – abläuft, muss die Lösung zur Verdampfung erst auf Siedetemperatur gebracht werden, wie in Abb. 16.36 als senkrechte Linie im Temperatur-Beladungsdiagramm skizziert.

Energiesparender und für empfindliche Güter auch schonender ist die Vakuumkristallisation. Bei ihr wird die Verdampfung durch eine Druckabsenkung bewirkt, mit der eine Abkühlung der Lösung einhergeht, da die Verdampfungsenthalpie aus der inneren Ener-

Abb. 16.36 Verdampfungs-
und Vakuumkristallisation

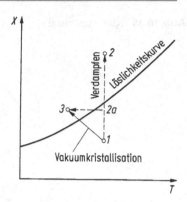

gie der Lösung und der Kristallisationsenthalpie gedeckt werden muss. Wie in Abb. 16.36
durch den Linienzug 1–2a–3 angedeutet, kann man sich die Vakuumkristallisation aus
einer Verdampfungs- und einer Kühlungskristallisation zusammengesetzt denken.

Mehr Aufschluss als die Beladungsdiagramme vermittelt auch für die Kristallisation
das Enthalpie-Konzentrationsdiagramm, aus dem man, neben der jeweiligen Stoffzusam-
mensetzung, auch die Energieumsetzung ablesen kann. Die Lösung in Abb. 16.37 habe als
Ausgangszustand die Temperatur T_1 und die auf die Gesamtmenge bezogene Zusammensetzung ξ_1. Die Zustandsänderung verläuft dann vom Punkt 1 zunächst unter Erwärmung
der Flüssigkeit senkrecht nach oben, bis auf der Siedelinie der Punkt 2 erreicht ist. In Salzlösungen enthält der entstehende Dampf nahezu ausschließlich Lösungsmittel, so dass
ein Zustandspunkt 2a auf der linken Ordinaten $\xi = 0$ in Höhe der Sättigungsenthalpie
entsprechend der Siedetemperatur der Lösung liegt. Die Taulinie verläuft senkrecht nach
oben und fällt mit der Linie $\xi = 0$ zusammen.

Führt man weiter Wärme zu, so wird die Beladung in der Lösung infolge des Ausdamp-
fens von Lösungsmittel immer höher, wodurch die Siedetemperatur ansteigt. Es fällt aber
noch kein Salz aus. So finden wir, wenn die Gesamtmenge den Punkt 3 erreicht hat, den
Zustand der Lösung auf der Siedelinie in 3b und den des austretenden Dampfes wegen
der Siedepunktserhöhung der Lösung in 3a. Die dem System vom Zustand 1 bis 3 je kg
Ausgangslösung zugeführte Wärme lässt sich in Abb. 16.37 als Strecke $q_{1,3}$ ablesen. Erst
wenn der Zustand 4 erreicht ist, dessen Isotherme T_4 durch den Punkt C geht, an dem
sich Siede- und Erstarrungslinie bzw. Löslichkeitskurve treffen, fallen die ersten Salzkristalle aus. Bei weiterer Verdampfung über den Punkt 4 hinaus erfolgt dann zunehmend
Auskristallisation.

Diese Verfahrensführung hat zwei wesentliche Nachteile. Einmal muss für den Ver-
dampfungsprozess eine beachtliche Wärme zugeführt werden und zum anderen besteht an
den Heizflächen Verkrustungsgefahr, da dort die Kristallisation bevorzugt einsetzt. Diese
Nachteile kann man vermeiden, wenn man die Verdampfung mit einer Kühlungskristallisation kombiniert, indem man die Ausgangslösung nur bis zum Punkt 3 erwärmt und
verdampft und die verbliebene Restlösung des Zustandes 3b bis zum Punkt 6 auf die An-

Abb. 16.37 Verdampfungskristallisation einer Salzlösung
im h, ξ-Diagramm

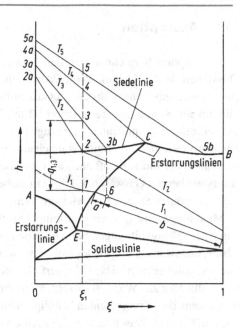

fangstemperatur T_1 abkühlt, wobei Kristalle ausfallen. Aus dem Hebelgesetz

$$M_L a = M_K b$$

lässt sich das Verhältnis von Lösungsmenge M_L zu gewonnener Kristallmenge M_K angeben. Bei geschickter Prozessführung kann man einen Teil der zur Erwärmung und Verdampfung der Ausgangslösung benötigten Wärme durch Wärmeaustausch zwischen Verdampfer und Kühler einsparen.

In der Energiebilanz eines Kristallisators muss auch die Kristallisationsenthalpie Δh_K – das ist die beim Kristallisieren unter konstanter Temperatur zuzuführende Wärme – berücksichtigt werden. Bei Lösungen ist sie ihrem Betrage nach gleich der Lösungsenthalpie. Für die Kristallisation aus Schmelzen und aus Gasen sind wesentlich höhere Enthalpiedifferenzen einzusetzen, da hier die Schmelz- bzw. Sublimationsenthalpie zu berücksichtigen ist. Zuverlässige Werte für die Kristallisationsenthalpie lassen sich nur aus kalorimetrischen Messungen gewinnen. Näherungsweise kann für verdünnte Lösungen die Kristallisationsenthalpie aus der Steigung der Löslichkeitskurve berechnet werden

$$\frac{\Delta h_K}{\bar{R} T^2} = \frac{d\left[\ln(x\gamma)\right]}{dT}, \tag{16.65}$$

wenn der zum Molenbruch x der gesättigten Lösung zugehörige Aktivitätskoeffizient γ bekannt ist.

16.6 Absorption

Als Absorption bezeichnet man den Übergang einer gasförmigen Komponente in eine Flüssigkeit. In der Technik werden Absorptionsprozesse meist zur selektiven Abtrennung einzelner Komponenten aus einem Gasgemisch eingesetzt. Dies geschieht in einem Gas-Flüssigkeits-Kontaktapparat (Absorber) mit Hilfe einer Flüssigkeit (Absorbens), in der sich einzelne Komponenten bevorzugt lösen. Typische Beispiele hierfür sind Gasreinigungsprozesse zur Entfernung von Schadkomponenten aus Abgasen. Absorption bezeichnet man in der Industrie oft auch als Gaswäsche, das Absorbens als Waschflüssigkeit und den Absorber als Gaswäscher. Dies gilt insbesondere für solche Prozesse, bei denen aus Inertgasströmen Spuren bzw. kleinere Mengen an Schadstoffen entfernt werden müssen.

Muss hingegen ein reiner gasförmiger Stoff oder ein Gasgemisch möglichst vollständig von einer Flüssigkeit aufgenommen werden, wie dies bei Absorptionskältemaschinen oder Absorptionswärmepumpen der Fall ist, verwendet man ausschließlich den Begriff Absorption. Abgesehen von diesen Sonderfällen der Absorptionskreisprozesse zur Erzeugung von Kälte oder zur Wärmetransformation sind in Absorptionsprozessen zur Gasreinigung mindestens drei Komponenten beteiligt, nämlich die Waschflüssigkeit (Index w), ein inertes, d. h. in der Waschflüssigkeit praktisch unlösliches Trägergas (Index I) und eine zu absorbierende Komponente (Index i). Ein Absorptionsprozess ist somit stets untrennbar mit einem simultan ablaufenden Verdunstungsvorgang eines Teils der Waschflüssigkeit verknüpft. Man bezeichnet diesen Vorgang als Gassättigung. Dieser bestimmt in vielen Prozessen die Temperatur der Waschflüssigkeit, insbesondere dann, wenn aus heißen Rauchgasen Schadkomponenten entfernt werden sollen.

Bleibt das Absorptiv beim Übergang in die Flüssigkeit als Molekül erhalten, spricht man von Physisorption. Findet dagegen eine chemische Reaktion mit in der Waschflüssigkeit gelösten Komponenten oder auch nur eine Dissoziation statt, spricht man von Chemisorption.

Der Umkehrprozess der Absorption, also der selektive Übergang von gelösten Komponenten in die Gasphase, ist die Desorption.

In der Technik verwendet man verschiedene Absorbertypen. Die größten Absorber sind Rauchgaswäscher zur Abscheidung von SO_2 aus den Abgasen von Kohlekraftwerken. Man verwendet hierzu die verschmutzungsunempfindlichen Sprühabsorber, in denen mittels Düsen die Waschflüssigkeit in den Gasstrom fein zerstäubt wird, um eine hohe Austauschoberfläche für den Stoffübergang bereitzustellen.

Am häufigsten werden für Absorptionsprozesse die vom Energieaufwand gesehen günstigen Füllkörper- oder Packungskolonnen eingesetzt. Diese bieten bei geringen Druckverlusten sehr hohe spezifische Gas-Flüssigkeits-Kontaktflächen, setzen allerdings Waschflüssigkeiten voraus, die keine Feststoffe enthalten.

Im Gegensatz zur Destillation, Rektifikation und Extraktion ist die Absorption bzw. Gaswäsche ein stoffübergangsdominierter thermischer Trennprozess. Nur in wenigen, technisch kaum bedeutenden Fällen ist es zweckmäßig, Gleichgewichtsstufenmodelle zu verwenden.

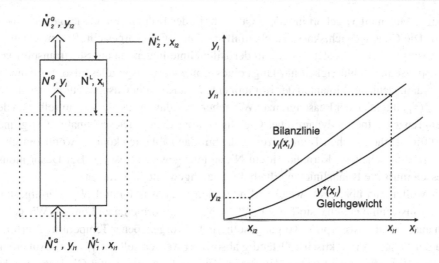

Abb. 16.38 Bilanzierung eines Gegenstromprozesses

Trotzdem kann man mit Hilfe von Bilanzen und Gleichgewichtsbetrachtungen zumindest einige prinzipielle Betrachtungen durchführen. Dies ist Gegenstand der folgenden kurzen Abhandlung zur Absorption einzelner, niedrig konzentrierter Komponenten aus Gasströmen.[10]

Ein Absorptionsprozess lässt sich zunächst durch eine Mengenbilanz über die zu absorbierende Komponente i beschreiben. In Abb. 16.38 ist ein Absorber schematisch dargestellt.

Die Mengenbilanz über die Komponente i um den in Abb. 16.38 gestrichelten Bilanzraum ergibt

$$\dot{N}_1^G y_{i1} + \dot{N}^L x_i = \dot{N}^G y_i + \dot{N}_1^L x_{i1} \, . \tag{16.66}$$

Ist die Konzentration des Stoffes i im Trägergas gering und ist außerdem die verdunstende Waschflüssigkeitsmenge zu vernachlässigen, was bei niedrigen Rohgastemperaturen (t_1) gerechtfertigt ist, kann man die Stoffmengenströme näherungsweise als konstant betrachten

$$\dot{N}_1^G \approx \dot{N}_2^G = \dot{N}^G \; ; \; \dot{N}_1^L \approx \dot{N}_2^L = \dot{N}^L \tag{16.67}$$

und es folgt die Gleichung für die Bilanzgerade, die in Abb. 16.38 dargestellt ist

$$y_i - y_{i1} = \frac{\dot{N}^L}{\dot{N}^G}(x_i - x_{i1}) \, . \tag{16.68}$$

---

[10] Ausführliche Darstellungen zur Absorption finden sich in:
– VDI-Richtlinie 3679, VDI/DIN-Handbuch Reinhaltung der Luft, Bd. 6, 1999
– Ramm, V.M.: Absorption of gases. Israel Program für Scientific Translations, Jerusalem, 1968.

Zu jedem Molanteil x_i gehört in jedem Querschnitt der Kolonne ein Gleichgewichtswert $y_i^*(x_i)$. Die Gleichgewichtskurve ist ebenfalls in Abb. 16.38 dargestellt. Sie muss bei einem Absorptionsprozess stets unterhalb der Bilanzlinie liegen, da ein Stofftransport von der Gasphase in die Flüssigkeit nur längs eines Konzentrationsgefälles, also nur dann erfolgen kann, wenn der Molanteil der Komponente i im Kern der Gasphase höher ist als der Wert $y_i^*(x_i)$ direkt an der Phasengrenze. Wir gehen also davon aus, dass unmittelbar an der Phasengrenze ein thermodynamisches Gleichgewicht existiert. Diese Annahme ist grundlegend für alle thermischen Trennprozesse, die nur dann ablaufen können, wenn zwischen den stoffaustauschenden Kernphasen ein Nichtgleichgewicht existiert. Bei Desorptionsprozessen muss die Bilanzlinie unterhalb der Gleichgewichtslinie liegen.

Wir wollen nun überlegen, welche Mindestmenge an Waschmittel $\dot{N}_{min}^L$ bereitgestellt werden muss, um den Schadstoffstrom $\dot{N}_{i1}^G = \dot{N}^G y_{i1}$ absorbieren zu können. Wir gehen davon aus, dass der Absorptionsvorgang isotherm bei vorgegebener Temperatur T erfolgt.

Da der Schadstoff praktisch vollständig absorbiert werden soll, ist $y_{i2} \approx 0$. Außerdem soll reine Waschflüssigkeit verwendet werden ($x_{i2} = 0$). Damit lautet Gl. 16.68 für den Querschnitt 2 (Kolonnenende)

$$y_{i1} = \frac{\dot{N}^L}{\dot{N}^G} x_{i1} . \tag{16.69}$$

Verringert man die Waschflüssigkeitsmenge $\dot{N}^L$, verringert sich die Steigung der Bilanzlinie in Abb. 16.38. Im Extremfall unendlich großer Stofftransportfläche fällt am Punkt 1 die Bilanzlinie mit der Gleichgewichtslinie zusammen, der Konzentrationsgradient ($y_i - y_i^*$) geht dann gegen 0 und es gilt

$$y_{i1} = y_i^*(x_{i1}) .$$

Eingesetzt in Gl. 16.69 erhält man für die Mindestwaschmittelmenge

$$\dot{N}^G \cdot y_i^* = \dot{N}_{min}^L x_{i1} .$$

Das Phasengleichgewicht kann man nun beispielsweise mit den verallgemeinerten Gesetzen von Raoult und Henry beschreiben, wenn die Gasphase als ideal angenommen werden kann

$$y_i^* = \gamma_i^*(x_{i1}) \cdot \frac{H_{px}(T)}{p} \cdot x_{i1} = \gamma_i(x_{i1}) \cdot x_{i1} \cdot \frac{p_{0is}(T)}{p} .$$

Daraus ergibt sich

$$\dot{N}_{min}^L = \dot{N}^G \cdot \frac{\gamma_i^* \cdot H_{px}(T)}{p} = \dot{N}^G \cdot \frac{\gamma_i(x_{i1}) \cdot p_{0is}}{p} . \tag{16.70}$$

Je höher der Druck und je tiefer die Temperatur bei der Absorption sind, desto geringer ist der erforderliche Waschmittelbedarf.

16.7 Partielles Verdampfen und Kondensieren von Mehrstoffgemischen

Einem ein- oder mehrphasigen Mehrstoffgemisch wird Wärme zu- oder abgeführt, sodass sich ein neuer zweiphasiger Zustand bei einer Temperatur T und einem Druck p einstellt, Abb. 16.39.

Die Aufgabe beim partiellen Verdampfen und Kondensieren besteht darin, bei gegebenen Zustandsgrößen des Feedstroms (gesamter Mengenstrom $\dot{N}_F$ und phasengemittelten Molanteilen z_i) die Mengenströme von Gas- und Flüssigphase und deren Molanteile bei bekannten Werten von T und p zu berechnen.

Zur Berechnung der $2K + 2$ Unbekannten benötigt man ebenso viele Gleichungen. Diese sind zum einen die K Mengenbilanzen

$$\dot{N}_F = \dot{N}^L + \dot{N}^G \, , \tag{16.71}$$

$$\dot{N}_F z_i = \dot{N}^L x_i + \dot{N}^G y_i, \quad i = 1, 2, \ldots, K - 1 \, . \tag{16.72}$$

Zum anderen besteht zwischen den Molanteilen y_i des Dampfes und x_i der Flüssigkeit ein Zusammenhang, den man durch den *Gleichgewichtskoeffizienten* K_i beschreibt. Definitionsgemäß ist

$$K_i = y_i / x_i \, , \quad i = 1, 2, \ldots, K \, . \tag{16.73}$$

Falls Gas- und Flüssigphase ideal sind, lässt sich der Gleichgewichtskoeffizient in einfacher Weise berechnen, denn wegen $p_i = p y_i$ und wegen des Raoultschen Gesetzes $p_i = p_{0is} x_i$ lautet der Gleichgewichtskoeffizient

$$K_i = \frac{p_{0is}}{p} \, . \tag{16.73a}$$

K_i ist also nur eine Funktion der Temperatur und des Druckes des Gemisches. Ist die Gasphase ideal, die Flüssigphase aber real, so wird nach Gl. 9.31

$$K_i = \frac{\gamma_i p_{0is}}{p} \, . \tag{16.73b}$$

Abb. 16.39 Phasentrennung beim partiellen Verdampfen und Kondensieren.

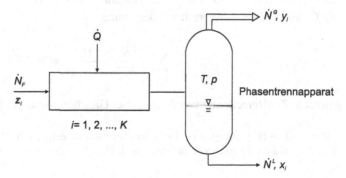

Der Gleichgewichtskoeffizient hängt von Temperatur und Druck des Gemisches und sämtlichen Molenbrüchen der Flüssigkeit ab. Im Grenzfall idealer Flüssigphase $\gamma_i = 1$ erhält man wieder die Gl. 16.73a. Zu den Gln. 16.71 bis 16.73 kommen noch die beiden „Schließbedingungen"

$$\sum_{k=1}^{K} x_k = 1 \quad \text{und} \quad \sum_{k=1}^{K} y_k = 1 . \tag{16.74}$$

Aus den $2K + 2$ Gln. 16.71 bis 16.74 lassen sich gerade die $2K + 2$ Unbekannten $\dot{N}^G$, y_i, $\dot{N}^L$, x_i ($i = 1, 2, \ldots, K$) berechnen.

Im Fall des *Zweistoffgemisches* ist diese Rechnung einfach. Die Gl. 16.72 geht dann über in

$$\dot{N}_F z_1 = \dot{N}^L x_1 + \dot{N}^G y_1 .$$

Zueinander gehörende Werte x_1, y_1 kann man berechnen oder einem Phasendiagramm entnehmen. Da x_1, y_1 somit festliegen, sind nur noch die beiden Unbekannten $\dot{N}^L$ und $\dot{N}^G$ zu berechnen, wofür die beiden Gln. 16.71 und 16.72 zur Verfügung stehen.

Für Gemische aus mehr als zwei Komponenten sind viele Verfahren bekannt. Häufig angewandt wird das von Rachford und Rice[11]. Als neue Größe definiert man das Verhältnis von Dampf- zu Zulaufmenge

$$\psi = \frac{\dot{N}^G}{\dot{N}_F} .$$

Damit ist $1 - \psi = \dot{N}^L / \dot{N}_F$ und Gl. 16.72 geht mit Gl. 16.73 über in

$$z_i = (1 - \psi)x_i + \psi K_i x_i .$$

Es ist somit

$$x_i = \frac{z_i}{1 + \psi(K_i - 1)} \tag{16.75}$$

und mit $K_i = y_i / x_i$

$$y_i = \frac{K_i z_i}{1 + \psi(K_i - 1)} . \tag{16.76}$$

In diesen beiden Gleichungen ist nur noch die Größe ψ unbekannt. Gleichgewicht ist nur dann vorhanden, wenn $0 \leq \psi \leq 1$ ist. Aufgrund der Gl. 16.74 ist $\sum_{k=1}^{K} y_k - \sum_{k=1}^{K} x_k = 0$. Die Größe ψ muss daher auch der Beziehung

$$\sum_{k=1}^{K} \frac{(K_k - 1)z_k}{1 + \psi(K_k - 1)} = 0 \tag{16.77}$$

genügen. Zur Berechnung von ψ aus dieser Gleichung sind zwei Fälle zu unterscheiden:

---

[11] Rachford, H.H. jr., Rice, J.D.: Procedure for use of electronic digital computers in calculation flash vaporization hydrocarbon equilibrium. J. Petrol. Technology 4 (1952) 10, sect. 1, S. 19 und sect. 2, S. 3.

a. Die Gleichgewichtskoeffizienten K_i hängen, falls beide Phasen ideal sind, nur von Druck und Temperatur ab, entsprechend $K_i = p_{0is}/p$. Man erhält dann die Größe ψ durch Iteration aus Gl. 16.77, wobei man beispielsweise als Startwert $\psi = 0{,}5$ wählen kann. Daraus folgen $\dot{N}^G = \psi \dot{N}_F$ und $\dot{N}^L = (1 - \psi)\dot{N}_F$. Die Molenbrüche x_i und y_i ergeben sich aus Gl. 16.75 und Gl. 16.76.

b. Die Gleichgewichtskoeffizienten K_i hängen von Druck, Temperatur und den Molenbrüchen x_i der flüssigen Phase ab, entsprechend $K_i = \gamma_i p_{0is}/p$. Man erhält dann zuerst die Werte x_i. Das kann dadurch geschehen, dass man die Gültigkeit des Raoultschen Gesetzes voraussetzt und, wie zuvor unter a. geschildert, Näherungswerte für x_i ermittelt. Mit diesen kann man die Aktivitätskoeffizienten $\gamma_i(p, T, x_i, \ldots, x_{K-1})$ und damit die Werte K_i berechnen. Mit ihnen erhält man aus Gl. 16.77 einen neuen Wert ψ und aus Gl. 16.75 und Gl. 16.76 neue Werte x_i und y_i. Die Iterationen sind dann solange fortzuführen, bis sich die Ergebnisse aufeinanderfolgender Rechenschritte nicht mehr unterscheiden.

Mit Hilfe dieser Iterationsmethode lassen sich auch Siede- und Taupunkte berechnen. Man nennt diese Methode „isotherm isobarer Flash".

Bei Siedebeginn ist in den vorigen Gleichungen die gebildete Dampfmenge noch verschwindend klein, $\psi = \dot{N}^G/\dot{N}_F = 0$ und $z_i = x_i$. Mit $\sum_{k=1}^{K} z_k = 1$ geht Gl. 16.77 über in

$$1 - \sum_{k=1}^{K} x_k K_k = 0 \ . \tag{16.78}$$

Hierin ist $K_i(p, T)$, falls Gas- und Flüssigphase ideal sind, oder allgemein $K_i(p, T, x_1, x_2, \ldots, x_{K-1})$. Da die Zusammensetzung x_i der Flüssigkeit und der Druck vorgegeben sind, enthält Gl. 16.78 als Unbekannte nur noch die Siedetemperatur des Flüssigkeitsgemisches, die man iterativ berechnen kann.

Wird ein Dampfgemisch kondensiert, so ist bei Beginn der Kondensatbildung $\psi = \dot{N}^G/\dot{N}_F = 1$ und $z_i = y_i$. Aus Gl. 16.77 erhält man

$$1 - \sum_{k=1}^{K} \frac{y_k}{K_k} = 0 \tag{16.79}$$

zur Berechnung der unbekannten Taupunkttemperatur. Sind Dampf- und Flüssigphase ideal und daher $K_i(p, T)$, so kann man die Temperatur iterativ berechnen. Ist jedoch die Flüssigphase real und somit $K_i = \gamma_i p_{0is}/p$, so hängt der Wert K_i noch von den unbekannten Molenbrüchen x_i der Flüssigkeit und der Temperatur ab. Man muss daher sowohl die Molenbrüche x_i als auch die Temperatur schätzen und dann die Anfangswerte iterativ verbessern. Für eine erste Schätzung kann man beispielsweise die Aktivitätskoeffizienten $\gamma_i = 1$ setzen. Man berechnet dann iterativ aus Gl. 16.79 die Taupunkttemperatur. Mit dieser und den zuvor angenommenen Werten x_i erhält man neue Aktivitätskoeffizienten und damit neue Werte K_i, zu denen auch neue Molenbrüche x_i gehören. Die Taupunkttemperatur ist dann mit den Werten K_i erneut zu berechnen und das Verfahren solange fortzuführen, bis sich die Ergebnisse zweier aufeinander folgender Rechenschritte nicht mehr unterscheiden.

16.8 Beispiele und Aufgaben

Beispiel 16.1

In einer Zuckerfabrik sollen 10,2 t/h Zuckersaft von 15 % auf 70 % Trockensubstanz eingedampft werden. Dies soll mit einer mechanischen Brüdenkompression über mehrere Verdampferstufen erfolgen. Die Heiztemperatur der ersten Stufe (Kondensationstemperatur) soll $t = 78,74\,°C$ betragen. Aus der letzten Stufe wird Brüden bei $p_1 = 260\,mbar$ angesaugt. Die Siedepunktserhöhung der Zuckerlösung bei einem Trockensubstanzgehalt von 70 % beträgt $\Delta T_s = 5\,K$. Wie groß ist die erforderlich Verdichterleistung bei einem isotropen Wirkungsgrad von 85 %?

Stoffwerte: Dampftabelle

p mbar	t °C	h' kJ/kg	h'' kJ/kg	s' kJ/(kg K)	s'' kJ/(kg K)
260	65,87	275,49	2618,9	0,9036	7,8151
450	78,74	329,45	2640,5	1,0597	7,6263

Mittlere spezifische Wärmekapazität des Dampfes $\bar{c}_p = 1,88\,kJ/(kg\,K)$

Lösung: Wir berechnen zunächst den Massenstrom des zu verdichtenden Dampfes. Dieser beträgt nach Gl. 16.4 $\dot{M}_B = 10\,200\,kg/h \cdot \left(1 - \frac{0,15}{0,7}\right) = 8014\,kg/h$. Die Verdichterleistung beträgt gemäß dem 1. Hauptsatz $P = \dot{M}_B\,(h_{2\mathrm{rev}} - h_1)\,\eta_s^{-1}$.

Der Verdichterdruck ergibt sich aus der Kondensationstemperatur auf der Heizseite der 1. Stufe und beträgt $p_2 = 450\,mbar$. Die Temperatur des angesaugten Dampfes T_1 ist $t_1 = t_s\,(p_1 = 260\,mbar) + \Delta T_s = 70,87\,°C$.

Damit folgt für die Enthalpie $h_1 = h''(p_1) + \bar{c}_p\,\Delta T_s = 2628,3\,kJ/kg$. Aus $s_2 = s_1$ kann man die Temperatur t_2 berechnen. Es gilt

$$s_1 = s''(p_1) + \bar{c}_p \ln \frac{T_1}{T_{1s}} = 7,83\,,$$

$$s_2 = s_{1_s}''(p_2) + \bar{c}_p \ln \frac{T_2}{T_{2s}} \rightarrow T_2 = 392,1\,K$$

bzw.

$$t_2 = 118{,}96\,°C,$$

$$h_{2\mathrm{rev}} = h''(p_2) + \bar{c}_p\,(t_2 - t_s(p_2)) = 2716{,}1\,\mathrm{kJ/kg}\,.$$

Damit ergibt sich $P = 230\,\mathrm{KW}$.

Der spezifische Energieeinsatz beträgt somit $P/\dot{M}_B = 28{,}7\,\mathrm{kWh}/1000\,\mathrm{kg}$ Brüden.

Beispiel 16.2

In einer Destillierblase befinden sich 450 kg des Gemisches aus Wasser (H_2O, Komponente 1, $\bar{M}_1 = 18\,\mathrm{kg/kmol}$) und n-Butanol (C_4H_7OH, Komponente 2, $\bar{M}_2 = 72\,\mathrm{kg/kmol}$). Die Ausgangszusammensetzung beträgt $x_F = 80\,\mathrm{Mol}\text{-}\%$ Wasser bei einem Druck von 1,333 bar. Das Gemisch bildet ein sogenanntes Heteroazetrop.

Es besteht, wie das Gleichgewichtsdiagramm der Abb. 16.40 zu dieser Aufgabe zeigt, aus einer oberen, wasserreichen flüssigen Phase B, $x_B = 0{,}98$, und einer darunter befindlichen, wasserärmeren flüssigen Phase A, $x_A = 0{,}67$, die im Gleichgewicht stehen mit einem Dampf vom Molenbruch $y = 0{,}756$. Wieviel Flüssigkeit befindet sich noch in der Blase, wenn sich die Zusammensetzung des abziehenden Dampfes zu ändern beginnt?

Solange sich drei Phasen, die flüssigen Phasen A und B und der Dampf, in der Destillierblase befinden, kann sich nach der Gibbsschen Phasenregel die Zusammensetzung des Dampfes nicht ändern. Da das Ausgangsgemisch x_F sich rechts vom azeotropen Punkt befindet, ist der entstehende Dampf reicher an n-Butanol, die Flüssigkeit verarmt an n-Butanol und wird wasserreicher, bis schließlich vom Punkt B, $x_B = 0{,}98$, an nur noch die Phase B und der darüber stehende Dampf im Gleichgewicht stehen. Rechts vom Punkt B ändert sich mit weiterer Verdampfung die Dampfzusammensetzung. Der während einer kleinen Zeit mit dem Dampf abgeführte Anteil $\xi^D dM^D$ an leichter Siedendem führt zu einer Abnahme $\xi^L M^L$ des leichter Siedenden in der Destillierblase.

Abb. 16.40 Gleichgewichts-diagramm zu Beispiel 16.2

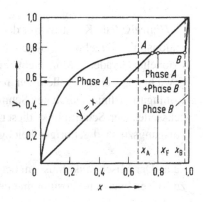

Es ist also

$$\xi_D \, dM^D = d(\xi^L \, M^L) \quad \text{mit} \quad dM^D = dM^L \; .$$

Somit gilt

$$\xi^D \, dM^L = \xi^L \, dM^L + M^L \, d\xi^L \quad \text{oder} \quad \frac{dM^L}{M^L} = \frac{d\xi^L}{\xi^D} - \xi^L$$

mit $\xi^D = \text{const.}$

Integration zwischen dem Anfangszustand (Index α) und dem Endzustand (Index ω) ergibt

$$\ln \frac{M_\omega^L}{M_\alpha^L} = \ln \frac{\xi^D - \xi_\alpha^L}{\xi^D - \xi_\omega^L} \; .$$

Es ist $x_\alpha = x_F = 0{,}8$; $x_\omega = x_B = 0{,}986$; $y = 0{,}756$ und entsprechend $\xi_\alpha^L = \xi_F^L = 0{,}5$; $\xi_\omega^L = \xi_B^L = 0{,}92$; $\xi^D = 0{,}44$. Damit wird

$$M_\omega^L = M_\alpha^L \frac{\xi^D - \xi_\alpha^L}{\xi^D - \xi_\omega^L} = 450 \, \text{kg} \frac{0{,}44 - 0{,}50}{0{,}44 - 0{,}92} = 56{,}25 \, \text{kg} \; .$$

Beispiel 16.3

a) Bei der Extraktion wird das Gemisch aus Trägerflüssigkeit (Abgeber) und Wertstoff mit einer weiteren Flüssigkeit (Aufnehmer) gemischt. In welchem Gebiet der Abb. 16.41 muss der Mischpunkt liegen, damit eine Extraktion möglich ist?

b) Aus einer Essigsäure-Wassermischung mit 70 Massen-% Essigsäure soll mittels Benzol Essigsäure extrahiert werden. Das Massenverhältnis zwischen dem Einsatzgemisch (Feed) und dem Lösungsmittel sei 2. Wie ist das Extrakt zusammengesetzt?

Hinweis: Zur Konstruktion der Konoden benutze man die eingezeichnete Konjugationslinie. Zugehörige Gleichgewichtszustände findet man folgendermaßen (s. gestrichelte Geraden): Man zieht durch einen Punkt auf dem linken Teil der Gleichgewichtslinie eine Parallele zur rechten Dreiecksseite bis zum Schnittpunkt mit der Konjugationslinie. Durch den Schnittpunkt zeichnet man eine Parallele zur linken Dreiecksseite. Der Schnittpunkt dieser Geraden mit der Gleichgewichtslinie ist der zum Ausgangszustand gehörige Gleichgewichtszustand.

zu a) Der Mischpunkt muss im heterogenen Gebiet liegen.
zu b) Zeichnerische Lösung im Gleichgewichtsdiagramm (Abb. 16.42).

Abb. 16.41 Gleichgewichts-
diagramm zu Beispiel 16.3

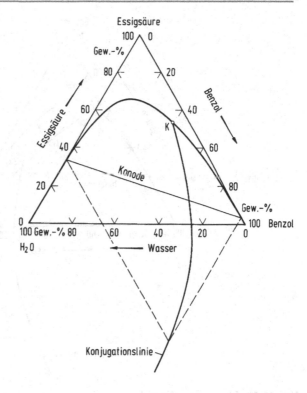

Den Mischungspunkt findet man mit Hilfe des Hebelgesetzes:

$$M_A/M_B = 2 = \text{Strecke MB/Strecke MA}.$$

Die Konode durch den Mischpunkt findet man mit Hilfe der Konjugationslinie durch Probieren. Zusammensetzung des Extraktes (Zustandspunkt E):

$$\xi_B = 0{,}81; \xi_E = 0{,}18; \xi_w = 0{,}01.$$

Beispiel 16.4

In einer Gegenstrom-Füllkörperkolonne soll aus einem Abluftstrom von $\dot{V} = 1000\,\mathrm{m_N^3/h}$ bei $p = 1{,}3\,\mathrm{bar}$ Ethanol absorbiert werden. Das Waschmittel Wasser wird im Gegenstrom geführt. Die Eingangskonzentration des Ethanols beträgt $\zeta_{N1} = 10\,\mathrm{g/m_N^3}$. Der Absorber wird bei einer Temperatur von 25 °C betrieben. Die Aufsättigung des Gasstroms mit Wasserdampf ist zu vernachlässigen. Gemäß TA-Luft ist eine Emissionskonzentration $\zeta_{N2} = 100\,\mathrm{mg/m_N^3}$ zu gewährleisten. Wie groß muss der erforderliche Waschmittelstrom (Frischwasser) sein, wenn dieser doppelt so groß ist wie die zur Absorption minimal erforderliche Waschflüssigkeitsmenge?

Der Dampfdruck von Ethanol beträgt bei 25 °C 78,63 mbar.

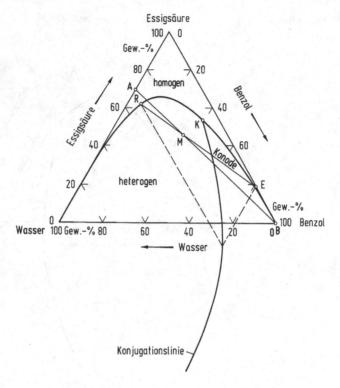

Abb. 16.42 Lösung zu Beispiel 16.3

Tabelle von Gleichgewichtswerten bei 25 °C ($i = $ Ethanol):

x_i	0,055	0,1246	0,2142
y_i	0,323	0,497	0,579
p (mbar)	44,43	56,06	63,95

Der Grenzaktivitätskoeffizient von Ethanol beträgt bei 25 °C $\gamma_i^\infty = 4{,}25$.

Lösung: Wir berechnen zunächst die Aktivitätskoeffizienten aus der gegebenen Tabelle bei 25 °C mit Hilfe des erweiterten Raoultschen Gesetzes,

$$\gamma_i = \frac{p \cdot y_i}{p_{0is}(T) \cdot x_i}$$

und erhalten die folgende Tabelle

x_i	$\to 0$	0,055	0,1246	0,2142
γ_i	4,25	3,32	2,84	2,2

Die minimale Flüssigkeitsmenge ergibt sich prinzipiell aus Gl. 16.70, allerdings fehlt der Wert x_{i1}. Die Lösung der Aufgabe ist somit nur iterativ möglich. Hierzu setzen wir zunächst $x_i \rightarrow 0$ und verwenden den Grenzaktivitätskoeffizienten $\gamma_i^\infty = 4{,}25$.

Mit

$$\dot{N}^G = \frac{\dot{V}_N}{\tilde{V}_N} = \frac{1000 \, \text{m}_N^3/\text{h}}{22{,}41 \, \text{m}_N^3/\text{kmol}} = 44{,}62 \, \text{kmol/h}$$

ergibt sich ein Mindestflüssigkeitsstrom

$$\dot{N}_{\min}^L = 44{,}62 \, \text{kmol/h} \cdot \frac{4{,}25 \cdot 78{,}63 \, \text{mbar}}{1300 \, \text{mbar}} = 11{,}47 \, \text{kmol/h}$$

und

$$\dot{N}^L = 2 \cdot \dot{N}_{\min}^L = 22{,}44 \, \text{kmol/h} \, .$$

Die zu absorbierende Ethanolmenge ist

$$\dot{M}_i = \dot{V}_N(\rho_{N2} - \rho_{N1}) = 9{,}9 \text{kg/h}$$

bzw.

$$\dot{N}_i = \frac{\dot{M}_i}{\tilde{M}_i} = \frac{9{,}9 \, \text{kg/h}}{46 \, \text{kg/kmol}} = 0{,}215 \, \text{kmol/h} \, .$$

Damit ist $x_{i1} = 0{,}00938$. Mit diesem Wert kann man durch Interpolation aus der Tabelle einen neuen Aktivitätskoeffizienten ermitteln. Dieser beträgt $\gamma_i \approx 4$. Man erhält dann $\dot{N}^L = 21{,}59 \, \text{kmol/h}$. Ein weiterer Iterationsschritt ist nicht erforderlich.

Aufgabe 16.1

In einer Destillierblase sollen $N_a^L = 500 \, \text{kmol}$ eines Gemisches aus Methanol und Wasser der Zusammensetzung $x_a = 0{,}5$ bei einem Druck von 1,013 bar eingedampft werden, bis der Molenbruch des Methanols noch $x_e = 0{,}05$ beträgt.

Wie groß sind die Mengen des Destillats und des Blasenrückstandes?

Wie ist das Destillat zusammengesetzt?

Die Gleichgewichtsdaten für Methanol/Wasser beim Druck von 1,013 bar sind:

x	0,01	0,03	0,05	0,10	0,20	0,30	0,40	0,50	0,68
y	0,069	0,0188	0,271	0,423	0,602	0,692	0,754	0,797	0,830

Aufgabe 16.2

Am Kopf einer Rektifizierkolonne wird der Rücklauf durch einen Dephlegmator erzeugt, während das Destillat einem Kondensatkühler zufließt.

Wie groß ist das Verhältnis der im Dephlegmator und im Kondensatkühler abzuführenden Wärmen bei einem Rücklaufverhältnis von $v = 2$ (die Verdampfungsenthalpie sei konstant)?

Aufgabe 16.3

In einer Verstärkungssäule wird das ideale Gemisch Benzol-Toluol rektifiziert. Die Zusammensetzung auf dem zweiten Boden ist 25,6 Mol-% Benzol und 74,4 Mol-% Toluol. Das Gemisch siedet unter dem Druck von 1,101325 bar bei 100 °C. Der Dampfdruck des Benzols bei dieser Temperatur ist 1,792 bar. Welche Zusammensetzung hat die vom dritten Boden ablaufende Flüssigkeit, wenn der zweite Boden ein Verstärkungsverhältnis von $s = 0,8$ hat? Das Verstärkungsverhältnis ist der Quotient der tatsächlichen zur idealen Anreicherung im Dampf. Die Gleichung der Verstärkungsgeraden lautet:

$$y = 0,88x + 0,1 .$$

Aufgabe 16.4

Für eine überschlägige Berechnung der einer Rektifiziersäule (Verstärkungs- und Abtriebssäule) zuzuführenden Heizleistung soll angenommen werden, dass die molaren Enthalpien der gesättigt zu- und abfließenden Flüssigkeiten gleich sind und keine Wärmeverluste auftreten.

a) Welche Heizleistung ist zuzuführen, wenn bei einem Rücklaufverhältnis von $v = 2$ ein Molenstrom von $\dot{N}_E = 5424 \,\text{kmol/h}$ an Destillat gewonnen werden sollen? Verdampfungsenthalpie $\Delta \bar{H}_v = 60 \cdot 10^3 \,\text{kJ/kmol}$.

b) Wie ist die Heizleistung zu ändern, wenn der Zulauf mit einer Unterkühlung ΔT_F zugeführt wird, aber die gleiche Destillatmenge erreicht werden soll?

Aufgabe 16.5

a) Bis zu welcher Temperatur müssen 140 kg ungesättigte, wässrige KNO_3-Lösung mit einer Beladung von $X_1 = 0,4$ abgekühlt werden, damit die Beladung X_2 in der Lösung nach der Kristallisation halb so groß ist wie in der Anfangslösung? Welche Kristallmenge fällt an?

b) Welche Wassermenge müsste aus der gleichen Ausgangslösung ($X_1 = 0,4$) bei einer Temperatur von 60 °C verdunsten, damit die Kristallisation beginnen kann?

Zur Lösung der Aufgabe ist die Löslichkeitskurve gemäß Abb. 16.43 zu verwenden.

Aufgabe 16.6

In einem absatzweise arbeitenden Kristallisator befinden sich $M_{ges} = 150 \,\text{kg}$ einer KNO_3-Lösung. Die Beladung beträgt $X_\alpha = 0,6$, die Temperatur $t_\alpha = 60\,°C$.

Es sollen 2/3 des gelösten Salzes auskristallisiert werden. Man berechne, bei welchem Verfahren – reine Verdampfung oder Abkühlung – der Energieumsatz geringer ist.

Gegeben:　Verdampfungsenthalpie $\Delta h_{V,H_2O} = 2358 \,\text{kJ/kg}$,

　　　　　　Kristallisationsenthalpie $\Delta h_K = 50,5 \,\text{kJ/kg}$,

　　　　　　spezifische Wärmekapazität der Lösung $c_{pL} = 4,4 \,\text{kJ/kg K}$,

　　　　　　Löslichkeitskurve gemäß Abb. 16.43.

Abb. 16.43 Löslichkeitskurve
von KNO$_3$ zu den Aufgaben
16.5 und 16.6

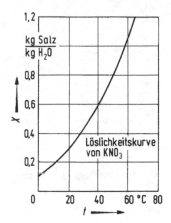

Annahmen: Die spezifische Wärmekapazität der Lösung sei unabhängig von der Beladung. Die Lösungsenthalpie wird vernachlässigt. Das bei der Abkühlung
kristallisierende Salz wird dem System sofort entzogen.

Anhang

Herleitung der Gl. 7.19 und Gl. 7.20

Ist die thermische Zustandsgleichung in der Form $p = p(T, V, N_1, N_2, \ldots, N_K)$ gegeben, so geht Gl. 7.18 mit $dp = (\partial p/\partial V)_{T,N_j}\, dV$ längs des Integrationsweges $T, N_j = \text{const}$ über in

$$\ln \varphi_i = \int_{\infty}^{V} \left(\frac{V_i}{\bar{R}T} - \frac{1}{p} \right) \left(\frac{\partial p}{\partial V} \right)_{T,N_j} dV$$

$$= \int_{\infty}^{V} \frac{V_i}{\bar{R}T} \left(\frac{\partial p}{\partial V} \right)_{T,N_j} dV - \int_{\infty}^{V} \frac{1}{p} \left(\frac{\partial p}{\partial V} \right)_{T,N_j} dV . \tag{A.1}$$

Weiter folgt aus

$$dp = \left(\frac{\partial p}{\partial T} \right)_{V,N_j} dT + \left(\frac{\partial p}{\partial V} \right)_{T,N_j} dV + \sum_{k=1}^{K} \left(\frac{\partial p}{\partial N_k} \right)_{T,V,N_{j \neq k}} dN_k$$

für $p, T, N_{j \neq i} = \text{const}$ die Beziehung

$$-\left(\frac{\partial p}{\partial N_i} \right)_{T,V,N_{j \neq i}} = \left(\frac{\partial p}{\partial V} \right)_{T,N_j} V_i . \tag{A.2}$$

Der Realgasfaktor Z ist definiert durch $Z = (pV)/(N\bar{R}T)$. Auflösen nach dem Druck $p = ZN\bar{R}T/V$ und Differentiation ergibt

$$\frac{1}{p} \left(\frac{\partial p}{\partial V} \right)_{T,N_j} = -\frac{1}{V} + \frac{1}{Z} \left(\frac{\partial Z}{\partial V} \right)_{T,N_j} . \tag{A.3}$$

© Springer-Verlag GmbH Deutschland 2017
P. Stephan et al., *Thermodynamik*, https://doi.org/10.1007/978-3-662-54439-6

Setzt man die Gl. A.2 und Gl. A.3 in Gl. A.1 ein, so ergibt sich

$$
\ln \varphi_i = -\frac{1}{\bar{R}T} \int\limits_{\infty}^{V} \left(\frac{\partial p}{\partial N_i} \right)_{T,V,N_{j \neq i}} dV + \int\limits_{\infty}^{V} \frac{dV}{V} - \int\limits_{\infty}^{V} \frac{1}{Z} \left(\frac{\partial Z}{\partial V} \right)_{T,N_j} dV ,
$$

woraus man wegen $\ln Z(V \to \infty) = 1$ die Gl. 7.19 erhält

$$
\ln \varphi_i = \frac{1}{\bar{R}T} \int\limits_{V}^{\infty} \left[\left(\frac{\partial p}{\partial N_i} \right)_{T,V,N_{j \neq i}} - \frac{\bar{R}T}{V} \right] dV - \ln Z . \tag{7.19}
$$

Falls die thermische Zustandsgleichung durch $p = p(T, \bar{V}, x_1, x_2, \ldots, x_{K-1})$ gegeben ist, erhält man einen äquivalenten Ausdruck, wenn man in Gl. 7.19 den Differentialquotienten $(\partial p / \partial N_i)_{T,V,N_{j \neq i}}$ ersetzt durch

$$
\left(\frac{\partial p}{\partial N_K} \right)_{T,V,N_{j \neq K}} = -\frac{1}{N} \left[\left(\frac{\partial p}{\partial \bar{V}} \right)_{T,x_j} \bar{V} + \sum_{k=1}^{K-1} \left(\frac{\partial p}{\partial x_k} \right)_{T,V,x_{j \neq k}} x_k \right] \tag{A.4}
$$

und beachtet, dass längs des Integrationsweges $N_j = \text{const } dV/N = d\bar{V}$ ist. Gl. 7.19 geht dann über in

$$
\ln \varphi_K = -\frac{1}{\bar{R}T} \int\limits_{\bar{V}}^{\infty} \left[\left(\frac{\partial p}{\partial \bar{V}} \right)_{T,x_j} \bar{V} + \sum_{k=1}^{K-1} \left(\frac{\partial p}{\partial x_k} \right)_{T,V,x_{j \neq k}} x_k + \frac{\bar{R}T}{\bar{V}} \right] d\bar{V}
$$
$$
- \ln Z , \tag{A.5}
$$

woraus man nach Produktintegration von

$$
\int\limits_{\bar{V}}^{\infty} \left(\frac{\partial p}{\partial \bar{V}} \right)_{T,x_j} \bar{V} \, d\bar{V}
$$

und mit $Z = p\bar{V}/(\bar{R}T)$ die Gl. 7.20 erhält

$$
\ln \varphi_K = \frac{1}{\bar{R}T} \int\limits_{\bar{V}}^{\infty} \left(p - \frac{\bar{R}T}{\bar{V}} \right) d\bar{V}
$$
$$
- \frac{1}{\bar{R}T} \int\limits_{\bar{V}}^{\infty} \sum_{k=1}^{K-1} \left(\frac{\partial p}{\partial x_k} \right)_{T,\bar{V},x_{j \neq k}} x_k \, d\bar{V} + Z - 1 - \ln Z . \tag{7.20}
$$

Lösungen der Aufgaben

$$\xi_i = \frac{M_i}{M}\frac{N_i}{N_i}\frac{M_1}{M_1} = \frac{N_i}{M_1}\frac{M_i}{N_i}\frac{M_1}{M} = m_i\bar{M}_i\frac{M_1}{M_1 + \sum_2^K M_k} = m_i\bar{M}_i\frac{1}{1 + \sum_2^K \frac{M_k}{M_1}}$$

Mit $\frac{M_k}{M_1} = \frac{M_k}{M_1}\frac{N_k}{N_k} = m_k\bar{M}_k$ folgt

$$\xi_i = \frac{m_i\bar{M}_i}{1 + \sum_2^K m_k\bar{M}_k}$$

$$x_2 = \frac{1\,\text{mol}\;18\,\text{kg}}{\text{kg}\;1000\,\text{mol}\left(1 + \frac{1\,\text{mol}}{\text{kg}}\frac{18\,\text{kg}}{1000\,\text{mol}}\right)} = 0{,}0177$$

$$\xi_2 = \frac{1\,\text{mol}\;58{,}5\,\text{kg}}{\text{kg}\;1000\,\text{mol}\left(1 + \frac{1\,\text{mol}}{\text{kg}}\frac{58{,}5\,\text{kg}}{1000\,\text{mol}}\right)} = 0{,}0553$$

Nach Gl. 2.4 und Gl. 1.17 gilt $R = \bar{R}/\bar{M} = \bar{R}/(\sum y_k\bar{M}_k)$.

Gasart i	y_i	$\bar{M}_i$ in kg/kmol	$y_i\bar{M}_i$ in kg/kmol	ξ_i
H_2	0,5	2,016	1,008	0,0847
CH_4	0,3	16,042	4,8126	0,4043
CO	0,15	28,01	4,2015	0,3530
CO_2	0,03	44,01	1,3203	0,1109
N_2	0,02	28,016	0,56032	0,0471
$\sum$	1,00		11,90272	1,0000

Damit folgt R zu

$$R = \frac{8{,}314\,\text{kJ kmol}}{11{,}90272\,\text{kmol K kg}} = 0{,}6985\,\text{kJ}/(\text{kg K})\,.$$

Die gesuchte Dichte ergibt sich aus $pV = MRT$ zu

$$\varrho = \frac{M}{V} = \frac{p}{RT} = \frac{10^5\,\text{J kg K}}{0{,}6985 \cdot 298{,}15\,\text{m}^3\,\text{kJ K}} = 0{,}480\,\text{kg/m}^3\,.$$

Aufgabe 2.2

Für das im Behälter befindliche Leuchtgas gilt bei $t_1 = 20\,°\text{C}$: $p_1 V = MRT_1$ und bei $t_2 = 80\,°\text{C}$: $p_2 V = MRT_2$. Daraus folgt

$$p_2 = \frac{T_2}{T_1} p_1 = \frac{353{,}15\,\text{K}}{293{,}15\,\text{K}} p_1 = 1{,}20 p_1\,.$$

Aufgabe 2.3

$$\bar{M}_i = M_i/N_i \quad ; \quad y_i = N_i/N\,.$$

Stoff i	M_i in kg	N_i in kmol	y_i
CO_2	43,95	1	0,095
H_2O	35,97	2	0,189
N_2	212,08	7,57	0,716
$\sum$	292	10,57	1,000

Aufgabe 2.4

Es ist

$$\bar{M} = \sum y_k \bar{M}_k, \xi_i = y_i \bar{M}_i/\bar{M} \quad \text{und} \quad p_i = y_i p\,.$$

Stoff i	$y_i \bar{M}_i$ in kg/kmol	ξ_i	p_i in bar
N_2	21,8512	0,7546	0,7804
O_2	6,72	0,2321	0,2100
Ar	0,3711	0,0128	0,0093
CO_2	0,0132	0,0005	0,0003
$\sum$	28,9555	1,0000	1,0000

$$\varrho = \frac{M}{V} = \frac{p}{RT} = \frac{Mp}{\bar{R}T} = \frac{28{,}9555 \cdot 10^5\,\text{kg J kmol K}}{8{,}31441 \cdot 273{,}15\,\text{kmol m}^3\,\text{kJ K}} = 1{,}275\,\text{kg/m}^3\,.$$

Aufgabe 3.1

a)

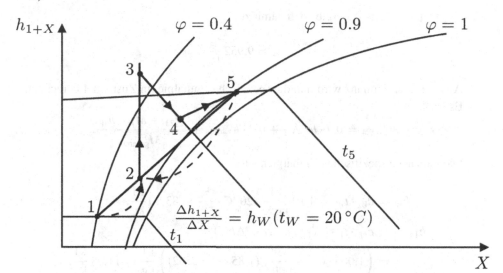

b) Um den Zustand 4 zu berechnen, werden eine Energie- und eine Wassermassenbilanz aufgestellt, die die Mischstelle, die Heizung und die Befeuchtung umfasst. Es gilt

Wassermassenbilanz

$$0 = 0{,}7 \cdot \dot{M}_{\text{gesamt}} \cdot X_1 + 0{,}3 \cdot \dot{M}_{\text{gesamt}} \cdot X_5 + \dot{M}_W - \dot{M}_{\text{gesamt}} \cdot X_4$$

Energiebilanz

$$0 = 0{,}7 \cdot \dot{M}_{\text{gesamt}} \cdot h_{1+X,1} + 0{,}3 \cdot \dot{M}_{\text{gesamt}} \cdot h_{1+X,5} + \dot{Q}_{23} + \dot{M}_W \cdot h_W - \dot{M}_{\text{gesamt}} \cdot h_{1+X,4}.$$

Aus der Wassermassenbilanz lässt sich X_4 berechnen zu

$$X_4 = 0{,}7 \cdot X_1 + 0{,}3 \cdot X_5 + \frac{\dot{M}_W}{\dot{M}_{\text{gesamt}}}.$$

X_1 und X_5 lassen sich darin mit Hilfe der Gl. 3.11 und Gl. 3.13 errechnen zu

$$X_1 = 0{,}622 \cdot \frac{\varphi_1 \cdot p_{s1}}{p - \varphi_1 \cdot p_{s1}} = 0{,}622 \cdot \frac{0{,}4 \cdot 9{,}345}{1000 - 0{,}4 \cdot 9{,}345} \frac{\text{kg}}{\text{kg}} = 2{,}334 \frac{\text{g}}{\text{kg}}$$

$$X_5 = 0{,}622 \cdot \frac{\varphi_5 \cdot p_{s5}}{p - \varphi_5 \cdot p_{s5}} = 0{,}622 \cdot \frac{0{,}9 \cdot 33{,}60}{1000 - 0{,}9 \cdot 33{,}60} \frac{\text{kg}}{\text{kg}} = 19{,}40 \frac{\text{g}}{\text{kg}},$$

wobei die Sättigungsdrücke aus Tab. 3.1 mit

$$p_{s1} = p_s\,(6\,^\circ C) = 9{,}345\,\text{mbar}$$

und

$$p_{s5} = p_s\,(26\,°\mathrm{C}) \quad = 33{,}60\,\mathrm{mbar}$$

eingesetzt wurden. X_4 ergibt sich damit zu

$$X_4 = 9{,}952\,\frac{\mathrm{g}}{\mathrm{kg}}.$$

Aus der Energiebilanz wird nun die spezifische Enthalpie im Zustand 4 berechnet. Es ist

$$h_{1+X,4} = 0{,}7 \cdot h_{1+X,1} + 0{,}3 \cdot h_{1+X,5} + \frac{\dot{Q}_{23} + \dot{M}_W \cdot h_W}{\dot{M}_{\mathrm{gesamt}}}.$$

Die fehlenden spezifischen Enthalpien sind

$$h_W = c_W \cdot t_W = 4{,}19\,\frac{\mathrm{kJ}}{\mathrm{kg\,K}} \cdot 20\,°\mathrm{C} \cdot \frac{\mathrm{K}}{°\mathrm{C}} = 83{,}80\,\frac{\mathrm{kJ}}{\mathrm{kg}},$$

$$h_{1+X,1} = c_{pL} \cdot t_1 + X_1\,(c_{pD} \cdot t_1 + \Delta h_{v_0})$$

$$= \left(1{,}005 \cdot 6 + \frac{2{,}334}{1000} \cdot (1{,}85 \cdot 6 + 2502)\right)\frac{\mathrm{kJ}}{\mathrm{kg}} = 11{,}89\,\frac{\mathrm{kJ}}{\mathrm{kg}},$$

$$h_{1+X,5} = \left(1{,}005 \cdot 26 + \frac{19{,}4}{1000} \cdot (1{,}85 \cdot 26 + 2502)\right)\frac{\mathrm{kJ}}{\mathrm{kg}} = 75{,}59\,\frac{\mathrm{kJ}}{\mathrm{kg}}.$$

Damit ergibt sich

$$h_{1+X,4} = \left(0{,}7 \cdot 11{,}89 + 0{,}3 \cdot 75{,}59 + \frac{5{,}33 + \frac{3}{3600} \cdot 83{,}8}{\frac{1200}{3600}}\right)\frac{\mathrm{kJ}}{\mathrm{kg}} = 47{,}20\,\frac{\mathrm{kJ}}{\mathrm{kg}}.$$

Für die spezifische Enthalpie gilt

$$h_{1+X,4} = c_{pL} \cdot t_4 + X_4\,(c_{pD} \cdot t_4 + \Delta h_{v_0}).$$

Nach t_4 aufgelöst folgt

$$t_4 = \frac{h_{1+x,4} - X_4 \cdot \Delta h_{v_0}}{c_{pL} + X_4 \cdot c_{pD}} = \left(\frac{47{,}2 - \frac{9{,}952}{1000} \cdot 2502}{1{,}005 + \frac{9{,}952}{1000} \cdot 1{,}85}\right)°\mathrm{C} = 21{,}79\,°\mathrm{C}.$$

Mit Gl. 3.11 und Gl. 3.13 errechnet sich die relative Luftfeuchte zu

$$\varphi_4 = \frac{p \cdot X_4}{p_{s4} \cdot (0{,}622 + X_4)} = \frac{1000 \cdot 9{,}952 \cdot 10^{-3}}{26{,}11 \cdot (0{,}622 + 9{,}952 \cdot 10^{-3})} = 0{,}603,$$

wobei der Sättigungsdruck bei t_4 aus den Werten in Tab. 3.1 interpoliert und eingesetzt wurde mit

$$p_{s4} = p_s\,(21{,}79\,°\mathrm{C}) = 26{,}11\,\mathrm{mbar}.$$

c) Der gesuchte Wassermassenstrom, der in der Fabrikhalle vom Luftmassenstrom aufgenommen wird, lässt sich bestimmen, indem man eine Bilanz der Wassermassenströme am System Fabrikhalle aufstellt. Es gilt

$$0 = \dot{M}_{\text{gesamt}} \cdot X_4 + \dot{M}_{W45} - \dot{M}_{\text{gesamt}} \cdot X_5.$$

Daraus errechnet sich

$$\dot{M}_{W45} = (X_5 - X_4) \cdot \dot{M}_{\text{gesamt}} = (19{,}40 - 9{,}952) \cdot 10^{-3} \cdot 1200 \, \frac{\text{kg}}{\text{h}} = 11{,}33 \, \frac{\text{kg}}{\text{h}}.$$

Aufgabe 5.1

Es ist

$$T = \left(\frac{\partial U}{\partial S} \right)_{V,N} = \frac{V_0 T_0}{\bar{R}N} \frac{S}{V} e^{S/\bar{R}N} \left(2 + \frac{S}{\bar{R}N} \right).$$

Bei reversibler adiabater Expansion ist $S = \text{const}$, also $T \sim 1/V$.

Aufgabe 5.2

Nach Gl. 5.12 gilt $c_v = \frac{1}{M} \left(\frac{\partial U}{\partial T} \right)_{V,N_j}$. Aus Gl. 5.9 folgt

$$\left(\frac{\partial U}{\partial T} \right)_{V,N_j} = T \left(\frac{\partial S}{\partial T} \right)_{V,N_j}$$

und aus Gl. 5.7

$$\left(\frac{\partial^2 U}{\partial S^2} \right)_{V,N_j} = \left(\frac{\partial T}{\partial S} \right)_{V,N_j}.$$

Wegen

$$\left(\frac{\partial T}{\partial S} \right)_{V,N_j} = 1 \left/ \left(\frac{\partial S}{\partial T} \right)_{V,N_j} \right.$$

folgt

$$\left(\frac{\partial S}{\partial T} \right)_{V,N_j} = 1 \left/ \left(\frac{\partial^2 U}{\partial S^2} \right)_{V,N_j} \right.$$

und damit

$$c_v = \frac{T}{M(\partial^2 U/\partial S^2)_{V,N_j}}.$$

Es ist

$$U = \frac{S^3}{A^3 N V} \; ; T = \left(\frac{\partial U}{\partial S} \right)_{V,N_j} = \frac{3S^2}{A^3 N V} \; ; \left(\frac{\partial^2 U}{\partial S^2} \right)_{V,N_j} = \frac{6S}{A^3 N V}.$$

Somit ergibt sich

$$c_v = \frac{T}{M} \frac{A^3 N V}{6S} .$$

Mit

$$T = \frac{3S^2}{A^3 N V}$$

folgt

$$c_v = \frac{S}{2M} .$$

Aufgabe 5.3

Mit der Definition für die Enthalpie folgt $\Psi(p, T) = S - \frac{U + pV}{T}$ und daraus

$$\begin{aligned}
d\Psi &= dS - \frac{(dU + V\,dp + p\,dV)T - (U + pV)\,dT}{T^2} \\
&= \frac{T\,dS - T\,dS + p\,dV - V\,dp - p\,dV}{T} + \frac{U + pV}{T^2}\,dT \\
&= -\frac{V}{T}\,dp + \frac{U + pV}{T^2}\,dT .
\end{aligned}$$

Es folgt

$$V = -\left(\frac{\partial \Psi}{\partial p}\right)_T T , \quad U = T^2 \left(\frac{\partial \Psi}{\partial T}\right)_p - pV , \quad U = T \left[p \left(\frac{\partial \Psi}{\partial p}\right)_T + T \left(\frac{\partial \Psi}{\partial T}\right)_p \right]$$

und

$$S = \Psi + T \left(\frac{\partial \Psi}{\partial T}\right)_p .$$

Aufgabe 5.4

Für das ideale Gas 1 eines binären Gasgemisches (vgl. Gl. 5.23 und folgende) gilt

$$\mu_1 = \mu_{01}(T, p^+) + \bar{R}T \ln \frac{p}{p^+} + \bar{R}T \ln x_1 .$$

Daraus folgt $(\partial \mu_1 / \partial x_1)_{T,p} = \bar{R}T / x_1$. Mit $(x_1)_\alpha = 0$ lautet dann Gl. 5.58b

$$\mu_2(T, p, x_1) - \mu_{02}(T, p) = -\bar{R}T \int_0^{x_1} \frac{1}{x_2}\,dx_1 = -\bar{R}T \int_0^{x_1} \frac{dx_1}{1 - x_1} ,$$

$$\mu_2(T, p, x_2) = \mu_{02}(T, p) + \bar{R}T \ln x_2 .$$

Da diese Gleichung für das chemische Potential eines idealen Gases gilt, handelt es sich also bei der Komponente 2 um ein ideales Gas.

Aufgabe 5.5

Für gasförmige ($''$) und flüssige ($'$) Phase des Einstoffsystems lautet die Gleichung von Gibbs-Duhem Gl. 5.56a

$$\bar{S}' \, dT' - \bar{V}' \, dp' + x' \, d\mu' = 0 \,,$$
$$\bar{S}'' \, dT'' - \bar{V}'' \, dp'' + x'' \, d\mu'' = 0 \,.$$

Es ist $x' = x'' = 1$, da es sich um ein Einstoffsystem handelt. Wegen der Gleichgewichtsbedingung sind die chemischen Potentiale in beiden Phasen gleich, ebenso die Drücke und Temperaturen. Es ist daher $d\mu' = d\mu''$, $dp' = dp''$, $dT' = dT''$ und somit $(\bar{S}' - \bar{S}'') \, dT - (\bar{V}' - \bar{V}'') \, dp = 0$ oder $(\bar{S}'' - \bar{S}') \, dT = (\bar{V}'' - \bar{V}') \, dp$. Daraus folgt $[(\bar{H}'' - \bar{H}')/T] \, dT = (\bar{V}'' - \bar{V}') \, dp$ oder $h'' - h' = T(v'' - v') \, dp/dT$.

Aufgabe 5.6

Gl. 5.84 angewandt auf das partielle molare Volum lautet

$$V_2 = \bar{V} - x_1 \left(\frac{\partial \bar{V}}{\partial x_1} \right)_{T,p}$$

$$= \frac{\bar{R}T}{p} + B_{11} x_1^2 + 2 B_{12} x_1 x_2 + B_{22} x_2^2 - 2 B_{11} x_1^2$$

$$- 2 B_{12} x_1 (1 - 2x_1) + 2 B_{22} (1 - x_1) x_1$$

unter Berücksichtigung von $x_2 = 1 - x_1$. Daraus folgt

$$V_2 = \frac{\bar{R}T}{p} + B_{22} + x_1^2 (2 B_{12} - B_{11} - B_{22}) \,.$$

Entsprechend erhält man

$$V_1 = \frac{\bar{R}T}{p} + B_{11} + x_2^2 (2 B_{12} - B_{11} - B_{22}) \,.$$

Aufgabe 5.7

Nach Gl. 5.82 ist

$$V_1 = \bar{V} - x_2 \left(\frac{\partial \bar{V}}{\partial x_2}\right)_{T,p,x_3} - x_3 \left(\frac{\partial \bar{V}}{\partial x_3}\right)_{T,p,x_2}$$

$$= \frac{\bar{R}T}{p} + B_1 x_1 + B_2 x_2 + B_3 x_3 - x_2(B_2 - B_1) - x_3(B_3 - B_1)$$

$$= \frac{\bar{R}T}{p} + B_1 x_1 + B_1 x_2 + B_1 x_3$$

$$= \frac{\bar{R}T}{p} + B_1 \ .$$

Entsprechend folgt

$$V_2 = \frac{\bar{R}T}{p} + B_2 \quad \text{und} \quad V_3 = \frac{\bar{R}T}{p} + B_3 \ .$$

Aufgabe 5.8

Für die Entropie eines Gemisches idealer Gase ist nach Kap. 2

$$\bar{S} = \sum_k y_k S_{0k}(p, T) - \bar{R} \sum_k y_k \ln y_k \ ,$$

wenn S_{0k} vereinbarungsgemäß für die molare Entropie der reinen Komponente k steht. Für ein binäres Gemisch ist

$$\bar{S} = y_1 S_{01} + y_2 S_{02} - \bar{R} y_1 \ln y_1 - \bar{R} y_2 \ln y_2$$
$$= y_1 (S_{01} - S_{02}) + S_{02} - \bar{R} y_1 \ln y_1 - \bar{R}(1 - y_1) \ln(1 - y_1) \ .$$

Nach Gl. 5.84 ist für die partielle molare Entropie der Komponente 2 im Gemisch

$$S_2 = \bar{S} - y_1 (\partial \bar{S}/\partial y_1)_{T,p} = \bar{S} - y_1 [S_{01} - S_{02} + \bar{R} \ln(1 - y_1) - \bar{R} \ln y_1] \ .$$

Daraus folgt

$$S_2 = S_{02} - \bar{R} \ln(1 - y_1) \ .$$

Entsprechend findet man

$$S_1 = S_{01} - \bar{R} \ln y_1 \ .$$

Aufgabe 5.9

Gewichtsanteile und spez. Volumina werden zunächst in Molenbrüche umgerechnet. Für ein binäres Gemisch gilt Gl. 1.20a

$$x_2 = \xi_2 \frac{\bar{M}_1/\bar{M}_2}{1 + \xi_2(\bar{M}_1/\bar{M}_2 - 1)} \ .$$

Weiter ist das Molvolum

$$\bar{V} = v\bar{M} = v(x_1\bar{M}_1 + x_2\bar{M}_2) = v[\bar{M}_1 + x_2(\bar{M}_2 - \bar{M}_1)].$$

Molenbruch Ethanol x_2	Molvolum der Mischung
0	18,03
0,48	36,18
0,49	36,68
0,50	37,18
1,0	58,40

Das partielle Molvolum errechnet sich nach Gl. 5.84 zu

$$V_2 = \bar{V} + (1 - x_2)\left(\frac{\partial \bar{V}}{\partial x_2}\right)_{T,p} \ .$$

Man erhält

$$V_2 = \left(36{,}68 + 0{,}51\frac{0{,}9992}{0{,}02}\right) \, \text{cm}^3/\text{mol} = 61{,}98 \, \text{cm}^3/\text{mol} \ .$$

Entsprechend findet man

$$V_1 = 12{,}38 \, \text{cm}^3/\text{mol} \ .$$

Aufgabe 5.10

Für das thermodynamische Potential eines idealen Gases in einem Gemisch idealer Gase gilt nach Gl. 5.24 $\mu_i = \mu_{0i}(p, T) + \bar{R}T \ln y_i$. Das thermodynamische Potential des Gemisches ist

$$\bar{G} = \sum_k y_k \mu_k = \sum_k y_k \mu_{0k}(p, T) + \bar{R}T \sum_k y_k \ln y_k \ .$$

Aufgabe 5.11

Die Maxwell-Relationen liefern

$$S_i = -(\partial\mu_i/\partial T)_{p,N_j} = S_{0i} - \bar{R}\ln y_i , \quad V_i = (\partial\mu_i/\partial p)_{T,N_j} = \bar{R}T/p ,$$

$$H_i = \mu_i - T(\partial\mu_i/\partial T)_{p,N_j} = \mu_{0i}(p,T) - T(\partial\mu_{0i}/\partial T)_{p,N_j} = H_{0i} ,$$

$$U_i = \mu_i + TS_i - pV_i = \mu_{0i}(p,T) + TS_{0i} - \bar{R}T = U_{0i} ,$$

$$F_i = \mu_{0i}(p,T) + \bar{R}T\ln y_i - \bar{R}T .$$

Aufgabe 5.12

Die molare Mischungsenthalpie ist $\Delta\bar{H} = Q/N$, wobei N die Molmenge des Gemisches bedeutet.

x_1	$\frac{1}{4}$	$\frac{1}{6}$	$\frac{1}{8}$	$\frac{1}{10}$	$\frac{1}{21}$	$\frac{1}{51}$	$\frac{1}{101}$	$\frac{1}{201}$
N	4	6	8	10	21	51	101	201
$-\Delta\bar{H}$ in kJ/kmol	0	1614	1512	1295	654,5	255,6	123,9	61,24

Zur Ermittlung der partiellen molaren Mischungsenthalpien trägt man $-\Delta\bar{H}$ über x_1 auf. Wie in Abb. 5.5 gezeigt, schneiden die Tangenten die Ordinaten in den Punkten $Z_2 = -\Delta H_2$ und $Z_1 = -\Delta H_1$, vgl. die folgende Abbildung.

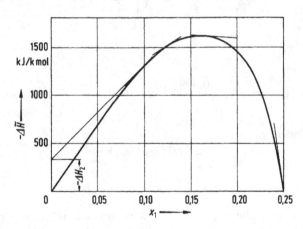

Aufgabe 5.13

Bei Verdünnung von $x_1 = 0,125$ auf $x_1 = 0,1$ wird die Wärme

$$Q_{x_1=0,125} - Q_{x_1=0,1} = (8 \cdot 1512 - 10 \cdot 1295)\,\text{kJ} = -854\,\text{kJ}$$

frei. Das negative Vorzeichen besagt, dass bei diesem Prozess die Temperatur ansteigt, wenn keine Wärme abgeführt wird.

Aufgabe 5.14

Die Mischungsenthalpie ist in diesem Fall gleich der differentiellen Verdünnungsenthalpie. Aus Gl. 5.121 folgt mit

$$\Lambda_2 = 0(\Delta H' = \Delta H)\Delta H$$
$$= N_1(H_1 - H_{01}) + N_2(H_2 - H_{02}) \text{ und}$$
$$(\partial \Delta H / \partial N_2)_{N_1} = (H_2 - H_{02}) .$$

Somit ergibt sich in diesem Fall

$$\Delta H = (\partial \Delta H / \partial N_2)_{N_1} \Delta N_2 = \Delta N_2 (H_2 - H_{02}),$$

(Index 2 steht für H_2O). Somit ergibt sich $\Delta H / \Delta N_2 = \Delta H_2$. Aus der Skizze zur Lösung der Aufgabe 5.12 findet man für $x_1 = 0,167$ den Wert $\Delta H_2 = -1731$ kJ/kmol.

Aufgabe 5.15

In Tab. 5.3 sind die negativen partiellen spezifischen Mischungsenthalpien

$$-\Delta H_i / \bar{M}_i = (H_{0i} - H_i)/\bar{M}_i$$

der beiden Komponenten vertafelt. Es ergibt sich nach Gl. 5.131a

$$\Delta C_{pi} = \left(\frac{\partial \Delta H_i}{\partial T}\right)_{p,x_j} \approx \left(\frac{\Delta H_i(T + \Delta T) - \Delta H_i(T)}{\Delta T}\right)_{p,x_j} .$$

Durch numerische Differentiation zwischen 50 und 70 °C erhält man die Werte ΔC_{pi} in Abhängigkeit des Massenbruchs.

ξ_2	$\Delta H_i(70\,°C) - \Delta H_i(50\,°C)$ in kJ/kmol		ΔC_{pi} in kJ/(kmol K)	
	$i = 1$	$i = 2$	$i = 1$	$i = 2$
0,0	0	580,55	0	29,03
0,1	35,85	91,45	1,79	4,57
0,2	93,32	−155,14	4,67	−7,76
0,3	136,38	−241,66	6,82	−12,08
0,4	143,95	−232,46	7,20	−11,62
0,5	109,90	−177,28	5,50	−8,86
0,6	40,72	−111,38	2,04	−5,57
0,7	−45,04	−56,20	−2,25	−2,81
0,8	−117,46	−22,14	−5,87	−1,11
0,9	−136,38	−7,32	−6,82	−0,37
1,0	−53,33	0	−2,67	0

Aufgabe 7.1

Nach Gl. 7.6 und Gl. 7.8 gilt $\mu(p, T) = \mu^{\text{id}}(p, T) + \bar{R}T \ln \varphi$. Der Einfachheit halber schreiben wir für den reinen Stoff $\mu = \mu_{0i}$, $\bar{S} = S_{0i}$ und $\varphi = \varphi_{0i}$. Weiter ist nach Gl. 5.85 für den reinen Stoff

$$-\bar{S} = \left(\frac{\partial \mu}{\partial T}\right)_p = -\bar{S}^{\text{id}} + \left[\frac{\partial(\bar{R}T \ln \varphi)}{dT}\right]_p .$$

Da der Prozess adiabat und reversibel verläuft, ist

$$-\bar{S}(p_1, T_1) + \bar{S}(p_2, T_2) = 0 ,$$

also

$$0 = \bar{S}^{\text{id}}(p_2, T_2) - \bar{S}^{\text{id}}(p_1, T_1) + \left[\frac{\partial(\bar{R}T \ln \varphi)}{\partial T}\right]_{p_1, T_1} - \left[\frac{\partial(\bar{R}T \ln \varphi)}{\partial T}\right]_{p_2, T_2} ,$$

$$0 = \left[\bar{C}_p \ln \frac{T_2}{T_1} - \bar{R}T \ln \frac{p_2}{p_1}\right] + \left[\frac{\partial(\bar{R}T \ln \varphi)}{\partial T}\right]_{p_1, T_1} - \left[\frac{\partial(\bar{R}T \ln \varphi)}{\partial T}\right]_{p_2, T_2} .$$

Hieraus ergibt sich die Temperatur T_2 nach Ermittlung der Fugazitätskoeffizienten. Wäre das Gas ideal, so ergäbe sich mit Hilfe des ersten Klammerausdrucks mit $\bar{C}_p = 41{,}8\,\text{kJ}/(\text{kmol K})$ für $T_2 \approx 468{,}4\,\text{K}$. Den Verlauf der Fugazitätskoeffizienten erhält man aus Gl. 7.21 zu

$$\ln \varphi = \int_0^p (Z - 1)\frac{dp}{p} \quad \text{mit } Z = p\bar{V}/(\bar{R}T) = 1 + \frac{B}{\bar{V}} + \frac{C}{\bar{V}^2} + \dots \quad \text{nach Gl. 8.9}$$

Wegen $\frac{dp}{p} = \frac{dZ}{Z} - \frac{d\bar{V}}{\bar{V}}$ erhält man hieraus

$$\ln \varphi = Z - 1 - \ln Z + \frac{B}{\bar{V}} + \frac{C}{2\bar{V}^2} + \dots .$$

Für $C = 0$ ist $\frac{B}{\bar{V}} = Z - 1$ und es folgt $\ln \varphi = 2(Z - 1) - \ln Z$.

Tabelle aus Landolt-Börnstein, Bd. II, 1, S. 125 (1971) und daraus berechnete Werte $\bar{R}T \ln \varphi$:

p in bar	T in K	Z	$\bar{R}T \ln \varphi$ J/mol	p in bar	T in K	Z	$\bar{R}T \ln \varphi$ J/mol
60,8	423,15	0,6002	−1017,14	101,33	430,65	0,2310	−260,17
60,8	448,15	0,7133	−877,66	101,33	448,15	0,2922	−690,38
60,8	473,15	0,7795	−754,91	101,33	473,15	0,5339	−1198,48
60,8	498,15	0,8273	−645,34	101,33	498,15	0,6607	−1094,03
60,8	523,15	0,8597	−562,96	101,33	523,15	0,7365	−961,94

Die Steigungen $\partial(\bar{R}T\ln\varphi)/\partial T$ kann man graphisch oder numerisch ermitteln. Man findet schließlich $T_2 = 465\,\mathrm{K}$ (Abweichung vom idealen Gas innerhalb Genauigkeitsgrenze der Rechnung).

Aufgabe 7.2

Aus Gl. 7.17 folgt

$$\left(\frac{\partial\ln\varphi_i}{\partial T}\right)_{p,x_j} = -\frac{H_i - H_i^{\text{id}}}{\bar{R}T^2}, \quad \left(\frac{\partial\ln\varphi_i}{\partial p}\right)_{T,x_i} = \frac{V_i}{\bar{R}T} - \frac{1}{p},$$

$$\left(\frac{\partial\ln\varphi}{\partial T}\right)_{p} = -\frac{\bar{H} - \bar{H}^{\text{id}}}{\bar{R}T^2}, \quad \left(\frac{\partial\ln\varphi}{\partial p}\right)_{T,x_i} = -\frac{\bar{V}}{\bar{R}T} - \frac{1}{p}.$$

Aufgabe 7.3

Der Molanteil des Ethylalkohols (Index 2) berechnet sich nach Gl. 1.20a

$$x_2 = \xi_2 \frac{\bar{M}_1/\bar{M}_2}{1 + \xi_2(\bar{M}_1/\bar{M}_2 - 1)},$$

mit $\bar{M}_1 = 18{,}015\,\mathrm{kg/kmol}$ und $\bar{M}_2 = 46{,}07\,\mathrm{kg/kmol}$. Das Molvolum des Gemisches ist

$$\bar{V} = \frac{\bar{M}}{\varrho} = \frac{1}{\varrho}[\bar{M}_1 + x_2(\bar{M}_2 - \bar{M}_1)].$$

Trägt man $\bar{V}$ in Abhängigkeit von x_2 auf, so kann man nach Abb. 5.5 die partiellen molaren Größen V_1 und V_2 an den senkrechten Achsen ablesen.

ξ_2	x_2	ϱ g/cm^3	$\bar{V}$ cm^3/mol	V_1 cm^3/mol	V_2 cm^3/mol
0	0	0,9997	18,02	18,02	48,5
0,10	0,0416	0,9839	19,496	18,0	49,5
0,20	0,0891	0,9726	21,093	17,6	52,3
0,40	0,2068	0,9424	25,273	17,1	54,9
0,60	0,3697	0,8933	31,78	16,8	56,0
0,80	0,61	0,8521	41,226	16,0	57,0
1,00	1,00	0,7977	57,754	12,0	57,754

Aufgabe 7.4

Für Einstoffsysteme ergibt sich aus der Gleichung von Gibbs-Duhem für $T - \text{const}$: $d\mu/dp = \bar{V}$. Es ist $d\mu = \bar{V}^+[1 - \kappa(p - p^+)]\,dp$. Durch Integration zwischen einem Bezugsdruck p^+ und dem jeweils vorhandenen Druck p erhält man $\mu(p,T) =$

$\mu(p^+, T) + \bar{V}^+[(p - p^+) - \frac{\kappa}{2}(p - p^+)^2]$. Aus Gl. 7.4 erhält man den Fugazitätskoeffizienten, Gl. 7.8, aus der Differenz $\mu(p, T) - \mu(p^+, T)$ zu

$$\ln \varphi = \frac{\bar{V}^+}{\bar{R}T} \left(p - p^+ - \frac{\kappa}{2}(p - p^+)^2\right) - \ln \frac{p}{p^+} .$$

Aufgabe 7.5

Gemäß Gl. 7.29 gilt

$$\ln \gamma_1 = \int\limits_{p=0}^{p} \frac{V_1 - V_{01}}{\bar{R}T} \, dp .$$

Aus Gl. 5.84a folgt

$$V_1 = \bar{V} - x_2 \left(\frac{\partial \bar{V}}{\partial x_2}\right)_{T,p} = \bar{V} - x_2(-V_{01} + V_{02}) = V_{01} .$$

Es ist $\ln \gamma_1 = 0$ und somit $\gamma_1 = \gamma_2 = 1$.

Aufgabe 7.6

In Aufgabe 5.6 wurden schon berechnet

$$V_1 = \frac{\bar{R}T}{p} + B_{11} + x_2^2(2B_{12} - B_{11} - B_{22}) ,$$

$$V_2 = \frac{\bar{R}T}{p} + B_{22} + x_1^2(2B_{12} - B_{11} - B_{22}) .$$

Zur Bestimmung des rationellen Aktivitätskoeffizienten nach Gl. 7.40 benötigt man noch die partiellen Molvolumina für $x_1 \to 0$ bzw. $x_2 \to 0$

$$V_1^\infty = \lim_{x_1 \to 0} V_1 = \frac{\bar{R}T}{p} + B_{11} + (2B_{12} - B_{11} - B_{22}) ,$$

also

$$V_1 - V_1^\infty = (x_2^2 - 1)(2B_{12} - B_{11} - B_{22}) = (x_2^2 - 1)\Delta B$$

und entsprechend

$$V_2 - V_2^\infty = (x_1^2 - 1)(2B_{12} - B_{11} - B_{22}) = (x_1^2 - 1)\Delta B .$$

Damit wird

$$\ln \gamma_1^* = \int\limits_{0}^{p} \frac{(x_2^2 - 1)\Delta B}{\bar{R}T} \, dp = (x_2^2 - 1)\Delta B \frac{p}{\bar{R}T}$$

und

$$\ln \gamma_2^* = (x_1^2 - 1) \Delta B \frac{p}{\bar{R}T} \ .$$

Aufgabe 7.7

Nach Gl. 7.34 gilt

$$\ln \gamma_1^* = \ln \gamma_1 - \lim_{x_1 \to 0} \ln \gamma_1 \ , \quad \ln \gamma_2^* = \ln \gamma_2 - \lim_{x_2 \to 0} \ln \gamma_2$$

oder wegen

$$\bar{R}T \ln \gamma_1^* = \bar{R}T \ln \gamma_1 - \lim_{x_1 \to 0} \bar{R}T \ln \gamma_1:$$

$$\bar{R}T \ln \gamma_1^* = \alpha_1 (x_2^2 - 1)$$

und entsprechend

$$\bar{R}T \ln \gamma_2^* = \alpha_1 (x_1^2 - 1) \ .$$

Aufgabe 7.8

Nach Gl. 7.80 ist

$$\bar{H}^{\mathrm{E}} = \Delta \bar{H} = -\bar{R}T^2 \left[x_1 \left(\frac{\partial \ln \gamma_1}{\partial T} \right)_p + x_2 \left(\frac{\partial \ln \gamma_2}{\partial T} \right)_p \right]$$

und nach Gl. 7.72c:

$$\Delta \bar{H} = (H_1 - H_{01}) x_1 + (H_2 - H_{02}) x_2 \ .$$

Somit gilt

$$H_1 - H_{01} = \bar{R}T^2 \left(\frac{\partial \ln \gamma_1}{\partial T} \right)_p \ .$$

Durch Integration ergibt sich

$$\ln \frac{\gamma_1(T_2)}{\gamma_1(T_1)} = - \int_{T_1}^{T_2} \frac{H_1 - H_{01}}{\bar{R}T^2} \, dT \ .$$

In einem begrenzten Temperaturintervall ist $H_1 - H_{01}$ näherungsweise temperaturunabhängig und daher

$$\ln \frac{\gamma_1(T_2)}{\gamma_1(T_1)} = \frac{H_1 - H_{01}}{\bar{R}} \left(\frac{1}{T_2} - \frac{1}{T_1} \right) \ .$$

Die partielle molare Mischungsenthalpie $H_1 - H_{01}$ erhält man so, wie Abb. 5.8 zeigt oder aus der aus Gl. 5.84a folgenden Beziehung $\Delta H_1 = H_1 - H_{01} = \Delta \bar{H} - x_2 \left(\frac{\partial \Delta \bar{H}}{\partial x_2} \right)_{T,p}$.

Aufgabe 7.9

a) Es ist $c_p = c_p^{id} + c_p^{E}$ mit $c_p^{id} = \sum_k \xi_k c_{p0k}$, andererseits $c_p = \sum_k \xi_k c_{p0k} + \Delta c_p$, also $\Delta c_p = c_p^{E}$. Laut Aufgabenstellung ist Δh temperaturunabhängig im betrachteten Temperaturbereich. Daraus folgt $\Delta c_p = c_p^{E} = 0$.

b) Aus Gl. 5.101 $\bar{H} = \sum_k H_{0k} x_{ik} + \Delta \bar{H}$ folgt $h = \sum_k h_{0k} \xi_k + \Delta h$ und für das reale binäre Gemisch $h = h_{01} \xi_1 + h_{02} \xi_2 + \Delta h$ mit $h_{01}(70\,°C) = h_{01}(0\,°C) + 244\,kJ/kg$, $h_{02}(70\,°C) = h_{02}(0\,°C) + 293\,kJ/kg$ und $\Delta h = -716 \cdot 0{,}5 \cdot 0{,}5\,kJ/kg = -179\,kJ/kg$. Setzt man bei $0\,°C$ $h^{id}(0\,°C) = h_{01}(0\,°C)\xi_1 + h_{02}(0\,°C)\xi_2$, so ist $h - h^{id}(0\,°C) = 89{,}5\,kJ/kg$.

Aufgabe 7.10

Nach Gl. 7.81 gilt $\bar{U}^{E} = -\bar{R}T^2 \sum_k x_k (\partial \ln \gamma_k / \partial T)_{p,x_i} - p\bar{R}T \sum_k x_k$ $(\partial \ln \gamma_k / \partial p)_{T,x_j}$. Mit $\ln \gamma_1 = \frac{\alpha_1}{\bar{R}T} x_2^2$ und $\ln \gamma_2 = \frac{\alpha_1}{\bar{R}T} x_1^2$ (s. Aufgabe 7.7) folgt $\frac{\partial \ln \gamma_1}{\partial p} = \frac{\partial \ln \gamma_2}{\partial p} = 0$. Damit erhält man $\bar{U}^{E} = -\bar{R}T^2 \left[-x_1 \frac{\alpha_1}{\bar{R}T^2} x_2^2 - x_2 \frac{\alpha_1}{\bar{R}T^2} x_1^2 \right] = \alpha_1 x_1 x_2$. Aus $N_i = M_i / \bar{M}_i$ ergibt sich $N_1 = 1{,}724\,mol$, $N_2 = 1{,}351\,mol$; damit $x_1 = 0{,}56$, $x_2 = 0{,}44$ und $\bar{U}^{E} = 455{,}8\,J/mol$, $U^{E} = 1{,}402\,kJ$. Es müssen $1{,}402\,kJ$ Wärme zugeführt werden.

Aufgabe 8.1

Es ist

$$\Delta \bar{H} = \bar{H}^{E} \quad \text{und} \quad \bar{H}^{E} = \bar{G}^{E} - T \left(\frac{\partial \bar{G}^{E}}{\partial T} \right)_{p,x_j} = x_1 x_2 \left(A_0 - T \frac{\partial A_0}{\partial T} \right)$$

$$= x_1 x_2 (1176 - 1{,}96T)\,J/mol \, .$$

Aufgabe 8.2

Aus der Wilson-Gleichung Gl. 8.27a und Gl. 8.27b folgt für den Grenzaktivitätskoeffizienten

$$\ln \gamma_1^{\infty} = 1 - \ln \Lambda_{12} - \Lambda_{21}$$

und

$$\ln \gamma_2^{\infty} = 1 - \ln \Lambda_{21} - \Lambda_{12} \, .$$

Die Werte Λ_{12} und Λ_{21} erhält man aus den Gl. 8.26a und Gl. 8.26b zu $\Lambda_{12} = 0{,}1425$ und $\Lambda_{21} = 0{,}067812$. Damit folgt $\gamma_1^{\infty} = 17{,}825$, $\gamma_2^{\infty} = 34{,}76$.

Aufgabe 8.3

Nach Gl. 7.80 ist die Mischungsenthalpie $\Delta\bar{H} = \bar{H}^E = -\bar{R}T^2(x_1\partial\ln\gamma_1/\partial T + x_2\partial\ln\gamma_2/\partial T)$. Nach Differentiation der Aktivitätskoeffizienten Gl. 8.27a und Gl. 8.27b findet man

$$\Delta\bar{H} = \bar{R}T^2 x_1 x_2 \left(\frac{1}{x_1 + x_2\Lambda_{12}} \frac{\partial\Lambda_{12}}{\partial T} + \frac{1}{x_2 + x_1\Lambda_{21}} \frac{\partial\Lambda_{21}}{\partial T} \right) .$$

Wegen Gl. 8.26a und Gl. 8.26b ist

$$\frac{\partial\Lambda_{12}}{\partial T} = \frac{\Lambda_{12}(\lambda_{12} - \lambda_{11})}{\bar{R}T^2} \quad \text{und} \quad \frac{\partial\Lambda_{21}}{\partial T} = \frac{\Lambda_{21}(\lambda_{12} - \lambda_{22})}{\bar{R}T^2} .$$

Man findet aus den Gl. 8.26a und Gl. 8.26b $\Lambda_{12} = 0{,}1628$ und $\Lambda_{21} = 0{,}1021$. Damit wird $\partial\Lambda_{12}/\partial T = 5{,}501\cdot 10^{-4}\,\mathrm{K}^{-1}$ und $\partial\Lambda_{21}/\partial T = 1{,}0579\cdot 10^{-3}\,\mathrm{K}^{-1}$. Die Mischungsenthalpie erhält man zu $\Delta\bar{H} = 552{,}88\,\mathrm{J/mol}$. Die Abweichung von dem Messwert beträgt nur 4,7%. Im Allgemeinen erhält man jedoch größere Abweichungen, weil die Annahme, dass $\lambda_{12} - \lambda_{11}$, $\lambda_{12} - \lambda_{22}$, V_{01} und V_{02} nicht von der Temperatur abhängen, nicht zutrifft.

Aufgabe 8.4

Aus den NRTL-Gln. 8.36a und 8.36b folgt $\ln\gamma_1^\infty = \tau_{21} + \tau_{12}\exp(-\alpha_{12}\tau_{12})$ und $\ln\gamma_2^\infty = \tau_{12} + \tau_{21}\exp(-\alpha_{12}\tau_{21})$. Einsetzen der Grenzaktivitätskoeffizienten und von α_{12} ergibt $\ln 17{,}825 = \tau_{21} + \tau_{12}\exp(-0{,}3827\tau_{12})$, $\ln 34{,}76 = \tau_{12} + \tau_{21}\exp(-0{,}3827\tau_{21})$, zwei Gleichungen für die Unbekannten τ_{12} und τ_{21}. Die Iteration findet man $\tau_{12} = 2{,}628$ und $\tau_{21} = 1{,}920$. Einsetzen in die Gl. 8.36a und Gl. 8.36b mit $\alpha_{12} = 0{,}3827$, $x_1 = 0{,}85$, $x_2 = 0{,}15$ ergibt $\gamma_1 = 1{,}1202$ und $\gamma_2 = 7{,}232$. Nach der Wilson-Gleichung errechnet man $\gamma_1 = 1{,}1199$ und $\gamma_2 = 5{,}5196$. Die Abweichungen in γ_1 sind vernachlässigbar, während γ_2 nach der Wilson-Gleichung um 23% kleiner ist als nach der NRTL-Gleichung.

Aufgabe 9.1

a) Aufspaltung in zwei Phasen tritt dann ein, wenn $(\partial^2\bar{G}/\partial x^2)_{T,p} < 0$ ist. Man erhält aus $\bar{G} = \sum_k x_k\mu_{0k} + \bar{R}T\sum_k x_k\ln x_k + \bar{G}^E$ durch zweimalige Differentiation

$$\frac{\partial^2\bar{G}}{\partial x_1^2} = \frac{\bar{R}T}{x_1(1 - x_1)} - 2A_0 .$$

Aufspaltung tritt also ein, wenn $A_0/\bar{R}T > 1/(2x_1x_2)$. Da x_1x_2 maximal 1/4 wird, muss $A_0/\bar{R}T > 2$ sein.

b) Die Bedingungen für den kritischen Entmischungspunkt sind durch die Gl. 9.6a und Gl. 9.6b gegeben, woraus folgt

$$\frac{\bar{R}T}{x_1 x_2} = 2A_0$$

und

$$-\bar{R}T\frac{1-2x_1}{x_1^2(1-x_1)^2}=0\,,$$

also $x_1 = x_2 = 1/2$ und $T = T_k = A_0/2\bar{R}$.

Aufgabe 9.2

a) $\bar{G} = \sum_k \mu_{0k}x_k + \bar{R}T\sum_k x_k \ln x_k + \bar{G}^{\mathrm{E}}$ (Gl. 7.63), also im vorliegenden Falle

$$\bar{G} = \mu_{01}x_1 + \mu_{02}x_2 + \bar{R}T[x_1 \ln x_1 + x_2 \ln x_2] + \bar{G}^{\mathrm{E}}\,.$$

Differentiation ergibt

$$\left(\frac{\partial^2 \bar{G}}{\partial x_2^2}\right)_{T,p} = \frac{\bar{R}T}{x_1 x_2} + \frac{\partial^2 \bar{G}^{\mathrm{E}}}{\partial x_2^2}\,.$$

Für $\bar{G}^{\mathrm{E}}$ gilt nach Gl. 7.65 $\bar{G}^{\mathrm{E}} = x_1\bar{R}T\ln\gamma_1 + x_2\bar{R}T\ln\gamma_2$, und aus dem Porterschen Ansatz $\bar{G}^{\mathrm{E}} = A_0 x_1 x_2$, folgt durch Differentiation $(\partial^2 \bar{G}^{\mathrm{E}}/\partial x_2^2)_{T,p} = -2A_0$. Damit wird $(\partial^2 \bar{G}/\partial x_2^2)_{T,p} = \bar{R}T/(x_1 x_2) - 2A_0$. Wegen der Stabilitätsbedingung gilt dann $\bar{R}T/(x_1 x_2) - 2(16\,200\,\mathrm{J/mol} - 22{,}1\,\mathrm{J/(mol\,K)}\cdot T) = 0$ oder

$$T = \frac{32\,400 x_2(1-x_2)\,\mathrm{J/mol}}{\bar{R} + 44{,}2 x_2(1-x_2)\,\mathrm{J/(mol\,K)}}\,,$$

womit der Verlauf der Stabilitätsgrenze festgelegt ist.

b) Für Phasengleichgewicht gilt

$$\mu_1'(T,p,x_1') = \mu_1''(T,p,x_1'')\,, \mu_2'(T,p,x_2') = \mu_2''(T,p,x_2'')\,.$$

Daraus folgt wegen Gl. 7.30

$$\mu_{01} + \bar{R}T\ln x_1'\gamma_1' = \mu_{01} + \bar{R}T\ln x_1''\gamma_1''$$

und

$$\mu_{02} + \bar{R}T\ln x_2'\gamma_2' = \mu_{02} + \bar{R}T\ln x_2''\gamma_2''$$

oder mit dem Porterschen Ansatz

$$\bar{R}T\ln x_1' + A_0 x_2'^2 = \bar{R}T\ln x_1'' + A_0 x_2''^2$$

und

$$\bar{R}T\ln x_2' + A_0 x_1'^2 = \bar{R}T\ln x_2'' + A_0 x_1''^2\,.$$

Eine Lösung der Gleichungen lautet $x_1' = x_2''$, bzw. $x_2' = x_1''$. Damit braucht nur noch eine der obigen Gleichungen gelöst zu werden. Wir wählen die erste und erhalten unter Beachtung von $x_1' = x_2''$

$$\bar{R}T \ln x_1' + A_0(1 - x_1')^2 = \bar{R}T \ln(1 - x_1') + A_0 x_1'^2$$

oder

$$T = \frac{16\,200 \frac{J}{mol}(2x_1' - 1)}{\bar{R} \ln \frac{x_1'}{1 - x_1'} + 22{,}1 \frac{J}{mol\,K}(2x_1' - 1)} \, .$$

Die Koexistenzkurve ist in der folgenden Abbildung gezeichnet. Dort ist $x_1' = x$ gesetzt.

c) Siehe die Abbildung. Die Temperatur T_k liegt bei $x = 0{,}5$ (s. Aufg. 9.1). Man erhält sie aus dem letzten Ausdruck wegen

$$\ln[x_1'/(1 - x_1')] = \ln\left(1 + \frac{2x_1' - 1}{1 - x_1'}\right) = \frac{2x_1' - 1}{1 - x_1'} + \dots$$

zu $T_k = 418{,}3$ K.

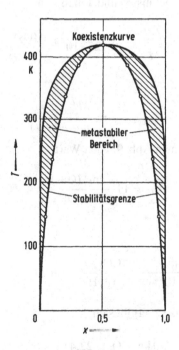

Stabilitätsgrenze und Koexistenzkurve zu Aufgabe 9.2

Aufgabe 9.3

Aus Abb. 9.5 entnimmt man bei $t = 5\,°C$

$$k_T = 0{,}041\frac{cm_n^3\,(O_2)}{g\,(H_2O)\,at} = \frac{0{,}041\,M_{O_2}}{22{,}414 \cdot 10^3\,at}\frac{g\,(O_2)}{g\,(H_2O)}\;,$$

$\bar{M}_{O_2} = 32\,g/mol$.

a) Nach Gl. 9.17 ist für $p_{O_2} = 1\,bar = 1{,}01972\,at$

$$\frac{M_{O_2}^L}{M^L} = 0{,}041 \cdot 1{,}01972\frac{32}{22{,}414} \cdot 10^{-3}\frac{g\,(O_2)}{g\,(H_2O)}$$

$$= 0{,}597 \cdot 10^{-4}\frac{g\,(O_2)}{g\,(H_2O)}\;.$$

b) Da Luft im angegebenen Zustand als ideales Gas behandelt werden kann, gilt

$$p_{O_2} = x_{O_2}\,p_{Luft} = 0{,}21 \cdot 1\,bar\;.$$

Mit Hilfe des vorigen Ergebnisses findet man nun

$$\frac{M_{O_2}^L}{M^L} = 0{,}125 \cdot 10^{-4}\frac{g\,(O_2)}{g\,(H_2O)}\;.$$

Aufgabe 9.4

$$\dot{M}_{Lösungsmittel}^L = \frac{\dot{M}_{gelöstes\,Gas}^L}{p_{Gas} \cdot k^*(t)}\;.$$

Für $t = -20\,°C$ entnimmt man Abb. 9.6 den Wert

$$k_T = 11\frac{cm_n^3\,(Gas)}{g\,(CH_3OH)\,at}.$$

Daraus folgt

$$k^* = 11\frac{\bar{M}_{CO_2}}{22{,}414 \cdot 10^3\,at}\frac{g\,(CO_2)}{g\,(CH_3OH)}\quad mit\;\bar{M}_{CO_2} = 44{,}01\,g/mol.$$

Mit $p_{CO_2} = 1\,atm = 1{,}03323\,at$ ergibt sich

$$\dot{M}_{Lösungsmittel}^L = \frac{50\,kg\,(CO_2) \cdot 22{,}414 \cdot 10^3\,at\,kg\,(CH_3OH)}{h \cdot 11 \cdot 44{,}01 \cdot 1{,}03323\,at\,kg\,(CO_2)}$$

$$= 2{,}24\frac{t\,(CH_3OH)}{h}\;.$$

Aufgabe 9.5

a) Die Siedelinie erhält man aus Gl. 9.35, die Taulinie aus Gl. 9.36. Wertetabelle:

x_1	0	0,02	0,05	0,1	0,2	0,3	0,4	0,5	0,6	0,7	0,8	0,9	1,0
y_1	0	0,0497	0,119	0,221	0,391	0,524	0,631	0,719	0,794	0,857	0,911	0,958	1,0

b) Die Siede- und Taulinie erhält man durch Umrechnung der Molen- in Massenbrüche nach Gl. 1.18. Aus Wertepaaren (p, x) bzw. (p, y) erhält man also Wertepaare (p, ξ^L) bzw. (p, ξ^G). Wertetabelle:

x	ξ^L	y	ξ^G
0	0	0	0
0,1	0,086	0,1	0,194
0,2	0,175	0,2	0,352
0,3	0,266	0,3	0,482
0,4	0,361	0,4	0,592
0,5	0,458	0,5	0,684
0,6	0,560	0,6	0,766
0,7	0,664	0,7	0,836
0,8	0,772	0,8	0,897
0,9	0,884	0,9	0,951
1,0	1,0	1,0	1,0

c) Man entnimmt dem Diagramm für $\xi = 0,5$ und $p = 0,659\,$bar die Werte $\xi^L = 0,39$ und $\xi^G = 0,62$. Damit errechnet man für das Verhältnis von Dampf zu Flüssigkeit des Gemisches bei $\xi = 0,5$: $\frac{M_D}{M_{Fl}} = \frac{\xi - \xi^L}{\xi^G - \xi^L} = 0,48$, d. h. auf 1 kg Flüssigkeit kommen 0,48 kg Dampf.

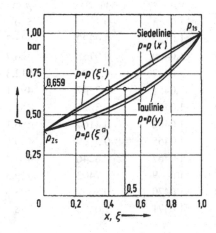

Siede- und Taulinie in Abhängigkeit von Molen- und Massenbrüchen zu Aufgabe 9.5

Aufgabe 9.6

Bei idealer Gasphase und realer flüssiger Phase gilt im Bereich niedriger Drücke Gl. 9.31: $y_i\,p = \gamma_i x_i p_{0is}$. Am azeotropen Punkt ist $y_i = x_i$, also $p_{az} = \gamma_i p_{0is}$. Daraus erhält man für die Aktivitätskoeffizienten $\ln\gamma_1 = 0{,}3181$ und $\ln\gamma_2 = 0{,}0247$. Wir stellen jetzt die Aktivitätskoeffizienten durch einen empirischen Ansatz dar, den von van Laar, Gl. 8.20a und Gl. 8.20b, der zwei Unbekannte A_{12} und A_{21} enthält, die man mit Hilfe der beiden bekannten Aktivitätskoeffizienten berechnen kann. Man findet mit $A_{12}/A_{21} = (x_2^2 \ln\gamma_2)/(x_1^2 \ln\gamma_1)$

$$A_{12} = \ln\gamma_1 \left(1 + \frac{1-x_1}{x_1}\frac{\ln\gamma_2}{\ln\gamma_1}\right)^2 = 4{,}8602\,,$$

$$A_{21} = \ln\gamma_2 \left(1 + \frac{x_1}{1-x_1}\frac{\ln\gamma_1}{\ln\gamma_2}\right)^2 = 0{,}0046\,.$$

Daraus folgt

$$\ln\gamma_1 = \frac{4{,}8602}{\left(1 + \frac{x_1}{1-x_1}\frac{4{,}8602}{0{,}0446}\right)^2}\,,$$

$$\ln\gamma_2 = \frac{0{,}0446}{\left(1 + \frac{1-x_1}{x_1}\frac{0{,}0446}{4{,}8602}\right)^2}\,.$$

Aus Gl. 9.31 folgt

$$\frac{y_1}{1-y_1} = \frac{\gamma_1 x_1 p_{01s}}{\gamma_2 (1-x_1) p_{02s}}\,.$$

Für vorgegebene x_1 kann man nun die Werte y_1 der Taulinie bestimmen. Den zugehörigen Gesamtdruck findet man aus Gl. 9.33. Die Ergebnisse sind in folgender Tabelle zusammengefasst.

x_1	γ_1	γ_2	y_1	p in mbar
0	129,05	1,0	0	520
0,01	3,0474	1,0127	0,0222	533,2
0,1	1,0293	1,0400	0,0758	526,7
0,2	1,0062	1,0437	0,1524	512,3
0,3	1,0022	1,0451	0,2347	497,1
0,4	1,0009	1,0458	0,3225	481,6
0,5	1,0004	1,0462	0,4164	466,1
0,6	1,0002	1,0465	0,5169	450,5
0,7	1,0001	1,0467	0,6246	434,9
0,8	1,0000	1,0469	0,7403	419,3
0,9	1,0000	1,0470	0,8652	403,6
1,0	1,0	1,0471	1,0	388

Aufgabe 9.7

Das Ergebnis folgt unmittelbar aus Gl. 9.25, denn in einer inkompressiblen Flüssigkeit ist V_{0i}^L unabhängig von dem Druck, darf also in Gl. 9.25 vor das Integralzeichen gezogen werden.

Aufgabe 9.8

a) Aus Gl. 8.36a und 8.36b folgen die Grenzaktivitätskoeffizienten nach NRTL zu

$$\lim_{x_1 \to 0} \ln \gamma_1 = \ln \gamma_1^\infty = \tau_{21} + \tau_{12} \exp(-\alpha_{12}\tau_{12})$$

$$\lim_{x_2 \to 0} \ln \gamma_2 = \ln \gamma_2^\infty = \tau_{12} + \tau_{21} \exp(-\alpha_{12}\tau_{21})$$

Einsetzen der Zahlenwerte ergibt zwei Gleichungen für die beiden Unbekannten τ_{12} und τ_{21}:

$$\ln 8,67 = \tau_{21} + \tau_{12} \exp(-0,2895\tau_{12})$$

$$\ln 43,90 = \tau_{12} + \tau_{21} \exp(-0,2895\tau_{21})$$

Man erhält $\tau_{12} = 3,0902$; $\tau_{21} = 0,8967$.

b) Aus Gl. 8.27a und 8.27b erhält man für die Grenzaktivitätskoeffizienten nach Wilson:

$$\lim_{x_1 \to 0} \ln \gamma_1 = \ln \gamma_1^\infty = -\ln \Lambda_{12} + 1 - \Lambda_{21}$$

$$\lim_{x_2 \to 0} \ln \gamma_2 = \ln \gamma_2^\infty = -\ln \Lambda_{21} + 1 - \Lambda_{12} \,.$$

Einsetzen der Zahlenwerte ergibt zwei Gleichungen für die beiden Unbekannten Λ_{12} und Λ_{21}.

$$\ln 8,67 = -\ln \Lambda_{12} + 1 - \Lambda_{21}$$

$$\ln 43,90 = -\ln \Lambda_{21} + 1 - \Lambda_{12} \,.$$

Man erhält $\Lambda_{12} = 0,2995$; $\Lambda_{21} = 0,0459$.

Aufgabe 9.9

Aus Gl. 9.31 $y_i p = \gamma_i x_i p_{0is}$ folgt wegen $y_i = x_i$ die Beziehung $p = \gamma_i p_{0is}$ und daher $\gamma_1/\gamma_2 = p_{02s}/p_{01s}$. Ist diese Beziehung zwischen $0 \leq x_1 \leq 1$ erfüllt, so existiert ein azeotroper Punkt, denn dann folgt aus $y_1 p = \gamma_1 x_1 p_{01s}$ die Beziehung $y_1 p = \gamma_2 x_1 p_{02s}$. Andererseits gilt auch $y_2 p = \gamma_2 x_2 p_{02s}$. Aus beiden Gleichungen ergibt sich $\frac{y_2}{y_1} = \frac{x_2}{x_1}$ oder $\frac{1-y_1}{y_1} = \frac{1-x_1}{x_1}$, woraus $x_1 = y_1$ folgt.

Aufgabe 9.10

Für ein binäres Gemisch bei mäßigem Druck (Gasphase ideal) folgt aus Gl. 9.31 $y_1 p = \gamma_1 x_1 p_{01s}$ und $y_2 p = \gamma_2 x_1 p_{02s}$ wegen $x_1 = y_1$ und $x_2 = y_2$ die Beziehung $\frac{\gamma_1}{\gamma_2} = \frac{p_{02s}}{p_{01s}}$. Für Gemische, die dem Porterschen Ansatz genügen, gilt nach Gl. 8.18a

$$\ln \gamma_1 = A_0 x_2^2 \quad \text{und} \quad \ln \gamma_2 = A_0 x_1^2 \,.$$

Daraus folgt $\ln \frac{\gamma_1}{\gamma_2} = A_0(1 - 2x_1)$. Am azeotropen Punkt $x_{1,az}$ gilt somit $\ln \frac{p_{02s}}{p_{01s}} = A_0(1 - 2x_{1,az})$

$$x_{1,az} = \frac{1}{2}\left(1 - \frac{1}{A_0}\ln \frac{p_{02s}}{p_{01s}}\right)$$

$$x_{1,az} = \frac{1}{2}\left(1 - \frac{1}{-0{,}789}\ln \frac{691{,}9}{817{,}3}\right) = 0{,}394 \ .$$

Aufgabe 9.11

Nach Margules, Gl. 8.19a und 8.19b ist

$$\ln \frac{\gamma_1}{\gamma_2} = x_2^2[A_0 + A_1(4x_1 - 1)] - x_1^2[A_0 + A_1(4x_1 - 3)] \ .$$

Daraus erhält man mit $x_2 = 1 - x_1$:

$$\ln \frac{\gamma_1}{\gamma_2} = A_0(1 - 2x_1) + A_1(6x_1 - 1 - 6x_1^2) \ .$$

Das Gemisch ist azeotrop, wenn im Bereich $0 \leq x_1 \leq 1$ die Beziehung $\ln \frac{p_{02s}}{p_{01s}} = \ln \frac{\gamma_1}{\gamma_2}$ erfüllt ist. Es muss also die in x_1 quadratische Gleichung $\ln \frac{298{,}1}{33{,}15} = 1{,}3089(1 - 2x_1) - 0{,}3211(6x_1 - 1 - 6x_1^2)$ im Intervall $0 \leq x_1 \leq 1$ eine Lösung besitzen.

Dies ist nicht der Fall, denn die Lösungen der Gleichung sind $x_1 = -0{,}1187$ und $x_1 = 2{,}4774$. Das Gemisch ist nicht azeotrop.

Aufgabe 9.12

Es muss sein $\ln \frac{\gamma_1}{\gamma_2} = A_0(x_2^2 - x_1^2) = A_0(1 - 2x_1) = \ln \frac{p_{02s}}{p_{01s}}$ im Bereich $0 \leq x_1 \leq 1$. Auflösen nach $x_1 = x_{1,az}$ ergibt

$$x_{1,az} = \frac{1}{2}\left(1 - \frac{1}{A_0}\ln \frac{p_{02s}}{p_{01s}}\right) \ .$$

Hierfür muss gelten

$$0 \leq x_{1,az} = \frac{1}{2}\left(1 - \frac{1}{A_0}\ln \frac{p_{02s}}{p_{01s}}\right) \leq 1$$

oder

$$-1 \leq \frac{1}{A_0}\ln \frac{p_{02s}}{p_{01s}} \leq 1 \ .$$

Gleichbedeutend damit ist $|A_0| \geq \left|\ln \frac{p_{02s}}{p_{01s}}\right|$.

Aufgabe 9.13

Bei verschwindendem Dampfdruck des Lösungsmittels gilt $y_2 = 0$. Somit ist der Dampf reines Helium und die Gasphase ändert ihre Zusammensetzung während des Lösungsvorgangs nicht. Also kann man Gl. 9.48a hier anwenden,

$$\left(\frac{\partial \ln x_1}{\partial p}\right)_{T,y_j} = \frac{V_1^G - V_1^{\infty,L}}{\bar{R}T} .$$

Setzt man darin $V_1^{\infty,L} \neq V_1^{\infty,L}(p)$ und $V_1^G = \bar{R}T/p$ ein, so erhält man

$$d(\ln x_1) = \frac{dp}{p} - \frac{V_1^{\infty,L}}{\bar{R}T} dp$$

oder integriert

$$\ln x_1(p) = \ln \frac{p}{p_0} - \frac{V_1^{\infty,L}}{\bar{R}T}(p - p_0) + \ln x_1(p_0) .$$

Mit den beiden angegebenen Wertepaaren $x_1(p_0)$ und $x_1(p_1)$ ergibt sich $V_1^{\infty,L} = 25\,\mathrm{cm^3/mol}$. Damit wird $x_1(p_2) = 3{,}70 \cdot 10^{-4}$.

Aufgabe 9.14

Nach Gl. 9.58b ist

$$x_{12} = 1 - \exp\left[\frac{9952}{8{,}314}\left(\frac{1}{278{,}68} - \frac{1}{268{,}15}\right)\right]$$

$$x_{12} = 0{,}155$$

Die eutektische Temperatur T_E folgt aus Gl. 9.58d zu

$$1 = \exp\left[\frac{13\,604}{8{,}3145}\left(\frac{1}{247{,}65} - \frac{1}{T_E}\right) + \exp\left(\frac{9952}{8{,}3145}\left(\frac{1}{278{,}68} - \frac{1}{T_E}\right)\right)\right] .$$

Man erhält $T_E = 229{,}8\,\mathrm{K} = -43{,}35\,°\mathrm{C}$, was mit Messwerten recht gut übereinstimmt.

Aufgabe 9.15

Laut Aufgabenstellung ist reines Jod bei der Temperatur T und dem Druck p flüssig. Man darf daher Gl. 9.60 verwenden, wonach $x_1^{L1}\gamma_1^{L1} = x_1^{L2}\gamma_1^{L1}$ ist. Hieraus ergibt sich $x_1^{L1}\gamma_1^{L1} = 0{,}2465 = x_1^{L2}\exp[2{,}97(1 - x_1^{L2})^2]$. Durch Probieren findet man $x_1^{L2} = 0{,}0137$. Dieses Ergebnis erhält man auch mit Gl. 9.61. Dazu berechnet man zunächst die rationellen Aktivitätskoeffizienten nach Gl. 7.34

$$\ln \gamma_1^* = \ln \gamma_1 - \lim_{x_1 \to 0} \ln \gamma_1 \quad \text{oder} \quad \gamma_1^* = \gamma_1/\gamma_1^\infty .$$

Man findet mit $x_1^{L1} = 2{,}418 \cdot 10^{-5}$

$$\gamma_1^{*,L1} = \exp[9{,}23((1 - x_1^{L1})^2 - 1)] = 0{,}9996,$$
$$\gamma_1^{*,L2} = \exp[2{,}97((1 - x_1^{L2})^2 - 1)].$$

Außerdem benötigt man den Verteilungskoeffizienten $K_1 = \gamma_1^{\infty,L2}/\gamma_1^{\infty,L1} = \exp 2{,}97/\exp 9{,}23 = 1{,}911 \cdot 10^{-3}$.

Nach Gl. 9.61 ist

$$\frac{x_1^{L1}\gamma_1^{*,L1}}{x_1^{L2}\gamma_1^{*,L2}} = \frac{2{,}418 \cdot 10^{-5} \cdot 0{,}9996}{x_1^{L2} \exp[2{,}97(1 - x_1^{L2})^2 - 1]} = K = 1{,}911 \cdot 10^{-3}.$$

Daraus folgt ebenfalls $x_1^{L2} = 0{,}0137$.

Aufgabe 9.16

Für die relative Flüchtigkeit nach Gl. 9.68 erhält man folgende Werte

x_1	0,0252	0,0523	0,0916	0,1343	0,1670	0,2022	0,2848	0,3368	0,4902	0,5820	0,7811
$\ln \alpha$	2,132	2,126	2,026	1,914	1,787	1,648	1,370	1,204	0,789	0,562	0,218

Durch lineare Extrapolation findet man für $x_1 = 0$: $\ln \alpha = 2{,}138$; $x_1 = 1$: $\ln \alpha = 0{,}1604$. Numerische Integration nach der Trapezregel ergibt $\int_0^1 \ln \alpha \, dx_1 \approx 0{,}907$ in guter Übereinstimmung mit $\ln(p_{01s}/p_{02s}) = 0{,}898$, Gl. 9.69.

Aufgabe 9.17

Aus Gl. 9.94 folgt $x_2 = (T_s - T)\,\bar{M}_1\,\Delta h_{s1}/(\bar{R}T_s^2)$, andererseits ergibt sich aus Gl. 1.20a $M_2 = M_1(1 - x_2)\xi_2^L/[x_2(1 - \xi_2^L)]$. Damit findet man $\bar{M}_2 = 9{,}482\,\text{kg/kmol}$.

Aufgabe 9.18

Gl. 9.94 lautet nun

$$T_s - T = i\,\frac{\bar{R}T_s^2 x_2}{\bar{M}_1 \Delta h_{s1}} = i\,\Theta_{kr}\,\frac{x_2}{M_1} = i\,\Theta_{kr}\,\frac{1}{\bar{M}_1}\,\frac{\bar{M}}{\bar{M}_2}\xi_2^L.$$

Nun ist

$$\frac{1}{M} = \frac{\xi_1^L}{M_1} + \frac{\xi_2^L}{M_2} \simeq \frac{\xi_1^L}{M_1}$$

und damit

$$T_s - T = i\,\Theta_{kr}\,\frac{1}{M_2}\,\frac{\xi_2^L}{\xi_1^L} = i\,\Theta_{kr}\,\frac{1}{M_2}\,\frac{M_2^L}{M_1^L}$$

mit

$$i = 1 + \alpha(\delta - 1) = 1 + 0{,}92 \cdot 1 = 1{,}92.$$

Damit wird

$$T_s - T = 1{,}92 \cdot 1858 \frac{\text{kg K}}{\text{kmol}} \cdot \frac{1}{58{,}44} \frac{\text{kmol}}{\text{kg}} \cdot \frac{0{,}1\,\text{kg}}{1\,\text{kg}} = 6{,}1\,\text{K}\,.$$

Aufgabe 9.19

Zu ξ_2^L gehört nach Gl. 1.20a der Molenbruch $x_2 = 0{,}0333$. Bei vollständiger Disso-ziation des NaCl ist $i = 1 + \alpha(\delta - 1)$ mit $\alpha = 1$, $\delta = 2$, also $i = \delta = 2$. Es ist $x_2 i = 0{,}0667$. Bei 100 °C ist $p_{01s} = 1{,}013\,\text{bar}$ und der Dampfdruck über der Lösung $p = p_{01s} x_1 = p_{01s}(1 - x_2)$, worin x_2 wegen der Dissoziation durch $x_2 i$ zu erset-zen ist. Man erhält $p = 0{,}946\,\text{bar}$. Die isobare Siedepunktserhöhung ist nach Gl. 9.88 $T - T_s = 1{,}90\,\text{K}$, die Siedetemperatur 101,9 °C.

Aufgabe 9.20

Nach Gl. 1.20a ergibt sich aus $\xi_2^{L2} = 0{,}01$ der Molenbruch $x_2^{L2} = 0{,}00053$. Den osmotischen Druck errechnet man aus Gl. 9.108 zu

$$\Delta p = \bar{R} T x_2^{L2} / V_{01} \quad \text{mit} \quad V_{01} = v_{01} \bar{M}_1\,, \quad v_{01} = 10^{-6}\,\text{m}^3/\text{g}\,.$$

Man findet

$$\Delta p = \frac{8{,}314 \cdot 293{,}15 \cdot 0{,}00053}{10^{-6} \cdot 18} \frac{\text{N}}{\text{m}^2} = 0{,}72\,\text{bar}\,.$$

Aufgabe 11.1

Es ist $v = \sum_k v_k = -2$, d. h. die Stoffmenge nimmt bei der Reaktion ab. Für die Formulierung des chemischen Gleichgewichts benutzen wir Gl. 11.15 und erhalten

$$K_y = K(T) \left(\frac{p^+}{p}\right)^{-2} = \frac{y_{NH_3}^2}{y_{N_2} y_{H_2}^3}\,.$$

Die Stoffmengenbilanz ergibt bei stöchiometrischer Ausgangszusammensetzung (1 mol-ζ) N_2, (3 mol-ζ) H_2 und (2 mol-ζ) NH_3 bei einer gesamten Stoffmenge von 2 (2 mol-ζ). Daraus berechnet man die Molanteile

$$y_{N_2} = \frac{(1\,\text{mol} - \zeta)}{2\,(2\,\text{mol} - \zeta)}\,, \quad y_{H_2} = \frac{(3\,\text{mol} - \zeta)}{2\,(2\,\text{mol} - \zeta)} \quad \text{und} \quad y_{NH_3} = \frac{\zeta}{(2\,\text{mol} - \zeta)}\,.$$

Einsetzen in die Gleichung für das chemische Gleichgewicht ergibt

$$K(T) = \frac{27}{16} \left(\frac{p}{p^+}\right)^2 = A^2 = \left[\frac{\zeta(2\,\text{mol} - \zeta)}{(1\,\text{mol} - \zeta)^2}\right]^2$$

bzw.

$$\zeta = 1\,\text{mol} \pm \left(\sqrt{1 - \frac{A}{A+1}} \right) \text{mol} \, .$$

Die Reaktionslaufzahl ζ muss nun so gewählt werden, dass stets $0 < y_i < 1$ gilt. Damit erhält man nur eine physikalisch richtige Lösung der quadratischen Gleichung für die Reaktionslaufzahl ζ,

$$\zeta = 1\,\text{mol} - \left(\sqrt{1 - \frac{A}{A+1}} \right) \text{mol} \, .$$

Damit ergeben sich folgende Zahlenwerte für die Ausbeute y_{NH_3}:

p in bar	Ausbeute y_{NH_3} $t = 400\,°\text{C}$	Ausbeute y_{NH_3} $t = 500\,°\text{C}$
1	0,0044	0,0012
100	0,248	0,1
300	0,429	0,225

Entsprechend dem Gesetz von Le Chatelier und Braun bewirken hohe Drücke die Verschiebung des Gleichgewichts in Richtung des Produktes. Bei Erhöhung der Temperatur ist das Gegenteil der Fall. Es handelt sich um eine exotherme Reaktion.

Aufgabe 11.2

Für die Stoffmengen im Gleichgewicht folgt mit $N_i = N_i^0 + \nu_i \zeta$

$$N_{SO_2} = 6\,\text{kmol} - 2\zeta; \quad N_{O_2} = 4\,\text{kmol} - \zeta; \quad N_{SO_3} = 2\zeta; \quad N_{ges} = 10\,\text{kmol} - \zeta \, .$$

Für die Gleichgewichtskonstante $K(T)$ folgt mit

$$K(T) = \frac{p^\theta}{p} \frac{y_{SO_3}^2}{y_{SO_2}^2 y_{O_2}}; \rightarrow p = p^\theta \frac{y_{SO_3}^2}{K(T) y_{SO_2}^2 y_{O_2}}$$

$y_i = N_i / N_{ges}$.

Für den Sauerstoffumsatz gilt: $(4\,\text{kmol} - \zeta) = 0.5 \cdot 4\,\text{kmol}$. Daraus folgt: $\zeta = 2\,\text{kmol}$.

Somit ergibt sich für die Molenbrüche:

$$y_{SO_3} = 0.5; \quad y_{SO_2} = 0.25; \quad y_{O_2} = 0.25 \, .$$

Für $T = 773\,\text{K}$ folgt für $K(T)$: $K(T) = 0.4139$ und somit für den Druck

$$p = 38.72\,\text{bar} \; (\text{mit } p^\theta = 1\,\text{bar}) \, .$$

Aufgabe 12.1

Aus der Gl. 12.24 von Kirchhoff folgt

$$\Delta_R H_0(T) - \Delta_R H_0(T_0) = \sum_k v_k \int_{T_0}^{T} C_{p0k}\, dT = \sum_k v_k \bar{C}_{p0k}(T - T_0)\,,$$

wobei $\bar{C}_{p0k}$ die mittlere molare Wärmekapazität ist. Es ist

$$\Delta_R H_0(1000\,\text{K}) = \Delta_R H_0(298,15\,\text{K}) + \left(\bar{C}_{pH_2} + \frac{1}{2}\bar{C}_{pO_2} - \bar{C}_{pH_2O}\right)(T - T_0)$$

$$= 241,84 + \left(29,8 + \frac{1}{2}33,1 - 38,6\right)\cdot 10^{-3}\cdot 701,85\,\text{kJ/mol}$$

$$= 247,3\,\text{kJ/mol}\,.$$

Der abzuführende Wärmestrom ist $\dot{Q} = -\Delta_R H_0(T)\cdot \dot{M}_{H_2} = -247,3\,\text{kJ/s}$.

Aufgabe 12.2

Die Reaktionsgleichungen lauten

$$H_2 + \frac{1}{2}O_2 = H_2O + 241,84\,\text{kJ/mol}\,, \tag{1}$$

$$S + \frac{3}{2}O_2 = SO_3 + 388,4\,\text{kJ/mol}\,, \tag{2}$$

$$S + 2O_2 + H_2 = (H_2SO_4)_\text{fl} + 811,89\&,\text{kJ/mol}\,. \tag{3}$$

Addition der Gl. 1 und Gl. 2 und Subtraktion der Gl. 3 ergibt

$$H_2O + SO_3 = (H_2SO_4)_\text{fl} + 181,65\,\text{kJ/mol}\,.$$

Aufgabe 12.3

a) Aus Gl. 12.38 und Gl. 12.40 folgt für ideale Gase

$$H_{0,i}(T) = H_{0,i}^\theta + \bar{C}_{p,i}(T - T^\theta)$$

$$S_{0,i}(T) = S_{0,i}^\theta + \bar{C}_{p,i}\ln\left(\frac{T}{T^\theta}\right)$$

Für die Hauptreaktion (Reaktion I) gilt:

$$\Delta_R H_0(T) = H_{0,CH_3Cl}(T) + H_{0,H_2O}(T) - H_{0,CH_3OH}(T) - H_{0,HCl}(T)$$

$$= -3{,}047 \cdot 10^4 \, \frac{J}{mol}$$

$$\Delta_R S_0(T) = S_{0,CH_3Cl}(T) + S_{0,H_2O}(T) - S_{0,CH_3OH}(T) - S_{0,HCl}(T)$$

$$= -1{,}982 \, \frac{J}{molK}$$

$$\Delta_R G_0 = \Delta_R H_0 - T\Delta_R S_0 = -2{,}928 \, 10^4 \, J/mol$$

$$K(T) = \exp\left(-\frac{\Delta_R G_0}{\bar{R}T}\right) = \exp\left(-\frac{\Delta_R H_0 - T\Delta_R S_0}{\bar{R}T}\right) = 354{,}17$$

b) Molanteile im Gleichgewicht
Die Stoffmengen bleiben bei beiden Reaktionen unverändert. Infolgedessen sind die Stoffmengenströme von Edukten und Produkten gleich und es gilt

$$\dot{N}^0_{CH_3OH} = \dot{N}^0_{HCl} = 1 \, mol/s \quad \text{und} \quad \dot{N}_{ges} = \dot{N}^0_{CH_3OH} + \dot{N}^0_{HCl} = 2 \, mol/s$$

Mit $\dot{N}_i = \dot{N}^0_i + v_{iI} \cdot \dot{\xi}_I + v_{iII}\dot{\xi}_{II}$ erhält man für die Stoffmengen am Reaktoraustritt

$$\dot{N}_{CH_3OH} = 1 \, mol/s - \dot{\xi}_I - 2\dot{\xi}_{II}; \quad \dot{N}_{HCl} = 1 \, mol/s - \dot{\xi}_I; \quad \dot{N}_{CH_3Cl} = \dot{\xi}_I;$$

$$\dot{N}_{H_2O} = \dot{\xi}_I + \dot{\xi}_{II}; \quad \dot{N}_{CH_3OCH_3} = \dot{\xi}_{II} \, .$$

Durch Division durch den gesamten Stoffmengenstrom (2 mol/s) ergeben sich die Molanteile.
Aus $y_{CH_3Cl} = \dot{\xi}_I/2 \, (mol/s) = 0{,}471$ folgt $\dot{\xi}_I = 0{,}942 \, mol/s$.
Zur Berechnung der Molanteile der anderen Komponenten muss das Reaktionsgleichgewicht betrachtet werden. Dabei gilt für beide Reaktionen $\Delta v = 0$ und somit $K(T) = K_y(T)$.

$$K_I = K_{yI} = \frac{1}{(p^+)^{\Delta v}} \frac{p_{CH_3Cl} p_{H_2O}}{p_{HCl} p_{CH_3OH}} = \frac{\dot{\xi}_I \left(\dot{\xi}_I + \dot{\xi}_{II} \right)}{\left(\dot{N}^0_{CH_3OH} - \dot{\xi}_I - 2\dot{\xi}_{II} \right) \left(\dot{N}^0_{HCl} - \dot{\xi}_I \right)} \, .$$

Einsetzen des Zahlenwertes für ξ_I und Auflösen nach ξ_{II} liefert $\dot{\xi}_{II} = 0{,}007 \, mol/s$. Damit können die fehlenden Molanteile berechnet werden:

$$y_{CH_3OH} = 0{,}022; \quad y_{H_2O} = 0{,}475; \quad y_{HCl} = 0{,}029; \quad y_{CH_3OCH_3} = 0{,}004 \, .$$

Eingesetzt in die Beziehung für das Gleichgewicht der Reaktion *II* ergibt sich $K_{II} = 3{,}431$.

c) Die Reaktionsenthalpie der Hauptreaktion ist negativ, d. h. diese verläuft exotherm. Die Reaktionsenthalpie der Nebenreaktion muss noch berechnet werden:

$$\Delta_R H_{0,II} = H_{0,CH_3OCH_3} + H_{0,H_2O} - 2H_{0,CH_3OH} = -3{,}033 \cdot 10^4 \, \frac{J}{mol} \, .$$

Auch die Nebenreaktion ist exotherm. Das bedeutet, dass bei einer isothermen Reaktionsführung ein Wärmestrom abgeführt werden muss. Dieser berechnet sich wie folgt:

$$\dot{Q}_{ab} = \dot{\zeta}_I \Delta_R H_{0,I} + \dot{\zeta}_{II} \Delta_R H_{0,II} = -28{,}945 \, \text{kW} \, .$$

d) Für beide Reaktionen gilt $\Delta \nu = 0$. Die Gesamtstoffmenge bleibt demnach konstant. Die Zusammensetzung des aus dem Reaktor austretenden Gasstromes ist deshalb druckunabhängig. Aufgrund der Exothermie der Reaktionen bewirkt eine Temperaturerhöhung eine Verschiebung des Gleichgewichts auf die Eduktseite.

Aufgabe 14.1

Wir berechnen die Gleichgewichtskonstante mit Hilfe der Werte aus Tab. 14.2.

$$\Delta_R G_{\text{ref}} = (12{,}8 + 27{,}83) \, \text{kJ/mol} = 40{,}63 \, \text{kJ/mol}$$

und somit

$$K_m = 7{,}6 \cdot 10^{-8} \, \text{mol/kg} = \frac{m_{H^+} \, m_{HS^-}}{m_{H_2S}} \, .$$

Aus pH $= 5{,}84 = \log a_{H^+} \approx \log m_{H^+}$ folgt $m_{H^+} = 1{,}445 \cdot 10^{-6}$ mol/kg. Aus der Elektroneutralität $m_{H^+} = m_{HS^-}$ und dem chemischen Gleichgewicht folgt $m_{H_2S} = \frac{m_{H^+}^2}{K_m} = 2{,}7 \cdot 10^{-5}$ mol/kg. Die Gesamtkonzentration H_2S beträgt

$$(m_{H_2S})_{\text{ges}} = m_{H_2S} + m_{HS^-} = (2{,}7 + 0{,}144) \cdot 10^{-5} \, \text{mol/kg} = 2{,}844 \, \text{mol/kg} \, .$$

Der Partialdruck über der Lösung folgt aus dem Gesetz von Henry mit $\gamma_{H_2S}^* \approx 1$

$$p_{H_2S} = m_{H_2S} H_{pm} = 2{,}6 \cdot 10^{-4} \, \text{bar} = 0{,}26 \, \text{bar} \, .$$

Die Ionenstärke beträgt $I_m = 1{,}445 \cdot 10^{-6}$. Daraus errechnet sich ein mittlerer Aktivitätskoeffizient von $\gamma_\pm = 0{,}998$. Die Annahme $\gamma \approx 1$ ist somit gerechtfertigt.

Aufgabe 14.2

Aus dem Gesetz von Henry erhält man mit $\gamma_{Cl_2} = 1$ den Molanteil des gelösten Chlors

$$x_{Cl_2} = \frac{p_{Cl_2}}{H_{px}} = \frac{10^{-3} \, \text{bar}}{722 \, \text{bar}} = 1{,}39 \cdot 10^{-6} \, .$$

Bei der Umrechnung des Molanteils in die Molalität gehen wir davon aus, dass die Stoffmenge des Chlors in der flüssigen Phase gegenüber derjenigen des Wassers vernachlässigt werden kann:

$$x_{Cl_2} = \frac{N_{Cl_2}}{N_{ges}} \approx \frac{N_{Cl_2}}{N_1} = \frac{N_{Cl_2}\,\bar{M}_1}{N_1\,\bar{M}_1} = \frac{N_{Cl_2}}{M_1}\,\bar{M}_1 = m_{Cl_2}\,\bar{M}_1 \;.$$

Somit ist

$$m_{Cl_2} = \frac{x_{Cl_2}}{\bar{M}_1} = \frac{1,39 \cdot 10^{-6} \cdot 1000\,\text{mol}}{18\,\text{kg}} = 7,7 \cdot 10^{-5}\text{mol/kg} \;.$$

Aus der Reaktionsgleichung und der Elektroneutralitätsbedingung folgen $m_{H^+} = m_{Cl^-}$ und $m_{H^+} = m_{OCl}$ und somit $m_{H^+} = 2\,m_{OCl^-} = 2\,m_{Cl^-}$. Damit lässt sich das chemische Gleichgewicht mit $a_{H_2O} = 1$ wie folgt formulieren

$$K_m(T) = \frac{m_{H^+}\,m_{Cl^-}\,m_{HOCl}}{m_{Cl_2}} = \frac{m_{H^+}^3}{m_{Cl_2}}$$

bzw.

$$m_{H^+}^3 = K_m(T)\,m_{Cl_2} \;.$$

Hieraus erhält man $m_{H^+} = 3,28 \cdot 10^{-3}$ mol/kg und pH $= 2,48$. Die Ionenstärke beträgt $I_m = \frac{1}{2}\sum m_k z_k^2 = \frac{1}{2}(m_{H^+} + m_{Cl^-}) = m_{H^+}$. Für den Aktivitätskoeffizienten von H^+ folgt aus Gl. 14.17 $\gamma_{H^+} = 0,85$. Der unter der Annahme $\gamma_i = 1$ berechnete pH-Wert stellt somit nur eine grobe Näherung dar.

Aufgabe 15.1

Nach Gl. 15.8 ergibt sich $\Delta h_u = 31,35$ MJ/kg. Nach Gl. 15.18 ist die Kennziffer $\sigma = 1,159$. Nach Gl. 15.19 müssen mindestens 0,359 kmol/kg Luft bzw. 0,0754 kmol/kg Sauerstoff zugeführt werden. Die tatsächlich zugeführte Luftmenge beträgt nach Gl. 15.21 $l = 0,5026$ kmol/kg. Nach Gl. 15.25 entstehen 0,5005 kmol/kg Abgas. Darin enthalten sind 0,3971 kmol/kg N_2, 0,0121 kmol/kg O_2, 0,0003 kmol/kg SO_2, 0,0261 kmol/kg H_2O und 0,065 kmol/kg CO_2.

Aufgabe 15.2

Es laufen folgende Reaktionen ab:

$$H_2 + 1/2O_2 = H_2O \;; \quad CO + 1/2O_2 = CO_2 \;;$$
$$CH_4 + 2O_2 = CO_2 + 2H_2O \;.$$

Der Mindestsauerstoffbedarf $\bar{O}_{min}$ ist also

$$\bar{O}_{min} = 0,5[(y_{H_2})_b + (y_{CO})_b] + 2(y_{CH_4})_b = 0,46\,\text{kmol/kmol}$$

und der Mindestluftbedarf nach Gl. 15.24

$$\bar{L}_{\min} = 0{,}46/0{,}21 = 2{,}19 \, \text{kmol/kmol}.$$

Aus den Reaktionsgleichungen finden wir die im trockenen Abgas enthaltenen Molmengen; wir bezeichnen mit $N_{A,tr}$ die Molmenge des trockenen Abgases und mit N_B die Molmenge des Brennstoffes:

$$\frac{N_{CO_2}}{N_B} = y_{N_{CO_2}} + y_{CO} + y_{CH_4} = 0{,}455$$

$$\frac{N_{O_2}}{N_B} = (\lambda - 1) \, \bar{O}_{\min}$$

$$\frac{N_{N_2}}{N_B} = y_{N_2} + 0{,}79 \cdot \lambda \cdot \bar{L}_{\min}.$$

Aus der CO_2-Bilanz erhalten wir

$$\frac{N_{A,tr}}{N_B} = \frac{N_{CO_2}}{N_B} \cdot \frac{N_{A,tr}}{N_{CO_2}} = \frac{0{,}455}{0{,}136} = 3{,}346 \, \text{kmol/kmol}.$$

Damit folgt aus der N_2-Bilanz $\lambda = 1{,}51$.

Die Wassermenge im Abgas ist

$$\frac{N_{H_2O}}{N_{A,tr}} = \frac{N_{H_2O}}{N_B} \cdot \frac{N_B}{N_{A,tr}} = (y_{H_2} + 2 \cdot y_{CH_4}) \cdot \frac{N_B}{N_{A,tr}}.$$

Aufgabe 16.1

Nach Gl. 16.18 muss sein $\ln \frac{N_{Le}}{500 \, \text{kmol}} = \int_{0,5}^{0,05} \frac{dx}{y-x} = -\int_{0,05}^{0,5} \frac{dx}{y-x}$.

Der Integrand ist hierfür numerisch gegeben

x	0,01	0,03	0,05	0,10	0,20	0,30	0,4	0,5	0,6
$1/(y-x)$	16,95	6,329	4,525	3,096	2,488	2,551	2,825	3,367	4,202

Man kann im Intervall $0{,}05 \leq x \leq 0{,}5$ den Integranden durch Rechteckflächen ersetzen und den Inhalt addieren, oder ein numerisches Integrationsverfahren wählen. Auf Grund eines solchen Verfahrens erhält man $\ln \frac{N_{\ell}^{L}}{500 \, \text{kmol}} = -1{,}26$. Damit ist der Blasenrückstand $N_{Le} = 141{,}8 \, \text{kmol}$ und die Destillatmenge $N^D = (500 - 141{,}8) \, \text{kmol} = 358{,}2 \, \text{kmol}$. Die Zusammensetzung des Destillats ergibt sich aus einer Mengenbilanz $N^D x^D = N_a^L x_a - N_e^L x_e$

$$x_D = \frac{500 \cdot 0{,}5 - 141{,}8 \cdot 0{,}05}{358{,}2} = 0{,}678 \, .$$

Aufgabe 16.2

$$\dot{Q}_D = \dot{N}_R \Delta \bar{H}_v , \quad \dot{Q}_K = \dot{N}_E \Delta \bar{H}_v , \quad \frac{\dot{N}_R}{\dot{N}_E} = v = \frac{\dot{Q}_D}{\dot{Q}_K} = 2 .$$

Aufgabe 16.3

$$2 y_{B2,\text{ideal}} = \frac{p_B}{p_{\text{ges}}} = \frac{x_B p_{0Bs}}{p_{\text{ges}}} , \qquad\qquad y_{B2,\text{ideal}} = 0{,}453 ,$$

$$y_{B1} = x_{B2} 0{,}88 + 0{,}1 , \qquad\qquad y_{B1} = 0{,}325 ,$$

$$y_{B2,\text{real}} = s(y_{B2,\text{ideal}} - y_{B1}) + y_{B1} , \qquad y_{B2,\text{real}} = 0{,}427 ,$$

$$x_{B3} = \frac{y_{B2,\text{real}} - 0{,}1}{0{,}88} , \qquad\qquad x_{B3} = 0{,}372 .$$

Aufgabe 16.4

a) $\dot{Q}_V = (\dot{N}^L + \dot{N}^D) \Delta \bar{H}_v = N^D \Delta \bar{H}_v (v + 1) = 9 \cdot 10^5 \, \text{kJ/h} = 250 \, \text{kW}.$

$\dot{N}^L = v \dot{N}^D = 10 \, \text{kmol/h}.$

b) $\Delta \dot{Q} = \dot{N}_F \bar{C}_{pF} \Delta T_F.$

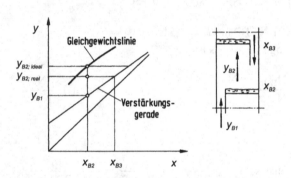

Aufgabe 16.5

a) $t = 10\,°\text{C},$

$M_{H_2O} = \text{const},$

$M_{H_2O} X_1 + M_{H_2O} = M_{\text{ges}}, \quad M_{H_2O} = 100 \, \text{kg},$

$\Delta X = 0{,}2 = \dfrac{M_{S,\text{krist}}}{M_{H_2O}}, \quad M_{S,\text{Krist}} = 20 \, \text{kg}.$

b) $X_3 = 1{,}1, \quad M'_{H_2O} = \dfrac{M_S}{X_3}, \quad \Delta M_{H_2O} = M_{H_2O} - M'_{H_2O}, \quad \Delta M_{H_2O} = 63{,}6 \, \text{kg}.$

Aufgabe 16.6

$$M_{S,\text{ges}} = \frac{X_\alpha M_{\text{ges}}}{1 + X_\alpha} , \quad M_{S,\text{ges}} = 56{,}25 \, \text{kg} ,$$

$$M_{Kr} = \frac{2}{3} M_{S,\text{ges}} , \quad M_{Kr} = 37{,}5 \, \text{kg}, M_{S,\text{Rest}} = 18{,}75 \, \text{kg} .$$

a) *Reine Verdampfung*

$t_\alpha = 60\,°\mathrm{C} \to X_\omega = 1{,}1, \quad M_{\mathrm{H_2O,\,Rest}} = \dfrac{M_{\mathrm{S,\,Rest}}}{X_\omega}, \quad M_{\mathrm{H_2O,\,Rest}} = 17{,}05\,\mathrm{kg},$

$M_{\mathrm{H_2O,\alpha}} = M_{\mathrm{ges}} - M_{\mathrm{S,\,ges}}, \quad M_{\mathrm{H_2O,\alpha}} = 93{,}75\,\mathrm{kg}, \quad \Delta M_{\mathrm{H_2O}} = 76{,}7\,\mathrm{kg},$

$Q_{\mathrm{zu}} = \Delta M_{\mathrm{H_2O}}\Delta h_{v,\mathrm{H_2O}} - M_{\mathrm{Kr}}\Delta h_{\mathrm{K}}, \; Q_{\mathrm{zu}} = 178\,964\,\mathrm{kJ}.$

b) *Abkühlung*

Die Löslichkeitskurve wird bei $t_2 = 40\,°\mathrm{C}$ erreicht.

$$M_{\mathrm{H_2O,\alpha}} = \mathrm{const}, \quad X_\omega = \frac{1}{3}X_\alpha = 0{,}2, \quad t_\omega = 10\,°\mathrm{C}.$$

$$M_{\mathrm{ges}} = 150\,\mathrm{kg}, \quad M_{\mathrm{L,\omega}} = M_{\mathrm{H_2O,\alpha}} + M_{\mathrm{S,\,Rest}} = 112{,}5\,\mathrm{kg},$$

$$M_{\mathrm{L,\,mittel}} = \frac{M_{\mathrm{ges}} + M_{\mathrm{L,\omega}}}{2} = 131{,}25\,\mathrm{kg}.$$

$$Q_1 = M_{\mathrm{ges}}c_{\mathrm{pL}}(T_\alpha - T_2), \quad Q_1 = 13\,200\,\mathrm{kJ},$$

$$Q_2 = M_{\mathrm{kr}}\Delta h_{\mathrm{K}}, \quad Q_2 = 1894\,\mathrm{kJ},$$

$$Q_3 = M_{\mathrm{L,\,mittel}}c_{\mathrm{pL}}(T_2 - T_\omega), \quad Q_3 = 17\,325\,\mathrm{kJ},$$

$$Q_{\mathrm{ab}} = Q_1 - Q_2 + Q_3 = 32\,419\,\mathrm{kJ}.$$

Namen- und Sachverzeichnis

A

Abgastemperatur, 408
Absorption, 82, 240, 456
Absorptionskältemaschine, 83
Abtriebsgerade, 431
Abtriebsteil, 429
Acentric-Faktor, 205, 206
Aerosol, 291
Affinität, 341
Aktivität, 174, 176, 177
Aktivitätskoeffizient, 174, 176, 177, 185
   mittlerer, 366
   praktischer, 183
   rationeller, 177, 178
   von Benzol und Isooktan, 263
   von Methylethylketon, 185
   von Toluol, 185
Ansatz, 207
   von Porter, 207
Antipoden, 187
   optische, 187
Arbeitskoordinate, 87, 90
Aspirationspsychrometer, 38
Atombilanz, 308
Ausdampfungswärme
   molare, 130
Austauschprozess, 143–146

B

Baly-Kurven, 59
Beattie, J.A., 203
Bender, E., 202
Benedict, M., 204
Bezugskonzentration, 180
Bezugsmolalität, 182
Bezugspotential, 97, 181

Bezugszustand, 177
Bildungsenthalpie, 331, 333
   von Methan, 333
   binäre Gemische, 45
Binode, 86, 445
Bodenzahl, 433
   theoretische, 433
Bošnjaković, F., 70, 74, 77
Boudouard, O., 352
Brenngeschwindigkeit, 389
Brennstoffe, 385, 393
Brennwert, 394, 399
Brennwertkessel, 400
Bridgeman, O.C., 203
Brönsted, J.N., 187
Brüden, 416
Brüdenverdichtung
   mechanische, 418
   thermische, 418
Bunsenbrenner, 387
BWR-Gleichung, 204, 244

C

Callen, H.B., 93
Chatelier le, H.L., 311
Chemische Potentiale, 173
   von CO_2, 173
Clausius-Clapeyronsche Gleichungen, 95
   für binäre Gemische, 268

D

Dalton, J., 15, 16
Dampfbeladung, 24
Dampfblasenbildung, 304
Dampfdruckerniedrigung, 273, 274
   isotherme, 273

relative, 273
Dampfdruckkurve, 162
   eines Zweistoffgemisches, 162
Dampf-Flüssigkeitsgleichgewicht, 244
Dampf-Gas-Gemische, 23
Dampfgehalt, 29
Dampfstrahl-Verdichter, 421
D'Ans, J., 66, 400
Debye-Hückelsche-Grenzgesetz, 369
Dephlegmator, 436, 440
Destillation, 423
Destillierblase, 424, 426
Detonation, 390
Detonationsgeschwindigkeit, 390
Dichte, 7
Differentialgleichungen, 267
   für Siede- und Taulinien, 267
Differentialtest, 262
Dissoziation, 354
   von Kohlendioxid, 354
   von Wasserdampf, 354
Dissoziationsgrad, 271
Donder de, Th., 309
Drosselung, 83
Druck, 275
   osmotischer, 275
Druckgasgenerator, 363
Druckwelle, 390
Duhem, P., 111, 235
Duhem-Margules, 231, 235

E
Edukt, 308
Eindampfen, 415
Einhüllende, 99
Eisbeladung, 24
Eisnebel, 28
Elektrolytlösung, 365
Elektroneutralität, 366
Energie, 89
   freie, 102
   innere, 89
   partielle molare innere, 89
Energieumsatz, 325
   bei chemischen Reaktionen, 325
Enthalpie, 29, 90, 104
   freie, 105
   partielle molare, 90
Enthalpie-Konzentrationsdiagramm, 67, 77

Entmischungspunkt, 62, 231
   kritischer, 231
Entmischungstemperatur, 62
   kritische, 62, 229
Entropie, 18, 89
   idealer Gase, 19
   partielle molare, 89
Entropie-Konzentrationsdiagramm, 77
Enveloppe, 99
Erster Satz von Konowalow, 268
Euler, L., 107
Eulersche Gleichung, 110, 292
Eulerscher Satz über homogene Funktionen,
   107
eutektische Temperaturen, 66
eutektischer Punkt, 66
Extraktion, 260, 442, 444
Extraktionskolonne
   mehrstufige, 446
Extraktionsstufe, 445
Extremalprinzipien, 149
Exzessenthalpie, 123
Exzessgröße, 123
Exzessvolumen, 123

F
Feuchtegrad, 25
Findlay, A., 162
Fischer-Tropsch, 363
   Verfahren von, 363
Flächentest, 263
Flamme, 386
Flammenfront, 386
Flammentemperatur, 389
Flory und Huggins, 210
   Theorie von, 210
Flüchtigkeit, 424
   relative, 264, 424
Flüssig-Flüssig-Extraktion, 448
   Zahl der theoretischen Böden bei der, 448
Flüssigkeitsbeladung, 24
Flüssigkeitsgemische, 214
   asymmetrische, 214
Formelumsatz, 328
Fredenslund, A., 220
freie Energie, 146
freie Enthalpie, 148
Freiheitsgrad, 112, 161
Fugazität, 168, 245, 246

Fugazitätskoeffizient, 168, 170, 172, 174, 245
Füllkörper, 427
Fundamentalgleichung, 87, 110, 160
Funktion
    homogen, 108

G
Gasgenerator, 351
Gaskonstante des Gemisches, 17
Gaswäsche, 456
Gebiet
    kritisches, 53
Gefrieren, 74
Gefrierlinie, 65
Gefrierpunktserniedrigung, 268
    isobare, 268, 272
Gemisch, 59, 207
    athermisch, 210
    ideal, 187
    regulär, 210
    symmetrisch, 207
    unsymmetrisch, 208
    von Isotopen, 187
Gemisch idealer Gase, 15
Gemische, 187, 208
Gesamtdruck, 16, 23
gesättigte feuchte Luft, 25
Gesetz
    von Guldberg und Waage, 314
    von Henry, verallgemeinert, 374
Gesetz von Dalton, 16
Gibbs, J.W., 92, 144, 162
Gibbs-Duhem-Gleichung, 110, 116, 234
    verallgemeinerte, 116
Gibbs-Potential, 105
Gibbssche Fundamentalgleichung, 90, 92, 103,
    104, 106
    für die Enthalpie, 104, 106
    für die freie Energie, 103
Gibbssche Phasenregel, 162
Gibbs-Thomson-Gleichungen, 297, 300
Gleichgewicht, 95
    chemisch reagierender Systeme, 312
    mechanisches, 93, 95
    stoffliches, 95
    thermisches, 93, 95
Gleichgewichtskoeffizient, 459
Gleichgewichtskonstante, 314, 335, 338, 344,
    353, 363

Druckabhängigkeit, 344
Gleichgewichtskriterium, allgemeines, 144
Gleichgewichtskurven, 354
    Boudouardsche, 354
Gleichgewichtszusammensetzungen, 49
Gleichung, 110, 116, 234, 338
    Redlich-Kwong-Soave, 205
    stöchiometrische, 308
    von Duhem-Margules, 232, 235
    von Gibbs-Duhem, 111, 116, 234
    von Redlich-Kwong, 205
    von van't Hoff, 338
    von Wilson, 213
Glockenboden, 428
Gmehling, J., 217, 220, 222
Grenzaktivitätskoeffizient, 210
Grenzflächen, 289
Grenzflächenspannung, 289
Größe
    extensive, 98, 108
    intensiv, 108
Gruppenwechselwirkungsparameter, 221
Guggenheim, E.A., 236
Guldberg, C.M., 314

H
h, ξ-Diagramm, 70, 71, 84
    für Ammoniak-Wasser, 71
    nach Ponchon und Merkel, 70
h, ξ-Diagramm
    Drosselung, 84
h, X-Diagramm, 32
    feuchte Luft, 32
h, X-Diagramm, 28
Haase, R., 150, 187, 202
Hauptgerade, 439
Hausen, H., 442
Hebelgesetz, 70
Heißblasen, 359
Heizgase, 399
    technische, 399
Heizwert, 394, 395, 399–401
    des Kohlenstoffes, 400
    gasförmiger Brennstoffe, 402
    von Heizölen, 401
Heizwert fester Brennstoffe, 395
Helmholtz von, H., 102
Helmholtz-Potential, 102
Henrysche Grenztangente, 239

Henryscher Koeffizient, 238, 240, 250
Henrysches Gesetz, 238
Hess, G.H., 332
Hoff van't, J.H., 338

I
ideale Mischungen, 238
instabiles Gleichgewicht, 149
Integraltest, 262
Interferogramm, 388
    von Flammen, 388
Ionenstärke, 368
Ionisationsgrad, 272
isobare Erwärmung, 54

J
Joule, J.P., 102

K
Kamerlingh Onnes, H., 200
Kasarnovsky, Ya.S., 252
Katalysator, 310
Keimbildung, 448, 451, 452
    heterogene, 303
    homogene, 302
Kelvin-Gleichung, 298
Kister, A.T., 206
Knallgasreaktion, 312
Kohlenmonoxiderzeugung, 351
Kombinationsregeln, 204
Komponente, 3
Kondensation, 82
Kondensationsenthalpie
    molare, 127
Kondensationskerne, 303
Kondensieren, 23
Konjugationslinie, 465, 466
Konode, 86, 445
Konowalow, D., 268
    Satz von, 268
Konsistenz, 262
    thermodynamische, 262
Konsistenzkriterium, 263
    von Redlich und Kister, 263
Konzentrationen, 3
Korrespondenzprinzip, 175
Krichevsky, I.R., 252, 253
Kristallisation, 448
Kristallisationswärme

molare, 130
Kristallwachstum, 448
kritische Entmischungstemperatur, 62
kritische Entmischungszusammensetzung, 62
kritische Umhüllende, 52
Kritischer Punkt, 52
kritisches Gebiet, 53
kryohydratischer Punkt, 66
kryoskopische Konstante, 273
Kühlgrenztemperatur, 37
Kühlungskristallisation, 453

L
Laar van, J.J., 210, 339
Landolt-Börnstein, 172, 241
Langmuir, I., 219
Legendre-Transformation, 98, 101, 143, 149
leichtsiedende Komponente, 46
Leichtsieder, 46, 47
Lewis, G.N., 113, 168, 187
Lewissche Fugazitätsregel, 249
Linde, C., 58
Liquidus-Linie, 68
Lorentz-Kombination, 202
Löslichkeit, 242, 251, 255, 259, 448
    von Feststoffen in Flüssigkeiten, 255
    von Gasen in Flüssigkeiten, 251
    von Kohlendioxid in Methanol, 242
    von Kohlendioxid in Wasser, 241
    von Luft in Wasser, 242
    von Salz in Wasser, 259
    von Sauerstoff in Wasser, 242
    von Stickstoff in Wasser, 242
Löslichkeitsgrenze, 61, 62
Löslichkeitskurve, 449, 451
    von Zinksulfat in Wasser, 449
Lösung
    ideal verdünnt, 177
    unendlich verdünnt, 177
Lösungsenthalpie
    differentielle, 128
    integrale, 130
Luft, 403
    atmosphärische, 403
    Zusammensetzung, 403
Luftbedarf, 399, 403
Luftüberschuss, 385
Luftverhältnis, 405

M

Margules, M., 208, 232, 235
Massenanteil, 6
Massenbeladung, 8
Massenbruch, 6
Massenbrüche, 17
Massenkonzentration, 7
Massenwirkungsgesetz, 313, 314
Massieu-Funktion, 134
Maurer, G., 164, 218
Maxwell-Relationen, 120
Mayer, R., 102
Mehrstufeneindampfung, 418
Mengenverhältnis, 50
metastabiles Gleichgewicht, 149
Michelsen, M.L., 220
Mindestrücklaufverhältnis, 433
Mindestwaschmittelmenge, 458
Minimalprinzip, 158
Mischung, 73
    zweiphasige, 73
Mischungsenthalpie
    von Ethylalkohol-Wasser, 125
    integrale, 127
    partielle molare, 126
Mischungsgerade, 70
Mischungsgröße, 188
    idealer Gemische, 188
    molare, 122
Mischungslücke, 61, 64, 445
Mischungsvorgänge, 70
mittlere Molmasse, 9, 17
Molalität, 8, 182
Molanteil, 5
molare Dichte, 7
Molbeladung, 8
Molenbruch, 5, 17, 84, 221
    der Strukturgruppe, 221
Molkonzentration, 7
Mollier, R., 28
Molmasse, 9
Münster, A., 150, 201

N

Nebel, 28
Nebeltröpfchen, 25
Nernstscher Verteilungssatz, 261
Nernstsches Wärmetheorem, 334
neutrales Gleichgewicht, 149

Nichtelektrolytgemische, 221
NRTL-Gleichung, 211, 215, 216

O

oberer Heizwert, 394
Oberflächenanteil, 221
    der Strukturgruppe, 221
Oberflächenparameter, 217, 220
Ostwald, W., 236

P

Partialdichte, 7, 10
Partialdruck, 15–17, 234
Partialnormdichte, 7
Peng-Robinson, 206
Phasen, 3
    metastabile, 157, 301
    nicht mischbar flüssige, 260
Phasendiagramme, 45, 85
    ternärer Systeme, 84
Phasengleichgewicht, 45, 242, 243
Phasengrenzkurve, 265, 268
    Differentialgleichungen der, 265
Phasenübergang
    spontaner, 301
Phasenzerfall, 230
pH-Wert, 373
Pitzer, K.S., 206
Planck, M., 144, 339
Pol-Menge, 447
Porterscher Ansatz, 207
Potential
    chemisches, 90, 167
    chemisches eines idealen Gases, 96
    thermodynamisches, 98
Potentialfunktion
    thermodynamische, 88
Poynting-Korrektur, 246, 258
Prausnitz, J.M., 214, 215, 217, 218, 220, 244,
    264
Prinzip vom Minimum der Potentiale, 143
Produkt, 308
PSRK-Gleichung, 222
Psychrometer, 38
Punkt, 52
    azeotroper, 60
    kritischer, 52

Q

Quadrupelpunkt, 66, 163

Querschnittsgerade, 435
    für die Verstärkungssäule, 435

R
Raffinat, 444, 445
Randall, M., 113
Raoult, F.-M., 236
Raoultsche Gerade, 239
Raoultsches Gesetz, 236, 237
Raschigringe, 427
Reaktion, 313
    endotherme, 329
    exotherme, 329
    gehemmte, 310
    heterogene, 316
    homogene, 313
Reaktionsbeschleuniger, 310
Reaktionsenergie, 330
Reaktionsenthalpie, 328
Reaktionsgeschwindigkeit, 309
Reaktionslaufzahl, 309
Reaktionswärme, 326
Reaktionszone, 388
Realanteil, 189
    einer Zustandsgröße, 189
Redlich-Kwong, 205
Rektifikation, 425, 426
    kontinuierliche, 426
Rektifizierkolonne, 426
Rektisolprozess, 281
relative Feuchte, 26
Restanteil, 218
retrograde Kondensation, 55, 57
retrograde Verdampfung, 58
Rostfeuerungen, 352
Rücklaufkondensator, 435
Rücklaufverhältnis, 430, 441

S
Sattelkörper, 427
Sättigungsdruck, 23
Sättigungsgrad, 298
    kritischer, 302
    partieller, 297
Sättigungszusammensetzung, 61
Sauerstoffbedarf, 399, 402, 404
Sauerstoffüberschuss, 385
Scatchard, G., 188, 208
Schließbedingung, 117, 233, 247

Schmelze, 74
    eutektische, 75
Schmelzenthalpie
    molare, 127
Schmelzgebiet, 75
Schmelzlinie, 65
Schmidt, E., 353
Schockwelle, 390
Schwersieder, 47
Segmentanteil, 217
Segmente, 220
    Zahl der, 220
Siebboden, 428
Siedelinie, 47, 57, 249, 268
Siedepunktserhöhung, 268
    isobare, 268, 269, 271
Simultanreaktion, 312, 318, 320
Soave, G., 205
Solidus-Linie, 68, 75
Solvens, 443
Spinodale, 157
stabiles Gleichgewicht, 149
Stabilität, 149, 150, 153, 154, 156
    hinsichtlich Stoffaustausch, 155, 157
    mechanische, 151
    thermische, 153, 154
Stabilität thermodynamischer Systeme, 149
Stabilitätsbedingung, 150, 151
Standardbildungsenthalpie, 331
Standardbildungswert der freien Enthalpie, 335
Standardentropien, 335
Standardwert der freien Enthalpie, 335
Stephan, K., 214
stöchiometrische Verbrennung, 385
Stoffaustausch, 87
Stoffmenge, 5
Stoffmengenanteil, 5
Stoffmengenkonzentration, 7, 180
Strukturgruppen, 219, 220
Stufenkonstruktion, 432

T
t, ξ-Diagramm, 65
T, x-Diagramm, 49, 67
Tauen, 23
Taulinie, 48, 249, 268
Taupunkttemperatur, 461
Teildruck, 29
    gesättigter feuchter Luft, 29

Teilkondensation, 440
Temperatur
    eutektische, 286
ternäre Gemische, 45
ternäres System, 84
Theorem, 107
    Eulersches, 107
theoretische Verbrennungstemperatur, 407
Triebkraft einer chemischen Reaktion, 340
Troutonsche Regel, 430

U
Überführungsarbeit, 267
    molare, 267
Überführungsenthalpie, 267
    molare, 267
Überlöslichkeitskurve, 451
Übersättigung, 451, 452
unendliche Verdünnung, 185
UNIFAC-Gleichung, 219
UNIQUAC-Gleichung, 217, 218
universelle Gaskonstante, 15
unterer Heizwert, 394
unvollständiger Verbrennung, 402

V
Vakuumkristallisation, 453, 454
van-der-Waals, 205
Verbandsformel, 400
Verbrennungsmotor, 390
    Klopfen, 390
Verdampfen, 23
Verdampfung, 48, 78–81
    im geschlossenen System, 78
    im offenen System, 79
    offene, 48
    stetige, 80, 81
Verdampfungsenthalpie, 269, 270
    differentielle, 269, 270
Verdampfungsgleichgewichte, 236
Verdampfungskristallisation, 453, 454
verdünnte Lösungen, 185
Verdünnung, 250
    unendliche, 250
Verdünnungsenthalpie
    differentielle, 128
Verdunsten, 23
Verdunstungskristallisation, 453
Verhalten

azeotropes, 75
Verstärkungsgerade, 430, 431
Verstärkungssäule, 427
Verstärkungsteil, 429, 434
Verteilungskoeffizient, 261
Virialentwicklung, 200
Virialkoeffizient, 201
virtuelle Verrückungen, 95
vollständiger Verbrennung, 402
Volumen, 89
    partielles molares, 89
Volumenanteil, 213
    lokaler, 213

W
Wagner, W., 214
Wärmekapazität
    molare, 133
    partielle molare, 133
Wärmekapazität
    spezifische bei konstantem Druck, 92
    spezifische bei konstantem Volumen, 92
Wärmesummen, 332
Wärmetönung, 325
Wasserbeladung, 24
Wasserdampf, 355, 358
    Zersetzung von, 355, 358
Wasserdampf-Luft-Gemische, 23
Wassergasgleichgewicht, 358, 359
Wassergasprozess, 362
Wechselwirkungsparameter, 206
Wilson, G.M., 211, 213

Y
Yorizane, M., 204

Z
Zahl der Phasen, 163
Zellenmodell, 217
Zersetzungsdruck, 317
Zündgeschwindigkeit, 389
Zündgrenzen von Brenngasen, 391
Zündtemperatur, 391
Zündung, 386
Zündverzug, 391
Zusammensetzung, 211, 212
    lokale, 211, 212
Zusatzfunktion, 188
Zusatzgrößen, 186, 189

Zusatzpotential, 189
Zustandsgleichung, 172
    thermisch, 199
Zustandsgröße, 113, 115, 118, 119, 173
    Berechnung, 173

extensive, 107
    partielle molare, 113, 114, 119, 122
Zweierstöße, 201
Zweistoffgemisch, 46

Printed in the United States
By Bookmasters